S. Fatikow

Mikroroboter und Mikromontage

Mikroroboter und Mikromontage

Aufbau, Steuerung und Planung von flexiblen
mikroroboterbasierten Montagestationen

Von Priv.-Doz. Dr.-Ing. habil. Sergej Fatikow
Universität Karlsruhe (TH)

Mit 218 Bildern

B. G. Teubner Stuttgart · Leipzig 2000

Die Deutsche Bibliothek – CIP-Einheitsaufnahme

Ein Titeldatensatz für diese Publikation ist bei
Der Deutschen Bibliothek erhältlich

ISBN 978-3-519-06264-6   ISBN 978-3-322-91181-0 (eBook)
DOI 10.1007/978-3-322-91181-0

© 2000 B. G. Teubner Stuttgart · Leipzig
Softcover reprint of the hardcover 1st edition 2000

Umschlaggestaltung: Peter Pfitz, Stuttgart

Vorwort

Die Mikrorobotik als Bestandteil der Mikrosystemtechnik hat in letzter Zeit große Aufmerksamkeit auf sich gezogen und wird als eine der Schlüsseltechnologien mit großem Anwendungspotential betrachtet. Trotz des wachsenden Interesses findet man aber kaum ein Buch, in dem glcichermaßen alle wichtige Bestandteile dieser fortgeschrittenen, breit gefächerten Technologie behandelt worden wären. Das vorliegende Buch ist ein Versuch, diese Lücke zu schließen und zum ersten Mal eine systematisierte Gesamtsicht auf die Mikroroboter- und Mikromontageproblematik zu gewinnen. Auf die wichtigsten Aspekte dieser stark expandierenden Forschungsbereiche wird im Buch detailliert eingegangen. Die bereits erzielten praktischen Ergebnisse werden durch zahlreiche Beispiele veranschaulicht.

Das Buch soll für alle Universitäten, Forschungseinrichtungen und Industrieunternehmen interessant sein, die die Wichtigkeit der Mikrosystemtechnik und Mikrorobotik für Entwicklung moderner Produkte rechtzeitig erkannt haben und in diese Technologie einsteigen wollen bzw. auf dem Gebiet bereits aktiv sind. Mein übergeordnetes Ziel ist dabei, eine Übersicht über die zahlreichen vorhandenen Ideen und Probleme zu präsentieren, die auch für den Leser mit wenigen Vorkenntnissen verständlich ist. Die Leser, die diese junge Wissenschaft zum ersten Mal kennenlernen wollen, werden problemlos den größten Teil des präsentierten Stoffes verarbeiten können, denn alle notwendigen technischen Erklärungen wurden ohne einen, in diesem Fall überflüssigen "Tiefgang" gehalten. Jedoch sind minimale technische Vorkenntnisse in Informatik, Physik und Chemie wünschenswert. Damit wird dem Leser auch die technische Hintergrundinformation, die besonders massiv bei der Präsentation von Implementierungsergebnissen zum Vorschein kommt und manchmal auch nur "zwischen den Zeilen" abzulesen ist, nicht entgehen. Wenn diese Konzeption des Buches beim Leser Anklang findet und es zu einem schnelleren Einstieg in diesen faszinierenden Problembereich verhelfen kann, dann sind die Erwartungen des Autors vollkommen erfüllt.

Das Buch entstand größtenteils aus meiner Vorlesung, die am Institut für Prozeßrechentechnik, Automation und Robotik der Universität Karlsruhe seit fünf Jahren begleitet von einem Seminar abgehalten wird. Die vorliegende Buchversion entspricht mit unwesentlichen Ausnahmen der Habilitationsschrift, die von der Fakultät für Informatik der genannten Universität im Februar dieses Jahres angenommen wurde. Die Forschungsinhalte wurden vom BMBF, der DFG, EU, NATO, dem IAR und von der Volkswagen-Stiftung im Rahmen von mehreren Forschungsprojekten gefördert. Wegen den natürlichen Umfangsgrenzen des Buchs, die das Ausmaß des vermittelten Stoffes im Rahmen des Überschaubaren halten sollen, konnten leider einige interessante Entwicklungen und Ideen nicht vorgestellt werden. Der Autor hat fest vor, diese "Ungerechtigkeit" in der nächsten Auflage dieses Buches zu beseitigen. Diese erste Ausarbeitung wird mit großer Wahrscheinlichkeit nicht fehlerfrei sein; ich bitte daher um Nachsicht. Selbstverständlich werde ich dem Leser für jeden Verbesserungsvorschlag sehr dankbar sein.

Viele Kollegen haben mir bei der Arbeit geholfen. Mein besonderer Dank gilt dem langjährigen Leiter des Instituts, Herrn Prof. Dr.-Ing. U. Rembold, für seine stetige fachliche und persönliche Beratung sowie die tatkräftige Förderung dieser Arbeit. Unsere Zusammenarbeit am Buch „Microsystem Technology and Microrobotics" (Springer, 1997) hat meine Sichtweise der gesamten Problematik erheblich beeinflußt. Prof. Rembold hat die Institutsaktivitäten auf dem Gebiet Mikrorobotik Anfang der neunziger Jahren initiiert und seitdem konsequent durch die finanzielle Förderung von Forschungsreisen und Gastwissenschaftlern sowie durch die exzellente Laborausstattung unterstützt. Die erfolgreiche Durchführung meiner Forschungs- und Lehrtätigkeit wurde erst durch diese Unterstützung möglich.

Dem Nachfolger von Prof. Rembold als Lehrstuhlinhaber, Prof. Dr.-Ing. H. Wörn, danke ich sehr herzlich für sein Interesse an meiner Forschungsarbeit und die gebotene Chance zur Anfertigung dieses Manuskripts. Seine Förderung mehrerer Forschungsreisen, die Unterstützung bei der Laborerweiterung sowie „kräftige" Investitionen in die neue Ausstattung haben zum Fortschreiten meiner Arbeit ganz erheblich beigetragen. Ein herzlicher Dank geht auch an Herrn Prof. Dillmann für sein Interesse an meiner Arbeit und die wertvolle Hilfe beim Ausbau von industriellen Kontakten meiner Forschungsgruppe.

Ohne jemanden hervorzuheben möchte ich an dieser Stelle allen Unternehmen und Forschungseinrichtungen in Deutschland, Europa, Japan und den USA danken, die durch eine Zusammenarbeit mit meiner Gruppe im Rahmen verschiedener nationaler und internationaler Programme zum Fortschreiten meiner Forschungsarbeit wesentlich beitrugen und meine Sicht auf die Thematik prägten. Viele Fotos und Bilder im Buch entstanden aus ihren Forschungsaktivitäten; diese erleichtern dem Leser das Verständnis des Stoffes und machen das Buch insgesamt lebendiger und dadurch attraktiver.

Besonderer Dank geht an die Mitarbeiter meiner Forschungsgruppe „Mikrorobotik und Mikromechatronik", die zur Entstehung dieses Buches wesentlich beigetragen haben. Durch die vorbildliche Leistung von Dr.-Ing. Björn Magnussen, Dr.-Ing. Thomas Dörsam, Dr.-Ing. Karoly Santa, Dipl.-Ing. Thomas Fischer, Dipl.-Inform. Jörg Seyfried, Dipl.-Ing. Stephan Fahlbusch, Dipl.-Inform. Axel Bürkle und Dipl.-Ing. Ferdinand Schmoeckel ist die Gruppe heute international gut bekannt. Alle standen mir immer unterstützend mit Rat und Tat zur Seite. Jörg, Stephan, Axel und Ferdinand danke ich außerdem für die Aufbereitung der Fotomaterialien über unsere Forschungsaktivitäten, die Durchsicht des Manuskripts und die vielen ergänzenden Hinweise. Auch zahlreiche Gastwissenschaftler aus mehr als zehn Ländern, die innerhalb der letzten fünf Jahren in meiner Gruppe tätig waren, haben insgesamt eine großartige Arbeit geleistet. Sehr verpflichtet fühle ich mich außerdem gegenüber den Studenten, die im Rahmen von

Studien- und Diplomarbeiten sowie als Hilfswissenschaftler viele Ansätze untersuchten und erfolgreich implementierten. Ohne das große Engagement von Frau Marina Sarsenbajeva, die die ganze mühevolle Arbeit bei der Vorbereitung des Drucks allein erledigte, hätte die Erstellung dieses Buchs erheblich mehr Zeit gekostet.

Zum Schluß ein großes Dankeschön an meine Familie. Ohne die Geduld, das Verständnis und die aktive Unterstützung meiner Frau Irina, die meine ständige Abwesenheit zu Hause zu ertragen hatte, wäre diese zeit- und kraftraubende Arbeit nicht möglich gewesen. Sie und meine beiden Söhne Pawel und Sascha lieferten mir den notwendigen Beistand und Inspiration.

Sergej Fatikow

Karlsruhe, im Sommer 1999

Inhaltsverzeichnis

Einleitung

Die Mikrosystemtechnologie (MST) ist eine junge technische Disziplin, die sich in einer sehr dynamischen Entwicklungsphase befindet, so daß eine für etablierte Wissenschaftsbereiche charakteristische kanonisierte Begriffs- bzw. Regelmenge noch nicht ausgebildet ist. Trotz zahlreicher Wachstumsschwierigkeiten versucht zur Zeit die schnell wachsende MST-Forschungsgemeinschaft pragmatisch vorzugehen und eine neue Forschungs- und Entwicklungsstrategie zu verfolgen, die den Weg zur Herstellung stark miniaturisierter Produkte ermöglichen soll. Dabei werden vor allem drei Grundziele verfolgt: Verbesserung funktionaler Eigenschaften eines Produkts (hohe Anzahl von Funktionen pro Volumen, erhöhte Zuverlässigkeit durch Wegfall von Steckern und Kabeln, kompakter Aufbau, hohe Flexibilität usw.), Ressourcen- und Energieeinsparung in der Herstellungs- und Nutzungsphase und als wichtigster Punkt schließlich die Erschließung völlig neuer, vorher unvorstellbarer Anwendungen. Allgemein betrachtet zielen aktuelle Entwicklungen der MST darauf ab, verschiedenste Funktionen auf kleinstem Raum zu realisieren.

Alle großen Industriestaaten haben bereits die Bedeutung der MST erkannt. Vor allem in Deutschland, in Japan und den USA laufen vielfältige MST-Aktivitäten, wobei die entsprechenden Zielsetzungen bzw. Organisationsformen von Land zu Land recht unterschiedlich sind. Nach Angaben des Batelle-Instituts, Frankfurt [Tschu92], waren im Jahre 1991 lediglich etwa 300 Unternehmen und Institute weltweit aktiv im Bereich der MST tätig. Heute, nach nur wenigen Jahren, haben sich Tausende große und kleine Unternehmen sowie zahlreiche Universitäten und Forschungseinrichtungen verschiedenartigen MST-Aktivitäten angeschlossen. Allein in Europa waren im Jahr 1995 über 8000 Unternehmen an der Entwicklung und Herstellung von MST-Produkten beteiligt; weitere 11000 wollen sich definitiv innerhalb weniger Jahre anschließen [Bras95]. Diese und viele andere Zahlen belegen deutlich, daß der MST-bedingte Strukturwandel in der Industrie bereits begonnen hat [Tschu95]. Das geschätzte weltweite Marktvolumen von MST- und den darauf basierenden Produkten wird im Jahr 2002 im Bereich zwischen 40 und 45 Milliarden US-$ liegen [NEXU95], [Wechs97]. Speziell in Deutschland wurde die MST in den letzten Jahren in hohem Maße gefördert, wobei, nachdem wichtigste mikromechanische Verfahren stabil reproduzierbar geworden sind, die Informationstechniken und besonders die Automatisierung von Mikromontageaufgaben mit Hilfe von Robotern in den Mittelpunkt des Interesses rücken.

Makroroboter sind uns seit langem vertraut. Das allgemeine Konzept eines Roboters entspringt dem alten Wunsch der Menschheit, schwere oder gefährliche Arbeiten nicht selbst ausführen zu müssen. Das Wort „Roboter" ist aus dem tschechischen Wort für Arbeiter, „robota", abgeleitet. Die Verbindung dieses künstlichen „Arbeiters" mit der industriellen Produktion hat zu dem geführt, was heute als Industrieroboter bekannt ist. Diese Roboter verfügen über übermenschliche Fähigkeiten im Bezug auf Kraft, Geschwindigkeit, Reproduzierbarkeit und Ausdauer. Mit diesen Fähigkeiten haben die Roboter die Produktivität gesteigert und zu einer Rationalisierung der Herstellungsprozesse geführt. Roboter haben aber nicht unbedingt mit der Produktion zu tun. Die sogenannten Serviceroboter stellen, verglichen mit dem Industrieroboter, Funktionen einer höheren Ebene zur Verfügung und bewältigen Aufgaben, die ein Diener ausführen könnte. Der Begriff „Service" umfaßt dabei eine große Vielfalt an Tätigkeiten z. B. im Bereich Medizin, Inspektion und Wartung, Haushalt, Unterhaltung usw. Um den Anforderungen des Menschen gerecht zu werden und ihm ihren „Service" im weitesten Wortsinne anbieten zu können, müssen Roboter ein großes Bewegungspotential besitzen, für den Anwender leicht handhabbar sein und über Anpassungsfähigkeit und somit über ein bestimmtes Maß an Intelligenz verfügen.

Die ständig wachsenden Forschungsaktivitäten auf dem Gebiet der Mikrosystemtechnologie haben in letzter Zeit ein bisher unbekanntes Wesen ins Leben gerufen – den Mikroroboter. Dieser Forschungs- und Entwicklungsbereich ist auf die Erschließung neuer Anwendungen gerichtet, die für konventionelle „Makroroboter" aufgrund ihrer konzeptionellen Grenzen nicht in Frage kommen. Eine systematische Untersuchung und Weiterentwicklung der Mikrorobotik ist ein Schwerpunkt dieser Arbeit.

Aufgrund der enormen Fortschritte in der MST sowie auch in der konventionellen Robotik ist heute die Entwicklung von Mikrorobotern mit Abmessungen von wenigen Kubikzentimetern möglich. Einige Antriebsprinzipien aus der Makrowelt können dabei direkt übernommen werden, wobei allerdings Skalierungsprobleme zu beachten sind. Sie bewirken, daß eine Verkleinerung einer Makromaschine zu Leistungsdaten führt, die nicht dem Verkleinerungsmaßstab entsprechen. Wie auch konventionelle Roboter müssen Mikroroboter Bewegungen ausführen, Kräfte ausüben, Objekte manipulieren, robust gegenüber schwierigen Umgebungen sein und die gewünschten Funktionen auch über längere Zeiträume ohne Wartung erbringen. Somit sind Mikroroboter ein recht komplexes System, das in der Regel mehrere verschiedene Aktor- und Sensortypen beinhaltet und hierbei – wie auch die Makroroboter dritter Generation – auf effektive Algorithmen der Signal- und Informationsverarbeitung angewiesen ist.

Die Robotik ist deshalb in letzter Zeit ein wichtiges Forschungsgebiet der Informatik geworden. Viele Aufgaben, wie Planung und Steuerung, Sensordatenverarbeitung und Überwachung, Entwurf und Diagnose von Robotern, Kommunikation in Mehrrobotersystemen und Modellieren des Roboterverhaltens, können nur effizient mit verschiedenen Methoden der Informatik gelöst werden. Diese Probleme stehen in der Mikrorobotik bzw. der Mikrosystemtechnologie (MST) noch am Anfang ihrer aktiven Erforschung. Es ist aber heute bekannt, daß der Informatikanteil bei der Mikrosystementwicklung etwa 80% des gesamten Entwicklungsaufwandes ausmacht.

Besonderer Wert bei der Steuerung von Mikrorobotern wird auf die Fähigkeit gelegt, feinste Manipulationen mit verschiedenartigen sehr kleinen Objekten durchzuführen. Die Manipulation von winzigen Objekten mit einer Auflösung im µm- oder sogar nm-

Bereich ist bei vielen Anwendungen von großer Bedeutung. Obwohl die menschliche Hand ein vielseitiges Instrument ist und ein fast uneingeschränktes Bewegungspotential hat, ist ihre Manipulationsfähigkeit begrenzt und reicht oft für feinste Handhabungen nicht aus. Diese beiden Eigenschaften, nämlich Mobilität und Mikromanipulationsfähigkeit, in einem einige Kubikzentimeter kleinen *flexiblen Robotersystem* zu vereinigen ist eine große Herausforderung für die MST-Forscher. Da Operationen eines Mikroroboters durch zahlreiche mikroweltspezifische Störungen beeinträchtigt werden, soll er Adaptionsvermögen besitzen. Der Roboter muß in einer unvollständig definierten, mit Störungen versehenen Umgebung anhand der Sensorinformation eigenständig Entscheidungen über notwendige Aktionen treffen und ggf. sein Verhalten korrigieren können.

Die angesprochene Komplexität von Mikrorobotern ist meistens durch konventionelle modellbasierte Steuerungsmethoden nicht oder nur mit sehr großem Zeitaufwand zu beherrschen. Die Vereinigung einer Positionier- und einer Mikromanipulationseinheit in einem Roboter führt zu Mehraktorsystemen mit einer großen Anzahl von Freiheitsgraden. Berücksichtigt man zusätzlich die störenden Einflüsse der Mikrowelt, dann wird es offensichtlich, daß das Erstellen eines plausiblen Robotermodells in den meisten Fällen nahezu unmöglich ist. Die Informatik soll hierbei „Hilfe leisten" und modellunabhängige verhaltensbasierte Steuerungsmethoden zur Verfügung stellen, die es dem Mikroroboter erlauben, vernünftig und zielgerichtet zu agieren. In dieser Arbeit werden Lösungen untersucht, die auf der Anwendung neuronaler Netze und der Fuzzy-Logik beruhen.

Eine andere Schnittstelle zwischen der Informatik und der Mikrorobotik stellen verteilte Rechnersysteme dar, welche die Echtzeitfähigkeit der Mikroroboter gewährleisten sollen. Viele Rechneraktivitäten können bei der Steuerung eines Mikroroboters parallel ablaufen. Sowohl die separate Steuerung seiner Positionier- und Mikromanipulationseinheiten, die ihrerseits auch aus mehreren Aktoren bzw. Aktorgruppen bestehen können, als auch die Kommunikationsfähigkeit (Roboter - Roboter, Roboter - Benutzer) setzt voraus, daß ein verteiltes Rechnersystem zur Robotersteuerung aufgebaut wird. Auch die Strukturierung des Steuerungssystems wird durch ein verteiltes Rechnersystem unterstützt. Eine Anweisung einer höheren Steuerungsebene erzeugt mehrere Anweisungen in der nächsten Ebene, die in der Regel parallel auszuführen sind. Eine geregelte Durchführung von Roboteroperationen verlangt außerdem die Verarbeitung von umfangreichen Sensorinformationen. Somit werden Rechnersysteme benötigt, die modular und dadurch erweiterbar sind, um die Leistungsfähigkeit des Roboters gegebenenfalls erhöhen und an eine bestimmte Aufgabenart anpassen zu können. Beispielsweise sollte es möglich sein, zusätzliche Aktoren bzw. Sensoren einfach und schnell an das Rechnersystem anzubinden, indem jeweils ein eigener Prozessor zur Verfügung gestellt wird. Alle Rechnersystemkomponenten müssen dabei frei programmierbar sein, um an verschiedene Aufgaben ohne großen Aufwand angepaßt werden zu können und dadurch die Roboterflexibilität zu ermöglichen.

Daß Mikroroboter in naher Zukunft eine wichtige Rolle spielen werden und weltweit ein wachsender Bedarf an solchen Systemen besteht, haben verschiedene Untersuchungen aktueller Anwendungen der MST in Europa, den USA und Japan gezeigt.

Von flexiblen leistungsstarken Mikrorobotern erhofft man sich einen Durchbruch in vielen praktischen Anwendungen, z.B. in der Medizin, Biologie, Prüf- bzw. Meßtechnik und insbesondere der Montage von Mikrosystemen. Letzteres ist das übergreifende Thema dieser Arbeit.

Die Montage von Mikrosystemen ist zur Zeit ein typisches Flaschenhalsproblem in bezug auf eine schnelle industrielle Übernahme von Mikrosystemen, deren Entwicklung bereits die Produktreife erreichte. Das für die Mikroelektronik charakteristische Prinzip des *Batch Processing*, d.h. die parallele Herstellung vieler gleichartiger Systeme auf einem gemeinsamen Substrat, ist bei der Mikroproduktion selten anwendbar. Mikrosysteme bestehen in der Regel aus verschiedenartigen, z.B. mechanischen, optischen oder elektronischen, Komponenten, die sehr genau zusammengefügt werden müssen. Markante Beispiele sind Abtastköpfe für CD-Spieler, Druckköpfe für Tintenstrahldrucker, mikrooptische und -optoelektronische Bausteine für Kommunikationssysteme, Schreib-/Leseköpfe für Festplattenspeicher, mikrofluidische Komponenten für Analysesysteme und Mikroreaktoren, Endoskope für die minimalinvasive Therapie, implantierbare Diagnose- und lebenserhaltende Systeme für die Medizin, sowie Mikrosensoren für die Automobil-, Umwelt-, Bio- oder Sicherheitstechnik. Nur elektrische Schnittstellen zur Umgebung können evtl. mit den Batch-Verfahren hergestellt werden. Besitzt das Mikrosystem zusätzlich mechanische, fluidische oder optische Schnittstellen, dann reichen die Möglichkeiten der monolithischen Herstellung in der Regel nicht aus.

Um eine wirtschaftliche Herstellung solcher Systeme zu ermöglichen, müssen die benötigten Montageoperationen unter den Randbedingungen der industriellen Produktion, die die Automatisierung von Montageaufgaben voraussetzen, beherrschbar und reproduzierbar sein. Verschiedenartigste Mikrobauteile müssen gereinigt, magaziniert, zugeführt, gegriffen, transportiert, manipuliert, positioniert, justiert und miteinander verbunden werden. Dazu müssen Lösungen zur Handhabungstechnik, zur Greif- und Fügetechnik sowie zur Teilzuführung und -magazinierung erarbeitet werden. Die Bauteile sollen dabei möglichst gering belastet werden. Außerdem ist eine durchgehende Qualitätssicherung durch sensorbasierte Inspektion für eine kostengünstige Produktion unumgänglich. An der flexiblen automatisierten Montage von Mikrosystemen wird kein Weg vorbeiführen. Da Geräte der Makrotechnik zur Lösung dieser Aufgabe nicht geeignet sind, wird heute die automatisierte Mikromontage nebst speziellen Montageplanungs- und Steuerungstechniken als die Schlüsseltechnologie zur industriellen Beherrschung der MST angesehen.

Die langjährigen Erfahrungen bei der Entwicklung von Robotern dritter Generation haben bereits gezeigt, daß die Informatik im Bereich wissensbasierter Montageplanung und sensorbasierter Robotersteuerung eine entscheidende Rolle spielt. Auch die MST-Forscher suchen heute nach entsprechenden Lösungen für die Automatisierung der Mikromontage. Mit Hilfe von CAD-Systemen ist es beim Entwurf eines Mikrosystems möglich, seine Gestalt unter Berücksichtigung von unterschiedlichen Kriterien festzulegen. Bereits hier kann ein wichtiger Schritt in Richtung der Automatisierung der Montage gemacht werden, indem auch montagespezifische Kriterien berücksichtigt werden. In den meisten Fällen aber, besonders wenn das Mikrosystem aus einer relativ großen Anzahl von Teilen besteht, gibt es eine Menge von praktisch durchführbahren Montagefolgen und -bewegungen. Dabei muß aus dieser Menge diejenige Alternative gewählt werden, die im Sinne von verschiedenartigen anwendungsorientierten Kriterien optimal ist. Die Operationen der optimalen Folge müssen in einem Mehrrobotersystem zusätzlich den „optimalen" Robotern zugeteilt werden, was wiederum anhand von vorgegebenen Kriterien erfolgen soll. Die Planungsprozedur soll außerdem echtzeitfähig sein. Im Falle einer Prozeßstörung während der Montage kann dann der Montageablauf nach einer sensorbasierten Aktualisierung des Weltmodells neu geplant und die Aufgabe, wenn auch mit einer leichten Verzögerung, doch noch abgeschlossen werden.

Ein industrieller Durchbruch auf diesem Gebiet ist aber trotz wachsender Forschungs- und Entwicklungsaktivitäten bis jetzt ausgeblieben. Derzeit bestehen noch wesentliche Hemmnisse bei der technischen und wirtschaftlichen Umsetzung von Prototypen in die industrielle Produktion [West97]. Vor allem diese Tatsache hat dazu geführt, daß die MST-Gemeinschaft im Augenblick „durch eine Talsohle der Ernüchterung" geht [Zinner95]. Während in der Mikroelektronik sogenannte Pick-and-Place-Automaten für die Oberflächenmontage bereits etabliert sind, müssen für die Fertigung geringer und mittlerer Stückzahlen anwendungsspezifischer Mikrosysteme noch Lösungen konzipiert und realisiert werden. Geeignete Montagekonzepte müssen entwickelt werden, welche speziell auf die Bedürfnisse kleiner und mittelständischer Unternehmen abgestimmt sind. Diese Forschungsaktivitäten werden in den letzten Jahren aufgrund ihrer strategischen Bedeutung verstärkt durch die Bundesregierung unterstützt [Kergel97].

Flexible multifunktionale Mikromontagestationen mit direkt angetriebenen mobilen, hochpräzisen Mikrorobotern sind eine Lösung, die die oben genannten Probleme überwinden soll. Die Entwicklung und Implementierung dieses Konzepts bildet einen weiteren Schwerpunkt dieser Arbeit. Die Entwicklung bzw. der Aufbau einer solchen Montagestation ist eine interdisziplinäre Aufgabe, wobei in erster Linie folgende Probleme zu lösen sind:

• Konzipieren einer Mikromontage-"Tischstation" und ihrer Steuerung;

• Intelligente wissensbasierte Planung von Mikromontageabläufen;

• Sensorbasierte Ausführung von Mikromontageabläufen;

• Entwicklung von flexiblen hochpräzisen Direktantriebsrobotern;

• Verhaltensbasierte Echtzeitsteuerung der Roboter.

Die vorliegende Arbeit befaßt sich mit der Lösung dieser Probleme.

1 Einführung in das Themengebiet

Zunächst bekommt der Leser eine kurze Einführung in das Themengebiet. Sie soll ihm helfen, die Belange des gesamten Forschungsgebiets der MST kennenzulernen und die in der Arbeit behandelten Schwerpunktbereiche, Mikrorobotik und flexible Montage von Mikrosystemen, entsprechend einzuordnen. Dabei wird ein Überblick über Techniken der MST gegeben und wichtige Begriffe der MST und Mikrorobotik werden eingeführt. Auf die bedeutende Rolle der Informatik für die MST und Mikrorobotik wird besonders eingegangen; die in der Arbeit verwendeten Methoden werden kurz erläutert.

1.1 Mikrosystemtechnologie

Es existiert noch keine Definition der Mikrosystemtechnologie, die allgemein akzeptiert wird. Die meisten MST-Forscher charakterisieren aber ein Mikrosystem als Vereinigung von miniaturisierten Sensoren, Aktoren und Signalverarbeitungseinheiten, so daß das gesamte System viele komplexe Einzelfunktionen beinhaltet. Diese Vereinigung ist nur durch konsequente Miniaturisierung einzelner Komponenten möglich. Die MST kann somit als die funktionale Integration mechanischer, elektronischer, optischer und sonstiger Funktionselemente unter Anwendung von speziellen Mikro- und Systemtechniken definiert werden; diese Techniken werden weiter unten kurz vorgestellt. Angestrebt werden dabei intelligente monolithische bzw. integrierte Mikrosysteme, die wie der Mensch über Sinne (Sensoren), Gehirn (Signalverarbeitung) und Gliedmaßen (Aktoren) verfügen und in verschiedensten Anwendungsbereichen eingesetzt werden können.

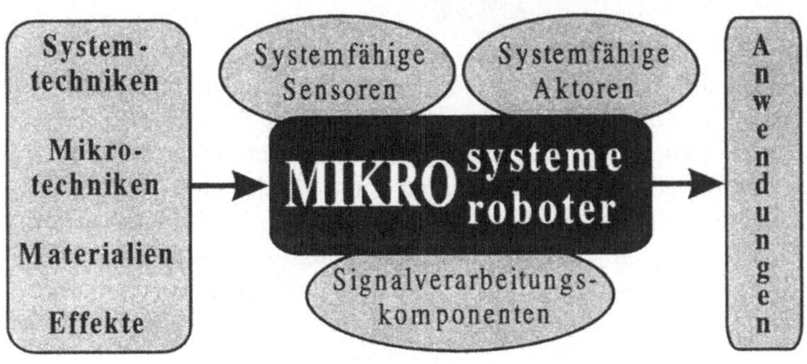

Solche Mikrosysteme sollen zum einen zur Einsparung von Platz, Material und Energie führen und zum anderen dem Anwender im Vergleich zu konventionellen Lösungen neue, früher unerreichbare funktionale Möglichkeiten zur Verfügung stellen. Bild 1.1 liefert uns zunächst eine grobe Vorstellung über den Gesamtaufbau der Mikrosystemtechnik.

Insbesondere der Bereich der Robotik wird heute durch die Entwicklung stark miniaturisierter Aktoren und Sensoren revolutioniert. Teleoperierte Miniatur- und Mikroroboter für verschiedene Zwecke sind bereits heute Realität [Ishi95], [Aoya95], [Fati95]. Die Kriterien für den Einsatz von Mikrorobotern liegen dabei in der Erschließung neuer Anwendungsbereiche, einer großen Zuverlässigkeit durch eine hohe Integrationsdichte und auch in einer langfristigen Kostensenkung.

Auch über die Größenordnung von Systemen und ihren Komponenten, die im Rahmen dieser jungen Wissenschaftsrichtung behandelt werden, gibt es keine einheitliche Meinung. Oft wird über wenige Zentimeter große Mikrosysteme berichtet, obwohl viele Forscher lediglich Mikrosysteme mit µm-Abmessungen für „namensgerecht" halten. Eine ausgewogene Position besteht darin, daß ein Mikrosystem durch das Bestreben, möglichst viele Funktionen auf kleinstem Raum unterzubringen, gekennzeichnet ist und mindestens eine mikromechanisch hergestellte Komponente enthalten soll. Das effektvolle Bild 1.2, das einen elektrostatischen Mikromotor im Vergleich mit einem menschlichen Haar (Durchmesser von 50 bis 100 µm) präsentiert, vermittelt einen ersten Eindruck über typische Abmessungen von Komponenten eines Mikrosystems.

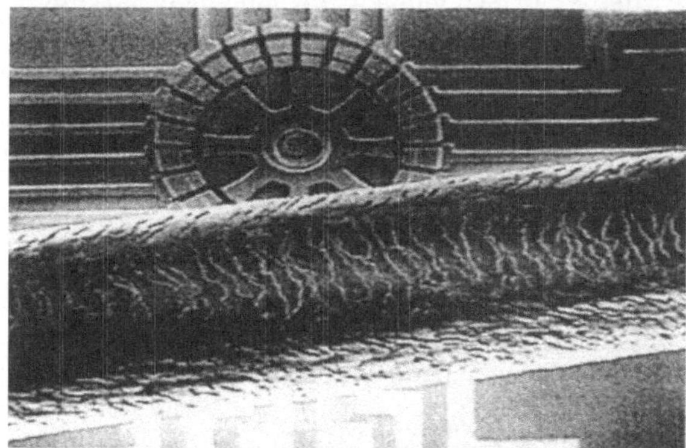

Bild 1.2
Mikromotor aus Polysilizium
und menschliches Haar
(Quelle – Berkeley Sensor and
Actuator Center, University of
California, Berkeley)

Man ist dabei weitestgehend bestrebt, eine technische Kopie der Schöpfung zu realisieren. Toyota-Forscher orientieren sich beispielsweise an der Stechmücke, die mit Sensoren Blutzellen sucht, Haut schneidet, saugt und pumpt und somit als Prototyp eines Mikrogeräts zur Blutdiagnose angesehen werden kann. An der Universität Tokyo geht man noch weiter und entwickelt seit Jahren das Konzept eines biologischen Mikroroboters, bei dem z.B. Schaben mit integrierten Ansteuerelektroden versehen werden [Kuwana94], [Robo97]. Die Anwendungen dieser Technologien liegen allerdings noch in ferner Zukunft.

Auch die sogenannten Nanotechnologien wird man in absehbarer Zeit noch nicht verwerten können. Dabei werden noch winzigere Dimensionen erschlossen, um kleinste elektronische und mechanische Geräte aus Nanopartikeln oder gar Molekülen zu bauen – ein Baukastenprinzip mit Klötzchen aus der Nanowelt [Hata95], [VDI98]. Nach Ansicht von E. Drexler, Leiter des Institute for Molecular Manufacturing in Palo Alto (USA), werden in Zukunft unsichtbare Nanoroboter, z.B. per Mundspray, zum Entfernen des Zahnbelags verwendet [Drex91]. Die heutigen Aktivitäten bestehen in der Entwicklung von Verfahren, mit denen sich die Nanopartikel mit Durchmessern von weniger als 100 nm aus einer Gasphase gewinnen und handhaben lassen. Das Ziel ist es, möglichst identische Partikel zu gewinnen, die weder in ihrer chemischen Zusammensetzung noch in ihrer Größe voneinander abweichen. Aus diesem „Baumaterial" könnte man dann die mikroskopischen Strukturen mit genau definierten physikalischen Effekten erzielen.

Man könnte meinen, daß es sich hier ausschließlich um abstruse Visionen handelt, aber die Wirklichkeit beginnt sich ihnen zu nähern. Es sind bereits beachtliche Erfolge erzielt worden, auf denen man aufbauen kann und die die Lebensqualität des Menschen spürbar erhöhen werden. Die technische und wirtschaftliche Innovation wird immer mehr von der MST beeinflußt, die in absehbarer Zeit bisher nicht erfüllbare Leistungen ermöglichen und dadurch die entscheidende Rolle für die industrielle Wettbewerbsfähigkeit in einigen Branchen, wie Medizin-, Verkehrs- oder Umwelttechnik, spielen wird.

Mehrere Mikrobausteine, wie verschiedenartige Mikrosensoren und -aktoren, können bereits heute exemplarisch realisiert werden; ihre Kosten sind aber momentan noch relativ hoch. Mikrosysteme können konventionelle Lösungen nur dann ersetzen, wenn sie zu deutlich verringerten Kosten angeboten werden. Dies wird aber nur dann der Fall sein, wenn die in einer hohen Stückzahl gefertigten Mikrosysteme ihre Abnehmer auf dem Markt finden. Von größter Wichtigkeit sind deswegen einerseits die speziellen mikromechanischen Verfahren, die die parallele Fertigung vieler identischer Bauelemente erlauben (Herstellung im Batch) und somit die Prozeßkosten für das Einzelelement herunterschrauben und andererseits flexible automatisierte Mikromontageverfahren, die eine kostengünstige Herstellung von integrierten Mikrosystemen erst ermöglichen.

Ein großes und für viele innovative F&E-Bereiche typisches Problem der heutigen MST-Entwicklung ist die Umsetzung der Forschungsergebnisse in brauchbare industrielle Anwendungen, d.h. der Übergang von der technischen Faszination zu einem wirtschaftlichen Erfolg. Der Hauptgrund sind relativ hohe Erstinvestitionen in die Fertigung mikrotechnischer Produkte, die zu einem wirtschaftlichen Risiko für die Einsteiger, besonders für kleine und mittelständische Unternehmen, führen. Sehr aufwendig und kostspielig ist z.B. die Einrichtung eines speziellen Reinraums, der bei der Mikrofertigung oft unerläßlich ist.

Aus diesem Grund können heute praktisch nur große Unternehmen an einer MST-Produktentwicklung „aus einer Hand" arbeiten. Die meisten kleineren potentiellen MST-Hersteller sind aber auf eine enge Zusammenarbeit angewiesen, die oft nur zögernd eingegangen wird. Die Entscheidungsträger in den Firmen sind sich oft nicht darüber im Klaren, daß man bereits morgen an völlig neuen, durch die Mikrosystemtechnik geprägten Produktkonzepten arbeiten wird. Ein Schwachpunkt ist auch der mangelhafte Kooperationswille zwischen Unternehmen und Forschungsinstituten, obwohl sogar bei sehr anwendungsspezifischen Projekten Probleme auftreten, die ihren Ursprung in der Grundlagenforschung haben. Dazu zählen z.B. Materialverträglichkeit, Skalierbarkeit von Aktuationseigenschaften, Gewinnen von Sensorinformationen aus der Mikrowelt oder Algorithmen zu einer intelligenten Ansteuerung von Mikrosystemen. Es wäre daher wichtig, eine breite Kooperation von Wissenschaft und Industrie zu schaffen, ausgehend von der gemeinsamen Planung von Vorhaben über die Entwicklung und Herstellung bis hin zur Realisierung von Produkten. Das herstellbare Produkt sollte dabei in den Vordergrund rücken.

Außerdem soll die Standardisierung eine größere Bedeutung in der MST erlangen. Wenn standardisierte Bauteile und flexible Aufbau- und Verbindungstechniken zur Verfügung stehen, würden die Kostenvorteile der Massenproduktion auch bei kleineren Stückzahlen nicht verloren gehen. Dies würde auch kleinen und mittleren Unternehmen ein schnelles Reagieren auf individuelle Kundenbedürfnisse ermöglichen.

1.2 Komponenten eines Mikrosystems

Ein vollständiges Mikrosystem soll äußere Signale erfassen, bearbeiten und auswerten, anhand gewonnener Information Entscheidungen treffen und sie in die entsprechenden Aktorbefehle umsetzen. Als Ergebnis führt das Mikrosystem aufgabenbedingte Manipulationen aus. Der prinzipielle Aufbau eines Mikrosystems ist in Bild 1.3 dargestellt.

Das Besondere an der MST gegenüber konventionellen Systemkonzepten ist darin zu sehen, daß Sensoren und Aktoren sowohl von der Größe als auch von den Kosten her mit den Komponenten der Mikroelektronik kompatibel sind. In diesem Sinne beginnt die Mikrosystemtechnik genau dort, wo Methoden der traditionellen mechanischen Feinwerktechnik, die auf dem Einsatz von Mikrowerkzeugen aus Hartmaterialien (z.B. Diamant) oder auf CNC-gesteuerten Bearbeitungsmaschinen beruhen und mit fortschreitender Miniaturisierung immer teurer werden, auf ihre konzeptionellen Grenzen stoßen.

Verschiedenartige Sensoren, die die „Sinnesorgane" eines Mikrosystems bilden, sind nicht mehr individuell abgeglichene Einzelteile, sondern können in großer Zahl auf kleinem Raum mit relativ geringen Fertigungskosten hergestellt werden. Mehrere Mikrosensoren können dabei in einem Sensorarray integriert werden, wodurch die Zuverlässigkeit des Gesamtsystems erheblich gesteigert (einzelne Ausfälle sind nicht mehr kritisch) und der Meßbereich optimal abgedeckt werden kann. Es geht hierbei je nach Anwendung um mechanische (z.B. Positions-, Beschleunigungs- oder Druckmessung), thermische, magnetische, chemische und biologische Sensoren.

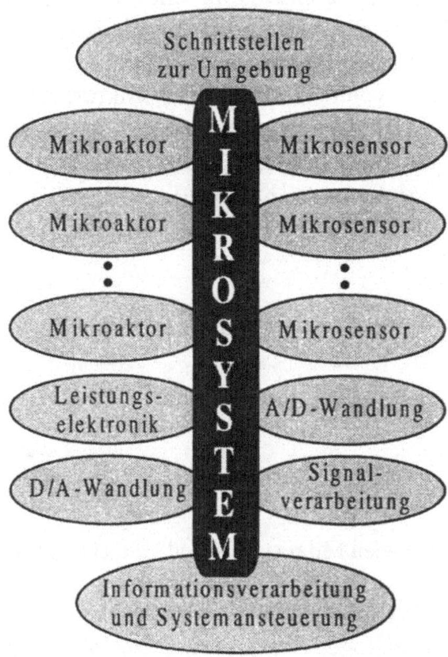

Bild 1.3
Funktionelle Einheiten eines Mikrosystems

Die Aktoren sind die aktionsfähigen Organe eines Mikrosystems, die es dem System ermöglichen, auf äußere Reize zu reagieren. Darunter versteht man kleine Motoren, Pumpen, Ventile, Greifer, Schalter, Relais und andere aktuationsfähige Mikrosystemkomponenten, die i.d.R. mit Methoden der Mikromechanik hergestellt werden. Wie wir sehen werden, können auch anspruchsvolle Aufgaben der Mikrorobotik, wie z.B. Abfahren von bestimmten Wegen oder Manipulieren mit sehr kleinen Objekten (ferngesteuert oder autonom), mit Hilfe verschiedenartiger Mikroaktorsysteme gelöst werden. Während die Miniaturisierung der Sensoren bereits weit fortgeschritten ist, läßt sich für die Aktorelemente noch ein erhebliches Defizit erkennen. Bei den bisher kommerziell verfügbaren mikrotechnischen Produkten handelt es sich zum überwiegenden Teil um Sensoren.

Auch an die Entwicklung von Komponenten zur Signalverarbeitung werden in der MST hohe Anforderungen gestellt. Zum einen sind die Aufgaben äußerst anspruchsvoll, zum anderen sind die Systeme in Größe und Leistung sehr eingeschränkt. Entsprechende Algorithmen sollten speziell auf die Belange der MST zugeschnitten sein, d.h. die Mikroprozessoren in ihrer Leistungsfähigkeit vollständig ausreizen.

Eine große Anzahl der bisher ungelösten Probleme der MST ist im Bereich der Schnittstellen zu finden. Mikrosysteme müssen mit ihrer Außenwelt in Verbindung stehen, um Energie, Information oder Substanzen mit anderen Systemen austauschen zu können (Bild 1.4). Die Machbarkeit und die Marktfähigkeit zukünftiger Mikrosysteme hängen wesentlich davon ab, ob es gelingt, technisch vernünftige Konzepte der Mikro-Makro-

Kopplung zu entwickeln. Zur Informations- bzw. Energieübertragung sind heute elektrische Schnittstellen am weitesten entwickelt. Untersucht werden auch andere Kopplungsmöglichkeiten, z.B. durch optische, thermische oder akustische Schnittstellen. Für die Substanzzuführung bzw. -entnahme werden derzeit nur Methoden der Mikrofluidik eingesetzt, wie z.B. Abgabe von Medikamenten in Mikrodosiersystemen oder Einsaugen von biologischer Materie bei medizintechnischen Anwendungen. Eine Zusammenfassung aller vorstellbarer Schnittstellenkonzepte findet man in [Kohl94a].

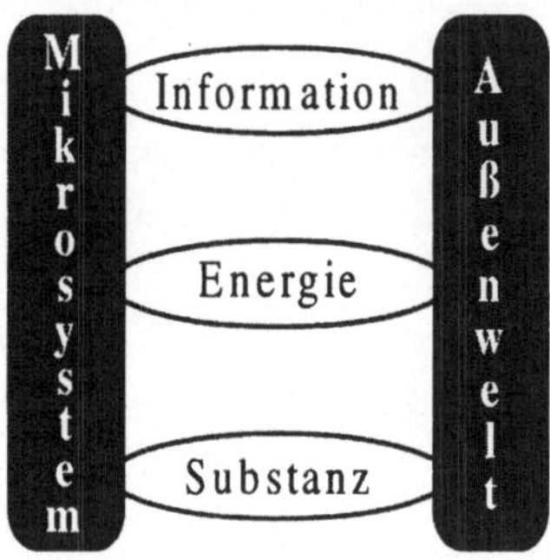

Bild 1.4
Schnittstellen zwischen Mikrosystem und Umgebung

Als Bestandteil elektrischer Schnittstellen können A/D- und D/A-Wandler betrachtet werden; sie ermöglichen die digitale Verarbeitung analoger Sensorsignale im Rechner und, umgekehrt, die analoge Ansteuerung von Aktorstellgliedern anhand digitaler, vom Rechner generierter Steuerbefehle. A/D- bzw. D/A-Wandler können in dezentral aufgebauten Mikrosystemen, bei denen die sogenannten intelligenten Sensoren und Aktoren mit einem eigenen Mikrocontroller ausgestattet werden, direkt in Mikrosensor- bzw. Mikroaktorchips integriert werden. Komponenten der Leistungselektronik sind i.d.R. in einem Mikrosystem unerläßlich und führen oft zu thermischer und elektromagnetischer Belastung; diese systemtechnischen Probleme müssen bereits beim Systementwurf berücksichtigt werden.

1.3 Techniken der Mikrosystemtechnologie

Mikrosysteme können mit Hilfe von Mikrotechniken bzw. Systemtechniken und durch die Verwendung der für die MST-Anwendungen relevanten Materialien und Effekte geschaffen werden, sobald diese Techniken so weit entwickelt sind, daß sie miteinander verknüpft werden können (Bild 1.5). Nachfolgend wird ein kurzes ABC der MST-Techniken eingeführt, das uns bei weiteren Betrachtungen dieses breit gefächerten Gebietes helfen soll.

Bild 1.5
Grundlegende Techniken der Mikrosystemtechnik

Mikrotechniken sind Fertigungstechniken zur Herstellung von Formen und Körpern, deren kleinste Details Abmessungen im µm-Bereich aufweisen. Die wichtigsten Techniken sind:

- *Schichttechniken:* Verfahren zur Herstellung von Schichten aus verschiedenen Materialien auf der Oberfläche eines Substrats. Je nach Abscheidungsverfahren kann die Schichtdicke von hunderten µm bis zu einigen nm variieren.

- *Mikromechanik:* Diese Technik umfaßt im allgemeinen Sinne die dreidimensionale Strukturierung von Festkörpern, wobei in mindestens einer Dimension Strukturgrößen im Mikrometerbereich auftreten. Es handelt sich hier vor allem um Lithographie, Ätztechniken und Lasertechniken. Werkstoffe der Mikromechanik sind je nach Herstellungsverfahren einkristallines Silizium, Polysilizium, Metalle, Kunststoffe, Glas, usw.

- *Integrierte Optik:* Technik zur Entwicklung und Herstellung miniaturisierter planarer optischer Komponenten wie Koppler, Modulatoren, Schalter usw. In Analogie zur Mikroelektronik wird hier das Ziel verfolgt, die genannten optischen Komponenten auf einem einheitlichen Substrat, wie z.B. Glas, Halbleiter oder Lithiumniobat, zu vereinen.

- *Faseroptik:* Mit Hilfe der Faseroptik werden optische Signale in lichtleitenden Medien geführt. Man unterscheidet zwei Anwendungsgebiete: die Kommunikationstechnik (Ausnutzung einer ungestörten Signalübertragung) und die Sensorik (Ausnutzung von Änderungen der Übertragungseigenschaften von

Lichtwellenleitern zur Erfassung verschiedener physikalischer, chemischer und biochemischer Parameter).

- *Mikrooptik:* Diese Technik befaßt sich mit dem Entwurf und den Herstellungsverfahren miniaturisierter optischer Komponenten (Spiegel, Linsen, Filter, usw.), die in hybriden Mikrosystemen mit optischen Funktionen benötigt werden.

- *Mikroabformung:* vor allem Kunststoffabformung durch Spritzgießen oder Heißprägen, die der Schlüssel zur kostengünstigen Massenfertigung von Mikrobauteilen anhand des LIGA (Lithographie - Galvanoformung - Abformung) -Verfahrens ist. Die mit Hilfe der Mikrogalvanik hergestellten Formwerkzeuge aus Metall unterscheiden sich von den konventionellen, mechanisch hergestellten, durch ihre geringen lateralen Abmessungen und die große Strukturvielfalt bis in den µm-Bereich.

- *Mikrofluidik:* Technik zur Entwicklung und Herstellung fluidischer Elemente. Da sie leistungsfähig, verschleißfrei und gegen Verschmutzung durch fließende Medien relativ unempfindlich sind, können sie in vielen Anwendungsbereichen eingesetzt werden.

Vollständige Mikrosysteme bzw. -roboter werden erst dann möglich, wenn einzelne Systemkomponenten (Mikrosensoren, Signalverarbeitungseinheiten, Mikroaktoren) funktional durch Systemtechniken verknüpft werden, so daß das gewünschte Systemverhalten vorliegt. Systemtechniken ermöglichen den Entwurf, die Herstellung und die Ansteuerung von Mikrosystemen. Zu den wichtigsten Systemtechniken der MST gehören:

- *Systemkonzepte:* Architekturen von Mikrosystemen und Schnittstellenkonzepte zwischen Einzeltechniken der MST. Die Bereitstellung eines Systemkonzeptes hat eine übergreifende Bedeutung für die gesamte Entwicklung und Fertigung des Mikrosystems.

- *Mikromontagetechniken:* Bereits beim Entwerfen eines Mikrosystems müssen neben den aufgabenspezifischen Anforderungen an das System auch montagespezifische Überlegungen, wie Handhabbarkeit einzelner Systemkomponenten, Durchführbarkeit und Automatisierbarkeit der Montageschritte und die montagebedingten Herstellungskosten, berücksichtigt werden. Diese Techniken sind von entscheidender Bedeutung, um eine Kleinserien- oder gar Massenproduktion des Mikrosystems zu ermöglichen.

- *Signal- und Informationsverarbeitung:* Durchführung mathematischer, umformender und speichernder Operationen, Aufnahme primärer elektrischer Signale eines Sensors bzw. Sensorarrays und/oder Steuersignale einer dezentralen Systemkomponente, Bereitstellung von Prozeßdaten als Ergebnis der Signalverarbeitung.

- *Entwurfs- und Simulationswerkzeuge:* Rechnergestützte Analyse, Simulation und Entwurf von Mikrosystemen. Dem Entwickler sollte im Idealfall ein interaktives CAD-Tool zur Verfügung gestellt werden, welches sämtliche Einflußgrößen (Geometrie, Technologie, Leistungswerte, usw.) berücksichtigt und die einzelnen Entwurfsschritte anhand einer Prozeß-, Komponenten- oder Systemsimulation nach-vollziehen läßt.

- *Qualitätssicherung:* Diese Technik umfaßt Methoden und Werkzeuge für Test und Diagnose, die die Funktionsfähigkeit des zu entwickelnden Mikrosystems ermitteln können. Ein wichtiges Konzept bei der Systementwicklung ist die durchgängige Qualitätssicherung, um die wichtigen oder gar alle Parameter und Funktionen des Mikrosystems ständig zu beobachten und eventuelle Fehler rechtzeitig zu erkennen und zu beheben.

- *Aufbau- und Verbindungstechnik:* Diese Technik umfaßt die Gesamtheit der Tech-nologien, die zur physikalischen Integration von verschiedenartigen Mikrokompo-nenten auf engstem Raum benötigt werden. Um die Entwicklungskosten herunter-zuschrauben, muß bereits beim Systementwurf auf die Einsatzmöglichkeiten und die systemtechnischen Grenzen der gewünschten Materialien und Bauelemente geachtet werden.

- *Gehäusetechnik:* Entwurf eines dem zu entwickelnden Mikrosystem entsprechenden Gehäuses, das in der Mikrowelt einen unverzichtbaren Teil des Mikrosystems darstellt und dessen Gesamtfunktion stark beeinflußt.

- *Standardisierung:* Wie in vielen anderen Industriebranchen ist die Standardisierung eine wichtige, übergreifende Technik bei der Entwicklung von Mikrosystemen. Sie kann, wie es auch in der Mikroelektronik der Fall war, zu einer erfolgreichen wirt-schaftlichen Umsetzung der in der Forschung erzielten Ergebnisse entscheidend beitragen.

Die bis heute erzielten Erfolge in der MST stellen vorwiegend Teillösungen wie Mikro-sensoren und -aktoren dar. Die wenigen Mikrosysteme und u.a. Mikroroboter, die bereits als Prototypen existieren, wurden dabei durch eine hybride Kombination der vorher entwickelten Komponenten hergestellt (*Bottom-Up*-Entwurf). Eine optimale Anpassung des Mikrosystems an die anwendungsspezifischen Forderungen wird aber erst durch den *Top-Down*-Entwurf möglich, wobei ein abgestimmter Einsatz der obengenannten Sy-stemtechniken eine entscheidende Rolle spielt. Ein wirtschaftlicher Durchbruch der MST ist somit nur durch eine verstärkte Entwicklung dieser Techniken erreichbar.

Um die besondere Stellung informationstechnischer Aspekte bei der Entwicklung eines Mikrosystems, insbesondere eines Mikroroboters zu unterstreichen, werden bei weiteren Darlegungen alle Systemtechniken, die zur Lösung Informatik-bezogener Aufgaben eingesetzt werden, unter dem Begriff „Informationstechniken" zusammengefaßt. Diese Bezeichnung mag zwar nicht völlig zutreffend sein, sie hilft dem Leser aber, diese Gruppe der Systemtechniken von den Aufbau- und Verbindungstechniken (AVT) sowie von den Gehäusetechniken, die vor allem der rein technologischen Problemlösung dienen, zu unterscheiden. Die Informationstechniken stellen den Schwerpunkt dieser Arbeit dar: Das sind zum einen die Techniken zum Entwerfen und zur Ansteuerung von

Mikrorobotern und zum anderen die Techniken zur automatisierten wissensbasierten Montage von Mikrosystemen.

Die MST greift sowohl auf konventionelle als auch auf neue Materialien zurück. Bei Mikroaktoren nutzt man vor allem die Eigenschaften des Massivmaterials und die Volumeneffekte. Die Mikrosensorik nutzt vor allem Oberflächeneffekte oder Effekte in Dünnschichten. Zu den für die MST relevanten Materialien und Effekten gehören:

- *biologische Materialien und Effekte:* werden fast ausschließlich für Biosensoren verwendet, die z.B. selektive und sensitive Messungen von Stoffkonzentrationen in verschiedenartigen Medien sowie die Bestimmung von biologischen Parametern durchführen können.

- *chemische Materialien und Effekte:* werden fast ausschließlich für chemische Sensoren verwendet, die in einem unbekannten Medium eine spezifische Komponente erkennen und deren Konzentration innerhalb des Mediums bestimmen.

- *piezoelektrischer Effekt:* Legt man eine elektrische Spannung an einen Piezokristall, so tritt eine Geometrieänderung auf; diese Eigenschaft erlaubt den Aufbau von Aktoren.

- *elektrostatische Kräfte:* Diese Kräfte entstehen, wenn eine elektrische Spannung zwischen zwei parallelen stromleitenden Platten angelegt wird.

- *elektromagnetische Felder:* In elektromagnetischen Aktoren werden elektrische und mechanische Energie ineinander umgeformt; dies wird auch oft in der Makrowelt verwendet.

- *magneto- und elektrostriktive Materialien:* Unter Magnetostriktion (Elektrostriktion) versteht man die Formänderung eines ferromagnetischen (-elektrischen) Körpers unter Einfluß eines magnetischen (elektrischen) Feldes.

- *Formgedächtniseffekt:* Wird eine Formgedächtnislegierung (Shape Memory Alloy, SMA) unterhalb einer bestimmten Temperatur verformt, so kann sie sich bei Erwärmung über diesen Temperaturwert an ihre ursprüngliche Gestalt „erinnern" und diese wieder einnehmen.

- *Materialien:* Silizium, Siliziumoxid, Siliziumnitrid, III/V-Halbleiter, Keramiken, Quarze, Metalle (Nickel, Gold, Aluminium, Kupfer usw.), Kunststoffe, Polymere, Diamant, Glas und einige andere bekannte oder neu entwickelte Materialien, die die oben aufgeführten Effekte erst erlauben.

Alle genannten Techniken befinden sich in unterschiedlichen „Reifezuständen", die – zusammen mit relevanten wirtschaftlichen Daten wie Seriengröße oder Fertigungskosten – den erreichbaren Integrationsgrad eines Mikrosystems bestimmen [Menz93], [Gard94], [Jend95], [Gerl97], [Menz97], [Fati97], [Rai-Ch97].

1.4 Einführung in die Mikrorobotik

Mikroroboter sind das Ergebnis der wachsenden Forschungsaktivitäten auf der Schnittstelle zwischen Mikrosystemtechnologie und Robotik. Ein Mikroroboter stellt ein vollkommenes Mikrosystem im Sinne von Bild 1.3 dar. Wie auch konventionelle Roboter müssen Mikroroboter Bewegungen ausführen, Kräfte ausüben, Objekte manipulieren, robust gegenüber schwierigen Umgebungen sein und die gewünschten Funktionen auch über längere Zeiträume ohne Wartung erbringen. Eine systematische Untersuchung und Weiterentwicklung der Mikrorobotik ist einer der Schwerpunkte dieser Arbeit. Aufgrund der enormen Fortschritte in der MST sowie auch in der konventionellen Robotik kann heute die Entwicklung von Mikrorobotern mit Abmessungen von wenigen Kubikzentimetern erfolgen. Um den Anforderungen des Menschen gerecht zu werden, müssen Roboter ein großes Bewegungs- bzw. Manipulationspotential besitzen, für den Anwender leicht handhabbar sein und über Anpassungsfähigkeit und somit über ein bestimmtes Maß an Intelligenz verfügen.

Wie konventionelle Roboter stellen Mikroroboter ein komplexes System dar, das in der Regel mehrere verschiedene Aktor- und Sensortypen beinhaltet und Algorithmen der Signal- und Informationsverarbeitung in Anspruch nimmt. Einige Antriebsprinzipien aus der Makrowelt können für die Mikrorobotik direkt übernommen werden, wobei allerdings Skalierungseffekte zu beachten sind. Sie bewirken, daß eine Verkleinerung einer Makromaschine zu Leistungsdaten führt, die nicht dem Verkleinerungsmaßstab entsprechen. Besonderer Wert wird auf die Fähigkeit von Mikrorobotern gelegt, feinste Manipulationen mit verschiedenartigen, sehr kleinen Objekten durchzuführen. Die Manipulation von winzigen Objekten mit einer Auflösung im μm- oder sogar nm-Bereich ist bei vielen Anwendungen von großer Bedeutung. Durch die Vereinigung der beiden genannten Eigenschaften, der Mobilität und Mikromanipulationsfähigkeit, in einem Aktorsystem können sehr flexible, weitgehend einsetzbare Mikroroboter aufgebaut werden.

Für die Lösung dieser Aufgabe müssen die in Abschnitt 1.3 vorgestellten Informationstechniken angewandt werden. Die Entwicklung der Mikrorobotik wird deshalb zunehmend von der Informatik geprägt:

• Systemkonzepte sollen beim Entwurf von Mikrorobotern dazu beitragen, optimale Entscheidungen über die Art der Informations-, Energie- und Substanzübertragung und die geeigneten Schnittstellen zur Außenwelt sowie die Anzahl der beteiligten Subsysteme und die verwendete Roboterarchitektur zu treffen. Es wird dabei im allgemeinen bestimmt, wie die Intelligenz des gesamten Robotersystems verteilt wird (Teil 3). Teil 5 dieser Arbeit befaßt sich mit Konzepten und Komponenten flexibler Mikroroboter mit verschiedenen Antrieben. Hier werden auch die Möglichkeiten eines rechnergestützten Entwurfs erläutert.
• Die Informationsverarbeitung dient dazu, die i.a. verschiedenartigen Sensorsignale zu

verarbeiten und daraus Signale zur Ansteuerung der Roboteraktoren, Selbstüberwachung sowie Kommunikation mit Außensystemen zu bilden. Die zunehmende Komplexität von Mikrorobotern durch eine stetig wachsende Zahl der Einzelkomponenten (wie z.B. in Mehrsensor- bzw. -aktorsystemen) führt dazu, daß die Informationsflüsse unübersichtlicher und mit konventionellen modellbasierten Techniken der Informationsverarbeitung und Steuerung nicht mehr handhabbar werden. Der Mikroroboter soll in der Lage sein, in einer unvollständig definierten Umgebung und anhand von teilweise gestörten Sensorinformationen vernünftig zu agieren. Die Systemkomplexität kann in diesem Fall durch den Einsatz fortgeschrittener Methoden der Signalverarbeitung und Steuerung, die auf der Anwendung neuronaler Netze und der Fuzzy-Logik beruhen, am besten beherrscht werden. In Teilen 3 und 7 findet man u.a. Konzepte derartiger Steuerungssysteme für Mikroroboter und die Analyse der ersten Anwendungsergebnisse.

• Der Entwurf von Mikrorobotern ist durch spezifische Systemprobleme der MST gekennzeichnet, die auf den Mikrorobotik-Ingenieur in jedem Fall zukommen. Es müssen während des Entwurfs das Zusammenspiel von elektrischen und physikalischen (und u.U. biologischen und chemischen) Größen, unterschiedliche Wirkmechanismen und auch technologische Parameter beachtet werden. Die heute verwendeten Entwurfswerkzeuge konzentrieren sich meistens auf die Optimierung technologischer Prozesse bei der Herstellung von Roboterkomponenten. Gleichzeitig fehlen Entwurfskonzepte nicht nur für Gesamtsysteme, sondern auch für wesentliche Roboterkomponenten wie Mikroaktoren und -sensoren. Dabei soll der gesamte Entwurfsvorgang, von der Simulation von Mikrosystemen und ihren Komponenten bis zu deren Herstellung, integriert werden. Offensichtlich werden Entwurfssysteme in der Mikrorobotik stark von der weiteren Entwicklung neuer und der Anpassung vorhandener leistungsfähiger rechnergestützter wissensbasierter Verfahren sowie von der längst überfälligen Standardisierung von Roboterkomponenten und -aktuationsprinzipien profitieren. Diese Probleme werden u.a. in Teil 3 aufgegriffen. In Teilen 4 und 5 wird ein Schritt in Richtung des automatisierten Entwurfs von Mikrorobotern getan. Die hier vorgestellten charakteristischen Aktor- und Sensorprinzipien für Mikroroboter sowie die typischen Designlösungen sollen zum Aufbau einer interdisziplinären und breit zugänglichen Wissensbasis für CAD-Systeme beitragen.

• Um die Funktionsfähigkeit eines komplexen Mikroroboters durchgehend vom Entwurf über die Fertigung bis zum praktischen Einsatz kontrollieren bzw. gewährleisten zu können, müssen geeignete Test- und Diagnoseverfahren eingesetzt werden. Um die Diagnose des Mikroroboters bereits beim Entwurfsprozeß zu ermöglichen, können modellbasierte Testverfahren bzw. gemischte Versuchsanordnungen von existierenden Komponenten und simulierten Modellen verwendet werden. Das Problem besteht darin, daß die benötigten Teststrategien bzw. die entsprechenden Geräte und Signalverarbeitungskomponenten anwendungsspezifisch sind und nur schwer oder gar nicht standardisiert werden können. Besonders für Mikroroboter, die in sicherheitsrelevanten Bereichen eingesetzt werden (z.B. in situ-Systeme in der Medizin oder Inspektionsroboter in Kraftwerkanlagen), muß die Möglichkeit bestehen, die Systemfunktion während des Betriebs vollständig testen bzw. die eventuell auftretenden Fehler rechtzeitig diagnostizieren und melden zu können. In Teil 5 werden diese Informationstechniken in bezug auf Mikroroboter analysiert.

Mikroroboter werden bereits in naher Zukunft eine wichtige Rolle spielen. Besonders in der Medizin, Biologie, Prüf- bzw. Meßtechnik sowie der Montage von Mikrosystemen wird durch den Einsatz von flexiblen leistungsstarken Mikrorobotern ein Durchbruch erwartet. In dieser Arbeit werden verschiedene Aspekte der mikroroboterbasierten Mikromontage untersucht. Eine Lösung der hier vorhandenen Probleme ist überaus wichtig für eine Übernahme der MST-Ergebnisse durch die Industrie. Ein anderer relevanter Aspekt ist eine langfristige Kostensenkung durch Einsatz von Mikrorobotern, was vor allem kleinen und mittelständischen Unternehmen zugute kommt. Die fortschreitende Standardisierung der MST wird – analog zur Entwicklung der Mikroelektronik vor einigen Jahrzehnten – die Notwendigkeit von Einzelentwicklungen von Mikroroboterkomponenten ständig reduzieren und Mikroroboter noch preiswerter machen.

1.5 Anwendungen der Mikrosystemtechnologie und Mikrorobotik

Inwieweit die Mikrosystemtechnologie und Mikroroboter in Zukunft unser Leben beeinflussen, ist zwar heute noch nicht vorhersagbar, ein starkes Eindringen in viele Lebensbereiche durch die Miniaturisierung von Komponenten und Systemen ist aber bereits jetzt abzusehen. Der heutige Entwicklungsgrad der Mikrosystemtechnik ist zwar noch nicht so weit fortgeschritten, wie etwa der der Mikroelektronik, ermöglicht aber bereits einen Einblick in die Zukunft. In wenigen Jahren sollen Mikrosysteme ihre unterschiedlichen sensorischen Eindrücke analysieren und das Resultat mit Hilfe intelligenter Steuerungsalgorithmen in entsprechende Aktionen umsetzen können. Von ökonomischer Bedeutung sind vor allem bessere Wettbewerbsfähigkeit durch kostengünstigere Massenfertigung und Material- und Energieeinsparungen, größere Zuverlässigkeit durch höhere Integration und neue Funktionalität durch die Anwendung von Mikrosystemen.

Ein Spektrum der Einsatzgebiete der MST und Mikrorobotik wird in Bild 1.6 vorgestellt. Vor allen Dingen in der Medizin und Biologie, Kommunikation und Mikromontage sowie Automobil- und Meßtechnik werden in kürzester Zeit viele neuartige Ergebnisse erwartet [Axel95], [Fati97].

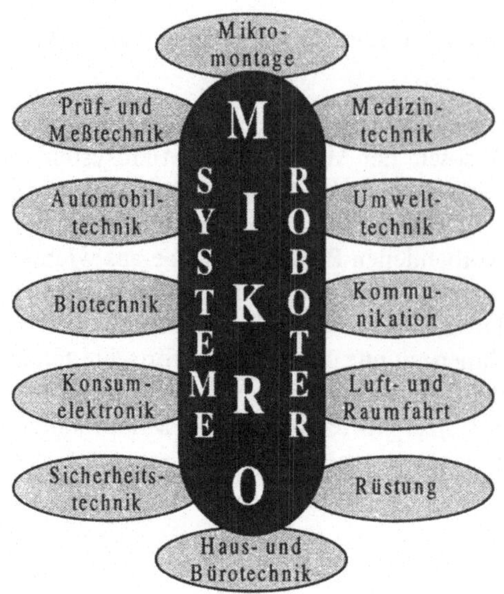

Bild 1.6
Übersicht von MST- und
Mikrorobotikanwendungen

Zur wichtigsten Anwendung der Mikrorobotik ist in letzter Zeit die *Mikromontage* geworden. Die Idealvorstellung des monolithischen Ansatzes, also ohne Montage auskommen zu können, die anfangs die Entwicklungsstrategie der MST bestimmte, weicht immer mehr dem pragmatischen Hybridansatz. Der Grund dafür war die Übernahme der ersten MST-Entwicklungen durch die Industrie. Es ist deutlich geworden, welche Probleme bei einer Massenfertigung von Mikrosystemen auftreten. Solche Systeme bestehen in der Regel aus Mikrokomponenten, die aus verschiedenen Materialien und mit Hilfe unterschiedlicher Mikrotechniken hergestellt werden. Das Batch-Verfahren ist daher selten anwendbar; vielmehr müssen verschiedene Fertigungstechniken zur Herstellung von Komponenten mit optimalen Funktionseigenschaften und anschließend Verbindungstechniken zur Integration dieser Komponenten zu Hybridsystemen verwendet werden. Dies führt zwangsläufig dazu, daß einzelne Komponenten in einem (oder mehreren) Montageschritt(en) sehr genau zusammengefügt werden müssen, um das gewünschte Mikrosystem zu erhalten. Oft ist eine Kombination konventioneller und mikrotechnischer Bauteile notwendig, was eine hochgenaue Justierung erfordert und eine hohe Flexibilität der Montagesysteme verlangt.

Die heute existierenden Mikromontagesysteme sind recht groß, meist nur auf eine bestimmte Aufgabenart ausgelegt und beruhen auf der manuellen Geschicklichkeit des Operators. Außerdem handelt es sich bei den konventionellen Systemen um indirekte Antriebe mit mechanischen Übertragungselementen, die mechanischer Abnutzung unterworfen sind, häufig gewartet werden müssen und auch teuer und aufwendig sind. Berücksichtigt man die schnellen Fortschritte in der MST und Mikrorobotik, dann wird es offensichtlich, daß die Montage von Mikrosystemen, d. h. das zerstörungsfreie Transportieren, das präzise Manipulieren und exakte Positionieren von Mikrokomponenten, eine für flexible Mikroroboter prädestinierte Anwendung darstellt. Es werden dabei

Mikroroboter benötigt, die sowohl Mikromanipulationen durchführen als auch sich über große Strecken bewegen können. Weiter unten werden wir diesen für die Industrialisierung der Mikrosystemtechnik wichtigen Anwendungsbereich eingehend diskutieren.

In der Industrie und speziell der *Prüf- und Meßtechnik* kommt außerdem hochsensiblen Prüfverfahren, die in Mikrodimensionen vorstoßen, eine besondere Bedeutung zu. Eine wichtige Aufgabe stellt das Testen von mikroelektronischen Chips dar, wobei mehrere Kontrollstellen eines Wafers mit einem Temperatur- oder Spannungsmeßfühler berührt werden sollen. Um diese schwierige und heute oft manuell ausgeführte Operation zu automatisieren, werden Robotersysteme benötigt, die sowohl sehr präzise Manipulationen durchführen als auch sich über längere Strecken bewegen können und somit als Waferprober einsetzbar sind. Das gleiche gilt für intelligente Wartungs- und Inspektionsroboter, die in unzugängliches (z.B. Röhrensysteme oder Wärmetauscher) oder gefährliches Gelände vordringen sollen, um Lecks oder fehlerhafte Teile zu erkennen und eventuell auch notwendige Reparaturen ausführen zu können. Solche flexible Mikroroboter werden zur Zeit im Rahmen des 1991 gestarteten zehnjährigen Forschungsprogramms in Japan entwickelt (Bild 1.7).

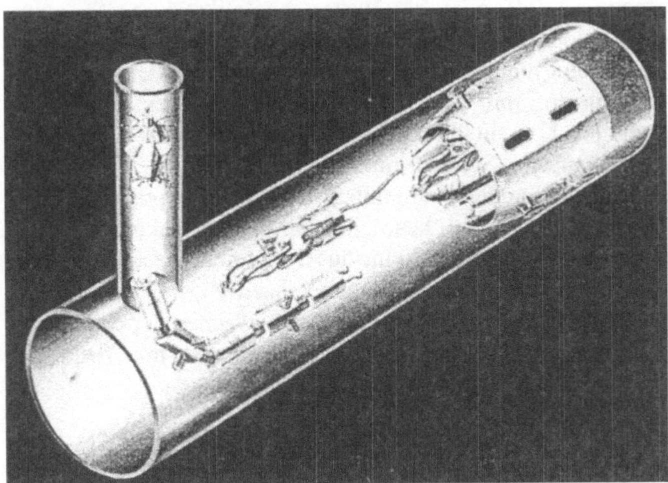

Bild 1.7
Ziel des japanischen MST-Forschungsprogramms – flexible Mikroroboter
(Quelle – Micro Machining Center, Tokyo)

Für Inspektion und Wartung von für Menschen unzugänglichen bzw. gefährlichen Anlagen wurde ein Multiagenten-Robotersystem konzipiert, das sich aus vier Subsystemen (Mikrokapsel, Mutterschiff, Operationsmodul und kabelloses Inspektionsmodul) zusammensetzt [Idog93]. Das Mutterschiff soll dabei die Aufgabe einer Transporteinheit für die Operations- und Inspektionsmodule übernehmen, sie mit Energie versorgen und Daten zwischen ihnen und einer externen Steuereinheit übertragen. Die mit einer eigenen Energiezelle ausgestattete Mikrokapsel soll sich in reparaturverdächtigen Zonen der Anlage „umschauen" und Defekte an die externe Steuereinheit melden. Das kabellose Inspektionsmodul soll an defekten Stellen präzise Analysen durchführen und die Ergebnisse übertragen, während das Operationsmodul über ein Kommunikations- und Energieversorgungskabel an das Mutterschiff gebunden ist und auf Basis der vorangegangenen Inspektionen Reparaturen vornimmt.

Eine wichtige Entwicklung auf dem Gebiet der Meßtechnologie und Qualitätskontrolle von Objektoberflächen stellen die Techniken der *Rastersondenmikroskopie* (RSM) dar, die den Zugang zu den kleinsten Strukturen der Materie im Subnanometerbereich ermöglichen. Die Möglichkeiten der herkömmlichen Lichtmikroskope reichen oft nicht aus, da z.B. atomare Fehlstellen in Kristallen oder Schadstellen in integrierten Schaltkreisen nur wenige nm groß sind und sich mit Lichtmikroskopen nicht mehr feststellen lassen. Die Rastersondenmikroskopie ermöglicht eine bislang nicht gekannte Auflösung, die bis auf die atomare Ebene hinunterreicht, was neue Möglichkeiten in der Lokalisierung von Defekten eröffnet.

RSM-Meßgeräte können als Rasterkraftmikroskop (Scanning Force Microscope, SFM oder Atomic Force Microscope, AFM) oder als Rastertunnelmikroskop (Scanning Tunneling Microscope, STM) eingesetzt werden. Die beiden Meßverfahren sind zerstörungsfrei und ermöglichen eine dreidimensionale, berührungslose Untersuchung eines beliebigen Oberflächenmusters mit µm- bzw. nm-Abmessungen und Meßtoleranzen im Bereich weniger nm. Um auf diese Weise in die Nanowelt eintreten zu können, sind lokale mikromechanische Sonden mit einer nur wenige µm langen Meßspitze notwendig. Die Sonden werden dabei mit Hilfe von hochpräzisen Positioniersystemen über die Oberfläche der zu bearbeitenden Mikrostruktur in einer Entfernung von wenigen nm geführt. Bild 1.8 zeigt eine aus Silizium hergestellte Mikrosonde eines SFMs, in dem die Bewegungen des Auslegers kapazitiv erfaßt werden. Sie werden dabei in die entsprechenden Kapazitätsänderungen, die zwischen der Sonde und einer darüber angebrachten Elektrode stattfinden, transformiert und mit Hilfe der Elektronik ausgewertet.

Die MST-Experten erwarten, daß die Fortschritte in der MST und Mikrorobotik nicht nur verschiedene Industriebereiche, sondern auch unseren Alltag betreffen und somit eine Steigerung der Lebensqualität ermöglichen werden. Die *minimalinvasive Chirurgie* entwickelte sich z.B. im Laufe der letzten Jahre zu einem wichtigen Teilbereich der Medizin. Dazu werden zunehmend kleinere und flexiblere aktive Endoskope benötigt, die die menschliche Hand ersetzen und auf äußere Einflüsse mit entsprechenden Entscheidungen reagieren, über winzige Einschnitte im Körper sowie über natürliche Körperöffnungen und Hohlräume in nahezu alle Körperregionen eines Menschen ferngesteuert vordringen und komplexe in-situ-Messungen und Manipulationen (Greifen, Abbinden, Schneiden, Saugen, Spülen, usw.) durchführen können [mst97]. Um diesen Anforderungen gerecht zu werden, müssen in das intelligente Endoskop ein Mikroprozessor, mehrere Sensoren bzw. Aktoren, eine Lichtquelle und evtl. eine Bildverarbeitungseinheit integriert werden (Bild 1.9).

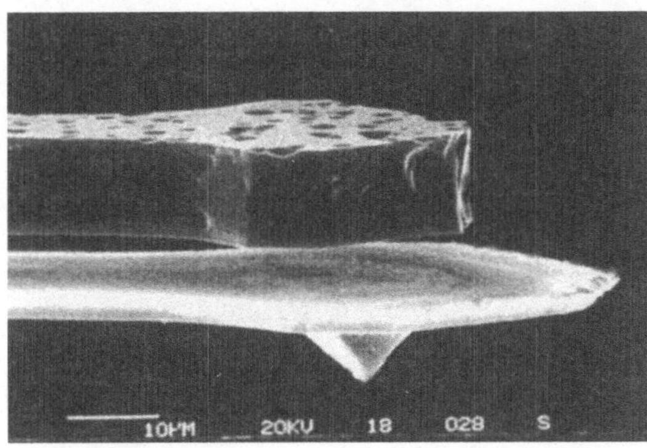

Bild 1.8
Mikrosonde eines kapazitiv
messenden Rasterkraftmikroskops
(Quelle – IMT, Neuchâtel)

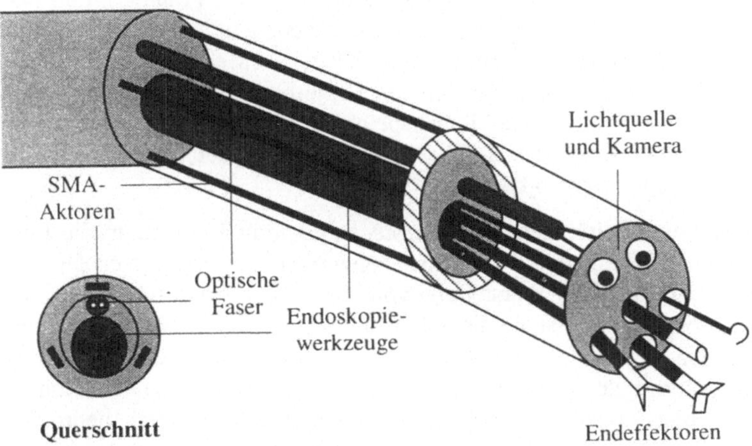

Bild 1.9
Aufbau eines flexiblen Endoskops

Eine weitergehende zukunftsorientierte Technik ist die *Angioplastie*, wobei Krank-
heitsherde über Venen und Arterien, die alle lebenswichtigen Organe versorgen, erreicht
werden können, ohne dazu den Körper aufzuschneiden. Diese Technik wird heute vor
allem zur Visualisierung von pathologischen Stellen in Gefäßen genutzt. Neue Perspektiven werden hier durch aktive Mikrokatheter und Mikroroboter eröffnet, die, möglicher-
weise kabellos gesteuert, an diese Stellen heranfahren und operieren können und somit
die klassische Chirurgie mit dem Skalpell revolutionieren würden. Diese Vision ist
gegenwärtig kein bloßes Science-Fiction-Gebilde mehr, sondern Inhalt des bereits
erwähnten, bis zum Jahr 2000 angelegten nationalen Forschungsprogramms in Japan.

Es liegt auf der Hand, daß die minimalinvasive Chirurgie wirtschaftlich ist und die
zukünftige Entwicklung der Medizin prägen wird. Geringere Schmerzen und Narben
und dadurch schnellere Genesung und ein deutlich verkürzter Krankenhausaufenthalt

(einige Eingriffe mit endoskopischen Geräten können bereits heute ambulant durchgeführt werden) werden Kosten bei den Krankenkassen und dem Arbeitgeber reduzieren. Obwohl die endoskopische Inspektion mit anschließender laparoskopischer (laparo = Bauch) Entfernung der Gallenblase, des Blinddarms und der Eierstöcke mittlerweile zum Standard der minimalinvasiven Chirurgie gehören, warten noch viele Probleme bezüglich Gerätereibung, Ansteuerungsmöglichkeit, Miniaturisierbarkeit und Biokompatibilität auf ihre Lösung.

Auch mehrere andere Bereiche der Medizin stehen heute vor einem Durchbruch. Für fast alle menschlichen Organe sind derzeit *künstliche Prothesen* als Ersatz denkbar; bei deren Herstellung ergeben sich häufig Miniaturisierungsprobleme. Das feinste künstliche Organ in der heutigen Medizinpraxis ist sicherlich der Herzschrittmacher, ein integriertes System, das durch die MST weiter miniaturisiert werden könnte. Allein in den USA werden jährlich rund 120.000 solcher Systeme gebraucht [Tana95], d.h. das Anwendungspotential der MST ist hier enorm. Viele Einsatzbereiche findet man auch in der *Sensorprothetik* wie z.B. Hörgeräte. Ein großes Ziel in der Medizintechnik ist die Entwicklung von *implantierbaren Medikamentendosiersystemen* (drug delivery systems). Angestrebt werden u.a. künstliche Bauchspeicheldrüsen, die Glukosesensoren und steuerbare Dosierpumpen enthalten. Solche Kapseln müssen auch ohne operative Maßnahmen wieder „entsorgt" werden können.

Einen anderen Anwendungsbereich stellt die *Neurotechnologie* und vor allem die Entwicklung von künstlichen Schnittstellen zwischen regenerierenden peripheren Nerven und externer Elektronik für die Wiederherstellung von bestimmten Neurofunktionen des Menschen dar. Als neuronale Schnittstelle dient eine siebartige Mikrostruktur, um deren Löcher herum Elektroden angebracht sind (Bild 1.10). Mittels dieser Elektroden ist es möglich, die an den Axonen des proximalen Nervenstumpfes ankommenden Signale aufzunehmen und zu entschlüsseln. Über diese Schnittstelle können auch neuronale Funktionen von außen durch funktionale elektrische Stimulation gezielt beeinflußt werden. Solche Schnittstellen wurden erfolgreich zwischen die Schnittflächen durchtrennter Nervenfasern von Ratten implantiert, wobei die Nervenfasern durch die Mikrolöcher wuchsen und sich so wieder zu funktionsfähigen Nervenbahnen regenerieren konnten [Akin94].

Im Bereich der *Biotechnologie* werden aktive Präzisionswerkzeuge benötigt, die Mikromanipulationen, wie z.B. Sortieren von Zellen, Profilmessungen in Gewebeteilen oder Injizieren von Fremdkörpern in eine Zelle unter Einsatz von Mikroskopen ermöglichen. Es ist z.B. oft notwendig, bestimmte Zellen in einer Probe zu erkennen, vom restlichen Gewebe zu trennen und zu einer Teststelle zu transportieren bzw. mit biologischen Sensoren (z.B. O_2 oder Glucose) ausgerüstete Mikrosonden in kleine Gewebeteile sehr präzise einzuführen. Manipulationen mit biologischen Zellen werden heute fast ausschließlich manuell (Bild 1.11) oder mit Hilfe von sehr teuren ortsfesten aufgabenspezifischen Präzisionsgeräten durchgeführt. Der Einsatz von flexiblen Mikrorobotersystemen kann hier eine ausreichende und kostengünstige Lösung liefern. Auch in der

Genforschung und der Umwelttechnik (Zellen als Indikator für schädliche Substanzen) ist die präzise und schonende Manipulation einzelner Zellen erforderlich.

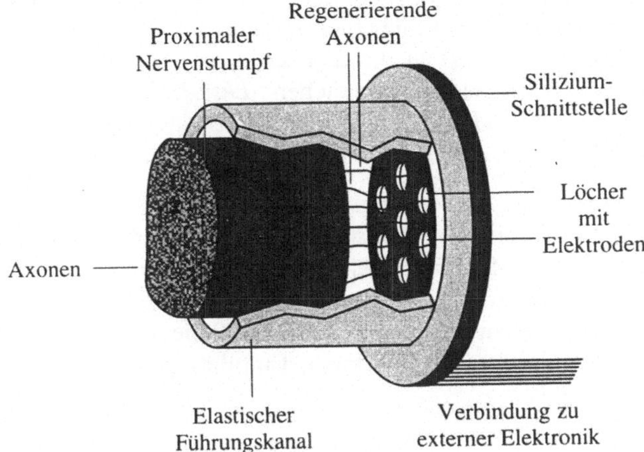

Bild 1.10
Prinzip der neuronalen Prothetik

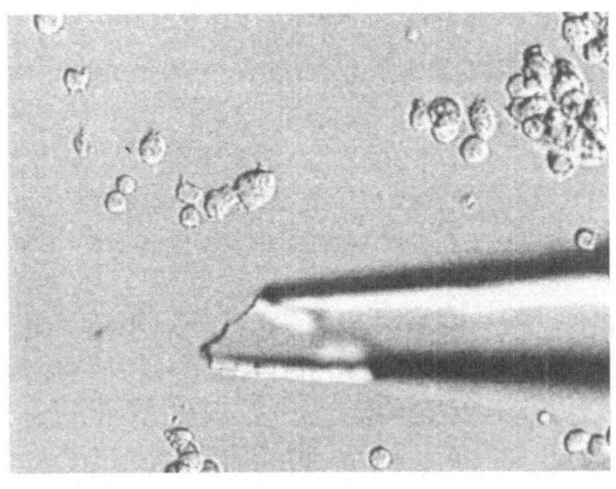

Bild 1.11
Manuelle Manipulationen von biologischen Zellen mit einem Sauggreifer: die Werkzeugspitze wurde durch leichten Kontakt mit der Glasplatte beschädigt
(Quelle – FhG IBMT, St. Ingbert)

Einen großen Bedarf an intelligenten Mikrosystemen hat die *Automobiltechnik*. Einerseits haben Autos ein immer knapperes Raum- und Energieangebot, andererseits sind die heutigen Anforderungen nach mehr Sicherheit, Kontrolle und Stabilität eines Automobils derart hoch. Der *Umweltschutz* benötigt viele verschiedene und vor allem kostengünstige Mikrosysteme, um durch eine deutliche Verbesserung der meßtechnischen Voraussetzungen Probleme der Umweltüberwachung bei vertretbaren Kosten zu lösen. In Zukunft werden z.B. Sensornetze zur flächendeckenden Überwachung von Deponien denkbar, wenn es gelingt, geeignete Mikrosensoren zu entwickeln.

Der Einsatz für eine intelligente Sensortechnik zeichnet sich auch in der *Fertigung* sowie in der *Luft- und Raumfahrttechnik* ab. Einer der ersten Märkte war der *militärische*

Sektor, der immer noch bedeutend ist. Anwendungen liegen in Anzeigegeräten für Öl-, Treibstoff- oder hydraulischem Druck, Geschwindigkeits- und Höhenmessern oder in der Überwachung eines Schleudersitzes. Die Entwicklungen in diesem Bereich haben die Nachfrage nach effizienteren Treibstoff- und Sicherheitssystemen für zivile Zwecke forciert. Ein großes Potential für die MST liegt auch in der *Konsumelektronik* bzw. der *Haushalts- und Bürotechnik* und vielen anderen Bereichen. *Lese-/Schreibköpfe* für magnetische Festplattensysteme oder *Druckköpfe* für Tintenstrahldrucker, die bereits in großen Zahlen produziert werden [Axel95], sind nur einige gute Beispiele.

An dieser Stelle wird die Aufführung des Anwendungsspektrums zunächst beendet. Es ist offensichtlich, daß die MST und Mikrorobotik in fast alle Bereiche des menschlichen Lebens vordringen. Die Montage von Mikrosystemen ist aber zur Zeit ein ernstes Problem in bezug auf eine schnelle industrielle Übernahme von Mikrosystemen, deren Entwicklung bereits die Produktreife erreicht hat. Bevor wir in Teil 2 die Mikromontage-probleme ausführlich behandeln, wird zunächst eine kurze Einführung in das Thema gegeben.

1.6 Einführung in die Mikromontage

Im Bereich Mikromontage ist das Thema „flexible Mikromanipulationssysteme" in letzter Zeit sehr aktuell geworden. Die Übernahme von Mikrosystemen durch die Industrie hat bereits verdeutlicht, welche Probleme bei Montagetätigkeiten auftreten können. Wenn ein Mikrosystem einen hybriden Aufbau erforderlich macht, müssen bereits beim Systementwurf neben den aufgabenspezifischen Anforderungen an das System auch montagespezifische Überlegungen berücksichtigt werden, wie z.B. das Vorhandensein geeigneter Aufbau- und Verbindungstechniken, Durchführbarkeit und Automatisierbarkeit der Montageschritte oder die montagebedingten Kosten. Besonders in der MST fallen in diesem Abschnitt der Produktentstehung überproportional hohe Kosten im Vergleich zur Mikrofertigung einzelner Systemkomponenten an. Die Gründe hierfür werden aus der Problemanalyse in Teil 2 ersichtlich. Die Bereitstellung automatisierter hochpräziser Montageprozesse kann zur wirtschaftlichen Umsetzung funktionsfähiger Mikrosysteme entscheidend beitragen. Um eine Kleinserien- oder gar Massenproduktion von Mikrosystemen und -baugruppen zu ermöglichen, ist die Einführung von flexiblen automatisierten, hochgenauen und schnellen Montagesystemen unerläßlich.

In Bild 1.12 [Hankes97] findet man eine Zusammenfassung der Faktoren, die für eine automatisierte Montage von Mikrobauteilen sprechen. Die wichtigsten von ihnen werden in Teil 2 bei der Analyse verschiedener Mikromontagekonzepte aufgegriffen.

Die Automatisierung der Mikromontage verlangt gleichermaßen nach technologischen und informationstechnischen Lösungen. Technologische Aspekte der Mikromontageautomatisierung werden zur Zeit intensiv erforscht; in Teilen 3 und 5 werden diese

Probleme erläutert. Es ist aber die informationstechnische Unterstützung der Mikromonatge, die eine flexible automatisierte Fertigung von Mikrosystemen erst ermöglichen wird. Eine zentrale Bedeutung kommt bei der Automatisierung von Mikromontageoperation der rechnergestützten Montageplanung zu. Eine Vielzahl zu beachtender Randbedingungen der Mikromontage (Kontrollierbarkeit, mechanische und geometrische Einschränkungen des Produkts oder Skalierungsprobleme, Teil 2) und kurze Planungszeiträume (angestrebt werden echtzeitfähige Planungsverfahren) erfordern ein effizientes und zielgerichtetes Vorgehen. Nur durch den Einsatz von leistungsstarken Rechnern und aufgabenbezogener Software können die großen Anforderungen an die Informationsbereitstellung und Informationsverarbeitung erfüllt werden.

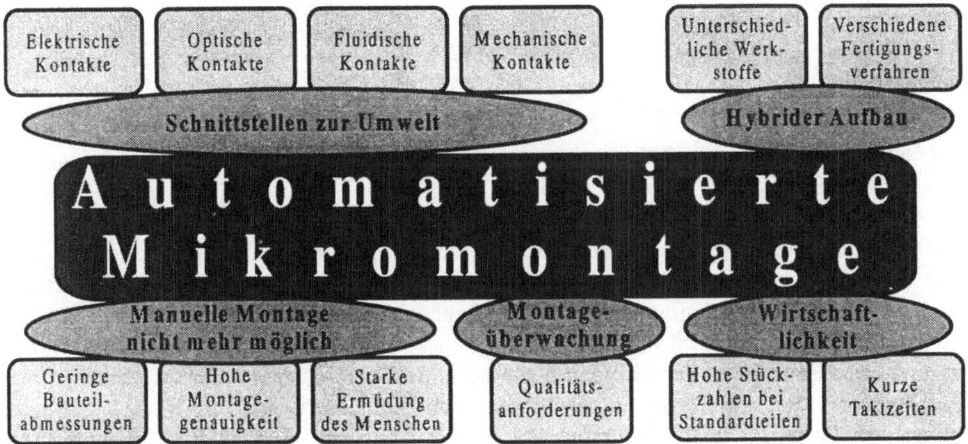

Bild 1.12
Gründe für den Einsatz automatisierter Mikromontage

Die Montageplanung ist das Herzstück einer automatisierten sensorgeführten Montagestation. Die Aufgabe dieser Steuerungskomponente besteht darin, Montageaufgaben in einzelne Montageschritte eigenständig anhand bestimmter Optimierungskriterien und unter Berücksichtigung von gegebenen Randbedingungen zu zerlegen und diese Operationen allen beteiligten Robotern der Montageanlage je nach ihrer Leistungsfähigkeit zuzuteilen (Teil 6). Die Planungskomponente aktualisiert ihr Weltmodell mit Hilfe von Sensorinformationen (Abschnitte 3.2 und 5.5) und parametrisiert hierbei die bereits programmierten Aktionen der Roboter. Hierfür muß die Montagestation über entsprechende Interpretationsmechanismen verfügen. Damit werden aus gewonnenen Sensorinformationen Schlußfolgerungen gezogen und entsprechende Roboteraktionen initiiert.

Obwohl sich die durchzuführenden Montageoperationen mit einem Objekt von Anwendung zu Anwendung unterscheiden, geht es i. a. um die folgende Operationssequenz: Greifen, Transportieren, Positionieren, Ablegen, Justieren, Fixieren (z.B. Löten, Kleben oder Schweißen) und Bearbeiten (z.B. Schneiden, Materialabtragen oder Entfernen von Verunreinigungen). Bild 1.13 präsentiert einige charakteristische Manipulationen in der Mikrowelt. Um diese Operationen durchführen zu können, braucht man entsprechende Werkzeuge wie Mikromesser, Aufstechnadeln, Klebstoffdosierer mit Mikrodüsen, Mikrolasergeräte zum Löten, Schweißen oder Schneiden, verschiedenartige Mikrogreifer, Mikroschaber, Justiereinrichtungen usw.

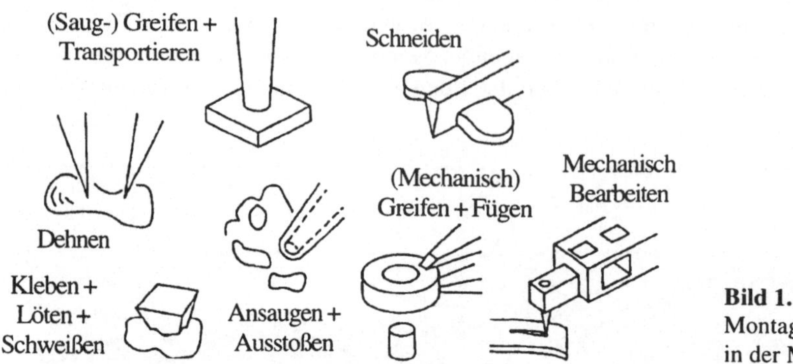

Bild 1.13
Montageoperationen
in der Mikrowelt

Mikrogreifer spielen dabei eine besondere Rolle, da sie die Manipulationsfähigkeit des Roboters in großem Maße beeinflussen. Abhängig von den physikalischen und geometrischen Eigenschaften der Objekte können Mikrogreifer den Form-, den Kraft- oder den Stoffschluß (Adhäsionsgriff) ermöglichen. Eine Anpassung des Greifers an die zu greifende Form ist in der Mikrowelt oft die beste Lösung, selbst wenn die Flexibilität des Roboters dadurch etwas eingeschränkt wird. So lassen sich die Werkstücke mit komplexer Form wie z. B. Zahnräder mit an ihre Konturen angepaßten Werkzeugen sicher greifen. Für kleine Teile mit glatten Oberflächen sind hingegen Saugpipetten vorteilhaft. Wenn die obere Fläche des Werkstücks aus technologischen Gründen nicht angefaßt werden soll und somit zum Greifen ungeeignet ist, kann man sie durch eine entsprechende Formanpassung der Pipettenspitze schützen. Für den Form- und besonders für den Kraftschluß bei Manipulationen mit diffizilen Teilen sind elastische Greifer aus weichem Kunststoff oft metallischen Greifern vorzuziehen. Die Vielfalt der aufgabenspezifischen Greifwerkzeuge in einem flexiblen Mikromanipulationssystem erfordert i.d.R. ein Greiferwechselsystem.

Man muß sich darüber im Klaren sein, daß eine Anpassung von konventionellen Manipulationskonzepten und -techniken an die Anforderungen der Mikrowelt nur teilweise möglich ist. Von den Komponenten einer Mikromontagestation werden zusätzliche Eigenschaften abverlangt. Die Probleme der Mikromontage werden in Teil 2 ausführlich erläutert.

1.7 Überblick über die Arbeit

An dieser Stelle wird der „Einführungsteil" dieses Manuskripts beendet. Hier wurde ein kurzer Überblick über die Mikrosystemtechnik und eine erste Einführung in die Mikrorobotik gegeben. Basierend auf dem im ersten Teil präsentierten Überblick über das MST-Forschungsfeld läßt sich der gesamte Bereich der Mikrosystemtechnik und Mikrorobotik sehr anschaulich anhand einer „baumartigen" Skizze darstellen (Bild 1.14). Diese Darstellungsform, die erstmals vom Micro Machining Center in Tokyo eingeführt und vom Autor geringfügig überarbeitet wurde, erlaubt uns einen Blick „von oben" auf das ganze Problemgebiet und zeigt sehr deutlich die hier herrschenden Abhängigkeiten und Zusammenhänge.

Im nächsten Teil gehen wir zu Problemen der Mikromontage über, wobei alle zur Zeit in der Praxis verwendeten Konzepte vorgestellt werden. Das neue Konzept mikroroboterbasierter Montage von Mikrosystemen wird eingeführt und analysiert. Alle Hardware- und Software-Komponenten einer flexiblen mikroroboterbasierten Mikromontagestation (FMMS) werden in Teil 3 ausführlich vorgestellt und analysiert. Auch das angestrebte Steuerungs- und Planungssystem wird hier präsentiert und diskutiert.

Zwei Stationskomponenten werden eingehender untersucht, nämlich Mikroroboter und Mikromontageplanung. Zuerst wird auf das Herzstück einer FMMS – den Mikroroboter – eingegangen. In Teil 4 werden Aktuationsprinzipien analysiert, mit deren Hilfe es erst möglich ist, flexible Mikroroboter zu realisieren. Anhand von den dabei gewonnenen Erkenntnissen beschäftigt sich Teil 5 mit den Grundkomponenten eines flexiblen Mikroroboters: Positionier- und Mikromanipulationseinheiten, Greifern und integrierbaren Sensoren.

In Teil 6 wird ein neues Verfahren für rechnergestützte Planung von Mikromontageoperationen eingehend analysiert und die entwickelten Methoden und Algorithmen werden vorgestellt. Dieses Verfahren ist die wichtigste Steuerungskomponente bei einer automatisierten Mikromontage, die die Leistungsfähigkeit der gesamten Montagestation weitgehend bestimmt. In Teil 7 werden die vorhergehenden Ausführungen durch die Implementierung einer FMMS am Institut für Prozeßrechentechnik, Automation und Robotik (IPR) der Universität Karlsruhe untermauert. Eine größtenteils implementierte Montagestation wird beschrieben, wobei für die Praxis besonders relevante Implementierungsdetails unter die Lupe genommen werden. Beendet wird die Arbeit mit einem Gesamtausblick, in dem die bis dato erzielten Ergebnisse zusammengefaßt und die noch anstehenden Probleme des breitgefächerten Forschungsgebiets der Mikrorobotik und Mikromontage aufgezeigt werden.

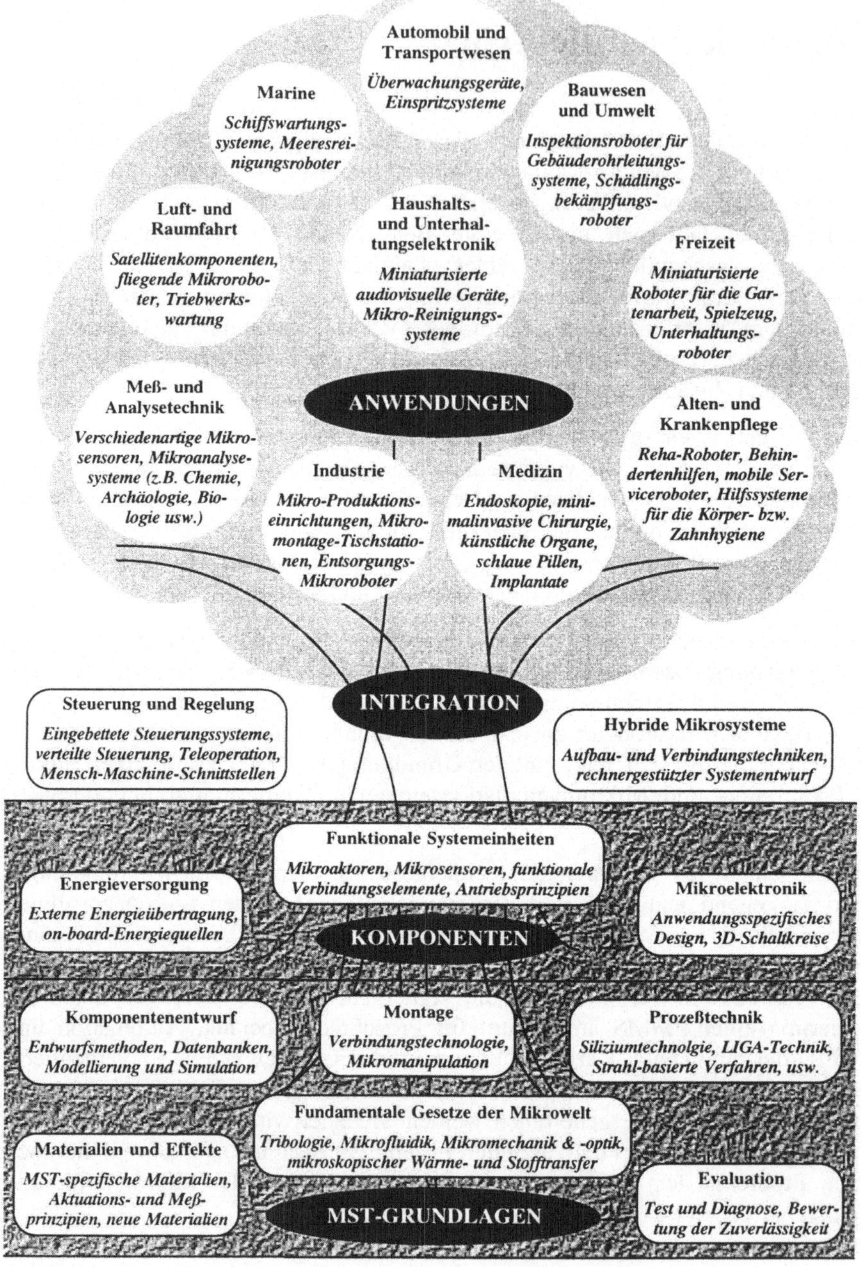

Bild 1.14
Gesamte Struktur der Mikrosystemtechnologie und Mikrorobotik

2 Montage von Mikrosystemen

2.1 Einführung

Bei der Anwendung von Mikrosystemen durch die Industrie hat es sich gezeigt, welche Probleme beim Montieren von Mikrobauteilen auftreten können. Es ist nur in Einzelfällen möglich, die serielle Mikromontage durch Integration von Mechanik und Elektronik auf einem Chip mit Hilfe eines Batch-Verfahrens, wie etwa in der Halbleiterfertigung, zu eliminieren. Hierbei werden Schichten von Mikrokomponenten aufeinander aufgebracht und justiert, so daß mehrere identische Mikrosysteme gleichzeitig „wachsen". Anschließend werden sie durch vertikale Schnitte vereinzelt. In der Regel müssen Mikrosysteme aber hybrid aus Bauelementen verschiedener Fertigungstechnologien und Materialien Schritt für Schritt aufgebaut werden, so daß Mikromontageoperationen unumgänglich sind und somit eine zentrale Rolle spielen. Auch wenn eine monolithische Lösung theoretisch möglich ist, ist es in den meisten Fällen viel wirtschaftlicher, in großen Stückzahlen hergestellte preiswerte Standardkomponenten in verschiedenartige kundenspezifische Mikrosysteme durch Montage zu integrieren [Hess96]. Dies ist für in Klein- bzw. Mittelserien herzustellende Mikrosysteme eine deutlich schnellere und kostengünstigere Lösung im Vergleich zur monolithischen Herstellung, bei der eventuelle Strukturierungs- bzw. Kompatibilitätsprobleme mit erheblichem Aufwand gelöst werden müssen.

Durch die Integration unterschiedlicher Funktionen entstehen sehr variantenreiche Produkte mit Werkstückgrößen von bis zu 0.1 µm und -massen von deutlich unter 1 g. Die Teilgeometrien sind sehr produktspezifisch und daher meistens unregelmäßig. Gleichzeitig sollen Montagegenauigkeiten bis in den nm-Bereich realisiert werden. Um unter diesen „harten" Fertigungsbedingungen eine Kleinserien- oder gar Massenproduktion von Mikrosystemen oder -baugruppen zu ermöglichen, ist die Einführung von flexiblen automatisierten bzw. teilautomatisierten, hochgenauen und schnellen Montagesystemen notwendig. Hierbei müssen montagespezifische Aspekte bereits beim Mikrosystementwurf berücksichtigt werden. Der angestrebte wirtschaftliche Durchbruch der MST hängt heute davon ab, ob automatisierte hochpräzise Mikromontageprozesse ermöglicht werden.

Neben den rein technologischen Aspekten, wie z.B. Teilezuführung, Magazinierung, Fügen oder roboterbasiertes Handhaben, spielt die informationstechnische Unterstützung der Mikromontage die zentrale Rolle für ihre Automatisierung. Dabei kommt es in erster Linie auf eine leistungsfähige rechnergestützte Montageplanung an, die spezifische, im folgenden Abschnitt beschriebene Probleme der Mikromontage berücksichtigt. Für die automatisierte Mikromontage ist man in den meisten Fällen auf die Unterstützung visueller Sensoren angewiesen. Die Sensorinformationen sollen zu integrierten Merkmalsdarstellungen verarbeitet werden, die dann bei der Montageplanung die autonome Verknüpfung zwischen Wahrnehmungen und Roboteraktionen ermöglichen.

Von den Methoden der Informatik und insbesondere der Künstlichen Intelligenz wird dabei erwartet, daß sie eine Mikromontageanlage in die Lage versetzen, eigenständig zu planen und sensorgeführt zu arbeiten. Das Ziel des Steuerungssystems einer sensorgeführten Montagestation besteht darin, die vier Basisaufgaben *Planen, Wahrnehmen, Ausführen* und *Überwachen* zu realisieren [Levi 88]. Der Schlüssel zur Lösung dieser Aufgaben liegt in der Konzeption der Montagestation und in den Informatikmethoden wie wissensbasierte Planung oder verhaltensbasierte Steuerung. Letzteres sorgt dafür, daß Roboter auch in einer nicht vollständig definierten bzw. durch Umgebungseinflüsse gestörten Umgebung funktionsfähig bleiben. Bei der Mikromontageplanung muß anhand der aktuellen Sensorinformationen und mit Hilfe des vorhandenen Wissens entschieden werden, welche Aktionen (Montageoperationen) mit welchen Mitteln (Robotern) und in welcher Reihenfolge ausgeführt werden sollen, um die Aufgabe im Sinne bestimmter Kriterien optimal zu lösen. Bei der Planung von Mikromontageaufgaben spielen das verwendete Montagekonzept und der Aufbau der Montageanlage eine wesentlich größere Rolle als in der konventionellen Montage mit mittlerweile weitgehend standardisierten Industrierobotern.

Leider hat die MST-Forschungsgemeinschaft die spezifischen Mikromontageprobleme und ihre Bedeutung für den Übergang von Forschungs- und Entwicklungsarbeiten zu der industriellen Reife nicht rechtzeitig erkannt. Nur so ist es zu erklären, daß man der Montage von Mikrobauteilen und allgemein den systemtechnischen Aspekten der MST bis vor kurzem relativ wenig Aufmerksamkeit schenkte und daß die meisten aus öffentlichen Kassen geförderten MST-Aktivitäten sich mit der Weiterentwicklung ausgefeilter Fertigungstechnologien bzw. Mikrosensorkonzepten beschäftigen und die montagespezifischen Fragen nicht berücksichtigen.

Diese Situation hat im Endeffekt dazu geführt, daß die Überführung von MST-Prototypen in industriell gefertigte und am Markt erfolgreiche Produkte zur Zeit durch erhebliche Hemmnisse geprägt ist. Es existieren keine Mikromontageeinrichtungen, die eine flexible und wirtschaftlich effiziente Produktion von Mikrosystemen in kleineren und mittleren Stückzahlen gestatten. Erst seit wenigen Jahren versuchen einige namhafte Forschungsgruppen das erhebliche Forschungsdefizit auf dem Gebiet der Mikromontage schrittweise abzubauen, indem verschiedenartige Mikromontagekonzepte evaluiert oder teilweise implementiert werden [Mori93], [Weis93], [Büttg94], [Hainel94], [Schä94], [Bauer95], [Frick95], [Geng95], [Hess95], [Klein95], [Sato95], [Fati96], [Wauro96], [Zühlke96], [Alleg97], [Codo97], [Fati97], [Menc97], [Pfeif97], [Remb97a], [Weck97], [Remb98].

Es wird bereits eine durchgängige Systemlösung entwickelt, bei der alle notwendigen Fertigungs- und Inspektionsgeräte in eine auf die Bedürfnisse klein- und mittelständischer Unternehmen abgestimmte modulare, automatisierte „Tischfabrik" integriert werden sollen [West97], [Schün97], [Hügler98]. Das Ziel besteht in der Realisierung eines Baukastensystems für eine modulare Fertigungsplattform in Clusterbauweise zur Produktion von Mikrosystemen auf planaren Substraten. Dieses Baukasten-Fertigungssystem soll in der Lage sein, über standardisierte Schnittstellen Prozeß- und Montagemodule unterschiedlicher Hersteller an die zentrale Fertigungsplattform anzubinden. Ein ähnliches Konzept wird zur Zeit auch in Japan entwickelt [Hata95] – [Hata97], [Tsuch97]. Kompakte und flexible Mikromontageanlagen sollen in Zukunft das „Herzstück" eines solchen modularen Mikrofertigungssystems bilden; sie sind aber zur Zeit noch nicht verfügbar.

Die Aufgabenpalette in der Mikromontage reicht von einfachen montagebedingten Zuführungs- und Bearbeitungsoperationen mit Mikrokomponenten (Klebstoff auftragen, Justiermarken anbringen, evtl. auch Objekte reinigen, Greifen, Absetzen usw.) bis zu einer abschließenden Inspektion der gewünschten Leistung des fertigen Mikrosystems. Eine leistungsstarke Mikromontagestation soll deshalb die folgenden Montageschritte durch ihre Roboter automatisch durchführen: Bearbeiten, Transportieren, Greifen, Positionieren, Befestigen, Verbinden und Testen von Mikroobjekten.

Ein typisches Beispiel einer „einfachen" Mikromontageoperation ist das Positionieren einer Glasfaser zur Einkopplung von Laserlicht in einen optischen Mikrosensor. Das modulierte Laserlicht, das als Informationsträger dient (Abschnitt 3.2.2), muß verlustfrei über eine mikroskopische Linse auf eine optoelektronische Auswerteeinheit geleitet werden. Dabei ist es erforderlich, das Glasfaserende im Bereich von wenigen Mikrometern genau zu positionieren. Für eine flexible automatisierte Mikromontageeinrichtung heißt das, die Montageteile in den Montageraum zuzuführen und ihre Position zu erkennen, die Faser ggf. vor dem Fügen zu präparieren (Abmanteln und Ablängen), die fragile Faser mit dosierter und ausreichender Kraft zu greifen und sie in die gewünschte Zielposition zu bewegen, die Faser mit Hilfe einer Lichtintensitätsregelung zu justieren und dann zu fixieren (z.B. durch Kleben). Anschließend muß in einem Test sichergestellt werden, daß die optimale Position tatsächlich gehalten wird, und der fertige Baustein kann abtransportiert werden.

Berücksichtigt man nach diesem Beispiel, daß es sich hier nur um eine Operation handelt und daß die anderen Komponenten des Mikrosensors davor auch zusammengefügt werden müssen, dann wird der Schwierigkeitsgrad der flexiblen Mikromontage deutlich. Dieser Grad vergrößert sich erheblich im Vergleich zur konventionellen Makromontage aufgrund von mehreren, bei der Mikromontage erschwerend wirkenden Faktoren. Diese werden zunächst vorgestellt und diskutiert.

2.2 Probleme der Mikromontage

Man muß sich darüber im Klaren sein, daß eine Anpassung von konventionellen Manipulationskonzepten an die Anforderungen der Mikrowelt nur teilweise möglich ist. Von den Komponenten einer Mikromontagestation werden zusätzliche Eigenschaften verlangt, da die Bauteilabmessungen bis in Größenordnungen von einigen Mikrometern hineinreichen und die Montagegenauigkeiten im nm-Bereich eine inzwischen selbstverständliche Anforderung sind. Mikroskopisch kleine Objekte lassen sich nur sehr schlecht als Schüttgut behandeln. Sie verhaken oder verklemmen sich und können beim Transport und beim Vereinzeln beschädigt werden. Besonders bei Mikrokomponenten, die mit Hilfe der Oberflächen-Mikromechanik hergestellt werden, werden mechanische Eigenschaften durch parasitäre Spannungen in Dünnschichten beeinträchtigt. Vor allem empfindliche mechanische Komponenten von Mikrosensoren dürfen sich nicht durch den Montageprozeß verspannen.

Es müssen aber nicht nur die begrenzte mechanische Robustheit der Mikroobjekte, sondern auch störende Faktoren, wie Staubpartikel, Luftfeuchtigkeit, Vibrationen oder Änderungen der Umgebungstemperatur berücksichtigt werden. In der Regel sind entsprechend ausgestattete Arbeitsräume notwendig, die Einrichtungen zur Klimatisierung, Luftreinigung und Vibrationsdämpfung enthalten. Je nach Anwendungsbereich können verschiedene Reinheitskonzepte verfolgt werden, von einer flexiblen lokalen Verkapselung, wobei lediglich staubanfällige Arbeitszellen der Manipulationsstation unter Reinraumbedingungen agieren, bis hin zu einem großen, modern ausgestatteten Reinraum, der allerdings sehr kostspielig ist.

Ein großes Problem stellt auch das Verhältnis der Kräfte sowie dominierende Effekte dar, die in der Mikrohandhabung völlig anders sind als in der uns gewohnten makroskopischen Handhabung von Festkörpern. Bei einer fortschreitenden Miniaturisierung von Montageteilen beginnen oberflächenabhängige Effekte unterhalb einer gewissen Teilgröße, die im wesentlichen von den Materialeigenschaften abhängig ist und oft gerade unter der 1 mm-Grenze liegt, im Vergleich zu Volumeneffekten zu dominieren. Während die Gravitation bzw. die Trägheit eine untergeordnete Rolle spielt, herrschen bei der Montage von sehr kleinen und leichten Bauteilen die parasitären Anziehungskräfte vor wie die elektrostatische oder die zwischen einzelnen Atomen wirkenden Van-der-Waals-Kräfte (Bild 2.1), die in der Makrowelt kaum wahrnehmbar sind. Die Größe dieser beiden Störkräfte ist umgekehrt proportional zum Quadrat des Abstands zwischen den Kontaktflächen. Berücksichtigt man diese Effekte nicht, dann werden sie die Handhabung (Greifen und Absetzen) von mikroskopisch kleinen und leichten Teilen zu einem unvorhersagbaren Ereignis machen.

Auch die Oberflächenspannung von Flüssigkeiten wirkt als Anziehungskraft bei Mikromanipulationen, wenn die Luftfeuchtigkeit relativ hoch oder beispielsweise der Greifer naß ist (Bild 2.1). Berühren mikroskopische Flüssigkeitströpfchen beim Greifen gleichzeitig die Oberflächen des Greifers und des Bauteils, dann entstehen sogenannte Kapillarkräfte, die in Umgebungen mit erhöhter Luftfeuchtigkeit den größten Störeffekt ausmachen. Diese Störkräfte können allerdings in klimatisierten Räumen vernachlässigt werden, wenn die Luftfeuchtigkeit unter der Grenze von ca. 9% konstant gehalten wird [Arai95].

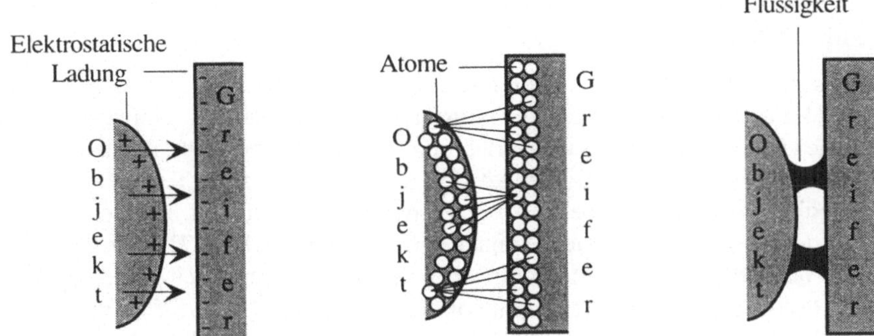

Bild 2.1
Störkräfte in der Mikromontage:
Elektrostatische Kraft (links), Van-der-Waals-Kraft (Mitte) und Kapillarkraft (rechts)

Dieses in der Mikrowelt herrschende Kräfteverhältnis wird die Vorgänge in einer Mikromontagestation beeinträchtigen, denn es kommt zu unvorhersehbaren Bauteilbewegungen sowohl beim Greifen als auch beim Absetzen des Bauteils. Außerdem ist es häufig leichter, das zu manipulierende Objekt zu greifen und zu manipulieren, als es anschließend beim Absetzen loszuwerden. In Bild 2.2 wird ein Montagebeispiel in der Vakuumkammer eines Rasterelektronenmikroskops vorgestellt, das diese Problematik illustriert.

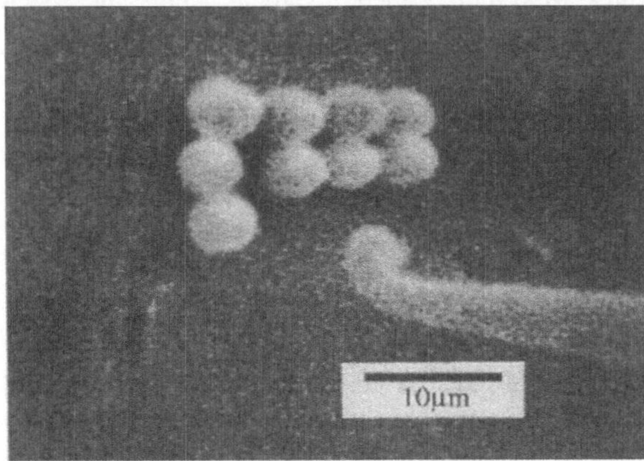

Bild 2.2
Teleoperiertes Zusammenfügen
von Eisenpartikeln
(Quelle – University of Tokyo)

Das Foto zeigt ein Experiment, bei dem mittels eines telemanipulierten Robotersystems mehrere etwa 3 µm große Eisenpartikel manipuliert und auf die gezeigte Weise zusammengefügt werden sollten. Das Partikel, das sich an der Manipulatorspitze befindet, haftet dort aufgrund von Adhäsionskräften; der Operator hatte große Mühe, die Partikel vom Manipulator zu entfernen. Die auf dem Foto gezeigte Anordnung der 9 Eisenpartikel hat aus diesem Grund ca. eine halbe Stunde Zeit in Anspruch genommen. Am Ende wurde die gesamte Anordnung beim Ablegen des letzten Partikels durch Festkleben am Manipulator zerstört.

Die reproduzierbare Handhabung von mikroskopisch kleinen Bauteilen kann z.B. durch Spannen der Bauteile beim Greifen und Absetzen erreicht werden. Universelle und wirtschaftliche Lösungen für Spannvorrichtungen sind heute aber nicht bekannt. Selbstjustierende Greiferkonstruktionen können das Problem zum Teil lösen. Auch spezielle Handhabungstechniken beim Absetzen des Bauteils, die auf eine schrittweise Reduzierung der Greiffläche abzielen, können hilfreich sein [Miyaz97]. Eine deutliche Reduzierung der Oberflächenkräfte kann man zusätzlich durch einige ausgefeilte technische Lösungen bei der Greiferkonstruktion erreichen [Arai95], [Arai96]. Im Idealfall wird das Absetzen des Bauteils auf eine Klebstoffschicht alle Störkräfte eliminieren; die Voraussetzung ist, daß diese Fügeoperation aus verbindungstechnischen Gründen notwendig ist. Eine andere Lösung bieten sogenannte Stoffschlußgreifer (Abschnitt 5.4).

Andererseits kann man die i.d.R. ungewollten, parasitären Adhäsionskräfte für neue Greifprinzipien, die sich von den bekannten mechanischen (Spannen mit Zangen oder Pinzetten, Verhaken mit Nadeln) oder pneumatischen (vakuumbasiertes Greifen mit unterschiedlich geformten Saugpipetten) Methoden grundsätzlich unterscheiden, ausnutzen und dadurch neue Mikromanipulationsstrategien entwickeln. Neue interessante Ideen für das Adhäsionsgreifen, wie z.B. Aufbringen einer Ladung auf den Manipulator (elektrostatische Kraft) oder Benetzen des Manipulators über einen mikrostrukturierten Zufuhrkanal (Oberflächenspannung von Flüssigkeiten) mit anschließendem Abdampfen der Flüssigkeit durch ein eingebautes Mikroheizelement, werden bereits an ersten Greiferprototypen ausprobiert.

Ein anderer wichtiger Aspekt ist die Transmission von Informationen aus der Mikrowelt in die Makrowelt, um eine Prozeßrückkopplung zur Steuerung der Manipulationsvorgänge zu ermöglichen. Beim heutigen Stand der Dinge sind die Kraftinformationen aus der Mikrowelt nur schwer zu gewinnen. Man ist vor allem auf die visuelle Prozeßüberwachung angewiesen, wozu vor allem ein (Stereo-)Lichtmikroskop verwendet wird. Die Montageoperationen finden hier unter dem Mikroskopobjektiv statt; als Unterlage dient i.d.R. der Probentisch.

Beim Benutzen eines Lichtmikroskops entstehen aber einige Probleme, da der Arbeitsabstand zwischen Objektiv und Unterlage meistens zu gering ist (10–20 mm), so daß bestimmte Manipulationen nicht (oder nur mit großem Aufwand) durchgeführt werden können: Die zur Verfügung stehenden Manipulatoren passen einfach nicht zwischen Objektiv und Objekt. Außerdem ist die Auflösung eines Lichtmikroskops durch die

Wellenlänge des sichtbaren Lichts (bis ca. 400 nm) begrenzt und reicht bei hohen Anforderungen an die Manipulationsgenauigkeit nicht aus. Um das Problem zu umgehen, kann eine Manipulationsstation in der Vakuumkammer eines Rasterelektronenmikroskops (REM) eingerichtet werden. Solche Geräte bieten gleichzeitig einen großen Arbeitsabstand, eine hohe Auflösung mit großer Schärfentiefe sowie eine beliebige Zahl von Vergrößerungsstufen.

Auch die Benutzung eines Rasterelektronenmikroskops für die Montagerückkopplung ist nicht problemfrei. Solche Systeme führen zwangsläufig zu gewissen Konstruktionseinschränkungen sowohl der Manipulatoren als auch der zu montierenden Mikrosysteme, da sie dabei vakuum- bzw. elektronenstrahlkompatibel sein müssen. Alle mikroelektronischen Komponenten müssen aus der REM-Kammer entfernt werden, um Beschädigung oder Beeinträchtigung durch Elektronenstrahlen zu vermeiden. Die durch die kleinräumige Vakuumkammer vorgegebenen Volumenbeschränkungen, die eine starke Anpassung der Montageanlage an die geometrischen Bedingungen der Kammer erfordert, können durch den Einsatz von Großkammer-Mikroskopen aufgehoben werden [Klein95], [Weck97].

Bei der Montagerückkopplung muß man versuchen, eine möglichst realistische Übertragung von Effekten aus der Mikrowelt (dem Arbeitsraum) zu ermöglichen. Es ist wichtig, daß der Operator die gesamte Szene im Blickfeld hat, und ihm außerdem verschiedene Sichtweisen auf den Arbeitsraum ermöglicht werden. Der Operator sollte auch keine Einschränkungen bei seinen Manipulationen hinnehmen müssen, weshalb eine große Anzahl von rotatorischen Freiheitsgraden benötigt wird, da die Lage der Mikroobjekte und die Orientierung der Werkzeuge bei vielen Anwendungen oft geändert werden muß.

Neben den visuellen Informationen sollen dem Operator nach Möglichkeit auch Informationen über auftretende Kräfte (evtl. über akustische Signale) aus dem Arbeitsraum zur Verfügung gestellt werden, um die Genauigkeit seiner Bewegungen zu erhöhen und ein Zerstören der Mikroobjekte zu verhindern. Dazu ist der Einsatz von Kraftsensoren innerhalb der Mikrowerkzeuge (z.B. Mikrogreifer) notwendig. Man sucht derzeit nach geeigneten Lösungen, um solche Sensoren realisieren zu können [Mori93], [Horie95].

Ein anderes Problem besteht darin, daß bei einigen Verbindungsoperationen, wie z.B. anodisches Bonden oder Silizium-Direktbonden, Temperaturen von über 1000°C auftreten. Da diese Operationen bei der Montage von siliziumbasierten Mikrosystemen oft unumgänglich sind, müssen Lösungen gefunden werden, um die vorhergehenden Füge- und Justieroperationen von den Verbindungsoperationen zu trennen.

Weiterhin ist an dieser Stelle die fehlende Standardisierung bzw. Normung zu erwähnen, die den Einsatz von automatisierten oder teilautomatisierten Montageverfahren verhindert. Die ersten Versuche, normungsrelevante Fragestellungen aufzugreifen und eine sinnvolle Vereinheitlichung auf dem MST-Gebiet zu schaffen, sind bereits in die Wege geleitet worden [DIN97], [Kohl94a]. Das Ergebnis ist bis jetzt kaum sichtbar. Besonders die Kompatibilität gleichartiger Systemkomponenten in verschiedenen Mikrosystemen

stellt heute ein großes Problem dar. Es kann allerdings keine Universallösung für
zahlreiche MST-Anwendungsbereiche geben. Vielmehr soll die industrielle Entwicklung
der MST durch Flexibilität und Modularaufbau von Mikromontagestationen unterstützt
werden, die eine Anpassung an unterschiedliche Produkte ohne großen Aufwand und
damit auch kostengünstige Fertigung von niedrigeren Stückzahlen ermöglichen. Dazu
müssen allerdings Teilfamilien der Werkstücke klassifiziert werden, die sich in ihren die
Handhabung beeinflussenden Eigenschaften ähneln. Als Klassifikationskriterien können
z.B. Form, Fügeverfahren, Abmessungen, Werkstoff, Masse, Oberflächenbeschaffenheit,
Reinheitsanforderungen oder Greifprinzip dienen [DIN97]. Bereits diese lange
Aufzählung deutet auf die Schwierigkeiten bei der Entwicklung einer nützlichen und
anschaulichen Klassifikation hin. Ein anderes Problem stellt die fehlende Normung von
mechanischen, elektrischen und informationstechnischen Schnittstellen in einer Mikromontagestation sowie von Einrichtungen zur Vereinzelung, Zuführung und Magazinierung von Montageteilen dar.

Insgesamt gesehen ist die heutige Mikromontage noch in ihren Anfängen, denn die
meisten in der Makrohandhabung von Festkörpern bewährten technischen Lösungen für
die oben aufgeführten Elementaroperationen sind in einer automatisierten oder teilautomatisierten Mikromontageeinrichtung nicht einsetzbar. Neue technische Lösungen, die
auf einer „mikrowelt-orientierten" Denkweise beruhen, müssen gefunden werden, um
die zahlreichen aufgeführten Probleme mindestens teilweise zu lösen. Weiter unten werden die heute angewendeten Konzepte der Mikromontage analysiert und anschließend
die neue „Philosophie" der mikroroboterbasierten Mikromontage im Detail vorgestellt.

2.3 Konzepte der Mikromontage

Die Leistungsstärke bzw. der Intelligenzgrad eines Mikromontagesystems kann, wie
auch in der konventionellen Robotik, im wesentlichen an der Einstufung „manuell -
teleoperiert - automatisch" gemessen werden. Die meisten Untersuchungen im Bereich
der Mikromanipulation konzentrieren sich heute auf den Übergang von rein manuellen
zu teleoperierten Systemen. In teleoperierten Systemen führt der Operator die Bewegungen so durch, als wenn die Manipulatoren seine eigenen Arme wären. In der Mikro-
telerobotik sind in erster Linie zwei Einschränkungen zu nennen. Zum einen muß das
Operationsfeld für den Operator wahrnehmbar sein, zum anderen muß die Information
über die Verarbeitung korrekt an den Operator übermittelt werden.

Die Entwicklung von automatisierten Montageeinrichtungen für Mikrosysteme befindet
sich noch im Anfangsstadium. Der Übergang von wenigen, manuell montierten hybriden Mikrosystemen zu ihrer hochqualitativen Kleinserien- bzw. Massenproduktion kann
analog zur konventionellen automatisierten Fertigung in der Mikroelektronik nur mit
Hilfe von flexiblen robotisierten Montagezellen erreicht werden. Solche Systeme sollen,

unterstützt durch eine ausreichende Sensorüberwachung und Regelungsalgorithmen, die
hochpräzisen Bearbeitungs- und Montageoperationen übernehmen, sich schnell von
einem Produkt auf das andere umstellen lassen und damit in entscheidendem Maße zur
Industrialisierung der MST beitragen. Insgesamt gesehen werden heute zur Mikromontage die nachfolgend dargestellten Konzepte verwendet.

2.3.1 Manuelle Mikromontage

Rein manuelle Mikromontage ist die heute (leider!) noch am häufigsten verwendete
Methode. Mikromontageaufgaben werden dabei von geübten Technikern ausgeführt, die
z.B. die Montageteile mittels Schrauben und Federn grob vorpositionieren und sie dann
mit kleinen Hämmern und feinsten Pinzetten mit erheblichem Geschick in die Zielposition bringen und dort fixieren. Als Sehhilfen dienen in der Regel Lichtmikroskope
oder Lupen. Aber auch mit leistungsfähigerer technischer Unterstützung wie z.B.
Rasterelektronenmikroskopen oder speziellen „trickreichen" mechanischen
Justierhilfen, kann der Mensch beim besten Willen zum einen nur im Labormaßstab
arbeiten und zum anderen wegen einer hohen Arbeitsbelastung nicht eine kontinuierlich
stabile Produktqualität gewährleisten. Dazu ist der Mensch eine große Quelle von
Verunreinigungen in der Montageumgebung. Mit der zunehmenden Miniaturisierung der
Komponenten verringern sich außerdem die zulässigen Toleranzen, und die Fähigkeit
der menschlichen Hand reicht schlicht und ergreifend nicht mehr aus.

2.3.2 Teleoperierte Mikromontage

In *ortsfesten teleoperierten Mikromontagesystemen* werden die Handbewegungen des
Operators über einen speziellen Joystick bzw. eine Maus direkt in die Feinbewegungen
der Manipulatoren im dreidimensionalen Arbeitsraum des Manipulationssystems umgesetzt. Besonderer Wert wird in diesen Systemen auf die Entwicklung von Technologien
gelegt, die dem Operator verschiedenartige Signale aus der Mikrowelt, wie z.B. Bilder,
Kräfte oder Töne, möglichst realistisch übertragen werden. Die Manipulationsfähigkeit
der menschlichen Hand wird hier zwar durch ausgefeilte technische Lösungen
unterstützt, die grundsätzlichen Probleme der Bewegungsauflösung und Schnelligkeit
der Operationen bleiben jedoch erhalten, da die Werkzeugbewegungen eine direkte
Nachahmung der Handbewegungen des Operators sind.

Durch die obigen Überlegungen wird heute die Entwicklung mehrerer Mikromanipula-
tionssysteme gekennzeichnet [Mits93], [Joha93], [Mori93], [Sato95], [Codo97],
[Menc97]. Bild 2.3 zeigt den angestrebten Aufbau eines teleoperierten Mikro-
handhabungssystems. Das System enthält insgesamt fünf Komponenten, die eigentliche
Manipulationseinheit, das Operationsmodul für den Bediener, das optische (Stereo-)
Mikroskop mit CCD-Kamera, die Steuerung und das Modul zur Transformation von

Kraftsignalen in akustische Information. Die Manipulation von Mikroobjekten erfolgt mit einem Mechanismus, der die rechte und linke Hand des Operators repräsentiert, und jeweils aus Grob- und Feinpositionierern, einem Mehr-Achsen-Kraftsensor und einem Endeffektor besteht. Die Grobpositionierer können über Schrittmotoren angetrieben werden und dienen vor allem dazu, die Endeffektoren unter das Objektiv des Mikroskops zu bringen. Die Feinpositionierer können piezoelektrisch, elektromagnetisch oder elektrostatisch angetrieben werden und sollen Manipulationen eines Mikroobjekts mit nm-Präzision durchführen.

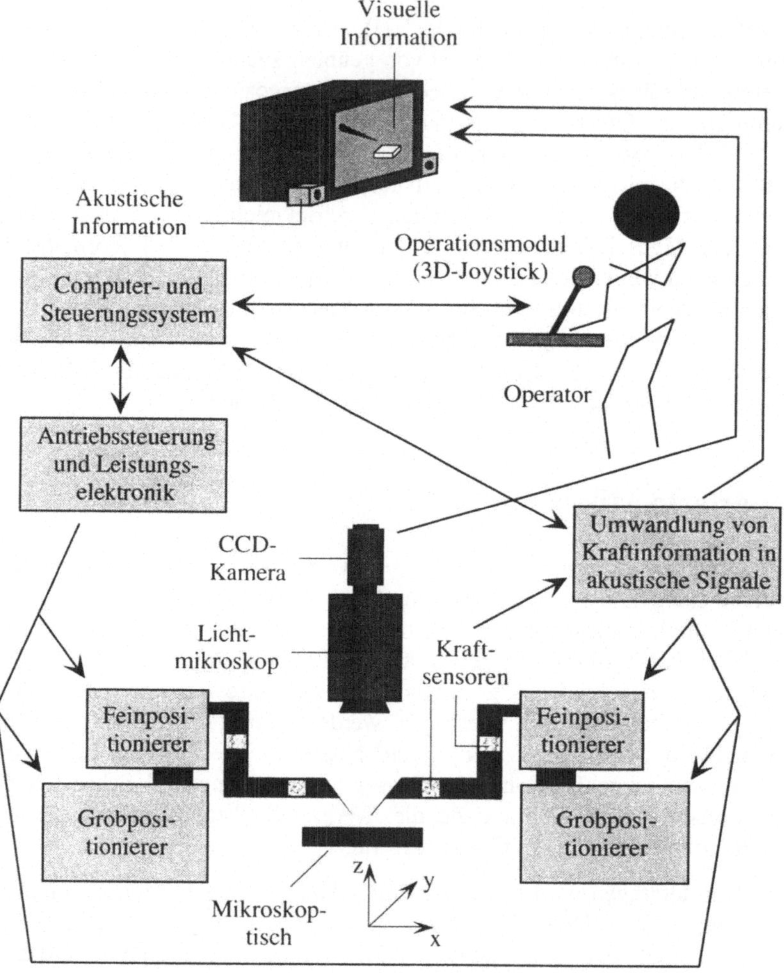

Bild 2.3
Schematischer Aufbau eines teleoperierten Mikrohandhabungssystems

Für eine Rückkopplung des Montageprozesses sorgen im Idealfall mehrere unterschiedliche Sensorsysteme. Jeder Endeffektor wird mit einem Mehrachsen-Kraftsensor ausgerüstet, dessen Signale nach einer Verstärkung in die entsprechenden akustischen Signale umgewandelt werden, die anschließend zum Operator gelangen. Gleichzeitig sorgen die CCD-Kamera und das optische Mikroskop für eine visuelle Übertragung der Montageabläufe auf einen TV-Monitor. Das Steuersystem muß in solchen rechenintensiven Systemen modular aufgebaut werden, wobei die Grobpositionierer und die Feinpositionierer jeweils von einem Rechnermodul (Transputer, Mikrocontroller oder PC-Modul) gesteuert werden. Das Operationsmodul, das die physikalische Mensch-Maschinen-Schnittstelle bildet, ist eine spezielle 3D-Computermaus bzw. ein Joystick. In das Modul sind i.d.R. ein Mehrachsen-Kraftsensor, der die vom Operator ausgeübten Kräfte ermittelt, und Gleichstrommotoren mit Geschwindigkeitskontrolle, die die Bewegungen des Joysticks ermöglichen, integriert. Die Handbewegungen des Operators werden über das Operationsmodul mit Hilfe der Steuerungseinheiten bis in die Mikrowelt unter dem Mikroskop herunterskaliert.

Die bereits gewonnenen Erfahrungen mit teleoperierten Montagesystemen zeigen, daß das zusätzliche Übertragen akustischer Signale aus dem Arbeitsraum neben Kraft- bzw. taktilen Rückmeldungen zu einer wesentlichen Verbesserung der Manipulationssteuerung durch den Operator führt. Der Grund ist, daß die menschliche Fähigkeit zur Verarbeitung akustischer Signale wesentlich besser ist als die zur Verarbeitung von Krafteindrücken. Ohne akustische Rückkopplung variiert die Kraft, die der Operator über den Joystick vorgibt, sehr stark.

Fast alle heute entwickelten telemanipulierten Mikromanipulationssysteme bilden im großen und ganzen die in Bild 2.3 dargestellte Systemstruktur nach. Die größten Unterschiede findet man in den Antriebsarten, die zur Manipulation von Mikroobjekten verwendet werden. Später in Teil 4 werden diejenigen Aktuationsprinzipien, die die Anforderungen der Mikrowelt erfüllen, eingehend analysiert. Der andere große Unterschied betrifft die Art der visuellen Rückkopplung. Die fortschreitende Entwicklung der Rasterelektronenmikroskopie erlaubt es, statt eines Lichtmikroskops ein Rasterelektronenmikroskop (REM) mit einer bis zu ca. 200000-fachen Vergrößerung in ein Mikromontagesystem zu integrieren. Ein REM eignet sich für eine hochpräzise Montage besonders wegen seines großen Arbeitsabstands und seiner großen Schärfentiefe. Die Manipulatoren sind in solchen Systemen in die Vakuumkammer des REM eingebaut. Es liegt auf der Hand, daß die Palette von Mikrosystemen, die in einer REM-basierten Mikromontagezelle zusammengebaut werden können, im Vergleich zur Lichtmikroskopie etwas eingeschränkt ist. Dafür aber kann bei der Montage in einem REM eine Bewegungsauflösung von wenigen Nanometern erzielt werden, was die Leistung eines Lichtmikroskops wesentlich übertrifft. Auch das für die Rasterelektronenmikroskopie benötigte Vakuum stellt aufgrund der relativen Staubpartikelfreiheit einen Vorteil dar.

Um einen Eindruck über REM-basierte Mikromanipulationssysteme zu bekommen, werden zunächst zwei solche Systeme kurz vorgestellt. Ein REM-Mikromanipulations-

system, das mit einem piezoelektrischen Manipulator ausgerüstet ist, ist in Bild 2.4 zu
sehen.

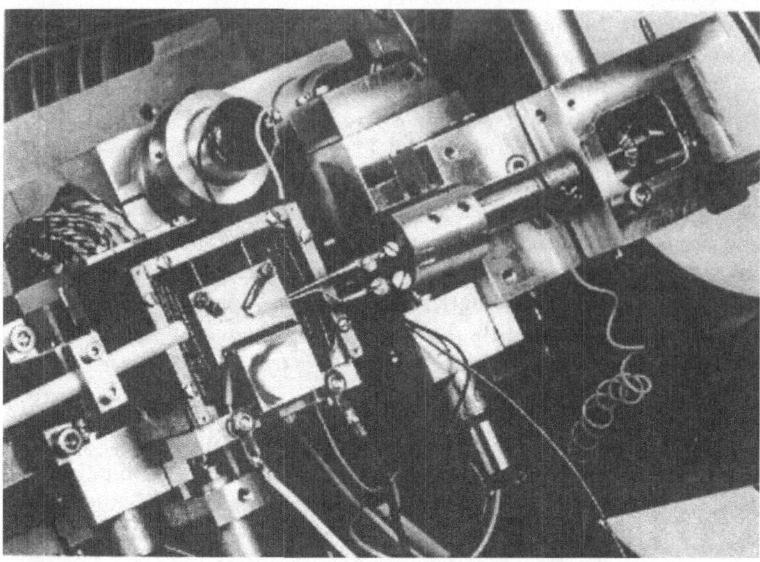

Bild 2.4
Das Mikromanipulationssystem in einem REM (Quelle – Uppsala University)

Die Arbeitsfläche in diesem System besteht aus einem geheizten Arbeitstisch, der auf
Temperaturen von 800–1000°C gebracht werden kann, um Mikromontageschritte wie
etwa anodisches Bonden ausführen zu können. Weiterhin ist ein Vorratsbehälter eingebaut, in dem die Werkstücke lagern, bis sie im Laufe des Mikromontageprozesses
benötigt werden. Der Mikroskoptisch kann mit einer Auflösung von 1 µm in X- bzw. Y-
Richtung bewegt werden. Die Vakuumkammer des REM ist $200 \times 150 \times 150$ mm^3 groß.

Für die Feinpositionierung von Mikroobjekten wird eine piezoelektrische Mikropinzette
eingesetzt, die einen Hub von 200 µm bei einer Kraft von 0.3 N aufweist (Bild 2.5). Die
Mikropinzette ist auf einer Positioniereinheit angebracht, die vier Freiheitsgrade besitzt
und die Grobpositionierung ermöglicht; sie wird durch Gleichstrommotoren angetrieben.
Ein zusätzlicher Manipulator kann z.B. für Meßaufgaben (etwa Temperatur) oder als
weiteres Werkzeug, das den Montageprozeß unterstützt, verwendet werden.

Ein anderes Beispiel eines REM-basierten teleoperierten Mikrohandhabungssystems
greift im wesentlichen das in Bild 2.3 gezeigte Konzept auf [Sato95]. Dabei werden
einem Operator visuelle, akustische und Kraftinformationen über die Handhabung von
Mikroobjekten zur Verfügung gestellt. Die Handbewegungen des Operators werden über
zwei Joysticks und ein Steuerungssystem in den Arbeitsraum (Vakuumkammer eines
REM) übertragen und mit Hilfe des sogenannten Nanorobotersystems auf die Größe des

Arbeitsraumes reduziert. Das Nanorobotersystem besteht aus zwei getrennten piezoelektrisch angetriebenen Robotereinheiten, die in der Arbeitskammer eines Stereo-REM
untergebracht sind (Bild 2.6).

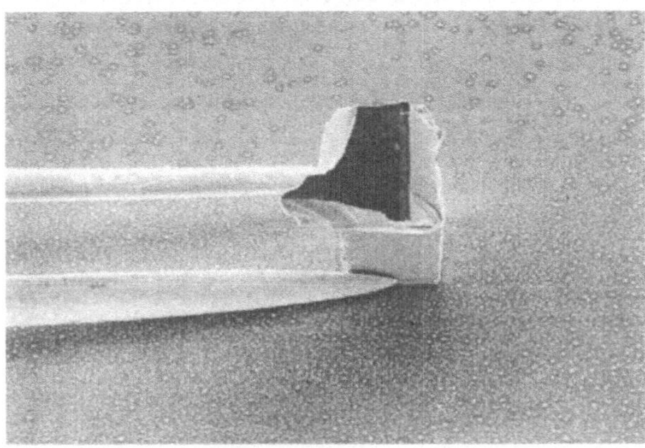

Bild 2.5
Piezoelektrischer Endeffektor
(Quelle – Uppsala University)

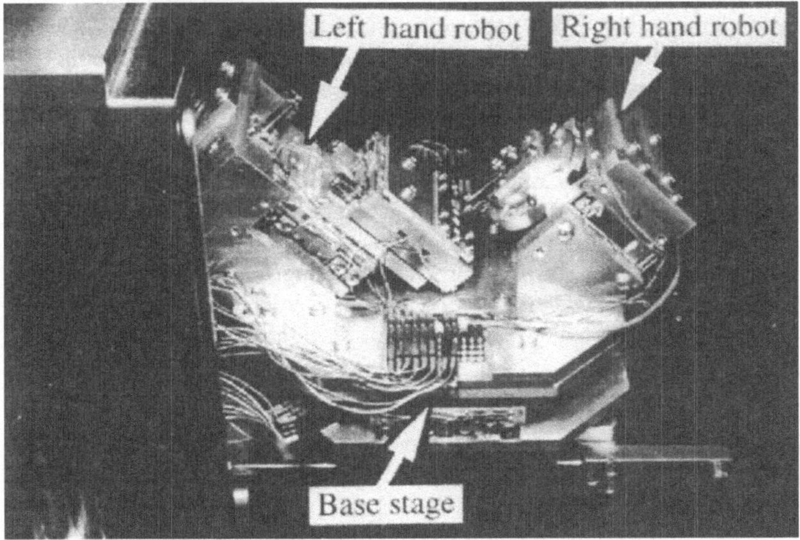

Bild 2.6
Positioniereinheiten in einem REM (Quelle – University of Tokyo)

Die Robotereinheit, die die linke Hand des Operators repräsentiert, soll das Objekt
halten und seine Position verändern; sie übernimmt damit die Funktionen eines
steuerbaren Positioniertisches. Der Positioniertisch kann dabei einen Arbeitsbereich von
$20 \times 20 \times 20 \ \text{mm}^3$ bei einer Auflösung von 0.01 µm anfahren. Die Robotereinheit der

rechten Hand ist der eigentliche Mikromanipulator, der einen Arbeitsraum von 15 μm^3 bei derselben Auflösung hat und mit unterschiedlichen Greifern und Werkzeugen ausgerüstet werden kann. Die Werkzeuge können problemlos gewechselt werden. Ein hochsensibler Mehrachsen-Kraftsensor wird zur Zeit in den Manipulator integriert; der Sensor soll dem Operator ein besseres Gefühl für seine Manipulationen vermitteln, indem er auftretende mechanische Widerstände an die Joysticks weitergibt. Um die Bewegungen des Operators möglichst getreu nachvollziehen zu können, besitzen die beiden Robotereinheiten sechs Freiheitsgrade.

Mit einem Prototypen dieses Systems wurde eine Reihe von teleoperierten Versuchen durchgeführt. Dabei wurden u. a. mit einem Wolframnadel-Werkzeug (Durchmesser der Spitze etwa 1 μm) die Aluminiumverbindungen auf einem LSI-Chip an einer bestimmten Stelle durchtrennt. Als sehr hilfreich erwies sich bei diesem Experiment die Systemkomponente, die die im Arbeitsraum des Nanoroboters wirkenden Kräfte in akustische Signale für den Operator umwandelt. Damit war der Operator ohne Probleme in der Lage, die gestellte Aufgabe durchzuführen, ohne dabei die Nadel zu beschädigen. Das abgekratzte Aluminium von der Nadelspitze zu entfernen stellte dagegen ein größeres Problem dar.

Diese REM-Einrichtung bildet das Herzstück eines modularen Mikrofertigungssystems, das zur Zeit an der Universität Tokyo entwickelt wird [Hata95a], [Nakao96]. Dieses System, Nano-Manufacturing World (NMW) genannt, besteht aus drei evakuierten Kammern, in denen ein kompletter Mikromontageprozeß ablaufen kann. In der ersten Kammer sollen Bauteile unter optischer Mikroskopkontrolle hergestellt werden. Diese mikrostrukturierten Teile werden dann von einem Transportroboter über ein speziell konstruiertes Ventil in die Vakuumkammer des REM gebracht, wo sie mittels eines Manipulators mit anderen Teilen verbunden und weiter bearbeitet werden. Das verwendete REM kann dabei zur besseren Lageerkennung der Objekte Bilder aus mehreren Raumrichtungen liefern. Die fertig montierten Baugruppen sollen schließlich über ein weiteres Ventil in eine Pufferkammer gebracht werden, aus der die fertigen Werkstücke entnommen werden können. Die gesamte „Tischfabrik" ist 1.8 m breit, 0.9 m tief und 1.6 m hoch.

Eine andere Tischfabrik, die sich ebenfalls in der Entwicklungsphase befindet, soll in der Vakuumkammer eines Großkammer-REM untergebracht werden und die feinmechanische Bearbeitung von Mikrobauteilen, wie Drehen, Bohren, Fräsen oder Schweißen, mit anschließender Montage ermöglichen [Klein95], [Hümm96], [Weck97]. Die begrenzte Flexibilität der Betrachtung, die für konventionelle REM charakteristisch ist, wurde in diesem Großkammer-Mikroskop durch die bewegliche Elektronenoptik verbessert, die eine flexible Visualisierung von Objekten in der 2 m^3 großen Vakuumkammer ermöglicht. Mehrere verschiedene Bearbeitungs- und Montageplätze können in dieser Kammer aneinandergereiht und somit zu einer „Fertigungsstraße" ausgebaut werden. Die Mikroskopsäule mit Wolfram-Kathode erlaubt Auflösungen bis zu 4 nm, die Vergrößerung läßt sich im Bereich von 15× bis 200000× stufenlos variieren.

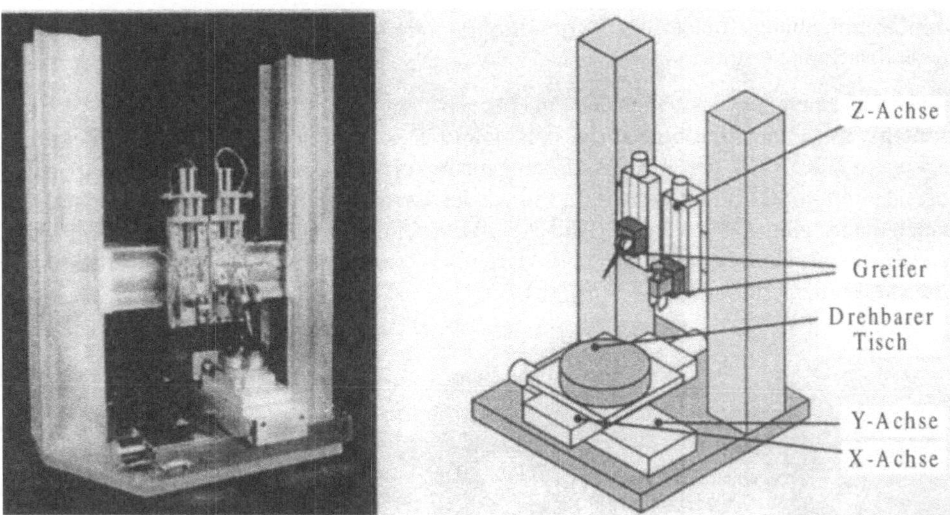

Bild 2.7
Prototyp eines Montageplatzes in der Großkammer-REM-Tischfabrik
(Quelle – Fraunhofer-Institut für Produktionstechnologie, Aachen)

In Bild 2.7 ist die erste experimentelle Einrichtung eines Mikromontageplatzes in dem
Großkammer-REM zu sehen. Die Einrichtung besteht aus einem Positioniertisch und
einem Positioniersystem für Mikrogreifer. Der Positioniertisch mit zu montierenden
Mikroteilen besitzt drei Freiheitsgrade (zwei translatorische in der xy-Ebene und einen
rotatorischen um die z-Achse). In das lineare Positioniersystem können mehrere anwendungsspezifische Greifer integriert werden. Das System ermöglicht das Absenken und
Heben der Greifer in z-Richtung. Diese Einrichtung kann in Zukunft als einer der Montageplätze der angestrebten Tischfabrik dienen. Nachteilig bei diesem Konzept sind die
hohen Gerätekosten, die in die Millionenhöhe gehen können und eine breite Verwendung einer solchen Mikrofertigungsstation seitens kleiner Unternehmen ausschließen.

2.3.3 Anwendung von Industrierobotern

In der konventionellen robotergestützten Fertigung werden mechanische Bauteile in
großen Stückzahlen mit Industrierobotern montiert. Eingesetzt werden vor allem serielle
kinematische Roboter wie Knickarm- oder kartesische Roboter. Die Position des
Greifers wird aus der Kinematik und den Signalen der Gelenksensoren berechnet. Bei
anspruchsvollen Montageaufgaben wird eine Kraft- und (oder) visuelle Überwachung
durchgeführt. Die Anpassung an unterschiedliche Bauteile bzw. der Übergang zwischen
verschiedenen technologischen Schritten wird durch integrierte Greiferwechselsysteme
vorgenommen [Eberh97]. Anhand von CAD-Modellen der Montageteile und der

Montageumgebung findet die Offline-Programmierung der Industrieroboter in einer speziellen Sprache statt.

Einige Unternehmer versuchen sich zur Zeit auf dem Gebiet der automatisierten Mikromontage mit Industrierobotern zu behaupten. Der sechsachsige Vertikal-Knickarmroboter μ-KRoS 316 hat eine Wiederholgenauigkeit von 3 μm bei einem sphärischen Arbeitsraum von 1 m und kann zum Fügen, Justieren und Prüfen mechanisch-optischer Bauelemente eingesetzt werden (Bild 2.8). Im Rahmen von mehreren breitgefächerten Forschungsprojekten werden zur Zeit Ansätze für verschiedene Handhabungstechniken von Mikroteilen erarbeitet [MFV96], [MFV97], [MoMSys96], [MoMSys97].

Bild 2.8
Der Präzisionsroboter μ-KroS 316
(Quelle – JENOPTIK Technologie
GmbH)

Solche Montageanlagen, die mit Industrierobotern und Greiferwechselsystemen ausgerüstet sind, haben allerdings nur eine begrenzte Positioniergenauigkeit. Die Montagevorgänge werden zum Teil durch die massenbedingte Dynamik der aktiven Roboterkomponenten beeinträchtigt. Außerdem führen Fabrikationsfehler, Reibungseinflüsse, Elastizitäten, thermischen Dehnungen u.ä. zu Positioniergenauigkeiten von mehreren Mikrometern, die in der Regel für die Montage von Mikrosystemen nicht ausreichen.

Die für die Mikromontage benötigten Positioniergenauigkeiten unterscheiden sich von denen einer konventionellen Montage um einige Größenordnungen und liegen häufig im nm-Bereich. Diese Anforderungen können nur durch die Verwendung von Manipulatoren mit MST-spezifischen Antrieben erfüllt werden, unterstützt durch eine echtzeitfähige Sensorführung der Montageabläufe.

2.3.4 Anwendung von „Pick-and-Place"-Maschinen

Bestückungsautomaten („Pick-and-Place"-Maschinen) sind bereits seit langem aus der Mikroelektronik bekannt und ermöglichen die automatische SMD-Bestückung von Leiterplatten in großen Stückzahlen [Fritsch97], [Ecotec97]. Die Montage wird in der Regel ohne sensorische Rückkopplung durchgeführt und kann deshalb nur in einer genau definierten Arbeitsumgebung stattfinden. Die standardisierten Montageteile werden dabei in verschiedenen standardisierten Magazinen (z.B. Gurte, Stangenmagazine oder Wafflepacks) in wohldefinierter Position und Orientierung zugeführt. Ein feststehender oder beweglicher Bestückungskopf mit unterschiedlichen Vakuumgreifer- und Klebstoffdosierwerkzeugen nimmt die Teile aus den Magazinen auf und setzt sie mit hoher Geschwindigkeit und wohldosierter Kraft ab. Eine Gegenüberstellung Mikroelektronik und Mikrosystemtechnik in [Geng96] zeigt deutlich, daß hinsichtlich der Montage zwischen den beiden Bereichen kaum Ähnlichkeit besteht, so daß die bewährten Montagetechniken der Halbleiterfertigung für die Montage hybrider Mikrosysteme nicht oder nur bedingt anwendbar sind.

Ein besonders großer Nachteil von Bestückungsautomaten in bezug auf die Montage von Mikrosystemen ist die fehlende oder ungenügende Flexibilität. Die Montageprobleme von Mikrosystemen, die diesbezüglich den Einsatz von „Pick-and-Place"-Einrichtungen erschweren, sind z.B. die Dreidimensionalität von hybriden Mikrosystemen, verschiedenartige Fügeprozesse, großes Material- bzw. Formenspektrum oder nicht vorhandene Standardisierung von Komponenten. Die wenigen bereits implementierten Mikromontageautomaten sind sehr anwendungsspezifisch und nur auf ein bestimmtes Produkt ausgerichtet [Beuch94]. Solche Lösungen sind zwangsläufig kostspielig und nur durch große Produktstückzahlen zu rechtfertigen.

Allgemein gesehen eignen sich die Robotersysteme, die ausschließlich eingelernte, vorprogrammierte Bewegungen ausführen, mit fortschreitender Miniaturisierung von Bauteilen für die Mikromontage immer weniger. Die Bestückungsgenauigkeit der besten „Pick-and-Place"-Maschinen beträgt ca. 35–40 µm. Die Toleranzen vieler mikromechanischer Bauteile sind aber, bezogen auf ihre Größe, erheblich kleiner. Dies erfordert eine optische Überwachung und Sensorführung der Montagevorgänge, da es ab einer bestimmten Genauigkeitsgrenze nicht mehr möglich ist, die Montagepunkte auf herkömmliche Weise einzutrainieren.

2.3.5 (Teil-)Automatisierte Montage mit Präzisionsrobotern

Um die Einschränkungen konventioneller Roboter zu umgehen, werden heute neuartige technische Lösungen für Mikromontageroboter entwickelt, die sogenannten Präzisionsroboter. Präzisionsroboter verwenden in der Regel direkte Antriebe für ihre Endeffektoren und ermöglichen Positioniergenauigkeiten, die um mindestens eine Größenordnung die Genaugkeit konventioneller „Pick-and-Place"-Einrichtungen übertreffen und vor dem „Einzug" in den nm-Bereich stehen.

Die wenigen auf dem Markt vorhandenen Präzisionsroboter verschiedener Art versucht man heute auf die gleiche Weise wie in der konventionellen robotisierten Fertigung in die Mikromontage zu integrieren. Bestimmte Montageoperationen werden über die in das System integrierte „Teach"-Funktion dem Roboter eingeprägt und während der Montage automatisch und ohne Sensorführung durchgeführt. Der Bediener überwacht den Montageprozeß, führt die nicht automatisierten Operationen wie z.B. Zuführen oder Positionieren von Bauteilen teleoperiert mit Hilfe einer Mensch-Maschine-Schnittstelle (z.B. GUI oder Joystick) durch und löst die eintrainierten Operationen des Roboters aus. Die Qualitätssicherung wird mit Hilfe einer integrierten visuellen Überwachungseinheit realisiert.

Am häufigsten werden heute kartesische Präzisionsroboter verwendet, die mehrere lineare Achsen in einem System vereinigen und jeden Punkt im Arbeitsraum schnell und mit sehr hoher Präzision anfahren können. Eine breite Palette solcher Roboter wird zur Zeit auf dem Markt angeboten [Meiss94], [Werner97], [SPI98]. Die Roboter sind modular aufgebaut, und durch große Flexibilität von Mechanik und Software können auch komplexe automatisierte Applikationen realisiert werden. Jede Achse ist als frei-definierbares Objekt aufgebaut und erlaubt die freie Gestaltung der Roboterachsen zu einem Mehrachsenmontagesystem. Auf diese Weise können kartesische Mikromontage-roboter aus einzelnen „Achsen-Bausteinen" in den verschiedensten Ausführungen und Größen aufgebaut und dadurch anwendungsspezifisch gestaltet werden.

Bild 2.9 zeigt ein am IPR vorhandenes Robotersystem, in das zwei 3-achsige kartesische Roboter integriert sind. In einem modularen 3-Achsenroboter sind auf knappem Raum drei Linearachsen mit Schrittmotorantrieb orthogonal angeordnet; sie erlauben relativ große Verfahrwege (bis 300 mm) mit hoher Auflösung (nominales Inkrement 10 nm).

Das System kann entweder manuell gesteuert oder durch „Einteachen" von manuellen Bewegungsabläufen automatisch betrieben werden. Als Steuerrechner wird ein Standard PC eingesetzt; die Steuerungssoftware ist dem modularen Konzept der mechanischen Komponenten angepaßt. Als manuelle Steuereinheit wird die Computermaus oder die Tastatur eingesetzt. Die Visualisierung der Operationen erfolgt durch Kleinstmikroskope (ca. 80 mm lang und mit einem Durchmesser von ca. 20 mm), die am Werkzeugträger befestigt oder von einem der beiden Roboter mitbewegt werden können. Das Livebild der Kleinstmikroskope wird über eine Videooverlaykarte auf dem Rechnerbildschirm dargestellt. Die Digitalisierung des CCD-Bildes erlaubt den Einsatz von Bildverar-beitung, so daß das System auch mit visueller Rückkopplung zur Regelung von Mon-tageabläufen versehen werden kann. Solche Roboter werden bereits u.a. für die automatische Montage mechanischer Uhren verwendet [VDI97].

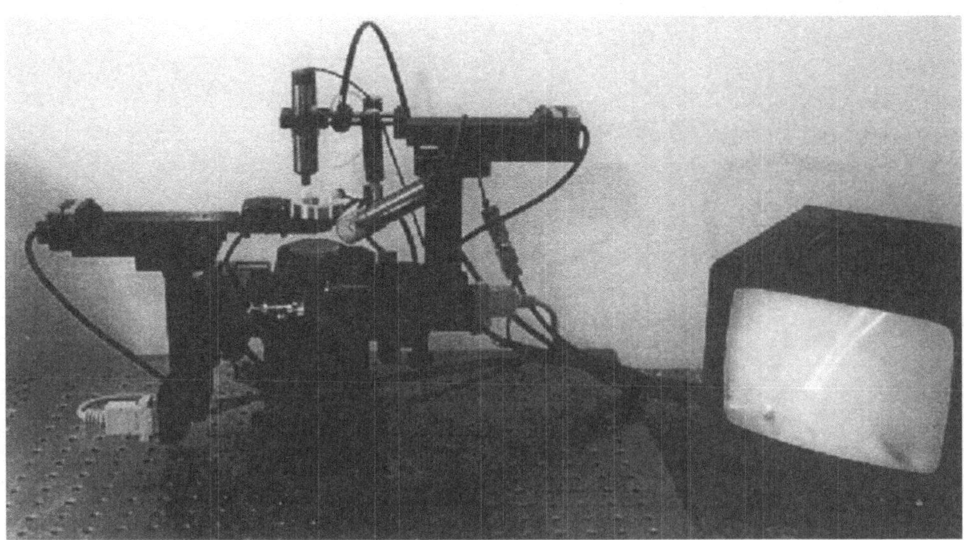

Bild 2.9
Sechsachsiges kartesisches SPI-Robotersystem
(Quelle – Universität Karlsruhe, IPR und SPI GmbH, Oppenheim)

Ein anderer kartesischer Roboter, AUTOPLACE 400, (Bild 2.10) wurde für die Montage von Airbag-Sensoren eingesetzt [Meiss94], [Beuch94]. Die Aufgabe bestand darin,
einen 1 mm^3 großen Würfel auf einen Chip mit einer Genauigkeit von ± 3 µm aufzukleben. Da die Positionierungsgenauigkeit des Chips 0.2 mm in alle Raumrichtungen beträgt, und aufgrund von Fertigungstoleranzen der Montagegrube im Würfel (± 50 µm),
muß der Positioniervorgang mit einer visuellen Sensorunterstützung durchgeführt werden. Das Montagesystem hat insgesamt 5 Freiheitsgrade und besitzt eine hohe Wiederholgenauigkeit von bis zu ± 1 µm und eine hohe statische bzw. dynamische Steifigkeit
bei Maximalgeschwindigkeiten von 0.8 m/s und Beschleunigungen von bis zu 15 m/s^2.

Die hohen Steifigkeiten sind für diese Anwendung besonders wichtig, da während des
Aushärtevorganges des Klebers keine Bewegungen der zu klebenden Teile auftreten
dürfen. Das Sensorsystem bilden drei CCD-Kameras und ein Lasermeßsystem. Die
Einrichtung wird von einer Multiprozessoreinheit und einem Multitaskingbetriebssystem
gesteuert und erreicht eine Ausbeute von 520 Sensoren pro Stunde. Eine Umrüstung auf
andere Montageaufgaben ist allerdings wirtschaftlich kaum durchzuführen.

Für die automatische Montage von kleinen und mittleren Serien sind flexible
Montagezellen erforderlich, die durch ihren modularen Aufbau eine Anpassung an neue
Montageaufgaben mit vertretbarem Aufwand ermöglichen. Die erste implementierte
Mikromontageanlage dieser Art ist in Bild 2.11 zu sehen.

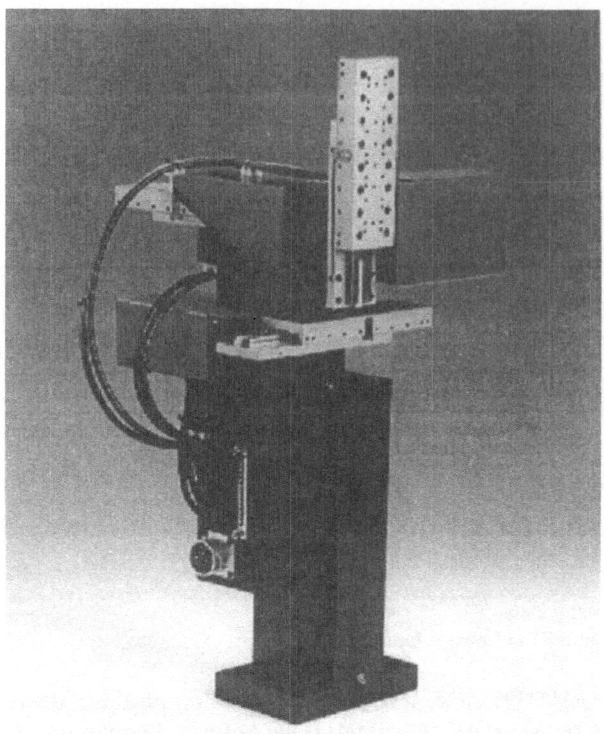

Bild 2.10
Die Mikropositioniereinheit AUTOPLACE 400 (Quelle – SYSMELEC SA, Neuchâtel)

Das Montagesystem besteht aus einem xy-Positioniertisch mit starr darüber montierter Hub-/Drehachse. Das System zeichnet sich durch einen Arbeitsraum von $200 \times 200 \times 100$ mm^3 und eine absolute Positioniergenauigkeit von ± 1 µm aus. Die angestrebte Aufgabe ist die Bestückung eines mikrooptischen Duplexers, der aus zwei 0.9 mm gro-ßen Kugellinsen, einem $3 \times 3 \times 1$ mm^3 großen Wellenlängenfilter und einer Glasfaser besteht. Diese Komponenten sollen mit Hilfe des Montagesystems auf einer $4 \times 14 \times 1$ mm^3 großen, mit dem LIGA-Verfahren hergestellten Aufbauplatte montiert werden. Die Positioniertoleranz der Kugellinsen in z-Richtung beträgt ± 2 µm und die der Glasfaserstirnfläche ± 110 µm.

Alle Montageteile werden manuell magaziniert und an definierten Stellen des Positioniertisches plaziert. Die mikrooptische Aufbauplatte wird von oben in das Gehäuse eingeführt und auf dem Boden verklebt. Die Kugellinsen und das Wellenlängenfilter werden senkrecht in die Haltestrukturen der Aufbauplatte eingepreßt. Dazu wurden drei verschiedene Sauggreifer eingesetzt.

Bild 2.11
Gesamtansicht eines automatischen Mikromontagesystems
(Quelle – Forschungszentrum Karlsruhe)

Ein integrierter Kraftsensor dient zur Messung der Fügekraft in z-Richtung. Die Glasfaser wird mit einem mit Zentrierhilfen versehenen, pneumatischen Backengreifer gefaßt und unter einem Winkel von 10° durch eine Bohrung im Gehäuse in den Faserschacht eingeschoben. Für den automatischen Werkzeugwechsel wurde ein Revolver mit sechs Werkzeugpositionen und einer Wiederholgenauigkeit von ±5 µm entwickelt, der neben den Greifern einen miniaturisierten Klebstoffdispenser trägt. Die eigentlichen Montageschritte werden dem System durch die „Teach"-Funktion einprogrammiert und automatisch durchgeführt. Der Montagevorgang kann mit Hilfe eines PCs auch interaktiv gesteuert werden, indem der Operator den Prozeß durch ein Stereomikroskop beobachtet und jeden notwendigen Montageschritt extra durch Mausklick mit Hilfe einer graphischen Bedienoberfläche initiiert. Eine tiefergehende Beschreibung dieser Montageanlage findet man z.B. in [Geng95] – [Geng98].

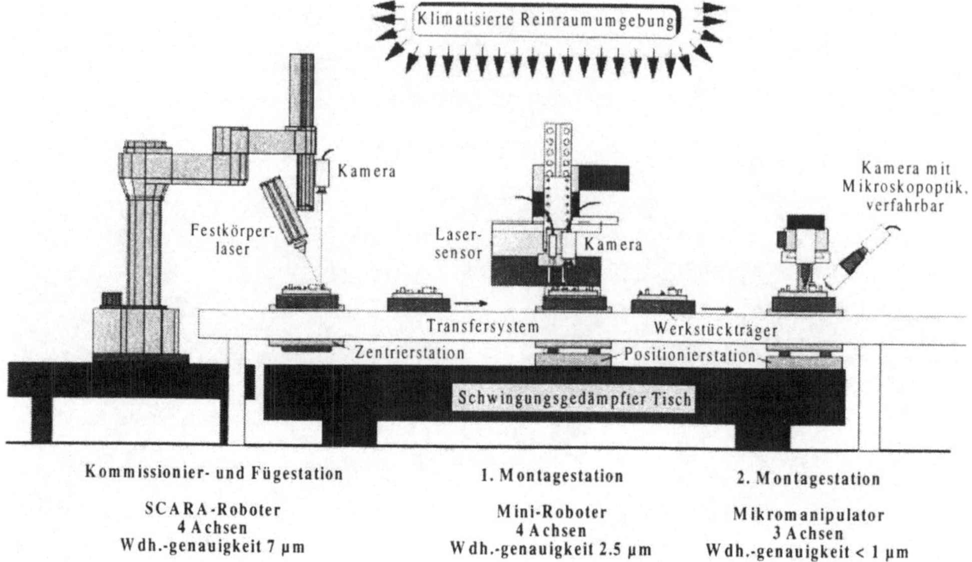

Bild 2.12
Aufbau der modularen Mikromontageanlage mit Präzisionsrobotern
(Quelle – Lehrstuhl für Produktionsautomatisierung (pak), Universität Kaiserslautern)

Auch das Konzept von [Zühlke96] verfolgt eine Flexibilisierung und Modularisierung der Mikromontage durch das Kombinieren mehrerer Präzisionsroboter unterschiedlicher Genauigkeitsklassen, die durch ein fließbandartiges Transfersystem miteinander verkettet sind. Über das Transfersystem werden Werkstückpaletten mit geordneten Bauteilen nach Bedarf einem der Montageroboter zugeführt. Die Montageanlage befindet sich in einer klimatisierten lokalen Reinraumumgebung. Das System besteht aus einem SCARA-Roboter und zwei unterschiedlichen kartesischen Präzisionsrobotern, wobei jeder Roboter mit einem Bildverarbeitungssystem ausgestattet ist (Bild 2.12).

Die für die üblichen seriellen kinematischen Roboter typischen Nachteile, z.B. daß sich die Genauigkeiten jeder Achse bis zum Endeffektor aufaddieren oder daß jeder Antrieb das Gewicht der nachfolgenden Antriebe mitbewegen muß (letzteres hat negative Auswirkungen auf das dynamische Verhalten des Roboters), haben ein neues Konzept ins Leben gerufen, das auf dem Einsatz von sogenannten parallelen Robotern beruht. Der Endeffektor wird dabei durch mehrere kinematische Ketten geführt, und die bewegten Glieder des Parallelroboters sind verhältnismäßig leicht. Ein erster Prototyp eines parallelen Roboters für Mikromontagezwecke wird zur Zeit entwickelt [Hess96a], [Hess97a]. Eine Prinzipskizze des Roboters und ein bereits entwickelter Prototyp ist in Bild 2.13 zu sehen.

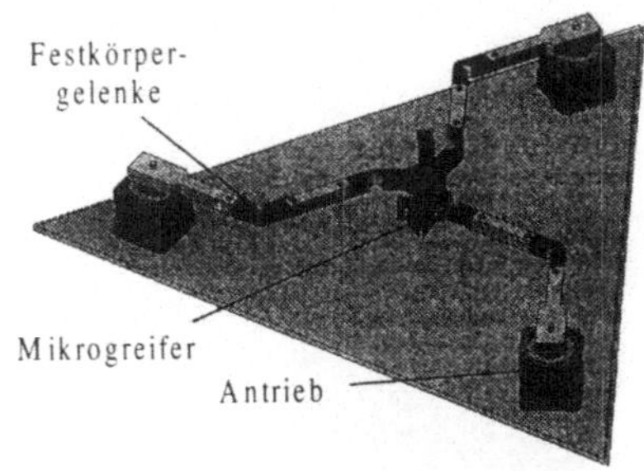

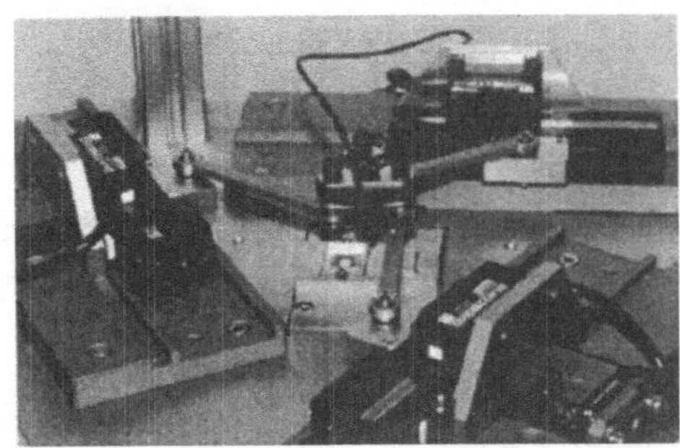

Bild 2.13
Parallelroboter für die Mikromontage: Prinzipskizze und ein Roboterprototyp
(Quelle – Institut für Fertigungsautomatisierung und Handhabungstechnik,
Technische Universität Braunschweig)

Wie in der Mikrogreifertechnik [Hess95] hat die Verwendung von Festkörpergelenken
im Parallelroboter in bezug auf die Mikromontage einige Vorteile: Sie können einfach
und kostengünstig aus Kunststoff hergestellt werden und sind spiel- und reibungsfrei.

Liegen die Genauigkeitsanforderungen im nm-Bereich, dann können Präzisionsmanipu-
latoren in die Vakuumkammer eines Rasterelektronenmikroskops integriert werden, um
die Bewegungsauflösung der Aktoren vollständig auszuschöpfen. Ein allgemeines
Konzept einer REM-basierten computergesteuerten, automatischen
Mikromanipulationszelle ist in Bild 2.14 zu sehen.

Ein Hostrechner steuert alle Komponenten des Systems, das aus einer Bildverarbeitungseinheit, einem modularen Computersystem zur Ansteuerung der integrierten
Robotereinheiten und einer Bahnverfolgungseinheit besteht. Die Letztere erlaubt es,
einen bestimmten Bildausschnitt bei Bewegungen des zu manipulierenden Objekts zu
halten. Verschiedene Vergrößerungsmodi des REM (von 15× bis ca. 200000×) können
dabei automatisch gewählt werden. Es können der „open loop"- (Steuerung) und der
durch die Echtzeit-Bildverarbeitung unterstützte „visual feedback"-Modus (Regelung)
implementiert werden.

Die ersten auf diesem Gebiet erzielten Ergebnisse haben bereits die Eignung eines
REM-basierten Mikromontagesystems zur automatischen sensorunterstützten Durchführung von Mikromanipulationen nachgewiesen [Sato95]. Das Konzept in Bild 2.14
wird zur Zeit mit Hilfe vom Nanorobotersystem, das in Bild 2.6 zu sehen war, implementiert. Als Endeffektor diente dabei eine elektrochemisch schärfbare Wolfram- oder
eine Diamantnadel, die eine Spitze mit einem Radius von etwa 100 nm besitzt. Zum
ersten Mal wurde mit diesem System eine geregelte Mikromanipulation demonstriert.

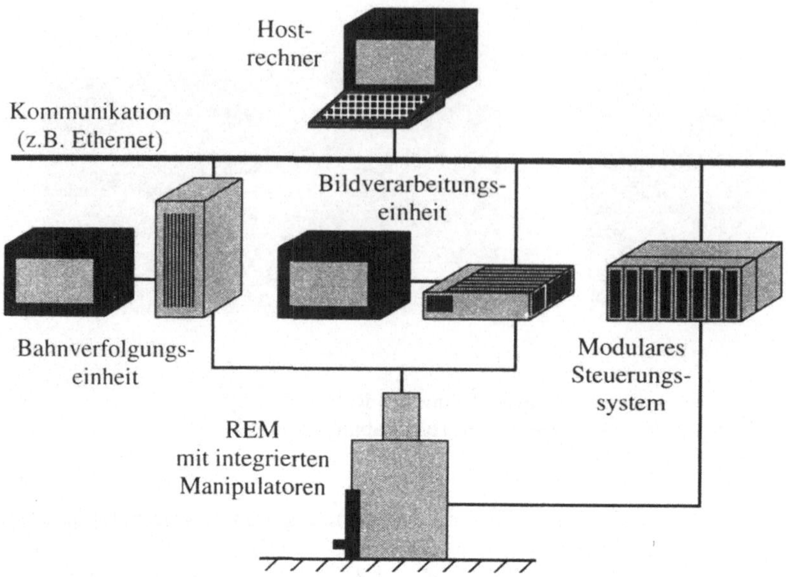

Bild 2.14
Konzept eines automatischen REM-basierten Mikromontagesystems

Dabei wurde auf dem Substrat ein 3 µm breiter Graben im „visual feedback"-Modus mit der Manipulatorspitze gezogen. Bild 2.15 zeigt die Ergebnisse dieses Tests, wobei die obere Linie gesteuert (ohne visuelle Rückkopplung) und die untere Linie geregelt (mit visueller Rückkopplung) gezogen wurde. Im Gegensatz zum gesteuerten Vorgang konnte bei der geregelten Manipulation der gewünschte horizontale Graben mit einer gleichmäßigen Breite erzielt werden: Die Linie hat Breitenunterschiede von lediglich 300 nm, was im Vergleich zur minimalen Auflösung des REM im Videomodus (200 nm) ein guter Wert ist.

Mit einer zunehmenden Miniaturisierung der Werkstücke und Ausweitung der Produktpalette wird die Verwendung von (teil-)automatisierten Präzisionsrobotern zur Montage von Mikrosystemen immer schwieriger. Zum einen stoßen solche Roboter bei immer größer werdenden Genauigkeitsanforderungen wegen der massenbedingten Dynamik der aktiven Roboterkomponenten sowie der starken Temperaturabhängigkeit auf ihre konzeptionellen Grenzen [Hess96]. Zum anderen werden diese Roboter in der Regel immer noch konventionell, wie etwa die „Pick-and-Place"-Maschinen konzipiert. Die Roboter werden zuerst durch eine integrierte „Teaching"-Funktion auf bestimmte Operationen getrimmt. Danach versucht man, diese Montageoperationen automatisch und ohne Sensorführung ablaufen zu lassen, und hofft dabei auf ihre einwandfreie Reproduzierbarkeit über längere Zeit. Diese Hoffnungen werden aber in der Regel durch die spezifischen Probleme der Mikromontage (Abschnitt 2.2) weitgehend gemindert. Dies belegen die Erfahrungen mehrerer Forschungsgruppen, die z.B. im Rahmen von

Verbundprojekten mit der Industrie einen Durchbruch auf dem Gebiet industrieller Mikromontage anstreben. Nur wenn man die angesprochenen Probleme für einzelne Mikrosysteme löst, dann wird der Weg zur industriellen Fertigung dieser Systeme mit Präzisionsrobotern in großen Stückzahlen frei.

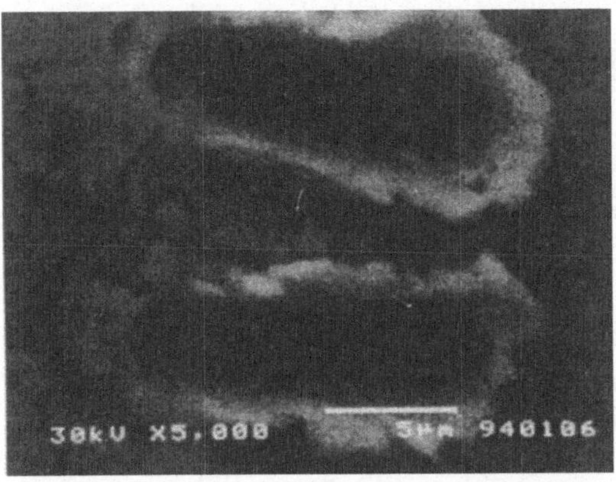

Bild 2.15
Ziehen eines Mikrograbens mit der Manipulatorspitze: gesteuert (obere Linie) bzw. geregelt (untere Linie) (Quelle – University of Tokyo)

Schließlich werden die existierenden Präzisionsroboter zu – für viele Unternehmen – unerschwinglichen Preisen angeboten, die bereits für die Grundausstattung mehrere Zehntausende Mark betragen können. Dieser Faktor hat heute eine starke Bremswirkung auf unternehmerische Aktivitäten im MST-Bereich. Viele vor allem kleine und mittelständische Unternehmen haben nicht mehrstellige Stückzahlen, sondern Kleinserien von kundenspezifischen Mikrosystemen im Visier. Sie wollen dabei in der Lage sein, auf sich permanent ändernde Kundenanforderungen schnell und flexibel zu reagieren und mit kleinen bis mittleren Stückzahlen spezialisierte Märkte, die traditionell von solchen Unternehmen bedient werden, „in Echtzeit" sondieren zu können. Als erster Schritt soll für interessierte Kunden in der Regel eine Versuchsserie kurzfristig zur Verfügung gestellt werden. Die Versuchs- bzw. Kleinserie liefert die Basisinformation für eine Kostenanalyse des Produkts und bietet Ansatzpunkte für die weitere herstellungstechnische Optimierung. Laut einer Umfrage unter Herstellern von feinwerk- und mikrosystemtechnischen Produkten werden mehr als ein Drittel aller Produkte in Stückzahlen von weniger als 100 pro Tag produziert [Hess96]. Seitens Industrie werden daher v.a. kompakte, kostengünstige und gleichzeitig flexible und leistungsfähige Mikromontageanlagen angestrebt.

2.3.6 Verteilte Nanorobotersysteme

Ein interessantes, auf der menschlichen Verhaltensweise basierendes Konzept, dessen Realisierung wohl aber in ferner Zukunft liegt, besteht in der Verwendung vieler flexibler Nanoroboter, die die Manipulationsaufgaben in enger Kooperation miteinander erledigen [Drex92], [Fuku94]. Die Robotergröße ist dabei mit der der Manipulationsobjekte vergleichbar. Bild 2.16 [Fuku94] gibt eine Vorstellung von einer Multiroboter-Nanomontagefabrik.

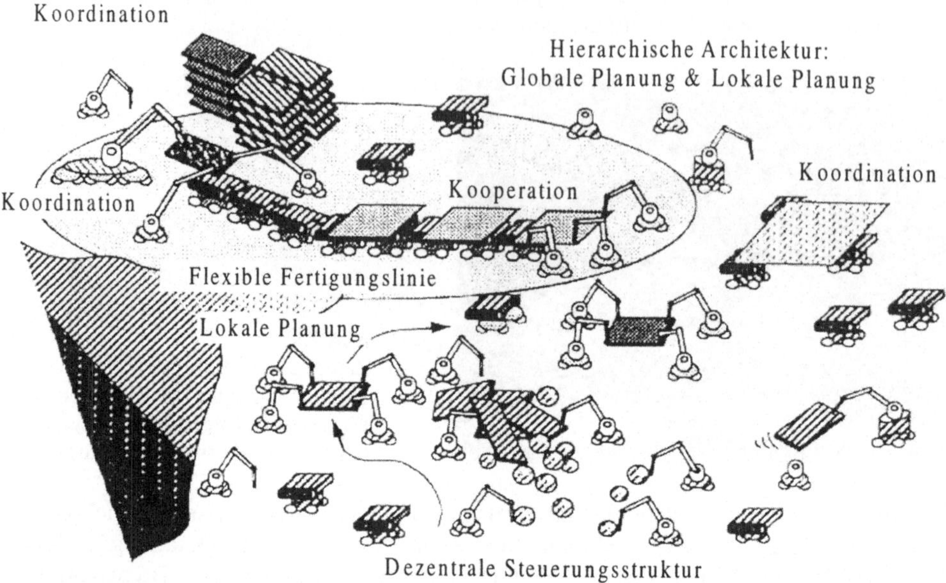

Bild 2.16
Konzeptskizze eines flexiblen dezentralisierten Multinanorobotersystems

Aufgrund ihrer natürlichen Redundanz erwartet man in Zukunft von solchen Robotersystemen eine sehr hohe Zuverlässigkeit. Durch die Vielfalt der kooperierenden Roboter sowie durch die lokale Ansteuerung der Systemkomponenten soll zusätzlich eine enorme Flexibilität gewährleistet werden. Die sich rasch entwickelnde Theorie agentenbasierter technischer Systeme und verteilter Robotersteuerung soll zur Lösung vieler offener Probleme bei der Entwicklung derartiger Robotersysteme beitragen [Müll93], [Längle97], [Lüth97]. Die Hauptschwierigkeiten bei der Systemimplementierung liegen, neben den rein mechatronischen und mikrotechnischen Problemen, in der Koordination, Kooperation und Kommunikation der Roboter.

2.3.7 Mikroroboterbasierte Montage-„Tischstationen"

Nach der obigen Analyse können wir jetzt die wichtigsten Anforderungen an Roboter für die Mikromontage formulieren. Sie sollen 1) höchste Präzision aufweisen, 2) flexibel und an kundenspezifische Anforderungen schnell anpassbar sein, 3) kostengünstig und somit für kleine und mittlere Unternehmen erschwinglich sein, 4) Manipulationen unter sensorischer Überwachung durchführen können, und 5) möglichst kompakt sein („Tisch-Fabrik").

Die letzte Anforderung hat sowohl wirtschaftliche als auch Genauigkeitsgründe. Roboter, deren Abmessungen besser den Mikrobauteilen angepaßt sind, benötigen nur geringen Platz und ermöglichen den Aufbau von kompakten und flexiblen Mikromontageanlagen. Mindestens genauso wichtig ist, daß kompakte Roboter die Möglichkeiten der sensorischen Überwachung und Steuerung von Mikromontageoperationen erheblich erweitern. Wie bereits oben diskutiert, ist in der Regel eine Übertragung visueller Information aus dem Montageraum unabdingbar. Berücksichtigt man, daß Roboter ihre Greifer im nur einige Millimeter großen Raum zwischen Lichtmikroskopobjektiv und Bauteil plazieren müssen oder der Roboter selbst gar auf das Vakuumkammervolumen eines Rasterelektronenmikroskops angepaßt werden soll und daß dabei visuelle Informationen aus verschiedenen Blickwinkeln zur Erschließung der Dreidimensionalität notwendig sind, so wird die Bedeutung der Roboterminiaturisierung offensichtlich. Auch die heute angestrebten und für die meisten Unternehmen sinnvollen lokalen Lösungen in der Reinraumtechnik lassen sich viel besser mit miniaturisierten, reinraumtauglichen Montagerobotern erreichen [Hess96].

Automatisierte multifunktionale Mikromontage-Tischstationen basieren auf dem Einsatz von stark miniaturisierten flexiblen Robotern, die gleichzeitig mobil und manipulationsfähig sein sollen. Die Transport- und die Mikromanipulationseinheit, eventuell auch mit notwendiger Mikro- bzw. Leistungselektronik, werden dabei mittels der hybriden Bauweise auf einem Chip integriert. Die Flexibilität solcher Mikroroboter wird weiterhin durch einen einfachen und daher automatisierbaren Wechsel der Manipulationswerkzeuge gefördert. In den mikroroboterbasierten Manipulationssystemen besteht im Gegensatz zu den teleoperierten Robotersystemen keine unmittelbare Verbindung zwischen dem Operator und dem agierenden Roboter; die Montageschritte werden hier gesteuert oder, bei komplexen Montageaufgaben, geregelt durchgeführt.

Der Mensch entsendet quasi den kleinen künstlichen „Helfer" direkt in den Arbeitsraum und versucht dadurch, seine eigene begrenzte Mikromanipulationsfähigkeit zu verbessern. Die Befehle des Operators werden über eine Eingabeeinheit aufgenommen und mit Hilfe des Steuerungssystems an die Roboteraktoren in einer geeigneten Form weitergegeben; der Abstraktionsgrad der Befehle wird durch die Leistungsfähigkeit der Steuerungsalgorithmen bestimmt. Auch mehrere Mikroroboter können in einer multifunktionalen Mikromanipulations-Tischstation gleichzeitig tätig sein. Damit besteht die Möglichkeit, mehrere Arbeitszellen in einer Mikromontagestation zu einer automatisierten Montagestraße, wie sie aus der robotergestützten Makrofertigung bekannt ist, zu verbinden. Dieses Konzept ist sehr vielversprechend und wird im Rahmen dieser Arbeit behandelt.

2.4 Konzept einer flexiblen mikroroboterbasierten Montagestation

Die Entwicklung von Montageeinrichtungen für Mikrosysteme befindet sich noch im Anfangsstadium. Wie wir feststellen konnten, beruhen die heutigen Mikromontagesysteme noch zum größten Teil auf der manuellen Geschicklichkeit des Operators. Obwohl seine technische Unterstützung oft leistungsfähig (dafür aber aufwendig und teuer) ist, kann ein geübter Operator in der Regel nur im Labormaßstab arbeiten. Andererseits zeichnet sich heute aufgrund der wachsenden Vielfalt von konstruktiven Elementen eine deutliche Tendenz zur verstärkten Entwicklung von hybriden, nicht mit dem Batch-Verfahren herstellbaren Mikrosystemen ab. Bei der Produktion solcher Systeme spielt die Mikromontage eine entscheidende Rolle. Dabei müssen bereits beim Systementwurf neben den aufgabenspezifischen Anforderungen an das System auch montagespezifische Überlegungen, wie z.B. Durchführbarkeit und Automatisierbarkeit der Montageschritte oder die montagebedingten Kosten, berücksichtigt werden. Die angestrebte industrielle Weiterentwicklung der MST verlangt deshalb immer deutlicher nach flexiblen Mikromanipulationsrobotern, die sich zur automatisierten Montage von Mikrosystemen und dadurch zu ihrer kostengünstigen Produktion in größeren Stückzahlen bei einer konstant hohen Qualität eignen.

Der Übergang von wenigen, manuell montierten hybriden Mikrosystemen zu ihrer hochqualitativen Kleinserien- bzw. Massenproduktion soll analog zur konventionellen hochautomatisierten Fertigung in der Mikroelektronik mit Hilfe von flexiblen robotisierten Montageeinrichtungen erreicht werden. Diese Erwartung hebt die größten Herausforderungen der heutigen Mikrorobotik hervor: Flexible leistungsfähige Mikroroboter, die jeweils eine Positionier- und eine Manipulationseinheit besitzen, und Automatisierung solcher Mikroroboter anhand visueller und eventuell auch Kraft-Sensorinformationen. Eine Lösung dieser Probleme will entscheidend dazu beitragen, Menschen von einer unmittelbaren Durchführung sehr präziser Manipulationen von diffizilen Objekten zu befreien und die damit verbundene Produktion effizienter zu machen.

Der Aufbau einer mikroroboterbasierten Mikromanipulationsstation ist eine disziplinübergreifende Aufgabe und somit eine echte Herausforderung für MST-, Robotik- sowie Informatikforscher. Ein neues Konzept einer automatisierten Mikromanipulations-„Tischstation", das den Einsatz flexibler Mikroroboter vorsieht, wird z. Zt. von einer interdisziplinären Forschungsgruppe an der Universität Karlsruhe entwickelt und implementiert [Fati96] – [Fati96g], [Fati97] – [Fati97g], [Remb97a], [Santa97] – [Santa97b], [Seyfr97], [Seyfr97a], [Remb98], [Fati98] – [Fati98b], [Seyfr98]. Dieses Konzept wird weiter unten Schritt für Schritt eingeführt und analysiert.

Die Aufgabenpalette in der Mikromontage reicht von einfachen montagebedingten Bearbeitungsoperationen mit Mikrokomponenten (Klebstoff auftragen, Justiermarken anbringen, evtl. auch Objekte reinigen usw.) bis zu einer abschließenden Inspektion der

gewünschten Leistung des fertigen Mikrosystems. Eine leistungsstarke Mikromontagezelle soll deshalb die folgenden Montageschritte durch ihre Mikroroboter automatisch
durchführen können:

–   Vorbereiten

–   Greifen

–   Transportieren

–   Ablegen

–   Justieren

–   Fixieren

–   Verbinden

–   Testen von Mikroobjekten

Die genannten Aufgaben überschneiden sich im wesentlichen mit den sieben elementaren Handhabungsfunktionen nach der VDI-Richtlinie 2860: teilen, vereinigen, drehen,
verschieben, halten, lösen und prüfen. Daraus wird ersichtlich, daß sich Mikrohandhabung von Makrohandhabung vor allem durch anwendbare technische Lösungen unterscheidet, die die speziellen Eigenschaften und die genannten Probleme der Mikromontage berücksichtigen.

Um die elementaren Operationen durchführen zu können, brauchen Mikroroboter
unterschiedliche Werkzeuge. Ein unkomplizierter und automatisierbarer Werkzeugwechsel läßt sich in einem Mikrorobotersystem relativ problemlos durch eine geeignete
Konstruktion der Manipulationseinheit realisieren. Auch die für konventionelle Montagesysteme typischen Probleme der Materialzuführung und des Produktabtransports
können durch die Mobilität von Mikrorobotern auf eine natürliche Weise gelöst werden.
Die spezifischen Aktuationsprinzipien, die den Aufbau von solchen Mikrorobotern erst
ermöglichen, werden später in Teil 4 beschrieben und in bezug auf Mikrorobotikanwendungen analysiert.

Die wichtigsten Komponenten einer Mikromontage-Tischstation, die auf dem Einsatz
flexibler Mikroroboter basiert, sind in Bild 2.17 zu sehen. Im Bild sind zwei Aufbaumöglichkeiten vorgestellt, und zwar mit einem REM und mit einem Lichtmikroskop.
Der gesamte Montageablauf findet in der Tischstation je nach Anwendungsfall entweder
unter einem Lichtmikroskop oder in der Vakuumkammer eines Rasterelektronenmikroskops statt. Dadurch kann auf eine hohe absolute Genauigkeit der Mikroroboter
verzichtet werden, denn die Beziehung zwischen Roboter und Werkstück wird direkt
ausgemessen. Die Mikroskope sind mit einer RS232-Standardschnittstelle ausgestattet
und können so durch einen Rechner gesteuert werden. Ein computergesteuerter
Mikroskoptisch mit zwei bzw. drei translatorischen Freiheitsgraden und eine darauf

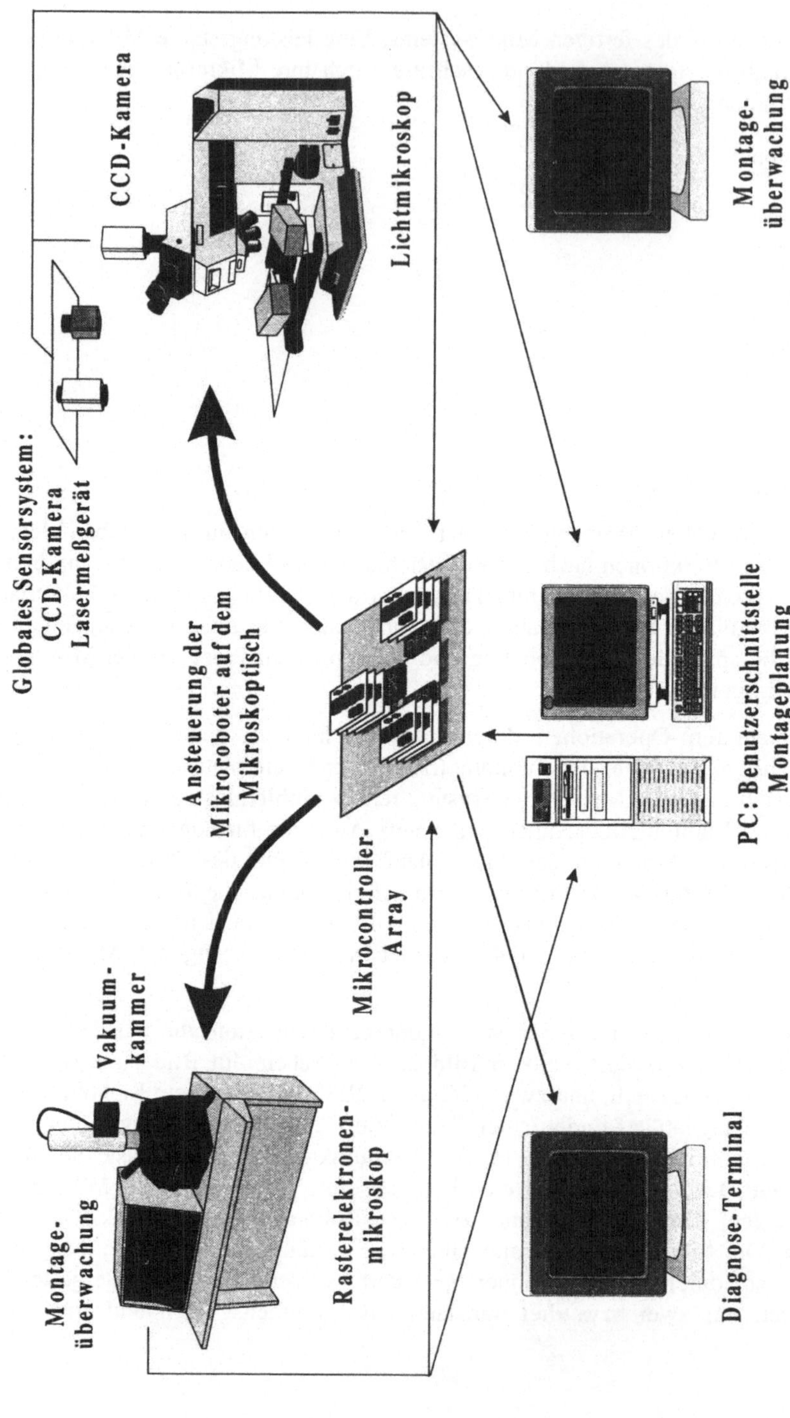

Bild 2.17
Aufbau einer flexiblen mikroroboter-basierten Montagestation

angebrachte Glas- bzw. Metallplatte ist das Arbeitsfeld der Mikromontagestation. Durch gezielte Bewegungen des Mikroskoptisches kann jede gewünschte Stelle auf der Arbeitsplatte in das Sichtfeld des Mikroskops gebracht werden.

Auf der oberen Steuerungsebene der Station übernimmt der Zentralrechner (z.B. ein PC) die aufgabenspezifische Montageplanung, um alle notwendigen, sukzessiv ausführbaren Montageschritte zu definieren. Die Anweisungen des Zentralrechners werden dann auf der unteren Steuerungsebene der Station anhand eines modularen mikrocontroller-basierten Parallelrechnersystems weiter bearbeitet, in eine abgestimmte Befehlssequenz für alle aktiven Systemkomponenten (Mikroroboter und ihre Werkzeuge, Mikroskop und Mikroskoptisch) zerlegt und anschließend verteilt. Der Zentralrechner kann mit dem Parallelrechnersystem über serielle und parallele Schnittstellen gekoppelt sein. Dank dieses Parallelrechnersystems können die generierten Befehle parallel ausgefürt werden, was die Mikromontagestation erst echtzeitfähig macht. Der Entwicklung solcher Systeme ist ein Unterkapitel in diesem Teil gewidmet. Gesteuert werden dabei translatorische Bewegungen des Mikroskoptisches, verschiedene Funktionen des Mikroskops (wie z.B. Objektivwechsel, Fokussierung, Beleuchtungsart oder Lichtintensität) und jeder einzelne Aktor der Robotersysteme (d.h. Aktoren der Positionier- bzw. der Manipulationseinheit sowie Robotergreifer und Werkzeuge). Die Anforderungen an das Parallelrechnersystem sind deshalb schon bei einem einzigen Mikroroboter in der Mikromanipulationsstation hoch.

Jeder Mikroroboter hat eine in seine mobile Plattform integrierte Manipulationseinheit mit einem Werkzeug und besitzt somit sowohl Mikromanipulations- als auch Makropositionierfähigkeiten. Diese Robotereigenschaften sind eine gute Voraussetzung für eine vollständige, sensorgestützte Automatisierung von Manipulationsabläufen in der Mikromontagestation. Die Aufbauprinzipien der Positionier- bzw. Manipulationseinheit eines flexiblen Mikroroboters werden später in Teil 5 eingehend diskutiert. Dank der großen Flexibilität der Mikroroboter kann eine solche „Tischstation" multifunktional genutzt und neben der Mikromontage auch in anderen Bereichen, wie z.B. Handhabung von biologischen Zellen oder aktives Testen von mikroelektronischen Chips mit einem Temperatur- oder Spannungsmeßfühler, eingesetzt werden. Durch diese Flexibilität der Mikroroboter sind auch Handhabungstechniken von Mikroobjekten möglich, die auf enger Kooperation zwischen den Robotern beruhen [Fuku94].

Um die Montagevorgänge auch automatisch durchführen zu können, muß die Station über eine entsprechende Sensorrückkopplung verfügen. Es liegt auf der Hand, daß die Vorteile einer hervorragenden Bewegungsauflösung von Mikrorobotern in einer automatisierten Mikromontagestation vor allem durch hochauflösende, leistungsstarke Sensoren zum Tragen kommen können. Heute ist man meistens auf eine optische Sensorunterstützung angewiesen, die der Montagestation eine Positionsrückkopplung ermöglicht [Sato95], [Fati96]. Der gesamte Montageprozeß findet dabei entweder unter einem mit einer CCD-Kamera ausgestatteten Lichtmikroskop oder in der Arbeitskammer eines Rasterelektronenmikroskops statt. Auch Lasermeßsysteme zur Bestimmung der Position bzw. Orientierung eines Mikroroboters oder Kraftsensoren zur Handhabung von diffizilen Objekten können eingesetzt werden.

Wird die Station mit einem Lichtmikroskop ausgerüstet, dann wird es in der Regel mit einer CCD-Kamera versehen. Die Kamera und das Lichtmikroskop bilden dabei das lokale visuelle Sensorsystem, das die visuellen Informationen über den Verlauf der eigentlichen Manipulationen von Mikroobjekten dem Zentralrechner bzw. dem Parallelrechnersystem zur Verfügung stellt. Mit Hilfe des lokalen visuellen Sensorsystems muß die Position der zu manipulierenden Mikroobjekte bzw. der Roboterwerkzeuge bestimmt werden. Die Position der Roboterplattform beim Transportieren von den Mikroobjekten bzw. beim Manövrieren der Mikroroboter auf der Arbeitsunterlage soll von einem globalen Sensorsystem erfaßt werden. Dieses globale Sensorsystem kann z.B. einen Laser-Abstandssensor oder (und) eine andere CCD-Kamera beinhalten. Die gewonnenen visuellen Sensorinformationen werden im mit einer Framegrabberkarte ausgestatteten Zentralrechner oder in einem PC-Modul des Parallelrechnersystems mittels eines echtzeitfähigen Bilderkennungs- bzw. Bildverarbeitungssystems in die aktuellen Steuerungsanweisungen für die Mikroroboter und ihre Werkzeuge sowie das Mikroskop und den Mikroskoptisch umgesetzt. Sie werden an das Parallelrechnersystem weitergegeben, und somit schließt sich der Regelkreis.

Wird dagegen die Vakuumkammer eines Rasterelektronenmikroskops als Montageraum verwendet, dann kann die gewonnene analoge visuelle Information aus der Vakuumkammer, die zur Montageüberwachung dient, mit Hilfe einer zusätzlichen REM-Framegrabberkarte digitalisiert und in die Computersteuerung „eingespeist" werden. Dadurch können die Mikroroboter, die in der Vakuumkammer des Rasterelektronenmikroskops ihre Arbeit verrichten, an den Regelkreis angekoppelt werden. Zusätzliche Kraft- bzw. taktile Mikrosensoren können die Leistungsfähigkeit einer Mikromontagestation wesentlich erhöhen. Da aber die bei der Handhabung von Mikroobjekten auftretenden Kräfte sehr klein sind und oft im μN-Bereich liegen, ist die Entwicklung von geeigneten Kraftsensoren mit hoher Sensitivität schwierig und teuer. Manchmal lassen sich Rückschlüsse auf die aufgebrachten Kräfte auch optisch ziehen, etwa durch die Deformation der Werkzeugspitze.

Der Arbeitsablauf in einer solchen Mikromontagestation kann folgendermaßen aussehen:

- da Mikrokomponenten oft als Schüttgut geliefert werden, müssen sie zuerst vereinzelt und magaziniert werden, um die Voraussetzungen für eine automatisierte Montage zu schaffen; dieser Schritt kann in einer leistungsstarken Mikromontagestation ebenfalls automatisiert werden, um den manuellen Aufwand zu umgehen;

- ein Mikroroboter entnimmt ein mikromechanisches Bauteil aus einem Lagermagazin des Arbeitsfeldes und bringt es zu einer Bearbeitungszelle, wo das Bauteil evtl. mit Hilfe von anderen Mikrorobotern zur nachfolgenden Mikromontage vorbereitet wird. Bei diesem Schritt kann z.B. Klebstoff bzw. Lot aufgetragen, eine Justiermarke angebracht oder andere einfache Operationen wie z.B. Grobreinigung durchgeführt werden;

- nach der Bearbeitung wird das Bauteil vom Roboter gegriffen und zu einer Mikromontagezelle des Arbeitsfeldes gebracht;

- diese Operationen müssen i.a. mehrmals wiederholt werden, um auch andere zu montierende Bauteile aus den Vorratsbehältern zu holen und zur Montage vorzubereiten;

- in der Mikromontagezelle müssen alle Bauteile montagegerecht positioniert, miteinander justiert und anschließend durch eine bzw. mehrere Aufbau- und Verbindungstechniken (z.B. Laserpunktschweißen, Kleben, Einfügen, Drahtbonden, usw.) verbunden werden;

- die fertige Baugruppe wird nach der Montage vom Roboter entweder zu einer anderen Bearbeitungs- bzw. Mikromontagezelle für weitere Prozeßschritte oder zu einer Inspektionszelle, in der Parameter bzw. Funktionen des fertigen Mikrosystems getestet werden, gebracht. Anschließend wird das Produkt zu einem Lager abtransportiert.

Die obige Beschreibung der Aktivitäten in einer Mikromontagestation ist natürlich sehr allgemein und läßt vielleicht den Montageprozeß eines Mikrosystems zu einfach aussehen. Die spezifischen Schwierigkeiten bei Manipulationen von Objekten in der Mikrowelt wurden bereits oben ausführlich diskutiert. Um einen Durchbruch in der mikroroboterbasierten Fertigung von Mikrosystemen zu erzielen, muß eine große Zahl von Problemen gelöst werden. Bereits beim Entwurf eines Mikrosystems sollen, neben den Gestaltungsregeln, die die Randbedingungen aus der Fertigung bzw. der gewünschten Funktion berücksichtigen, auch alle montage- und handhabungsbedingten Aspekte miteinbezogen werden. Das Stichwort ist montagegerechter Entwurf von Mikrosystemen, und diese Überlegungen sollen die gesamte Entwurfskette prägen. Hier wird nämlich der Grundstein für die Wirtschaftlichkeit der späteren Produktion und damit auch für einen akzeptablen Marktpreis des Mikrosystems gelegt. An den zu montierenden Systemkomponenten sollen nach Möglichkeit bei ihrer Mikrostrukturierung Griffstellen für Montagewerkzeuge vorgesehen werden, um nur ein einfaches Beispiel zu nennen

Nach der Entwurfsphase eines „montagefreundlichen" Mikrosystems sollen alle für seine automatisierte Montage notwendigen Werkzeuge und Techniken, die die Geometrie der Werkstücke und ihre physikalischen Eigenschaften hinsichtlich Festigkeit, Oberflächenbeschaffenheit oder Temperaturbeständigkeit berücksichtigen, festgelegt werden, so daß das Mikromontagesystem auf die spezifische Operationssequenz eingestellt werden kann. Dabei können oft die Erfahrungen aus dem Bereich der konventionellen automatisierten roboterbasierten Fertigung genutzt werden [Ramp94]. Diese Planungsphase der automatisierten Mikromontage birgt allerdings noch viele große Probleme und setzt ein hohes Maß an Intelligenz bei den höheren Systemebenen voraus.

Eine „reine" top-down-Planung in einer Mikromontagestation erscheint beim heutigen Stand der Dinge unmöglich, da die Leistungsfähigkeit einer FMMS vor allem durch die zur Verfügung stehenden Roboter und Manipulationswerkzeuge bestimmt wird. Diese Tatsache bedeutet, daß die untere, ausführende Ebene der Montagestation die Flexibilität und Automatisierbarkeit und dadurch auch die Leistungsgrenze der Station entscheidend beeinflußt. Eine mögliche Planungsstrategie könnte die sogenannte *meet-in-the-middle*-Strategie sein, wobei diese „mittlere" Schnittstelle auf der Werkzeugebene liegen soll. Dies geht daraus hervor, daß die aufgabenspezifische Reihenfolge von elementaren Operationen mit Mikrokomponenten und die zur Durchführung dieser Operationen notwendigen Werkzeuge (Greifer, Sonden, Dosiersysteme, usw.) einerseits die Endstufe der Montageplanung und gleichzeitig die Schnittstelle zwischen der Planungs- und der Steuerungsebene in einem automatisierten Mikromontagesystem sind. Andererseits verlangen die zur Mikromontage des herzustellenden Mikrosystems benötigten Werkzeuge und die mit den Werkzeugen durchzuführenden Manipulationen ganz bestimmte funktionale Eigenschaften von den werkzeugtragenden Mikrorobotern und beeinflussen damit in großem Maße ihre Konstruktion.

Wie bereits angedeutet, können und müssen häufig mehrere Robotereinheiten eingesetzt werden, um komplexere Montageaufgaben in der Tischstation bewältigen zu können. Man versucht dabei, die technischen Vorteile (geringe Größe, niedriges Gewicht) und die Kostenvorteile der Mikrorobotik weitgehend auszunutzen und ihre natürlichen Leistungseinschränkungen (niedrige Geschwindigkeit, geringer Arbeitsradius, sehr kleine Kraft, wenig Platz für leistungsstarke Rechnereinheiten) durch die Verwendung mehrerer zusammenarbeitender Robotereinheiten zu umgehen. In einem flexiblen Mikrorobotersystem können die Roboter mit verschiedenartigen Manipulationswerkzeugen ausgerüstet werden [Aoya95]. So wurde in einem Experiment ein Diamantschneidewerkzeug mit dem Spitzenradius von nur 0.5 μm in die Plattform eines Mikroroboters integriert. Mit dem Schneidewerkzeug ließen sich parallele Gräben auf der Oberfläche eines Glassubstrats im Abstand von weniger als 1 μm herstellen. Die Operation wurde dabei automatisch geregelt, wobei optische Sensorinformationen von einer zweiten gleichartigen, mit Sensoren ausgerüsteten Robotereinheit zur Verfügung gestellt wurden. Dieser Überwachungsroboter wurde in die Nähe des Manipulationsroboters gebracht und registrierte dessen Bewegungen optisch mittels einer LED und eines Fotodetektors. Es dürfte das erste Beispiel in der noch kurzen Geschichte der Mikrorobotik sein, wo die Aktivitäten mehrerer autonomer Mikroroboter mit Hilfe visueller Sensorik gezielt koordiniert und geregelt wurden.

Die Koordination von Robotern stellt einen logischen Folgeschritt bei der Entwicklung flexibler Mikroroboter dar. Es gibt im allgemeinen zwei Möglichkeiten, Mehrrobotersysteme zu organisieren. Bei einfacheren Montageoperationen können einzelne Roboter, wie im obigen Beispiel, jeweils auf eine bzw. mehrere bestimmte Operationen spezialisiert werden. In diesem Fall führen die Roboter ihre Manipulationsaufgaben in einer in der Planungsphase festgelegten Reihenfolge durch. Bei komplexeren Operationen, die z.B. einen gleichzeitigen Einsatz von mehreren unterschiedlichen Werkzeugen verlangen (wie beim Umladen bzw. Umgreifen von Objekten), können Roboter auch gemeinsam

Aufgaben bewältigen. Die Vorgaben des Operators werden in diesem Fall nicht mehr eins zu eins auf einen Roboter übertragen, sondern über ein intelligentes Planungssystem auf ein Mehrroboterteam umgesetzt. Die Entwicklung eines solchen Planungssystems wird in Teil 6 eingehend präsentiert.

Dies kann u. a. anhand der „*one-by-multiple*"-Methode geschehen, bei der ein Mikroroboter, der „Brigadier" in der Gruppe, vom Operator den Auftrag für eine Objektmanipulation bekommt und dann in einem automatischen Verfahren die anderen Mikroroboter zur Durchführung der Aufgabe koordiniert, indem er mit ihnen ständig kommuniziert und an sie entsprechende Befehle liefert. Eine andere Möglichkeit, Mehrrobotersysteme aufzubauen, stellen gemischte Makro-Mikrorobotersysteme dar. Es sind Montagekonzepte vorstellbar, in denen ein herkömmlicher Roboter das Objekt anhebt, während die Miniatur- oder Mikroroboter das Objekt positionieren oder den Arbeitsvorgang anderweitig unterstützen.

Werden die zusammen agierenden Mikroroboter zusätzlich mit Sensoren ausgerüstet, dann können neue Verfahren für die Objektmanipulation entwickelt werden, die auf der verteilten Wahrnehmung des Objekts basieren. Das Objekt könnte dabei gleichzeitig von verschiedenen Blickwinkeln betrachtet werden, was exakte Daten über die Bewegungen des Objekts liefern würde. Sehr vielversprechend ist daher eine Integration von Kleinstmikroskopen mit eingebautem CCD-Chip in einen Mikroroboter. Auf diese Möglichkeit wird in diesem Teil später eingegangen. Beim Vorhandensein von Kraftsensoren an den Mikromanipulatoren können evtl. die Planungs- und Steuerungsmethoden zum Einsatz kommen, die für das Greifen mit einer Mehrfingerhand entwickelt wurden [Dörs94], [Fati94a]. Diese Methoden können u. U. auf den Transport von Objekten mit einem Mehrrobotersystem übertragen werden.

Die Überwachung von Montageabläufen ist ein weiteres wichtiges Element der Mehrroboter-Mikromontagesysteme. Bei den konventionellen Telemanipulationssystemen ist die Überwachung relativ einfach: der Manipulator und das manipulierte Objekt werden vom Operator beobachtet. Bei Mehrrobotersystemen ist diese Aufgabe nicht mehr so trivial und würde jeden, auch den geübtesten Operator wohl völlig überlasten. Hier kann eine ausreichende Überwachung der Manipulation nur durch geeignete Automatisierungsstrategien gewährleistet werden. Ein Überwachungsroboter, der als ein in das verteilte Robotersystem „integrierter Sensor" dient und die relevanten Informationen aus dem Arbeitsraum an den Operator weiterleitet, stellt eine der möglichen Lösungen dar.

Bei einer Automatisierung von Mikromontageoperationen treten die Probleme der Qualitätssicherung in den Vordergrund. Besonders bei einer Kleinserienmontage ist die Adaptionsfähigkeit eines Mikroroboters an die gestellte Aufgabe unerläßlich. Der Mikroroboter soll dabei in der Lage sein, in einer unvollständig definierten Umgebung zu agieren und in unvorhergesehenen Situationen ein vernünftiges Verhalten zu gewährleisten. Andererseits wird es nur in seltenen Fällen möglich sein, ein exaktes und gleichzeitig kompaktes mathematisches Modell zu finden, welches das Roboterverhalten adäquat beschreibt und für eine echtzeitfähige Robotersteuerung eingesetzt werden kann. Diese Überlegungen zeigen deutlich den Bedarf an neuen Steuerungsmethoden, die ohne ein exaktes Robotermodell auskommen, einen vernünftigen Kompromiß zwischen Echtzeitverarbeitung, Genauigkeit und Eingangsdatenmenge erlauben und aus vagen oder unvollständigen Sensorinformationen zuverlässige Entscheidungen gewinnen können. Erfolgversprechende Ansätze bieten die Methoden der Fuzzy-Logik und künstliche neuronale Netze. Typische Beispiele sind die auf der Fuzzy-Logik basierende Fusion verschiedenartiger Sensorinformationen (oft auch zwecks der Ableitung von integrierten, für die Systemsteuerung unerläßlichen Kennwerten), der Einsatz eines assoziativspeichernden neuronalen Netzes zur Klassifikation von charakteristischen Merkmalen einer verrauschten Signalmenge oder die Verwendung eines Backpropagation-Netzes zur Regelung eines Mikrosystems, dessen Regelstrecke starke Nichtlinearitäten aufweist. Diese z.Zt. stark expandierenden Technologien der Informationsverarbeitung bieten die Möglichkeit, den scheinbaren Widerspruch zwischen hohem Miniaturisierungsgrad und Intelligenz des Robotersystems für eine große Zahl von Anwendungen zu lösen. Dieses Thema wird in Teil 3 ausführlicher behandelt.

Auch die koordinierte Steuerung mehrerer Roboter birgt enorme Schwierigkeiten, die nur durch fortgeschrittene, hierarchisch verteilte Steuerungssysteme zu bewältigen sind, bei denen der Modus der Kooperation zwischen Mensch und Roboter bzw. zwischen den beteiligten Robotern schnell der aktuellen Montagesituation angepaßt werden kann. Dafür ist ein zentralisiertes System aufgrund des hohen Kommunikationsbedarfs wenig geeignet. Es ist auch beinahe unmöglich, alle Eventualitäten einer komplexen Arbeitsumgebung explizit zu programmieren. Vielmehr müssen die einzelnen Roboter in der Lage sein, ihr Verhalten den Umgebungsbedingungen anzupassen und auf neue Situationen flexibel zu reagieren. Die Dezentralisierung der Systemsteuerung kann daher durch die Lernfähigkeit der Roboter, u.a. auf der Basis von künstlichen neuronalen Netzen, unterstützt werden. Das maschinelle Lernen von Robotern wird heute aktiv untersucht, über das Lernen in Robotergruppen gibt es jedoch noch wenig Erkenntnisse. Ein wichtiges Konzept für Mehrrobotersysteme ist Lernen durch Beobachtung. Dies würde neue Kooperationsmethoden zwischen den Robotern auf der unteren Steuerungsebene ermöglichen, so daß die momentane Prozeßsituation von einzelnen Robotern erkannt und die notwendige Zusammensetzung der Gruppe bzw. die Aktionssequenz dementsprechend automatisch festgelegt wird.

Mehrere Forschungsgruppen beschäftigen sich heute weltweit mit der Bewegungsplanung und Navigation von Mehrrobotersystemen, Mensch-Roboter- und Roboter-Roboter-Kommuniktion, Aufgabenzerlegung bzw. -zuteilung oder der verteilten Intelligenz von Roboterschwärmen [Hirai93], [Fleu94], [Aoya95], [Ishi95]. Durch die Einschränkungen, die sich bei Mikroroboterschwärmen durch ihre Größe ergeben, müssen die Steuerungsalgorithmen entsprechend einfach sein. Vielversprechend sind daher Steuerungsalgorithmen, die den Roboter „reflexartig" mit Hilfe von einfachen Bewegungsprimitiven agieren lassen [Ishi95]. Gesteuert durch diese einfachen Algorithmen können Individuen eines „Roboterschwarms" gemeinsam durchaus komplexere Aufgaben bewältigen. Das Letztere stellt übrigens eine der Grundideen der Mikroaktuation dar, was in Teil 4 bei der Analyse der Mikroaktuationsprinzipien deutlich wird.

Bei der Ansteuerung von Mikrorobotergruppen ist auch eine Kombination aus zentraler und verteilter Organisation denkbar [Aoya95]. Die Mikroroboter sind dabei durch einen Shared-Memory-Bus verbunden. Bei dieser *„Blackboard"*-Methode hinterlassen alle Teilnehmer Nachrichten an einer für jeden Mikroroboter zugänglichen „Tafel", was eine schnelle asynchrone Datenverarbeitung erlaubt. Die Steuerungsarchitektur ist dabei auf drei Hierarchieebenen aufgeteilt. Die höchste Ebene dient als benutzerfreundliche Schnittstelle zum Operator, über die er den initialen Plan in allgemeiner Form eingeben kann. Auf dieser Ebene findet die globale Montageplanung statt. Die zweite Ebene dient als untergeordnete Planungs- und Gruppenmanagement-Ebene. Auf der untersten Ebene steht schließlich die numerische Steuerung der Mikroroboter durch eine I/O-Schnittstelle. Bei der Montageplanung wird der zentrale Prozessor nach der Zieleingabe vom Operator diverse Informationen, wie etwa die Spezifikationen oder tatsächliche Leistung einzelner Roboter oder den Gerätestatus über Kommunikationskanäle von den Prozessoren der unteren Hierarchieebenen anfordern. Basierend auf dieser Information wird die Montageaufgabe in Elementarbewegungen der einzelnen Roboter zerlegt. Die zugeteilten Mikroroboter werden dann die Montageoperation autonom mit Hilfe einer visuellen Überwachungseinheit anfahren. Die Roboter, die dabei ohne Aufgabe bleiben, müssen in Bereitschaft warten. Eine allgemeingültige Steuerungsarchitektur einer flexiblen mikroroboterbasierten Mikromontagestation wird weiter unten in diesem Teil vorgestellt und ausführlich beschrieben.

Verschiedene Simulationswerkzeuge können bei einer Montageplanung sehr hilfreich sein. Mögliche Operationssequenzen können dabei basierend auf CAD-Modellen der Mikroroboter bzw. Werkstücke durchgespielt werden, um die Montageaufgabe bewerten und eine optimale Montagestrategie wählen zu können. Mögliche Kriterien hierfür wären Kollisionsfreiheit, Ressourcenausnutzung, Montagedauer, Einhaltung technologischer Parameter usw. In [Aoya95] wurde z.B. ein Simulationssystem implementiert, das eine Kollisionsvermeidung beim gleichzeitigen Manövrieren mehrerer Mikroroboter ermöglichen soll. Dabei wird angenommen, daß die beteiligten Roboter im Ausgangszustand über die Arbeitstischfläche beliebig verteilt sind. Wenn der Operator mit den Ergebnissen nicht zufrieden ist, kann er im Rahmen der Geräteleistung andere Parameter oder auch andere Navigationsstrategieen wählen. In den durchgeführten Tests wurden mehrere Roboter auf Aufgaben unterschiedlicher Priorität aufgeteilt. Dabei wurde ein einfacher Kollisionsvermeidungsalgorithmus verwendet: Ein Roboter steuert solange auf das Ziel zu, bis sein Weg von einem anderen Roboter blockiert wird. Dann versucht er, nach links oder rechts auszuweichen, sofern sich dort keine Hindernisse befinden. Wenn mehrere Roboter zu kollidieren drohen, werden diejenigen Roboter, die eine Aufgabe mit niedrigerer Priorität zugeteilt bekamen, anhalten. Mit dem System ist es gelungen, ganze 24 Mikroroboter, die, in 2 Gruppen geteilt, zwei Arbeitsbereiche mit unterschiedlicher Priorität anfahren sollten, zu dirigieren.

Es ist aber nicht immer möglich, die Hilfe eines Simulationsmoduls in Anspruch zu nehmen. Solange es sich nur um die Bahnplannung handelt, stehen noch zahlreiche Lösungsmethoden zur Verfügung. Da hier keine strengen Restriktionen für die

Trajektorien der einzelnen Roboter außer dem Zielbereich vorgegeben werden, sind z.B. die auf der Fuzzy-Logik basierenden Kollisionsvermeidungsmethoden sehr geeignet [Reig94], [Santa96], [Santa97]. Schwierig erscheint heute dagegen die Simulation der Kraftaufteilung zwischen mehreren Robotern, wenn sie eine Manipulationsaufgabe gemeinsam bewältigen. Ein heute noch ungelöstes Problem ist auch eine Simulation der aufgabenspezifischen Manipulationen von den zu montierenden Mikroobjekten, um beispielsweise die Durchführbarkeit der gestellten Montageaufgabe angesichts vorhandener Roboter und Werkzeuge zu prüfen oder die für die Montage notwendige Zeit zu ermitteln. Hier müssen unbedingt die für die Mikrowelt spezifischen Kraftverhältnisse und, als Folge, das ungewöhnliche dynamische Verhalten von Mikroobjekten berücksichtigt werden. Dazu fehlen heute noch die geeigneten Modelle, so daß eine exakte dynamische Montageplanung kaum durchführbar ist.

3 Komponenten einer flexiblen mikroroboterbasierten Montagestation (FMMS)

Wie wir in Teil 2 feststellen konnten, beruhen die heutigen Mikromontagesysteme noch zum größten Teil auf der manuellen Geschicklichkeit des Operators. Die angestrebte industrielle Weiterentwicklung der MST verlangt immer deutlicher nach flexiblen roboterbasierten Einrichtungen, die sich zur automatisierten Montage von Mikrosystemen und dadurch zu ihrer kostengünstigen Produktion in größeren Stückzahlen bei einer konstant hohen Qualität eignen. Solche Systeme sollen, unterstützt durch eine ausreichende Sensorüberwachung und Regelungsalgorithmen, die hochpräzisen Bearbeitungs- und Montageoperationen übernehmen, sich schnell von einem Produkt auf das andere umstellen lassen und damit in entscheidendem Maße zur Industrialisierung der MST beitragen.

Diese Erwartung hebt die größten Herausforderungen der heutigen Mikrorobotik hervor: Die Entwicklung flexibler leistungsfähiger Mikroroboter, die jeweils eine Positionier- und eine Manipulationseinheit besitzen, und die Automatisierung solcher Mikroroboter anhand visueller und eventuell auch Kraft-Sensorinformationen. Eine Lösung dieser Probleme will entscheidend dazu beitragen, Menschen von einer unmittelbaren Durchführung sehr präziser Manipulationen von diffizilen Objekten zu befreien und die damit verbundene Produktion effizienter zu machen. Ein neues Konzept einer automatisierten Mikromanipulations-Tischstation, das den Einsatz flexibler Mikroroboter vorsieht, wurde an der Universität Karlsruhe entwickelt [Fati96]. Dieses Konzept wird in diesem Teil der Arbeit ausführlich analysiert.

Der Aufbau einer mikroroboterbasierten Mikromanipulationsstation ist eine disziplinübergreifende Aufgabe, für deren Lösung eine enge Zusammenarbeit von Experten der Informatik, Robotik und Mikrosystemtechnologie notwendig ist. Insbesondere der Informatikanteil an dieser Aufgabe spielt eine wichtige Rolle für eine erfolgreiche Implementierung einer FMMS. Während Robotik- und MST-Forscher ihre „Hausaufgaben" bereits gemacht und die Voraussetzungen für den Aufbau einer FMMS (wie z.B. Mikroaktoren und Mikrosensoren) geschaffen haben, wurden die zugehörigen Informatikprobleme bis zuletzt erst ungenügend untersucht.

Es geht dabei um Probleme wie die Planung von Roboteraktionen in einer FMMS, die verteilte Steuerung einer FMMS, die Steuerung einzelner Mikroroboter einer FMMS,

Sensorkonzepte bei der Mikromontage usw. Eine FMMS mit ihren Mikrorobotern gehört zu Robotersystemen dritter Generation, in denen die Motorik und die Sensorik mit Hilfe einer intelligenten adaptiven Steuerung in einem Gesamtsystem integriert sind. Dieses Anpassungsvermögen wird vor allem durch die Anwendung von Informatik-spezifischen Methoden auf der Steuerungs- und besonders auf der Planungsebene ermöglicht. Anhand von Sensorinformationen und des a-priori Weltwissens können dabei Änderungen von Standardbedingungen der Montageszene, die durch Sensoren detektiert werden, in entsprechende Modifikationen des Montageablaufs bzw. des Roboterverhaltens umgerechnet werden. Diese sollen dann mit Hilfe eines verteilten Rechnersystems in Echtzeit ausgeführt werden, so daß die Montage abgeschlossen werden kann.

Der Informatikanteil an zu lösenden Problemen ist deshalb entsprechend groß. In diesem und den nachfolgenden Teilen der Arbeit wird u.a. versucht, existierende Lücken mindestens teilweise zu schließen und die aktuellen Probleme aufzuzeigen und zu lösen.

3.1 Mikroroboter

Um dem Mikromontagesystem die gewünschten Leistungen zur Verfügung zu stellen, sollten seine Mikroroboter ein entsprechendes Operationsfeld aufweisen (Mobilität) und gleichzeitig in der Lage sein, Teile mit einer hohen Präzision zu handhaben (Manipulationsfähigkeit bzw. -genauigkeit). Um diese Anforderung zu erfüllen, muß ein Mikroroboter eine Transporteinheit (Plattform) und eine Mikromanipulationseinheit besitzen. Durch die Mobilität der Montageroboter werden die für konventionelle Montagesysteme typischen Probleme der Materialzuführung (Wechsel der Werkstückpaletten, Zubringetechniken) und des Produktabtransports auf eine natürliche Weise gelöst. Die Flexibilität der Roboter soll weiterhin durch einen unkomplizierten und automatisierbaren Werkzeugwechsel gefördert werden, um ein schnelles Anpassen an die unterschiedlichen zu montierenden Werkstücke zu ermöglichen. In Teil 4 werden mögliche Aktuationsprinzipien für solche Robotersysteme eingehend diskutiert.

Wenn man Besonderheiten der Mikrowelt außer acht läßt, dann sind auch die Entwurfskriterien bzw. -schritte von Mikro- und Makrorobotern bis auf die Größenangaben praktisch identisch. Analog zur Herstellung einer Makromaschine werden erst die funktionalen Komponenten eines Mikroroboters mit den gewünschten Abmessungen und internen Strukturen gefertigt und zusammengefügt. Abschließend können Tests durchgeführt werden, um die korrekte Funktion des Mikroroboters zu prüfen. Andererseits treten MST-spezifische Entwicklungs-, Herstellungs- und Betriebsprobleme in Mikrorobotersystemen aufgrund ihrer geringen Abmessungen in besonderem Maße auf.

Besonderer Wert wird dabei auf die Fähigkeit von Mikrorobotern gelegt, sich über größere Strecken in adäquater Geschwindigkeit zu bewegen, feinste Manipulationen mit verschiedenartigen Objekten durchzuführen, robust gegenüber schwierigen Umgebungen zu sein und die gewünschten Funktionen auch über längere Zeiträume ohne Wartung zu erbringen. Einige vielversprechende Ansätze sind bereits vorhanden [Fuku91] – [Fuku95], [Fear92], [Ikuta92], [Arai93], [Fuji93], [Shimo93], [Dario94a], [Ikuta94], [Aoya95], [Büchi95a], [Codo95], [Cohn95], [Fati95], [Inoue95], [Magn95], [Zesch95], [Breg96], [Fati96f], [Remb97b].

Es ist europäischen Forschern in den letzten 3–4 Jahren gelungen, einen erheblichen Rückstand zu japanischen Kollegen auf diesem Forschungsgebiet weitgehend abzubauen. Von flexiblen leistungsstarken Mikrorobotern erhofft man sich einen Durchbruch in vielen praktischen Anwendungen, die bereits oben umrissen worden sind. Die Kriterien für den Einsatz von Mikrorobotern liegen außerdem in einer großen Zuverlässigkeit durch eine hohe Integrationsdichte und in einer langfristigen Kostensenkung.

3.1.1 Grundbegriffe der Mikrorobotik

Wie so oft in neuen Forschungsbereichen sind die *Definitionen* in der Mikrorobotik noch nicht einheitlich, so daß Ausdrücke wie „mikroelektromechanische Systeme", „Mikromechatronik", „Mikromechanismen" oder „Mikroroboter" in der Regel als Synonyme betrachtet werden können. Die ersten ernstzunehmenden Richtlinien für dieses Forschungsgebiet stammen aus Japan. Während der Ausdruck „Mikrosystem" für alle möglichen Arten von Mikrovorrichtungen passend ist, sollte eine wichtige konzeptuelle Unterscheidung zwischen „Mikromaschinen" und „Mikrorobotern" gemacht werden. Eine *Mikromaschine* ist eine Vorrichtung, die mechanische Arbeit generieren oder modulieren kann, ohne direkte Kontrolle zu benötigen. Somit ist ein Mikromotor oder -ventil eine Mikromaschine, die allerdings auch aus mehreren dieser Komponenten bestehen kann. Grundsätzlich kann man eine Mikromaschine als „passive" Vorrichtung betrachten, die nur als Komponente eines komplexeren Mikrosystems zu gebrauchen ist.

Die Definition des „Mikroroboters" bezieht sich auf die Eigenschaften von Robotern der Makrowelt: ein *Mikroroboter* ist durch programmierbares Verhalten, eine aufgabenspezifische Sensor- und Aktorausstattung und eine i.a. uneingeschränkte Mobilität gekennzeichnet. Wie konventionelle mobile Roboter besteht auch ein flexibler Mikroroboter aus zwei autonomen Teilsystemen, die das gesamte Bewegungspotential des Mikroroboters bestimmen: Aktoren zur Mikromanipulation von Objekten (im folgenden *Manipulationseinheit* genannt) und Aktoren zum Positionieren der Roboterplattform (im folgenden *Positioniereinheit* genannt). Das erste Teilsystem („Roboterarme und -hände") bestimmt dabei die Manipulationsfähigkeit und das zweite Teilsystem („Roboterbeine") die Mobilität des Mikroroboters. Eine Integration von Positioniereinheit und Mikromanipulationseinheit in einem flexiblen Mikroroboter ist beim heutigen Stand der MST-Entwicklung bei einer Systemabmessung von bis zu wenigen Kubikzentimetern möglich.

Bild 3.1 zeigt die wichtigsten Komponenten eines Mikroroboters. Das sind:

- Positioniereinheit

- Manipulationseinheit

- Greifer und Werkzeuge

- Integrierte Sensoren

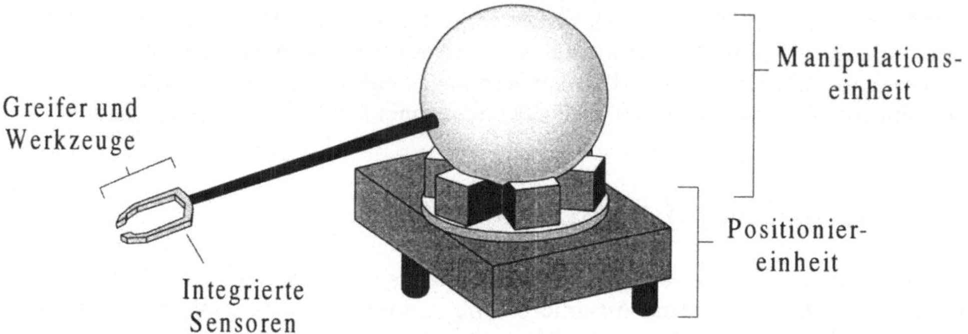

Bild 3.1
Komponenten eines Mikroroboters

Eine Positionier- und eine Manipulationseinheit bilden den eigentlichen Mikroroboter, der durch eine Integration von aufgabenspezifischen Werkzeugen und Sensoren zu einem Mikrorobotersystem erweitert werden kann. Natürlich gehört auch eine Steuerungseinheit zur Ausstattung eines Mikroroboters, die auf verschiedene Weise, abhängig vom verwendeten Aktuationsprinzip bzw. vom angestrebten Intelligenzgrad des Roboters, aufgebaut werden kann. Wenn ein Mikroroboter innerhalb einer Mikromontagezelle betrieben wird, kommen noch die Stationssensoren (globale Sensorik) und das Stationssteuerungssystem hinzu. Die letzteren Komponenten werden weiter unten eingehender diskutiert.

Als Arbeitsunterlage für die Mikroroboter einer FMMS dient eine Platte, die auf dem üblichen XY-Mikroskoptisch angebracht wird. Dadurch kann jeder Punkt des Arbeitsraums in das Sichtfeld des Mikroskops gebracht werden. Dabei kann die gewünschte Position des Tisches automatisch eingestellt und angefahren werden, so daß Tischbewegungen in die Regelungsalgorithmen für die Mikroroboter einbezogen werden können. Die Arbeitsunterlage wird je nach Art der FMMS an die Konstruktion des Lichtmikroskops oder an die Geometrie der Vakuumkammer des Rasterelektronenmikroskops angepaßt.

Bei der Auswahl der Arbeitsunterlage sind oft ihre Reibungseigenschaften entscheidend, da mehrere Roboterbewegungsprinzipien auf dem „Gleiten" der Roboterplattform auf der Unterlage bzw. auf der sogenannten „slip-stick"-Methode beruhen

(Teil 5). Am besten geeignet sind Glas- bzw. – beim REM – Metallplatten. Neben den Kostengründen ist eine Glasplatte dann von Vorteil, wenn die Durchlichtmikroskopie zur Überwachung einer Montageaufgabe die bessere Lösung ist als das übliche Auflichtverfahren.

3.1.2 Klassifikation von Mikrorobotern

Es werden zur Zeit mehrere verschiedene Kriterien als Basis für eine Mikroroboterklassifikation in Betracht gezogen. Im folgenden werden die wichtigsten Klassifikationssäulen dargestellt, die eine ausreichende Orientierungshilfe auf diesem Forschungsgebiet bieten.

3.1.2.1 Größenbezogene Klassifikation

Beim Klassifizieren von Mikrorobotern ist es wichtig, zwischen Minigeräten, die immer häufiger zum praktischen Einsatz kommen, und Mikrogeräten bzw. Nanogeräten zu unterscheiden. Während Mikrogeräte heute vor dem Sprung von zahlreichen theoretischen Untersuchungen zu den ersten funktionsfähigen Prototypen stehen, liegt eine praktische Realisierung von Nanogeräten noch in ferner Zukunft. *Miniaturroboter* sind einige cm^3 groß und werden aus konventionellen miniaturisierten Komponenten (Aktoren, Sensoren, Elektronik), inklusive Mikromaschinen, zusammengesetzt. Sie können Kräfte generieren, die mit denen vergleichbar sind, die von menschlichen Operatoren bei Feinmanipulationen erzeugt werden. Außerdem können sie ferngesteuert werden oder sie besitzen eine gewisse Intelligenz und eine eingebaute Energiequelle, um autonom arbeiten zu können. Ein Miniaturroboter ist eigentlich ein vollständiges Robotersystem, das stark verkleinert und auf die jeweilige MST-spezifische Anwendung zugeschnitten wurde.

In die Klasse der *Mikroroboter* fallen alle Geräte, die einige μm^3 groß sind, so daß man die Struktur als eine Art „modifizierten Chip" betrachten kann. Solche Chips sollen aus Mikroaktoren, Mikrosensoren und Signalverarbeitungseinheiten bestehen und werden deshalb nur durch die mikromechanischen Herstellungstechnologien (die Substrat- bzw. Oberflächen-Mikromechanik bzw. das LIGA-Verfahren) ermöglicht. Ein Mikroroboter sollte in Anlehnung an die Makrowelt programmierbar sein, auf unvorhergesehene Ereignisse angemessen reagieren und ferngesteuert werden können.

Laut dieser Unterteilung liegt der eigentlich relevante Unterschied zwischen Robotern in der Makro- und der Mikrowelt in der Größe ihres Arbeitsraumes, was aber schwerwiegende Folgen hat. Das Arbeitsumfeld eines Mikroroboters ist häufig nur unter einem Licht- bzw. in einem Rasterelektronenmikroskop (REM) zu erkennen, was die Konstruktion des Roboters und insbesondere seiner Greifer wesentlich einschränkt. Die starke Miniaturisierung hat außerdem einige bedeutende Veränderungen der mechanischen Eigenschaften von Bauteilen zur Folge. Das Ergebnis ist dabei eine Änderung der Größenverhältnisse der Kräfte (der Kräftehierarchie), die das Verhalten der mechanischen Aktoren bestimmen. Gerade diese Änderung muß vom Entwickler in Betracht gezogen werden und führt zu der Notwendigkeit, neue MST-spezifische Aktuationsprinzipien für Mikroroboter anzuwenden. Diese Aktuationsprinzipien werden weiter unten in Teil 4 behandelt.

Nanogeräte werden einige Kubikmikrometer (und abwärts) groß sein [Drex92]; herkömmliche mechanische Antriebsprinzipien kommen im Gegensatz zu Mikrorobotern dort nicht in Frage. Für Nanoroboter gibt es Vorbilder in der Natur, da die Effizienz und Einfachheit von manchen biologischen Organismen mit einem elektrochemischen „Antrieb" ein hervorragendes Modell darstellen. In der Entwicklung von Nanoherstellungsverfahren hat sich gezeigt, daß die Festkörpertechnologie für den Aufbau von Nanorobotern nicht geeignet ist. Man erhofft sich dort mehr von neuesten Polymertechniken, wie z.B. dem Langmuir-Blodgett-Verfahren [Gard94]; diese Techniken befinden sich aber erst in der Grundlagenforschung.

3.1.2.2 Funktionale Klassifikation

Ein Mikroroboter (im folgenden verstehen wir darunter alle drei oben eingeführten Klassen) besitzt i. a. mehrere Sensoren und Aktoren, eine Steuerungseinheit und eine Energiequelle, die die funktionellen Eigenschaften des Mikroroboters bzw. seine Leistungsfähigkeit bestimmen. Durch die Wahl unterschiedlicher Kombinationen dieser Komponenten lassen sich mehrere Robotertypen aufbauen (Bild 3.2 [Dario94a]).

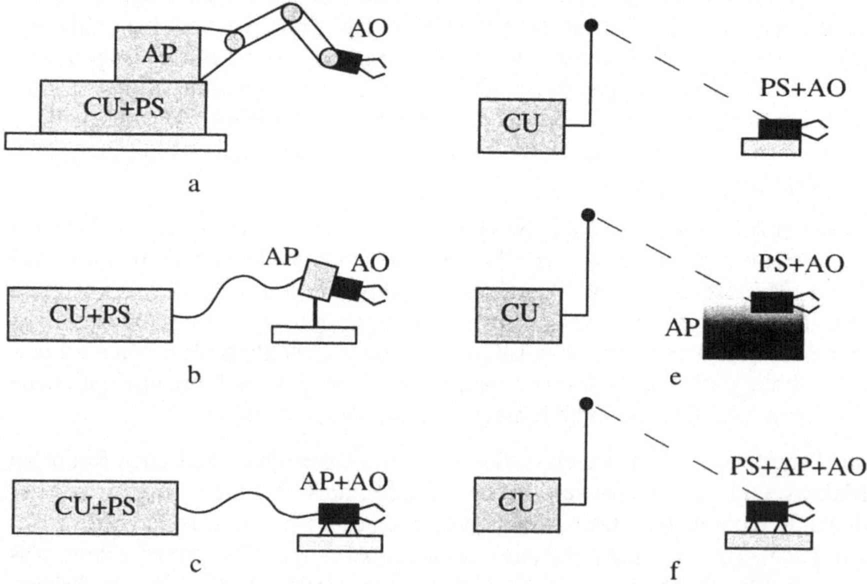

Bild 3.2
Die funktionale Klassifikation von Mikrorobotern
(CU – control unit; PS – power source; AP / AO – actuators for positioning / operation)

Bei dieser Klassifikation werden Mikroroboter nach drei Kriterien aufgeteilt: *Mobilität* (vorhanden/nicht vorhanden), *Autonomie* (Energiequelle on-board/nicht on-board) und *Ansteuerungsart* (kabellos/mit Kabel). Typ (a) ähnelt einem herkömmlichen miniaturisierten industriellen Roboter. Die Mikroroboter (b) sind ferngesteuert; alle Roboteraktoren sind zusammengefaßt und nur durch elektrische, hydraulische oder pneumatische Verbindungen an die Steuerung bzw. Energiequelle gekoppelt. Die Trennung der Energieversorgung und Steuerung von der manipulierenden Einheit vereinfacht ihren Aufbau und Realisierung.

Typ (c) ist gegenüber (b) zusätzlich noch mobil, was zwar zu einer Erweiterung der Anwendungsmöglichkeiten führt, aber gleichzeitig eine Reihe von Schwierigkeiten mit sich bringt. Im Unterschied zu konventionellen Robotern kann die Mobilität bei einem Mikroroboter nicht nur durch eine eingebaute Positioniereinheit, sondern auch mit Hilfe eines natürlichen Mediums (Flüssigkeit oder Gas) in der Roboterumgebung erreicht werden. Mehrere Forscher arbeiten z.B. daran, verschiedenartige Mikrogeräte durch menschliche Blutbahnen gezielt auf einen Einsatzort schwimmen zu lassen; man trifft dabei allerdings auf große Probleme bei der Ansteuerung solcher Mikroroboter.

Eine Energiequelle on-board ist heute noch ein Wunschgedanke, da eine leistungsstarke Mikrobatterie trotz intensiver Bemühungen bislang nicht zur Verfügung steht. Die auf diesem Gebiet laufenden Entwicklungen zeigen das Dilemma der Mikrorobotik: Effiziente Aktoren haben meist einen so großen Strombedarf, daß die Energieversorgung über eine mitgeführte miniaturisierte Batterie kaum möglich ist. Andererseits sind diejenigen Aktuationsprinzipien, die die „on-board"-Energieversorgung ermöglichen, meist unbefriedigend in ihrer Effizienz. Die Informationsübertragung bei einer kabellosen Roboteransteuerung ist dagegen bereits heute über akustische, optische, elektromagnetische oder thermische Schnittstellen realisierbar. Man sucht nach neuen Lösungen, die es ermöglichen, die genannten Schnittstellen auch zur Energieübertragung zu verwenden. Die Entwicklung und Steuerung der Mikroroboter (c), (e) und (f) ist mit einem größeren Aufwand verbunden; gerade diese Typen kommen aber den heutigen Vorstellungen der Forscher am nächsten.

3.1.2.3 Aufgabenspezifische Klassifikation

Die in [Remb95] eingeführte aufgabenspezifische Klassifikation von Mikrorobotern betrachtet das Verhältnis C zwischen den *physikalischen Abmessungen* des Roboters und seinem *erzielbaren Bewegungsbereich*. Dabei befinden sich auf einer Seite der Klassifikationsskala (C>>1) stationäre Mikromanipulationssysteme, die zwar einige Dezimeter groß sind, aber sehr präzise Manipulationen (im µm- oder sogar nm-Bereich) erlauben [Oliv93], [Joha95], [Sato95]. Am anderen Ende der Skala (C<<1) sind im Gegensatz dazu mikroskopisch kleine mobile Robotersysteme zu finden, die z.B. als Transporteinheit für Inspektions- oder Montage-Mikroroboter dienen könnten. Dazwischen gibt es miniaturisierte Industrieroboter, deren Abmessungen weitestgehend mit ihrem Arbeitsbereich übereinstimmen (C≈1).

Ein flexibler Mikroroboter soll gleichzeitig die Eigenschaften der ersten und dritten Klasse besitzen, d.h. er sollte in der Lage sein, mit Hilfe seiner Effektoren mikroskopische Objekte mit einer sehr hohen Genauigkeit manipulieren und sich gleichzeitig über lange Distanzen bewegen zu können. Um diese gegensätzlichen Eigenschaften in einem Robotersystem zu vereinigen, müssen zuerst geeignete Aktuationsprinzipien ausgewählt und neue Aktorkonstruktionen entwickelt werden. Hinzu kommt noch, daß Mikrobauteile sich im Produktionsprozeß mit existierenden Techniken nur sehr schwer greifen und montieren lassen. Deshalb müssen mikromontagespezifische Greifprinzipien bzw. Greifwerkzeuge entwickelt werden. Anschließend müssen in einer FMMS relevante Informationen wie z.B. Position, Neigung, Kraft, Kontakt, Temperatur oder Geschwindigkeit aus dem Arbeitsraum an die Steuerungseinheit übermittelt werden. Dies verlangt den Einsatz von verschiedenartigen Sensoren, die entweder in die Roboterplattform oder in die Manipulationseinheit bzw. den Greifer integriert werden müssen. Die Lösungen dieser mikroroboterbezogenen Montageprobleme werden in Teilen 4 und 5 vorgestellt. Die flexiblen Mikroroboter stehen erst am Anfang ihrer aktiven Untersuchung; die am IPR entwickelten Prototypen werden in Teil 7 vorgestellt.

3.2 Stationssensoren

3.2.1 Einführung

Der Sensorik kommt in vielen Bereichen der Technik in zunehmendem Maße eine Schlüsselfunktion zu. Sensoren sind die Sinnesorgane künstlicher Systeme, die die Schnittstelle der Ansteuerungselektronik zur Außenwelt bilden. Wie beim Menschen sollen Sensoren durch Messen mechanischer, biochemischer, thermischer, magnetischer und strahlungsbedingter Größen riechen, schmecken, sehen, tasten und hören. Eine umfassende Klassifikation von Sensoren bezüglich der Energieform des Signals ist in Tabelle 3.1 zu sehen.

Eine hohe Flexibilität von Mikrorobotern kann in einer automatisierten Mikromontagestation – neben der Regelstrategie – durch hochauflösende, leistungsstarke Sensoren erreicht werden. Eine Übertragung von Informationen aus der Mikrowelt in die Makrowelt ist notwendig, um eine Prozeßrückkopplung zur Steuerung der Montagevorgänge zu ermöglichen. Eine sensorische Überwachung der Mikromontagevorgänge ist zur Einhaltung der extremen Genauigkeitsanforderungen unabdingbar. Alle einsetzbaren Sensortypen in einer FMMS können dabei generell in zwei Gruppen aufgeteilt werden: integrierbare Robotersensoren und Stationssensoren.

Die Robotersensoren können aufgrund ihrer Größe direkt in den Mikroroboter integriert werden. Dies ist z.B. bei Kraft- bzw. taktilen sowie Beschleunigungssensoren der Fall. Die Aufbauprinzipien integrierbarer Sensoren für Mikroroboter werden in Teil 5

behandelt. Die Stationssensoren gehören dagegen zur Stationsausrüstung und ihre Meß-
bzw. Aufbauprinzipien sind gut bekannt. Sie sind ein Teil der Makrowelt und bilden die
Schnittstelle zwischen den Makro- und Mikroebenen einer FMMS. Heute ist man
meistens auf eine optische Sensorunterstützung angewiesen, die der Montagestation eine
Positionsrückkopplung ermöglicht [Sato95], [Fati96]. Der gesamte Montageprozeß fin-
det dabei entweder unter einem mit einer hochauflösenden CCD-Kamera ausgestatteten
Lichtmikroskop oder in der Arbeitskammer eines Rasterelektronenmikroskops statt;
auch Lasermeßsysteme sind zur Bestimmung der Position bzw. Orientierung eines
Mikroroboters sehr gut geeignet. Die drastische Miniaturisierung von CCD-Chips bzw.
Linsensystemen sowie von Lasereinrichtungen kann u.U. eine Integration der genannten
Sensoren direkt in einen Mikroroboter und dadurch neue Überwachungs- bzw.
Steuerungsverfahren erlauben. Zusätzliche Kraft- bzw. taktile Mikrosensoren können die
Leistungsfähigkeit einer Mikromontagestation wesentlich erhöhen. Manchmal lassen
sich Rückschlüsse auf die aufgebrachten Kräfte auch optisch ziehen, etwa durch die De-
formation der Werkzeugspitze.

Tabelle 3.1 Eine Klassifikation von Sensoren nach [Gard94]

Form des Signals	Meßgrößen
Thermisch	Temperatur, Wärme, Wärmefluß, usw.
Strahlung	Röntgenstrahlen, Gammastrahlen, Ultraviolett, sichtbares Licht, Infrarot, Mikrowellen, Radiowellen, usw.
Mechanisch	Abstand, Geschwindigkeit, Beschleunigung, Kraft, Druck, Drehmoment, Massenfluß, akustische Parameter, usw.
Magnetisch	Magnetisches Feld, Magnetfluß, magnetisches Moment, Magnetisierung, usw.
Chemisch	Feuchtigkeit, pH-Wert, Ionenkonzentration, Gaskonzentration, Dämpfe und Gerüche, giftige und brennbare Materialien, Schadstoffe, usw.
Biologisch	Zucker, Proteine, Hormone, Antigene, usw.

3.2.2 Sensorarten in einer FMMS

Stationssensoren sind vor allem verschiedenartige Positionssensoren, die auch für
Qualitätssicherungszwecke verwendet werden können. Diese Sensoren sind nicht der
Bestandteil eines Mikroroboters, sondern gehören zur Ausstattung der Mikromontagestation. Die Positionssensoren sind in einem geregelten System extrem wichtig, da es
hier nicht auf eine hohe absolute Genauigkeit der Roboter, sondern auf die Auflösung
der Sensoren ankommt. Die Anforderungen an die Positionsmessung in einer Mikro-

montagestation wurden in [Hankes98] ausführlich erläutert. Vier Arten von Positionssensoren, die eine Positionsrückkopplung bzw. Qualitätssicherung während einer Mikromontage ermöglichen, können in einer FMMS verwendet werden:

- CCD-Kamera(s),

- Lichtmikroskop, ausgestattet mit einer CCD-Kamera,

- Rasterelektronenmikroskop mit großer Vakuumkammer und

- Lasermeßsystem.

3.2.2.1 CCD-Kamera(s)

Die Position eines Mikroroboters auf der Arbeitsunterlage beim Transportieren von den Mikroobjekten bzw. bei aufgabenbedingtem Manövrieren (*coarse positioning*) kann mit Hilfe einer bzw. mehrerer CCD-Kameras auf der Basis der rechnergestützten Bildverarbeitung erfaßt werden. Der Arbeitsraum beim Grobpositionieren der Roboter in einer FMMS mit Lichtmikroskopie ist der kalibrierte Sichtbereich der Kameras. Die Bildkoordinaten werden dabei mit Hilfe der Höheninformationen der Arbeitsplatte in die Weltkoordinaten umgerechnet. Die gewonnenen visuellen Sensorinformationen werden dann in einem mit einem Frame Grabber ausgestatteten Rechner mittels eines echtzeitfähigen Bilderkennungs- bzw. Bildverarbeitungssystems ausgewertet und danach in aktuelle Steueranweisungen für den Roboter umgesetzt [Fati96], [Sulz97a].

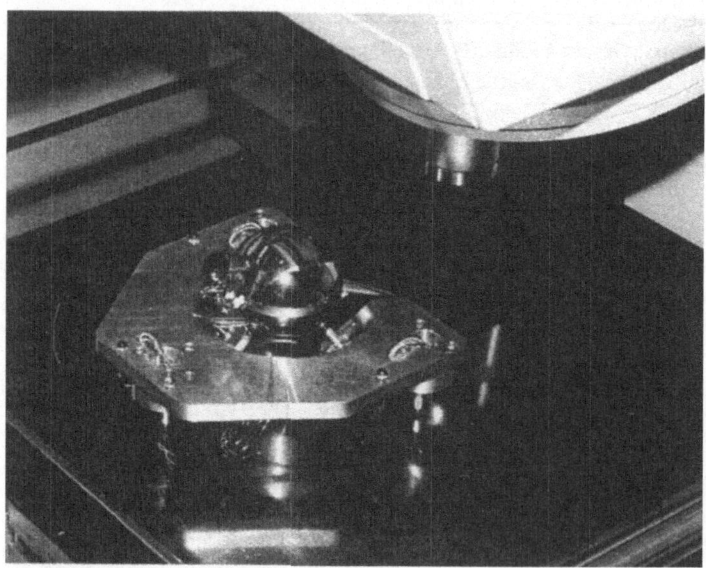

Bild 3.3
Kamerabild eines Mikroroboters auf der Arbeitsunterlage (Quelle – IPR, Universität Karlsruhe)

Um die Echtzeitanforderungen der Montage zu erfüllen und die Bilderkennung einfacher und zuverlässiger zu machen, können die Mikroroboter zusätzlich mit spezifischen, leicht erkennbaren Merkmalen versehen werden. Wenige speziell angeordnete und für die CCD-Kamera sichtbare Leuchtdioden können z.B. die Position und die Orientierung eines Mikroroboters eindeutig durch das Diodenmuster bestimmen (Bild 3.3). Besonders wenn mehrere Roboter in der Station gleichzeitig aktiv sind, kann dies die Stationsleistung erheblich verbessern. Die Diodenmuster werden in der Wissensbasis der FMMS gespeichert und sind für die Bildverarbeitung ständig griffbereit.

3.2.2.2 Lichtmikroskop mit einer CCD-Kamera

Um visuelle Informationen über den Verlauf der eigentlichen Manipulationen von Mikroobjekten zu gewinnen, ist man auf mikroskopische Visualisierung angewiesen. Hier muß die Position der zu manipulierenden Mikroobjekte bzw. der Roboterendeffektoren (Greifer bzw. Werkzeuge) bestimmt werden (*fine positioning*). Der gesamte Montageprozeß kann dabei unter einem mit einer hochauflösenden CCD-Kamera ausgestatteten (Stereo-) Lichtmikroskop stattfinden [Fati96], [Fati97], wobei der relevante Arbeitsraum bis zum Sichtfeld des Mikroskops herunterskaliert wird. Solche Sensorsysteme können auch zur Qualitätskontrolle eingesetzt werden und erreichen Auflösungen bis zu 1 µm. Durch Verarbeitung der Mikroskopbilder, die sowohl mit dem Durchlicht- als auch dem Auflichtverfahren gewonnen werden können, lassen sich Merkmale der Montageteile und Endeffektoren extrahieren und die gewünschten Informationen über ihre Position und Orientierung ableiten (Bild 3.4). Diese Informationen fließen direkt in die Robotersteuerung ein.

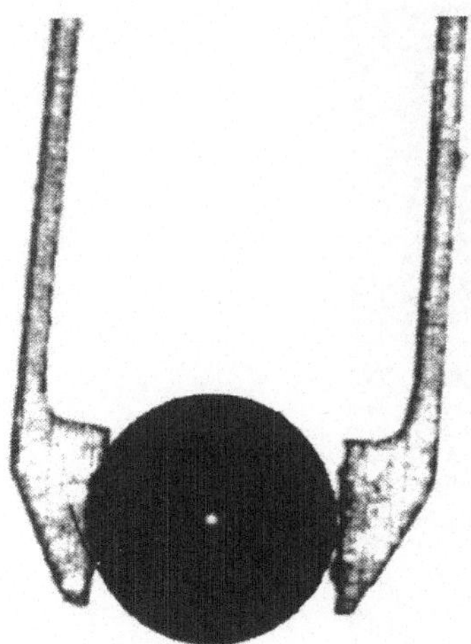

Bild 3.4
Lichtmikroskop-Aufnahme einer Greifoperation
(Quelle – IPR, Universität Karlsruhe)

Die Fokussierung des Mikroskops während einer Montageoperation kann automatisch durch die Z-Positionierung des Mikroskoptisches durchgeführt werden. Dabei ist aber eine Höhenpositionierung des Greifers sehr schwierig, da sich das zu greifende Bauteil und Teile des Greifers häufig nicht in der gleichen Schärfentiefe-Ebene befinden. Um eine echtzeitfähige Montageregelung mit Hilfe der visuellen Sensorik zu implementieren, werden zuverlässige und schnelle 3D-Bilderkennungsalgorithmen benötigt. Diese bilden die Basis einer rasch expandierenden Forschungsrichtung [Ashb95], [Kopp97], [Lacey97], [Sulz97].

Beim Einsatz eines Lichtmikroskops entstehen gewisse Platzprobleme, da der Arbeitsabstand, d.h. der Abstand zwischen Objektiv und Mikroskoptisch, sehr gering ist (bei hohen Vergrößerungen nur wenige Millimeter). Deshalb können bestimmte Manipulationen nicht (oder nur mit großem Aufwand) durchgeführt werden, weil die zur Verfügung stehenden Manipulatoren einfach nicht zwischen Objektiv und Objekt passen. Bei der Entwicklung eines Stations-Mikroroboters müssen unter diesen Umständen erhebliche Einschränkungen in Kauf genommen werden. Eine andere Einschränkung prinzipieller Art ist die Bildauflösung eines Lichtmikroskops; sie ist durch die Wellenlänge des sichtbaren Lichts (bis ca. 400 nm) begrenzt und reicht bei hohen Anforderungen an die Montagegenauigkeit nicht aus. Ein ernsthaftes Problem stellt auch die geringe Schärfentiefe des Lichtmikroskops dar.

3.2.2.3   Rasterelektronenmikroskop

Um das obengenannte Problem zu umgehen, kann der Arbeitsraum einer Mikromontagestation in der Vakuumkammer eines Rasterelektronenmikroskops eingerichtet werden. Solche Geräte bieten eine hohe Bildauflösung, eine große Zahl von Vergrößerungsstufen und meistens einen ausreichenden Arbeitsabstand (Bild 3.5).

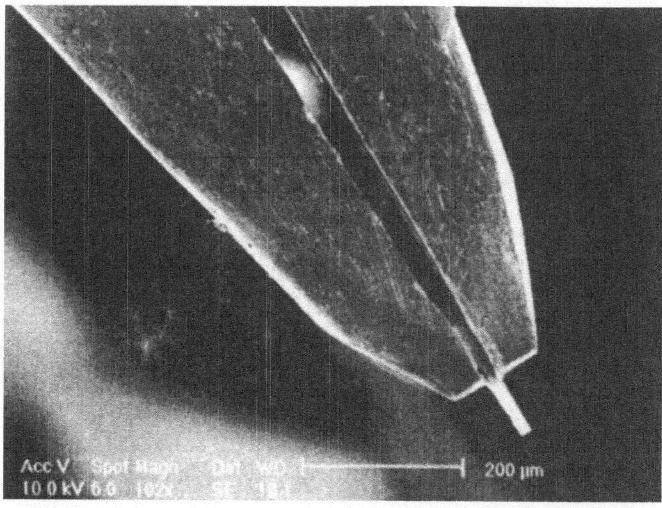

Bild 3.5
REM-Aufnahme einer Greifoperation (Quelle – Kammrath & Weiss GmbH, Dortmund)

Ein erheblicher Vorteil im Vergleich zur Lichtmikroskopie stellt eine deutlich größere Schärfentiefe des Rasterelektronenmikroskops dar. Bei Mikromontageaufgaben mit großer Anzahl von räumlichen Operationen ist es mit einem Lichtmikroskop sehr schwierig, die Echtzeitbedingungen aufgrund der permanenten Nachfokussierung des Mikroskops zu erfüllen. Auch die visuelle Überwachung und Regelung solcher Operationen wird erschwert. Der Unterschied ist in Bild 3.6 [Weck97], das ein Bauteils bei der Licht- und der Rasterelektronenmikroskopie im Vergleich zeigt, deutlich zu sehen.

Bild 3.6
Bild eines Mikrobauteils: bei der Lichtmikroskopie (links)
und bei der Rasterelektronenmikroskopie (recht)

Um mehr Einblick in den Arbeitsraum eines REM zu bekommen, kann auch eine CCD-Kamera seitlich in die REM-Vakuumkammer integriert werden. Der schematische Aufbau einer REM-basierten Mikrohandhabungsanlage mit einer zusätzlichen CCD-Kamera ist in Bild 3.7 [Koy96] zu sehen. Diese Anlage, die ein Teil des oben erwähnten NMW-Systems darstellt, besteht aus zwei Manipulatoren und einem Positioniertisch. Die sensorische Überwachung von Mikromanipulationen wird gleichzeitig durch das REM und ein mit einer CCD-Kamera ausgerüstetes Lichtmikroskop vorgenommen. Das Lichtmikroskop wird so integriert, daß die Blickwinkel der beiden Mikroskope senkrecht zueinander stehen. Auf diese Weise wird für den Benutzer die dritte Dimension erschlossen.

Auch die Benutzung eines REM führt zu gewissen Konstruktionseinschränkungen der Montageroboter, da sie dabei vakuum- bzw. elektronenstrahlkompatibel sein müssen. Alle mikroelektronischen Systemkomponenten müssen aus der REM-Kammer entfernt oder gekapselt werden, um die Beschädigung oder Beeinträchtigung durch Elektronenstrahlen zu vermeiden. Preiswerte Mikroskope haben nur eine relativ kleine Vakuumkammer, was eine starke Anpassung des Robotersystems an die geometrischen

Gegebenheiten erfordert und in der Regel zu einschneidenden Leistungseinbussen bei vielen Montageaufgaben führt.

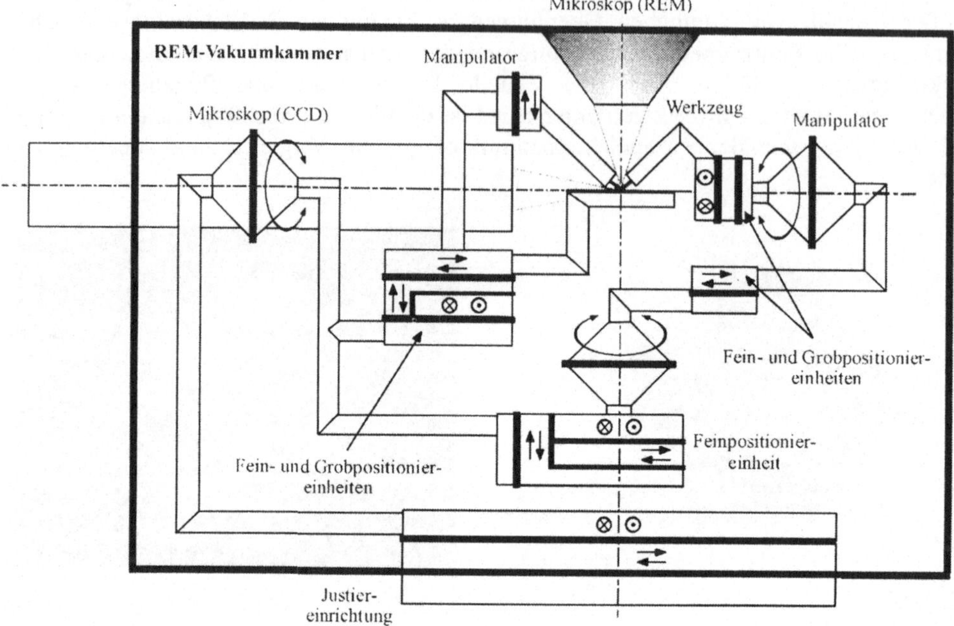

Bild 3.7
Integration einer CCD-Kamera in ein REM

Wie bereits in Teil 2 gezeigt, können die durch die kleinräumige Vakuumkammer vorgegebenen Beschränkungen durch den Einsatz von Großraum-Mikroskopen aufgehoben werden. Einige Großraum-REM sind inzwischen auf dem Markt verfügbar, in denen je nach Anwendungsbereich mehrere verschiedenartige Bearbeitungs- und Montageplätze untergebracht und zu einer „Fertigungsstraße" ausgebaut werden können.

3.2.2.4 Lasermeßsystem

Auch Lasermeßsysteme sind zur Bestimmung der Position bzw. Orientierung eines Mikroroboters sowie seines Endeffektors sehr gut geeignet und können wegen ihrer Genauigkeit eine Alternative bzw. Ergänzung der visuellen Sensorik darstellen: beispielsweise wenn die Anforderungen an die Meßgenauigkeit die Grenzen visueller Sensorik überschreiten oder zur Erschließung der dritten Dimension in einer FMMS mit Lichtmikroskopie. Der Abstand zum Objekt wird in der Regel nach dem Triangulationsprinzip gemessen (Bild 3.8). Beim Triangulationsverfahren wird ein gepulster Laserstrahl senkrecht auf die Oberfläche des Meßobjekts gerichtet. Dabei findet eine diffuse Reflexion statt, und das reflektierte Licht wird durch einen Detektor erfaßt.

Als Detektor kann eine digitale CCD-Zeile oder ein analoges Lineardetektor-Element dienen. Anschließend wird das detektierte Signal in Abhängigkeit von der Detektorart digital oder analog bearbeitet und abstandsauflösend ausgewertet.

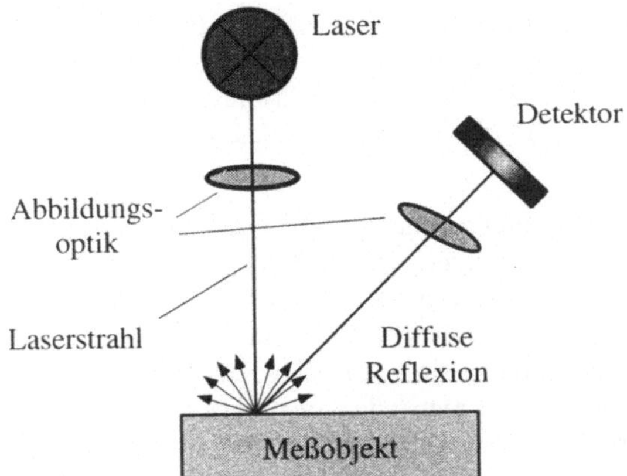

Bild 3.8
Positionsmessung mit Hilfe eines
laseroptischen Sensors

Laseroptische Wegsensoren erlauben punktförmige Messungen aufgrund eines kleinen Meßfleckdurchmessers bei einem großen möglichen Grundabstand zum Meßobjekt; dies ermöglicht eine problemlose Integration eines Lasersensors in eine Mikromontagestation. Die Integrationsmöglichkeiten und die dabei zu berücksichtigenden Faktoren wurden in [Hankes98] erläutert. Die Qualität des Meßergebnisses hängt von der Oberflächenbeschaffenheit des Meßobjekts sowie vom Verschmutzungsgrad der Luft im Strahlengang ab. Die beiden Anforderungen lassen sich in einer FMMS leicht erfüllen. Eventuelle parasitäre Umgebungseinflüsse können auch durch ausgefeilte Signalverarbeitung kompensiert oder zumindest minimiert werden. Bei der Verwendung von Infrarot-Lasern (Laserklasse 3B) sind allerdings bestimmte Schutzvorkehrungen für das Personal notwendig.

3.2.2.5 Andere Sensorprinzipien

Neben den oben beschriebenen, mehr konventionellen Stationssensoren gibt es auch solche, die spezielle Effekte ausnutzen. Vor allem bei telemanipulierten Operationen sind sie häufig notwendig, um eine Mikromontageaufgabe fehlerfrei durchführen zu können. Solche Hilfen sollen besonders den fehlenden Tastsinn des Bedieners einigermaßen ersetzen und seine Arbeit möglichst ergonomisch gestalten. Dazu können z.B. Kraft- bzw. taktile Signale aus dem Mikromontageraum in adäquate akustische Signale umgewandelt werden. Diese Möglichkeit ist bereits erfolgreich getestet worden [Sato95] und hat vielen diffizilen Mikroteilen „das Leben" gerettet. Ein Kontakt zwischen dem Endeffektor des Mikroroboters und Mikroteil wird dabei durch einen entsprechenden akustischen Ton dem Bediener signalisiert. Wenn es dann zum Greifvorgang kommt, dann moduliert die Höhe der gerade ausgeübten Greifkräfte die Lautstärke des akustischen Signals, so daß der Bediener seinen Tastsinn durch das Gehör ersetzen kann. Natürlich verlangt dies vom Bediener eine gewisse Umstellung, kann aber die Sensorinformationen der Kraft- und taktilen Sensoren auf eine effektive Weise ergänzen.

Manchmal lassen sich Rückschlüsse auf die aufgebrachten Kräfte auch optisch ziehen, etwa durch die Deformation der Werkzeugspitze, wenn elastische Pinzettengreifer eingesetzt werden [SPI98]. Bei der Montage in einem REM kann dies durch geschicktes Zoomen der relevanten Werkzeugbereiche erzielt werden. Bei Montage unter einem Lichtmikroskop kann zu diesem Zweck z.B. ein hochauflösendes Lasermeßsystem eingesetzt werden.

Diese Meßtechnik bietet eine hohe Auflösung und ist unempfindlich gegenüber elektromagnetischen Einflüssen. Daher wird sie in den meisten Rasterkraftmikroskopen zur Messung der Sondenposition verwendet. Einer der Hauptvorteile liegt darin, daß Messungen berührungsfrei durchgeführt werden. Dies ist besonders für die Handhabung von mikroskopischen Objekten von großer Bedeutung. Andererseits verlangt dieses Meßprinzip bei der Anwendung zum Kraftmessen entsprechende Konstruktionslösungen für Mikrogreifer. So müssen bestimmte Strukturen innerhalb des Greifers mit einer ausreichenden Steifigkeit vorhanden sein, die eine meßbare Auslenkung erfahren, ohne dabei die Funktion des Greifers zu beeinträchtigen. In der Regel sind es die Greiferspitzen.

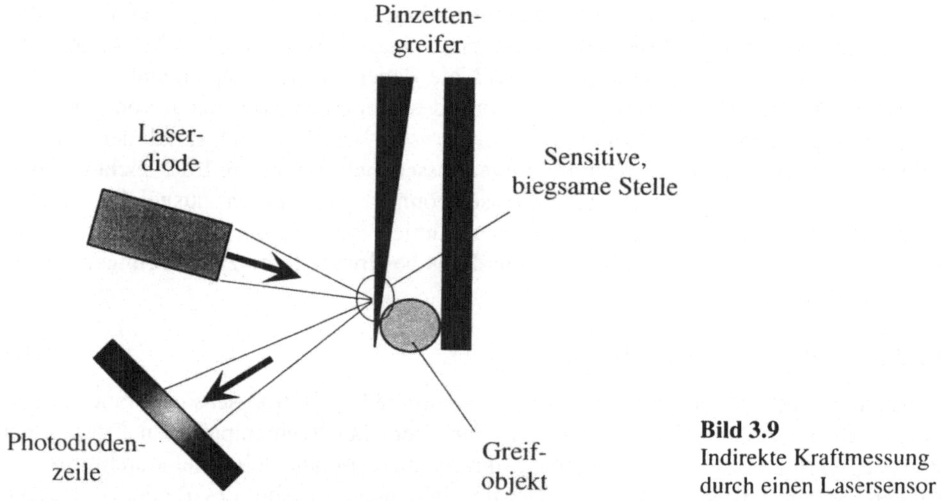

Bild 3.9
Indirekte Kraftmessung durch einen Lasersensor

Die Funktionsweise ist in Bild 3.9 dargestellt. Licht von einer Laserdiode wird auf die Spitze des biegefähigen Pinzettenfingers während eines Greifvorgangs fokussiert. Wird die sensitive Spitze durch die ausgeübte Greifkraft gebogen, dann führt dies zur Ablenkung des Laserstrahls. Der reflektierte Laserstrahl „wandert" hierbei durch die Segmente einer Photodiodenzeile, deren Ausgangsspannung zur Messung der Strahlauslenkung verwendet wird. Dies wird anschließend unter Berücksichtigung der Geometrie und Materialeigenschaften des Greifers positionsauflösend ausgewertet.

Die Empfindlichkeit eines solchen Kraftsensors ist umgekehrt proportional zur Länge des sensitiven Pinzettenfingers. Bei Verwendung von elastischen Siliziumfingern mit einer Länge von 450 µm konnte beispielsweise eine Auflösung im Bereich von wenigen nN erreicht werden [Nels97]. Bei einer solchen Sensorauflösung werden allerdings durch die Umgebung verursachte Vibrationen zum größten Störfaktor.

Wie bereits erwähnt, sind Stationssensoren in der Regel auch für die Qualitätskontrolle während bzw. nach der Montage zuständig. Beim heutigen Stand der Dinge dient die Qualitätssicherung während der Mikromontage vor allem der Einhaltung von gewünschten geometrischen Eigenschaften. Dabei gestalten sich mögliche Lösungen dieser Prüffunktion anders als in der Makrohandhabung. Ein schwieriges Problem ist z.B. das Identifizieren und Verfolgen eines Mikrobauteils, da konventionelle Kennzeichnungsverfahren in der Mikrohandhabung nicht oder nur mit erheblichen Einschränkungen eingesetzt werden können. Neben neuen technischen Lösungen zur Objektkodierung braucht man echtzeitfähige und zuverlässige Verfahren zur Merkmalserkennung eines Mikroobjekts. Solche Verfahren können auf der Basis von neuronalen Netzen oder der Fuzzy-Logik realisiert werden [Dumon97], [Lacey97].

3.3 Planung und Steuerung einer FMMS

Das eingeführte Konzept einer flexiblen automatisierten Mikromontagestation setzt ein hohes Maß an Systemintelligenz voraus, die durch ein leistungsfähiges Rechnersystem unterstützt werden soll. Allein bei einem Stationsroboter müssen seine Plattform, die Manipulationseinheit und der Mikrogreifer aufeinander abgestimmt und angesteuert werden. Zusätzlich müssen je nach Anwendungsfall Teilezuführungs- und Fügesysteme angesteuert werden. Außerdem müssen Sensordaten eingelesen und ausgewertet werden und auch die automatische Qualitätssicherung muß gewährleistet sein. Anschließend muß das FMMS-Steuerungssystem eine gut konzipierte Benutzer-Schnittstelle zur Montageüberwachung und ggf. zum Eingreifen in das Montageprozeß dem Bediener zur Verfügung stellen.

Bei der Steuerung von solchen komplexen Systemen ist man zwangsläufig auf eine modulare Steuerungsarchitektur angewiesen, die generell zwei Steuerungsebenen besitzt: die Planungsebene und die Ausführungsebene. Diese beiden Ebenen können weiter verfeinert und in mehrere Unterebenen unterteilt werden, was die Komplexität des Steuerungsproblems in einer FMMS widerspiegelt. Einzelne Komponente einer FMMS wie z.B. Füge- oder Zuführungssysteme sind oft mit eigenen Steuerungseinheiten ausgerüstet, die in das Gesamtsystem integriert werden müssen. Die Gesamtübersicht der Aufgaben der Informationsverarbeitung bzw. Steuerung in einer flexiblen mikroroboterbasierten Montagestation ist in Bild 3.10 zu sehen.

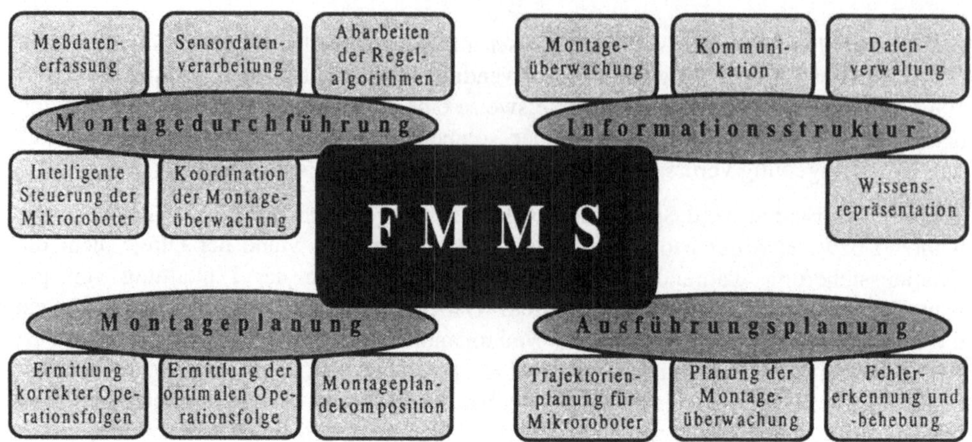

Bild 3.10
Aufgaben der Informationsverarbeitung und Steuerung in einer FMMS

3.3.1　Steuerungsarchitektur einer flexiblen Mikromontagestation

Die größten Probleme bei der praktischen Realisierung der vorgestellten Mikromontage-„Tischstation" bereitet eine intelligente Montageplanung auf der oberen Steuerungs-ebene, die eine aufgabenspezifische Aufteilung der benötigten Roboter und Werkzeuge sowie ihrer Bewegungen und Kräfte und dadurch einen störungs- und kollisionsfreien Ablauf der Montage ermöglichen soll. Es existieren noch kaum Ansätze der künstlichen Intelligenz in der Mikromontage [Fedd97]. Diese Ansätze werden aber mit steigender Komplexität der zu montierenden Mikrosysteme für flexible, automatisierte Mikro-montagezellen unabdingbar sein. Ein neues Planungsverfahren für mikroroboterbasierte Montage von Mikrobaugruppen und -systemen wird in Teil 6 ausführlich präsentiert.

Die Ausführungsebene einer FMMS kann wiederum in mehrere Komponenten unterteilt werden, von der Interpretation der geplanten Roboteroperationen bis zur Ansteuerung einzelner Aktoren der Mikroroboter. Das Herzstück der Ausführungsebene bildet die Robotersteuerung, die die geplanten Montageaktionen in die entsprechenden Grob-bewegungen der Roboter-Positioniereinheit bzw. die Feinbewegungen der Roboter-Manipulationseinheit umsetzt. Dabei werden die vom Interpreter ausgehenden Befehle mit Hilfe der Stations- bzw. Robotersensoren ausgeführt.

Die Steuerungsarchitektur einer FMMS setzt implizite Programmierung der Stations-roboter voraus, wobei aufgabenspezifische Roboteranweisungen direkt aus der Auf-gabenbeschreibung abgeleitet werden sollen. Zu berücksichtigen ist, daß bei Montageabläufen in realer Umgebung nicht voraussehbare parasitäre Einflüsse nicht zu vermeiden sind. Die einzelnen Roboterprogrammabschnitte müssen also nicht unbedingt zu den erwarteten Zuständen führen. Deshalb müssen die Montageoperationen nach Möglichkeit sensorunterstützt vom Roboter durchgeführt werden. Tritt z.B. ein Positionierfehler ein, dann müssen entsprechende Korrekturalgorithmen diesen Fehler rechtzeitig sensorisch erfassen und die fehlerhafte Montagesituation ohne Unterbrechen der Montage mit Hilfe intelligenter Regelungsmethoden wie etwa Fuzzy-Regelung korrigieren.

Da die explizite Roboterprogrammierung mit der angestrebten Flexibilität einer FMMS nicht vereinbart werden kann, muß die aufgabenorientierte textuelle Programmierung der Montageroboter in einer Abstraktionsebene erfolgen, die deutlich über den roboterorientierten Programmiersprachen liegt. Auf dieser Ebene muß in sprachlicher Form spezifiziert werden, was der Montageroboter tun soll anstatt explizit angeben zu müssen, wie der Roboter zur Lösung dieser Aufgabe bewegt werden soll. Sprachlich formulierte Aufgaben müssen durch eine Aufgabentransformation in die expliziten roboterspezifischen Anweisungen überführt werden. Zu dieser Transformation benötigt eine FMMS bestimmtes vorprogrammiertes Wissen in Form von Montageplanungs- sowie Bahnplanungsalgorithmen sowie Algorithmen zur Integration und Auswertung von Sensordaten. Letztere werden benötigt, um ggf. eine aktuelle „Aufnahme" der Montageszene, vor allem der Roboter- und Objektposition, machen zu können. Diese Algorithmen benötigen zum Teil Daten der intern gewarteten Wissensbasen wie die Weltmodell-Wissensbasis, die Daten über die Zustände der Montagezelle, Roboter oder Sensoren verwaltet, oder die Produkt-Wissensbasis, die Daten über einzelne Montageteile und ihre Materialien bzw. Geometrie sowie Produktspezifikationen mit jeweiligen Montageeinschränkungen enthält.

Diese Überlegungen führen zu einer Steuerungsarchitektur einer FMMS, die die gewünschte Funktionalität der Station und ihrer Roboter gewähren soll (Bild 3.11).

Die Planung des Montageablaufes beinhaltet drei Hauptaufgaben:

- formale Darstellung des zu montierenden Produkts,

- Erzeugung eines optimalen Montageplans, und

- Dekomposition des Montageplans und Zuteilung an Roboter.

Das wissensbasierte Weltmodell stellt vor allem Informationen über die Fähigkeiten der Mikromontagestation dar, die in erster Linie von der Ausstattung der Station mit Robotern und Sensoren abhängig ist. Die produktspezifischen Informationen werden in einer gesonderten objektorientierten Wissensbasis verwaltet, die auch dem Weltmodell zugeordnet werden kann. Ein Produktentwurf besteht aus Montageskizzen und liefert die für die Montage wichtigen Informationen über die Geometrie der Teile, montagespezifische Beziehungen zwischen den Teilen oder die verwendeten Materialien und

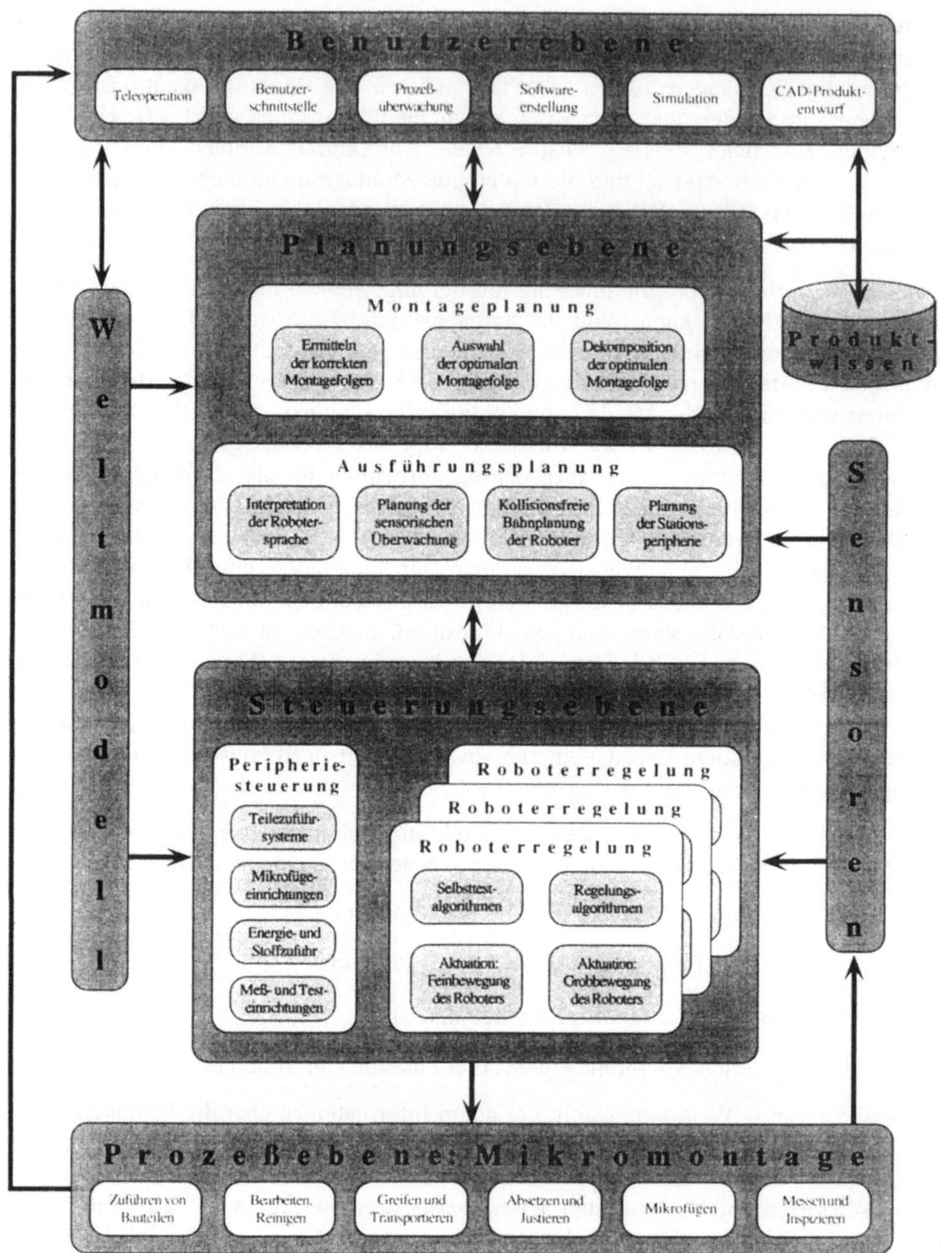

Bild 3.11
Steuerungsarchitektur einer FMMS

ihre Eigenschaften. Die Information über Kontakt und Passung zwischen den einzelnen Teilen muß für verschiedene Richtungen definiert werden und wird von den Algorithmen zur Erzeugung eines Montageplans verwendet. Die Strukturierung des Weltmodells bestimmt die Formulierung der durchzuführenden Montageaufgaben und der daraus abgeleiteten Befehle.

Grundsätzlich sind für eine flexible mikroroboterbasierte Montagestation zwei Konzepte für die Modellierung der Roboterumwelt geeignet: die *objektorientierte* und die *faktenorientierte* Modellierung.

Bei einer objektorientierten *Umweltbeschreibung* ist die Umwelt hierarchisch strukturiert und dadurch gut überschaubar und verständlich. Es werden Objekte definiert und in untergeordnete Teilobjekte zerlegt, bis der erwünschte Detaillierungsgrad erreicht ist. Für jedes (Teil-) Objekt werden die montagespezifischen geometrischen bzw. technologischen Eigenschaften (Attribute) definiert. Die Klassen von Objekten (gleichartige Objektebenen) werden ebenfalls hierarchisch geordnet, wobei die Unterklassen neben den eigenen Attributen auch die Attribute der Oberklassen vererben. Eine solche Umweltbeschreibung ermöglicht das nahezu problemlose Hinzufügen neuer Objekte und ist damit für eine flexible roboterbasierte Montagestation prädestiniert. Außer reellen Objekten können auch logische integrative Objekte definiert werden, wie z.B. Bahnplaner oder Kollisionsdetektor. Bestimmte Befehle können bei der Aufgabentransformation einem „zuständigen" logischen Objekt zugewiesen werden. Dadurch kann die Weltmodell-Wissensbasis modularisiert werden, was deren Wartung und Erweiterung erheblich erleichtert. Im Kommunikationsmodus akzeptiert jedes logische Objekt nur die seiner Funktionalität entsprechenden Nachrichten; daraus folgt die Parametrisierung der gespeicherten Prozeduren und anschließend die Ablaufsteuerung.

Bei einer faktenorientierten Umweltbeschreibung basiert das Modell auf einer Reihe von elementaren Aussagen, die man als Faktenbasis bezeichnet. Fakten werden von regelorientierten Sprachen der künstlichen Intelligenz verarbeitet. Dabei sind Fakten als Tupel von Name-Wert-Paaren dargestellt. Jedes Faktum hat eine Klassenbezeichnung, die die Grobstrukturierung der Faktenarten erlaubt und der besseren Handhabung der Wissensbasis dient. Die so definierten Fakten werden von einer Regelmenge verarbeitet, die von einem Regelinterpreter ausgewertet und ausgeführt wird. Regeln bestehen aus der Angabe von Bedingungen (WENN-Teil) und der Angabe von Aktionen (DANN-Teil). Die Fakten des WENN-Teils werden der Montagesituation entsprechend parametrisiert. Der Regelinterpreter sucht nach anwendbaren Regeln, bei denen die Prämisse erfüllt ist, und führt die entsprechenden Aktionen aus. Dieser Aufbau der Umweltwissensbasis bildet menschliches logisches Schließen nach und ist einfach nachvollziehbar. Neu gewonnene Fakten bzw. Expertenkenntnisse können in das Modell problemlos integriert werden. Diese Umweltbeschreibung entspricht vollständig dem angestrebten Konzept einer flexiblen, anpassungsfähigen Montagestation. Allerdings muß ein Kompromiß zwischen Umfang der Regelbasis bzw. Komplexität des Regelinterpreters und Echtzeitanforderungen eingegangen werden.

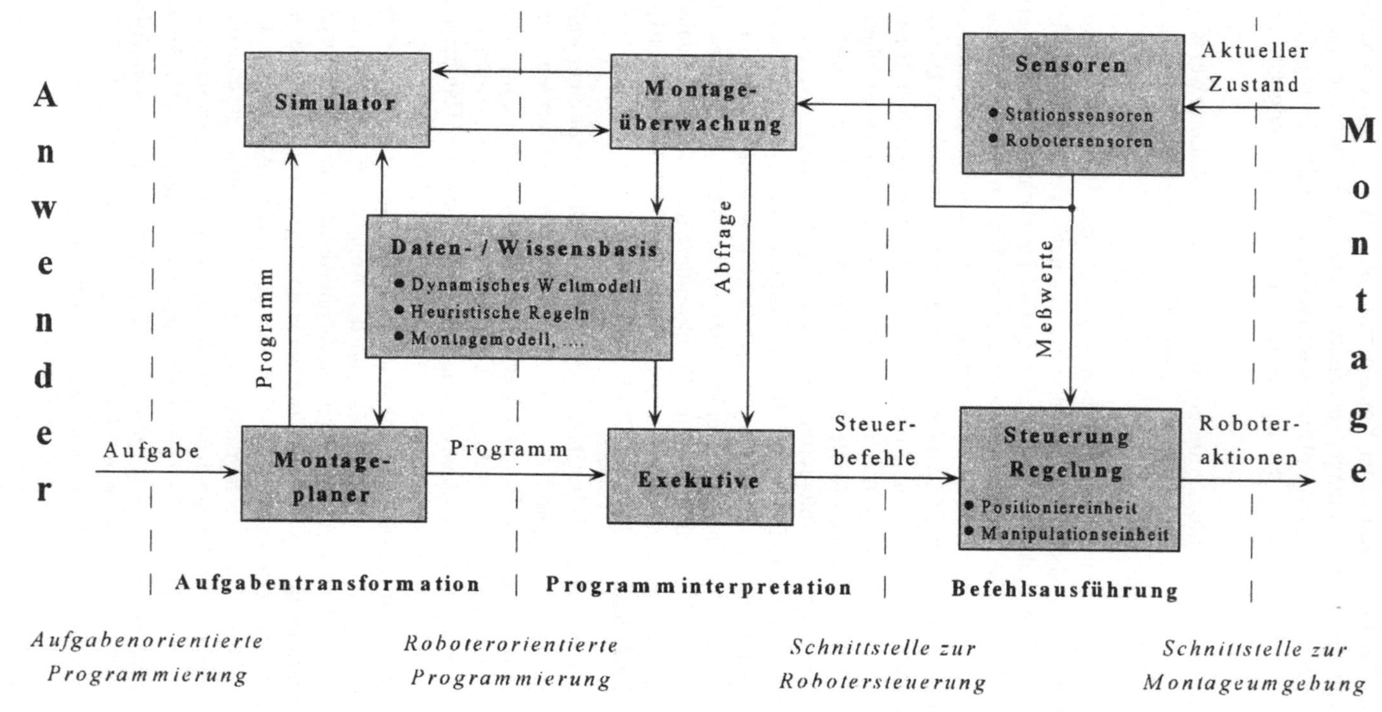

Bild 3.12
Das Informationsflußdiagramm des FMMS-Steuerungssystems

Die Informationen aus der Umweltwissensbasis werden bei der Montageplanung verwendet, um die Durchführbarkeit der Montageoperationen zu bestimmen. Dabei handelt
es sich z.B. um die Sichtbarkeit eines Teils bzw. einer Baugruppe während der Montage,
um die Operationen unter automatischer Sichtkontrolle durchführen zu können, oder um
die Manipulationsfähigkeit der beteiligten Roboter und Hilfseinrichtungen, um die
notwendigen translatorischen und rotatorischen Bewegungen des gegriffenen Teils zu
ermöglichen. Jeder Montageplan muß auch die mechanischen Einschränkungen der
Station berücksichtigen. Aus mehreren durchführbaren Montageplänen eines Produkts
wird anschließend der optimale Montageplan mit Hilfe der in Teil 6 eingeführten
Optimierungskriterien ausgewählt.

Werden in einer Mikromontagestation gleichzeitig mehrere Roboter beschäftigt, dann ist
zusätzlich eine Dekomposition des erzeugten optimalen Montageplans in Teilpläne und
deren Zuteilung an die beteiligten Mikroroboter durchzuführen. Dabei wird jede einzelne
Operation der erzeugten Montagesequenz einem der verfügbaren Roboter zugeordnet,
und zwar dem Roboter, dessen Leistungskapazität und aktueller Status (z.B. Lage,
Orientierung oder Ausstattung) zur Durchführung der Operation am besten geeignet
sind.

Die notwendige Informationsverarbeitung bei der Steuerung in einer FMMS kann
anhand eines Informationsflußdiagramms erläutert werden (Bild 3.12). Anhand dieses
Informationsflußdiagramms lassen sich drei Funktionsebenen erkennen:

• *Aufgabentransformation*: Als Eingabe erhält diese Ebene ein aufgabenorientiertes
sprachlich formuliertes Programm; als Ausgabe sollen interpretierbare textuelle Anweisungen an jeden der beteiligten Stationsroboter weitergeleitet werden. Ein graphisches
Simulationssystem kann als Programmierhilfe fungieren, indem die expliziten Roboterbefehle aus einer graphisch definierten Bahn automatisch generiert werden können. Die
Funktionsweise dieser Ebene und ein neues Montageplanungsverfahren für eine flexible
mikroroboterbasierte Montagestation wird detailliert in Teil 6 vorgestellt.

• *Programminterpretation*: Als Eingabe dieser Ebene dienen explizite Roboterbefehle
für jeden einzelnen Roboter. Nach der Interpretation dieser Befehle sollen entsprechende
Steueranweisungen an die Robotersteuerung weitergegeben werden. Die zentrale Komponente dieser Ebene ist die Exekutive, die als übergeordnete Steuerung des Robotersystems agiert. Als Interpreter versteht die Exekutive eine bestimmte Programmiersprache wie z.B. Lisp oder Prolog, die u.a. Positionierbefehle, Feinmanipulationsbefehle
und Sensorabfragebefehle enthält. Die Anforderungen an die Sprache werden in Teil 7
diskutiert. Die Datenobjekte und Variablen des Roboterprogramms werden in einer
Datenbasis gespeichert, um z.B. die Positionsangaben der Roboterbefehle mit Hilfe der
Weltmodell-Wissensbasis auf Gültigkeit prüfen zu können. Diese Wissensbasis kann
auch der Aufgabentransformationsebene für einen gemeinsamen Zugriff zur Verfügung
stehen, um z.B. Neuplanung bzw. Programmänderungen in Echtzeit zu ermöglichen.

Für die Abfrage und Auswertung der anfallenden Sensordaten während einer Montageoperation ist das Überwachungsmodul zuständig. Dieses Modul kann je nach gewünsch-

tem Ausführungsmodus zum einen nur auf Anfrage die Sensorwerte anfordern oder auch den gesamten Programmablauf überwachen und sämtliche Sensormeldungen abfangen und auswerten. Die Implementierungsaspekte dieser Ebene werden in Teil 7 erläutert.

• *Befehlsausführung*: Diese Funktionsebene stellt der Interpretationsebene eine Schnittstelle für die verfügbaren Komponenten der Montagestation, wie Mikroroboter, Greifer, Mikroskop oder Positioniertisch, zur Verfügung. Die Ausführungsebene ist die unterste in der Abstraktionshierarchie; sie bildet die verwendete FMMS-Hardwarestruktur ab.

Das Robotersteuerungssystem ist die wichtigste Komponente der Ausführungsebene. Sie erhält die Bewegungsanweisungen als Eingabe und führt sie über die Aktoren der Positionier- und Manipulationseinheiten der Roboter aus. Die aktuelle Prozeßsituation wird mit Hilfe von Stations- und Robotersensoren erfaßt und als Rückkopplungsinformation dem Robotersteuerungssystem zur Verfügung gestellt. Dabei werden Position und Orientierung der Roboter bzw. Montageteile im Arbeitsraum, verschiedene Merkmale eines Montageteils oder taktile bzw. Kraftinformationen übermittelt. Auf diese Weise können mehrere Regelkreise gebildet werden, deren Algorithmen sowohl modellbasiert (falls ein mathematisches Modell der Strecke vorhanden ist) als auch verhaltensbasiert (Fuzzy-Regelung oder Abbildung auf ein künstliches neuronales Netz) arbeiten.

3.3.2 Rechnersystem

Will man eine flexible automatisierte Mikromontagestation implementieren, dann kommt dem Rechnersystem eine entscheidende Bedeutung zu. Erstens müssen alle Operationen in der Station in Echtzeit durchgeführt werden, was aufwendigere Lösungen bei der Auswahl einer Rechnerarchitektur bzw. einzelner Rechnereinheiten erforderlich macht. Eine geregelte Durchführung von Montageoperationen verlangt die Verarbeitung von umfangreichen Sensorinformationen (Abschnitt 3.2). Es muß dabei auch die Möglichkeit bestehen, einen Roboter sehr schnell ansprechen zu können, um beispielsweise eine kritische Prozeßsituation zu vermeiden. Zweitens soll das Rechnersystem modular und dadurch erweiterbar sein, um seine Leistungsfähigkeit gegebenenfalls erhöhen zu können. Ideal wäre es zum Beispiel, wenn die Rechnerstruktur an eine bestimmte Aufgabenart genau angepaßt werden könnte, so daß der Montagestation immer die optimale Rechenleistung zur Verfügung gestellt wird. Drittens müssen alle Stationskomponenten und insbesondere Mikroroboter flexibel programmierbar sein, um an verschiedene Montageaufgaben ohne großen Aufwand angepaßt werden zu können.

Nicht zu unterschätzen ist auch das Problem des Verkabelns einer FMMS. Die hohe Komplexität der Station führt zwangsläufig zu einer großen Anzahl von Steckverbindungen und Kabelanschlüssen, was den ohnehin mangelnden Montageraum zusätzlich beansprucht.. Aus diesem Grund müssen Kommunikationskonzepte in einer FMMS sorgfältig untersucht und ausgewählt werden. Weiterhin darf der Kostenfaktor nicht vergessen werden, so daß das Rechnersystem möglichst aus marktüblichen und kostengünstigen Einheiten mit standardisierten Schnittstellen aufgebaut werden sollte.

Dies darf auf keinen Fall unterschätzt werden, denn letztendlich wird die Weiterentwicklung der gesamten Mikrosystemtechnologie, einschließlich der flexiblen Mikromontage von Mikrosystemen, zum größten Teil von der Akzeptanz seitens kleiner und mittlerer Unternehmen abhängig sein. Die Überlegungen weiter unten sind vor allem durch diese drei Zielsetzungen geprägt.

Berücksichtigt man die oben gestellten Anforderungen an das Rechnersystem einer FMMS, dann liegt die Schlußfolgerung nahe, ein eingebettetes Multiprozessorsystem einzusetzen, da auf diese Weise die Steuerungsalgorithmen für Positionier- und Manipulationseinheiten der beteiligten Mikroroboter sowie für Mikroskop bzw. Positioniertisch auf verschiedene Rechnermodule über einen Feldbus (z.B. CAN) verteilt und somit parallel ausgeführt werden können. Das System soll modular aufgebaut sein, um die Anpassung an unterschiedliche FMMS-Aufbaukonzepte zu ermöglichen. Ein Zentralrechner soll dabei die Rolle eines Koordinators bzw. einer Schnittstelle zwischen Station und Bediener übernehmen. Der Zentralrechner sowie die anderen Rechnereinheiten des Rechensystems sollen nach Möglichkeit standardisiert und kostengünstig sein (z.B. PC-basiert) und darüberhinaus die Verwendung von Standardsoftware und -hardware ermöglichen.

3.3.3 Benutzer-Schnittstelle

Eine einfache und verständliche Bedienung einer Mikromontagestation ist eine wichtige Voraussetzung für die Akzeptanz der Station seitens potentieller Anwender. In diesem Sinne spielt eine Benutzer-Schnittstelle eine große Rolle bei der Entwicklung des FMMS-Steuerungssystems. Das Hauptziel bei der Implementierung einer Benutzerschnittstelle ist es, die Bedienung auch unerfahrenen Anwendern zu ermöglichen.

Die beste Lösung bezüglich Bedienbarkeit bzw. Erlernbarkeit einer FMMS ist zweifellos eine graphische Schnittstelle, die neben textueller Darstellungen auch einen anschaulichen bildlichen Informationsfluß erlaubt. Diese Informationsredundanz ist eine wohlbekannte Methode, um die Wahrscheinlichkeit einer fehlerhaften Bedienung auf ein Minimum zu reduzieren. Dem Bediener soll dabei ermöglicht werden, die Station mit Computermaus, -joystick oder -tastatur einfach zu bedienen.

Eine gut konzipierte graphische Benutzer-Schnittstelle soll es dem Bediener erlauben, mit dem Montageprozeß ständig in Kontakt zu sein sowie auch in einen voll automatisierten Operationsablauf gegebenenfalls einzugreifen und eine unvorhergesehene Situation zu korrigieren. Deshalb müssen in einer Benutzer-Schnittstelle mindestens zwei Ebenen der Interaktion zwischen Mensch und Station implementiert werden. Zum einen müssen einzelne Montageoperationen wie z.B. Greifen oder Roboterbewegen mit Hilfe der zur Verfügung stehenden visuellen, taktilen oder akustischen Sensorinformationen mittels Teleoperation durchgeführt werden können. Diese Möglichkeit ist besonders wichtig, wenn der Montageprozeß noch in der Entwicklung ist und viele verschiedene „Kniffe" erst erprobt werden müssen, um eine optimale automatisierte

Operationsabfolge zu finden. Dabei kann z.B. die gewünschte Position und Orientierung eines Mikroroboters durch direktes Anwählen des auf dem Bildschirm dargestellten Livebildes aus dem Montageraum (unter einem Lichtmikroskop bzw. in der Vakuumkammer eines REM) angegeben werden. Die andere Möglichkeit ist die Benutzung von mittlerweiler standardisierten joystick-ähnlichen 6-DOF-Steuereinheiten. Zum anderen muß, wie bereits angesprochen, in einer weiteren Ebene eine Analyse des Montagevorgangs bei einer automatisierten Montagedurchführung ermöglicht werden. Alle relevanten Informationen des Steuerungssystems, von der Planungs- bis zur Ausführungsebene, sollen dem Bediener bei Bedarf zur Verfügung stehen, und in allen implementierten geschlossenen Regelkreisen müssen manuelle Eingriffsmöglichkeiten vorhanden sein.

Um beide Anforderungen zu erfüllen, soll dem Bediener im Eingabemodus der Zugang zu allen Komponenten der Mikromontagestation gewährt sein, so daß ein teleoperiertes „Einmischen" in den Montageprozeß möglich ist. Eventuelle Fehlentwicklungen im Prozeß können auf diese Weise schnell eliminiert werden, ohne daß das Mikrosystem beschädigt wird.

Im Ausgabemodus sollen die zur Verfügung stehenden Sensorinformationen in Echtzeit und in anschaulicher Form dem Bediener vermittelt werden. Je nach Ausrüstung der Montagestation sind es visuelle, akustische oder Kraftinformationen über den aktuellen Prozeßzustand. Die Hilfestellung seitens der Benutzerschnittstelle soll nach Möglichkeit aktiv sein. Die relevanten Parameter sollen ohne Abfrage des Bedieners zur Verfügung stehen, um eventuellem menschlichen Versagen vorzubeugen. Ein echtes Videobild vom Mikroskop spielt die wichtigste Rolle bei der Montageüberwachung und stellt deshalb eine Mindestanforderung an die Benutzerschnittstelle dar. Der Montageraum soll dabei nach Möglichkeit unter mehreren Blickwinkeln betrachtet werden können. Dies kann durch die Ausrüstung eines Lichtmikroskops mit zwei CCD-Kameras [Rodri96], durch die Integration einer CCD-Kamera in die Vakuumkammer eines REM [Koy96] oder durch das Kippen des Positioniertisches eines REM [Lacey97] realisiert werden.

Die graphische Darstellung auf dem Bedienermonitor soll gut strukturiert sein und ein eventuelles Suchen geschweige denn „Entziffern" der benötigten Informationen ausschließen. Mit nur einem einzigen Monitor wird aber der Informationsfluß nicht oder nur schwer zu bewältigen sein. Es liegt auf der Hand, daß die visuelle Aufnahmefähigkeit des Menschen von der anfallenden Informationsmenge schnell überfordert wird, egal wie anschaulich man die Präsentation gestaltet. Aus diesem Grund werden akustische Signale, von Warntönen bei der Greifkraftüberwachung [Hata95] bis hin zu sprachlichen Instruktionen, eine immer größere Rolle beim Entwurf der FMMS-Benutzerschnittstelle spielen.

Eine echtzeitfähige virtuelle Darstellung der Montageszene als Teil der Benutzerschnittstelle ist ein vielversprechender Ansatz, um die Bedienbarkeit einer Mikromontagestation zu verbessern. Durch die virtuelle Modellierung der Station kann sie z.B. je nach Bedarf unter verschiedenen Blickwinkeln betrachtet werden, ohne dabei zusätzliche Sensoren einsetzen zu müssen [Sulz96]. Eine virtuelle Darstellung der Montageszene nebst Mikrobauteilen kann auch für eine Simulation und Verifizierung der durchzuführenden Montagevorgänge hilfreich sein. Die rasante Entwicklung immer leistungsfähigerer Rechnerbausteine wird bereits in naher Zukunft die Echtzeitfähigkeit virtueller Darstellung ermöglichen. Das Flaschenhalsproblem in bezug auf die Akzeptanz solcher graphischer Werkzeuge seitens der MST-Industrie bleibt voraussichtlich ein erheblicher Entwicklungsaufwand, der umfangreiches a-priori-Wissen und ausgeklügelte CAD-Systeme erfordert.

3.4 Mikroroboter-Steuerung

Bei der Robotersteuerung in einer Mikromontagestation muß, wie oben diskutiert, zwischen Transportaufgaben (grobes Manipulieren) und Mikromanipulationsaufgaben unter mikroskopischer Kontrolle (feines Manipulieren) unterschieden werden. Die Grobbewegungssteuerung eines Mikroroboters basiert auf seiner geometrischen Beschreibung. Das Ziel ist, die Roboterbewegung derart zu steuern, daß zum einen der Endeffektor der Robotermanipulationseinheit von der Ausgangsposition zur gewünschten Endposition gebracht wird und daß zum anderen die angestrebte Orientierung der Roboterplattform am Endpunkt erreicht wird. Dabei ist insbesondere die Bewegungszeit des Roboters zu minimieren. Beim Feinmanipulieren ist es zusätzlich erforderlich, daß der Endeffektor und das zu montierende Objekt permanent im Sichtfeld des Mikroskops verbleiben.

Ein Überblick über die Aufgaben der Robotersteuerung bei Ausführung einer Montageoperation in einer FMMS wird in Bild 3.13 gegeben. Die Informationsverarbeitung bei der Steuerung eines Mikromontageroboters dient generell dazu, die Sensorsignale in geeigneter Weise zu verarbeiten und daraus elektrische Signale zur Ansteuerung der Systemaktoren, Selbstüberwachung sowie Kommunikation mit anderen Robotern sowie mit dem Menschen (über die Benutzer-Schnittstelle) zu bilden. Der Zyklus der Informationsverarbeitung besteht somit aus der Detektion, der Transformation, der Speicherung, der Bewertung und der Generierung von Signalen.

Die in den Roboter integrierten Sensoren sowie die vorhandenen Stationssensoren wandeln physikalische Eindrücke vom Montageprozeß in analoge elektrische Signale um, die über einen A/D-Wandler digitalisiert und verstärkt werden. Mehrere Eingangsgrößen können gleichzeitig erfaßt und parallel verarbeitet werden, um letztendlich durch eine anschließende Fusion die gewünschte Information über die Montagesituation zu gewinnen. Die mit Hilfe von Filterungs- bzw. Mustererkennungsverfahren aufbereiteten Sensorsignale werden dann in der eigentlichen Informationsverarbeitung numerisch ausgewertet und zur Ansteuerung der Roboteraktoren herangezogen. In dieser zentralen Software-Einheit werden auch Selbstüberwachungsmaßnahmen und -tests eines Mikroroboters bzw. der FMMS durchgeführt und ggf. die Kommunikation zwischen den beteiligten Robotern sowie zwischen Robotern und Benutzer gesteuert.

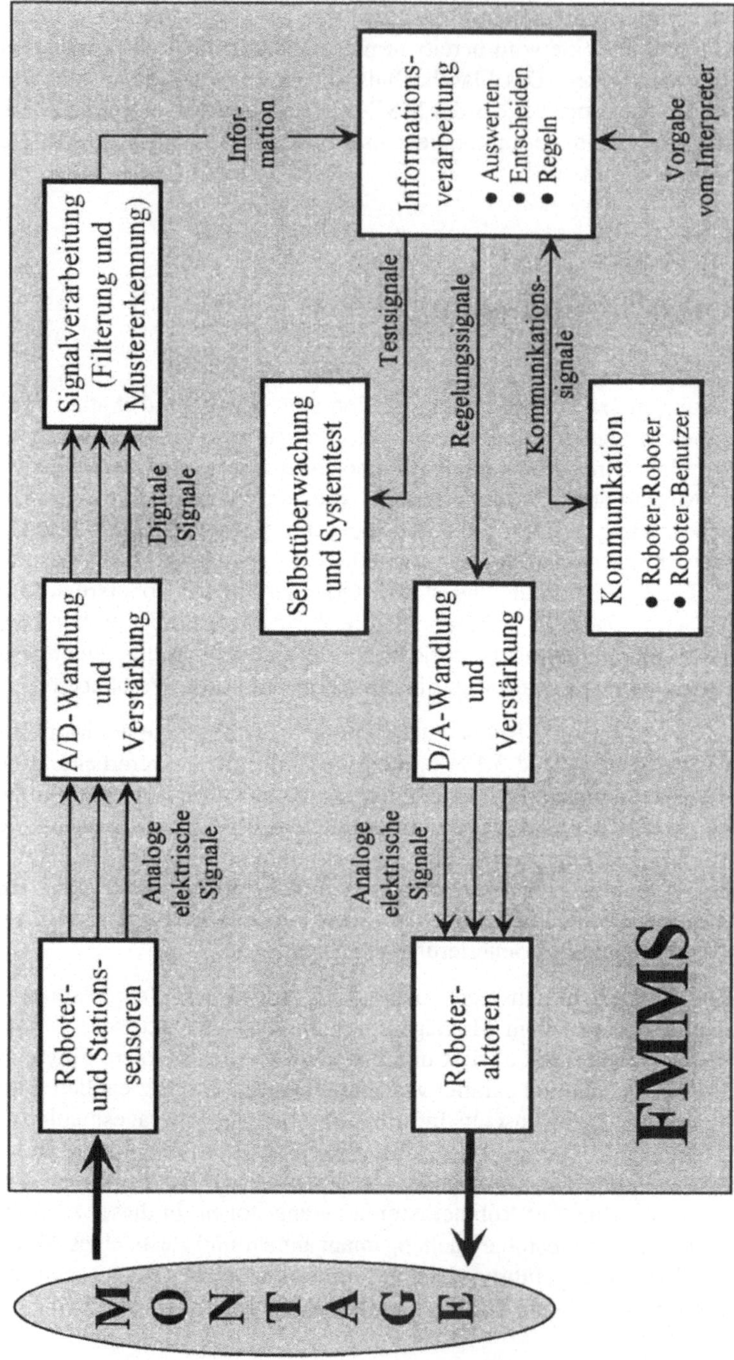

Bild 3.13
Signal-/Informationsverarbeitung bei der Ausführung einer Montageoperation

In einer mikroroboterbasierten Montagestation kann die gesamte „Systemintelligenz" auch verteilt werden, indem eine Signalverarbeitung von Robotersensoren bereits am Meßort über in die Roboterplattform integrierte Mikroprozessoren stattfindet. Dies verlangt zwar die Anwendung fortgeschrittener Informationsverarbeitungsmethoden bereits am Anfang des Informationsflusses, der Lohn ist aber ein verminderter Übertragungsaufwand und digitalisierte Signale, die unempfindlicher gegenüber Störungen sind. Dies führt wiederum zu einem robusteren Verhalten des gesamten Steuerungssystems. Viele Komponenten der Signalverarbeitung in Mikrosystemen, wie analoge Elemente für die Signalvorverstärkung, Wandlung und Nachbereitung bzw. digitale Elemente für die Speicherung und eigentliche Signalverarbeitung sind bereits heute in hoher Integrationsdichte verfügbar.

Beim Operieren in der Mikrowelt werden Mikroroboter mehreren störenden Faktoren ausgesetzt, die in Teil 2 eingehend erläutert wurden. Dies ist z.B. bei solchen Anwendungen der Fall, bei denen die Sensorsignale zeitvariant oder mit Störgrößen behaftet sind. Weitere Fehlerquellen sind Querempfindlichkeiten und Verschleißerscheinungen, die in Mikrorobotersystemen gravierende Folgen haben können. Unter diesen Bedingungen ist es oft sehr schwer, ein brauchbares Robotermodell zu erstellen. In der klassischen Regelungstheorie wird aber davon ausgegangen, daß hochgenaue Meßwerte und ein mathematisch exaktes Modell des zu regelnden Systems vorliegen. Dies läßt sich allerdings nicht mit der zunehmenden Komplexität von Mikrorobotern vereinbaren, denn ein flexibler Mikroroboter besitzt mindestens zwei autonome Aktorsysteme (Positionier- und Manipulationseinheit), die wiederum mehrere einzelne Aktoren beinhalten. Die Informationsflüsse sind deshalb sehr umfangreich und mit konventionellen Steuerungstechniken nur schwer handhabbar.

Wenn andererseits ein genaues und somit zwangsläufig umfangreiches Robotermodell vorhanden ist, hat man bei seiner mikroelektronischen Realisierung mit erheblichen Schaltungsgrößen und Verzögerungszeiten zu rechnen. Die Forderungen nach Echtzeitverhalten drücken den Entwurfsaufwand zusätzlich nach oben, und man muß einen Kompromiß zwischen Meßgenauigkeit und Zuverlässigkeit auf der einen Seite und Rechenaufwand und Kosten auf der anderen Seite schließen.

Aus den genannten Gründen ist die Fähigkeit eines Mikromontageroboters, sich quasi selbständig an wechselnde Prozeßanforderungen anpassen zu können, sehr wichtig. Hochauflösende Sensoren und geeignete Regelungsstrategien können die wegen der Störeinflüsse mangelhafte absolute Genauigkeit kompensieren. Angestrebt werden Roboter, die ein angemessenes Verhalten in nicht vorhersagbaren bzw. modellierbaren Situationen aufweisen und somit in der Lage sind, in einer teilweise unbekannten Umgebung zu arbeiten. Dazu werden Steuerungsverfahren benötigt, die kein exaktes mathematisches Robotermodell voraussetzen und aus vagen oder unvollständigen Sensorinformationen vernünftige Entscheidungen gewinnen können. Vielversprechende Ansätze hierzu stellen die Methoden der Fuzzy-Logik sowie künstliche neuronale Netze dar. Typische Beispiele sind die auf der Fuzzy-Logik basierende Fusion verschiedenartiger Sensorinformationen (oft auch zwecks der Ableitung von integrierten, für die Systemsteuerung unerläßlichen Kennwerten), der Einsatz eines assoziativspeichernden neuronalen Netzes zur Klassifikation von charakteristischen Merkmalen einer verrauschten Signalmenge oder die Verwendung eines Backpropagation-Netzes zur Regelung eines Mikroboters, dessen Regelstrecke nicht vernachlässigbare Nichtlinearitäten besitzt. Eine eingehende Beschreibung dieser Methoden findet man z.B. in [Fati97], [Kahl93], [Krat93] und [Nauck94].

3.4.1 Anwendung der Fuzzy-Logik

Die Fuzzy-Logik (unscharfe Logik) stellt eine Erweiterung des binärlogischen (zweiwertigen) Kalküls und damit der klassischen Mengenlehre zur Beschreibung und Verknüpfung unscharfer Mengen (Fuzzy-Mengen) dar. Die gewöhnlichen, scharfen Mengen sind dadurch gekennzeichnet, daß sie nur eindeutige Zugehörigkeitsaussagen der Form richtig/falsch, ja/nein, 1/0 (Boolesche Logik), hoch/niedrig u. ä. zulassen. Im Gegensatz zu den klassischen sind in Fuzzy-Mengen für ihre Elemente auch Zugehörigkeitsgrade zwischen 0 und 1 zulässig. Diese Erweiterung der scharfen Logik eröffnet die Möglichkeit zur mathematischen Handhabung von qualitativem, linguistisch formuliertem Wissen und bedeutet im Endeffekt die Berücksichtigung von in komplexen Systemen objektiv existierender Unschärfe.

Eine physikalische Größe wird in der Fuzzy-Logik nicht über konkrete Zahlenwerte, sondern über qualitative Eigenschaften (linguistische Werte) beschrieben, die nicht eindeutig abgrenzbare Bereiche dieser Größe pauschal ansprechen. Jeder linguistische Wert stellt dabei eine Fuzzy-Menge dar; die physikalische Größe wird als linguistische Variable bezeichnet. Mit Hilfe der Fuzzy-Logik kann ein System auf Basis linguistischer Variablen beschrieben werden, wodurch die Informationsverarbeitung sich menschlichen Entscheidungsprozessen nähert. Linguistische Variablen und ihre UND/ODER-Verknüpfungen können weiterhin zu Fuzzy-Relationen in Form von WENN-DANN-Regeln zusammengefügt werden. Die Komposition von Fuzzy-Relationen (Fuzzy-Regeln) wird als Fuzzy-Inferenz für das fuzzy-logische Schließen benutzt. Somit können alle Problemstellungen, die sich in sprachlicher Form formulieren lassen, in algorithmische Berechnungsverfahren überführt werden. Dieses Inferenzschema soll die Vorschrift enthalten, nach der scharfe Eingangsgrößen mit Hilfe der Fuzzy-Inferenzregeln durch Defuzzifizierung zu scharfen Ausgangsgrößen verarbeitet werden. Mit der Fuzzy-Logik steht somit eine exakte Theorie zur Verfügung, mit deren Hilfe mehrdeutige, unscharfe Informationen vernünftig interpretierbar sind.

Aus diesem Grund ist die Fuzzy-Logik in der Mikrorobotik vor allem für die Klassifikation unscharfer Sensordaten und für regelungstechnische Aufgaben prädestiniert. Besonders in solchen Robotersystemen, in denen eine genaue mathematische Modellierung nahezu unmöglich ist, können Fuzzy-Ansätze zum Erfolg führen. Komplexe Steuerungsalgorithmen werden mit gut verständlichen linguistischen Fuzzy-Regeln überschaubar, was kurze Entwicklungszeiten und eine weitere Systemoptimierung ermöglicht.

Kommen in einer FMMS mehrere gleich- bzw. verschiedenartige Sensoren zum Einsatz, dann eignen sich die Fuzzy-Methoden hervorragend zur wissensbasierten Auswertung von nichtlinearen Sensorsignalen [Knob96]. Hier kann die Fuzzy-Logik sinnvoll angewendet werden, weil die umfangreiche Erstellung eines mehrdimensionalen Modells durch das Formulieren von übersichtlichen, auf den „a-priori"-Kenntnissen über den Prozeß basierenden Fuzzy-Regeln ersetzt wird. Bild 3.14 zeigt eine allgemeine Darstellung des Informationsflusses bei der Fuzzy-Analyse von Sensorsignalen.

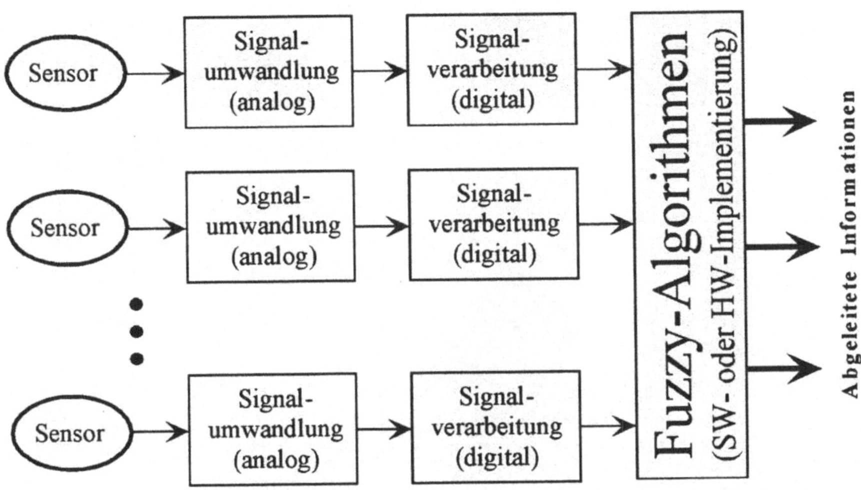

Bild 3.14
Sensordaten-Fusion bei der Fuzzy-Bearbeitung

Auf diese Weise ist es auch möglich, eine physikalisch nicht direkt meßbare Größe zu bestimmen. Dabei werden i.a. mehrere Größen, die mit der gesuchten Größe verbunden sind, gemessen und in einer Fuzzy-Regelbasis, die die bekannten Zusammenhänge linguistisch ausdrückt, zusammengefügt.

Auch bei der Bewegungsregelung von Mikrorobotern können bzw. müssen Fuzzy-Regler eingesetzt werden. Das Bewegungsverhalten eines Mikroroboters kann häufig aufgrund der Systemkomplexität nicht oder nur unzureichend modelliert werden. Außerdem bringen zeitliche Schwankungen der Systemparameter aufgrund von Umwelteinflüssen (z.B. Verschleiß von stark ausgelasteten Beinaktoren, Materialermüdung, Vibration, u. ä.) zusätzliche Regelungsprobleme, die beim Einsatz von konventionellen Regelungsmethoden (z.B. PID-Reglern) oft zu einem instabilen Systemverhalten, Schwingungen, Fehlpositionierungen, usw. führen. Um auch unter diesen Rahmenbedingungen robuste und effektive Steuerungsalgorithmen entwickeln zu können, müssen fehlertolerante Regelungsmethoden implementiert werden. Da das gewünschte Roboterverhalten sich in Form von linguistischen Regeln problemlos beschreiben läßt, bietet sich der Ansatz der Fuzzy-Regelung an. Eine praktische Anwendung der Fuzzy-Logik für die Bewegungsregelung eines piezolektrischen Mikroroboters in der vorgestellten Mikromontagestation ist in Bild 3.15 zu sehen [Santa97a], [Santa97b].

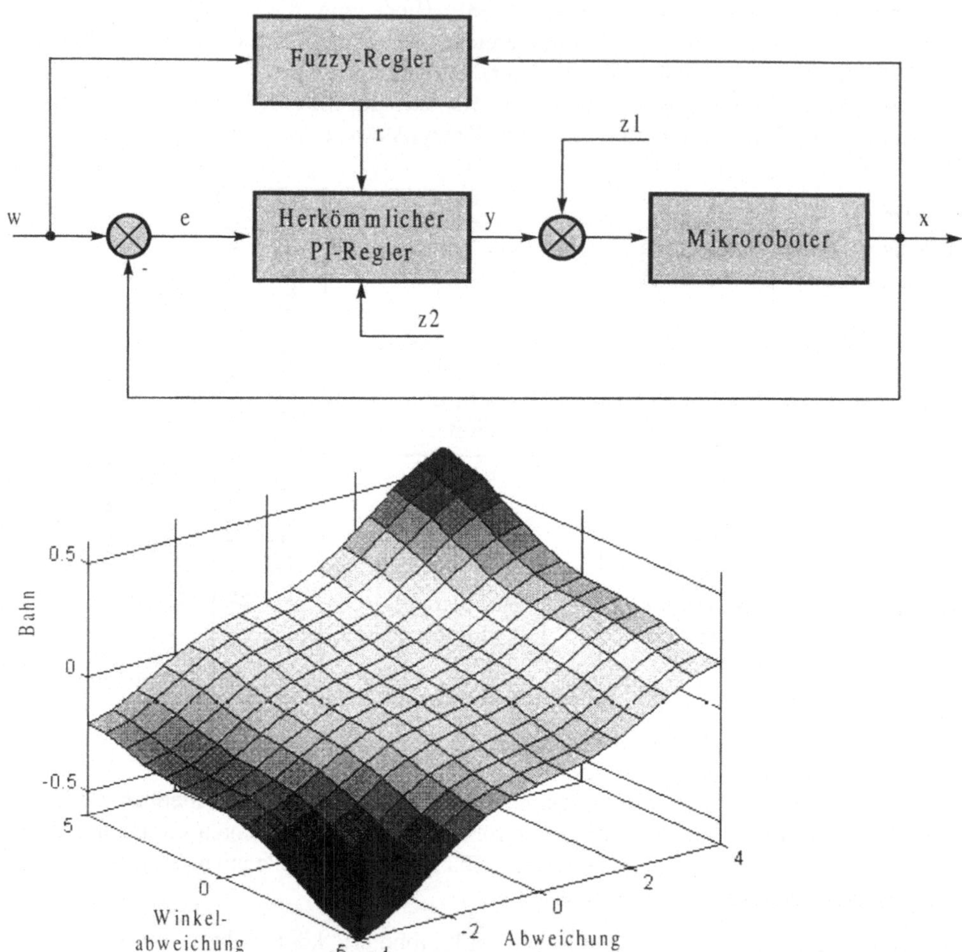

Bild 3.15
Positionierung eines Mikroroboters mittels Fuzzy-Regelung:
Struktur des Regelungssystems (oben) und die Kennebene des Fuzzy-Reglers (unten)

Das Positionierproblem, nämlich eine Abweichung von der berechneten Bahn und Orientierung, trat bei Roboterbewegungen über größere Strecken auf. Solche Bewegungen sind charakteristisch bei der Durchführung von Transportaufgaben in der FMMS.

Da die Stabilität eines Fuzzy-Reglers nicht oder nur mit großem Aufwand nachgewiesen werden kann, wurde der Fuzzy-Regler als Adaptionseinheit parallel zu einem konventionellen Regler geschaltet (Bild 3.15, oben). Hier ist w die errechnete Zielposition und -orientierung; z1 und z2 sind jeweils zufällige und systematische Störungseinflüsse. Die von der visuellen Sensorik erfaßte aktuelle Position und Orientierung x des Roboters dienen als die Eingangsgrößen des Fuzzy-Reglers. Die vom Regler berechnete scharfe Ausgangsgröße ist die Korrekturgröße für die Stellgröße des konventionellen Reglers (Bild 3.15, unten).

Die vollständigen Implementierungsergebnisse der Fuzzy-Regelung in der vorgestellten Mikromontagestation werden in Teil 7 vorgestellt. Durch den Einsatz der Fuzzy-Logik zusammen mit leistungsstarken Bildverarbeitungsalgorithmen kann auch eine kollisionsfreie Bewegungsregelung in Mehrrobotersystemen realisiert werden.

Fuzzy-Algorithmen für die Mikrorobotersteuerung können in Hard- und Software-Lösungen umgesetzt werden. Durch ihre hohe Arbeitsgeschwindigkeit sind Hardwarelösungen für Echtzeitanwendungen besonders geeignet, wobei ein geringer Schaltungsaufwand kompakte Ein-Chip-Systeme ermöglicht. Bei der Implementierung von Fuzzy-Systemen wird aber in der Regel zuerst eine Softwarelösung angestrebt. Mit Hilfe von zahlreichen Fuzzy-Entwicklungswerkzeugen, wie z.B. FuzzyTECH (Inform GmbH, Deutschland) oder TIL-Shell (Togai InfraLogic Inc., USA), erhält man sehr schnell eine erste Lösung, die dann nach existierenden Rezepten verfeinert und optimiert werden kann. Die optimierte Softwareversion des Fuzzy-Systems kann danach in Hardware implementiert werden. Mittlerweile stehen mehrere Standard-Fuzzy-Prozessoren, wie z.B. OMRON FR-3000 (Omron Electronics, Japan) oder FC110 (Togai InfraLogic, USA) zur Auswahl.

3.4.2 Anwendung von künstlichen neuronalen Netzen

Durch komplexe biologische neuronale Netze wie das menschliche Gehirn, das aus einer Vielzahl von Neuronen besteht, die mittels Verbindungen Informationen austauschen, wird intelligentes Verhalten ermöglicht; darunter ist die Fähigkeit des Menschen zum Lernen, Verstehen, Voraussehen und Erkennen zu verstehen. Wesentliche Kennzeichen neuronaler Netze sind die hierarchische Vernetzung und massive Parallelität, wobei sich die Funktionsweise eines Netzes durch Erlernen/Verändern der Parameter an bestehende Aufgaben anpassen läßt.

Die informationsverarbeitende Einheit in biologischen neuronalen Netzen ist eine Nervenzelle (Neuron), die die erregenden oder hemmenden Signale anderer, benachbarter Nervenzellen über entsprechende Synapsenverbindungen empfängt. Die Synapsen bestimmen, welcher Anteil eines eingehenden Signals (Gewicht der Synapsenverbindung) in das zugehörige Neuron gelangt. Im Zellkörper werden die eingehenden Signale addiert und die Reaktion des Neurons bestimmt: Wenn genügend Signalenergie vorhanden ist, feuert das Neuron über sein Axon ein Signal an andere Neuronen ab. Die

Ausgabefunktion des Neurons bestimmt dabei, welchen Ausgangswert die aufsummierten Eingangssignale erzeugen. Zum Lernen einer neuen Reaktion justiert das Neuron seine synaptischen Gewichte so, daß es immer dann feuert, wenn die entsprechende Wertekombination zu einem späteren Zeitpunkt wieder auftritt. Die Struktur und die Gewichtung eines neuronalen Netzes bestimmen somit sein Verhalten und stellen die Freiheitsgrade bei Optimierung dar.

Durch künstliche neuronale Netze (KNN) werden biologische Netze als informationsübertragende, -verarbeitende und -speichernde Systeme nachgeahmt. Deswegen gibt es in einem KNN keine auszuführenden Befehle und keine irgendwohin zu speichernden Daten wie bei einem konventionellen Informationsverarbeitungssystem. Die Neuronen, die als Prozessorelemente dienen, erzeugen für die parallel anfallenden Eingangswerte die zugehörigen Ausgangswerte, und das Ergebnis ist der Gesamtzustand des Netzes, sobald dieses einen Gleichgewichtszustand erreicht hat. Das Wissen eines KNN befindet sich folglich nicht an einer bestimmten Adresse, sondern ist als Muster über das gesamte Netz verteilt. Die Architektur sowie die Trainingsmethoden bestimmen daher alleine, wie das Netz arbeitet.

Ein abstraktes Modell von KNN besteht aus Verbindungen (Kanten) und Knoten (Neuronen). Die Kanten sind gerichtete und i.d.R. gewichtete Informationskanäle, die Argumente für eine Funktionsauswertung von einem Knoten zum anderen transportieren. Die Knoten besitzen mehrere unabhängige Eingänge und einen Ausgang, d.h. die Information fließt in eine bestimmte Richtung. Die Reduktion von mehreren Argumenten an den Eingängen des Neurons auf ein einziges Argument für die Auswertung der eindimensionalen Aktivierungsfunktion des Neurons wird durch eine Integrationsfunktion geleistet.

Werden diese elementaren Neuronen in Gruppen oder Schichten zusammengefaßt, dann liegt ein künstliches neuronales Netz vor. Die einzelnen Netztypen unterscheiden sich im allgemeinen in der Architektur (Anzahl der Neuronen und deren Verknüpfung untereinander) und in den Lernalgorithmen. Das Lernen in einem KNN bedeutet eine gezielte, aufgabenspezifische Einstellung der Netzgewichte, so daß eine bestimmte Netzeingabe eine gewünschte Ausgabe am Ausgang des Netzes erzeugt. Dabei werden die Netzgewichte Schritt für Schritt durch die Anwendung der Lernregeln verändert. Die drei für praktische Mikrorobotikanwendungen wichtigen Netztypen sind sogenannte Backpropagation-Netze, assoziativspeichernde Netze und selbstorganisierende Netze.

• Die *Backpropagation-Netze* sind durch eine Schichtarchitektur gekennzeichnet. Diese Architektur liegt vor, wenn mehrere Neuronenschichten hintereinander geschaltet sind, die Kanten ausschließlich Neuronen in aufeinanderfolgenden Schichten und in einer festgelegten Richtung verbinden, und das KNN keine Zyklen enthält. Die Eingabe wird verarbeitet und von einer Schicht zur nächsten weitergegeben, bis am Ausgang ein Resultat vorliegt.

Ein solches Netz wird überwacht trainiert (Lernen mit einem Lehrer). Bei überwachtem Lernen liegt das a-priori-Wissen über das vorgegebene Lernproblem in Form von Ein-

Ausgabe-Mustern vor. Das KNN wird zu Beginn des Trainings mit zufällig gewählten Gewichten belegt und dann mit den Muster-Eingaben „gefüttert". Falls die Netzausgaben den Musterwerten nicht entsprechen, werden die Gewichte des Netzes korrigiert. Bei der Anwendung des Backpropagation-Lernalgorithmus wird der Abbildungsfehler des Netzes durch Abstieg in die entgegengesetzte Richtung des Gradienten der Fehlerfunktion, deren Argumente die Netzgewichte sind, minimiert. Der nach jeder Mustereingabe berechnete Fehler wird durch das gesamte Netz von der Ausgangs- zur Eingangsschicht zurückpropagiert, wobei die Kantengewichte der Netzschichten sukzessiv korrigiert werden. Auf diese Weise wird ein lokales Minimum der Fehlerfunktion gefunden.

Nach dem Training an einer Vielzahl von repräsentativen Beispielen soll ein Backpropagation-Netz gute Extrapolierungseigenschaften aufweisen, so daß während des Betriebs das Netz bei kleinen Abweichungen vom eintrainierten Bereich immer noch funktionsfähig bleibt. Liegt z.B. ein Eingabesignal in naher Umgebung einer eingelernten Muster-Eingabe, dann wird vom KNN erwartet, daß seine Antwort in der Umgebung der entsprechenden Muster-Ausgabe liegt (stetige Abbildung). Mit Backpropagation-Netzen können deshalb adaptive Regler realisiert werden, die sich automatisch an das Übertragungsverhalten der Regelstrecke anpassen. Dies ist besonders sinvoll, wenn die Regelstrecke stark nichtlinear ist und nicht berücksichtigte Störgrößen auftreten können. Bei unerwartet großen Abweichungen vom eingelernten Arbeitsbereich müssen aber dem Regler externe Korrekturvorschläge vermittelt werden, die vom Netz zusätzlich eingelernt werden.

Die Probleme der Roboterregelung in der vorgestellten FMMS werden bereits oben beschrieben. Mit Hilfe eines Backpropagation-Netzes ist es gelungen, parasitäre Umgebungseinflüsse und die dabei entstehende Bahnabweichung bei der Bewegung über größere Strecken weitgehend zu kompensieren [Santa97a], [Santa97b]. Wie bei der Implementierung einer Fuzzy-Regelung (siehe oben) wurde hier eine adaptive Regelung realisiert, wobei ein neuronaler Regler parallel zu einem konventionellen Regler geschaltet ist (Bild 3.16, oben). Hier ist w die errechnete Zielposition und -orientierung; z1 und z2 sind jeweils zufällige und systematische Störeinflüsse. Der konventionelle Regler regelt die Roboterbewegung anhand von Modulationen der an den Piezobeinen angelegten elektrischen Spannungen.

Das Netz wurde zuerst eintrainiert; die Trainingsdaten waren die Bahn- und Orientierungsabweichungen bei den Roboterbewegungen über Strecken mit unterschiedlichen Längen, Richtungen und Anfangsorientierungen. Über eine nachgeschaltete Neuronenschicht berechnete das Netz eine imaginäre Endposition und -orientierung, die die eingelernten Umgebungsstörungen berücksichtigt (Bild 3.16, unten). Während des Betriebs dienen die von der visuellen Sensorik erfaßte aktuelle Position und Orientierung x des Roboters als Eingangsgrößen des neuronalen Reglers. An seinem Ausgang berechnet das Netz die quasi richtige Endposition und -orientierung des Roboters, die dann als der aktuelle Stellwert für den konventionellen Regler zur Verfügung steht. Bei dieser adaptiven Regelung konnte die notwendige Abtastrate mit der visuellen Sensorik deutlich reduziert werden.

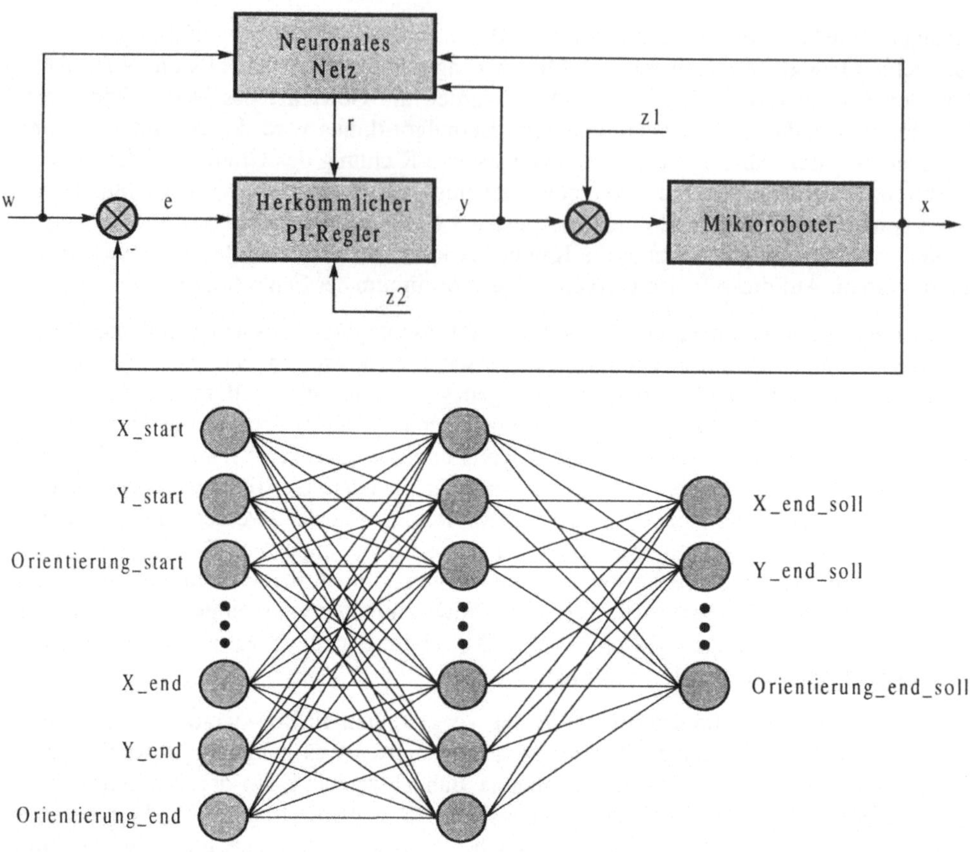

Bild 3.16
Positionierung eines Mikroroboters mittels neuronaler Regelung:
Struktur des Regelungssystems (oben) und der Aufbau des neuronalen BP-Reglers (unten)

• In rekursiven Netzmodellen sind im Gegensatz zu Backpropagation-Netzen auch Zyklen und Rückkopplungen möglich, d.h. die Information eines rekursiven Netzes fließt in beide Richtungen. Es ist möglich, durch rekursive Netze sogenannte *Assoziativspeicher* zu modellieren, die bestimmte Eingabevektoren mit bestimmten Ausgabevektoren assoziieren und dadurch den biologischen assoziativen Gedächtnismechanismus nachbilden können. In einem Assoziativspeicher werden zuerst durch bestimmte Lern- bzw. Konstruktionsprozeduren Grundmuster abgelegt. Wird dann während des Netzbetriebs eine unvollständige oder fehlerhafte Eingabe präsentiert, soll das Netz auf eines der gespeicherten Muster konvergieren. Der Unterschied zu einem stetigen Abbildungsnetz besteht darin, daß hier auch die Umgebung eines Eingabevektors auf „sein" Ausgabemuster abgebildet wird.

Bei sogenannten autoassoziativen Modellen, wie z.B. Hopfield-Netzen, werden die Mustervektoren mit sich selbst assoziiert. Solche Netze können deswegen für die Wiedergewinnung von unvollständigen Mustern oder Klassifizierung von strukturell ähnlichen Mustern verwendet werden. In einem Hopfield-Netz sind alle Neuronen miteinander verbunden, wobei jede Kante in beiden Richtungen durchlaufen werden kann. Jedes Neuron ist dabei für die Aktivierung aller anderen Neuronen „verantwortlich" und besitzt seinen Anteil an der Speicherung von Mustern. Diese gegenseitige Aktivierung bzw. Deaktivierung soll im Endeffekt zur Rekonstruktion von (gespeicherten) Mustern aus den ins Netz eingespeisten Teilmustern führen. Die Kantengewichte in einem Hopfield-Netz sind symmetrisch. Jedes Neuron besitzt einen bestimmten Schwellenwert und feuert, wenn seine Gesamterregung den Schwellenwert übersteigt; anderenfalls wird der Neuronzustand nicht verändert. Eventuelle Änderungen des Aktivierungszustands müssen asynchron erfolgen, um Oszillationen des Netzes um den Lösungsbereich zu vermeiden. Die asynchrone Arbeit des Netzes wird durch verschiedene Prozeduren, die die Reihenfolge der Knotenbearbeitung festlegen, gewährleistet. Die Neuronen behalten ihren zuletzt berechneten Zustand, bis eine neue Auswertung ihrer Erregung erfolgt.

Das Verhalten eines Hopfield-Netzes kann durch die Energiefunktion, die eine Bewertung des gesamten Netzzustands zu einem gegebenen Zeitpunkt darstellt, beschrieben werden. Die Energiefunktion definiert die stabilen Zustände (gespeicherte Grundmuster) eines Netzes, die den lokalen Minima der Funktion entsprechen. Um aus einem beliebigen Netzzustand einen stabilen Zustand zu erreichen, werden die Knotenausgänge asynchron gemäß der Aktivierungsregel verändert, wobei ein Hopfield-Netz immer zu einem stabilen Endzustand konvergiert. Geometrisch gesehen sind alle Netzzustände, die auf den Gipfeln bzw. Abhängen der Energiefunktion liegen, physikalisch instabil. Das Netz kann nicht in diesem Zustand bleiben (d.h. es gibt noch veränderungsbedürftige Neuronen im Netz), sondern muß sich in Richtung eines Energieminimums verändern. Die Autoassoziation findet also dadurch statt, daß eine unvollständige Eingabe das Netz veranlaßt, einen nächstmöglichen stabilen Zustand einzunehmen, in dem eines der Grundmuster gespeichert ist.

Aus diesem Grund kann ein Hopfield-Netz auf nahezu ideale Weise z.B. zur schnellen Erkennung von Mikroteilen oder Roboterendeffektoren in einer Mikromontagestation eingesetzt werden. Das folgende Beispiel soll dies verdeutlichen (Bild 3.17 [Krat93]). Hier wurde ein Hopfield-Netz aus 36 Neuronen zur Erkennung verrauschter Muster eingesetzt. Oben im Bild sind vier im Netz gespeicherte Grundmuster A, B, C und D dargestellt. Die Bildfolge unten demonstriert das „Einschwingen" eines verrauschten B, das quasi als Ausgabe visueller Sensorik in das Netz eingespeist wurde. Die asynchrone Veränderung der Neuronzustände wurde in pseudozufälliger Folge durchgeführt.

Um notwendige Grundmuster, z.B. die Formen von Montageteilen, in einem Hopfield-Netz zu speichern, kann das Netz in einfachen Fällen „per Hand" konstruiert werden, indem die Kantengewichte und Schwellenwerte heuristisch vorgegeben werden. Bei komplexeren Netzen, wenn sich z.B. viele unterschiedliche Bauteile im Montageraum befinden, werden zur Speicherung von Mustern verschiedene überwachte Lernverfahren verwendet. Alle Verfahren beruhen auf der Hebb-Regel, die besagt, daß die Verbindungen zwischen zwei aktiven Neuronen aus dem Netzgrundmuster verstärkt werden sollen.

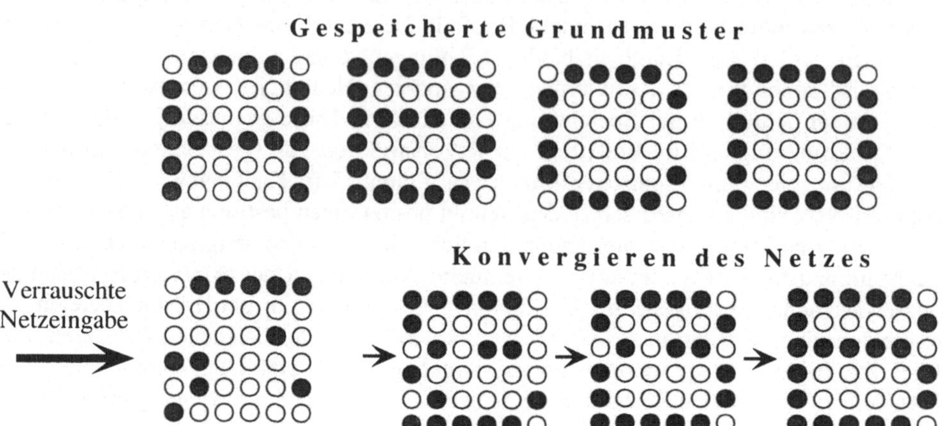

Bild 3.17
Mustererkennung mit einem Hopfield-Netz

• Die *selbstorganisierenden Netz-Modelle* von T. Kohonen werden als Assoziatoren zur Lösung von Klassifikationsaufgaben eingesetzt [Koho87]. Diese Netze unterscheiden sich von anderen, überwacht trainierten Netzmodellen vor allem dadurch, daß hier keine explizite Netzausgabe vorgegeben ist, d.h. es kann keine Fehlerfunktion für ein Kohonen-Netz definiert werden. Der Lernvorgang in selbstorganisierenden Netzen ist deswegen ein unüberwachter, selbstgesteuerter Prozeß. Der Eingaberaum des Netzes soll dabei derart kartiert werden, daß jedes Neuron des Netzes sich auf eine bestimmte Kategorie von Eingabemustern spezialisiert (Bild 3.18). Kommt eine Eingabe aus einem bestimmten Unterbereich a_i des Eingaberaums, dann wird nur ein für diesen Bereich „zuständiges" Neuron i feuern; alle anderen Neuronen des Netzes werden gehemmt.

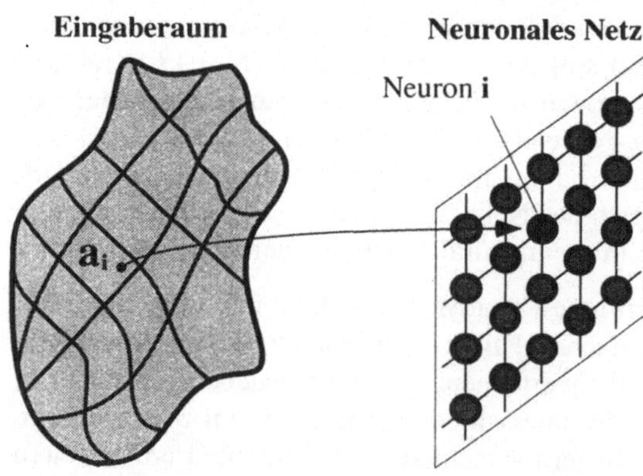

Bild 3.18
Heteroassoziative Abbildung
von Eingaberaum

Bei selbstorganisierenden Kohonen-Modellen (*self-organizing feature maps*) wird diese Abbildung topologieerhaltend durchgeführt, d.h. eine Topologie des Eingaberaums wird auf den Neuronen des Netzes a-priori definiert, und sie bleibt während des unüberwachten Lernvorgangs erhalten. Es ist bekannt, daß der menschliche Kortex die zahlreichen Sinneseindrücke genau nach diesem Abbildungsprinzip verarbeitet [Rojas93]. Die topologischen Randbedingungen werden beim Lernen eines Kohonen-Netzes durch das Definieren der Nachbarschaft eines Neurons, die dem Neuron eine Menge von anderen Neuronen des Netzes zuordnet, berücksichtigt. Die Nachbarschaft bei planaren Netztopologien kann z.B. sehr einfach auf der Basis einer linearen Numerierung definiert werden, wobei alle Neuronen, die höchstens r Stellen nach links oder rechts, nach oben oder unten verschoben sind, die Nachbarschaft eines Neurons mit Radius r bilden. Die Nachbarschaft eines Neurons wird während der Lernphase beeinflußt. Die Lernstrategie besteht darin, mit einer breiten Nachbarschaft anzufangen, wobei jedes Neuron seine Nachbarschaft nachzuziehen versucht. Diese wird im Laufe des Algorithmus sukzessiv verringert (d.h. der Einfluß jedes Neurons auf seine Nachbarn wird immer kleiner), bis schließlich nur einzelne Neuronen bearbeitet werden. Das Ergebnis des Lernens ist eine gleichmäßige Verteilung der Gewichtsvektoren im Eingaberaum, wobei jedes Neuron für einen Unterbereich zuständig ist.

Diese Netze haben eine große praktische Bedeutung für die Bewegungssteuerung eines Roboters, da sie sich an Eingaberäume mit beliebigen Formen anpassen können. Das Netz verhält sich dabei wie eine adaptive Tabelle der Funktionswerte. Sehr vielversprechend für Robotikanwendungen ist z.B. der bereits implementierte Einsatz von Kohonen-Netzen zur schnellen Grobpositionierung eines Roboterendeffektors zu in seinem Arbeitsbereich vorgegebenen Zielorten [Ritt91]. In einer Mikromontagestation kann auf diese Weise der benötigte Mikroroboter sehr schnell zu der gewünschten Stelle, z.B. unter das Objektiv des Stations-Lichtmikroskops, gebracht werden, wo er dann von genaueren Steuerungsalgorithmen zur Feinmanipulation „übernommen" wird.

Die Bedeutung von KNN und das Anwendungspotential, das dahinter steckt, dürften nach dieser kleinen Einführung in die wichtigsten Netzklassen erkennbar sein. Sie sind vor allem dort gefragt, wo kein modellbasierter Ansatz möglich ist oder anstelle eines linguistisch beschriebenen Expertenwissens eine Menge an Trainigsbeispielen zur Verfügung steht. Wie auch bei Fuzzy-Systemen, können durch neuronale Netze mehrdimensionale funktionale Zusammenhänge zwischen den Informationen verschiedener Natur erfaßt werden. Dabei können z.B. integrierte Kennwerte eines Prozesses, die direkt nicht meßbar sind, aus den Signalen mehrerer Sensoren ermittelt oder notwendige Regelungswerte aus einem mehrdimensionalen Eingaberaum berechnet werden, unabhängig davon, wie kompliziert der funktionale Zusammenhang ist. Die KNN sind vor allem für die Handhabung unvollständiger Informationen und somit für die Lösung von Klassifikationsproblemen prädestiniert [Gemm96], [Menz97]. Deswegen sind heute die meisten praktischen Anwendungen neuronaler Netze dem Bereich der Mustererkennung und Klassifikation zuzuordnen.

Da der Mustererkennung bei einer automatisierten Mikromontage eine besondere Bedeutung zukommt, werden neuronale Netze eine große Rolle bei der visuellen Informationsverarbeitung in einer flexiblen Mikromontagestation spielen. Die Aufgaben sind dabei z.B. das Erkennen von Mikroteilen sowie Erkennen von Mikrorobotern und dessen Werkzeugen. Höchste Anforderungen an die Mustererkennung werden auch bei der Qualitätssicherung während einer Mikromontage gestellt. Hier können neuronale Klassifikatoren, die zur Verarbeitung visueller Sensorinformationen geeignet sind, das Herzstück einer automatischen zerstörungsfreien Test- bzw. Diagnoseumgebung bilden. Eine andere charakteristische Aufgabe ist, die ankommenden Signale mehrerer Sensoren zu verarbeiten, so daß auch teilweise gestörte Sensorsignale immer noch vernünftige Auswerteergebnisse zulassen.

Die technische Realisierung von KNN hinsichtlich einer Einbindung in Mikrorobotersysteme ist heute Gegenstand zahlreicher Forschungsaktivitäten, wobei im wesentlichen zwischen Software- und Hardwareimplementierungen zu unterscheiden ist. Den einfacheren Weg stellen Softwarelösungen mit Hilfe von zahlreichen, auf dem Markt befindlichen Softwaretools dar [Berns94]. Bei Hardwarelösungen kommen in erster Linie anwendungsspezifische neuronale Chips in Frage. Sie sind aus mehreren elementaren Prozessoren (für die Addition und Multiplikation) bzw. speziellen Speichern (für Vektor- und Matrizenrechnungen) aufgebaut, die untereinander in Verbindung stehen. Die Einstellung der Netzgewichte erfolgt mit einem externen Prozessor, auf dem der Lernalgorithmus implementiert ist. Für Mikrorobotikanwendungen sind auch Neurocomputer auf der Basis von Standard-VLSI-Bausteinen interessant, da sie als Verschaltung von Widerständen und elektrischen Schaltkreisen in Silizium implementiert werden können. Ein großer Nachteil ist hier die fehlende Lernmöglichkeit. Die Verbesserung erhofft man von optischen Neurocomputern. Bei dieser Lösung fällt die Verdrahtung weg, und ein KNN kann nur aus mikrooptischen und -mechanischen Elementen, wie Linsen, Dioden, Lichtleitern oder Festkörperlasern aufgebaut werden. Einen Überblick über die marktreifen Hardwarerealisierungen findet man in [Rück93].

3.4.3 Anwendung von Neuro-Fuzzy-Methoden

Fuzzy-Systeme sind bei vorhandener Wissensbasis in Form von WENN-DANN-Regeln relativ einfach zu definieren, aber nicht lernfähig. Dagegen sind neuronale Netze auch ohne Vorwissen lernfähig, aber das gelernte Wissen ist in Netzgewichten gespeichert und dadurch nicht durchschaubar (unstrukturiert). Einen vielversprechenden Ansatz, der in den letzten Jahren stark in den Mittelpunkt des Interesses gerückt ist, stellt die Kombination dieser beiden Informationsverarbeitungsmethoden dar, bei der die jeweiligen Vorteile der Fuzzy-Logik und neuronaler Netze sinnvoll zusammengefügt und die Nachteile eliminiert werden.

Eine Klassifikation der unterschiedlichen Kombinationsmöglichkeiten beider Methoden und eine Einführung in diese innovative Thematik findet man in [Nauck94]. Die heute meist untersuchten Verfahren, wie z.B. ARIC, GARIC, ANFIS, FUN oder NEFCON, nutzen die Lernfähigkeit neuronaler Netze für die Optimierung charakteristischer Parameter eines Fuzzy-Systems (linguistische Regeln und Zugehörigkeitsfunktionen), die in einer heuristischen Vorgehensweise festgelegt werden. Die logische Struktur der Fuzzy-Regeln wird dabei in ein neuronales Netz übertragen. Danach trainiert man das Netz mit vorhandenen Beispieldaten, wobei die Parameter des Fuzzy-Systems nachoptimiert werden. Durch die gewonnene Lernfähigkeit kann der Fuzzy-Regler an das zu lösende Problem besser angepaßt werden und ermöglicht eine hohe Roboterautonomie.

3.5 Stationsperipherie

Neben den diskutierten Komponenten einer FMMS sind für die Serienfertigung von hybriden Mikrosystemen bestimmte Peripherieeinrichtungen unumgänglich, die die Fertigungsumgebung anwendungsspezifisch gestalten. Besonders Reinraumeinrichtungen, Zuführsysteme sowie Werkstückmagazine sind wichtige Hilfs- bzw. Transportmittel, die die Stationsleistung in erheblichem Maße beeinflussen können. Auch die Einrichtungen zur Realisierung des Mikrofügens anhand von verschiedenen Aufbau- und Verbindungstechniken (AVT) sind ein unabdingbarer Teil einer Mikromontagezelle.

3.5.1 Magazinier- und Zuführeinrichtungen

Aus konventioneller robotisierter Montage in verschiedenen Industriezweigen ist die Bedeutung des Materialflusses für eine effektive Produktion sehr gut bekannt. Der Begriff „optimaler Materialfluß" impliziert vor allem zuverlässige Magazinier- und Zuführtechniken, die wiederum sehr anwendungsspezifisch sind. In der mikroelektronischen Produktion verwendet man z.B. eine breite Palette von Magaziniertechniken wie einfache Schüttgut-Vibrationsförderung, Stangenmagazine, Blistertapes oder Waffle-Packs. Im Vergleich zur Makrohandhabung sind aber Mikrobauteile überhaupt nicht standardisiert und haben oft komplizierte Gestalt; sie sind außerdem meistens sehr empfindlich gegenüber Einflüssen der Umgebung, wie z.B. Feuchtigkeit, Vibration oder Staub. Schließlich sind sie sehr klein und leicht, was unter anderem ihre Handhabung und Magazinierung, erheblich erschwert (Teil 2). Die Teile für die Mikromontage stehen in heutigen Anwendungen lediglich als Schüttgut zur Verfügung und müssen manuell in einen „griffbereiten" Zustand gebracht werden. Viele MST-Entwickler identifizieren Magazinierung und Zuführung der Einzelmikrokomponenten als Kernproblem, ohne daß eine durchgängige Lösung gefunden wurde. Eine detaillierte Analyse dieser Problematik wurde in [Grimme97] präsentiert.

Wie bereits oben gesehen, gibt es mehrere verschiedene Mikromontagekonzepte, von manueller Fertigung bis zu vollautomatisierter Montage. Universelle Anwendbarkeit ist daher eine wichtige Anforderung an Werkstückmagazine und Zuführeinrichtungen. Sie müssen außerdem einfach aufgebaut sein, gleichzeitig aber den notwendigen Schutz der Mikrobauteile vor Einflüssen der Umgebung gewähren. Durch modularen Aufbau von Magazinen sollen aufwendige Magazinwechsel bzw. ihre Handhabung während der Montage erleichtert werden.

Um den genannten Anforderungen an Magazine für Mikrobauteile gerecht zu werden, wurde in [DIN97] ein modulares Magazinsystem CLEANPAC zur Normung vorgeschlagen. Das System enthält drei zueinander kompatible Funktionseinheiten, nämlich Werkstückträger, Kassette und Reinraumtransportbox, und ist mit teilweise in der Halbleiterfertigungstechnik bereits standardisierten Schnittstellen versehen. In diesem Magazinsystem, das in mehreren gängigen Nenngrößen konzipiert ist, wurden bewährte Elemente und Erfahrungen der Waferhandhabung in der Mikroelektronikproduktion übernommen und den Erfordernissen der MST angepaßt [Grimme97].

Der Werkstückträger ist eine quadratische Trägerplatte, deren äußere Gestalt für manuelle und automatische Handhabung der Teile geeignet ist. Der Träger kann an definierten Positionen mit Mikroteilen bestückt werden; für automatische Handhabung sind die Träger mit äußeren Justiermarken versehen. Die Geometrie, die Halterung sowie das Grundmaterial der Einbuchtungen auf dem Träger werden den Anforderungen der Anwendung angepaßt. Bei der Kassette handelt es sich um einen Sammelbehälter für die geordnete Aufbewahrung und flexible automatische sowie manuelle Verwaltung von mehreren Werkstückträgern, deren Anzahl sich nach der Höhe des Werkstückes richtet. Die Kassette wird exakt in einer Reinraumtransportbox fixiert, die zu Transport und Lagerung von Werkstückträgern dient und die Funktion eines lokalen Reinraumes übernimmt. Diese Box schützt die Mikrobauteile vor schädlichen Einflüssen der Umgebung und verfügt über mehrere automatisierte Schnittstellen zur Öffnung, Identifikation sowie Be- und Entladung.

Die Reinraumtransportbox kann somit als Grundbaustein für flexible Zuführeinrichtungen verwendet werden. Sie kann manuell oder vollautomatisiert den Montageeinrichtungen zugeführt werden. Boxen werden dabei entsprechend gekennzeichnet, wobei auch eine ständig aktualisierte Zustandsbeschreibung der Werkstücke in der Box realisiert werden kann. Durch die Kennzeichnung kann eine bestimmte Box automatisch identifiziert und zur Handhabung freigegeben werden. Genormte Ein-/Ausgabemodule sollen als vereinheitlichte Schnittstellen zwischen Reinraumtransportbox und Montageeinrichtung eingesetzt werden.

Insgesamt gesehen wird die Bedeutung von Magazinier- und Zuführtechniken mit fortschreitender Industrialisierung der MST weiter zunehmen. Dabei müssen neue technische Lösungen zur Handhabung von mikroskopisch kleinen Bauteilen gefunden werden. Die Vereinzelung und Magazinierung von solchen Teilen ist nur mit großem Aufwand möglich und daher oft nicht effizient. Handhabungstechniken, die die herrschenden Anziehungskräfte nutzen, wie etwa der Einsatz von Vibrationsförderern, können hier die bessere Lösung sein und müssen verstärkt untersucht werden. Eine andere Möglichkeit ist die parallele Fertigung und Montage im Nutzen, wenn die aus dem Fertigungsprozeß vorgegebene Teilordnung soweit als möglich ohne Vereinzelung beibehalten wird. Dies ist z.B. bei der Montage von Kunststoffteilen möglich, die durch Spritzgießen oder Heißprägen in Batch hergestellt werden. Ist es nicht möglich, die Mikroteile bei automatisierter Montage in einem geordneten Zustand der Montageeinrichtung zuzuführen, dann soll die Entnahme einzelner Teile „aus der Kiste" durch visuelle Sensoren geregelt werden.

3.5.2 Reinraumeinrichtungen

Wie auch in der Halbleiterindustrie muß die Fertigung eines Mikrosystems bestimmten Reinheitsanforderungen entsprechen. Bei der Durchführung der Montage spielen z.B. die reinraumgerechte Gestaltung von Montageeinrichtungen, Reinigung von zu montierenden Teilen oder die Materialeigenschaften der Teile eine große Rolle. Zur Zeit werden bei der Mikrofertigung ähnliche Reinraumeinrichtungen wie in der Halbleiterindustrie eingesetzt, wobei sich die Entwicklung eher in Richtung großer Reinräume bewegt. Da diese aber eine sehr kostenspielige Lösung darstellen, die für kleine und mittlere Unternehmen oft nicht in Frage kommt, müssen kostengünstigere lokale Reinraumtechniken verstärkt untersucht werden. Kosteneinsparung bei der Erstellung bzw. beim Betrieb eines Reinraums ist der Weg, der zu einem industriellen Durchbruch der MST in großem Maße beitragen wird.

Ein weiteres Argument für lokale Lösungen ist, daß Reinraumbedingungen nur in unmittelbarer Produktumgebung geschaffen werden müssen. Es muß zwischen den Prozessen, die nur ein Grundniveau an Reinheit benötigen, und den „kritischen" Fertigungsschritten, die höhere Reinheitsanforderungen erfüllen müssen, unterschieden werden. Große, komplette Reinräume gewähren dagegen eine durchgehend hohe Reinheitsklasse in mehreren Kubikmetern, was häufig weniger die Qualität der Mikroproduktion erhöht, als unnötige Ausgaben nach sich zieht und zudem die Gesundheit des Reinraumpersonals beeinträchtigt. Das Konzept des lokalen Reinraums bietet einen Lösungseinsatz, bei dem nicht mehr der gesamte Reinraum, sondern nur die unmittelbare Fertigungsumgebung der erforderlichen Reinheitsklasse entspricht. Dabei ist auch ein modularer Aufbau der Reinraumeinrichtung von Bedeutung, um ohne großen Aufwand auf strukturelle Produktionsänderungen zu reagieren.

Nach [DIN97] zeichnen sich heute vier verschiedene Techniken der lokalen Einhausung in einem Reinraum mit einer notwendigen Grundreinheit ab: *Hang Ceiling*, *Stand Floor*, *Stand Floor + Filter-Fan-Unit* (Bild 3.19 [DIN97]) und *Reine Maschine*. Anhand dieser Lösungen können definierte Bedingungen an einer bestimmten Stelle erreicht werden, so daß ein „Mini-Environment" genau dort geschaffen wird, wo es darauf ankommt. Da die Einflüsse von Personal und passiven Geräten auf diese Weise ausgeschlossen werden, können durch den Einsatz dieser lokalen Reinraumtechniken Reinheitsbedingungen erreicht werden, die selbst in hochwertigen großen Reinräumen nicht möglich sind. Außerdem wird unbequeme und störende Reinraumkleidung für das Personal überflüssig; dies hat eine durchaus positive Wirkung auf die Effektivität der Mikrofertigung.

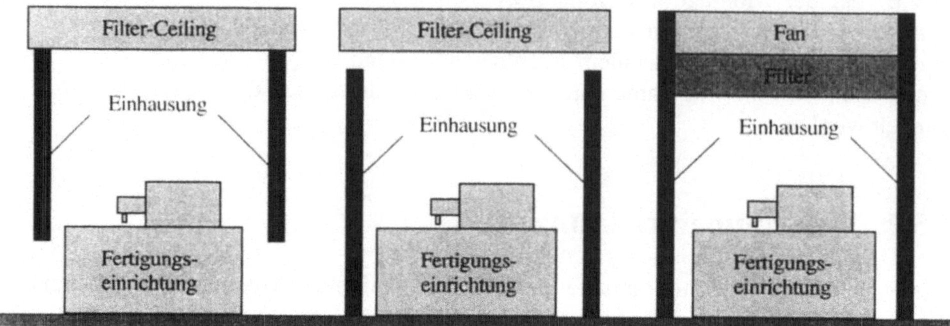

Bild 3.19
Lokale Reinraumtechniken: Hang Ceiling (links),
Stand Floor (Mitte) und Stand Floor + Filter-Fan-Unit (rechts)

Hang Ceiling ist eine an der Decke über die Fertigungseinrichtung aufgehängte Einhausung. Dadurch wird die Einrichtung vom übrigen Raum abgetrennt, wobei die Luftversorgung von der Decke aus erfolgt. Durch eine Anströmung von Reinluft von oben werden eventuell entstehende Partikel kontaminationsfrei abgeführt.

Stand Floor ist eine Einhausung, die auf dem Boden steht und bis kurz unter die Decke reicht. Die Luftversorgung erfolgt ebenfalls von der Decke aus. So wird in den beiden Fällen die unter der Reinraumdecke herrschende Reinheitsklasse bis zur Fertigungseinrichtung aufrechterhalen.

Bei vollständig fehlenden Reinraumbedingungen in der Fertigungsumgebung kann die Stand Floor-Einhausung mit Filter-Fan-Unit eingesetzt werden. Dadurch wird in einem konventionellem Arbeitsraum ein reiner Bereich geschaffen. Diese Lösung ist auch dann angebracht, wenn die Reinheitsbedingungen unter der Reinraumdecke nicht der geforderten Reinheitsklasse entsprechen.

Unter Reine Maschine wird eine lokale Einhausung verstanden, die vollständig in die Fertigungseinrichtung integriert werden kann. Mit solchen Anordnungen können die Strömungsverhältnisse in bezug auf den Fertigungsprozeß und die Konstruktion der Fertigungseinrichtung optimiert werden. Der Preis sind höhere Kosten und Erstellungsaufwand.

Produktübergabe bzw. -übernahme in allen genannten lokalen Reinräumen kann entweder durch abgestimmte SMIF-Lösungen (Standard Mechanical Interface) oder durch eine einfache Tür realisiert werden.

3.5.3 Mikrofügeeinrichtungen

Die Aufgabe der AVT ist die Herstellung mechanischer, elektrischer und optischer Verbindungen zwischen den Bauteilen zur Befestigung, Kopplung, Energieversorgung usw. Gute Beispiele sind das Anbringen einer Glasfaser auf einem optischen Chip, die Verbindung von Silizium- und Glasteilen in verschiedenen Mikrosensoren oder eine elektrische Kontaktierung. Momentan werden aus der Mikroelektronik bekannte Verfahren (Kleben, Diffusionslöten, Laserstrahlschweißen, Drahtbonden, usw.) für die MST modifiziert und permanent weiterentwickelt. Um die Integrationsdichte eines Mikrosystems zu erhöhen, wurden in letzter Zeit neben Drahtbonden neue Kontaktierungstechniken aus der Halbleiterfertigung wie z.B. das TAB (Tape Automatic Bonding), die Flip-Chip-Technik oder die sogenannten Einbettechniken eingesetzt.

Besonders dem Mikrofügen durch Ankleben kommt bei der Mikromontage eine große Bedeutung zu. Dabei kommt es vor allem darauf an, kleine Klebstoffmengen sehr präzise zu übertragen, ohne die Lage des vorher justierten Bauteils durch die Oberflächenspannung der Klebstoffs zu beeinflussen. Es kann leicht passieren, daß das Bauteil nach dem Auftragen des Klebstoffs an dem Klebstoffzuführsystem haften bleibt. Notwendig ist deshalb, daß der Klebstoff berührungslos übertragen wird. Es gibt bereits Einrichtungen zur Dosierung kleinster Flüssigkeitsmengen, die in Form kleiner freifliegender Tröpfchen – wie beim Tintenstrahldrucken – im Sub-Nanoliterbereich und mit einem Durchmesser bis zu 30 µm erzeugt werden können [micro97], [MoMSys96].

Eine speziell auf die Anforderungen der Mikrosystemtechnik zugeschnittene AV-Technik stellt anodisches (elektrostatisches) Bonden dar, das einfach und kostengünstig ist und neue Möglichkeiten bietet, die mit den konventionellen Verfahren der Mikroelektronik schwer zu realisieren sind. Dabei werden elektrisch leitende bzw. halbleitende Materialien (wie z.B. Silizium) und Isolatoren, deren Leitfähigkeit bei steigender Temperatur zunimmt (wie z.B. spezielle alkalihaltige Gläser), unter der Wirkung eines elektrischen Feldes hermetisch verbunden. Diese Technik wird derzeit sehr oft zum Aufbau von aktorischen und besonders sensorischen Mikrobauteilen und zum sogenannten Packaging von Mikrosystemen (siehe unten) eingesetzt. Mehrere verschiedene Verfahren wurden auch für die Verbindung zweier Siliziumstrukturen entwickelt [Heub91], [Schu95]. Bei allen Verfahren wird zuerst ein enger Kontakt zwischen beiden Teilen hergestellt, aus dem danach eine feste chemische Verbindung entsteht. Auch hier kann anodisches Bonden angewendet werden, indem eine dünne Pyrexglasschicht auf einem der Siliziumteile abgeschieden wird.

Das Packaging (Gehäusetechnik) befaßt sich mit dem Unterbringen des Systems in einem Gehäuse, das meistens aufgabenspezifisch gefertigt wird. Die MST kann zum Teil auf die Erkenntnisse der Chipgehäusetechnik zurückgreifen, die sich dank der langjährigen Entwicklung der Mikroelektronikindustrie in einem fortgeschrittenen Stadium befindet und für einige MST-Probleme geeignete Lösungen bietet. Allerdings lassen sich diese Lösungen oft nicht universell auf die einzelnen Anwendungen übertragen. Das Systemgehäuse und das darin enthaltene Mikrosystem können in der

MST nicht unabhängig voneinander betrachtet werden. Das Gehäuse stellt hier den unverzichtbaren Teil eines ganzen Mikrosystems dar und soll einerseits die mechanisch empfindlichen Bauteile vor Beschädigungen und Umwelteinflüssen schützen und andererseits mit einer oder mehreren aufgabenspezifischen Schnittstellen zur Außenwelt versehen sein, um einen Kontakt zur Systemumgebung herzustellen. Das Gehäusedesign beeinflußt viele verschiedene Faktoren bei der Entwicklung eines Mikrosystems [M^{2}S^{2}93]. Aufgrund ihrer Eigenschaften (Stabilität, Gasdichtheit, usw.) haben keramische Bauteile ein breites Anwendungsfeld in der MST als Gehäusematerialien. Aber auch Kunststoff-, Silizium- oder Glasstrukturen dienen oft als „Verpackung", wobei die letzten zwei Materialien besonders von anodischem Bonden profitieren.

Der AVT wird auch weiterhin eine besondere Bedeutung zukommen, da MST-Anwendungen zunehmend nach kleineren und komplexeren Bauteilen bzw. nach neuartigen Materialien, wie Legierungen oder Polymeren, verlangen. Eine detaillierte Beschreibung zahlreicher Aufbau- und Verbindungstechniken findet man in [Kohl94a], [Menz93], [VDI93]. Zahlreiche Einrichtungen zur Realisierung dieser Techniken gibt es bereits auf dem Markt [Ecotec97], [Finete97], [Ksüss97], [micro97], [Panac97], [Polyt97], so daß im Vergleich zur Mikrohandhabungstechniken hier nur ein relativ kleiner Forschungsbedarf besteht. Probleme liegen vor allem in der fehlenden Integrationsfähigkeit existierender AVT-Einrichtungen in einen automatisierten Mikromontageprozeß. Diese Integration kann nur durch eine abgestimmte Zusammenarbeit von Peripherieherstellern und Mikromontageingenieuren erfolgreich durchgeführt werden [MoMSys96].

4 Aktuationsprinzipien der Mikrorobotik

4.1 Einführung

Beim Aufbau von flexiblen Mikrorobotern müssen Aktuationsprinzipien verwendet werden, die eine Realisierung von Bewegungen mit Auflösungen im Mikrometer- oder gar Nanometerbereich ermöglichen. Die Bewegungskonzepte der konventionellen Robotik, die auf Kraft- bzw. Momentübertragung anhand von verschiedenartigen Gelenken basieren, sind dabei nicht mehr in der Lage, die Anforderungen bezüglich Miniaturisierbarkeit und der damit verbundenen Fragestellungen zu erfüllen. Mikroroboter benötigen neue, fortgeschrittene Entwicklungen auf dem Gebiet der Aktorik, die ganz andere Abmessungsgrenzen und einen einfachen mechanischen Aufbau sowie direkte Kraft- bzw. Momentübertragung und eine hohe Zuverlässigkeit aufweisen sollen.

Es ist schwierig, genau festzulegen, welche Abmessungen dem Namen *Mikroaktor* gerecht werden, was auf typische Klassifikationsschwierigkeiten einer jungen Wissenschaft zurückzuführen ist. Hier werden unter Mikroaktoren die Aktoren verstanden, die eine Baugröße von einigen Mikrometern bis zu einigen Zentimetern haben, eines der nachfolgend diskutierten, in der Mikrorobotik anwendbaren Funktionsprinzipien aufweisen und in der Regel eine der mikromechanischen Herstellungstechniken in Anspruch nehmen. Der Autor ist sich über die Unvollkommenheit der obigen Festlegung im Klaren. Eine strengere Klassifikation ist aber noch nicht möglich, denn es ist zur Zeit noch offen, welche Bauformen und Aktorprinzipien sich für Mikroroboter etablieren und in Zukunft umsatzfähig werden. Die Miniaturisierungsprobleme einiger Aktortypen, die heute absolut unumgänglich erscheinen, können vielleicht schon morgen gelöst werden.

Neben der drastischen Miniaturisierung sollen mechanische Mikrobauelemente mit beweglichen Komponenten auch zahlreiche funktionelle Eigenschaften aufweisen. Dabei geht es um Robotergreifer und Positionierelemente, einfache Biegebalkenaktoren und komplexe künstliche Muskelsysteme sowie auch viele andere lineare und rotatorische Mikroaktortypen, die einen Mikroroboter aufgabenabhängig mit entsprechenden Fähigkeiten versehen können. Die mikrotechnische Herstellung bietet dabei die Möglichkeit, auch mehrere verschieden- oder gleichartige Aktoren in einem System zu integrieren, was dem Mikroroboter eine hervorragende Leistungsdichte geben kann.

Durch eine gezielte Energieumwandlung sollen Mikroaktoren in der Lage sein, aufgabenspezifische Kräfte und Momente bzw. Lageänderungen zu erzeugen. Die Mikroaktoren bauen sowohl auf bewährten, auf spezifische Mikroroboteranforderungen an-

gepaßten Antriebsmechanismen als auch auf neuartigen, für die Mikrowelt prädesti-
nierten Krafterzeugungsprinzipien auf. In jedem Fall verlangen Mikrorboter, im Gegensatz zu konventionellen Antriebssystemen, nach Direktantrieben ohne mechanische
Übertragungselemente. Hierbei stehen der Mikrorobotik zahlreiche Möglichkeiten zur
Auswahl, die in Bild 4.1 dargestellt sind [Dario92], [Fati93], [Remb95], [Fluit96].

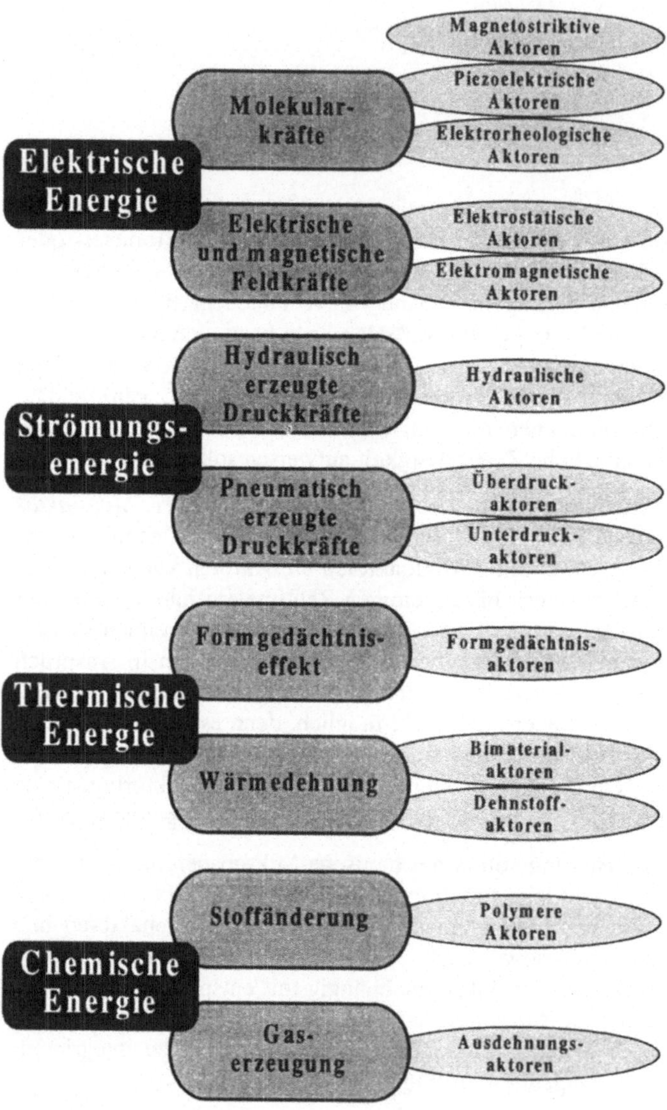

Bild 4.1
Klassifizierung von Mikroaktuationsprinzipien

Neben den wohlbekannten elektromagnetischen Mikroaktoren gewinnen auch piezo-elektrische, elektrostatische, thermische bzw. thermisch-pneumatische Aktoren sowie Formgedächtnis-Aktoren zunehmend an Bedeutung. Auf ihre Eignung hin untersucht werden auch magneto- bzw. elektrostriktive und elektrorheologische sowie hydraulische oder chemomechanische Wirkprinzipien, die für die Mikrorobotik wichtig werden können.

Einen wichtigen Schub für die Entwicklung von neuen Aktorkonzepten für Mikroroboter verspricht man sich außerdem von der Untersuchung *biologischer Bewegungsprinzipien*, obwohl deren technische Realisierung noch in weiter Ferne liegt. Die Flexibilität und Vielseitigkeit, große Leistung und Stabilität sowie andere hervorragende Aktoreigenschaften biologischer Antriebssysteme bewegen Forscher dazu, diese natürlichen Aktoren näher zu untersuchen und ihre Strukturen nachzubilden [Pelr92], [Ecke92], [Fuji93]. Bereits heute benutzt man oft natürliche Muskeln als ein Designbeispiel, indem viele Mikroaktoren parallel verknüpft werden, um die Leistungs-fähigkeit des gesamten Aktorsystems, nämlich Bewegung und/oder Kraft, zu vergrö-ßern. Dabei lassen sich durch die Koordination einer Gruppe von elementaren Aktoren makroskopische Ziele erreichen, da sich die Bewegungen und Kräfte jedes einzelnen Aktors aufsummieren. Um komplexere Bewegungen durchführen zu können, muß jeder Mikroaktor in der Regel separat angesteuert werden. Solche Mikroaktorsysteme sind ro-bust gegenüber Fehlern einzelner Elemente und können ohne Probleme an konkrete Aufgaben angepaßt werden.

Mikroaktoren stellen in der Regel eine komplexe Komponente eines Mikroroboters oder gar ein autarkes Subsystem dar. Bezüglich der Systemintegration ist ein Aktor das Ver-bindungsglied zwischen dem informationsverarbeitenden Teil der Steuerungskompo-nente des Roboters und einem zu beeinflussenden Prozeß. Eine einfache schematische Darstellung eines integrierten Aktorelements ist in Bild 4.2 zu sehen.

Aus diesem Bild ist die besondere Rolle der Techniken der Informatik für die System-fähigkeit eines Aktors ersichtlich. Die charakteristischen Prozeßgrößen werden mit Hilfe von Sensoren gemessen und nach geeigneter Signalvorverarbeitung dem Steuerungs-rechner zugeführt. Dieser Rechner hat die Schlüsselfunktion, die gewonnenen Infor-mationen (im einfachsten Fall Abweichungen der Soll- und Ist-Werte) gemäß einer vorgegebenen Regelstrategie zu verarbeiten und Stellsignale für den Aktor zu ermitteln. Die ermittelten Signale, durch die Leistungselektronik verstärkt, rufen anschließend eine entsprechende Reaktion des Aktors hervor. Liegt ein mathematisches Modell des zu steuernden Prozesses vor, dann werden seine prozeßspezifische Parameter identifiziert und ein entsprechender Regler synthetisiert. Angestrebt werden adaptive Regler, die sich prozeßbedingten Parameteränderungen (z.B. aufgrund von Verschleiß oder Umgebungs-einflüssen, Teil 7) selbsttätig anpassen können.

Wie Bild 4.1 zeigt, kann der Roboterentwickler bei der Aktorauswahl für einen Mikro-roboter auf unterschiedlichste Aktuationsprinzipien zurückgreifen. Die nachfolgende Präsentation von verwertbaren Aufbaumöglichkeiten und Konzeptlösungen für ver-schiedenartige Mikroaktoren soll u.a. helfen, die eventuell vorhandenen Steuerungsprobleme für jeden Aktortyp und einige Anwendungen zu klären. Erst wenn die Möglichkeit besteht, den Aktor über eine präzise und zuverlässige Regelung gezielt „anzusprechen", wird es Sinn machen, diesen beim Roboterentwurf zu berücksichtigen. Deshalb wird für jedes unten dargestellte Aktuationsprinzip auf die Besonderheiten und eventuelle Probleme bei der Aktoransteuerung gesondert eingegangen.

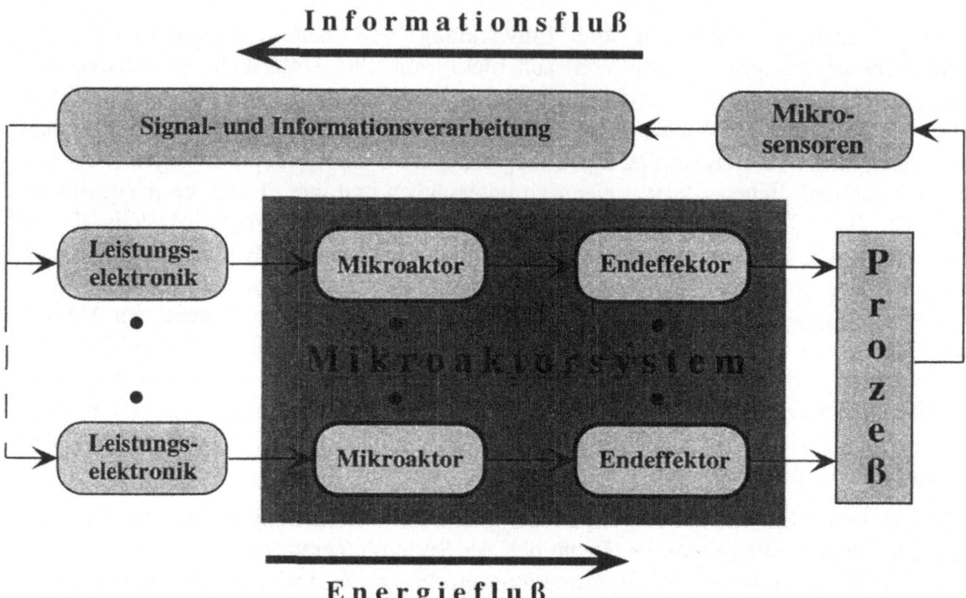

Bild 4.2
Integration von systemfähigen Mikroaktoren

In mechatronischen Systemen wie Mikrorobotern werden an die Aktorsteuerung mehrere Anforderungen, wie z.B. Transparenz, Anwendungsfreundlichkeit, Echtzeitfähigkeit oder Integrierbarkeit, gestellt [Jano93]. Auf alle wichtigen Parameter soll der Benutzer zurückgreifen können, um Algorithmen möglichst einfach zu implementieren. Es soll die Möglichkeit vorhanden sein, Expertenwissen über die zu regelnden Prozeßabläufe (beispielsweise in Form von Fuzzy-Regeln, Teil 3) schnell und einfach einzubringen. Einige Aktortypen lassen sich nicht oder nur mit großem Aufwand in Echtzeit ansteuern, was ihre Verwertbarkeit für die Mikrorobotik erheblich einschränkt. Teilweise kann man dieses Problem durch anwendungsspezifische eingebettete Rechnersysteme lösen. Weiterhin werden die Forderungen nach hoher Zuverlässigkeit, einfacher Wartung und niedrigern Kosten am besten von kompakten, mikrocontrollerbasierten Steuerungssystemen mit wenigen Elementen erfüllt (Abschnitte 3.3 und 7.3).

Ein charakteristisches Beispiel für die Steuerungsprobleme von Mikroboteraktoren liefern Formgedächtnislegierungen, deren Arbeitsweise weiter unten, in Abschnitt 4.6, dargestellt wird. Diese Legierungen haben mehrere Vorteile, die sie zu den interessantesten Aktortypen für die Mikrorobotik machen. Formgedächtnisaktoren sind robust, haben große Arbeitsleistung pro Volumeneinheit und erlauben eine große Freiheit in der Gestaltung des Aktors. Aus diesem Grund versucht man z.B. solche Aktoren in flexiblen Endoskopen mit aktiven Führungsmechanismen für die minimalinvasive Chirurgie einzusetzen (Bild 4.32 oder Teil 1, Bild 1.9). Auch für die Mikromontage sind diese Aktoren sehr vielversprechend [Hess96]. Ein Mikroroboter kann mit einem Formgedächtnis-Aktor ausgerüstet sein, der im warmen und kalten Zustand jeweils eine unterschiedliche, vorher definierte Form einnimmt (der sogenannte Zweiweg-Effekt). Für die Formänderungsgeschwindigkeit ist aber die Aufheiz- bzw. Abkühlgeschwindigkeit bestimmend, was sich auf die Dynamik des Aktors negativ auswirkt. Auch die Umgebungstemperatur und die legierungsabhängige Hysterese hat einen Einfluß auf die Aktorgeschwindigkeit.   Werden an den Roboter hohe Echtzeitanforderungen gestellt, dann kann nur ein auf den Aktor zugeschnittenes Steuerungssystem, das gleichzeitig mehrere Prozeßgrößen erfassen und steuern soll, diese Anforderungen erfüllen und die Systemfähigkeit des Aktors gewähren.

Besonders wichtig für Mikroroboter sind sogenannte *smarte* Wandlermaterialien, wie Piezokeramiken, Formgedächtnislegierungen, elektrorheologische Flüssigkeiten oder magnetostriktive Werkstoffe, die gleichzeitig sensorische und aktorische Eigenschaften besitzen. Diese Aktuationsprinzipien besitzen den Vorteil, daß ihr Signalverarbeitungskonzept auf einem Wandlermodell der Ausgangshub-Eingangsspannungs-Charakteristik basiert und die resultierenden Aktorsysteme somit vorhersagbares Verhalten besitzen. Der smarte Aktor bildet somit ein mechatronisches Teilsystem und ist in der Lage, ohne zusätzliche Kraft- oder Wegsensoren seinen Ausgangshub adaptiv einzustellen.

Smarte (oder adaptive) Aktoren stellen einen wichtigen Teil der Adaptronik dar [Jend95], die eine Brücke vom Aktor zum System zu schlagen versucht und dabei eine Schnittstelle zwischen Informatik und Elektrotechnik bildet. Diese intelligenten Aktorbausteine lassen beispielsweise den Einsatz von adaptiven Reglern in der Mikrorobotik zu, die sich selbsttätig an wechselnde Umgebungseinflüsse anpassen können. Solche Regler können durch eine rechnergestützte Simulation der verwendeten Roboteraktoren und -sensoren (Abschnitt 5.6) optimiert werden, indem das Übertragungsverhalten adaptiver Aktoren wie bei künstlichen neuronalen Netzen eintrainiert wird. Während des Aktorbetriebs werden dann anhand eines nichtlinearen Wandlermodells die Ausgangsparameter (z.B. Kraft oder Geschwindigkeit) in einem Mikrocontroller berechnet, ohne daß sie meßtechnisch erfaßt werden müssen.

Eine charakteristische Eigenschaft von Mikroaktorsystemen besteht darin, daß die Herstellung von Mikroaktoren und entsprechenden Signalverarbeitungskomponenten zu deren Ansteuerung u.U. auf den gleichen Silizium-Technologien basieren kann, was einen kosten- und platzsparenden monolithischen Roboteraufbau erlaubt. Auf diese Weise kann eine dezentrale Datenvorverarbeitung mit nachgeschalteten Steuerungs- und Selbsttestfunktionen geschaffen werden. Die Kompatibilität von Mikroelektronik und Mikromechanik stellt allerdings bei komplexeren Mikrorobotern ein Problem dar, da es oft sinnvoll oder gar notwendig ist, den Systemaufbau durch das Zusammenfügen verschiedenartiger (nicht unbedingt mikrotechnischer und auf Siliziumbasis hergestellter) Komponenten zu tätigen. Außerdem gibt es viele andere Materialien bzw. Effekte (Teil 1), die einen wichtigen Beitrag zur Erzeugung von Mikroroboteraktoren leisten können, sich aber nicht durch die herkömmlichen Silizium-Technologien realisieren lassen. In diesem Falle ist ein hybrider Systemaufbau unumgänglich, für den sich z.B. das LIGA-Verfahren, das die freie Strukturierung einer Vielfalt von Materialien erlaubt, hervorragend anbietet.

Die bei der Entwicklung von Mikroroboteraktoren bisher erzielten Ergebnisse sind eher bescheiden, da mehrere Problembereiche, wie z.B. Strukturierungstechnologie, Ansteuerung, Genauigkeit, Umwelteinflüsse usw., gleichzeitig berücksichtigt werden müssen. Praktische Probleme entstehen auch durch eine parasitäre Reibung, die für den Mikroroboter oft verheerende Folgen hat. Dieser Bereich wird somit zu einer Herausforderung für Forschung und Industrie; die oben genannten, MST-spezifischen Probleme sollen dabei interdisziplinär angegangen werden, um systemfähige Aktorkomponenten anbieten zu können.

Es gibt offensichtlich kein „optimales" Bewegungsprinzip, das in allen Fällen vorzuziehen ist, obwohl manchmal versucht wird, beim Aufbau von verschiedenartigen Mikromaschinen auf ein „Allheilmittel" gegen alle mit der Aktuation in der Mikrowelt verbundenen Probleme zu setzen. Wie wir noch sehen werden, ist die Auswahl des geeigneten Aktuationsprinzips von mehreren Faktoren abhängig, wobei vor allem die für die jeweilige Anwendung notwendigen Stellkräfte bzw. Stellwege zu berücksichtigen sind. Ein qualitativer und quantitativer Vergleich nutzbarer physikalischer Wirkprinzipien ist z.B. in [Jend95] oder [Fati97] gegeben. Die Vor- bzw. Nachteile der unterschiedlichen Aktuationsprinzipien im Hinblick auf das Einsatzgebiet der Mikroroboter werden nachfolgend analysiert und diskutiert. Gleichzeitig werden auch typische Anwendungsfälle präsentiert.

4.2 Elektrostatische Mikroaktoren

Das elektrostatische Prinzip beruht darauf, daß beim Anlegen einer elektrischen Spannung an zwei Kondensatorplatten, die durch einen Isolator, etwa einen Luftspalt, voneinander getrennt sind, entgegengesetzte Ladungen auf den Platten entstehen und daß durch diese Potentialdifferenz eine Anziehungskraft zwischen den beiden Elektroden entsteht (Bild 4.3). Diese Kraft F wird *elektrostatische Kraft* genannt und wie folgt berechnet:

$$F = \frac{1}{2} \cdot \varepsilon \cdot S \cdot \left(\frac{V}{d} \right)^2$$

$$(1.1)$$

Hier ist:

F – elektrostatische Kraft [N],

ε – dielektrische Konstante [$C^2 N^{-1} m^{-2}$],

S – Elektrodenfläche [m^2],

V – angelegte Spannung [V] und

d – Elektrodenabstand [m]

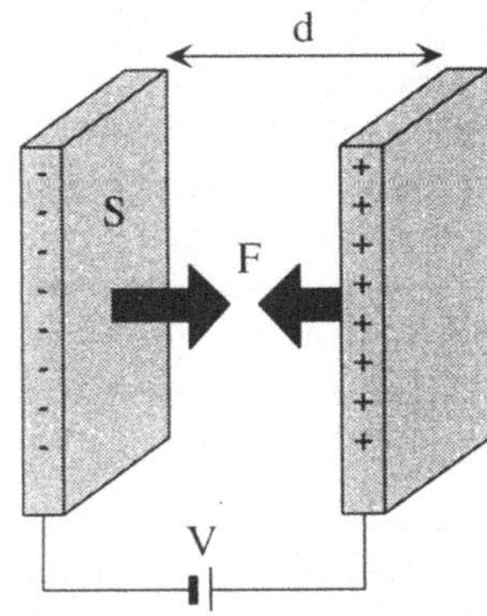

Bild 4.3
Entstehen einer elektrostatischen Kraft

Werden die Kondensatorplatten parallel gegeneinander verschoben, wirkt die elektrostatische Kraft der Ursache der Verschiebung entgegen. Umgekehrt entsteht die elektrostatische Kraft, wenn zwischen zwei Elektroden, die gegeneinander verschoben sind, ein elektrisches Feld angelegt wird. In beiden Fällen strebt der Kondensator einen Zustand maximaler Kapazität an. Durch Variieren der Spannung, die in der Regel zwischen 40 V und 200 V liegt, können verschieden große Elektrodenbewegungen erzeugt werden. Diese Ausschläge liegen normalerweise im Bereich von einigen Mikrometern. Je geringer der Abstand zwischen den beiden Elektroden ist, um so größer wird die minimale elektrische Feldstärke, die wiederum einen Anstieg der Feldenergiedichte und letztendlich einen größeren Aktordruck zur Folge hat. Außerdem verringert sich die benötigte Spannung, um eine gewisse Feldstärke zu erzielen. Die existierenden mikromechanischen Verfahren erlauben kleinste Spalte zwischen den Elektroden; durch Silizium-Technologien ist außerdem ein monolithischer Aufbau auf einem Chip möglich.

Elektrostatische Aktoren sind geradezu für die Mikrowelt prädestiniert und können problemlos miniaturisiert werden, da ihre Kräfte nicht an Volumen sondern an Oberflächen gebunden sind. Die elektrostatische Kraft zwischen zwei Kondensatorplatten hängt von der angelegten Spannung, der Spaltgröße und den Plattenflächen ab, aber nicht von der Plattendicke. Daher wird die elektrostatische Kraft als Oberflächenkraft bezeichnet (im Gegensatz dazu werden magnetische Kräfte, die sowohl von der Dicke als auch der Fläche eines Elementes abhängen, als Volumenkräfte bezeichnet).

Die Verwendung leichter Materialien, wie z.B. Aluminium, als aktives Element in elektrostatischen Aktoren ist besonders für Anwendungen vorteilhaft, bei denen das Gewicht eine wichtige Rolle spielt. Diesbezüglich unterscheiden sich elektrostatische Aktoren von vielen anderen Aktortypen. Magnetische Aktoren bestehen z.B. aus Eisen- oder Kobaltlegierungen, SMA-Aktoren überwiegend aus Nickel-Titan-Legierungen und Piezoaktoren aus massivem Bariumtitanat.

Wie alle anderen Aktortypen haben auch elektrostatische Mikroaktoren einige gravierende Nachteile. Selbst bei schmalen Spalten ist die benötigte Spannung erheblich. Bei einem Spalt von 1 µm beträgt die Spannung für einen Aktordruck von 1 kg/cm^2 bereits 150 V. Außerdem kann es unter Umständen zu Fehlfunktionen des Aktors aufgrund von elektrostatischen Zusammenbrüchen kommen. Bereits mikroskopisch kleine Oberflächenunebenheiten können zu einem solchen Zusammenbruch führen, es werden also glattere Oberflächen als bei anderen Aktortechnologien verlangt. Es ist auch zu berücksichtigen, daß elektrische Felder mit den meisten Materialien interagieren und somit eine geeignete Isolierung gegenüber der Umgebung notwendig wird. Außerdem ziehen elektrische Felder alle möglichen Sorten von Staub an, wodurch die Funktion ungeschützter elektrischer Schaltkreise des Systems beeinträchtigt werden kann.

Basierend auf elektrostatischen Kräften lassen sich sowohl Linear- als auch Rotationsantriebe realisieren. In Bild 4.4 sind diese beiden Aktuationsmöglichkeiten dargestellt; sie basieren auf der Anwendung von kammartigen Mikroaktoren.

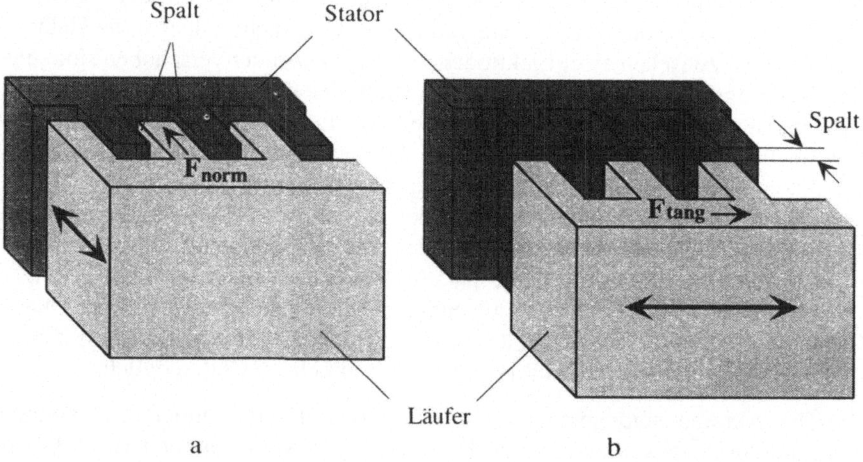

Bild 4.4
Zwei Aktuationsmöglichkeiten in elektrostatischen kammartigen Aktoren:
parallel (a) oder senkrecht (b) zur Kammstruktur

Wie oben erwähnt, ist ein solches Aktorsystem bei Anlegen einer Spannung zwischen den Elektroden immer bestrebt, einen Zustand maximaler Kapazität zu erreichen. Bei der Kamm-Anordnung in Bild 4.4a taucht dadurch eine bewegliche, kammartige Struk-

tur in eine feststehende, ebenfalls kammartige Struktur ein, so daß eine lineare Mikro-
bewegung realisiert wird. Die bewegliche Kammstruktur ist meistens mit einer Federstruktur versehen, deren Elastizität die erforderlichen Rückstellkräfte aufbringt. Der
mögliche Stellweg ergibt sich somit aus der Rückstellkraft der Federelemente, der Tiefe
der Kammstruktur und der angelegten Spannung.

Dieses Aktuationsprinzip kann zum Aufbau von Feinmanipulationseinheiten eines
Mikroroboters verwendet werden, da hiermit präzises zweidimensionales Positionieren
von Roboterendeffektoren möglich ist [Inde95]. Ein solches Positioniersystem kann z.B.
aus vier Kammaktor-Paaren zusammengesetzt werden, wobei jedes Kammpaar wiederum aus einer festen und einer beweglichen Elektrode besteht. Der Querschnitt des
Positioniersystems ist in Bild 4.5 zu sehen.

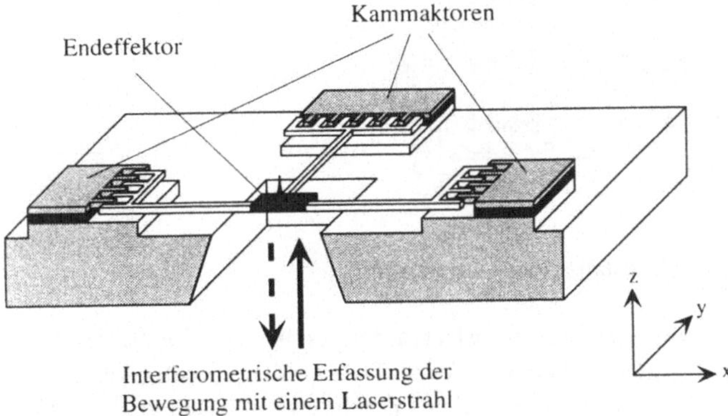

Bild 4.5
Funktionsskizze eines Positioniersystems

Die große Öffnung im Substrat unterhalb des Endeffektors ist für die optische Erfassung
der Sondenbewegung in Z-Richtung vorgesehen. Dabei wird mit einem Laserstrahl die
Aktorbewegung von der Rückseite her interferometrisch mit einer Auflösung im
Subnanometerbereich erfaßt. Die beweglichen Elektroden sind an langen Stegen auf-
gehängt, die eine Bewegung parallel zu den Elektrodenfingern erlauben. Die Antriebskraft als Folge der Änderung der Gesamtkapazität des Elektrodensystems nimmt zu, je
weiter der bewegliche Kamm in den festen Kamm hineingeschoben wird. Besonders für
einen Robotereinsatz in der Rastersondenmikroskopie kann dieser Aktoraufbau von
großem Nutzen sein.

Die Anordnung in Bild 4.4b demonstriert eine Bewegung senkrecht zur Kammstruktur.
Stehen sich zwei gegenpolig geladene Elektroden versetzt gegenüber, so ziehen sich die
beiden Elektroden nicht nur in Richtung ihrer Normalen an, sondern sie bewegen sich
aufgrund der tangentialen Antriebskomponente so lange parallel zur Oberfläche, bis sie
sich genau gegenüberstehen (der Zustand maximaler potentieller Energie). Lineare Feinmanipulationseinheiten können auch mit Hilfe dieser Anordnung realisiert werden. Da

die elektrostatische Kraft bei tangential verschiebbaren, linearen Aktoren proportional zur Höhe der Mikrostruktur ist, bietet vor allem das LIGA-Verfahren gute Möglichkeiten, weil damit Strukturhöhen bis zu 1 Millimeter erreicht werden können [Kalb94]. Der schematische Aufbau eines solchen linearen Mikroaktors ist in Bild 4.6 zu sehen.

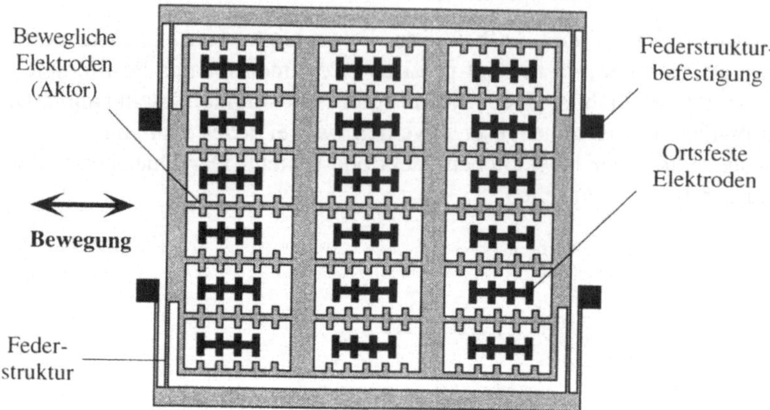

Bild 4.6
Aktuationsprinzip eines linearen elektrostatischen Mikroaktors

Die ortsfesten Statorgruppen sind auf das Substrat aufgebracht und die beweglichen Elektroden hängen an einer flachen Federstruktur. Die beiden Elektrodengruppen müssen dabei speziell ausgerichtet werden, um den Gleichgewichtszustand des Aktorsystems zu umgehen. Daher werden Rotor- und Statorzähne so zueinander versetzt, daß bei einer angelegten Spannung eine tangentiale Kraft in einer überwiegenden Anzahl der Elektrodengruppen entsteht. Ein Hin- und Herschalten der Spannung zwischen den Elektrodengruppen bewirkt hierbei ein Verschieben nach links bzw. nach rechts bis zu der jeweiligen Zielposition. Der Arbeitsraum eines solchen Aktors wird durch die Federstruktur vorgegeben. Um die Aktorleistung bei seiner Anwendung z.B. als Zweibackengreifer eines Mikroroboters zu erhöhen, kann mit Hilfe der LIGA-Batchherstellung eine Vielzahl von zahnförmigen Metallkondensatoren mit mehreren Tausenden von Zähnen parallel zueinander angeordnet werden.

Besonders geeignet ist die Anordnung in Bild 4.4b aber für rotierende Mikroantriebe. Um ein Drehmoment bzw. eine Rotation zu erzeugen, müssen Rotor und Stator jeweils mit partiell gegeneinander versetzten Elektroden versehen werden, so daß tangentiale Kräfte zwischen Rotor und Stator bei jeder Rotorlage wirken. Da die Antriebskraft dabei proportional zur Anzahl der Elektroden ist, müssen viele eng beieinander liegende, parallel geschaltete Elektroden eingesetzt werden. Ein mit Hilfe des LIGA-Verfahrens aus Nickel hergestellter Motorprototyp ist in Bild 4.7 zu sehen.

Bei diesem Design werden alle Statorpole, die zu einer Phase gehören, auf zwei großen Statorpolschuhen kumuliert, wobei sich diese jeweils gegenüberliegen. Um kontinuierliche Bewegungen zu gewährleisten, wird hierbei die Spannung in drei Phasen geschaltet. Eine Radialkraft zieht den Rotor zu einem der Statoren, bis er die Achse berührt. Während der Bewegung wandert der Kontaktpunkt um die Achse und verursacht eine gewisse Reibung. Der Reibungskoeffizient sollte dabei so klein wie möglich gehalten werden; ansonsten wird die Rotationsbewegung gehemmt und die Lebensdauer des Motors drastisch reduziert. Durch eine Optimierung der Konstruktion kann erreicht werden, daß der Motor ausschließlich Roll- und keine Gleitbewegungen durchführt; dadurch wird die Reibung minimiert. Das Drehmoment des Motors beträgt aufgrund der Reibung lediglich 10 pNm, was für die meisten praktischen Anwendungen zu gering ist.

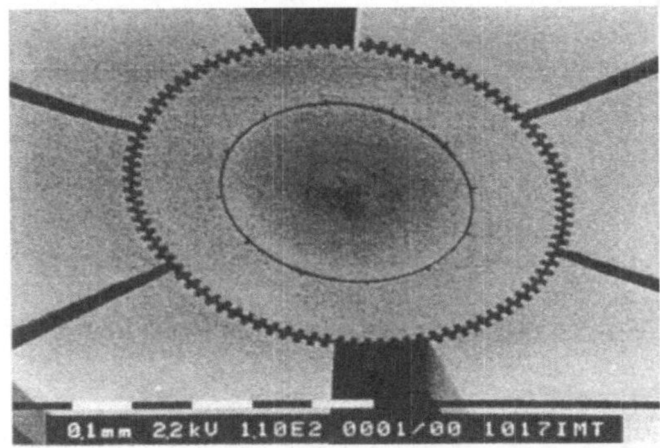

Bild 4.7
Elektrostatischer Rotationsmikromotor
(Quelle – Forschungszentrum Karlsruhe)

Während der letzten Jahre wurden auch einige andere rotierende elektrostatische Mikromotoren entwickelt [Camon93], [Hira93]. Die erzielbare Leistung ist jedoch unzureichend für Mikroroboteranwendungen und die Lebensdauer aufgrund von Reibung, die durch den mechanischen Kontakt von feststehenden und sich bewegenden Elementen entsteht, stark reduziert. Deshalb werden derzeit neuartige Antriebskonzepte für elektrostatische Mikromotoren untersucht und erforscht, bei denen der Rotor zum Schweben gebracht wird (Levitation) [Will97], [Ziad94], [Bleu92]. Besonders vielversprechend für Inspektions-Mikroroboter ist die Verwendung schwebender Rotoren in Gyroskopen.

Eine andere Möglichkeit, elektrostatische Mikroaktoren aufzubauen, bietet eine Anordnung mit planaren, membranartigen Elektroden, wie es in Bild 4.3 dargestellt wurde. In solchen Aktoren stehen sich planare Elektroden gegenüber und bewegen sich bei Anlegen einer Spannung aufeinander zu. Die senkrecht zu den Elektrodenoberflächen wirkende Kraft wächst dabei quadratisch mit kleiner werdendem Abstand zwischen den Elektroden. Dieses Aktuationsprinzip kann zur Realisierung von Ventilen und Pumpen in der Mikrofluidik bzw. von Feinpositionierelementen in der Mikrooptik eingesetzt werden. Bild 4.8 zeigt zwei mögliche Aktorkonstruktionen für die Mikroventiltechnik.

Das in Bild 4.8, oben, gezeigte Aktordesign besteht aus zwei Elektroden, zwischen denen ein metallischer Film eingespannt ist; der Film ist dabei S-förmig gebogen. Legt man eine Spannung zwischen oberer Elektrode und Film oder unterer Elektrode und Film an, dann wird der Film durch die elektrostatische Kraft an die jeweilige Elektrode gezogen, und die s-förmige Biegung wandert durch den Zwischenraum. Es ist leicht zu sehen, daß eine Vergrößerung des Ausgangshubs durch eine entsprechende Vergrößerung des Volumens zwischen den Elektroden erzielt werden kann. Bei einem Einsatz des Aktors als Mikroventil zur Steuerung von Gasströmen, können die Gaseinlässe seitlich in den Abstandshalter integriert werden; Aussparungen in der Elektrodenmitte bilden die beiden Auslässe.

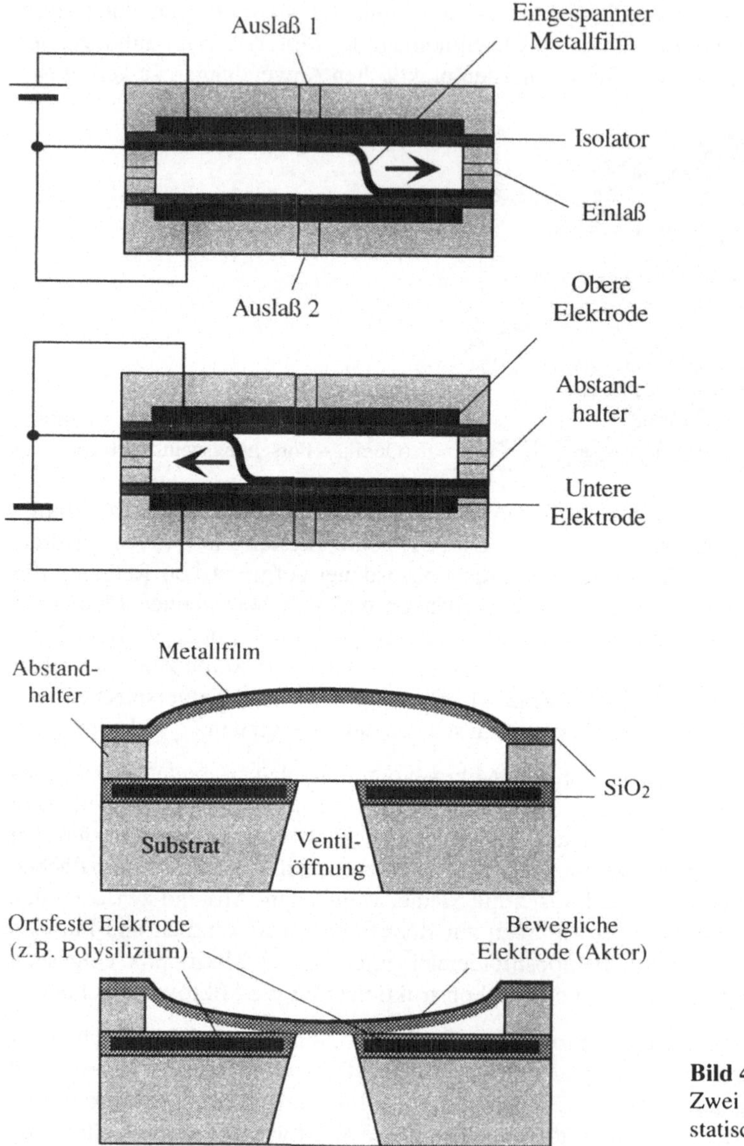

Bild 4.8
Zwei Bauarten elektrostatischer Mikroventils

Ein einfacheres Konzept eines Mikroventils stellt Bild 4.8, unten, dar. Eine derartige Struktur mit einer freihängenden Membran kann relativ einfach mit Hilfe eines mikromechanischen Opferschichtverfahrens hergestellt werden. Verwendet man z.B. Siliziumdioxid als Membranmaterial, entstehen in diesem Film interne Spannungen, die zu einer Wölbung der Membran über der Öffnung im Substrat führen. Wird auf die Membranoberfläche eine dünne Metallschicht abgeschieden, dann dient die Membran als eine bewegliche Elektrode. Legt man eine Spannung an die Elektroden an, wird die Membran ruckartig nach unten gezogen und der Zustrom z.B. einer Gassubstanz wird gestoppt.

Elektrostatische Membranaktoren eignen sich hervorragend zum Aufbau von Mikropumpen. Bild 4.9 zeigt die Skizze einer elektrostatischen Mikromembranpumpe, die bereits zur Produktreife entwickelt wurde [Rich92], [Zeng92]. Sie besteht aus vier Siliziumchips, wobei die beiden oberen den Antrieb aus Membran und Gegenelektrode und die beiden unteren identischen Chips das Ein- und Auslaßventil bilden.

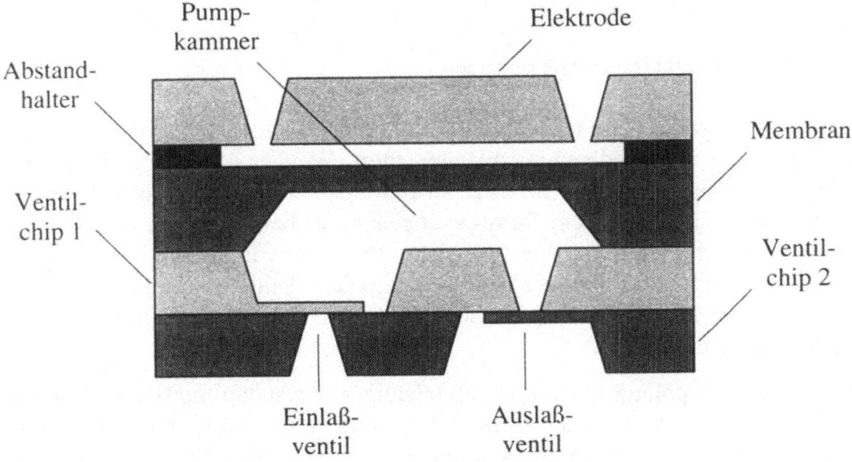

Bild 4.9
Skizze einer elektrostatischen Mikromembranpumpe

Wird eine Spannung zwischen Membran und Gegenelektrode angelegt, wird durch die Wölbung der Membran zur Gegenelektrode hin ein Unterdruck in der Kammer erzeugt, der das Einlaßventil öffnet und die Flüssigkeit in die Pumpkammer zieht. Nach Abschalten der Spannung wird die Flüssigkeit durch das Auslaßventil herausgedrückt.

Das Feinpositionieren in der Mikrooptik ist ein interessanter Anwendungsbereich planarer elektrostatischer Mikroaktoren, da bei optischen Anwendungen nur selten große Kräfte notwendig sind. Eine elektrostatische Mikroblende kann sehr einfach mit Hilfe von Opferschicht-Batchverfahren aufgebaut werden (Bild 4.10 [Lin93]). Ihr Funktionsprinzip basiert auf der elektrostatischen Auslenkung einer beweglichen Metallelektrode, die als eigentliche Mikroblende fungiert, gegen eine feste Elektrode (Substrat).

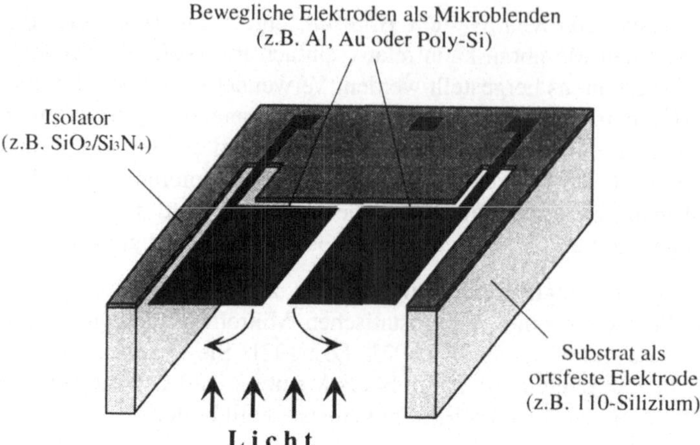

Bild 4.10
Aufbauprinzip einer elektrostatischen Mikroblende

Im spannungslosen Zustand befinden sich die Mikroblenden in der horizontalen Grundstellung, die zu einem vollständigen Ausblenden führt. Wird nun eine Spannung zwischen den Mikroblenden, die jeweils an zwei Stegen fixiert und durch eine Hilfsschicht vom Substrat isoliert sind, und dem Substrat angelegt, so bewegen sich die Blenden durch die elektrostatische Kraft aus ihrer Ruhelage. Bei einer vollen Öffnung der Blenden (90°) wird die maximale Lichtintensität erreicht. Nach dem Ausschalten der Spannung nehmen die Blenden aufgrund eines mechanischen Drehmoments ihren ursprünglichen Zustand wieder ein.

Die flexible optische Kopplungstechnik ist ein wichtiger Bestandteil optischer Kommunikationsnetzwerke und fordert eine sehr hohe Positioniergenauigkeit von Lichtwellenleitern, da die geringsten Abweichungen sofort zu Dämpfungen führen. Eine Lösung dieses Problems könnten elektrostatische Feinpositionierer liefern. Bild 4.11 zeigt die schematische Darstellung einer solcher Aktoreinheit, die zur Ausrichtung von optischen Fasern eingesetzt werden kann. Die Glasfasern werden dabei in V-förmigen Rillen im Substrat untergebracht und dienen als bewegliche Elektroden; dazu wird auf ihre Oberfläche vorher eine dünne Metallschicht abgeschieden. Als feste Elektroden dienen die Rillenwände, die ebenfalls mit einer Metallschicht überzogen sind. Die Herstellung von solchen V-förmigen Rillen kann mit den Batch-Verfahren der Substratmikromechanik in einkristallinem Silizium relativ problemlos durchgeführt werden.

Wird nun eine elektrische Spannung an eine der festen Elektroden angelegt, so wird der Lichtwellenleiter zu dieser Elektrode hingezogen. Durch eine gezielte Positionsregelung über die Spannungen an den beiden festen Elektroden kann die Faser optimal ausgerichtet und anschließend mit einem schnell härtenden Klebstoff fixiert werden. Die sensorische Rückkopplung kann hier über eine nachgestellte Diodenzeile erfolgen.

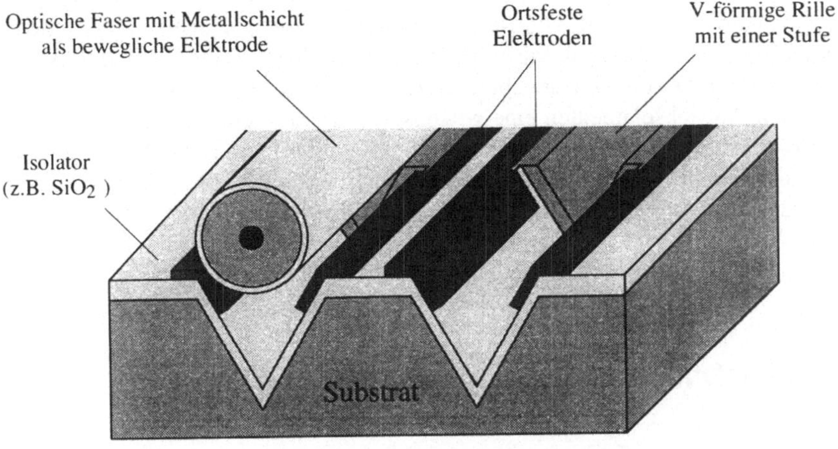

Bild 4.11
Elektrostatischer Feinpositionierer für optische Fasern (Quelle – NTT, Japan)

Von besonderer Bedeutung für die Mikrorobotik ist die Möglichkeit, durch eine Akkumulation von vielen planaren Elektroden künstliche Muskeln zu erschaffen. Eine direkte Nachbildung natürlicher Muskeln kann durch den Aufbau in Bild 4.12 erfolgen.

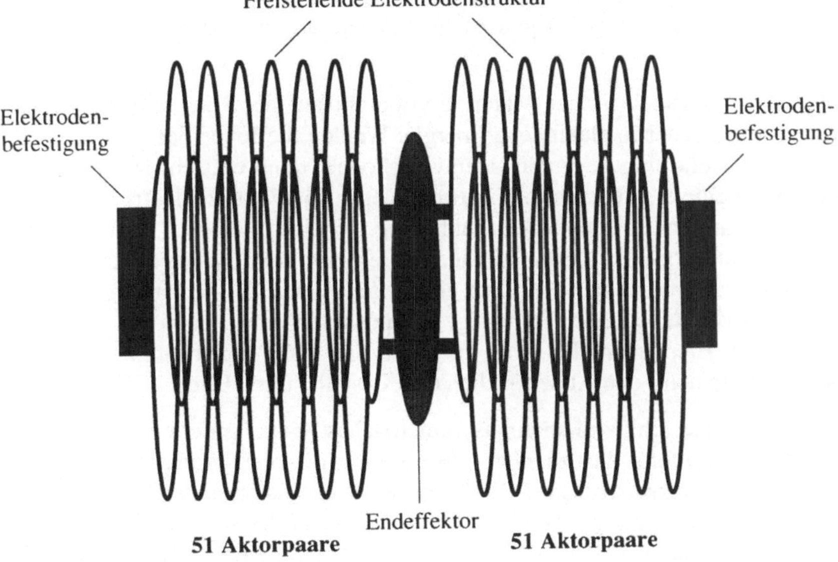

Bild 4.12
Verteiltes elektrostatisches Aktorsystem

Es handelt sich dabei um viele kleine Antriebselemente, die aus je zwei bogenförmigen Elektroden und Isolatoren bestehen. Die Reihenschaltung dieser Elemente bildet einen künstlichen Muskel, der bei Anlegen einer Spannung kontrahiert. Wird ein Endeffektor zwischen zwei solchen Aktorreihen angebracht, kann er durch gezieltes Variieren der Spannungen an den Antriebselementen eine gewünschte Position einnehmen. Durch die geringen Elektrodenabstände können relativ große Kräfte erzeugt werden. Da die Antriebselemente in Reihe geschaltet sind, können auch erhebliche Deformationen erzielt werden. Dieser Akkumulationseffekt kann für verschiedene Mikroroboterkonzepte genutzt werden.

4.3 Piezoelektrische Mikroaktoren

Festkörperaktoren auf der Basis von piezoelektrischen Keramiken sind vor allem durch präzise Bewegungen im Nanometerbereich und kurze Ansprechzeiten im Mikrosekundenbereich gekennzeichnet. Die erzielten Kräfte und Wege sind frei von Reibung, Spiel und Verschleiß. Dies eröffnet eine Unmenge an Mikrorobotikanwendungen, da auf einfache Weise elektrische Signale in sehr feine Bewegungen umgesetzt werden können. Andererseits sind diese Aktoren auch durch die hohen Anforderungen an die Dynamik von Mikrorobotern interessant, denn bei Ansteuerung z.B. eines piezoangetriebenen Roboterbeins mit Frequenzen im kHz-Bereich kann der Mikroroboter auch große Wege schnell überwinden, da sich die winzigen Auslenkungen der Piezoaktoren schrittweise aneinanderreihen lassen.

Die Wirkungsweise piezoelektrischer Materialien beruht auf der Hin- und Rücktransformation von mechanischer in elektrische Energie. Werden die Ionen des Piezokristallgitters durch äußere Belastung gegeneinander verschoben, dann entsteht an den Oberflächen der Kristalle eine elektrische Polarisation. Dieser *direkte* piezoelektrische Effekt ist von einer bestimmten Kristallstruktur abhängig. Wichtig für das Auftreten des Effektes ist ein asymmetrischer Kristallaufbau, d.h. es gibt kein Symmetriezentrum in bezug auf die positiven und negativen Ionen einer Elementarzelle. Ein äußerer mechanischer Druck bewirkt dabei eine Trennung des positiven und negativen Ladungsschwerpunktes jeder Elementarzelle, was zu einer ionischen Polarisation und zum Entstehen von Ladungen auf den Außenflächen des Kristalls führt (Bild 4.13).

Dieser Effekt ist reziprok, d.h. wird an ein asymmetrisches Kristallgitter eine elektrische Spannung angelegt, dann führt dies zu einer Längen- bzw. Dickeänderung des Materials. Durch diesen *inversen* piezoelektrischen Effekt können Piezomaterialien für den Aufbau von den bereits erwähnten smarten Aktoren, für die aufgrund der strengen Proportionalität von Ursache (Spannung) und Wirkung (Ausdehnung) keine Notwendigkeit für zusätzliche Sensoren besteht, verwendet werden.

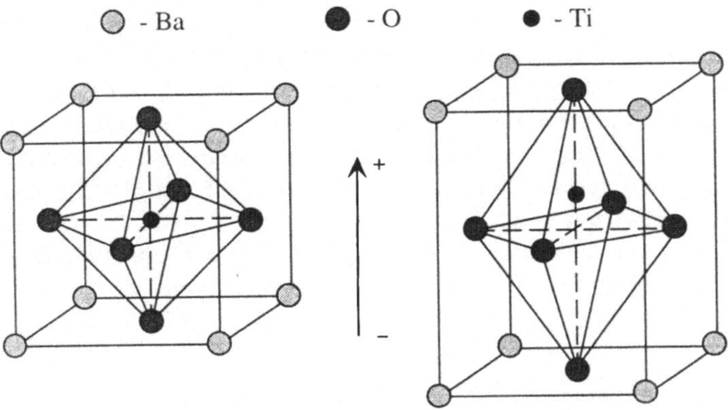

Bild 4.13
Piezokristallstruktur am Beispiel von BaTiO$_3$

Piezoelektrische Aktoren zeichnen sich durch eine hohe Stellgeschwindigkeit und eine gute Reproduzierbarkeit des Stellweges aus. Sie besitzen auch einen hohen Wirkungsgrad: etwa 50% der zugeführten elektrischen Energie kann in mechanische Energie umgesetzt werden. Dadurch entstehen in Piezoaktoren hohe Stellkräfte, was besonders in der Mikrorobotik von großer Bedeutung ist. Weitere wichtige Vorteile sind die hohe mechanische Festigkeit, die Neutralität gegenüber elektrisch leitenden Komponenten in ihrer Umgebung und die Unempfindlichkeit gegenüber Staub und Feuchtigkeit.

Ein grundlegendes Problem piezoelektrischer Materialien und Festkörperaktoren im allgemeinen ist das geringe Bewegungspotential (einige nm/V). Eine Keramikscheibe vermag sich nur etwa um 0.1–0.2% ihrer Dicke auszudehnen; der Einsatz ist nur dort sinnvoll, wo sehr kleine aber präzise Stellwege mit hohen Kräften und kurzen Reaktionszeiten gefragt sind. Gute dynamische Eigenschaften von piezoelektrischen Aktoren erlauben es zusätzlich, durch die Ansteuerung des Aktors mit hohen Frequenzen feine Aktorbewegungen auch zum globalen Positionieren eines Roboters in Echtzeit zu nutzen.

Bei der Herstellung der Keramiken können Form und Größe der Bauteile leicht den gestellten Aufgaben angepaßt werden. Dabei sind sowohl Makroaktoreinrichtungen z.B. für konventionelle Präzisionsroboter als auch Aktoren mit geringen Baugrößen für einen Einsatz in Mikrorobotern möglich. Durch die Zusammenstellung und Polarisation der Keramiken können die physikalischen Eigenschaften sowie die Wirkungsrichtung des Piezoeffekts festgelegt werden [Jend95]. Am häufigsten werden die Stapel- oder Biegewandler-Bauformen verwendet, die mehrere unterschiedliche, anwendungsspezifische Designs aufweisen.

Durch die Zusammenarbeit mehrerer Piezoelemente, die in Stapelbauweise zusammengesetzt werden, summieren sich ihre Ausgangshubwerte. Als Einzelaktoren dienen dünne Keramikscheiben, die in Kraft- und Bewegungsrichtung gestapelt werden; zwischen den Scheiben liegen flache metallische Elektroden zur Zuführung der Betriebsspannung. Die Keramikscheiben sind dabei elektrisch parallel und mechanisch in Reihe geschaltet. Dabei werden größere Stellwege als bei einem einzelnen Piezoelement erzielt, da sich bei der gleichen Spannung die Einzelhübe der Piezoelemente zur Gesamtauslenkung addieren. Die damit erzielbaren Aktoren können erfolgreich für verschiedenartige Anwendungen eingesetzt werden. Gut bekannt sind z.B. sogenannte Inchworm-Motoren, die auf einem raupenartigen Bewegungsablauf basieren und zum Aufbau von Mikropositioniersystemen eingesetzt werden [burl95] (Abschnitt 5.2). Mehrschichtige keramische Strukturen können u.a. mit dem Tape Casting-Verfahren hergestellt werden. Nach dem Trocknen werden Elektroden auf die Keramik gedruckt (ähnlich dem Textildruck), die Schichten gestapelt und die mehrschichtige Struktur gebrannt (Bild 4.14).

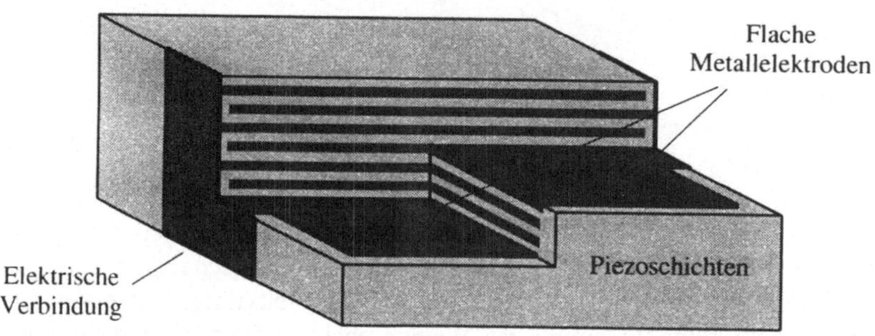

Bild 4.14
Mehrschichtige Piezokeramikstruktur für Mikroaktorik

Die resultierenden Aktoren besitzen eine Dicke von 10–200 µm, eignen sich für die Massenproduktion und benötigen Ansteuerspannungen zwischen 50 und 300 V. Um die durch Leistungselektronik bedingten Aktorkosten zu reduzieren, versucht man die Spannungen auf etwa 15–30 V zu senken. Dieses Design weist lebenszeitverkürzende, interne mechanische Spannungen aufgrund von Inhomogenitäten auf, die durch die Elektroden entstehen.

Eine andere Bauart piezoelektrischer Mikroaktoren, den Biegewandler, stellen piezokeramische Cantilever-Strukturen dar, die sowohl als Rohr, wie auch als Platte gesintert werden können. Rohrförmige Mikroaktoren werden in Teil 7 bei der Beschreibung der an der Universität Karlsruhe entwickelten Mikroroboter vorgestellt [Magn95], [Fati95]. Bei Plattenstrukturen werden in der Regel zwei dünne, entgegengesetzt polarisierte Piezoschichten zusammen geklebt. Häufig werden diese Keramikschichten zu beiden Seiten eines als Träger fungierenden Metallstreifens angebracht. Jede Keramik wird außerdem von zwei stromleitenden Metallschichten umgeben (Bild 4.15).

Das Arbeitsprinzip basiert auf einem koordinierten Ausdehnungs/Schrumpfungs-Verhalten der Piezoschichten, wobei die Ausdehnung des keramischen Materials senkrecht zur Polarisierungsachse genutzt wird. Die Polarisationsrichtung ist parallel oder entgegengesetzt der Richtung des elektrischen Feldes. Sind die Richtungen der Polarisation und des elektrischen Feldes gleich, so dehnt sich die Piezokeramik aus; sind die Richtungen entgegengesetzt zueinander, so schrumpft die Keramik. Dies verursacht eine Verbiegung des Aktors in die gezeigte Richtung. Der elektromechanische Energie-umwandlungseffekt ist nicht sehr hoch, verglichen mit dem Effekt bei Stapelelementen, aber die bimorphe Struktur ist in Bezug auf die induzierte Verschiebungsamplitude überlegen. Die maximale Kraft und die Arbeitsfrequenz sind dabei um ein Vielfaches niedriger als beim Stapelaktor.

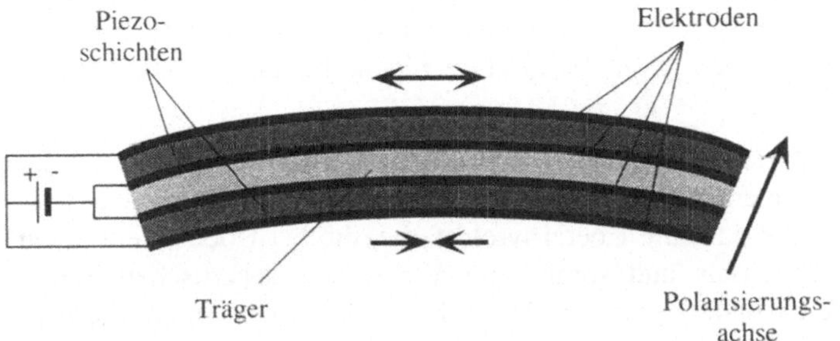

Bild 4.15
Skizze einer bimorphen Piezokeramikstruktur für Mikroaktorik

Um eine möglichst optimale Anpassung an die Erfordernisse des jeweiligen Mikro-roboters (einmal steht der Stellweg mehr im Vordergrund, ein anderes Mal eher die Kraft oder der effektive Spannungsbereich) zu gewährleisten, müssen bei der Auswahl einer geeigneten Baumform des Roboteraktors eine Reihe von Parametern berücksichtigt werden. Bild 4.16 gibt eine Übersicht über die wichtigsten Bauformen piezoelektrischer Aktoren und einige typische Kenndaten, die das Betriebsverhalten eines Aktors umfassend beschreiben.

Standard-Bauformen	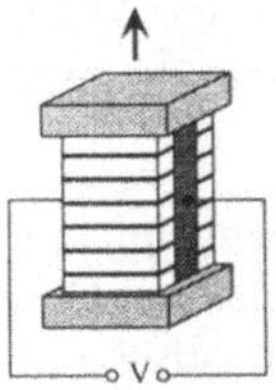 Stapel	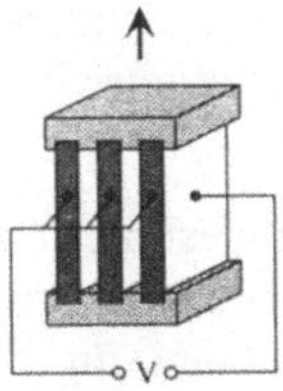 Streifen	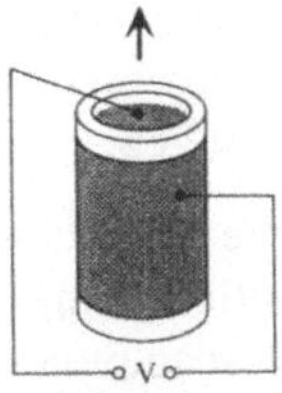 Röhrchen	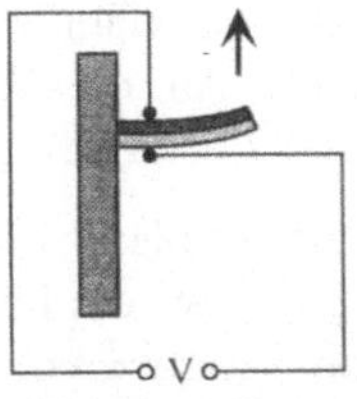 Biegewandler
Stellwege	20 – 200 µm	≤ 50 µm	≤ 50 µm	≤ 1000 µm
Stellkräfte	≤ 30000 N	≤ 1000 N	≤ 1000 N	≤ 5 N
Betriebs-spannung	60–1000 V	60–500 V	120–1000 V	60–400 V

Bild 4.16
Die wichtigsten Bauformen piezoelektrischer Aktoren für Mikrorobotik

Für die meisten Anwendungen innerhalb der Mikrorobotik werden Piezomaterialien mit großen piezoelektrischen Koeffizienten, großem elektrischem Widerstand, geringen Arbeitsspannungen und hoher mechanischer Stabilität gesucht. Eine gute Strukturierbarkeit mit Hilfe mikromechanischer Verfahren wird ebenfalls angestrebt; einfachere piezoelektrische Aktorelemente können z.B. mit dem LIGA-Verfahren direkt hergestellt werden. Natürliche piezoelektrische Materialien, wie z.B. Quarz oder Turmalin, sind bereits seit langem bekannt; die piezoelektrischen Eigenschaften dieser Kristalle sind aber nicht ausreichend (Formänderung unter 0.1 %). Seit Jahren werden polykristalline Keramiken untersucht, die ein größeres Aktuationspotential besitzen. Blei-Zirkonat-Titanat (PZT) ist in Bezug auf die piezoelektrischen Eigenschaften zur Zeit absolut führend.

Beim Entwurf von piezoangetriebenen Robotern müssen einige charakteristische Grenzwerte piezoelektrischer Aktorelemente berücksichtigt werden, wie z.B. die Curietemperatur, der Depolarisationsdruck oder die Koerzitivfeldstärke, die bei Überschreitung zu einer Depolarisation des Materials und somit zum Verlust der spezifischen Piezoeigenschaften führen. Eine besonders große Rolle bei Robotereinsätzen in schwierigen Umgebungen spielt die Curietemperatur. Es handelt sich um eine Umwandlungstemperatur vom paraelektrischen in den ferroelektrischen Zustand (je nach Material zwischen 120°C und 400°C), die den nutzbaren Temperaturbereich einer Piezokeramik festlegt.

Der praktische Nutzen piezoelektrischer Aktoren für die Mikrorobotik ist unbestritten. Neben bereits genannten Eigenschaften wie Präzision, Robustheit oder gute Dynamik, sind piezoelektrische Mikroaktoren systemfähig und können problemlos in eine Mikroroboterplattform integriert werden. Außerdem sind Piezoaktoren aufgrund der relativ einfachen Regelalgorithmen sehr vorteilhaft, da sich die Entwicklungszeit für die Roboteransteuerung wesentlich verkürzt. Der Variantenreichtum bei der Herstellung von Piezoelementen, von denen die meisten auch kostengünstig auf dem Markt angeboten werden, ist ein weiterer wichtiger Punkt, da der Roboterentwickler eine gezielte Aktorauswahl in bezug auf das angestrebte Leistungspotential des Mikroroboters treffen kann. Auf die Aufbauprinzipien von piezoangetriebenen Mikrorobotern wird in Teilen 5 und 7 detailliert eingegangen.

Der für piezoelektrische Mikroaktoren prädestinierte Aufgabenbereich ist die Feinjustierung bzw. die Feinpositionierung von verschiedenartigen Objekten. Denkbar ist deshalb ein Einsatz von Piezomanipulationseinheiten für die automatische Ausrichtung von optischen Fasern in mikrooptischen Chips. Dies ist zur Zeit ein typisches „bottle neck"-Problem in der Mikrooptik, was auch die Zusammenarbeit des IPR mit Philips in Verbundprojekten deutlich zeigte. Eine konzeptuelle Skizze eines piezoelektrisch angetriebenen Faserausrichters, der mehrere Glasfasern unabhängig voneinander positionieren kann und zur Zeit von NTT, Japan, entwickelt wird, ist in Bild 4.17 zu sehen.

Die einzelnen Endeffektoren können mit Hilfe der jeweiligen Piezoelemente präzise Bewegungen im Mikrometerbereich durchführen und individuell gesteuert werden. Dadurch kann jeder Lichtwellenleiter bei einer entsprechenden Ansteuerung der Piezoaktoren im zweidimensionalen Raum mit μm-Präzision bewegt werden.

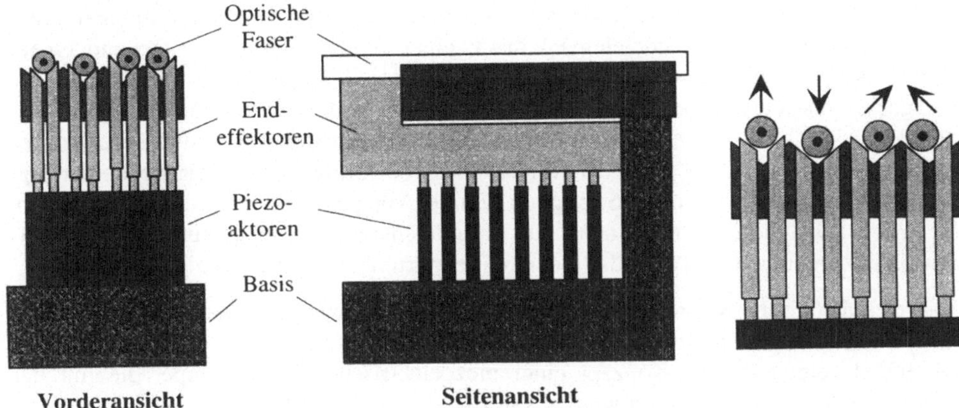

Bild 4.17
Konzept eines piezoangetriebenen Glasfaserausrichters:
schematischer Aufbau des Ausrichters (links) und das Funktionsprinzip (rechts)

Die große Stellgeschwindigkeit und die hohe Positioniergenauigkeit piezoelektrischer
Aktoren können auch bei der zweidimensionalen, hochdynamischen Positionierung von
Laserstrahlen in optischen Systemen ausgenutzt werden. Solche Systeme werden bei der
sensorischen Ausstattung von Inspektions-Mikrorobotern unentbehrlich sein. Mit piezo-
getriebenen Scannern können die für herkömmliche Laser-Scanner üblichen Probleme,
wie ein begrenzter Frequenzbereich oder ein sehr kleiner Ablenkwinkel, behoben werden. Diese Anwendung ist in Bild 4.18 skizziert.

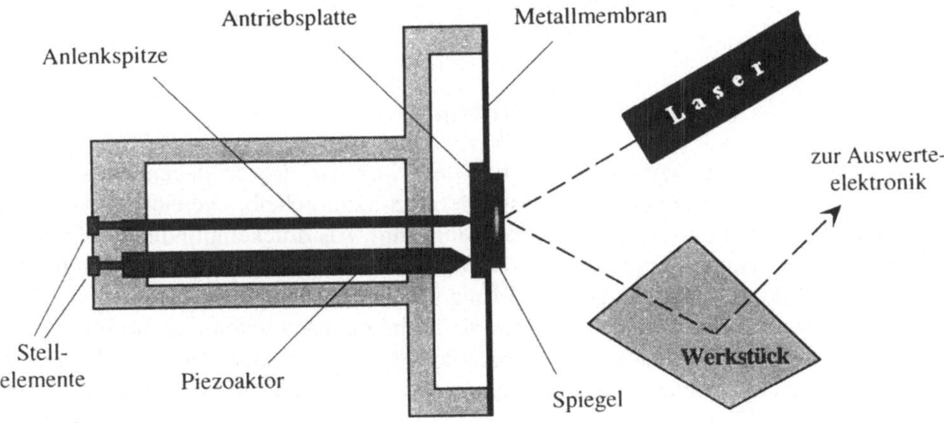

Bild 4.18
Funktionsprinzip eines piezoangetriebenen Laser-Scanners

Der Scanner besteht aus einer Antriebsplatte mit einem darauf montierten Spiegel, einer Metallmembran, die als Federelement dient, einer zentralen Anlenkspitze und einem rechtwinklig eingebauten Piezoaktor. Eine Neigung des Spiegels erreicht man über eine geeignete Ansteuerung des Piezoelements, das sich ausdehnen und auf die Antriebsplatte drücken kann. Durch eine Variierung des Abstandes zwischen der Anlenkspitze und dem Piezoelement läßt sich der Ablenkwinkel beeinflußen, die Grenzfrequenz hängt dabei im wesentlichen von der Steifigkeit und der Vorspannung der Metallmembran ab. Natürlich kann dieses Prinzip auch zur zweidimensionalen Auslenkung des Spiegels erweitert werden, indem zwei oder mehrere Piezoaktoren integriert werden.

Wie elektrostatische Mikroaktoren können auch piezoelektrische Antriebe zur kontrollierten Dosierung von Substanzen in der Mikrofluidik eingesetzt werden. Bild 4.19 [Rich92a] zeigt z.B. das Konzept einer piezoelektrischen Mikropumpe, die mit der Siliziumtechnologie hergestellt werden kann.

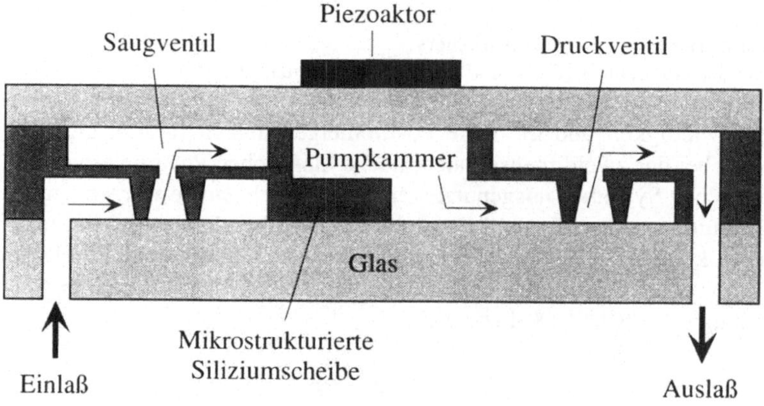

Bild 4.19
Skizze einer piezoelektrischen Mikromembranpumpe

Die Pumpe besteht aus zwei Glasplättchen und einer dazwischen liegenden Siliziumscheibe. Die durch Ätztechniken strukturierte Siliziumscheibe vereint in sich die Pumpenkammer und das Druck- bzw. das Saugventil. Als druckempfindliche Membran dient die obere, dünne Glasplatte, die mit Hilfe eines aufgeklebten Piezoelements (des eigentlichen Aktors) eine Volumenänderung der Pumpenkammer hervorrufen kann. Beim Anlegen einer Spannung wölbt sich die Membran nach unten und die Flüssigkeit wird über das Druckventil nach außen befördert. Nach dem Abschalten der Spannung kehrt die Membran wieder in ihre Ruhelage zurück, und die Pumpe nimmt über das Saugventil erneut Flüssigkeit auf.

Das gerade präsentierte Aktuationsprinzip kann auch zum Öffnen bzw. Schließen eines Mikroventils verwendet werden. Kraftvolle Piezoaktoren können dabei ein für aktive Mikroventile typisches Problem der Druckkompensation lösen. Es besteht darin, daß sich das Ventil oft nicht mehr öffnen läßt, nachdem es einmal geschlossen wurde, wenn der Außendruck relativ groß ist. Ein möglicher Ausweg ist der Einsatz von leistungsfähigen Mikroaktoren, die in der Lage sind, den Außendruck zu überwinden (Bild 4.20).

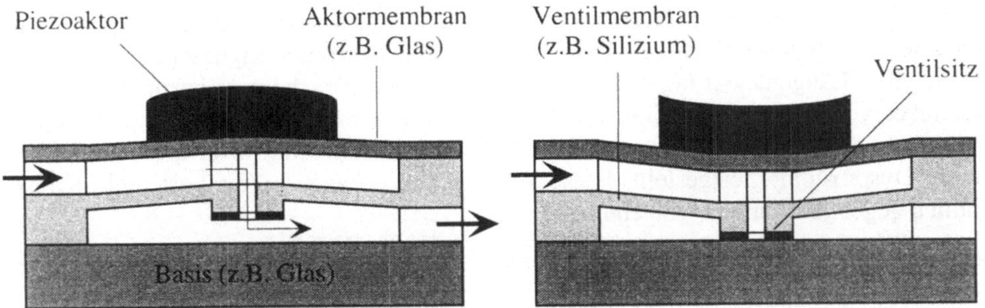

Bild 4.20
Das Funktionsprinzip eines piezoangetriebenen Mikroventils

Das Aktorsystem besteht aus einer Membran und einer darauf geklebten piezokeramischen Scheibe. Die Ventilmembran steht dabei über prismenförmige Verbindungselemente mit der Aktormembran in Kontakt. Das Öffnen bzw. Schließen des Mikroventils erfolgt über ein gleichzeitiges Anheben bzw. Herablassen der Aktormembran und der Ventilmembran mit Hilfe des Piezoelementes. Ein solches Mikroventil kann mit Hilfe von siliziumbasierten Technologien im Batch hergestellt werden.

4.4 Magnetostriktive Mikroaktoren

Wie wir bereits am Beispiel piezoelektrischer Keramiken gesehen haben, sind die Festkörperaktoren in den letzten Jahren zunehmend in den Blickpunkt der Forschung gerückt. Während aber piezoelektrische Aktoren zur Zeit vielfältig eingesetzt werden, stehen magnetostriktive Aktoren noch an der Schwelle zum großtechnischen Einsatz.

Magnetostriktive Materialien unterliegen ebenso wie die piezoelektrischen einem Umwandlungsprozeß von elektrischer Energie in mechanische. Unter *Magnetostriktion* versteht man eine Dimensionsänderung eines ferromagnetischen Materials unter Einfluß eines äußeren Magnetfeldes. Bei der spontanen Polarisation (Normalzustand) kompensieren sich alle Magnetisierungsrichtungen in den Weiss'schen Bezirken. Das Magnetfeld verursacht eine Ausrichtung der Weiss'schen Bezirke des Werkstoffs entsprechend der Feldlinien. Hiermit verbunden ist eine Längenänderung des Werkstoffs in Magnetisierungsrichtung; die magnetostriktive Volumenänderung kann vernachlässigt werden.

Bei natürlichen magnetostriktiven Materialien wie z.B. Tb oder Dy ergeben sich relative Längenänderungen von nur ca. 0.1%. Außerdem ist die Curie-Temperatur dieser Metalle, bei der der Werkstoff seine ferromagnetischen Eigenschaften verliert, so niedrig, daß ein technischer Einsatz bei Zimmertemperaturen nicht in Frage kommt. Heute wird der Einsatz von Terbium-Eisen- und Terbium-Disprosium-Eisen-Legierungen untersucht [Clark92], [Clae94], die bessere magnetostriktive Eigenschaften besitzen und relative Längenänderungen von 0.15–0.2% aufweisen, die mit denen von Piezokeramiken vergleichbar sind. Gute magnetostriktive Eigenschaften wurden vor allem bei TbDyFe-Legierungen, bekannt als Terfenol-D (Terbium, Ferrum, Naval Ordnance Laboratory, Dysprosium), festgestellt. Diese Werkstoffe sind auch sehr robust und unempfindlich gegenüber rauhen Umgebungen.

Im Vergleich mit PZT-Verbindungen, die als Aktoren den inversen piezoelektrischen Effekt nutzen, ist die Curie-Temperatur von Terfenol-D wesentlich höher (mit vergleichbarer maximaler Dehnung) und beträgt etwa 380°C. Außerdem führt das Überschreiten der Curie-Temperatur im Gegensatz zu Piezokeramiken nicht zu einem unumkehrbaren Verlust ferromagnetischer Eigenschaften. Ein weiterer Vorteil von Terfenol-D ist die vielfach höhere Energiedichte, was gerade für miniaturisierte und Mikroaktoren von großer Bedeutung ist. Außerdem werden magnetostriktive Aktoren im Unterschied zu piezoelektrischen stromgesteuert betrieben, wodurch sich hohe Spannungen und die notwendigen elektronischen Einheiten erübrigen. Der Hauptnachteil von Piezokeramiken, der geringe Ausgangshub, ist allerdings auch bei magnetostriktiven Aktoren ein „bottleneck". Außerdem kommt es im statischen Betrieb zu ohmschen Verlusten aufgrund eines konstanten Vormagnetisierungsstroms, während piezoelektrische Werkstoffe bereits bei der Herstellung polarisiert werden. Im Gegensatz zum piezoelektrischen Effekt ist der magnetostriktive Effekt nicht direkt umkehrbar und kann deshalb nicht zum Aufbau smarter Mikroaktoren eingesetzt werden. Auch die Mikrostrukturierung der magnetostriktiven Materialien bereitet zur Zeit noch große Schwierigkeiten. Die Realisierung von Mikroaktoren mit diesen Werkstoffen kommt deswegen nur vereinzelt vor.

Das zukünftige Potential von Terfenol-D ist deutlich abzusehen, da es mit seiner hohen Energiedichte große Kräfte bei geringen Materialmengen zur Verfügung stellt. Magnetostriktive Aktoren können dort eingesetzt werden, wo sehr große Kräfte bei hoher Dynamik, kurze Stellwege mit hoher Positioniergenauigkeit benötigt werden und hohe Umgebungstemperaturen auftreten. Sie kommen ohne bewegliche Elektroden aus und die für den Betrieb notwendigen elektrischen Spannungen sind bei geeigneter Positionierung der magnetischen Spule äußerst gering. Der technische Einsatz dieser Mikroaktoren erstreckt sich von Positionierelementen in Robotern über Linearmotoren bis hin zu aktiven Schwingungsdämpfern. Es wird also der Bereich abgedeckt, der bisher den piezoelektrischen Aktoren vorbehalten war.

Terfenol-D-Aktoren sind in der Regel aus einem Terfenolstab aufgebaut, der vollständig von einer Erregerspule umhüllt ist. Diese Umhüllung muß exakt sein, um eine gute magnetische Kopplung zu erhalten. Durch die Realisierung einer geeigneten Flußführung kann außerdem der Streufluß reduziert werden, der eine Erhöhung der magnetischen Feldstärke innerhalb des Terfenolstabs zur Folge hat. Aus energetischen Gründen ist eine mechanische Vorspannung des Terfenolstabs in Richtung der Stabachse, beispielsweise durch eine Feder, vorteilhaft. Das Ziel ist eine Ausrichtung aller Domänen des Werkstoffs senkrecht zur Belastungsrichtung (Nullposition), was quasi einem Zustand der maximalen „potentiellen Energie" des Stabs entspricht. Durch das einwirkende Magnetfeld drehen sich dann die Domänen in Feldrichtung (Richtung der Stabachse) und bewirken damit die maximale Längenänderung des Stabs. Wenn alle Domänen in Richtung der Stabachse ausgerichtet sind, dann ist der Terfenolstab magnetisch gesättigt, und es kann keine weitere Längenänderung des Stabs erzielt werden. Da die maximale mechanische Zugspannung von Terfenol-D sehr klein ist, wird der Terfenolaktor meistens einer Druckspannung ausgesetzt. Außerdem ist es für die Steuerbarkeit des magnetostriktiven Aktors vorteilhaft, wenn der Aktorstab durch einen Permanentmagneten vormagnetisiert wird. Die Vormagnetisierung führt zu einem weitgehend linearen Zusammenhang zwischen dem überlagerten Wechselfeld und den resultierenden Längenänderungen. Dadurch ergibt sich eine für Mikrorobotikanwendungen wichtige Aktorstruktur (Bild 4.21).

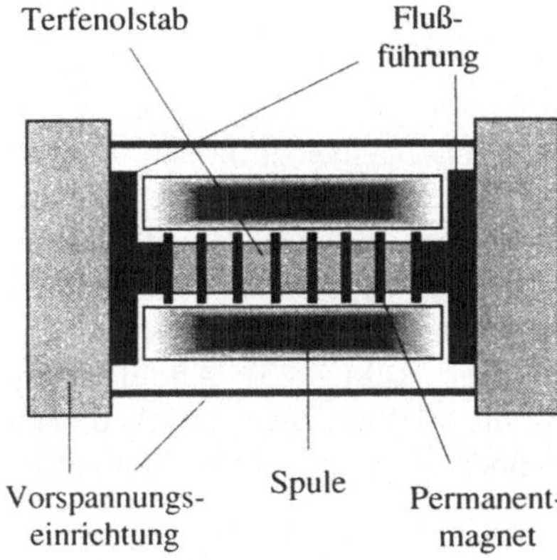

Bild 4.21
Typischer Aufbau von stabartigen
Terfenol-Aktoren

Dieser Aktor wird in den sogenannten Kiesewetter-Motoren eingesetzt, deren Konzept die positiven Eigenschaften von Terfenol-D in vollem Umfang ausnutzt [Kies88], [Roth92]. Dabei wird elektrische Energie in eine lineare hochpräzise Bewegung eines Terfenolstabs umgesetzt. Das Funktionsprinzip des Motors ist in Bild 4.22 zu sehen.

Der Terfenolstab ist in einer harten Führungsröhre eingeklemmt, deren Ende an einer starren Hilfsstruktur befestigt ist. Die Röhre ist mit mehreren kurzen Spulen umringt, die jeweils ein Magnetfeld erzeugen können. Wird das Magnetfeld sukzessiv von einem Ende der Röhre zum anderen weitergeschaltet, so bewegt sich der Terfenolstab innerhalb der Röhre in entgegengesetzter Richtung, wie im Bild zu sehen ist. Die Geschwindigkeit, Kraft und Position des Stabes kann durch das Magnetfeld gesteuert werden. Diese Konstruktion kann als Feinpositionierelement in einen Mikroroboter integriert werden. Allerdings ist dieser Motor temperaturempfindlich und kostspielig.

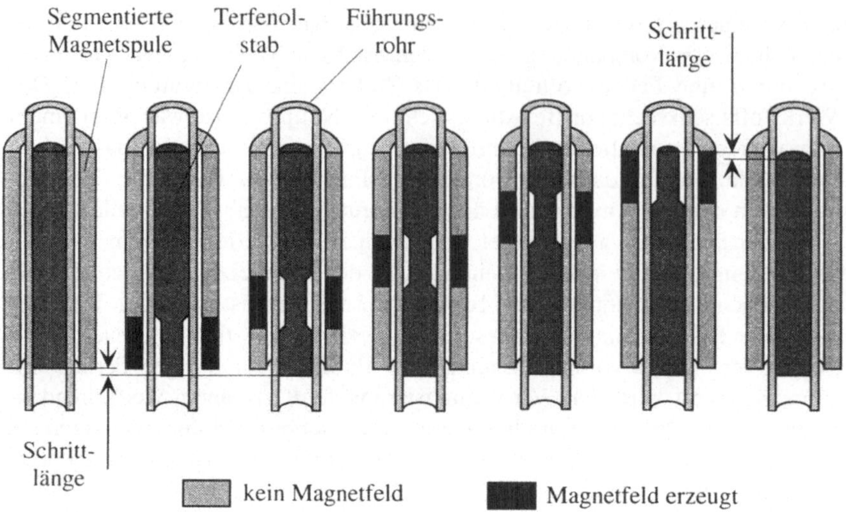

Bild 4.22
Funktionsprinzip des Kiesewetter-Motors

Es wurden bis jetzt fast ausschließlich die stabförmigen magnetostriktiven Aktoren untersucht, obwohl auch magnetostriktive Schichten-Aktoren für Mikroroboter von Bedeutung sind. Verglichen mit herkömmlichen Terfenolstäben sind diese Konstruktionen leichter und kosteneffektiver und haben ein größeres Bewegungspotential. Eine wichtige Rolle spielen dabei bimorphe Strukturen, deren Längenänderungen in Bewegungen von Biegezungen und Membranen umgesetzt werden können (Bild 4.23). Als elastische Trägerschicht in den Bimorph-Strukturen kann z.B. ein Silizium-Biegebalken dienen. Im Vergleich zu den piezoelektrischen Schichten erlauben magnetostriktive Materialien eine kontaktlose Ansteuerung.

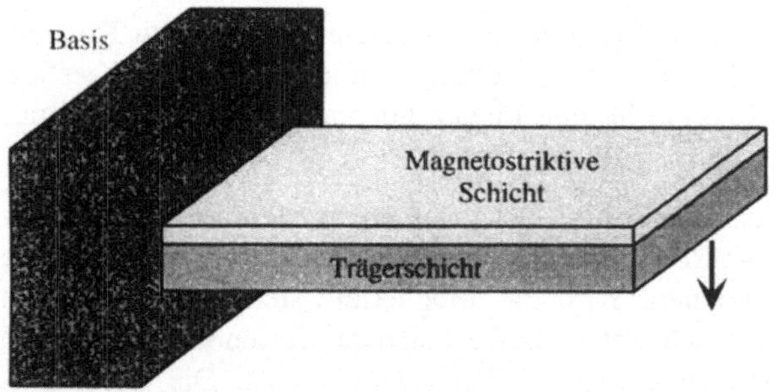

Bild 4.23
Ein magnetostriktiver
Biegebalken

Wie Piezoschichtaktoren können magnetostriktive Schichten in der Mikrofluidik als Ventile oder Strahlschalter eingesetzt werden. Bild 4.24 [Flik94] zeigt die Skizze eines membranartigen Mikroventils, das mit Hilfe des LIGA-Verfahrens hergestellt wurde.

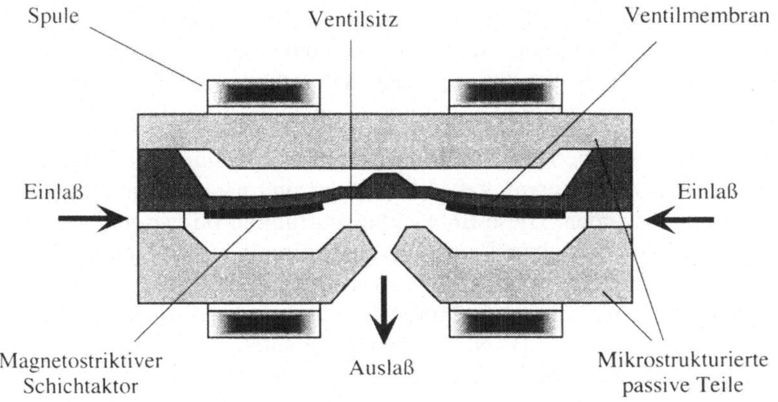

Bild 4.24
Skizze eines magnetostriktiven Ventils

Im Ausgangszustand fließt kein Strom durch die Spule und das Ventil ist durch die Ventilmembran geschlossen. Wird nun ein externes magnetisches Feld angelegt, verbiegen sich die Schichtaktoren. Die Ventilmembran wölbt sich nach oben und gibt die Auslaßöffnung frei.

Abschließend läßt sich folgendes feststellen: Wichtige Voraussetzungen für die Realisierung leistungs- und umsatzfähiger Aktoren für Mikroroboter sind kostengünstigere Herstellungsverfahren für Terfenol-D oder bessere mechanische Werkstoffe, um unterschiedliche Bauformen zu erreichen. Diese Voraussetzungen sind heute noch nicht vorhanden. Außerdem fehlen konstruktive Lösungen zur Integration von magnetostriktiven Mikroaktoren in einen Mikroroboter, da die erforderlichen Einrichtungen zur Erzeugung bzw. Optimierung des Magnetfeldes zu einer größeren Bauweise gegenüber dem Piezoaktor führen.

4.5 Elektromagnetische Mikroaktoren

Mit der zunehmenden Entwicklung volumenorientierter Mikrotechnologien für ein breites Materialspektrum gewinnen elektromagnetische Mikroaktorsysteme zunehmend an Bedeutung. In elektromagnetischen Aktoren wird elektrische Energie über ein elektromagnetisches Feld in mechanische Energie, wie etwa Kräfte oder Drehmomente, umgeformt. Wird ein Permanentmagnet in eine stromdurchflossene Spule gebracht, dann entsteht eine Kraft, die abhängig von der Magnetisierungs- und Stromrichtung den Magneten in die Spule hineinzieht oder herausdrückt. Klassische Beispiele sind der Elektromotor und der Relaisantrieb. Besonders wichtig für die Mikrorobotik ist die

Entwicklung miniaturisierter Motoren, die präzise lineare oder rotatorische Bewegungen ermöglichen und als Basis von Positionier- und Mikromanipulationseinheiten in Mikrorobotern dienen können. Einfache Konstruktionslösungen derartiger Antriebe lassen sich auch mikromechanisch realisieren, sowohl in Silizium- als auch in LIGA-Technik.

Eine Miniaturisierung elektromagnetischer Motoren wurde erst dadurch möglich, daß magnetische Materialien mit ihren Eigenschaften verbessert und neue Herstellungsverfahren für Spulen entwickelt wurden. Diese Entwicklungen führten im wesentlichen zu einer Vereinfachung der Motorstruktur und einer Verkleinerung der einzelnen Komponenten. Da es der LIGA-Prozeß ermöglicht, dreidimensionale Strukturen zu erstellen und magnetische Materialien, die zur Umwandlung von magnetischer Energie in Kräfte und Drehmomente benötigt werden (z.B. Nickel), zu verarbeiten, sind Abmessungen von elektromagnetischen Aktorsystemen im µm-Bereich möglich. Erschwerend für die Mikrofertigung magnetischer Aktoren ist die Tatsache, daß eine gleichzeitige Fertigung der stromführenden Spulen und des flußführenden Werkstoffs in einem lithographischen Prozeß kaum durchführbar ist.

Diese Einschränkung erfordert eine Integration von Magneten bzw. Spulen bei der Realisierung von elektromagnetischen Mikroaktoren, d.h. es werden entweder Permanentmagneten auf integrierten planaren Spulen untergebracht oder man bringt hochpermeable bewegliche Teile in von außen zugeführte magnetische Felder ein. Um diese Integration überhaupt zu ermöglichen, sind aber zusätzliche AV-Techniken, wie z.B. Drahtbondtechniken, notwendig. Interessant sind z.B. lineare Antriebe mit gleitenden Magneten, in denen der Magnet sich in einem Kanal eindimensional bewegen kann. Im Motorprototyp in Bild 4.25 wird der Kanal durch zwei Siliziumchips auf einem Glassubstrat gebildet.

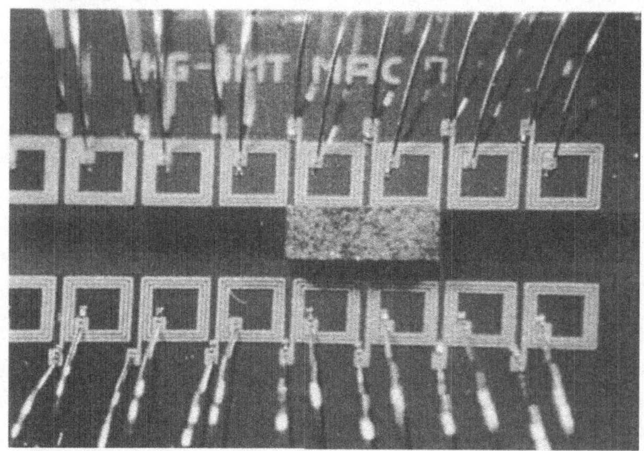

Bild 4.25
Linearer Magnetmotor
(Quelle – FhG für Mikrostrukturtechnik, Berlin)

Entlang des Führungskanals befinden sich mehrere, in die Chipoberfläche integrierte planare Spulen. Gegenüberliegende Spulen werden sequentiell mit gleichem Strom angetrieben, so daß ein senkrechtes Magnetfeld (parallel zur Magnetisierung des Dauermagneten) an der jeweiligen Position des Magneten entsteht. Das Zentrum des Magneten wird dorthin gezogen, wo die maximale Feldstärke des vertikalen Feldes auftritt. Somit kann der Magnet aufgrund des wandernden Magnetfeldes in einer synchronen Bewegung durch den Kanal gezogen werden.

Die folgende Konstruktion einer Magnetspule kann die Herstellung von magnetischen Mikroantrieben erheblich vereinfachen (Bild 4.26). Dabei wird ein Leiter um einen zu magnetisierenden Körper herumgewickelt, was die Aktorintegration wesentlich erleichtert. Basierend auf diesem Design wurde bereits ein elektromagnetischer Reluktanzmikromotor mit Hilfe von mehreren Mikrotechniken (Abscheiden, Lithographie, Trockenätzen, Mikrogalvanik und Mikromontage) auf einem Siliziumsubstrat erfolgreich hergestellt [Ahn93].

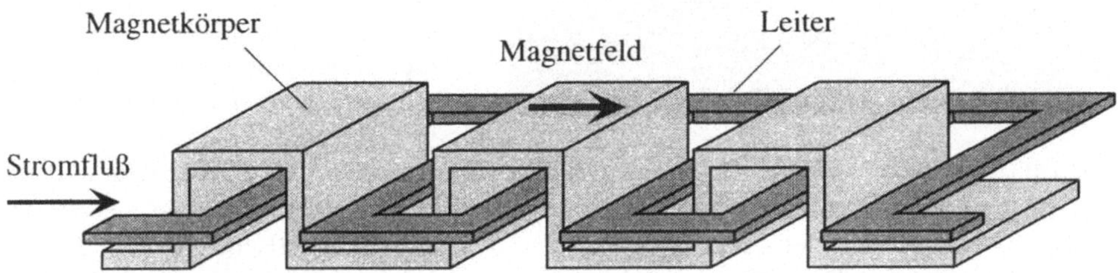

Bild 4.26
Eine integrationsfähige Spulenkonstruktion

Viele verschiedene Konstruktionstypen elektromagnetischer Motoren können für Mikrorobotikanwendungen nützlich sein. Am besten bekannt sind rotatorische Reluktanz-Mikromotoren, die in vielen „Makro"-Anwendungen eine große Rolle spielen. Wichtig bei der Realisierung rotierender Reluktanzmotoren ist die unterschiedliche Anzahl an Zähnen zwischen Rotor und Stator, da sonst alle Magnetkreise in ihrer Phasenlage übereinstimmen und somit keine kontinuierliche Kraft erzeugt werden kann (Bild 4.27).

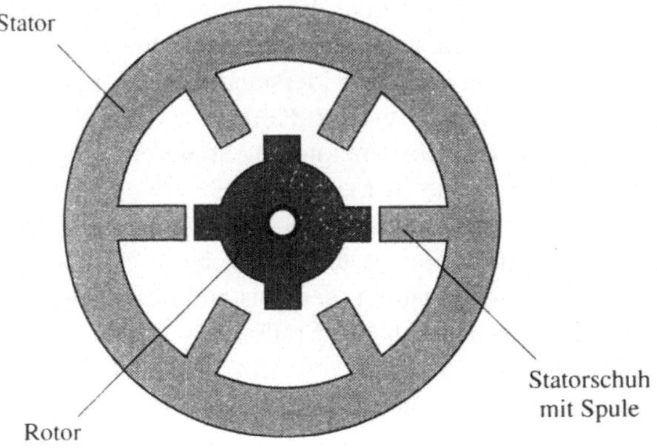

Bild 4.27
Skizze eines rotierenden Reluktanzmotors

Die meisten magnetischen Mikroantriebe werden nach diesem Prinzip mit der Silizium-Technologie realisiert [Guck92], [Chri92], [Guck93]. Ein rotatorischer Reluktanzmotor mit einem Durchmesser von 1.9 mm wurde entwickelt (Bild 4.28).

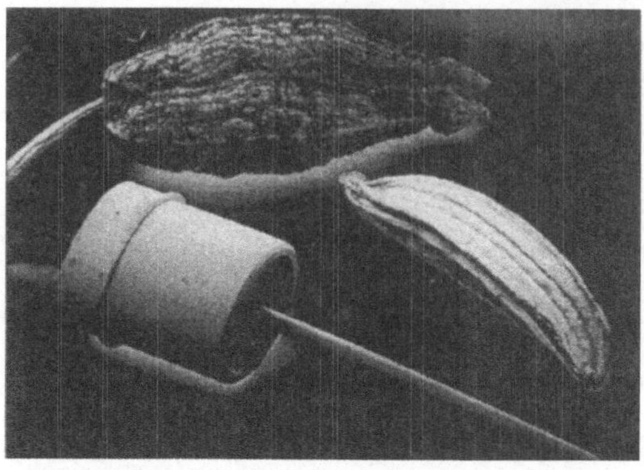

Bild 4.28
Der Mikromotor im Größenvergleich
mit Fenchel- und Kümmelsamen
(Quelle – IMM, Mainz)

In LIGA-Technik wurden hier der Stator mit Mikroschuhen, der Distanzring und der Rotor hergestellt. Der Mikromotor erzeugt mit Hilfe von elektrischen Strömen in den Statorspulen ein magnetisches Drehfeld, das den weichmagnetischen Rotor, der auf einer Welle sitzt, in Rotation versetzt. Dabei hält ein Distanzring den genau definierten Abstand von 20 µm zwischen dem Rotor und den Statorsäulen ein. Die Achse ist über zwei gestapelte Kugellager gelagert.

Dieser Prototyp war die Basis für die Entwicklung eines industriellen, leistungsfähigen Mikromotors, der mit einem Planetengetriebe versehen wurde [Beck98]. Der Motor ist in der Lage, bei einem Durchmesser von 1.9 mm und einer Länge von 5.5 mm ein Drehmoment von etwa 7.5 µNm zu produzieren. Die maximale Drehzahl beträgt 100000 U/min bei Betriebsspannungen von unter 1 V [Faulh98].

Neben den traditionell einsetzbaren Rotationsmotoren besteht ein zunehmender Bedarf an Antrieben, die lineare Bewegungen im Mikrometerbereich ermöglichen. Solche Antriebe können in der Präzisionsrobotik eingesetzt werden, da sie eine Positionierung von Endeffektoren mit Genauigkeiten von 100 nm und besser ermöglichen. Lineare Reluktanzmotoren nutzen die Änderung des magnetischen Widerstands (Reluktanz) des Magnetfeldes einer Spule, wenn man einen ferromagnetischen Körper in das Feld einbringt. Durch die gegenseitige Wechselwirkung des Körpers und der Spule entsteht eine Kraft, die zur Umwandlung von elektrischer Energie in mechanische verwendet wird. Bild 4.29 zeigt die typische Bauweise eines linearen reluktanten Schrittmotors, der aus einem ortsfesten zahnförmigen Stator und einem Läufer besteht. Der Läufer enthält drei magnetische Subsysteme und ist bei diesem Design bestrebt, den Zustand des geringsten magnetischen Widerstandes einzunehmen. Betreibt man die Spulen der magnetischen Subsysteme mit zeitlich versetzten sinusförmigen Strömen, erreicht man eine Läuferbewegung, die aus der Energieänderung des magnetischen Feldes im Luftspalt zwischen Stator und Läufer resultiert.

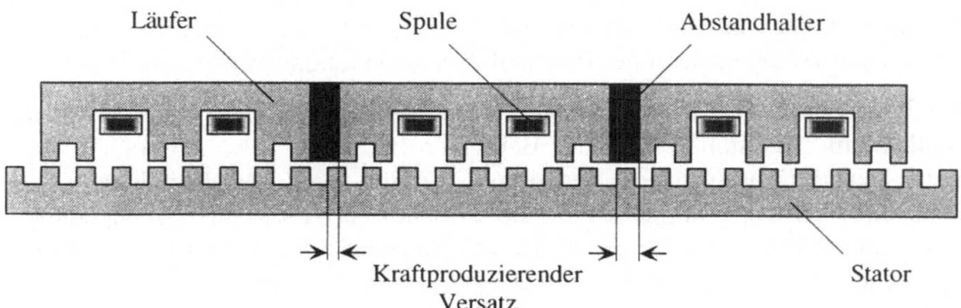

Bild 4.29
Skizze eines linearen Schrittmotors

Abschließend werden nun Vor- und Nachteile elektromagnetischer Aktoren zusammengefaßt. Magnetische Aktoren sind im Vergleich zu elektrostatischen Mikroaktoren bezüglich Verunreinigungen und Feuchtigkeit wesentlich unkritischer. Die Gefahr eines katastrophalen Zusammenbruchs des Feldes, wie bei den elektrischen Feldern (durch einen Spannungsüberschlag), besteht bei den magnetischen Feldern nicht. Eine Ansteuerung mit niedrigen Spannungen ist zudem möglich, wodurch Batterien als Spannungsquellen benutzt werden können. Diese Eigenschaft erhöht die Systemfähigkeit magnetischer Aktoren und ihre Einsatzmöglichkeiten, vor allem im Bereich biomedizinischer Anwendungen, bei denen hohe Betriebsspannungen nicht akzeptabel sind. Auch die Antwortzeiten magnetischer Aktoren sind ausgezeichnet. Die Effektivität elektromagnetischer Aktoren hängt allerdings direkt von den Materialeigenschaften und dem Volumen der benutzten Magneten ab. Die Aktorminiaturisierung ist also in der Regel durch die Ausmaße der integrierten Magneten begrenzt. Auch ist oft die produzierte Leistung für kraftintensive Roboteranwendungen nicht ausreichend. Allgemein sind elektromagnetische Mikroaktoren vor allem dann nützlich, wenn die Effizienz weniger wichtig als Zuverlässigkeit bzw. Sicherheit ist.

4.6 Formgedächtnis-Mikroaktoren

Legierungen mit dem Formgedächtnis-Effekt (*Shape Memory Alloy*, SMA) besitzen eine besondere Fähigkeit: Wird eine Formgedächtnislegierung unterhalb eines bestimmten kritischen Temperaturpunktes bleibend verformt, so kann sie sich bei Erwärmung über diese kritische Temperatur hinaus an ihre Ausgangsform „erinnern" und nimmt diese wieder an. Der SMA-Effekt kann zur Erzeugung von Bewegungen und/oder Kräften genutzt werden, wobei die SMA-Aktoren sich durch geringe Komplexität, geringes Gewicht, geringe Größe, große Kraft und großen Hub auszeichnen. Bereits seit mehreren Jahren werden SMA-Bauteile als Verbindungselemente (Muffen) bei Röhren eingesetzt.

Mögliche Anwendungen in Mikrorobotern werden erst seit kurzem intensiv erforscht; die ersten Ergebnisse zeigen ein hohes Potential dieses Aktuationsprinzips auf.

Der SMA-Effekt beruht auf einer reversiblen, thermisch-mechanischen Veränderung in der Kristallstruktur bestimmter Metalle. Bei einer Erhöhung bzw. Absenkung der Temperatur einer Formgedächtnislegierung erfolgt die Umwandlung der *martensitischen* (Tieftemperaturphase) in die *austenitische* Phase (Hochtemperaturphase) bzw. umgekehrt. In Bild 4.30 ist der grundlegende Mechanismus dieser Umwandlung schematisch dargestellt. Ausgehend von der stabilen und harten austenitischen Phase geht die Formgedächtnislegierung bei einer Absenkung der Temperatur unter den kritischen Punkt in den martensitischen Zustand über, wo die SMA-Probe leicht verformbar ist. In dieser Tieftemperaturphase kann das Metall bis zu ca. 8% (bei NiTi-Legierungen [Menz93]) verformt werden, wobei die Probe danach in diesem verformten Zustand verbleibt, bis sie einer Temperaturerhöhung ausgesetzt wird. Bei Erwärmung über den „Schaltpunkt" wandelt sich der verformte Martensit in Austenit um und die ursprüngliche Form der Probe stellt sich wieder ein. Man bezeichnet dies als thermisches Formgedächtnis. Diese Eigenschaft von Formgedächtnislegierungen kann bei entsprechender Umsetzung in einem Mikroroboter zu einem größeren Aktuationspotential im Vergleich zu anderen Aktorprinzipien führen.

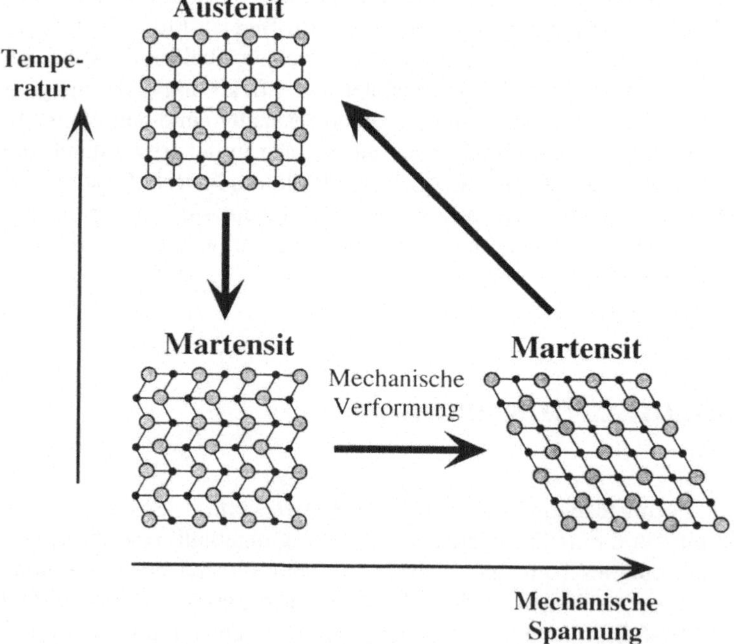

Bild 4.30
Schematische Darstellung des SMA-Effektes

Dieser Effekt kann zusätzlich mit Hilfe vom *Spannungs-Dehnungs-Diagramm* eines SMA-Drahtes erläutert werden (Bild 4.31, links). Es ist ein außergewöhnliches Verhalten in der martensitischen Phase (unterhalb der kritischen Temperatur M_f) zu sehen, nämlich das sogenannte *Martensit-Plateau*. In diesem Bereich tritt eine sehr geringe Verfestigung auf, d.h. unter konstant gehaltenen Spannungskräften kommt es zu relativ großen Formänderungen, die nach Übergang in den austenitischen Zustand ($T > A_f$) wieder verschwinden. Dabei ist eine für SMA-Materialien typische Hysteresekurve zu beobachten (Bild 4.31, rechts). Hier sind M_s, M_f, A_s und A_f jeweils Martensit-Start-, Martensit-Finish-, Austenit-Start- bzw. Austenit-Finish-Temperatur.

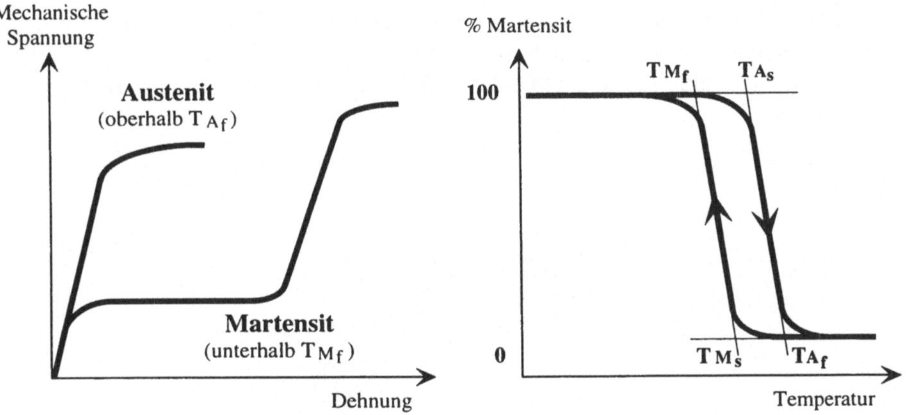

Bild 4.31
Spannungs-Dehnungs-Diagramm und die Hysteresekurve einer SMA-Probe

Der Festigkeitsunterschied zwischen Martensit im Plateaubereich und Austenit ist erheblich, bei einigen Legierungen sogar um den Faktor 10, und bildet die Basis für die SMA-Aktorik. Bei der praktischen Verwendung von Formgedächtnislegierungen muß allerdings die Streckgrenze (etwa 8% der Länge) der einzelnen Materialien beachtet werden, da eine Belastung über das Martensitplateau hinaus zu einer bleibenden Verformung der Probe führt, die nicht rückgängig gemacht werden kann. Die derzeit größte technische Bedeutung bezüglich des Formgedächtniseffekts haben die Nickel-Titan-Legierungen. Sie besitzen gleichzeitig die besten Formgedächtnis- und hervorragende mechanische Eigenschaften, weshalb sie als Material für Aktorsysteme außerordentlich gut geeignet sind.

Das anhand von den Bildern 4.30 und 4.31 beschriebene Phänomen, bei dem eine bleibende Formänderung der martensitischen Phase nur unter einer Krafteinwirkung entsteht, wird als *Einwegeffekt* bezeichnet. Bei einer bestimmten thermisch-mechanischen Vorbehandlung einer Formgedächtnislegierung kann auch der *Zweiwegeffekt*, eine rein thermisch induzierte Formänderung ohne Krafteinwirkung, vorliegen. Bei einer Ansteuerung allein durch thermische Zyklen „Aufheizen – Abkühlen" erinnert sich die Legierung an zwei unterschiedliche Formen und nimmt diese abwechselnd ein. Der Zweiwegeffekt erlaubt besonders in der Endoskoptechnik oder Greifertechnik für Mikroroboter mehr Einsatzmöglichkeiten als der Einwegeffekt, hat allerdings die geringere Effektgröße (maximal 5% bei NiTi-Legierungen).

Besonders in der minimalinvasiven Chirurgie werden solche Antriebe benötigt, die manuelle Fähigkeiten des Chirurgen bei den sogenannten „Schlüsselloch-Eingriffen" unterstützen. Die Katheter werden dabei manuell vom Chirurg eingeführt und tragen Mikrowerkzeuge an der Spitze. Da aber Blutgefäße und Venen meist sehr eng und gewunden sind, ist das Führen von solchen Kathetern um Kurven oder durch Verzweigungen sehr problematisch. Deshalb sucht man nach feinen Kathetersystemen mit aktiven Führungsmechanismen, die es erlauben, je nach Wunsch des Chirurgen den Katheter an Verzweigungen vorbei zu bewegen bzw. ihn in Ausstülpungen hinein zu leiten. Bild 4.32 zeigt, wie ein aktives, auf SMA-Drahtaktoren basierendes Endoskop aussehen kann.

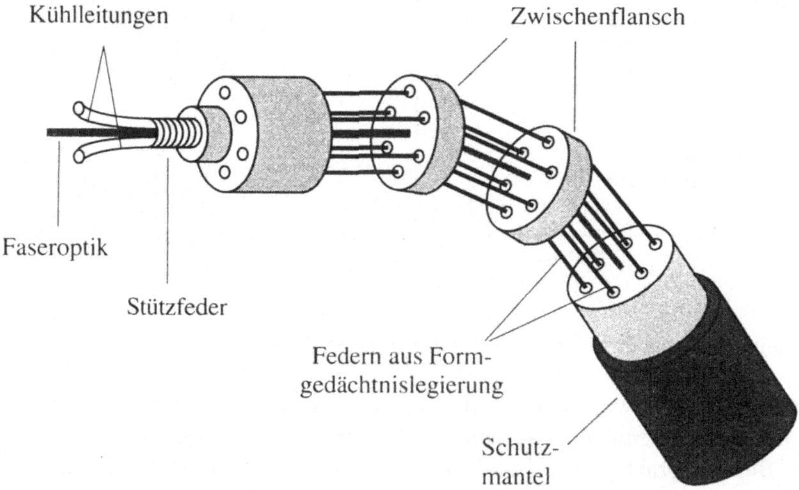

Bild 4.32
Konzept eines aktiven SMA-angetriebenen Endoskops

Der wohl wichtigste Parameter bei Formgedächtnislegierungen ist die kritische Temperatur, bei der die Umwandlung zwischen den beiden Phasen stattfindet. Die *Umwandlungstemperatur* ist im wesentlichen von der Materialzusammensetzung abhängig. NiTi-Legierungen weisen lediglich Schalttemperaturen zwischen -100°C und +100°C auf, was die Anwendbarkeit thermischer SMA-Aktoren etwas einschränkt. Da der gesamte Umwandlungsbereich relativ klein ist (etwa 10–20°C), können unvorhergesehene Abkühlungen bzw. Erwärmungen des Aktors aufgrund von Umgebungseinflüssen zu Selbstauslösungen führen oder eine Rückstellung des Aktors erschweren. Eine Verbesserung der Umwandlungstemperatur auf 200°C bieten NiTiPd-Legierungen; sie sind allerdings noch sehr kostspielig.

Mit SMA-Aktoren lassen sich relativ große Kräfte bei kleinen Aktorabmessungen, d.h. hohe Leistungs-Gewichts-Verhältnisse, erzielen. Sie sind außerdem aufgrund ihrer einfachen Konstruktion durchaus systemfähig. Diese Eigenschaften ermöglichen die Integration eines SMA-Aktors in einen Mikroroboter, wobei der Einsatz als thermischer Aktor mit integrierter Sensorfunktion und die Realisierung komplizierter Bewegungsarten auf kleinstem Raum im Vordergrund stehen. Die in IC´s gebräuchliche Spannung reicht dabei aus, um das SMA-Element anzusteuern. Der limitierende Faktor sind oft lange und nur schlecht kontrollierbare Antwortzeiten eines SMA-Aktors. Der Übergang in den hohen Temperaturbereich läßt sich noch relativ einfach, z.B. über die Höhe des zugeführten Heizstroms, beeinflussen; die Abkühlzeiten sind dagegen schwer zu kontrollieren. Außerdem müssen die spezifischen, mit der Temperaturhysterese des SMA-Effektes verbundenen Probleme der Aktorsteuerung bei einem praktischen Einsatz in der Robotik berücksichtigt werden.

Je geringer die Masse eines SMA-Aktors ist, desto besser ist sein dynamisches Verhalten aufgrund kurzer thermischer Zeitkonstanten. Deswegen können im Gegensatz zu konventionellen Anwendungen von Formgedächtnislegierungen auch hochdynamische Mikroaktorsysteme realisiert werden, wie z.B. Gelenke oder Greifer für flexible Mikroroboter oder Endeffektoren für medizinische Endoskope. Es ist allerdings nur schwer möglich, die gleiche Dynamik wie bei elektrostatischen oder piezoelektrischen Aktoren zu erreichen. Bei zeitunkritischen Anwendungen kann das Überschreiten der Schalttemperatur einfach durch Änderung der Umgebungstemperatur stattfinden. In diesem Fall werden die für smarte Materialien charakteristischen sensorischen SMA-Eigenschaften ausgenutzt und der Aktor wird als thermisches Stellelement eingesetzt.

Ein limitierender Faktor für den Einsatz in der Mikrorobotik ist auch die beschränkte Mikrostrukturierbarkeit von Formgedächtnislegierungen, weshalb bisher nur einige wenige SMA-Mikroaktoren realisiert wurden. Die neuesten Ergebnisse auf diesem Gebiet lassen jedoch auf einen baldigen Durchbruch hoffen [Kuri93], [Kohl94], [Naka96], [Bello97]. In Bild 4.33 ist z.B. ein Mikroarm aus TiNi zu sehen, der auf einem Siliziumwafer mit Hilfe der Oberflächen- bzw. Substrat-Mikromechanik in Japan hergestellt wurde. Durch eine gezielte Änderung der Aktortemperatur kann sich der etwa 5 μm dünne Mikroarm eindimensional biegen; sein Bewegungspotential wird im Bild anschaulich vorgestellt. Diese Bildsequenz zeigt die Formänderung des Mikroarms bei unterschiedlichen Temperaturen, die durch den SMA-Zweiwegeffekt ermöglicht wird. Erhitzt man z.B. den Mikroarm über die Austenit-Finish-Temperatur A_f, so bekommt er die ursprüngliche gekrümmte Form. Senkt man nun die Temperatur, so biegt sich der Mikroarm gerade. Zwei bzw. mehrere solcher Aktoren können in einen Mikrorobotergreifer integriert werden.

Für eine praktische Anwendung von Formgedächtnisaktoren in einem Mikroroboter bieten sich mehrere Designmöglichkeiten an, wobei am häufigsten Zugdrähte, Zug- und Druckfedern sowie Blattfedern verwendet werden. Je nach Anwendung sind verschiedene Nutzungsarten des SMA-Effekts möglich. Wenn bei der Rückumwandlung der verformten SMA-Probe keine Kräfte entstehen, dann handelt es sich um ein „freies"

Formgedächtnis. In einer Vielzahl von Anwendungen wird aber das SMA-Aktorelement daran gehindert, bei Erwärmung in seine Ausgangsposition zurückzukehren. Wegen der entstehenden mechanischen Spannung treten dabei erhebliche Kräfte auf, die zur Verrichtung einer Arbeit ausgenutzt werden können. Eine mögliche Anwendungsart ist z.B. in Bild 4.34 dargestellt.

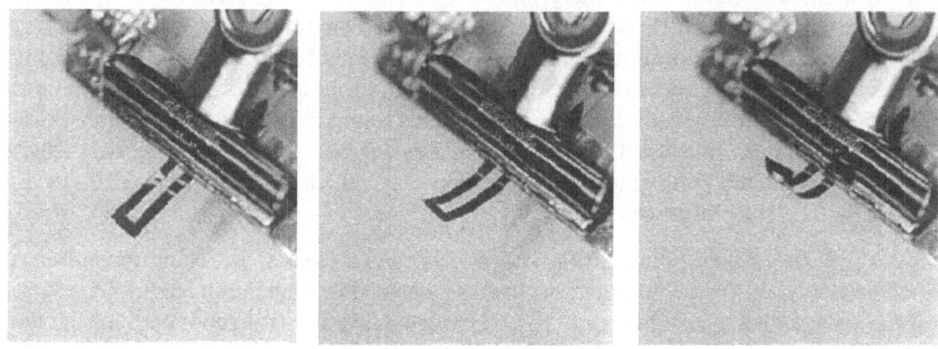

Bild. 4.33
Ein SMA-Mikrobalken aus NiTi (Quelle – Yamaguchi University)

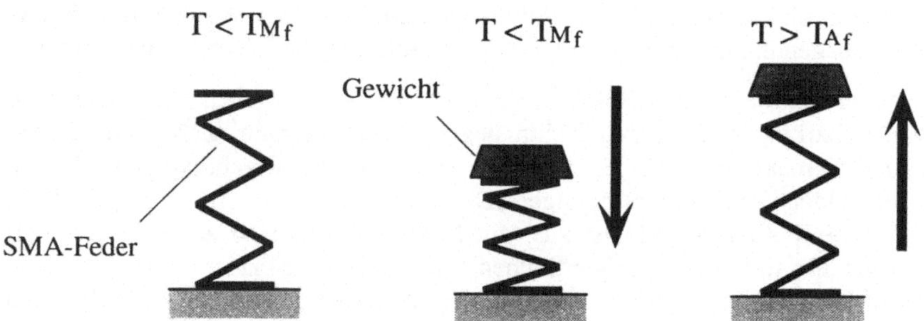

Bild 4.34
Arbeitsverrichtung mit einer SMA-Feder

Eine spiralförmige SMA-Feder kann in der martensitischen Phase verformt werden und hebt bei Erwärmung (Übergang in Austenit) ein Gewicht über eine gewisse Distanz. Bei der Abkühlung unter den „Schaltpunkt" kann dieses Gewicht die nun martensitisch „weich" werdende Feder wieder zusammendrücken und damit den Mechanismus zurückstellen. Anstatt einer spiralförmigen Feder könnte auch ein gerades Stück SMA-Draht auf die gleiche Weise eingesetzt werden.

Die SMA-Aktoren ermöglichen auch andere, originelle Nutzungsarten, die die Natur zum Vorbild nehmen. Charakteristisch in diesem Sinne ist das in Bild 4.35 vorgestellte

Design eines SMA-Aktors für miniaturisierte Rohrinspektions-Roboter. Manipulatoren mit Ketten- oder Radantrieben können gar nicht oder nur unzureichend in engen Röhren eingesetzt werden, da ihre für den Vortrieb erforderliche mechanische Struktur ein bestimmtes Volumen erfordert. Der wurmartige SMA-Aktor, der den Durchmesser und die Länge seines Körpers gezielt verändern kann, könnte in Zukunft eine Lösung des Problems liefern.

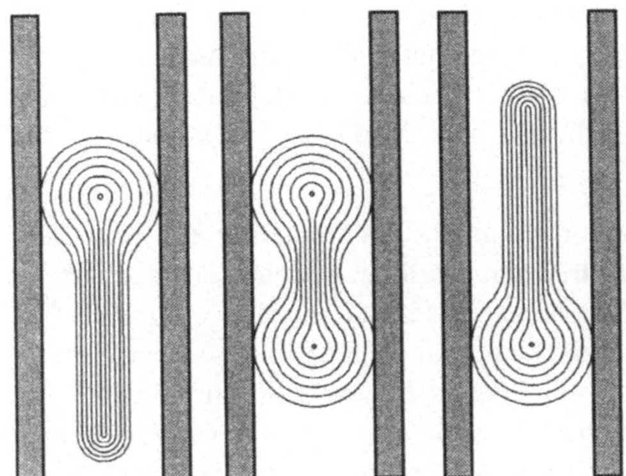

Bild 4.35
Wurmartiges Aktordesign für
Inspektions-Mikroroboter

Zusammenfassend läßt sich sagen, daß noch einige wichtige Fragestellungen untersucht werden müssen, damit ein breiter Einsatz von SMA-Aktoren im Mikrorobotik-Bereich verwirklicht wird. Vor allem praktische Probleme, wie z.B. billigere Herstellung von SMA-Mikrostrukturen, Verbesserung des dynamischen Verhaltens oder Entwicklung SMA-spezifischer Steuerungsansätze, sind noch zu lösen. Es liegt aber auf der Hand, daß SMA-Mikroaktoren bereits heute eine echte Alternative zu bewährten piezoelektrischen oder elektrostatischen Aktorsystemen darstellen.

4.7 Thermomechanische Mikroaktoren

Thermomechanische Mikroaktoren basieren im allgemeinen auf einer *thermisch bedingten Form- bzw. Volumenänderung* von verschiedenartigen Materialien. Den wohl bekanntesten Aktortyp dieser Gruppe stellen die Bimaterial-Aktoren dar. Diese Aktoren werden schichtenweise aus Werkstoffen mit unterschiedlichen thermischen Ausdehnungskoeffizienten aufgebaut. Eine andere gängige Art thermomechanischer Mikroaktoren beruht auf der thermisch bedingten Expansion von Gasen bzw. der Flüssigkeits-Gas-Transformation. Bei extrem kleinen Aktorsystemen, für die auch geringe Energiemengen zur Aktuation ausreichen, kann eine thermische Umwandlung sogar durch optische Strahlungsenergie erfolgen.

Mikroaktoren, die bimateriale Schichtanordnungen nutzen, arbeiten hauptsächlich nach dem *Biegebalkenprinzip* und sind für den Einsatz als Mikroschalter bzw. -ventile in temperaturkontrollierten Systemen, wo die Aktivierung des Aktors auf eine natürliche Weise stattfindet, prädestiniert. Die Herstellung eines Bimaterial-Aktors erfordert in der Regel keinen großen Aufwand, es werden lediglich Materialien mit unterschiedlichen Ausdehnungskoeffizienten in einer Sandwich-Struktur miteinander kombiniert. Diese Aktoren werden mittels einer Zwangsänderung der Aktortemperatur durch elektrisches Erhitzen bzw. durch optische Bestrahlung aktiviert. Ersteres kommt häufiger vor, ist aber durch eine komplexere Aktorstruktur gekennzeichnet. Die zur Aktuation notwendigen Spannungen sind andererseits nicht hoch, was eine Systemintegration von Bimaterial-Aktoren ohne Probleme ermöglicht. Deshalb sind diese Aktoren für die Mikrorobotikanwendungen interessant.

In Bild 4.36 ist ein bistabiler Biegebalkenaktor zu sehen, der mit Hilfe der Silizium-Mikromechanik auf einem (100)-Siliziumsubstrat hergestellt wurde und der als aktiver Finger in einem Mikrogreifer dienen kann. Der Aktor, dessen Gesamtlänge nur 187 µm beträgt, besteht aus einem U-förmigen dreischichtigen Dünnfilm-Ausleger (Polysilizium/-Siliziumdioxid/Polysilizium), einem Dehnungsstreifen (Siliziumnitrid), der sich in der Mitte des Auslegers befindet, und einer dreischichtigen Ankerstruktur für den Dünnfilm-Ausleger, wobei der Silizumnitridteil der Ankerstruktur und der Dehnungsstreifen durch die Strukturierung ein und derselben Siliziumnitridschicht entstehen.

Ankerstruktur   Dehnungsstreifen   Ausleger

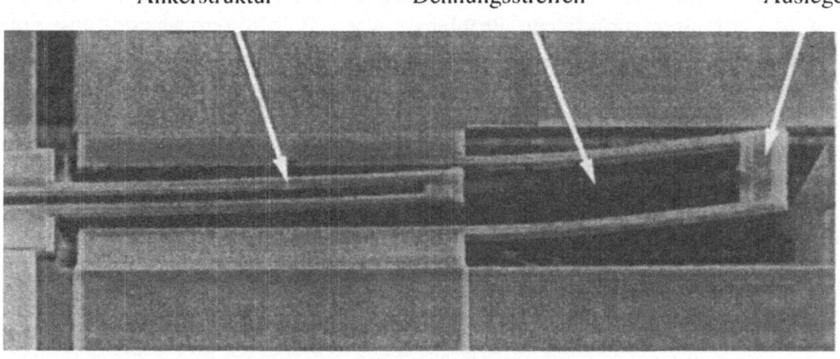

Bild 4.36
Ein REM-Bild des bistabilen Bimetall-Mikroaktors (Quelle – Sharp, Japan)

Aufgrund der Kräfte des Dehnungsstreifens kann der Ausleger entweder nach oben oder nach unten gebogen werden. Diese Schnappbewegungen des Mikroaktors können durch abwechselnde Heiz-Schritte des Auslegers bzw. der Ankerstruktur gesteuert werden.

In Anlehnung an biologische Bewegungsabläufe sind auch hochpräzise Positioniersysteme denkbar, die auf mehreren, flächig verteilten Bimaterial-Mikroaktoren basieren. Dabei werden die bei Wimperntierchen für die eigene Fortbewegung oder auch in den

menschlichen Atemwegen für den Transport von Schmutzpartikeln auftretenden Bewegungsabläufe nachgeahmt. Viele dieser Zilien, die auch anschaulich „Flimmerhärchen"
genannt werden, vibrieren synchron, um Objekte oder Flüssigkeiten zu befördern. Da
jeder einzelne Aktor in solchen Positioniersystemen nur einfache Bewegungen durchführen kann, werden mehrere seriell und parallel angeordnete Bimaterial-Aktoren kombiniert, um komplexere Positionieraufgaben zu bewältigen (Bild 4.37).

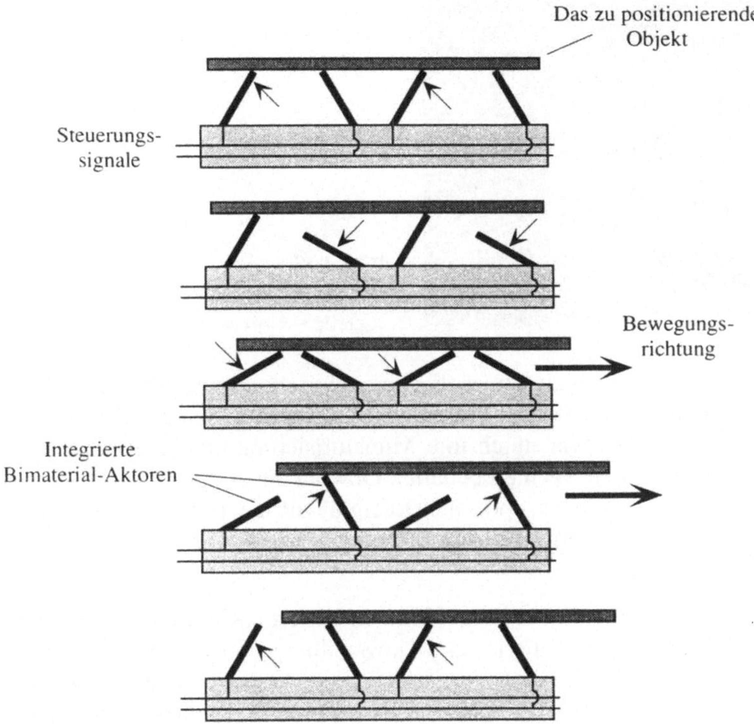

Bild 4.37
Positionieren eines Mikroobjekts durch verteilte Bimaterial-Aktoren

Jeder Schritt ist zwar sehr klein, die Akkumulation vieler dieser Schritte überwindet
aber große Distanzen. Eine vergleichsweise schwere Ladung wird dabei auf viele
leistungsarme Aktoren verteilt. Somit ist eine Bewegungsflexibilität, Expandierbarkeit
und Immunität gegen Fehler einzelner Elemente erreichbar.

Ein Prototyp eines solchen Positioniersystems ist in Bild 4.38 zu sehen. In jedem Aktor
wird ein Mikroheizelement zwischen zwei Polyimid-Schichten mit unterschiedlichen
thermischen Ausdehnungskoeffizienten eingebettet. Wird eine Spannung an das Heizelement angelegt, erhöht sich die Temperatur, und der Mikroaktor biegt sich nach unten.
Jeder Bimaterial-Mikroaktor ist 500 µm lang, 100 µm breit und 6 µm dick. 512 derartige

Elemente wurden auf einem nur 1 cm^2 großen Substrat angeordnet. Dieses Mikro-
aktorsystem konnte beim Testen ein 2.4 mg schweres Siliziumplättchen bei einer
Arbeitsfrequenz von 1 Hz mit einer Geschwindigkeit von 27 µm/s vorwärts bewegen.

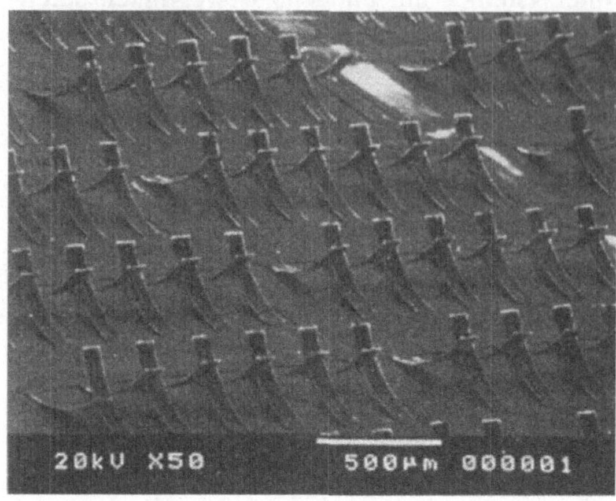

Bild 4.38
Ein verteiltes Bimaterial-Aktorsystem
(Quelle – Universität Tokyo)

Genauso wie bei Formgedächtnislegierungen liegen praktische Anwendungsprobleme
von Bimaterial-Aktoren im Bereich der Ansteuerung. Schlechte dynamische Eigenschaften dieser Aktoren können zwar durch ihre Miniaturisierung erheblich verbessert
werden, letztere ist aber mit einem Nachteil behaftet. Obwohl die Aktorminiaturisierung
den Verbrauch von elektrischer oder optischer Energie verringert und zu kürzeren
Antwortzeiten führt, sinkt gleichzeitig die Aktorleistung, was für alle Volumeneffekte
charakteristisch ist.

Das andere Aufbauprinzip thermomechanischer Aktoren basiert auf thermischer Expansion von Gasen bzw. die durch eine thermische Umwandlung von Flüssigkeit in Gas
entstehende Volumenänderung. Dabei können sehr kleine Antwortzeiten und relativ
große Kräfte erzielt werden, was diese Aktoren für die Mikrorobotik interessant macht.
Ein anderer Vorteil stark miniaturisierter thermischer Aktoren besteht darin, daß oft bereits geringe Energiemengen zur Aktuation ausreichen. Dabei kann eine thermische Umwandlung sogar durch optische Strahlungsenergie hervorgerufen werden. Der Aufbau
eines lichtgetriebenen Mikroaktors mit einem Freiheitsgrad ist in Bild 4.39 zu sehen.

Der Aktor besteht aus einer Mikrozelle mit einer Flüssigkeit, die als Aktor fungiert. Eine
optisch-thermische Energietransformation findet in einem Lichtabsorber statt, der in die
Zellenkammer integriert ist. Die Mikrozelle ist mit Hilfe einer flexiblen Membran
verschlossen, die unter mechanischer Spannung steht und im Ausgangszustand nach
innen gebogen ist. Wird nun Laserlicht mit Hilfe einer Glasfaser in die Mikrozelle
eingeleitet, so erhitzt der Lichtabsorber die Flüssigkeit, der innere Druck der Zelle
erhöht sich, und die Membran wölbt sich in die Richtung der Normalen. Ein derartiger
Aktor kann mit Hilfe der mikromechanischen Silizium-Verfahren hergestellt werden.

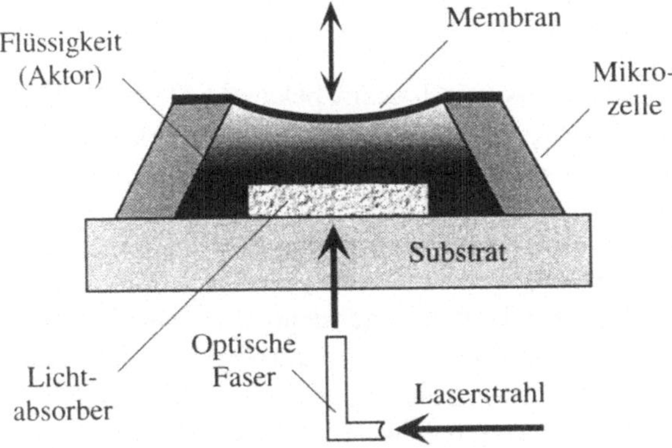

Bild 4.39
Skizze eines lichtgetriebenen thermischen Mikroaktors

Auch in Mikrodosiereinrichtungen für Mikrorboter zum Handhaben von sehr kleinen Flüssigkeitsmengen (z.B. zum Kleben während der Mikromontage) können thermische Aktoren eingesetzt werden. Eine thermische Mikropumpe kann mit Hilfe eines thermischen Mikroaktors sehr einfach aufgebaut werden (Bild 4.40).

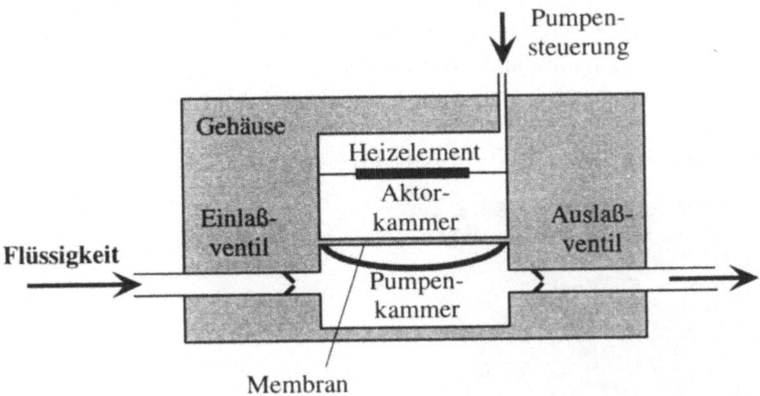

Bild 4.40
Skizze der thermischen Mikropumpe

Die Pumpe besteht aus zwei passiven Ventilen, einer Pumpenkammer und einem Pumpenaktor, der seinerseits in Form einer Luftkammer mit einem eingebauten Heizelement realisiert wird. Das Heizelement kann durch eine entsprechende Pumpensteuerung periodisch ein- und ausgeschaltet werden. Beim Einschalten der Heizung dehnt sich die darunterliegende Membran durch die Erwärmung der Aktorkammer aus und das Volumen der Pumpenkammer verringert sich. Aufgrund des entstehenden Drucks wird die Flüssigkeit durch das Auslaßventil transportiert und eine kontrollierte Flüssigkeitsmenge abgesetzt.

4.8 Elektrorheologische Mikroaktoren

Der *elektrorheologische* (ER-) Effekt ist bereits seit langem bekannt. Elektrorheologische Flüssigkeiten verändern ihre Fließeigenschaften unter dem Einfluß elektrischer Felder. Diese außergewöhnliche Eigenschaft kann bei vielen Anwendungen, wie z.B. Schwingungsdämpfern oder Ventilen, genutzt werden. Besonders interessant für die Mikrorobotik ist aber die Einsetzbarkeit dieses Aktuationsprinzips in Kupplungen und Positioniereinrichtungen. Die erzielten Ergebnisse bzw. die Verbesserung der ER-Flüssigkeitseigenschaften führte in den letzten Jahren zu einer deutlichen Zunahme der Aktivitäten auf diesem Gebiet. Der geschätzte Umsatz bis zum Jahr 2000 beträgt allein in den USA etwa 20 Milliarden Dollar. Auch in der Mikrorobotik wird mittlerweile intensiv an den Konstruktionslösungen zur Verwendung dieses ungewöhnlichen Aktuationsprinzips gearbeitet.

ER-Flüssigkeiten zeichnen sich durch die besondere Eigenschaft aus, daß sich ihr Fließverhalten verändern kann. Legt man ein elektrisches Feld an eine ER-Flüssigkeit an, so wird die dynamische Viskosität innerhalb von wenigen Millisekunden erhöht, und die Flüssigkeit erstarrt quasi zu einem plastischen Körper. Dabei ist dieser Vorgang reversibel, d.h. beim Abschalten des elektrischen Feldes stellt sich die ursprüngliche Viskosität der Flüssigkeit wieder ein. Die verwendeten ER-Flüssigkeiten sind Suspensionen fester nichtmetallischer hydrophiler Teilchen wie z. B. Kieselsäure-Anhydride oder Metalloxide in elektrisch nichtleitenden Ölen wie Transformatorenöle oder Paraffine. Die Abmessungen der Feststoffteilchen betragen i.d.R. zwischen 1 und 100 µm; ihr Anteil an der ER-Flüssigkeit reicht je nach Anwendung von 15% bis 50% (Bild 4.41).

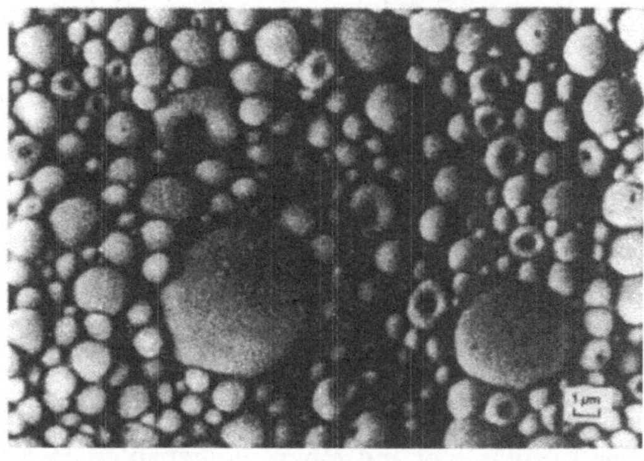

Bild 4.41
REM-Bild von ER-Feststoffpartikeln
(Quelle – Bayer AG, Leverkusen)

Die ungewöhnliche Viskositätssteigerung ist auf die Polarisierung der Feststoffpartikel unter Einfluß eines elektrischen Feldes zurückzuführen. Je größer diese Polarisierung ist, desto „stärker" ist die ER-Flüssigkeit bezüglich der Scherspannung. In der Suspen-

sion kommt es dabei zu einer kettenförmigen Ausrichtung der Teilchen entlang der
Feldlinien zwischen den Elektroden (Bild 4.42, links).

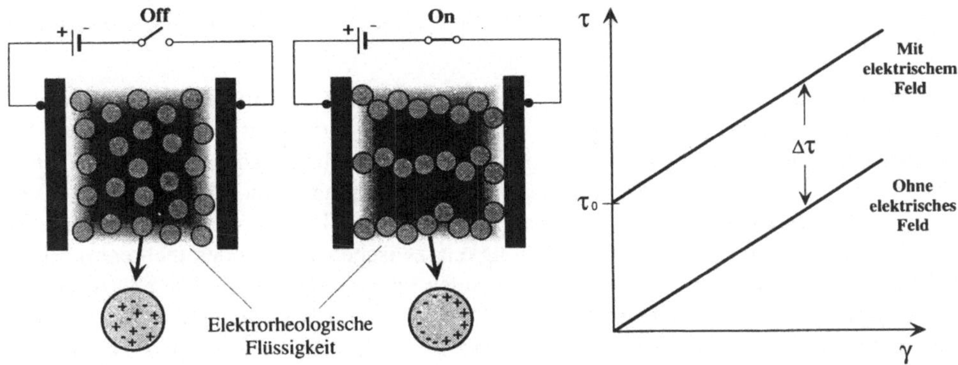

Bild 4.42
Der elektrorheologische Effekt: vereinfachtes Modell (links) und
typisches Rheogramm einer ER-Flüssigkeit (rechts)

Die dadurch auftretende Wechselwirkung zwischen den Partikeln verursacht den zusätzlichen Fließwiderstand. Das Rheogramm in Bild 4.42, rechts, zeigt den Übergang einer
Newtonschen Flüssigkeit zu einem Bingham-Körper unter dem Einfluß des äußeren
Feldes mit einer Grenzscherspannung τ_0 und einem Anstieg der Scherspannung τ um $\Delta\tau$
bei konstanter Scherrate γ. Falls die ER-Flüssigkeit keinem elektrischen Feld ausgesetzt
ist, verhält sie sich wie eine gewöhnliche flüssige Substanz. In diesem Falle hängt die
Scherspannung τ linear von der Scherrate γ ab. Nach Anlegen eines elektrischen Feldes
addiert sich zu der Scherspannung die Grenzscherspannung τ_0 und die ER-Flüssigkeit
erstarrt; eine Rückkehr vom plastischen in den flüssigen Zustand findet erst dann statt,
wenn die Grenzscherspannung τ_0 überwunden wird.

Beim Konzipieren von ER-Aktoren für Mikroroboter sollte darauf geachtet werden, daß
reale ER-Flüssigkeiten neben dem elektrorheologischen Effekt auch eine Vielzahl von
Nebeneffekten zeigen, die den idealen Kennlinienverlauf unterschiedlich beeinflussen
können. So tritt bei vielen ER-Flüssigkeiten unter dem Einfluß hoher Feldstärken ein
Absinken der Scherspannung bei gleichzeitigem Anstieg der Scherrate auf. Dies führt zu
einem nichtlinearen Aktorverhalten und muß beim Entwurf eines Regelungskonzeptes
für den Roboter berücksichtigt werden. Es gibt aber kein allgemeingültiges mathematisches Modell für ER-Flüssigkeiten, das ihr Verhalten adäquat beschreibt; dies ist auf
die heute noch mangelhaften Grundkenntnisse über dieses Aktorprinzip zurückzuführen.

Die Eigenschaften eines ER-Aktorsystems werden in erster Linie durch den Anteil des
Festkörpermaterials beeinflußt. Je höher der Volumenanteil der Festkörperphase ist, de-
sto größer sind die Werte τ_0 und $\Delta\tau$. Das bedeutet, daß bei höherem Partikelanteil die
ER-Flüssigkeit auch ohne angelegtes Feld viskoser wird. Bei vielen Anwendungen ist

aber nicht die Viskosität, sondern der Viskositätsunterschied zwischen den beiden stabilen Zuständen einer ER-Flüssigkeit die wichtigste Größe. Deswegen ist ein hoher Festkörperanteil nicht unbedingt vorteilhaft. In der Regel beträgt der aktive Festkörperanteil etwa 40%; die daraus resultierenden Schaltzeiten liegen im Bereich von einigen ms und die Spannungen im kV-Bereich.

Der Vorteil von ER-Aktoren liegt vor allem darin, daß sie im Vergleich zu vielen anderen Aktortechnologien einfacher und kompakter aufgebaut werden können. So werden z.B. keine zusätzlichen mechanischen Teile wie Absperrkörper bei einem Ventil bzw. komplizierte Getriebemechanismen bei einer Kupplung benötigt. Dies belegt Bild 4.43, in dem die zwei wichtigsten Aufbauprinzipien von ER-Aktoren vorgestellt sind. In beiden Fällen befindet sich die ER-Flüssigkeit zwischen zwei (oder mehreren) Elektroden. Beim *Scherprinzip* werden entgegengesetzt gepolte Elektroden relativ zueinander bewegt (Prinzip der Kupplung). Auch Rotationsbewegungen können damit übertragen werden, wobei das Ausgangsmoment mit Hilfe des elektrischen Feldes gesteuert wird. Beim *Strömungsprinzip* beeinflußt das angelegte elektrische Feld hingegen lediglich den Flußwiderstand der ER-Flüssigkeit, die zwischen zwei ortsfesten Elektroden fließt (Prinzip des Ventils).

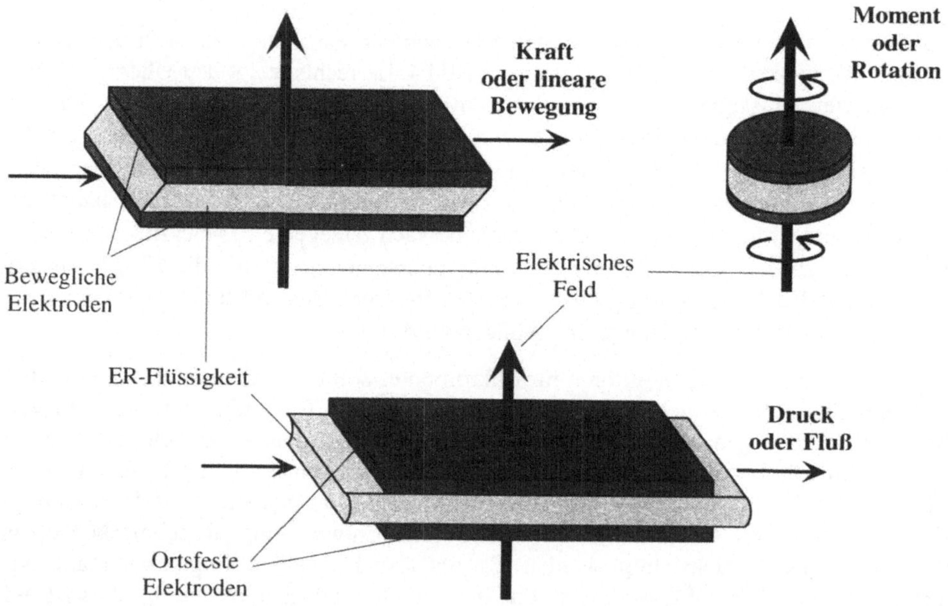

Bild 4.43
Aufbauprinzipien von elektrorheologischen Aktoren:
Scherprinzip (oben) und Strömungsprinzip (unten)

Das Scherprinzip der ER-Aktuation kann wie schon erwähnt für die Herstellung von Rotationskupplungen verwendet werden (Bild 4.44). Die ER-Anordnung muß allerdings relativ groß sein, um eine größere Kontaktfläche zwischen ER-Flüssigkeit und Rotor und dadurch geringe Trägheiten bei unterschiedlichen Drehmomenten zu erhalten.

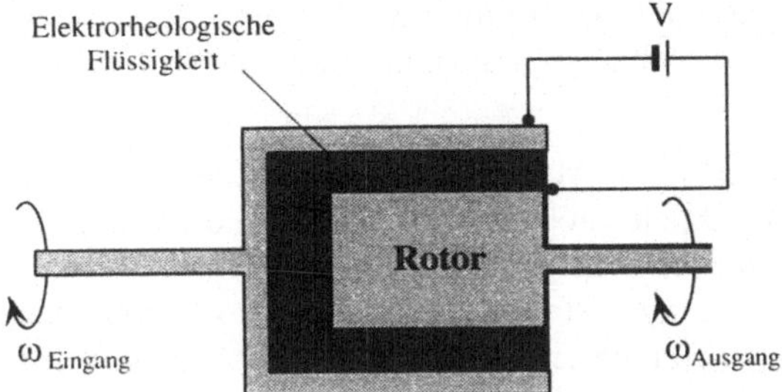

Bild 4.44
Konzept einer ER-basierten
Kupplungseinrichtung

Ein für ER-Positioniersysteme oft verwendetes Aufbauschema ist die 4-Ventil-Brücke. Es basiert auf dem Strömungsprinzip und ist in Bild 4.45 dargestellt. Der Aufbau besteht aus einem Rohrsystem, in das ein Kolben (Stellelement) und vier ER-Ventile integriert sind; letztere bilden eine Brückenschaltung. Diese Brücke ist ausgeglichen, wenn an allen Ventilen die gleiche Spannung anliegt, d.h. der Druckabfall an jedem Ventil ist gleich groß und es besteht somit ein Druckausgleich am Kolben ($P_a = P_b$). Wird nun die Spannung z.B. an den Ventilen „a" und „d" erhöht und gleichzeitig die Spannung an den Ventilen „b" und „c" verringert, so fließt die Flüssigkeit durch die „offenen" Ventile „b" und „c" (die Pfeilrichtung). In diesem Fall ist $P_a > P_b$ und der Kolbenaktor bewegt sich nach links; der Hub hängt von der Kolbenfläche und dem angelegten Druck ab.

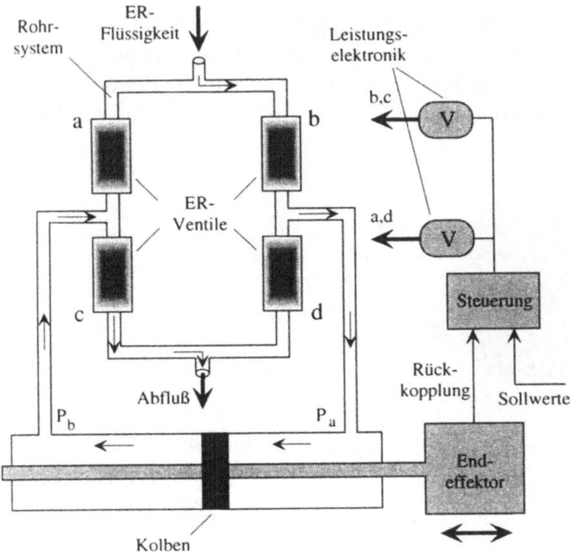

Bild 4.45
Skizze eines ER-Aktors mit
einer 4-Ventil-Brücke

Solche ER-Aktoren können auch mit einer 2-Ventil-Brücke realisiert werden, deren Funktionsweise ähnlich ist. In beiden Anordnungen können die ER-Ventile direkt mit dem Kolben verbunden oder über herkömmliche hydraulische Verbindungen gekoppelt sein. Die wichtigsten Steuerungsparameter sind hier die Position, die Geschwindigkeit und der Aktorhub. Da die ER-Flüssigkeit ihren Zustand in wenigen Millisekunden ändert, können solche Aktoren bei Frequenzen von 200 bis 300 Hz betrieben werden. Der mechanische Aufbau ist allerdings aufwendig, was eine Integration in einen Mikroroboter erschwert.

Zusammenfassend lassen sich elektrorheologische Aktoren als vielverspechend für die Mikrorobotik einstufen. Sie sind einfach, schnell, problemlos steuerbar und kostengünstig, da keine komplizierten und teuren mechanischen Teile benötigt werden. Systemfähige Designlösungen für stark miniaturisierte Aktoren müssen aber noch gefunden werden. Die Erschließung der Mikrorobotik durch ER-Aktoren ist vor allem von der Erhöhung des ER-Effektes und einer verbesserten Flüssigkeitsstabilität abhängig. Vordergründig sind dabei größere Temperaturarbeitsbereiche, höhere Scherspannungen, kürzere Schaltzeiten und vor allem eine Verringerung der elektrischen Steuerleistung.

4.9 Hydraulische/pneumatische Mikroaktoren

Hydraulisch oder pneumatisch angetriebene Aktoren sind in der Makrowelt sehr verbreitet und dienen vor allem zur Umwandlung der in Drucköl bzw. Druckluft gespeicherten Energie in Linearbewegungen von Kolben. In der Mikrorobotik aber spielen diese Aktoren wegen ihrer relativ aufwendigen Konstruktion nur eine untergeordnete Rolle. Besonders in der flexiblen Mikrorobotik sind die unentbehrlichen Versorgungsschläuche eine erhebliche Einschränkung, obwohl manche Ideen für die Mikrogreifer- und Mikropositioniertechnik sehr interessant sind, wie z.B. ein flexibler pneumatischer Aktor in Bild 4.46.

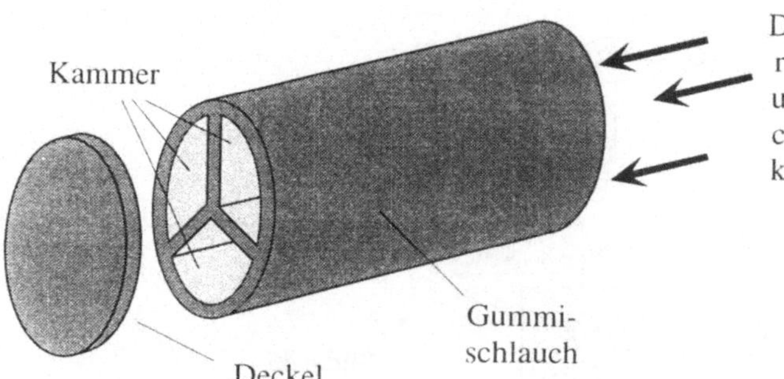

Bild 4.46
Skizze eines flexiblen
pneumatischen Aktors

Solche Aktoren können, pneumatisch (oder u.U. hydraulisch) angetrieben, in jede Richtung gebogen und dadurch als Robotergreifer bzw. -positionierer in verschieden Anwendungsbereichen eingesetzt werden. In den schlauchförmigen, aus einem gummiartigen flexiblen Material hergestellten Aktor werden drei bzw. mehrere autonome Kammern integriert. Der interne Druck in jeder Kammer kann individuell über Versorgungsschläuche und Ventile gesteuert werden. Durch eine gleichmäßige Druckerhöhung in allen Kammern kann eine Ausdehnung des Aktors in axialer Richtung erzielt werden. Wird der Druck nur in einer Kammer erhöht, so biegt sich der Aktor in die entgegengesetzte Richtung, usw. Die entwickelten Prototypen besitzen einen Durchmesser bis zu 1 mm (Bild 4.47).

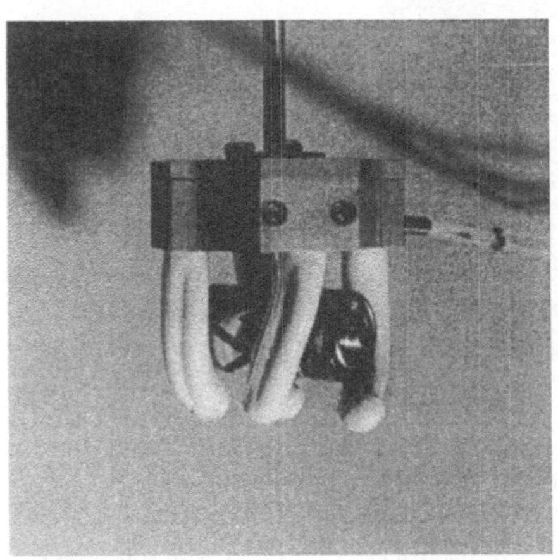 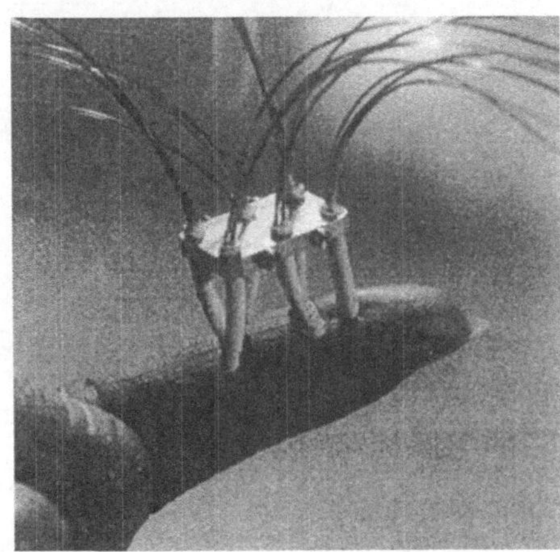

Bild 4.47
Pneumatische Roboterhand (links) und mobile Roboterplattform (rechts)
(Quelle – Toshiba Corp., Japan)

Die Aktoren können aufgrund ihrer einfachen Struktur weiter miniaturisiert werden, sie sind kostengünstig und können durch eine geeignete Ansteuerung präzise Manipulationen durchführen. Die Toshiba-Forscher experimentieren auch mit anderen Materialien und mit mikromechanischen Herstellungsverfahren für solche Aktoren [Suzu94].

Hydraulische Mikroaktoren sind bis heute noch weitgehend unbekannt. Der entscheidende Punkt hierbei ist, geeignete Konstruktionsideen zu finden, um relativ aufwendige hydraulische Antriebe kosteneffektiv und platzsparend in einen Mikroroboter integrieren zu können. Eine Pionierentwicklung auf diesem Gebiet, ein hydraulisch angetriebener linearer Kolbenmikroaktor ist in Bild 4.48 vorgestellt. Der Mikroaktor besitzt eine mit dem LIGA-Verfahren hergestellte Aktorkammer mit einem integrierten Einlaßtunnel für die Antriebsflüssigkeit (z.B. Wasser), einen kraftübertragenden Kolben, der sich durch den Fluiddruck in der Kammer zwischen den Seitenwänden bewegen läßt, und eine aufgeklebte Glasabdeckung (auf dem Foto nicht dargestellt). Die Stoppnut dient zu Montagezwecken und soll den überflüssigen Klebstoff auffangen, um das Verkleben des

Kolbens zu verhindern. Der Mikroaktor aus Kupfer ist nur 2 mm x 2 mm x 0.2 mm groß, die Spaltbreite zwischen dem Kolben und den Kammerwänden beträgt dabei lediglich 1–3 µm. Die entstehende Haftreibung des Kolbens wird durch Fluidschmierung reduziert.

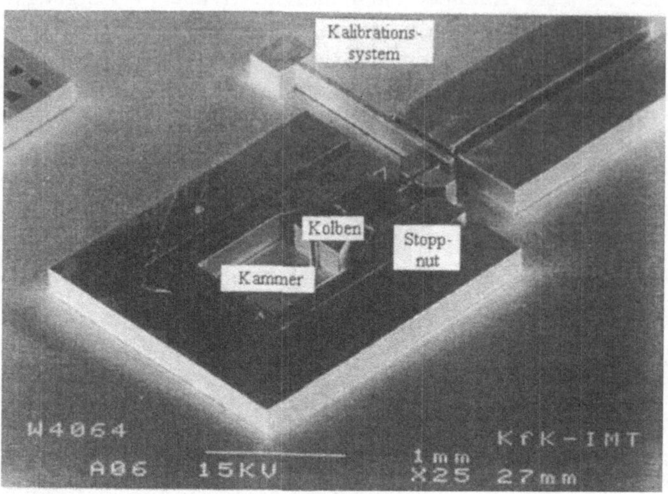

Bild 4.48
Prototyp eines hydraulischen Kolbenmikroaktors (Quelle – Forschungszentrum Karlsruhe)

Mit dem Mikroaktor soll zukünftig ein lineares Schneidewerkzeug zum mechanischen Abtragen von Gefäßablagerungen in einem aktiven Herzkatheter angetrieben werden. Die Konstruktion des Aktorsystems wird dabei leicht verändert, indem der Kolben zwischen zwei symmetrischen Aktorkammern integriert wird. Verbindet man das Aktorsystem mit einem fluidischen Mikrooszillator, der einen Fluidstrahl mit einer Frequenz von mehreren 100 Hz den beiden Aktorkammern abwechselnd zuführt, dann werden aus dieser periodischen Druckversorgung hin- und hergehende Bewegungen des Kolbens bzw. des darauf angebrachten Schneidewerkzeugs mit der gleichen Frequenz resultieren. Der Hub des Kolbens kann mehrere 100 µm betragen. Denkbar ist auch der Einsatz des Aktors als Träger für eine Feinpositionierplatform bei Mikromontageanwendungen.

4.10 Chemomechanische Mikroaktoren

Chemomechanische Mikroaktoren sind heute noch absolute Exoten in der Mikrorobotik. Sie beruhen auf verschiedenartigen chemischen Prozessen, die in gasförmigen oder flüssigen Medien stattfinden. So werden mehrere chemische Reaktionen von einer Gasentwicklung begleitet, die z.B. zum Aufbau eines Überdrucks in einer geschlossenen Kammer führen kann. Besonders interessant für die Mikrorobotik sind aber Polymeraktoren, die die ungewöhnlichen mechanischen Eigenschaften von Polymergelen bzw. -filmen ausnutzen. Solche Aktoren sind robust, leicht und erlauben verschiedene Designlösungen; ihre Entwicklung in bezug auf die Mikrorobotik ist allerdings in der Anfangsphase.

Mit Hilfe von filmartigen Polymeren ist es möglich, flexible Greifer für einen Mikroroboter zu entwickeln. Die ersten Versuche wurden bereits unternommen [Guo95]. Es wurde ein aktiver Mikrokatheter entwickelt, der aus einer Katheterröhre mit zwei integrierten Führungsdrähten und einem Kanal für die zuführenden Flüssigkeiten (physiologische Lösungen oder Kontrastmittel) besteht; an jedem Draht ist ein Polymerfilmaktor angebracht, der als lenkbare Katheterspitze bzw. als Greiferfinger dient (Bild 4.49).

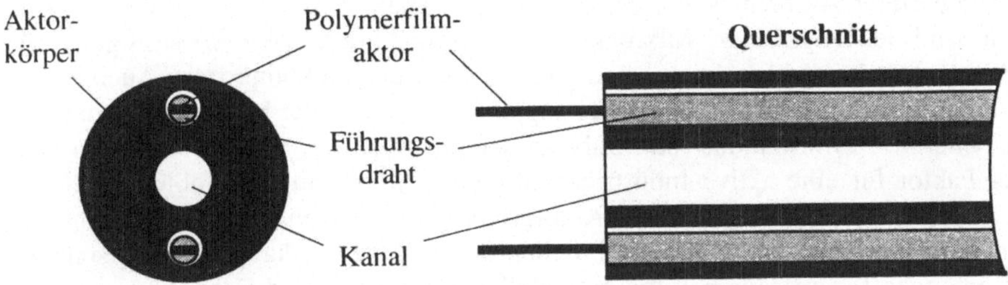

Bild 4.49
Struktur des Mikrokatheters

Der Führungsdraht besteht aus einem ionisch leitfähigen Polymerfilm (ionic conducting polymer film, ICPF), dem eigentlichen Aktor, dessen Ende zwischen zwei flachen Platinelektroden eingebettet wird, und zwei elektrischen Leitern, die im Drahtmantel untergebracht sind (Bild 4.50).

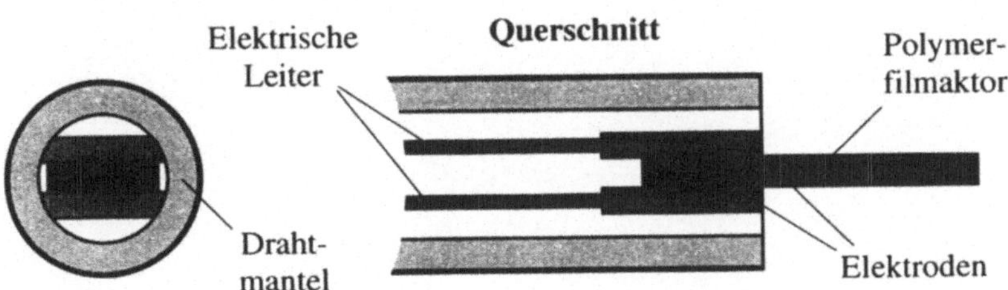

Bild 4.50
Aufbau des Polymerfilmaktors

Zum Auslenken des Katheters in eine bestimmte Richtung wird an die beiden Elektroden des jeweiligen ICPF-Aktors eine bestimmte Spannung angelegt. Diese

Spannung führt an der Kathodenseite zu einer Ausdehnung des Polymergels, was zu einer Auslenkung des Filmaktors in Richtung der Anodenseite führt. Die Aktorspitze bildet hierbei einen kreisförmigen Bogen, dessen Biegeradius (und damit die Position des Katheters) abhängig von der Elektrodenspannung ist. Die Vorteile des ICPF gegenüber herkömmlichen Polymerfilmen (und auch SMA oder Bimaterialien) liegen in der schnellen Ansprechzeit und der niedrigen Arbeitsspannung (um 1.5 V), bei der in nasser Umgebung keine Probleme mit elektrolytischer Zersetzung des Mediums auftreten, was z.B. ein sicheres Arbeiten in Blut ermöglicht. Die gefertigten Prototypen des Katheters haben Durchmesser von 1 bis 2 mm. Mit diesem Mikrokathetersystem könnte es beispielsweise möglich sein, diagnostische und chirurgische Aufgaben in feinen Blutgefäßen des menschlichen Gehirns zu bewältigen.

An dieser Stelle wird die Analyse der zahlreichen Aktuationsprinzipien der Mikrorobotik beendet. Mit Sicherheit kann man sich bereits ein Bild über die Anwendbarkeit verschiedenartiger Aktoren in der Mikrorobotik machen. Bis auf einige wenige Ausnahmen sind leistungsfähige Mikroaktoren noch nicht kommerziell verfügbar. Die meisten entwickelten Mikroaktoren sind noch zu teuer und zu kompliziert. Auch die zur Zeit fehlende Standardisierung und Normung auf dem Gebiet der Mikroaktorik in bezug auf die Energie-, Informations- und Substanzschnittstellen zur Makrowelt ist ein hemmender Faktor für eine aktive Industriebeteiligung. Das wichtigste Problem liegt aber darin, daß die meisten existierenden Aktorprototypen strengen industriellen Anforderungen bezüglich Zuverlässigkeit und Lebensdauer nicht genügen. Der Forschungsbedarf, in enger Zusammenarbeit mit potentiellen Anwendern und Herstellern, ist daher erheblich. Einige Lösungen zur Implementierung von Positionier- bzw. Mikromanipulationseinheiten in einem Mikrorobotersystem werden in den nächsten Teilen untersucht.

5 Aufbau flexibler Mikroroboter

5.1 Einführung

Vollständige Mikrorobotersysteme beinhalten i.a. mehrere verschiedene Aktoren und Sensoren und verrichten ihre Arbeit mit Hilfe von intelligenten Algorithmen der Signal- und Informationsverarbeitung. Wie auch konventionelle Roboter müssen Mikroroboter Bewegungen ausführen, Kräfte ausüben, verschiedenartige Objekte manipulieren usw. Obwohl einige Antriebsmechanismen aus der Makrowelt dabei übernommen werden können, spielen sie in der Mikrorobotik eine untergeordnete Rolle, da Skalierungseffekte oft zu unlösbaren Problemen führen. Vielmehr ist die Entwicklung von Mikrorobotern auf spezifische Direktantriebsprinzipien angewiesen, die in Teil 4 eingehend untersucht worden sind.

Wenn man aber Besonderheiten der Mikrowelt außer acht läßt, dann sind auch die Entwurfskriterien bzw. -schritte von Mikro- und Makrorobotern bis auf die Größenangaben praktisch identisch. Analog zur Herstellung einer Makromaschine werden erst die funktionalen Komponenten eines Mikroroboters mit den gewünschten Abmessungen und internen Strukturen gefertigt und zusammengefügt. Abschließend können Tests durchgeführt werden, um die korrekte Funktion des Mikroroboters zu prüfen. Andererseits treten MST-spezifische Entwicklungs-, Herstellungs- und Betriebsprobleme in Mikrorobotersystemen aufgrund ihrer geringen Abmessungen in besonderem Maße auf. Deshalb werden Mikroroboter als eine große Herausforderung für die MST-Forscher angesehen.

Besonderer Wert wird beim Aufbau einer FMMS auf die Fähigkeit von Mikrorobotern gelegt, sich über größere Strecken mit adäquater Geschwindigkeit bewegen zu können, feinste Manipulationen mit verschiedenartigen Objekten durchzuführen, robust gegenüber schwierigen Umgebungen zu sein und die gewünschten Funktionen auch über längere Zeiträume ohne Wartung zu erbringen. Die ersten zwei Eigenschaften implizieren eine Entkopplung der Grob- und Feinpositionierung in einem Mikroroboter. Die Aufbauprinzipien der Positionier- bzw. der Mikromanipulationseinheit nebst mikromontagespezifischen Greifern eines Mikroroboters werden in Abschnitten 5.2 – 5.4 ausführlich analysiert.

Wie auch in der konventionellen Robotik werden heute Mikroroboter der dritten Generation [Levi88] angestrebt, die „sehen" bzw. „fühlen" können und intelligent sind. In einer FMMS (Teil 3) ist das Sehvermögen durch visuelle Stationssensoren (CCD-

Kameras, optische bzw. Rasterelektronenmikroskope) gegeben. Durch integrierte Mikrosensoren kann der Roboter zusätzlich verschiedenartige Informationen über die aktuelle Montagesituation gewinnen. Dadurch kann der Roboter Bedingungen wahrnehmen, die nicht a-priori bekannt sind. Verschiedene integrierbare Mikrosensoren für Mikroroboter und entsprechende Sensorprinzipien werden in diesem Teil in Abschnitt 5.5 vorgestellt.

Die genannte Intelligenz des Roboters beinhaltet vor allem das Adaptionsvermögen und besteht darin, anhand der Sensorinformation eigenständig Entscheidungen über notwendige Aktionen zu treffen und ggf. sein Verhalten zu korrigieren. Die Informatik soll dabei modellunabhängige verhaltensbasierte Steuerungsmethoden zur Verfügung stellen, die es dem Mikroroboter erlauben, in einer unvollständig definierten und mit Störungen versehenen Umgebung vernünftig und zielgerichtet zu agieren. Der Einsatz neuronaler Netze und der Fuzzy-Logik zur Steuerung von Mikrorobotern wurde bereits in Teil 3 analysiert. Die erste bekannte Anwendung derartiger Steuerungskonzepte in der Mikrorobotik betrifft die Positionierung einer Mikroroboterplattform, die das in Abschnitt 5.2.4 vorgestellte „slip-stick"-Bewegungsprinzip benutzt (Bild 5.13). In Teil 7 findet man eine Beschreibung der Anwendungsergebnisse der Neuro- und Fuzzy-Steuerung.

Die in diesem Teil dargestellten Funktionsprinzipien und Designlösungen einzelner Mikroroboterkomponenten (Positiniereinheit, Mikromanipulationseinheit, Greifer und integrierbare Sensoren) können als „Bausteine" einer umfassenden Wissensbasis für den CAD-Entwurf von Mikrorobotern dienen. Mechanische und u.U. auch elektronische Komponenten eines Mikroroboters werden aufeinander abgestimmt und dadurch optimale Designlösungen gefunden. Durch den hohen Integrationsgrad treten neben den funktionalen auch unerwünschte (parasitäre) Kopplungen zwischen den einzelnen Materialien und Komponenten innerhalb des Mikroroboters auf. Die meisten Probleme sind eine Folge der globalen und lokalen Vermischungs-Effekte, was eine vollkommen unabhängige Entwicklung der Roboterkomponenten nahezu unmöglich macht. Belastungen können z.B. durch ungleiche Temperaturverteilungen oder mechanische Spannungen in Grenzbereichen zwischen verschiedenen Werkstoffen entstehen, was einen großen Einfluß auf die Lebensdauer hat. Diese Probleme werden mit wachsender Komplexität von Mikrosystemen immer wichtiger und sind nicht mehr zu vernachlässigen. Das übergeordnete Ziel beim Mikroroboterentwurf ist daher eine Optimierung der Funktionalität des Gesamtsystems, die unter Berücksichtigung der technologischen und wirtschaftlichen Randbedingungen stattfinden soll. Diese Aufgabe kann man in der Regel nur durch rechnergestützte Entwurfs- und Simulationsverfahren mit akzeptablem Aufwand bewältigen. In Abschnitt 5.6 werden deshalb einige Aspekte des CAD-Mikroroboterentwurfs erläutert.

5.2 Aufbau einer Positioniereinheit

Obwohl die Theorie der Mikrorobotik erst in den Kinderschuhen steckt, gibt es bereits viele interessante Ideen in bezug auf Mobilität von Mikrorobotern. Das Ziel ist, dem Mikroroboter ein ausreichend großes Bewegungspotential zur Verfügung zu stellen, so daß auch größere Distanzen in Echtzeit überwunden werden können. Letzteres ist bei vielen praktischen Anwendungen notwendig, wie z.B. beim Transportieren von Montageteilen oder Sortieren von biologischen Zellen. Gleichzeitig soll der Positioniervorgang aufgabengerecht und präzise sein und sich problemlos ansteuern lassen.

Autonome mobile Roboter stellen in der Makrorobotik einen sich rasch entwickelnden Forschungsbereich dar; besonders die sogenannten Serviceroboter gewinnen immer mehr an Bedeutung für verschiedene Anwendungsbereiche. Da aber mobile Makroroboter als Plattform fast ausschließlich Mehrradfahrzeuge benutzen, kann die Mikrorobotik von einer Ideenübernahme nicht profitieren. Es sind hier neue Fortbewegungsprinzipien notwendig, die den Anforderungen der Mikrowelt gerecht werden und auf direkten Antrieben beruhen.

Für den Aufbau der Positioniereinheit eines flexiblen Mikroroboters sind mehrere Bewegungsprinzipien von großer Bedeutung, wie z.B. das Reibungsprinzip, das „slip-stick"-Prinzip oder das „inchworm"-Prinzip. Dabei nutzt man vor allem die Schnelligkeit direkter Antriebe und die Trägheit des Mikroroboters. Am besten geeignet sind piezoelektrische Antriebe, da kaum ein anderes Aktuationsprinzip die hervorragenden dynamischen Eigenschaften von Piezoaktoren überbieten kann. Die Antwortzeiten von Piezoelementen liegen im µs-Bereich, und sie können mit hohen Frequenzen angetrieben werden.

5.2.1 „Inchworm"-Prinzip

Beim „inchworm"-Bewegungsprinzip nutzt man in der Regel eine Festklemmeinrichtung, mit deren Hilfe sich die Plattform am Boden bzw. an der Wand anklammern und dadurch eine wurmartige Fortbewegung durchführen kann. Der Aufbau eines piezobasierten Plattformantriebs mit magnetischem Festklemmen ist in Bild 5.1 zu sehen [Ikuta92], [Ikuta92a]. Hier kommen die guten Echtzeiteigenschaften von piezoelektrischen Aktoren in vollem Umfang zum Tragen. Der Mikroaktor besteht im wesentlichen aus zwei Hauptkomponenten, einem piezoelektrischen Stapel-Element mit Zusatzgewicht für den inertialkraftbedingten Vortrieb und einem Elektromagneten, der dafür sorgt, daß der Aktorkörper auf einer Führungsschiene aus Stahl fixiert wird.

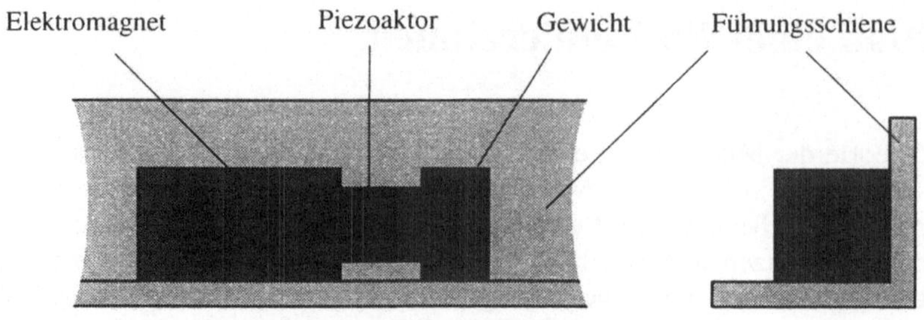

Bild 5.1
Schematischer Aufbau eines piezoelektrischen Plattformantriebs

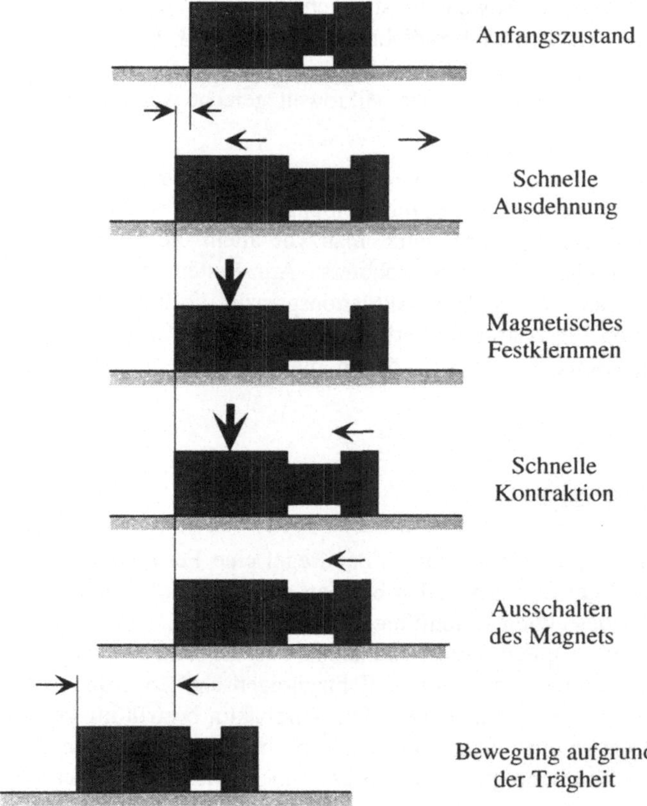

Bild 5.2
Bewegungsprinzip des Plattformträgers

Der Bewegungsablauf wird in Bild 5.2 dargestellt. Demnach kommt es in der ersten Phase zu einer schnellen Ausdehnung des Piezoelementes, das Zusatzgewicht befindet sich dann in maximaler Entfernung vom Aktorkörper. Anschließend wird der Aktorkörper mit Hilfe eines internen Elektromagneten auf der Führungsschiene festgeklemmt. Danach erfolgt eine schnelle Kontraktion des Piezoelements, wobei das Zusatzgewicht in Richtung des Aktorkörpers beschleunigt wird. Ist das Piezoelement vollständig kontrahiert, wird der Elektromagnet ausgeschaltet, und aufgrund der Massenträgheit bewegt sich nun der Mikroaktor in Richtung der erfolgten Beschleunigung. Die zurückgelegte Strecke ist abhängig von den auftretenden Gleitreibungskräften. Dieser Antrieb kann eine Mikroroboterplattform mit einer Geschwindigkeit von einigen cm/s fortbewegen. Die Flexibilität des Mikroroboters wird aber durch die Führungsschiene erheblich eingeschränkt. Ein zusätzlicher linearer Freiheitsgrad kann durch das Benutzen einer Metallunterlage im Arbeitsraum des Roboters gewonnen werden, allerdings auf Kosten der einfacheren Steuerung.

Die vorgestellte Lösung erlaubt lediglich eindimensionale Fortbewegungen der Plattform. Um komplexere Trajektorien erzielen zu können, müssen mehrere elementare Aktoreinheiten in einem System vereinigt werden. Bild 5.3 [Codo95] präsentiert ein Beispiel eines solchen Aktorsystems, das drei Stapelpiezos enthält und hochpräzise „inchworm"-Bewegungen durchführen kann. Die Piezoaktoren dienen als Antrieb für zwei dreiecksförmige „Bein"-Einheiten. Das innere Bein ist über drei rotationssymmetrisch befestigte piezoelektrische Stapel-Elemente mit dem äußeren Bein verbunden. An allen Ecken des äußeren Dreiecks und in der Mitte des inneren Beins ist jeweils ein Elektromagnet befestigt. Dadurch kann sich die Plattform durch Festhalten an einem ferromagnetischen Untergrund und abwechselndes Verlagern der beiden Beine bewegen.

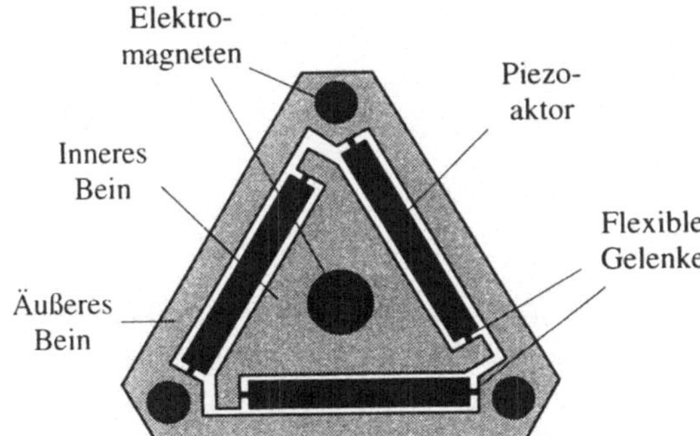

Bild 5.3
Skizze einer „inchworm"-Piezoplattform für zweidimensionale Bewegungen

Der Bewegungsablauf sieht dabei folgendermaßen aus. Im Ausgangszustand wird das äußere Bein durch die Magneten fixiert (Strom eingeschaltet), und das innere Bein ist frei (kein Strom an der Magnetspule). Werden nun die Piezoaktoren durch elektrische Spannungen angesteuert, verlagert sich das innere Bein in eine vom Zusammenspiel der Piezoaktoren abhängige Richtung in der X/Y-Ebene. In diesem Moment wird das innere

Bein durch Einschalten eines Stroms an seiner Magnetspule in der neuen Position geklemmt. Das äußere Bein wird nun durch Abschalten des Stroms an seinen Elektromagneten befreit und kann einen neuen Schritt durchführen, usw. Anhand dieses Bewegungsmechanismus kann die Plattform präzise über größere Strecken bewegt werden.

Dieses Bewegungsprinzip, das hohe Präzision mit einer guten Haftung am Untergrund verbindet und dabei Schieben von Lasten, Erklimmen von Wänden oder sogar Wandern an einer ferromagnetischen Decke ermöglicht, ist allerdings für den Einsatz in einem Rasterelektronenmikroskop aufgrund der entstehenden Magnetfelder ungeeignet.

Das „inchworm"-Prinzip kann auch auf eine andere Weise durch die Kombination von piezoelektrischen Mikroaktoren und elektromagnetischem Festklemmen realisiert werden. Eine von mehreren möglichen Konstruktionen ist in Bild 5.4 zu sehen [Aoya95].

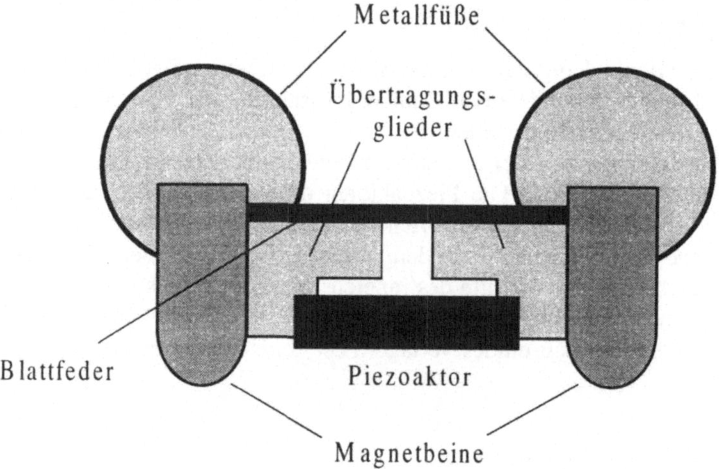

Bild 5.4
Bewegungsprinzip einer piezoelektrischen Mikroplattform
mit elektromagnetischem Festklemmen

Diese Plattform bewegt sich auf zwei jeweils mit einer elektromagnetischen Spule versehenen Metallbeinen, mit denen sie sich durch ein Magnetfeld auf einem ebenfalls metallischen Untergrund „festhalten" kann. Ein zwischen den Magnetbeinen montiertes stapelförmiges Piezoelement ermöglicht die Vorwärtsbewegung des Roboters, indem eine Blattfeder durch einen einfachen Übertragungsmechanismus die Ausdehnung des Piezoelements in eine Verschiebung der Roboterbeine umsetzt. Bei einem zeitlich abgestimmten Zusammenspiel zwischen dem Ein- bzw. Abschalten des Stroms an den Beinen und dem Anlegen bzw. Abschalten einer Spannung am Piezoelement kann sich der Roboter sogar „kopfunter" vorwärtsbewegen. Der Roboter besitzt somit ein unbegrenztes Bewegungspotential und ist in seiner Mobilität nur durch die Größe der metallischen Arbeitsunterlage eingeschränkt.

5.2.2 Trägheitsprinzip

Bei diesem Bewegungsprinzip wird in die Roboterplattform ein Hilfsgewicht integriert, das bei einer Beschleunigung zum Entstehen von Trägheitsmomenten führt. Hier ensteht die Bewegung aufgrung der Trägheit der Plattform und der Nichlinearität der Coulomb-Reibung. Eine detaillierte Analyse des Bewegungsprinzips findet man in [Büchi95].

Das „reine" Trägkeitsbewegungsprinzip, das ohne Mithilfe von zusätzlichen Klemm-einrichtungen realisiert wird, ist in Bild 5.5 dargestellt. Piezoelektrische Stapelaktoren führen unter Ausnutzung der Reibung zwischen dem Plattformträger und dem Boden sowie der Massenträgheit der Plattform eindimensionale Vorwärtsbewegungen herbei.

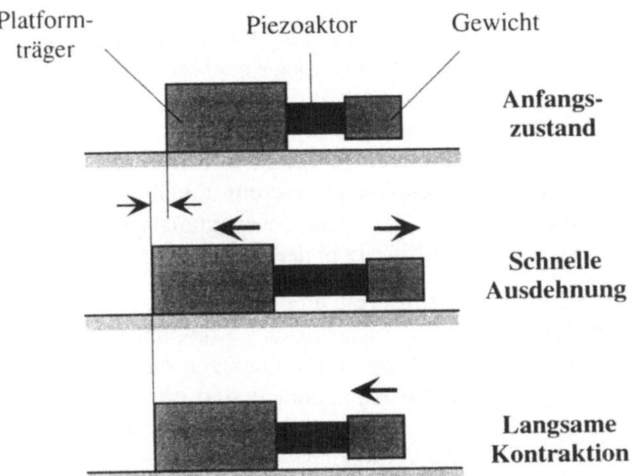

Bild 5.5
Bewegungsprinzip der
Piezopositioniereinheit

Der Piezokörper sitzt dabei zwischen dem eigentlichen, am Boden aufliegenden Plattformträger (dem größeren Gewicht) und einem kleineren freihängenden Zusatzgewicht. Zunächst dehnt sich der Piezokörper schnell aus, wobei die beiden Massen vom Gesamtschwerpunkt weg beschleunigt werden. Dadurch wird der Plattformträger ein Stück in die gewünschte Bewegungsrichtung verschoben. Anschließend kontrahiert sich der Piezoaktor so langsam, daß die Reibungskraft ausreicht, den Plattformträger am Boden festzuhalten und die Bewegung nicht wieder rückgängig zu machen. Das Positionierelement bewegt sich in sehr kleinen Schritten (im Nanometerbereich) und kann deshalb zu Mikropositionierzwecken eingesetzt werden. Der nutzbare Arbeitsbereich ist dabei theoretisch unendlich groß.

Bild 5.6 [Yama95] zeigt eine mögliche Anordnung mehrerer solcher Piezopositionierer zur präzisen Ausrichtung eines Objekts bei einer Mikromontage, das dabei sowohl verschoben als auch gedreht werden kann.

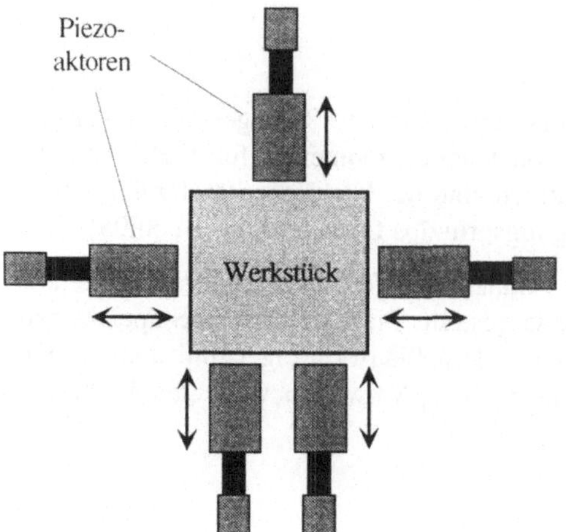

Bild 5.6
Anordnung der Piezoaktoren zur Mikropositionierung eines Werkstücks

Die Piezoaktoren können auf die gezeigte Weise zu einer Mikropositioniereinheit zusammengesetzt werden, die dann als Endeffektor eines konventionellen Roboterarms
einsetzbar ist. Dabei führt der Roboterarm die Grobpositionierung durch, indem er die
Mikropositioniereinheit über das auszurichtende Werkstück bewegt; anschließend erfolgt die Mikropositionierung. Dadurch wird der Einsatz in der Serienfertigung möglich.

Zweidimensionale Bewegungen können mit Hilfe von drei integrierten Piezoaktoren
erzielt werden (Bild 5.7 [Zesch95]). Die äußere mechanische Komponente hat hier
keinen Bodenkontakt und dient als bewegliche Masse zum Erzeugen eines Trägheits-
moments. An der am Boden aufliegenden inneren Komponente sind drei Rubinkugeln
befestigt, die als Füße dienen. Diese zwei Plattformkomponenten sind durch drei piezoelektrische Stapel-Aktoren über flexible Gelenke verbunden.

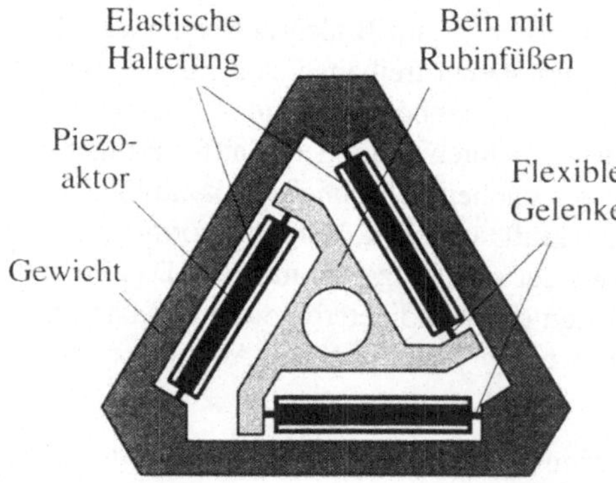

Bild 5.7
Skizze einer Trägheitsplattform für
zweidimensionale Bewegungen

Entsprechend angesteuert, bewegen sich die beiden Plattformkomponenten mit unterschiedlicher Geschwindigkeit aufeinander zu bzw. voneinander weg. Bei einer schnellen

Ausdehnung der Piezoelemente gleitet die Plattform aufgrund der entstehenden Inertialkraft vom Gesamtschwerpunkt weg, da die Reibung zwischen den Rubinfüßen und dem
Untergrund gering ist. Die nachfolgende Kontraktion der Piezos erfolgt langsam, so daß
die Inertialkraft sehr klein bleibt, und die Reibungskraft diesmal ausreicht, um eine
Rückbewegung der Plattform zu verhindern. Auf diese Weise können Bewegungen mit
nm-Präzision durchgeführt werden.

5.2.3 Reibungsprinzip

Hier versucht man durch entsprechende Konstruktionslösungen für die Roboterbeine zu
erreichen, daß bei der Vor- und der Rückwärtsbewegung der Plattform eine unterschiedliche Reibung zwischen der Unterlage und den Beinen entsteht. Dies kann man
z.B. erreichen, wenn der Roboter mit einem bürstenartigen Bein mit robusten, geneigten
Borsten ausgestattet wird. Wird die Plattform in Vibrationen versetzt, dann findet eine
lineare Bewegung in die Richtung des kleineren Widerstands statt. Eine theoretische
Untersuchung dieses Berwegungsprinzips wurde in [Asano93] durchgeführt.

Ein Roboter kann z.B. durch Einwirkung von elektromagnetischen Feldern in Vibration
versetzt werden (Bild 5.8, links [Fuku93a]). Diese Plattform kann sich vorwärts bewegen und besteht aus einem Körperteil (Gehäuse und Magnetspule) und einem Beinteil
(Permanentmagnet, Bürste und Stopper). Die Magnetspule, die wiederum aus einem Eisenkern und einem gewickelten Draht aufgebaut ist, und der Dauermagnet bilden einen
elektromagnetischen Aktor (Bild 5.8, rechts). Auf dem Kern wird eine Isolationsschicht
angebracht, die einen kleinen Abstand zwischen dem Dauermagneten und dem Eisenkörper gewährleistet. Wenn kein Strom durch die Spule fließt, dann wirkt zwischen dem
Dauermagneten und dem Eisenkörper eine Anziehungskraft. Beim Einschalten des
Stroms wirkt dagegen eine viel größere abstoßende Kraft.

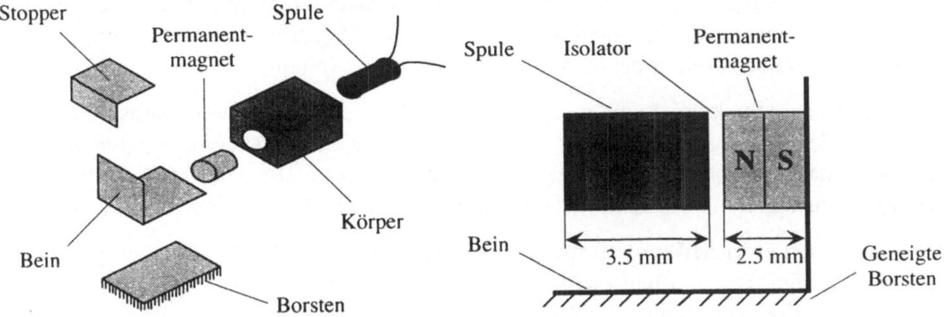

Bild 5.8
Schematischer Aufbau einer elektromagnetischangetriebenen Plattform (links) und
Aufbau des elektromagnetischen Aktors zur Plattformvibration (rechts)

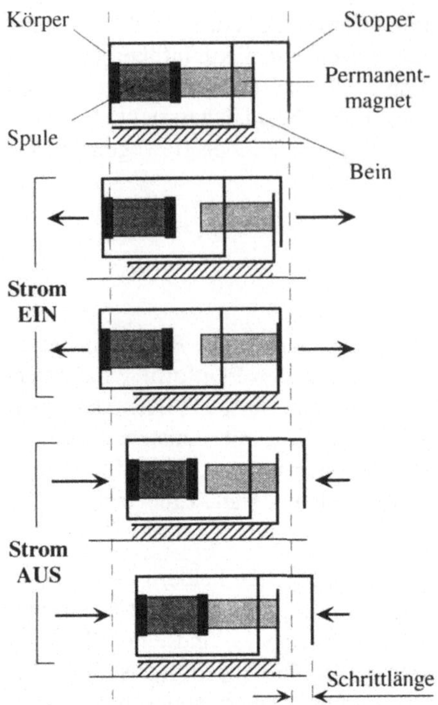

Bild 5.9
Bewegungsprinzip der Plattform

Bild 5.9 verdeutlicht das Bewegungsprinzip der Plattform, das auf sukzessivem Ein- und Ausschalten des Stroms der Spule basiert. Dabei wird die Aufprallkraft zwischen Eisenkern und Permanentmagneten bzw. die Trägheit der Plattform ausgenutzt. Das abwechselnde Aufprallen und Abstoßen der beiden Festkörper führt zu Vor- und Rückwärtsbewegungen der Plattform. Die zwischen dem Boden und den Borsten des Beins entstehende Reibungskraft ist bei der Vorwärtsbewegung viel höher als die bei der Rückwärtsbewegung, da die Borsten entsprechend geneigt sind. Deshalb kann sich die Plattform durch die Trägheit besser vor- als rückwärts bewegen.

Das gleiche Prinzip kann nicht nur für ein- sondern auch für zweidimensionale Bewegungen der Plattform ausgenutzt werden. Dazu sollen zwei Beineinheiten in eine Plattform integriert und getrennt angesteuert werden (Bild 5.10). Die zweibeinige Plattform kann zusätzlich noch nach links und rechts abbiegen oder wenden.

Die Vibrationen einer Mikroplattform können auch durch die Federkraft einer Blattfeder ausgelöst werden. Der Aufbau einer solchen Roboterplattform ist in Bild 5.11 [Ishi95] zu sehen. Die Plattform bewegt sich mit Hilfe von zwei federgelagerten Beinen, die mit nach hinten geneigten Borstenfüßen versehen sind. Jedes Bein kann durch das Wechselfeld einer Magnetspule in Vibration versetzt werden. Dadurch kann sich diese Plattform zweidimensional bewegen. Der elektromagnetische Antrieb ist sehr schnell, was allerdings mit einer hohen Leistungsaufnahme erkauft werden muß. Dadurch, daß die

Spule mit der Resonanzfrequenz der Feder angesteuert wird, läßt sich die Leistungsaufnahme bei gleicher Geschwindigkeit jedoch etwas reduzieren.

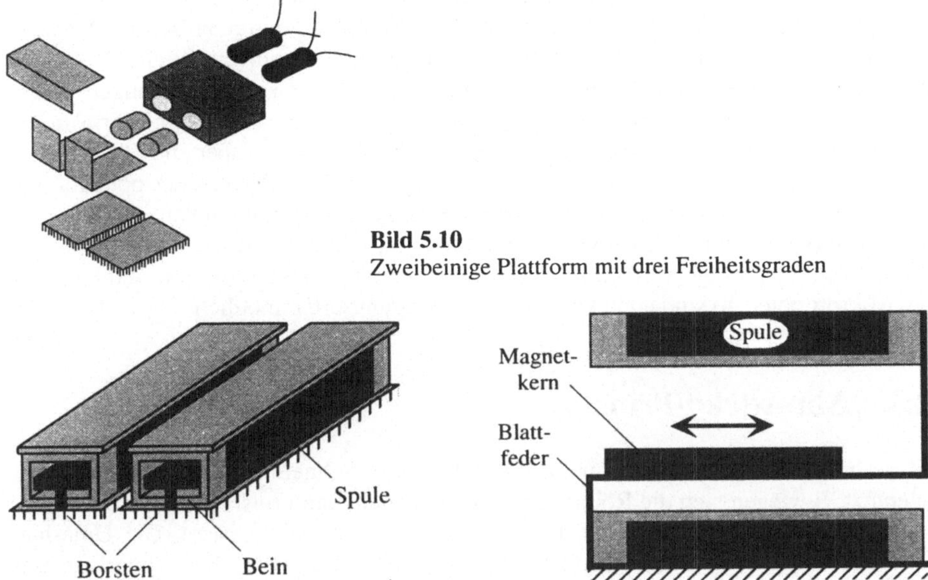

Bild 5.10
Zweibeinige Plattform mit drei Freiheitsgraden

Bild 5.11
Schematischer Aufbau einer federgelagerten Plattform (links) und
der Querschnitt des Beins (rechts)

Um die Gesamtgröße des Roboters weiter zu minimieren, wird man auf die platzraubende elektromagnetische Spule und damit auf den oben vorgestellten Antrieb verzichten müssen. Bild 5.12 zeigt die dritte Möglichkeit, Vibrationen in einer mit Bürstenfüßen ausgerüsteten Mikroplattform herbeizuführen.

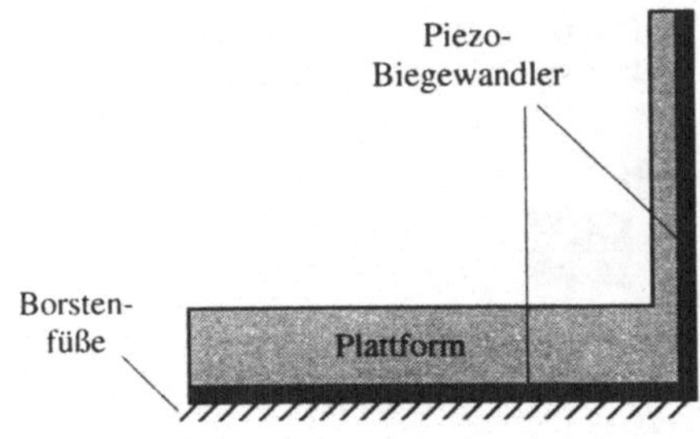

Bild 5.12
Schematischer Aufbau einer
piezoangetriebenen Plattform

Hier werden zwei piezoelektrische Biegewandler-Aktoren zu einem Aktor kombiniert, der durch eine entsprechende Ansteuerung die Plattform in Vibration versetzen kann. Durch die exzellente Dynamik der Piezoschichtaktoren kann dabei eine

Geschwindigkeit von einigen cm/s erzielt werden. Diese Struktur kann auch als ein Bein in einem Mikroroboter eingesetzt werden.

Auch die gute Dynamik von magnetostriktiven Materialien kann in solchen durch Vibration angetriebenen Plattformen von Nutzen sein. Außerdem entfallen bei der Verwendung von magnetostriktiven Aktoren die lästigen Stromzuführungen, die direkt an den Roboter angeschlossen werden. Es müssen allerdings geeignete Designlösungen gefunden werden, um eine sich drahtlos bewegende magnetostriktive Mikroplattform in ein dynamisches Magnetfeld einzubringen. Eine Magnetspule muß über die Plattform in einem Abstand von wenigen cm integriert werden, so daß das Bewegungspotential der Plattform nicht eingeschränkt wird. Wird nun eine mit Borstenfüßen ausgestattete Mikroplattform in Vibration versetzt, dann kann sie, wie etwa in den vorhergehenden Darlegungen, fortbewegt werden. Integriert man mehrere solche Bewegungseinheiten in einen Mikroroboter, so sind auch komplexere Bewegungsarten möglich.

5.2.4 „Slip-stick"-Prinzip

Bei diesem Bewegungsprinzip wird vor allem die Schnelligkeit direkter Antriebe ausgenutzt. Bewegen sich die Roboterbeine sehr schnell, dann rutschen sie aufgrund der Trägheit der Roboterplattform auf der Unterlage durch („slip"-Phase). Die Unterlage soll hierbei glatt sein, um eine relativ kleine Gleitreibung zwischen Unterlage und Beinen zu haben. Wird dagegen die Beinbewegung langsam ausgeführt, dann spielt die Trägheit der Plattform keine Rolle mehr, und sie wird „mitgeschleppt". Um dieses Bewegungsprinzip realisieren zu können, braucht man hochdynamische und robuste Aktoren, wozu sich piezoelektrische Mikroaktoren geradezu anbieten.

Das eigentliche „slip-stick" Prinzip wird in Bild 5.13 demonstriert, das das Zusammenspiel zwischen der Plattform und einem der in die Plattform integrierten piezoelektrischen Beine anschaulich darstellt. Dieses Bewegungsprinzip wurde in [Breg96] und [Munas96] ausführlich analysiert.

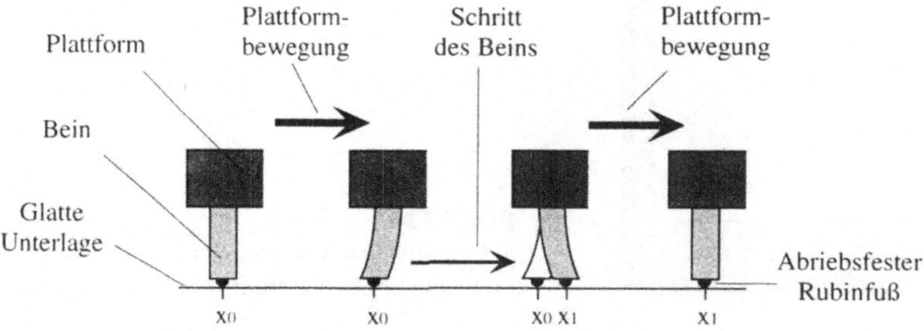

Bild 5.13
Das „slip-stick"-Bewegungsprinzip einer Roboterplattform

Der Bewegungsablauf gliedert sich im großen und ganzen in drei Stufen. Im Ausgangs-zustand werden keine Spannungen an die Piezobeine angelegt. Um nun eine Positionsänderung der Plattform zu erreichen, werden die Beine zunächst gleichzeitig re-lativ langsam gekrümmt, so daß sie auf der Unterlage haften bleiben. Die Plattform wird dabei „mitgenommen" und bewegt sich in die gewünschte Richtung. Danach wird die Polarisation der Ansteuerspannungen an den Aktorelektroden sprungartig geändert, und alle Beine biegen sich sehr schnell in die entgegengesetzte Richtung. Aufgrund der Trägheit der Roboterplattform bzw. der hohen Geschwindigkeit der Beine rutschen sie auf der Unterlage durch. Wenn die neue Beinposition erreicht worden ist, richten sich die Beine auf, und der Schritt der Plattform wird hiermit vollendet. Das Aktuationspo-tential der Piezoelemente wird bei dieser Bewegungsart vollständig ausgenutzt, da die Beine bei der Schrittausführung immer zwischen zwei entgegengesetzt gekrümmten Zu-ständen „schalten".

Die Roboterplattform ist mit dem vorgestellten Antrieb in der Lage, durch ein gezieltes Variieren der Ansteuerungsspannung omnidirektionale Bewegungen (vorwärts, rück-wärts, seitwärts) und Drehungen durchzuführen. Dabei ist der Roboter sehr flexibel, d.h. an keinerlei mechanische Anschläge gebunden und hat somit ein unbeschränktes Bewe-gungspotential. Gleichzeitig kann die Roboterplattform sehr präzise positioniert werden.

Auch ein anderes Bewegungsprinzip, das eine gewisse Ähnlichkeit mit der Bewegungs-art des Menschen hat, kann mit Hilfe von solchen Aktoren realisiert werden (Bild 5.14).

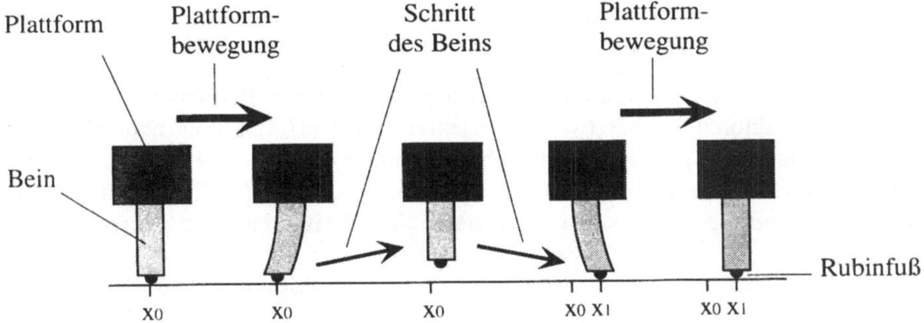

Bild 5.14
Menschenähnliches Anziehen der Beine bei der Plattformbewegung

Auch hier kommt die Bewegung der Plattform dadurch zustande, daß die Krümmungen der Beine in beiden Richtungen mit unterschiedlicher Geschwindigkeit ausgeführt wer-den. Zuerst werden die Beine langsam gekrümmt und dann sehr schnell „umgeschaltet". Im Gegensatz zum „slip-stick"-Verfahren rutschen hierbei die Beine bei einem Schritt nicht durch, sondern werden angezogen. Damit kann man evtl. den störenden Einfluß der Gleitreibung zwischen den Beinen und dem Boden umgehen. Der Roboter zieht gleichzeitig alle drei Beine an und befindet sich dabei für kurze Zeit frei schwebend in der Luft. Danach werden die gekrümmten Beine in ihrer neuen Position abgesetzt, was durch die Schwerkraft aufgrund des Robotergewichts unterstützt wird; die Plattform verändert dabei ihre Position nicht. Anschließend richten sich die Beine wieder auf, und die Plattform bewegt sich noch ein Stück in die Zielrichtung und vollendet hiermit ihren Schritt $\Delta x = x_1 - x_0$ (siehe Bild). Die letzte Aktuation der Beine wird relativ langsam ausgeführt, um das Durchrutschen auf der Glasunterlage zu vermeiden. Eine Wiederholung dieser Ansteuersequenz der Beine führt zu einer kontinuierlichen Bewegung der Roboterplattform.

Der Bewegungsablauf kann insofern modifiziert werden, daß die Beine getrennt angesteuert werden; dadurch kann jedes einzelne Bein die Lage der Plattform gezielt beeinflussen. Dies bringt zusätzliche Möglichkeiten für die Roboterpositionierung, verlangt allerdings ausgefeilte Steuerungsalgorithmen. Nachteilig ist bei diesem Bewegungsprinzip die nichtlineare Trajektorie der Beinbewegung: Zum einen setzt dies eine präzise Ansteuerung voraus, zum anderen werden die Piezokeramiken stark beansprucht.

5.2.5 Andere Bewegungsprinzipien

Man kann sich auch mehrere andere Bewegungsprinzipien für die Positioniereinheit eines Mikroroboters vorstellen. Nicht zu vergessen ist aber, daß, je aufwendiger das Bewegungsprinzip ist, desto mehr Probleme werden bei seiner Implementierung entstehen. Trotzdem werden die bereits genannten Prinzipien durch einige „Exoten" weiter unten vervollständigt, damit die ganze verfügbare Palette an Möglichkeiten dargestellt wird.

Zum Bewegen einer Roboterplattform können positionierbare Permanentmagnete als verteilte „Schiebeaktoren" einsetzt werden. Mehrere zylinderförmige Permanentmagnete werden dabei auf einer glatten Unterlage bewegt, unter der eine beliebig große Matrix von winzigen Elektromagneten montiert ist (Bild 5.15 [Inoue95]). Eine Plattform läßt sich durch den koordinierten Einsatz von mehreren Schiebeaktoren positionieren.

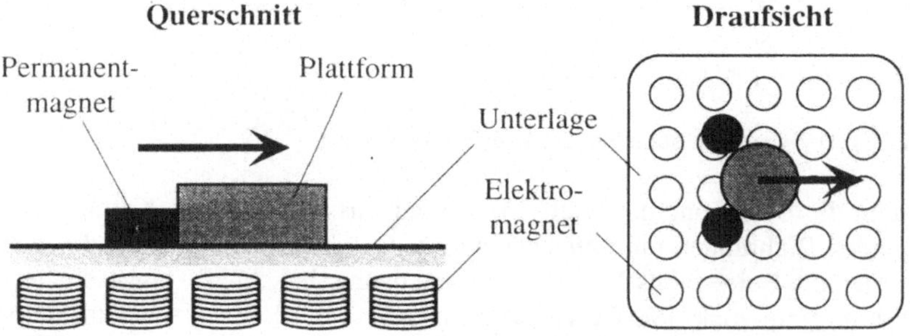

Bild 5.15
Positionieren einer Plattform durch verteilte Magnetaktoren

Durch den Einsatz des magnetischen Feldes als Energieüberträger könnte das Problem der Stromversorgung, das sich bei Mikrorobotern immer stellt, elegant gelöst werden. Die Magnetaktoren können dabei eine breite Palette von Objekten bewegen und, da die einzelnen Endeffektoren nicht miteinander verbunden sind, auch kompliziertere Manipulationen vornehmen. Das vorgestellte Prinzip gewährt ein i.a. uneingeschränktes Bewegungspotential und kann auch direkt für Roboterbeine angewendet werden, indem die gleitenden Permanentmagnete als Füße dienen. Eine mobile Mikroroboterplattform kann z.B. durch den Einsatz von vier Magnetbeinen, die durch flexible Gelenke mit der Plattform verbunden sind, aufgebaut werden. Die Ansteuerungsprobleme werden allerdings bei solchen Plattformen enorm sein, da es nur eine bestimmte Anzahl von Punkten auf der Unterlage gibt, die sicher „angefahren" werden können. Eine Zwischenposition der Beine kann lediglich durch eine aufeinander abgestimmte Ansteuerung von benachbarten Magnetspulen erzielt werden.

Mechanische Kräfte zum Positionieren einer Mikroroboterplattform sind für die Mikroaktuation nicht besonders geeignet, da dieses Prinzip zu einem physikalischen Kontakt führt, der für feine Mikrostrukturen schädlich sein kann. Je kleiner der entwickelte Mikroroboter ist, desto größer sind die Probleme bezüglich der entstehenden Reibungskräfte. Außerdem schränken elektrische Verbindungsdrähte mit zunehmender Miniaturisierung den Aktionsradius von Mikrorobotern ein, und die Integration von Batterien oder anderen Energiezellen scheitert heutzutage angesichts ihrer Größe. Die Mikrowelt bietet oft die Hilfe von natürlichen Medien wie Wasser oder Luft zur kontaktlosen Positionierung von Mikrorobotern an. Kontaktlose Konstruktionen sind zwar oft recht komplex und verlangen einen großen Entwicklungsaufwand, sie werden aber mechanisch deutlich weniger beansprucht als z.B. „slip-stick"- oder gar Trägheitsplattformen.

Eine mögliche Lösung könnten mobile Mikroplattformen bieten, die auf einem Luftkissen schweben und kontaktlos über UV-Strahlen mit Energie versorgt und dadurch elektrostatisch angetrieben werden können. Als Arbeitsfeld einer solchen mobilen Plattform dient ein metallischer „Lufttisch", der aus Vertiefungen und quadratischen Erhebungen aufgebaut und in regelmäßigen kleinen Abständen mit Luftschlitzen (mit einem Durchmesser im μm-Bereich) versehen ist (Bild 5.16, oben [Fuku93b]). Auf diesem Tisch kann sich eine Roboterplattform, die ein pyroelektrisches Element enthält, durch Lichtstrahlenergie bzw. elektrostatische Kräfte (zwischen Plattform und Tisch) bewegen. In die Plattform werden deshalb zwei Elektroden integriert (Bild 5.16, unten).

Das Bewegungsprinzip der Mikroplattform beruht auf der elektrostatischen Kraft, die in einer Elektrodenanordnung nach Bild 4.4b entsteht. Dabei wird die tangentiale Antriebskomponente der wirkenden Kraft ausgenutzt, die das lineare Elektrodensystem in den Zustand maximaler potentieller Energie zu bringen versucht. Als ortsfeste Elektrode in diesem elektrostatischen Aktorsystem dient der Lufttisch aus Stahl, während die Plattform mit den integrierten Elektroden die bewegliche Gegenelektrode bildet. Die notwendige Spannung wird der Mikroplattform kabellos zugefügt, indem die Lichtenergie mit Hilfe des pyroelektrischen Elements in elektrische Spannung konvertiert wird.

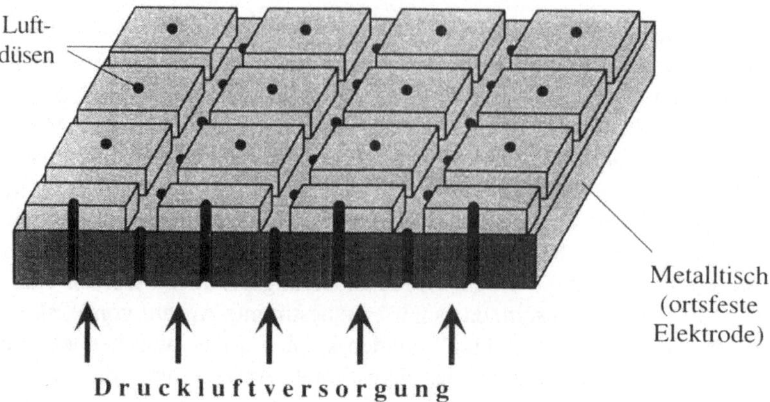

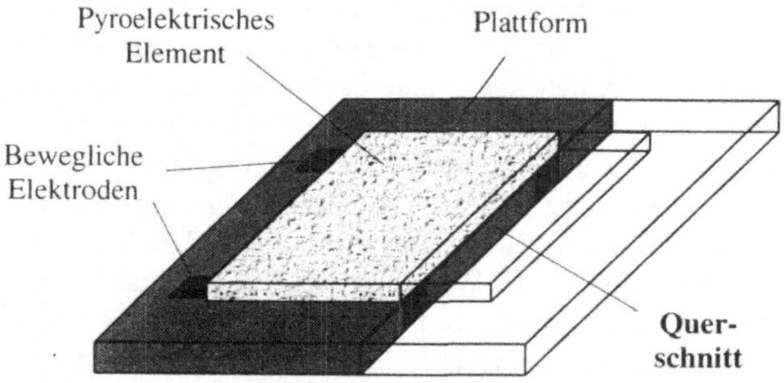

Bild 5.16
Eine schwebende elektrostatische Mikroroboterplattform:
Lufttisch (oben) und der Plattformaufbau (unten)

Das Bewegungsprinzip der Mikroplattform wird in Bild 5.17 erläutert. Das obere Bild
stellt den Anfangszustand dar: Die Plattform wird durch den Luftdruck vom Tisch ab-
gehoben, es findet aber noch keine UV-Bestrahlung und damit keine Bewegung statt.
Wenn das pyroelektrische Element der Plattform mit UV-Licht beleuchtet wird, dann
wird eine elektrische Spannung und damit eine elektrostatische Kraft erzeugt. Aufgrund
der tangentialen Kraftkomponente beginnt der Roboter auf dem Luftkissen zu gleiten.

Da die Plattform über keine Vorrichtungen verfügt, um die Richtung zu kontrollieren
oder zu ändern, kann sie z.B. über Führungsleisten ausgerichtet werden. Wird die Bestrahlung unterbrochen, bewegt sich die Plattform aufgrund der Massenträgheit mit einer beinahe konstanten Geschwindigkeit von einigen cm/s weiter, da die Reibung sehr
gering ist. Die Ansteuerungsprobleme des frei gleitenden Mikroroboters sind allerdings
sehr groß. Auch das Anhalten des Roboters ist schwierig, da die erzeugten Bremskräfte
im Vergleich zur Trägheit des Roboters zu klein sind. Möglich ist auch der Betrieb der
Plattform mit einer konstanten UV-Bestrahlung, wobei die Plattformbewegungen durch
eine Modulation des Lichtkontrastes kontrolliert werden sollen. Die vorgestellte Version

der Plattform hat lediglich einen Freiheitsgrad; für die Konstruktion eines Roboters mit mehreren Freiheitsgraden müssen mehrere pyroelektrische Elemente auf der Plattform befestigt werden. Dann ist aber das Problem der selektiven Beleuchtung einzelner Pyroelemente zu lösen.

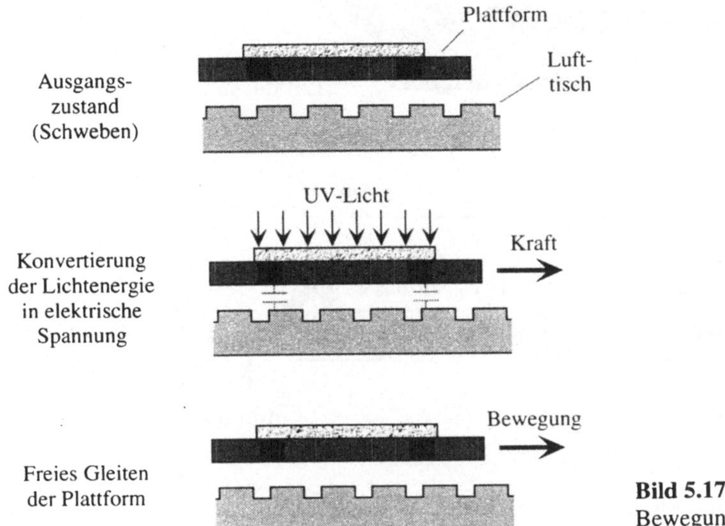

Bild 5.17
Bewegungsprinzip der Plattform

Der Luftdruck kann nicht nur zur Levitation einer Plattform, sondern auch zu ihrer Positionierung eingesetzt werden. Vielversprechend ist z.B. die Anwendung von verteilten Luftdruck-Positioniersystemen, da sich mikroskopische Luftkanäle bzw. -düsen in einem Siliziumsubstrat problemlos und kostengünstig mit Hilfe von mikromechanischen Verfahren herstellen lassen. In solchen Systemen können Mikroobjekte durch Luftströme mehrerer Mikrodüsen angehoben und durch eine geeignete Ansteuerung der Luftströme fein positioniert bzw. justiert werden. Bild 5.18 [Fuji93] verdeutlicht das Konzept dieses Mikropositioniersystems und die Funktionsweise einer druckluftgesteuerten Düse.

Da jede Düse zwei Luftkanäle besitzt, kann der Luftstrom wahlweise in beide Richtungen oder nur eine geleitet oder gänzlich blockiert werden. Als Substrat kann ein Siliziumwafer benutzt werden, in den mehrere einige µm-große Luftkanäle anisotropisch geätzt werden. Jedes Loch wird mit einem weichen Polyimidfilm, in den zwei Elektroden eingebracht sind, überdeckt. Wird nun eine Spannung an eine der Elektroden angelegt, so schließt sich der entsprechende Luftkanal. Auf diese Weise können alle Düsen individuell gesteuert werden, wodurch auch komplizierte Positioniervorgänge realisiert werden können.

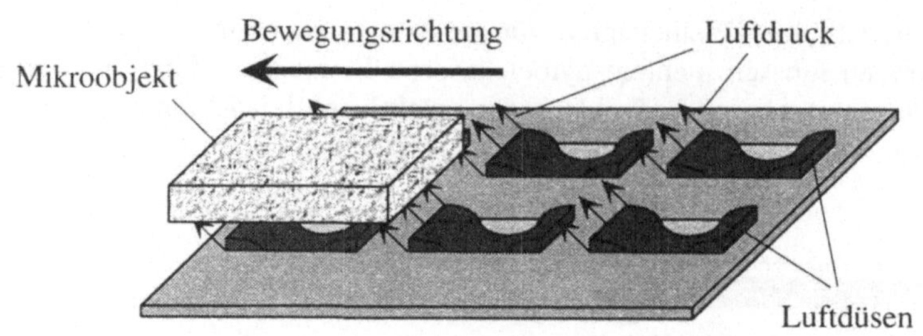

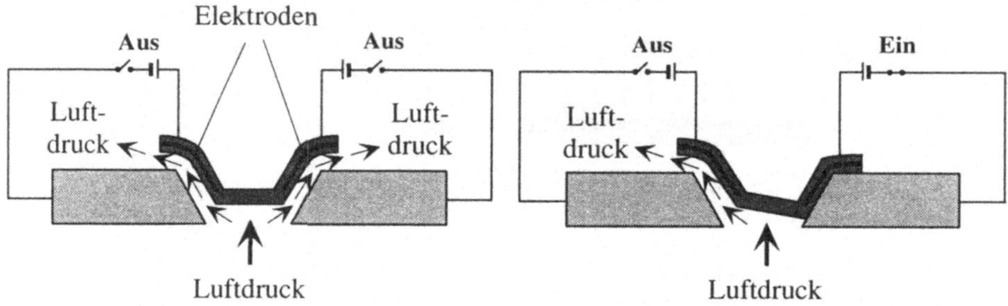

Bild 5.18
Konzept des pneumatischen Mikropositioniersystems:
Skizze des Positioniersystems (oben) und das Aktuationsprinzip (unten)

Wie bereits erwähnt, kann die Mobilität bei einem Mikroroboter mit Hilfe eines natürlichen Mediums (Flüssigkeit oder Gas) in der Roboterumgebung erreicht werden. Verschiedenartige Mikromechanismen für in-vivo-Anwendungen kann man z.B. durch
menschliche Blutbahnen treiben lassen. Mikroinspektionsroboter für Rohrleitungen
könnten auf natürliche Weise mit dem Flüssigkeitsstrom durch das Leitungsinnere getrieben werden und ihre sensorischen Aufgaben sozusagen „im Vorbeischwimmen"
erledigen. Es entstehen allerdings große Probleme bei der Ansteuerung solcher Mikroroboter. Um die Steuerbarkeit schwimmender Roboterplattformen zu erhöhen, kann man
sie mit zusätzlichen Aktoren versehen, die dann die Plattform bei Bedarf abbremsen
bzw. beschleunigen.

Bild 5.19 [Fuku95] zeigt eine Skizze einer schwimmenden piezoelektrisch gesteuerten
Mikroplattform. Die Roboterbewegungen kommen durch zwei schwingende piezogetriebene Flossen zustande. Die Stapel-Piezoelemente ermöglichen Bewegungen mit
großen Kräften, aber kleinem Hub; dies fordert die Integration von zusätzlichen bewegungsübertragenden Mechanismen zwischen Piezoaktoren und Flossen. Bei diesem
Plattformdesign verleihen die Flossen dem Roboter einen rotatorischen und einen
translatorischen Freiheitsgrad. Dadurch kann er sich auch an Verzweigungen oder anderen Hindernissen korrekt vorwärtsbewegen. Der Roboter kann mit Geschwindigkeiten
bis zu einigen cm/s bewegt werden.

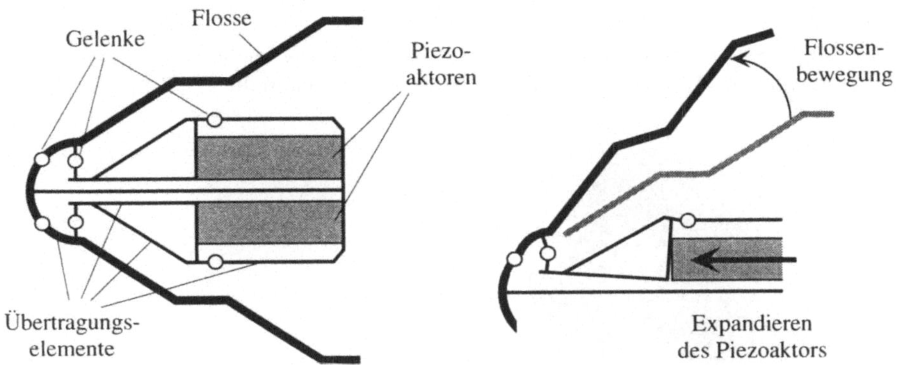

Bild 5.19
Funktionsprinzip einer schwimmenden Plattform:
Plattformdesign (links) und das Bewegungsprinzip der Flossen (rechts)

5.3 Aufbau einer Mikromanipulationseinheit

Das Feinmanipulieren bzw. -justieren von Mikroobjekten ist ein vor allem für piezoelektrische Aktoren ein prädestiniertes Anwendungsgebiet (Teil 4). Piezoaktoren sind
für ultrapräzise Positionierungen mit einer Bewegungsauflösung von bis zu 1 nm
geeignet. Bis heute haben sich Aufbaukonzepte zur Umsetzung der Antriebs- in die
Manipulatorbewegungen durchgesetzt, die auf der Anwendung paralleler Aktorsysteme
beruhen. In solchen Manipulationseinheiten resultiert die Bewegung des Roboter-
werkzeugs aus der Gesamtsumme der Bewegungen mehrerer Roboteraktoren. Auf diese
Weise können flexible Manipulationseinheiten mit mehreren Freiheitsgraden realisiert
werden; erkauft wird diese Flexibilität durch komplizierte Steuerungsalgorithmen und
aufwendige Robotermechanik. Aus einer Reihe von interessanten Lösungsmöglichkeiten
haben sich bis heute zwei Konzepte der Bewegungsübertragung in der Mikrorobotik
zum Feinmanipulieren durchgesetzt: die bereits aus der Makrorobotik bekannte Stewart-
Plattform und das auf dem „slip-stick"-Prinzip basierende Kugelgetriebe. Diese beiden
Konzepte sind mit den Mitteln der Mikroaktorik implementierbar und erlauben je nach
Design bis zu sechs Freiheitsgrade.

5.3.1 Stewart-Plattform-Getriebe

Die sogenannte „Chopstick"-Mikrohand zur Manipulation von Objekten mit einer Größe
von wenigen Mikrometern – wie Mikromontageteile oder biologische Zellen – wird seit

Jahren im Mechanical Engineering Laboratory in Tokyo entwickelt [Arai92], [Arai93], [Tani96]. Dabei sollen zwei piezoangetriebene Eßstäbchen-ähnliche Finger mit jeweils sechs Freiheitsgraden Mikroobjekte analog zum Menschen manipulieren (Bild 5.20).

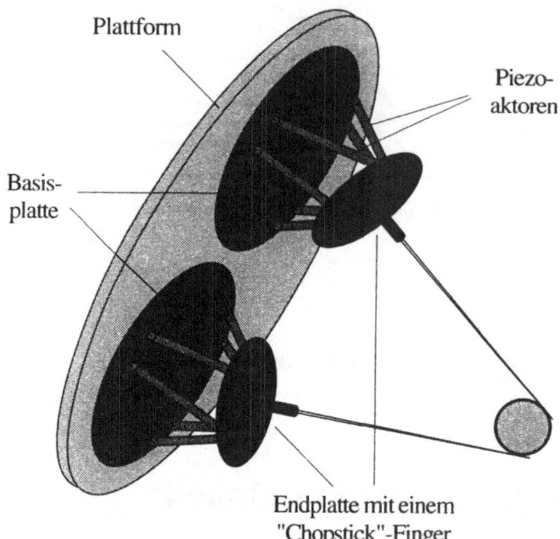

Bild 5.20
Konzept einer piezoelektrischen Chopstick-Hand

Das zweifingrige Design spiegelt die Besonderheit der Mikrowelt wider, in der Schwer-kräfte und Trägheitsmomente eine untergeordnete Rolle spielen, und zwei Finger zur Manipulation von Mikroobjekten ausreichen. Angelehnt an dieses Konzept wurden zwei Prototypen des Chopstick-Mikrofingers entwickelt, die in Bild 5.21 [Arai93] zu sehen sind. Die Chopstick-Finger haben eine extrem kleine Greiffläche; auf diese Weise konn-ten die parasitären Anziehungskräfte reduziert werden. Beim Aufbau beider Prototypen wurde der parallele Linkmechanismus verwendet, der aus sechs prismatischen Piezo-Bindegliedern besteht, die an die Basis- und die Endplatte des Fingers gekoppelt sind. Um das Fingermodul gleichmäßig bewegen zu können bzw. die Handstabilität zu ver-bessern, wurden am ersten Prototyp (Bild 5.21, links) zusätzlich Federn angebracht. Als Finger dient eine auf der Endplatte montierte, 50 mm lange Nadel mit einem Spitzen-radius von 30 µm.

Beim zweiten Prototyp (Bild 5.21, rechts) wurden flexible Kugelgelenke aus Stahl anstelle der Federn eingesetzt, die wesentlich zur Erhöhung der Steifigkeit beitragen und somit die Genauigkeit des Moduls steigern. Ein anderes Ziel des neuen Designs ist die mechanische Verstärkung, um das Arbeitsfeld des Mikromanipulators zu erweitern und das dynamische Verhalten des Aktors zu verbessern. Eine bessere Lösung wurde auch für den eigentlichen Finger gefunden, indem eine Glaspipette mit einem Spitzenradius von unter 1 µm als Finger eingesetzt wurde. Beide Fingerprototypen werden durch sechs je 2 mm × 3 mm × 8 mm große Piezoelemente gesteuert. Der Durchmesser der Basis-platte ist 56 mm, der der Endplatte beträgt 20 mm und der Abstand zwischen den Platten

6.4 mm. Die Auslenkung der Fingerspitze betrug 8 µm und die Bewegungsauflösung weniger als 30 nm bei einer Spannung von 150 V. Um den Hystereseeffekt der piezoelektrischen Elemente zu kompensieren, wurde ein analoger PI-Regler an alle 6 Bindeglieder angebracht.

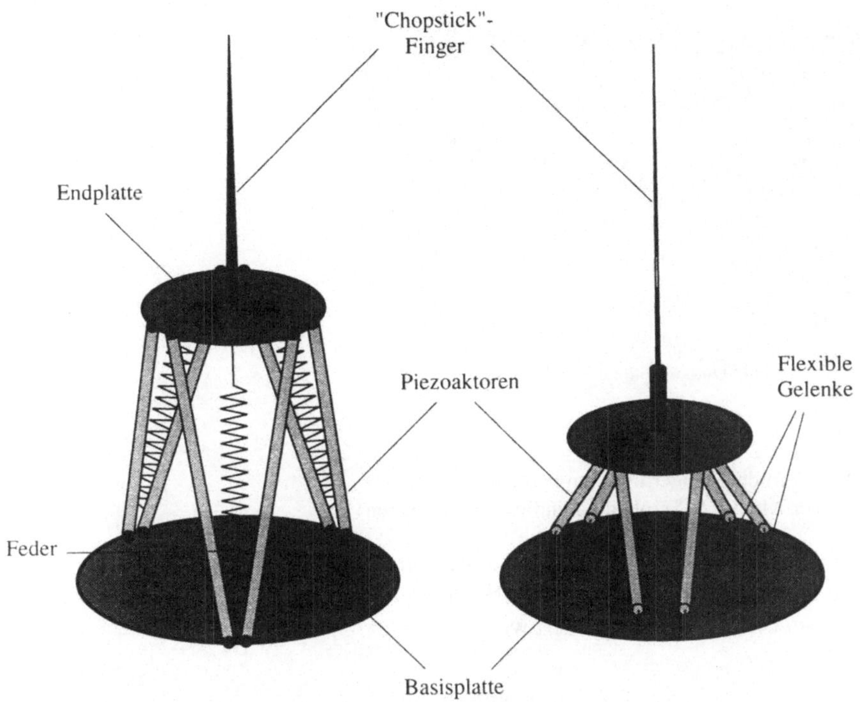

Bild 5.21
Zwei Prototypen des Chopstick-Fingers mit piezoelektrischer Stewart-Plattform

Ähnlich konzipierte Manipulationseinheiten werden mittlerweile auch in Deutschland entwickelt [Klocke96]. Bei diesem modularen Konzept können mehrere, mit piezoelektrischen Linearmotoren ausgestattete Fingermodule in eine Werkbank integriert werden (Bild 5.22). Jedes Fingermodul ist ein xyz-Manipulator und besteht aus vier Linearmotoren, die einen Kipptisch (die obere Platte) positionieren, und einem zusätzlichen, mit einem Werkzeug ausgerüsteten Linearmotor, dessen Ende in der Tischmitte befestigt ist. Der Linearmotor ist 15 mm lang und hat einen Durchmesser von 3.5 mm. Seine Positioniergenauigkeit beträgt ca. 1 nm bei einem linearen Positionierbereich von einigen mm. Der Maßstab im Bild entspricht der Länge von 10 mm.

Es ist allerdings eine Herausforderung für das Steuerungssystem solcher modularer Manipulationseinheiten, einen stabilen und reproduzierbaren Griff zu gewährleisten. Das Problem liegt darin, daß die Finger völlig autonom sind und das Steuerungssystem ihre

Bewegung in Echtzeit und sehr präzise koordinieren muß. Dies verlangt eine exakte Modellierung des Manipulators und ideale Umgebungsbedingungen ohne Störeinflüsse. Die beiden Anforderungen sind aber in der Praxis sehr schwer zu erfüllen.

Bild 5.22
Eine Werkbank mit drei Fingermodulen und einem xy-Tisch
(Quelle – Volker Klocke & Stephan Kleindiek GbR, Aachen)

Ein möglicher Ausweg besteht in einer sinnvollen Reduzierung der Fingerautonomie und eine Steuerungsentkopplung der Greifermodule [Tani96], [Arai97a]; dies kann z.B. nach dem Muster in Bild 5.23 realisiert werden.

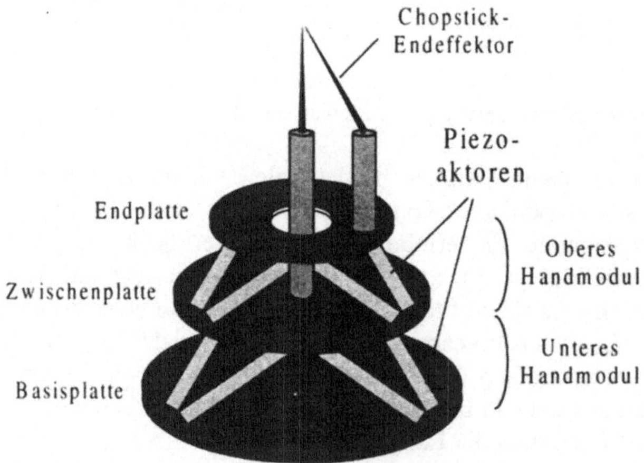

Bild 5.23
Zweifinger-Manipulator mit zwei entkoppelten Stewart-Plattformen
(Quelle – Osaka University + Mechanical Engineering Laboratory, Tsukuba)

Bei diesem Manipulatordesign werden zwei Stewart-Plattformen in Reihe auf einer Basisplatte aufgebaut, so daß die Steuerungsalgorithmen beider Aktorsysteme entkoppelt werden können. Während das obere Handmodul für das Greifen und Halten des Greifobjekts zuständig ist, sorgt das untere Handmodul für globale Positionierung des gegriffenen Objekts. Mit dieser Chopstick-Hand konnten eine Glaskugel mit einem Durchmesser von 2 μm und menschliche weiße Blutzellen mit einem Durchmesser von 10 μm unter einem Lichtmikroskop durch Teleoperation erfolgreich manipuliert werden.

5.3.2 „Slip-stick"-Kugelgetriebe

Das „slip-stick"-Prinzip für die Bewegungsübertragung wurde bereits in Abschnitt 5.2.4 vorgestellt. Dadurch kann eine Roboterplattform mit Hilfe hochdynamischer und starker piezoelektrischer Beine auf einer glatten Oberfläche bewegt werden. Das Kugelgetriebe erlaubt eine Umkehrung dieses Prinzips, indem die Kraftübertragung durch die Reibung zwischen ortsfesten Piezoaktoren und der Oberfläche eines Rotors stattfindet.

Als Rotor können je nach Roboterdesign und der angestrebten Freiheitsgradanzahl verschiedenförmige Werkzeugträger verwendet werden [Zesch95], [Breg96]. Dieses Getriebe bildet das Herzstück mehrerer, am IPR (Universität Karlsruhe) entwickelter Mikroroboter, bei denen ein kugelförmiger Werkzeugträger zum Einsatz kommt. Eine flexible Mikromanipulationseinheit zum Greifen von diffizilen und sehr kleinen Objekten, die aus zwei autonomen Fingermodulen mit dem Kugelgetriebe besteht, wurde zum ersten Mal in [Fati95] präsentiert (Bild 5.24).

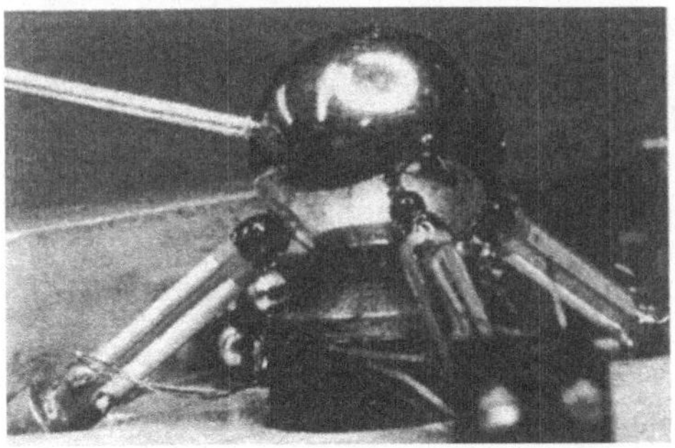

Bild 5.24
Fingermodul mit einem Kugelgetriebe; rechts: ohne Werkzeugträger
(Quelle – IPR, Universität Karlsruhe)

Die Aktoren sind als Piezokeramik-Rohr gesintert und jeweils mit einer äußeren und einer inneren Elektrode versehen. Die äußere Elektrode ist zusätzlich in vier Segmente unterteilt, die im 90°-Winkel axial angeordnet sind. Legt man nun an zwei gegenüberliegende Elektroden eine Spannung unterschiedlicher Polarisation an, führt dies dazu, daß die Keramik auf einer Seite expandiert und sich auf der gegenüberliegenden Seite kontrahiert, was eine Krümmung des Rohres zur Folge hat. Wird zur gleichen Zeit an die beiden anderen Elektroden ein Potential der gleichen Polarität angelegt, kann die Piezokeramik auch in der Länge variiert werden. Mit Hilfe dieser Elektrodenanordnung ist es also möglich, den Aktor präzise anzusteuern, indem Betrag und Richtung des elektrischen Feldes variiert werden.

Das Fingermodul besteht aus einem kugelförmigen metallischen Werkzeugträger, an dem das eigentliche Werkzeug befestigt ist, und drei piezokeramischen Aktoren. Ein origineller Mechanismus der Kraftübertragung wird hier verwendet. Die Metallkugel wird durch einen Dauermagneten, der in Bild 5.24, rechts, gut zu sehen ist, gegen die Piezokeramiken gedrückt und hat nur mit den drei kleinen Rubinkugeln Kontakt. Werden nun die Aktoren nach dem in Bild 5.13 gezeigten Muster angesteuert, dann „laufen" die Röhrchen quasi auf der Kugeloberfläche, und die Kugel kann durch die in den Kontaktpunkten entstehende Reibungskraft in jeder Richtung mit hoher Präzision gedreht werden. Die Reibungskraft geht dabei direkt in die vom Endeffektor ausgeübte Kraft ein. Mit diesem Aktuationsmechanismus stehen dem Fingermodul drei rotatorische Freiheitsgrade zur Verfügung. Damit lassen sich die an der Kugel angebrachten Werkzeuge heben, senken, schwenken und drehen. Die Präzision der Werkzeugpositionierung hängt von der Bewegungsauflösung der Piezoröhrchen (ca. 10 nm) sowie der Hebellänge des Werkzeugs ab. Die Geschwindigkeit des Mikromanipulators wird durch die Ansteuerfrequenz der Piezoaktoren bestimmt und reicht für Mikromontageaufgaben völlig aus. Diese Konstruktion des Manipulators ermöglicht einen einfachen und automatisierbaren Werkzeugaustausch durch das Auswechseln des Werkzeugträgers.

Die Kugeln auf dem Foto sind mit einfachen nadelförmigen Werkzeugen versehen. Durch eine koordinierte Bewegung der Roboterplattform und der Piezoaktoren des Mikromanipulators kann die Werkzeugspitze zu jedem beliebigen Punkt des Arbeitsraums gebracht werden. Verschiedene Greif- und Manipulationsprinzipien können hierbei realisiert werden. So kann z.B. ein Fingermodul mit einer Mikroschaufel und das andere mit einem Mikroschaber ausgerüstet werden. Objekte könnten dann mit dem Schaber auf die Schaufel geschoben und so transportiert werden. Eine andere Möglichkeit besteht darin, die Objekte zwischen zwei Werkzeugen in einem Formschlußgriff einzuklemmen. Mit scharfen nadelförmigen Effektoren kann man außerdem Mikroobjekte aufspießen usw. Diese Ideen sind in das Konzept von mehreren Mikrorobotern der MINIMAN-Reihe eingegangen [Fati95], [Fati96f], [Remb97]. Die Implementierung dieser Roboter und die Integration der Mikromanipulationseinheit wird weiter unten in Teil 7 diskutiert.

Das vorgestellte modulare Konzept hat allerdings den gleichen Nachteil wie der Stewart-Plattform-Manipulator in Bild 5.20. Kraftschlüssiges Greifen bzw. Halten bereitet Probleme, da die Steuerungsalgorithmen beider autonomer Fingermodule eine sehr präzise und echtzeitfähige Kopplung benötigen. Eine mögliche Lösung ist – auch wie bei den Stewart-Plattform-Manipulatoren oben – eine Entkopplung der Grob- und Feinbewegung der Manipulationseinheit. Diese Lösung wurde in einem am IPR entwickelten

Mikroroboter bereits implementiert [Fati97g]. Seine Manipulationseinheit besteht aus einem Kugelmodul mit einem integrierten piezoelektrischen Pinzettengreifer (Bild 5.25).

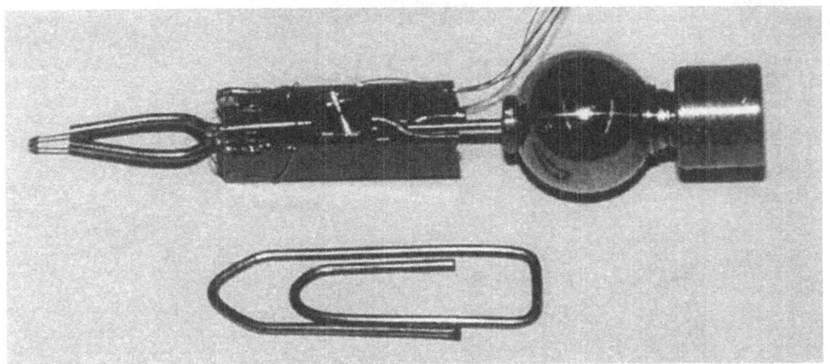

Bild 5.25
Manipulator mit „slip-stick"-Kugelgetriebe und integriertem Greifer
(Quelle – IPR, Universität Karlsruhe)

Das Kugelgetriebe sorgt hier für die Übertragung der Grobbewegung und die Positionierung des Greifobjekts. Der integrierte piezoelektrische Pinzettengreifer, der planare Biegewandler als Aktoren verwendet und nach dem „Schere-Prinzip" aufgebaut ist, übernimmt das Greifen und Halten des Objekts. Durch eine derartige Entkopplung wird die ursprüngliche Flexibilität der Manipulationseinheit bezüglich der Objektgröße etwas reduziert. Die Bewegungsübertragung durch den scherenartigen Aufbau erlaubt aber immerhin eine Greifspanne bis zu 2 mm, was für Mikromontageanwendungen in meisten Fällen ausreicht. Die Einzelheiten der Implementierung werden in Teil 7 diskutiert.

Eine Manipulationseinheit mit dem Kugelgetriebe kann durch die Anwendung von piezoelektrischen Stapelaktoren (Abschnitt 4.3) anstelle von Biegewandlern weiter miniaturisiert werden. Ein piezoelektrischer Motor mit einem Durchmesser von 4.5 mm wurde bereits mit Hilfe eines Stapelkeramik-Aktorsystems angetrieben [Bexell96]. Das Aktuationsprinzip und die 2 mm hohen Piezoaktoren sind in Bild 5.26 (oben) zu sehen.

Im Rahmen eines großen europäischen Verbundprojekts wird zur Zeit versucht, das Stapelkeramik-Aktorsystem mit 2.5 mm hohen Aktoren in ein Kugelgetriebe zu integrieren und auf diese Weise eine kompakte und flexible Manipulationseinheit für einen mobilen Mikroroboter zu implementieren [Minim98]. Das Konzept ist in Bild 5.26 (unten) vorgestellt. Im Unterschied zum Rotationsmotor sollen die Piezoaktoren hier ein größeres Bewegungspotential aufweisen und mindestens drei Freiheitsgrade besitzen. Dies verlangt ein abgestimmtes Zusammenspiel der Keramikschichten bei der Aktorsteuerung und führt zu einem komplizierten Schichtenmuster. Aud diesem Grund werden in der aktuellen Forschungsphase die Herstellungs- und die Steuerungsprobleme der Stapelaktoren untersucht.

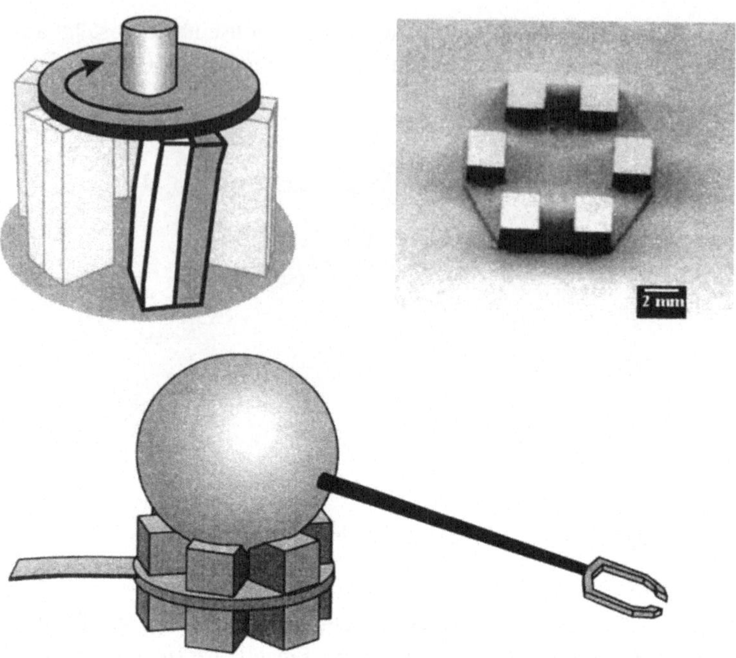

Bild 5.26
Anwendung von piezoelektrischen Stapelaktoren zur Mikromanipulation:
Antrieb eines Rotationsmotors (oben) und Konzept eines Robotermanipulators (unten)
(Quelle – Department of Technology, Uppsala University, Sweden)

5.4 Mikrogreifer

Unabhängig davon, ob manuell oder automatisiert mit Hilfe von Robotern montiert
werden soll, erfordert die Mikromontage den Einsatz von Greifern. Greifer spielen bei der
Mikromontage eine wesentliche Rolle, da sie in direkten Kontakt mit Bauteilen kommen
und somit die Bauteilpositionierung und dadurch die Montagegenauigkeit in großem Maße
beeinflussen. Das Greifen, Halten, Manipulieren und Absetzen von empfindlichen Mikrobauteilen ist bereits bei manueller Mikromontage eine schwierige Aufgabe. Versucht man
den Montageplatz zu automatisieren, wird sie wegen der eingeschränkten sensorischen
Fähigkeit des Roboters noch schwieriger. Außerdem muß die Greiftechnik auf das
verwendete Teilezuführungs- bzw. Magazinierungskonzept abgestimmt sein. Eine hohe
Positioniergenauigkeit und große Flexibilität des Roboters können zunichte gemacht
werden, wenn der Greifer nicht richtig „mitspielt". Aus diesem Grund besteht im Bereich
der Mikrogreifertechnik noch ein hoher Entwicklungsbedarf.

Viele Greifprinzipien können von der Natur „abgeguckt" werden: z.B. können die Mundwerkzeuge von Insekten beißen, stechen oder saugen und passen sich somit der Art der Nahrung an. Genauso verlangen zu montierende Bauteile mit meist unregelmäßigen Formen den Einsatz von speziell abgestimmten Mikrogreifern, die häufig nur mit mikromechanischen Methoden wie der Silizium-Technologie, laserbasierten Bearbeitungstechniken oder dem LIGA-Verfahren hergestellt werden können. Besonders das LIGA-Verfahren erlangt hier eine besondere Bedeutung, da es die Verwendung unterschiedlicher Materialien erlaubt und dadurch die Anforderungen der Anwendung besser berücksichtigen kann.

In verschiedenen technischen Bereichen wurden bereits unzählige Greifprinzipien zur Durchführung von Transport- und Fügevorgängen entworfen. Sie können in drei Griffarten unterteilt werden: Form-, Kraft- und Stoffschluß (Bild 5.27).

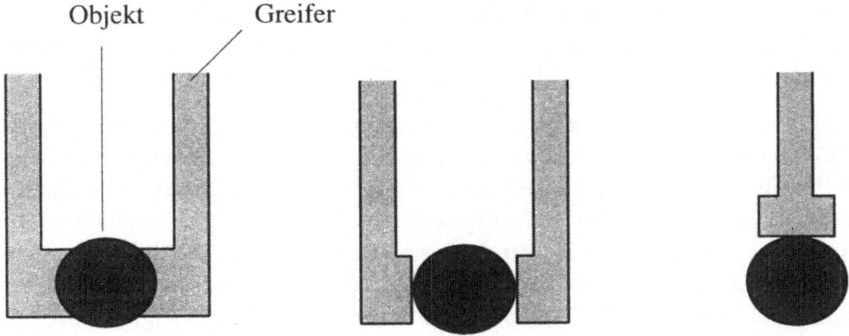

Bild 5.27
Drei Griffarten beim Greifen von Montageteilen:
Formschluß (links), Kraftschluß (Mitte) und Stoffschluß (rechts)

Alle diese drei Griffarten werden zur Zeit in der Mikromontage verwendet, wobei die Geometrie und Materialeigenschaften des Montageteils für die Auswahl der Griffart ausschlaggebend sind. Jede Griffart kann durch mehrere verschiedene Greifprinzipien realisiert werden, wozu bereits einige spezifische Mikrogreifer entwickelt wurden. Die wichtigsten Anforderungen an die Greifer für Mikromontagezwecke wurden z.B. in [Hess95a], [MFV96] oder [Fischer97] erschöpfend erläutert.

Das Design der Montageteile soll nach Möglichkeit an die vorhandenen Montage- und Fügetechniken angepaßt werden. Bereits beim Entwurf eines Mikrosystems und dem Konstruieren seiner Komponenten ist zu überlegen, wie Greifflächen bzw. -strukturen an Mikroteilen angebracht werden können und wie sie bei der Montage gehandhabt werden [Feier96]. Diese Anpassung ist häufig unabdingbar, da durch die vielfältigen Geometrien und die Dreidimensionalität der Mikrobauteile die für die Handhabung geeigneten Stellen extrem klein sind. Verschiedene Regeln und Maßnahmen für den montagegerechten Entwurf von Montageobjekten wurden in [Hensch94] vorgestellt und diskutiert.

Andererseits muß auch das Greiferdesign dem Montageverfahren angepaßt werden. Vor allem die visuelle Kontrollierbarkeit von Montageabläufen ist ein wichtiger Aspekt, der die Auswahl von Greifkonzepten am meisten beeinflußt. Bei sehr anspruchsvollen Reinraumanwendungen kann auch die Reinraumtauglichkeit des Greifers von besonderer Bedeutung sein, da er im direkten Kontakt zum Bauteil steht. Ein anderer Aspekt ist die Packungsdichte im zu montierenden Mikrosystem, die das Platzangebot für den Greifer erheblich einschränkt. Das letzte Problem kann teilweise durch eine ausgefeilte Planung von Mikromontageoperationen entschärft werden, indem eine in bezug auf das Greiferdesign optimale Montagesequenz gefunden wird (Teil 6).

Meistens sehr wichtig ist auch die Möglichkeit, die Greifkräfte während eines Montagevorgangs feinfühlig dosieren zu können, um eine Beschädigung der Bauteile auszuschließen. Besonders bei kraftschließendem Greifen von empfindlichen Bauteilen kann es eventuell zu erheblichen mechanischen Belastungen des Bauteils kommen. Sogenannte smarte Aktoren, die natürliche sensorische Fähigkeiten besitzen, können Abhilfe leisten (Teil 4). Aus diesem Grund basieren die meisten bereits entwickelten Kraftschlußgreifer für die Mikromontage auf Piezo- oder Formgedächtnisantrieben.

Für eine flexible Mikromontagestation ist außerdem die leichte und schnelle Umrüstbarkeit der Greifer für verschiedenartige Bauteile von großer Bedeutung. Im Idealfall soll der Greifer Bauteile mit unterschiedlichen Formen und Abmessungen handhaben können, da der Einsatz von Greiferwechselsystemen in Mikromontageeinrichtungen oft nicht oder nur mit einem enormen Konstruktionsaufwand möglich ist. Ein bedeutendes Kriterium beim Greiferkonstruieren stellt daher die problemlose Austauschbarkeit von Greiferbacken dar. In einer FMMS, die ein Mehrrobotersystem „beschäftigt" (Abschnitt 2.3), kann dieses Problem durch eine Spezialisierung der Roboter gelöst werden.

5.4.1 Greifen mit Formschluß

Ein Formschlußgriff kann vor allem durch Untergriff oder Formgriff realisiert werden (jeweils Bild 5.28, links und rechts). Der Untergriff ist eine einfachere Version und erfordert lediglich eine Greiffläche unterhalb des Montageteils. Dabei wird das Eigengewicht des Teils durch den Untergriff ausgeglichen (etwa wie bei einem Gabelstapler). Dieses Greifprinzip ist bei der Mikromontage nur bedingt anwendbar. Zum einen ist das Gewicht der Mikromontageteile in der Regel vernachlässigbar klein und ein Untergriff ist überflüssig. Zum anderen bereitet ein gezieltes Absetzen des Montageteils bei diesem Greifprinzip gewisse Handhabungsprobleme, da der unten greifende Teil des Greifers beim Absetzen schlicht und einfach im Wege steht. Auch wenn das zu greifende Bauteil mit einer Klebstoffschicht auf seiner Basisfläche versehen werden muß, ist die Anwendung dieses Greifprinzips problematisch.

Der Formgriff spielt dagegen eine wichtige Rolle bei der Mikromontage und erlaubt eine sichere Handhabung von den Teilen mit unregelmäßigen lateralen Konturen. Ein einleuchtendes Beispiel ist das Greifen vom sehr kleinen Zahnrädern [Bauer95]. Dabei wird die Greiferbacke der Form des zu greifenden Bauteils vollständig oder teilweise angepaßt. Beim Montieren von LIGA-Teilen besteht zusätzlich die Möglichkeit, die Greiferbacken durch entsprechende Galvanik/Abformung-Schritte als Negativform des Greifobjektes zu fertigen.

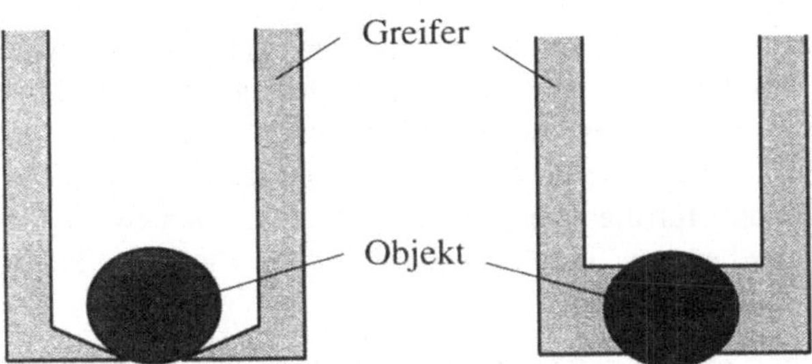

Bild 5.28
Untergriff (links) und
Formgriff (rechts)

Der Formgriff kann auch durch flexible Konstruktionen realisiert werden, die sich an unterschiedliche Bauteilformen anpassen können. Ein Design zu finden, das den Mikromontageanforderungen entspricht, ist allerdings nicht leicht. Eine interessante Lösung wurde in [Fischer97] präsentiert. Der sogenannte Umschlingungsgreifer besteht aus einer prismenförmigen Greiferbacke und einem Metallstreifen, der um das Bauteil gelegt und zur Greiferbacke hingezogen wird. Die Greifbacke dient dabei gleichzeitig als Festanschlag und Justagehilfe. Mit diesem Greifer wurden bei Tests Wiederholgenauigkeiten von 10 µm und besser erreicht.

5.4.2 Greifen mit Kraftschluß

Das Kraftschlußgreifen ist heute in der Praxis die am meisten verbreitete Art des Mikrogreifens. Vor allem pinzettenartige Backengreifer und pipettenartige Vakuumgreifer werden zur Handhabung kleinster Teile eingesetzt.

Da Mikromontageteile kein nennenswertes Gewicht haben, können mechanische Pinzettengreifer mit planaren Greifflächen zur Handhabung unterschiedlichster Formen eingesetzt werden. Dies ist in der manuellen Montage in der Regel der Fall: Sowohl runde optische Glasfasern und Mikromotorachsen als auch rechteckige Chips oder Mikrokomponenten mit komplizierten Konturen wie Zahnräder oder Diamanten werden in der Praxis mit einfachen mechanischen Zweibackengreifern gegriffen. Dabei nutzt man die Reibungskräfte zwischen Greiferbacken und Bauteil. Eine für Pinzettengreifer geeignete Greiffläche kann normalerweise an einem Bauteil problemlos gefunden werden. Ein Vorteil mechanischer Greifer ist, daß das Greiferprinzip unabhängig von Umgebungsbedingungen einsetzbar ist. Die bereits entwickelten Pinzettengreifer bauen vor allem auf Antrieben aus Piezo- und Formgedächtnislegierungen auf [Fati95], [MacKe96], [Breg97], [Carr97], [Hess97], [Kamm97]. Der Einsatz von Formgedächtnisgreifern für Mikromontagezwecke wird erst durch eine drastische Aktorminiaturisierung möglich.

Eine, für Steuerungszwecke in der Regel unentbehrliche, aktive Kühlung des Aktors kann in diesem Fall ohne wesentliche Abstriche in der Aktordynamik durch eine natürliche passive Kühlung durch die Umgebung (Luft, Flüssigkeit) ersetzt werden. Trotzdem sind piezoelektrische Greifer in bezug auf ihre dynamische Eigenschaften heute noch mit Abstand die erste Wahl.

Es werden zur Zeit auch einige mikroskopisch kleine Pinzettengreifer mit verschiedenen thermomechanischen Antrieben (Abschnitt 4.7) mit Hilfe monolithischer Mikrotechniken entwickelt [Nogi97], [Keller97]. Das Ziel ist dabei, Objekte mit Abmessungen im Submikrometer-Bereich greifen zu können, so daß die Greifspanne nur einige μm beträgt. Solche Greifer können in Zukunft für die Montage von extrem kleinen Systemen von praktischer Bedeutung sein. Aus heutiger Sicht sind diese Greifer allerdings kaum für die Mikromontagezwecke anwendbar.

Da das Bewegungspotential direkter Antriebe in bezug auf die Bauteilgröße oft unzureichend ist, werden zur Umsetzung der Antriebs- in die Greifbewegungen entsprechende technische Lösungen für ein Getriebe gesucht [Tatsue89], [Hess97a], [Menc97], [Wörn98]. Eine vielversprechende Lösung ist die Anwendung von Festkörpergelenken, die einfach und abriebfrei sind und ein definiertes paralleles Aufeinanderbewegen von Greiferbacken ermöglichen. Festkörpergelenke bestehen aus dünnen Verbindungsstegen, die die Aufhängung der Greifbacken am Greifkörper bilden. Für die Herstellung solcher Greifer können auch Kunststoffe verwendet werden, so daß der komplette Greifer als ein Spritzgußteil sehr kostengünstig und einfach hergestellt werden kann.

Kraftschließende Greifer sind insbesondere dann die beste Lösung, wenn – aufgrund des Designs und (oder) der Oberflächenbeschaffenheit des Bauteils – der Einsatz von stoffschlüssigen oder Vakuumgreifern nicht möglich oder zumindest sehr erschwert ist. Auch bei der Mikromontage in einem Rasterelektronenmikroskop ist ein Pinzettengreifer eine der wenigen möglichen Lösungen, da Vakuumgreifer unter Vakuum nicht funktionsfähig sind und die Anwendung von Klebstoffen viele praktische Probleme bereitet. Allerdings braucht ein Pinzettengreifer im Vergleich zu einer Vakuumpipette zwei Greifflächen am zu montierenden Bauteil.

Bei diesem Greifprinzip müssen beim Greifen gewisse Kräfte ausgeübt werden, um ein sicheres Halten des Bauteils zu gewährleisten. Zur besseren Handhabung von Montageteilen und zur Erhöhung des Reibungskoeffizienten können die Backenflächen extra aufgerauht werden. Werden empfindliche Bauteile gegriffen, dann müssen die wirkenden Greifkräfte mit Hilfe von Kraftsensoren (siehe nächster Abschnitt) überwacht werden, um eine eventuelle Beschädigung des Teils zu vermeiden.

Das Problem kommt allerdings bei diesem Greifprinzip meistens von der anderen Seite: das Teil „klebt" förmlich an einer der Greiferbacken. Dies ist dann der Fall, wenn die parasitären Anziehungskräfte (v.a. Van-der-Waals- und elektrostatische Kräfte) zwischen Backenoberfläche und Bauteil in die Größenordnung der Gewichtskräfte kommen. Es ist dabei relativ schwierig, den Griff zu lösen und das Teil gezielt abzusetzen. Um die elektrostatische Kraft zu reduzieren, sollten nach Möglichkeit die Werkstoffe der Greiferbacken und der Montageteile aufeinander abgestimmt werden, um Kontaktspannungen zu verkleinern [Hess96]. Eine andere mögliche Lösung beim Greifen von mikroskopisch kleinen und leichten Bauteilen ist die Reduktion der parasitären elektrostatischen Kraft durch eine Minimierung der Kontaktfläche der Greiferbacken. Dies kann z.B. durch eine entsprechende Mikrostrukturierung der Backenflächen erreicht werden (Bild 5.29). Gute Ergebnisse wurden bereits mit einem auf diese Weise strukturierten LIGA-Greifer aus Nickel erzielt [Carr97]. Die Van-der-Waals-Kraft kann mittels einer entsprechenden Strukturierung der Greiferoberfläche durch Erhöhung der Rauheit reduziert werden [Arai96b].

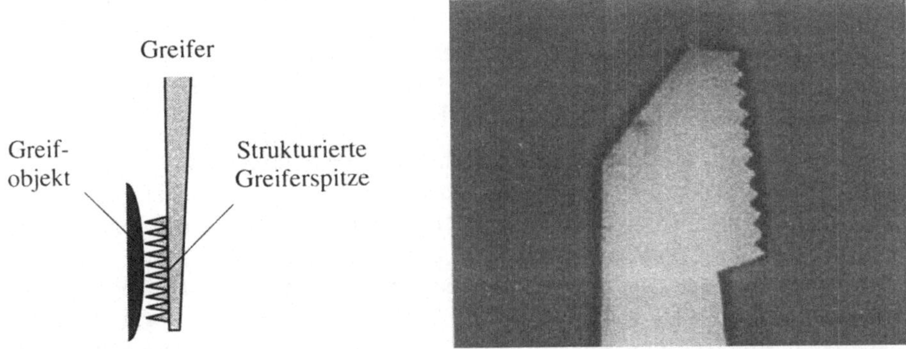

Bild 5.29
Verminderung des Grenzflächeneffekts durch Reduktion der Kontaktfläche:
Konzeptskizze (links) und ein strukturierter LIGA-Greifer (rechts, Quelle – SSSA, Pisa)

Eine sehr vielversprechende Lösung in bezug auf die Handhabung empfindlicher Mikro-bauteile sowie die Reduzierung der parasitären Anziehungskräfte bieten elastische Pin-zettengreifer aus weichem Kunststoff. Charakteristisch ist die Resistenz dieser Greifer gegen elektrostatische Ladungen und ihr Reibungskoeffizient, der dem Teil angepaßt werden kann. Die ersten Anwendungen solcher Greifer mit einem Spitzendurchmesser von bis zu 5 μm zeigen, daß sie die schonende und sichere Handhabung empfindlicher Bauteile mit unterschiedlichsten Formen erlauben [SPI98].

Unterschiedlich geformte Vakuumgreifer werden in der Halbleitermontage mit Hilfe von Pick-and-Place-Einrichtungen breit verwendet und haben sich im industriellen Ferti-gungsprozeß bewährt. Einzelne Chips werden mit einem Vakuumgreifer von einer Klebefolie aufgenommen und an der Verbindungsstelle abgesetzt. Auch für die Mikro-montage ist das Vakuumgreifen prädestiniert, da es eine sehr schonende Handhabung von diffizilen und empfindlichen Mikrokomponenten erlaubt. Das Vakuumgreifen ist vor allem dann besonders wirksam, wenn sich die Bauteile nicht von der Seite her mit einem Pinzettengreifer greifen lassen. Allerdings müssen die in der Halbleitermontage verwendeten Greiferlösungen vor allem insofern verbessert werden, daß visuelle Kontrollierbarkeit von Greif- bzw. Absetzvorgängen gewährleistet wird. Es wurden bereits mehrere akzeptable Lösungen für die Mikromontage realisiert [Hensch94], [MoMSys96], [SPI98].

Wird der Vakuumgreifer in einer mit Lichtmikroskop ausgerüsteten Mikromontagestation (wie z.B. die IPR-Station, Teil 7) eingesetzt, dann muß er sehr flach sein und eine transparente Greiffläche aufweisen. Diese Anforderungen erfüllt z.B. ein in [Hensch94] entwickelter Greifer mit siebartigem Design der Greiffläche aus PMMA mit einer Maschenweite von bis zu 25 µm. Baut dagegen das Montagekonzept auf die Anwendung von mehreren Kleinstmikroskopen auf (Abschnitt 5.5.2), dann kann der Greifer und das Mikroskop z.B. in einen Mikroroboter integriert werden. Dieses stellt in diesem Fall eine quasi autonome Robotereinheit dar, die Montageoperationen bei entsprechender Ansteuerung ohne zusätzliche Sensorik durchführen kann. Eine andere Lösung ist eine ortsfeste Integration von mehreren Kleinstmikroskopen in den Arbeitsraum einer Mikromontagestation, so daß die Überwachung von Greifvorgängen aus verschiedenen Blickwinkeln möglich ist [SPI98].

Das Absetzen von sehr leichten Bauteilen kann auch für Vakuumgreifer wegen parasitärer Anziehungskräfte zu einem Problem werden. Mit einem kleinen Überdruckimpuls läßt sich dieses Problem lösen, was aber zu Ungenauigkeiten und einer schlechteren Reproduzierbarkeit der Operation führen kann. Zusätzliche Absetzhilfen, wie etwa eine Abstreifevorrichtung oder eine Spannvorrichtung stellen eine andere Lösung dar, die meistens produktspezifische Gerätetechniken benötigt. Manchmal können spezielle Techniken beim Absetzen des Bauteils helfen, wie etwa ein leichtes Verschieben und Kippen der Saugpipette auf der Teiloberfläche vor dem Loslassen oder das „Einspannen" des Bauteils durch einen spitzen Hilfsgreifer [Miyaz97]. Beide Techniken basieren auf einer Reduzierung der Störkräfte durch die Reduzierung der Kontaktfläche (Bild 5.30). Wird das gegriffene Bauteil beim Absetzen gleich angeklebt, dann löst sich das Problem von alleine.

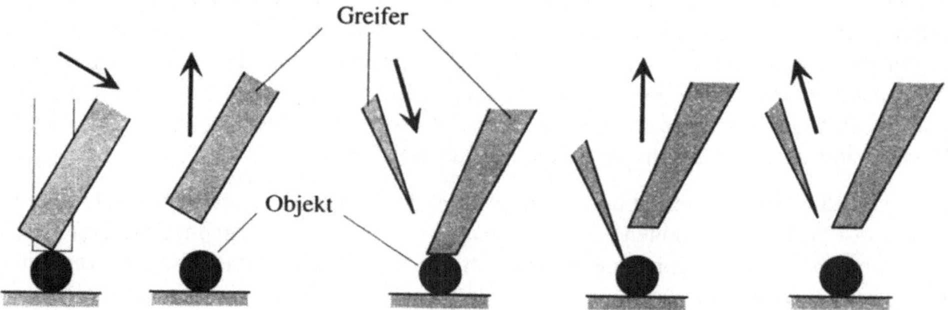

Bild 5.30
Die Handhabungstechniken zur Reduzierung der Störkräfte

Eine originelle Abwandlung des Vakuumgreifens kann für kleine und extrem leichte
Bauteile angewendet werden, indem der Unterdruckbereich nicht durch eine Vakuum-
pumpe, sondern durch einfache Temperaturänderung des Greifers erreicht wird [Arai97].
In diesem Fall wird der Greifer mit einer Wärmezufuhreinrichtung (z.B. Heizwiderstand
oder Laserstrahl) versehen, und in die Greiffläche müssen einige Mikrohohlräume
strukturiert werden. Das Greifprinzip ist in Bild 5.31 dargestellt.

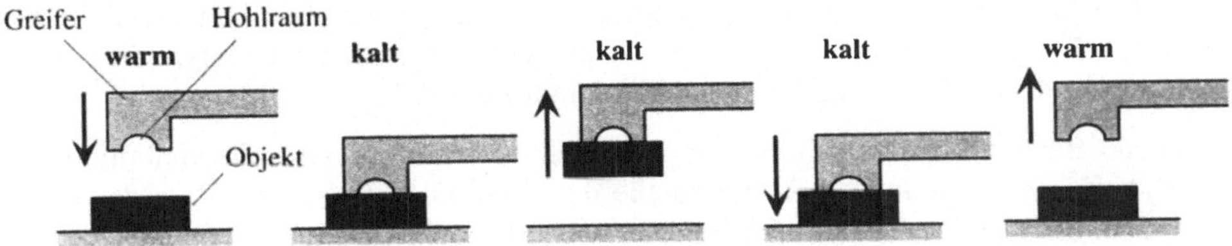

Bild 5.31
Vakuum-basiertes Kraftschlußgreifen durch Temperaturänderung

Um das Bauteil zu greifen, wird zunächst die Temperatur des Greifers gegenüber der
Umgebungstemperatur erhöht. Die Luft in den Hohlräumen des Greifers erwärmt sich
dementsprechend. Der „warme" Greifer greift danach das Greifobjekt, so daß die
Greiffläche mit den integrierten Hohlräumen und die Objektoberfläche einen engen
Kontakt aufweisen. In diesem Moment wird die Wärmezufuhr eingestellt und die
Greifertemperatur geht relativ schnell (aufgrund der kleinen Greiferabmessungen) zu-
rück und gleicht sich an die Umgebungstemperatur an. Durch diese Temperaturänderung
entsteht ein Unterdruckbereich in den Hohlräumen des Greifers; das Teil wird infolge-
dessen zur Greiffläche angezogen und kann transportiert werden. Für das Absetzen des
Teils wird die Greifertemperatur wieder kurz erhöht. Das Prinzip befindet sich erst in der
Forschungsphase; um es reproduzierbar zu machen, müssen noch mehrere praktische
Probleme gelöst werden.

5.4.3 Greifen mit Stoffschluß

Das Stoffschlußgreifen beruht entweder auf der Ausnutzung von Grenzflächenkräften
(z.B. elektrostatische Kraft oder Oberflächenspannung von Flüssigkeiten) oder der
Verwendung eines Haftklebstoffs an der Greiffläche des Greifers. Diese Art des Greifens
wird erst seit dem Beginn der aktiven Entwicklung von Mikromontageeinrichtungen
intensiv untersucht. Dies ist nicht verwunderlich, denn gerade für das Greifen von sehr
kleinen und leichten Montageteilen ist stoffschlüssiges Greifen von Interesse.

Um einen elektrostatischen Stoffschlußgreifer aufzubauen, müssen Bauteil und Greifer
einen Kondensator bilden, wobei das zu greifende Teil als Gegenelektrode zum Greifer
dient. Solche Greifer sind einfach, vakuumtauglich und besitzen keine beweglichen

Teile. Dieses Greifprinzip hat allerdings viele praktische Nachteile. Bereits für sehr geringe Greifkräfte im pN-Bereich werden hohe Versorgungsspannungen von mehreren hundert Volt benötigt. Die Gefahr eines elektrischen Zusammenbruchs erfordert zusätzliche Schutzmaßnahmen. Außerdem müssen die gegriffenen Bauteile nach Absetzen extra entladen werden. Alle diese Faktoren würden die Leistung einer Mikromontageeinrichtung erheblich beeinträchtigen. Ein Stoffschlußgreifen ohne Zuführung einer elektrischen Spannung, d.h. nur durch vorhandene Oberflächenkräfte, ist zwar auch möglich, hängt aber von den Oberflächeneigenschaften des Greifers und des Bauteils sowie von Umgebungseinflüssen wie z.B. Staub, Vibration oder Feuchtigkeit sehr stark ab. Daher ist dieses Greifprinzip nicht stabil reproduzierbar.

Durch das Benetzen eines Greifers über einen mikrostrukturierten Zufuhrkanal mit einer Flüssigkeit können mikroskopische Bauteile durch die Oberflächenspannung der Flüssigkeit zum Greifer angezogen werden. Dieses Greifprinzip wird in Bild 5.32 [West96], [Bark98] vorgestellt.

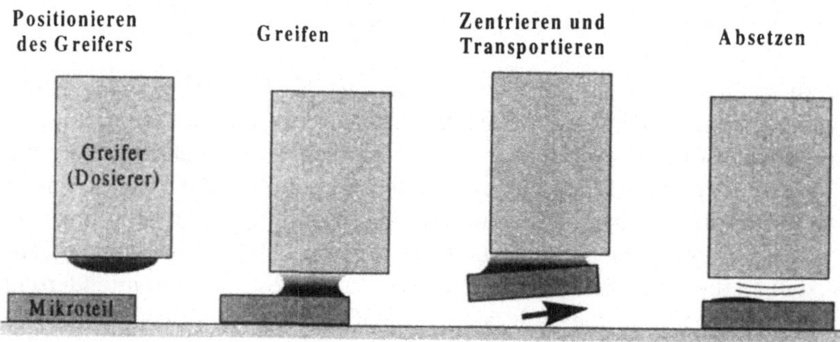

Bild 5.32
Stoffschlußgreifen mit Hilfe der Kapillarkraft

An der Greiffläche wird dabei ein Flüssigkeitstropfen mit genau definiertem Volumen mittels eines Dosierers gebildet. Kommt die Greiffläche mit einem Bauteil in Kontakt, dann entsteht eine „Fluidbrücke" zwischen dem Teil und dem Greifer. Das Bauteil wird durch die entstehenden Kapillarkräfte zum Greifer hingezogen und durch die Oberflächenkräfte zentriert; es kann jetzt zur Montagestelle gebracht werden. Der Stoffschlußgriff kann beim Absetzen des Bauteils durch anschließendes Abdampfen der Flüssigkeit mittels eines in den Greifer eingebauten Mikroheizelements oder durch spezielle mechanische Hilfen aufgelöst werden. Außerdem kann das Bauteil direkt auf eine Klebstoffschicht abgesetzt werden.

Vorteilhaft ist bei diesem Greifprinzip die geringe Kraftbelastung des Bauteils. Es liegt aber auf der Hand, daß die externe Zufuhr von Flüssigkeit und Energie zu gewissen technischen Problemen führt. Außerdem ist dieses Greifprinzip gegenüber der Oberflächenbeschaffenheit des Bauteils und dem Volumen des zugefügten Flüssigkeitstropfen sehr empfindlich, was die reproduzierbare Handhabung erschwert.

Für die Mikromontage praktisch interessant ist das stoffschlüssige Greifen durch die Herstellung einer kurzzeitigen festen Haftverbindung zwischen Greifer und Bauteil mit Hilfe von genau dosierten Klebstofftropfen bzw -schichten. Da das Gewicht der Montageteile sehr klein ist, bereitet das Greifen und Halten mit Haftklebstoffen kaum Probleme. Problematischer ist dagegen ein definiertes Absetzen des Montageteils, wozu mehrere verschiedene technische Verfahren aktiv untersucht werden; tiefergehende Einzelheiten können z.B. in [Hensch94] nachgelesen werden.

Bei diesem Greifprinzip kann entweder Greifer oder Bauteil mit Klebstoff benetzt werden. Die erste Lösung ist technisch einfacher und kostengünstiger, da ein Greifer für die Handhabung von vielen unterschiedlichen Bauteilen verwendet werden kann. Ein definiertes und reproduzierbares Aufheben der Haftverbindung beim Absetzen des gegriffenen Bauteils hängt vor allem von einer präzisen Dosierung des Klebstoffs ab [Keck97] und kann durch gezielte Veränderung der Klebstoffeigenschaften während des Greifvorgangs ermöglicht werden. Vielversprechend ist z.B. eine thermisch unterstützte Reduzierung der Klebstoffviskosität. Dabei kann die Haftverbindung schnell aufgelöst werden, was ein sicheres Absetzen des Bauteils zu Folge hat. Bei sehr leichten Bauteilen könnten zusätzliche Absetzhilfen, wie etwa eine Abstreifevorrichtung oder eine Spannvorrichtung, notwendig sein. Dies ist auch der Fall, wenn die Greifflächen verschmutzt oder nicht glatt sind, da in diesem Fall die Haftkräfte zwischen Bauteil und Backenfläche stark ansteigen. Der Ideallfall ist, wie bereits angesprochen, wenn die zu montierenden Teile aufgeklebt und somit direkt auf eine Klebstoffschicht abgesetzt werden.

Da die zu montierenden Montageteile durch Klebstoffrückstände kontaminiert werden, ist eine sorgfältige Reinigung des Produkts nach der Montage unumgänglich. Insgesamt gesehen ist der Aufbau eines stoffschlüssigen Greifers eine technisch schwierige Aufgabe, da sowohl die Zuführung und Dosierung von Klebstoff zum Greifen als auch die Zuführung der Wärmeenergie zum Absetzen des Teils implementiert werden müssen. Bisher gibt es keine gute Lösungen für flexible mikroroboterbasierte Mikromontage.

5.5 Integrierte Mikrosensoren (Robotersensoren)

Die Entwicklung der Mikrorobotik ist auf eine zunehmende Miniaturisierung verschiedenartiger Sensoren angewiesen. Aufgrund der kleinen und empfindlichen Bauteile bei der Mikromontage hat hier – neben der hohen Bewegungsauflösung der Roboter – der Einsatz verschiedenartiger hochauflösender Sensoren eine große Bedeutung. Dabei ist der Weg vom einzelnen Sensorelement zum Sensorsystem mit extrem kleinen Dimensionen durch neue MST-Technologien bereits vorgezeichnet. Die winzigen Sensorsysteme, in denen eine Signalverarbeitung „vor Ort" stattfindet, werden durch Integration mit mikroelektronischen Bauelementen möglich. Diese Integration reduziert außerdem die Störeinflüsse, die oft durch das Übertragen von Meßsignalen (Signalstreuung und Rauschen) hervorgerufen werden.

Bereits heute ist die Mikrosensorik eine weitverbreitete, dynamische und mit hervorragenden Marktprognosen ausgestattete Branche. Dabei ergibt sich die technische und wirtschaftliche Bedeutung der Mikrosensorik für Mikroroboter vor allem durch eine Steigerung der Zuverlässigkeit, eine Reduzierung des Gewichts und Volumens und eine Kostensenkung durch Massenfertigung. Je nach Anwendung werden Mikroroboter mit Abstands- und Beschleunigungssensoren, Kraft- und Momentsensoren, taktilen und Drucksensoren, Temperatur- und chemischen Sensoren, usw. ausgerüstet. Die Weiterentwicklung der Mikro- zur Nanosensorik wird zudem in Zukunft einen grenzenlosen Horizont an Einsatzmöglichkeiten eröffnen, der die heutige Vorstellungskraft bei weitem übersteigt [Drex91].

Eine breite Palette an Materialien gilt als Grundvoraussetzung für die vielfältigen Mikrosensortechnologien. Neben den etablierten Halbleitermaterialien werden auch gleichermaßen Metalle, Kunststoffe, keramische Werkstoffe und verschiedene Glasarten benötigt. Auch eine Reihe von Biomaterialien wie verschiedene Enzyme und Antikörper sind für biochemische Mikrosensoren unerläßlich, da diese Eiweißverbindungen als sensitive Komponenten der Sensoren dienen. Die Entwicklung mikromechanischer Fertigungsverfahren und neuartiger Konstruktionsprinzipien führt dabei zu immer kleiner werdenden und gleichzeitig immer leistungsfähigeren Sensoren. Von der praktisch zweidimensionalen Mikroelektronik bzw. Feinmechanik geht die aktuelle Sensorentwicklung zur dreidimensionalen Mikromechanik und Mikrooptik über. Neben der bereits etablierten Siliziumtechnologie, die von den hervorragenden elektrischen, chemischen und mechanischen Eigenschaften von Silizium bzw. Siliziumdioxid profitiert, hält auch das LIGA-Verfahren in zunehmendem Maße in der Mikrosensorik Einzug. Der Vorteil der LIGA-Technologie liegt in der durch die Galvanoformung gegebenen Voraussetzung für eine Massenfertigung von Mikrosensoren und der Fähigkeit zur Bearbeitung der unterschiedlichsten Materialien.

Eine besondere Stellung in der Mikrorobotik werden mikrooptische Sensoren einnehmen, die eine Reihe neuer Meßprinzipien anbieten und sich mit den etablierten Mikroherstellungsverfahren hervorragend kombinieren lassen. Viele elektrische Leitungen und dadurch auch elektromagnetische Störungen fallen dabei weg. Eine große Zahl physikalischer und chemischer Größen können in ein optisches Sensorsignal umgewandelt werden, so daß das Licht als Informationsträger bezüglich der zu messenden Größe agiert. Optische Sensoren erlauben eine relativ störungsfreie Übertragung von Meßsignalen und sind sehr empfindlich. Sie ermöglichen außerdem die Erfassung von Sensorsignalen in „schwierigen" Umgebungen (z.B. chemisch oder thermisch aggressiven).

Durch die ständigen Verbesserungen in bezug auf die Sensorstrukturen, Herstellungsverfahren und Signalverarbeitungskomponenten ist die Mikrosensorik zu dem am weitesten entwickelten Bereich der MST geworden. Die Probleme in der Mikrosensorik stimmen mit denen des gesamten Mikrorobotikbereichs überein und bestehen vor allem in der Entwicklung geeigneter Aufbau- und Verbindungstechniken und entsprechender Schnittstellen zur Außenwelt. Ein wichtiger Schritt bei der Weiterentwicklung der Mikrosensorik ist die geeignete elektronische Signalverarbeitung. Dadurch könnten nicht nur verteilte bzw. integrierte Sensorsysteme realisiert, sondern auch verrauschte Sensorsignale, die aufgrund der Querempfindlichkeit und einer ungenügenden Selektivität von Sensoren entstehen, ausgewertet werden. Hier bedient man sich der menschlichen Natur als Vorbild, die die ermittelten Sensorsignale über das Nervensystem der Schaltzentrale Gehirn übermittelt und dort parallel und zuverlässig auswertet. Einen neuen Schub verspricht man sich deshalb von den künstlichen neuronalen Netzen oder den Methoden der Fuzzy-Logik.

Die Mikrosensorik profitierte, im Vergleich zur Mikroaktorik, viel stärker von den konventionellen Techniken; die meisten Meßprinzipien wurden von den existierenden Makrosensoren übernommen. Deshalb wird bei den nachfolgenden Darlegungen nur auf die für die Mikrorobotik relevanten Errungenschaften der Mikrosensorik eingegangen.

5.5.1 Kraft- und taktile Mikrosensoren

Mechanische Sensoren spielen aufgrund ihrer zahlreichen Einsatzmöglichkeiten eine zentrale Rolle in der Mikromontage. Dabei gehören Druck- bzw. Kraftsensoren zu den ersten entwickelten und in der Mikromontage eingesetzten Mikrosensoren und der Bedarf an diesen Sensoren wächst ständig, denn neben der Lagebestimmung ist die Kraftüberwachung die wichtigste Meßaufgabe in einer Mikromontagezelle. Sehr kleine Abmessungen von Bauteilen und Greifern erschweren jedoch die Entwicklung einer optimalen Sensorlösung hinsichtlich Sensorgenauigkeit, -empfindlichkeit und -kosten. Die bei der Mikromontage angewendeten Kräfte liegen oft im µN-Bereich. Berücksichtigt man, daß bei einer menschlichen Hand mit einer Uhrmacherpinzette sich ein sicheres Greifgefühl erst bei einer Kraft von etwa 50 bis 100 mN einstellt [Hensch94], dann werden hohe Anforderungen an Mikromontage-Kraftsensoren ersichtlich. Die Entwicklung von Kraftsensoren muß also auf den Aufbau bzw. das Aktuationsprinzip des Robotergreifers abgestimmt werden.

Miniaturisierte, in die Manipulationseinheit eines Mikroroboters integrierbare Kraftsensoren sollen kostengünstig und echtzeitfähig sein, eine hohe Auflösung, Genauigkeit und Stabilität besitzen und ggf. auch mehrdimensionale Kraftmessungen erlauben. Die wichtigsten Anforderungen an die Kraftmessung in einer Mikromontagestation wurden in [Hankes98] analysiert. Auf Silizium basierende Kraftsensoren erfüllen diese Anforderungen am besten. Monolithische Siliziumsensoren, die ggf. zusammen mit Signalverarbeitungselektronik auf einem Chip integriert werden, sind deshalb die am häufigsten angestrebte Art von Kraftsensoren. Sie besitzen eine Reihe von Vorteilen, wie niedrige Herstellungskosten, eine hohe Empfindlichkeit oder eine geringe Hysterese.

Das Arbeitsprinzip eines Kraft- bzw. Drucksensors beruht in der Regel darauf, daß der zu messende Druck auf eine dünne Membran einwirkt. Die dabei auftretende, dem Druck proportionale Änderung der Membraneigenschaften, z.B. eine Deformation der Membran, eine Änderung der Membraneigenfrequenz oder eine Änderung der Lichtführungseigenschaften eines in der Membran strukturierten Lichtwellenleiters, wird dann in elektrische Signale umgesetzt. In der Siliziumtechnologie können solche Membranen durch Tiefenstrukturierung einer (100)-Siliziumscheibe und eine der Ätzstopptechniken gefertigt werden. Für die Herstellung von Lichtleiterschichten werden chemische bzw. physikalische Verfahren wie z.B. thermisches Abscheiden, CVD, PE-CVD oder Sputtern eingesetzt.

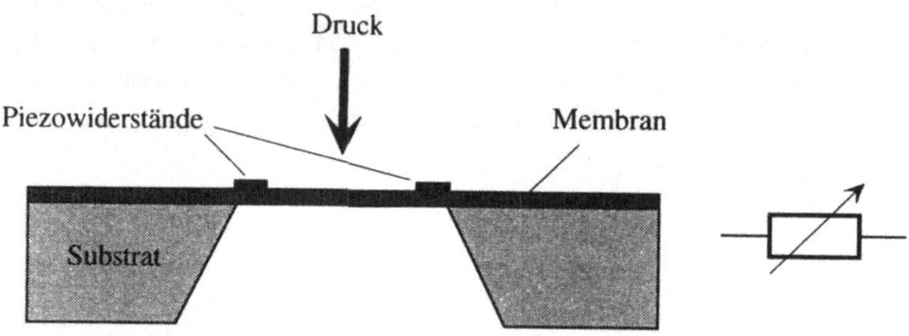

Bild 5.33
Arbeitsprinzip eines piezoresistiven Drucksensors

Am häufigsten wird bei Mikrodrucksensoren auf das kapazitive und das piezoresistive Prinzip zurückgegriffen. Bild 5.33 zeigt den schematischen Aufbau eines piezoresistiven Drucksensors. Der einwirkende Druck hat eine Dehnung der in die Membran integrierten Piezowiderstände zur Folge, die wiederum aufgrund des piezoresistiven Effekts zu einer proportionalen Widerstandsänderung führt. Diese Änderung liefert Rückschlüsse auf die Membranauslenkung und den damit verbundenen aktuellen Druckwert.

Piezoresisitive Dehnungsmeßstreifen haben sich bereits in der Praxis in bezug auf die Integration in Mikromontagegreifer als geeignet erwiesen [Horie95], [Arai96a], [Greit96], [Gibbs97], [Hankes98]. Als Verformungskörper kommen Biegebalken und Biegeplatten zum Einsatz. Die Widerstände werden in Bereichen maximaler mechanischer Dehnung integriert. Um die Empfindlichkeit und die Fehlerkompensation des Sensors zu erhöhen, können gleich zwei oder gar vier Meßelemente in einer Brückenschaltung kombiniert werden. Dies läßt sich mit Hilfe der Siliziumtechnologie realisieren, indem in einen Halbleiter (z.B. monokristallines Silizium) vier Widerstände eindiffundiert werden. Silizium-Kraftsensoren haben eine hohe Empfindlichkeit und können durch mikromechanische Techniken (optische Lithographie, Ätzen und Dotieren) stark miniaturisiert werden. Wie bereits oben erwähnt, können ggf. auch elektronische Schaltkreise auf dem Sensorchip mitintegriert werden, was die Störanfälligkeit des Sensors erheblich reduziert.

Kapazitive Sensoren nutzen Kapazitätsänderungen zwischen zwei Elektroden, wobei eine der Elektroden eine freischwebende Mikromembran darstellt. Die Durchbiegung der Membran aufgrund einer Druckeinwirkung führt dabei zu einer Abstandsänderung zwischen den Kondensatorelektroden, die wiederum eine entsprechende Kapazitätsänderung hervorruft. Aus dieser Kapazitätsänderung kann anschließend die Membranauslenkung und somit der gesuchte Druckwert abgeleitet werden. Wiederum lassen sich sehr kleine und kostengünstige kapazitive Kraftsensoren am besten mit der Siliziumtechnologie realisieren.

Das Meßprinzip eines kapazitiven Silizium-Drucksensors ist in Bild 5.34 vorgestellt. Der Siliziumchip mit einer strukturierten Membran wird zwischen zwei Pyrexchips befestigt. Solche sandwichartigen Strukturen können relativ einfach durch anisotropes Ätzen in einkristallinem Silizium sowie durch anodisches Bonden erzielt werden. Die Sensorkapazitoren sind jeweils an der Membran bzw. am oberen Pyrexchip angebracht, während die Referenzkapazitoren sich außerhalb des drucksensitiven Bereichs befinden.

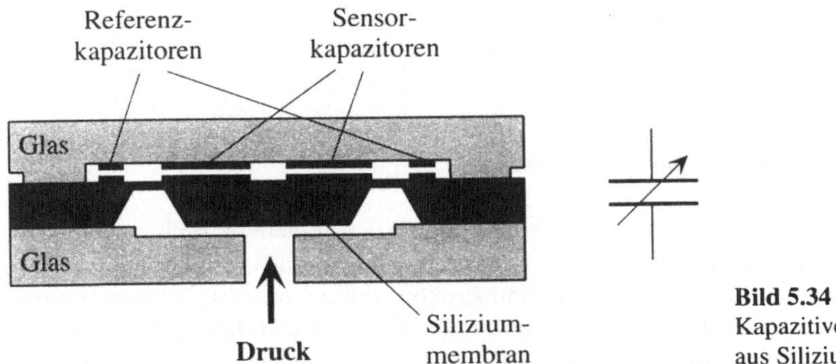

Bild 5.34
Kapazitiver Drucksensor
aus Silizium

Wird die Siliziummembran einem Druck ausgesetzt, dann verringert sich der Abstand zwischen den Sensorkapazitoren und dadurch auch die Kapazität des Kondensators. Diese Änderung kann über integrierte Elektronik druckauflösend ausgewertet werden.

Kapazitive Drucksensoren zeichnen sich durch Hysteresefreiheit und eine größere Langzeitstabilität bzw. höhere Empfindlichkeit im Vergleich zu piezoresistiven Signalwandlern aus, wobei letzteres im wesentlichen vom technologisch erreichbaren Elektrodenabstand abhängt. Diese Vorteile werden aber durch einen erheblich größeren Herstellungsaufwand erkauft, da im Gegensatz zu den Piezosensoren zwei oder ggf. drei Wafer voneinander unabhängig strukturiert und dann mit hoher Präzision miteinander verbunden werden müssen. Auch die Störanfälligkeit kapazitiver Sensoren ist ein einschränkender Faktor.

Die mikromechanischen Verfahren erlauben eine gleichzeitige Strukturierung von mehreren sensitiven Elementen in einem kapazitiven Drucksensor; dies erhöht zusätzlich die Sensorgenauigkeit. Dabei werden die Kondensatorelektroden meistens in Form einer Kammstruktur realisiert, wie z.B. beim Drucksensor in Bild 5.35 [Desp93].

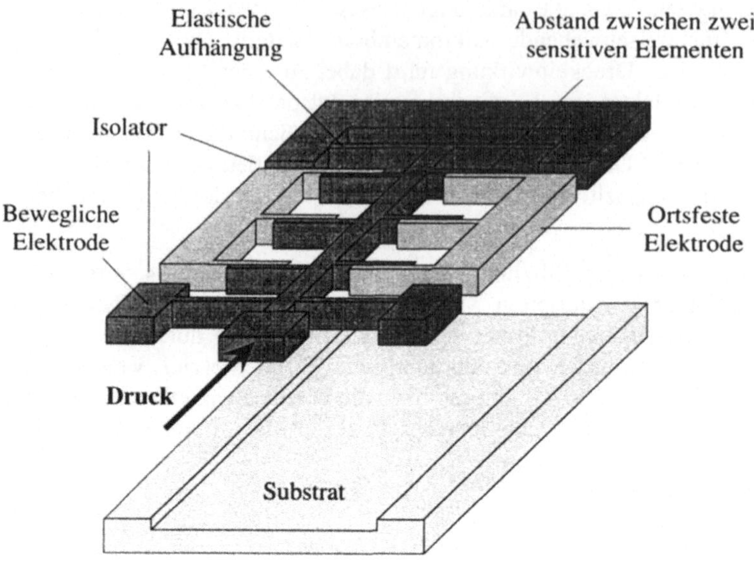

Bild 5.35
Kapazitiver Si-Drucksensor (Explosionszeichnung)

Das Sensorelement besteht hauptsächlich aus drei Teilen, einem Pyrexsubstrat, einer elastischen Siliziumstruktur, die Kräfte in Verschiebungen transformiert und als bewegliche Elektrode agiert, und einer Siliziumstruktur, die als ortsfeste Elektrode dient und mit dem Substrat verbunden ist. Die beiden Elektrodenstrukturen bilden dabei mehrere Elektrodenpaare (Kondensatoren), die die eigentlichen sensitiven Elemente des Sensors darstellen. Bei der Einwirkung einer Kraft ändert sich die Spaltdicke in jedem sensitiven Element, und diese Änderung wird in eine elektrische Spannung transformiert. Die Herstellung solcher Sensoreinheiten ist durch anisotropes Ätzen von (110)-Silizium und anodisches Bonden möglich. Die Kondensatoren sind auf beiden Seiten des zentralen Teils positioniert, so daß die Kapazität auf einer Seite steigt und proportional dazu auf der anderen sinkt. Eine getrennte Auswertung der Kapazität sichert bessere Linearität und höhere Sensibilität.

Druckbedingte Deformation einer Membran kann auch über die entsprechende Änderung der Eigenfrequenz der Membran ermittelt werden. Dabei wird die Membran i.d.R. durch die rhythmische Zuführung thermischer Energie zu Resonanzschwingungen angeregt. Der Vorteil des Meßprinzips liegt in der frequenzanalogen Wandlung, der nahezu störsicheren Übertragung und der digitalen Weiterverarbeitung der Signale. Eine mögliche Lösung ist z.B. ein Mikrodrucksensor mit integrierten resonanten Belastungsmessern, der in Bild 5.36 [Tilm93] vorgestellt wird. Wirkt ein Druck von außen auf das Diaphragma, so bewirkt die dabei entstehende Deformation eine Frequenzänderung der Resonatoren 1 und 2 nach unten bzw. oben. Die Frequenzdifferenz der beiden Resonatoren dient als Ausgangssignal des Sensors. Mit der Durchschnittsbildung der Meßwerte der drei Resonatorpaare wird eine Fehlerkompensation ermöglicht. Sensoren dieser Art können mit Hilfe der Oberflächen- bzw. Substrat-Mikromechanik aus Silizium kostengünstig hergestellt werden.

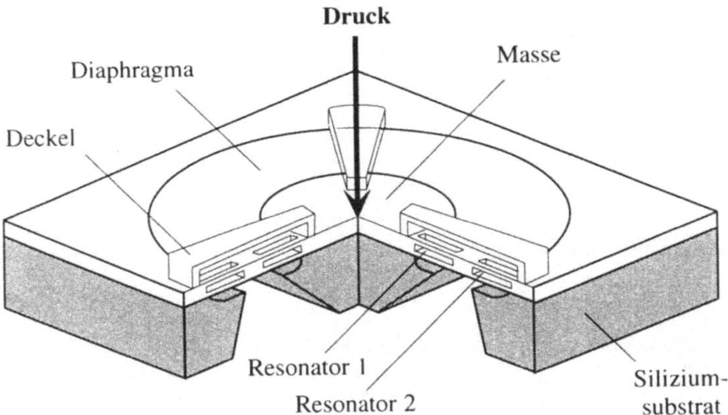

Bild 5.36
Druckmessender Resonanzsensor aus Silizium

Wie bereits erwähnt, können viele physikalische Größen mittels optischer Mikrosensoren erfaßt werden. Vor allem die Erfassung von Druck mit Hilfe mikrooptischer Sensoren ist für die Weiterentwicklung der Mikrorobotik sehr wichtig. Die Codierung der Meßgröße erfolgt in optischen Parametern wie Amplitude, Phase, spektrale Verteilung, Frequenz oder Zeit. Die Struktur eines optischen Mikrosensors und eine schematische Darstellung des Funktionsprinzips ist in Bild 5.37 zu sehen. Mit der integrierten Optik werden, in Analogie zur integrierten Elektronik, miniaturisierte optische Elemente, wie z.B. Verzweiger, Koppler, Gitter, Frequenzmischer und andere, durch Planartechniken hergestellt und auf einem Chip integriert. Dabei wird der Brechungsindex des Lichtwellenleiters lokal gegenüber dem umgebenden Material so verändert, daß es zu einer Totalreflexion der Lichtwelle kommt.

Das Prinzip der optischen Wellenführung ist in Bild 5.38 dargestellt. Danach können verschiedenförmige Lichtführungs- bzw. Lichtwandlungsstrukturen auf dem bzw. im Substrat hergestellt werden. Die Oberflächenschicht und das Substrat können aus dem gleichem Material gefertigt werden. Bei integriert-optischen Sensoren, die in Silizium realisiert werden, zeigt vor allem die Mehrschichtenstruktur $SiO_2/SiON/SiO_2$ ein ausgezeichnetes optisches und mechanisches Verhalten. Der Lichtwellenleiter setzt sich dabei aus diesen drei Schichten auf einem Siliziumsubstrat zusammen, wobei die SiON-Lichtführungsschicht einen größeren Brechungsindex besitzt. Für die Herstellung solcher Schichtstrukturen haben sich z.B. das CVD- und PECVD-Abscheidungsverfahren gut bewährt.

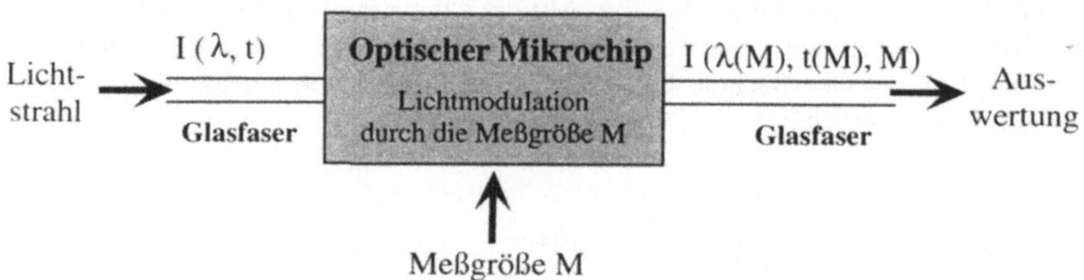

Bild 5.37
Funktionsprinzip eines optischen Mikrosensors

Stufenindexleiter

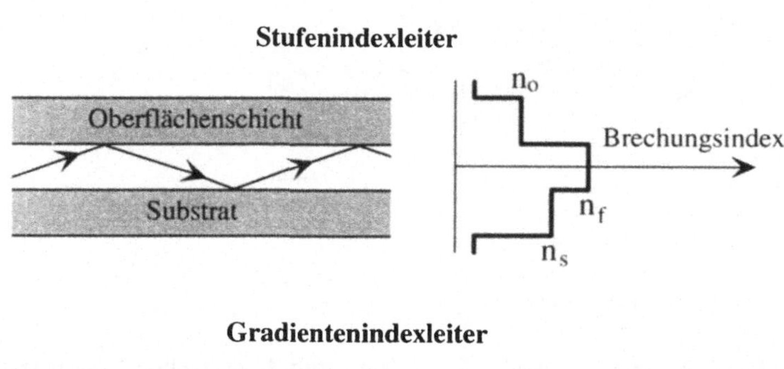

Gradientenindexleiter

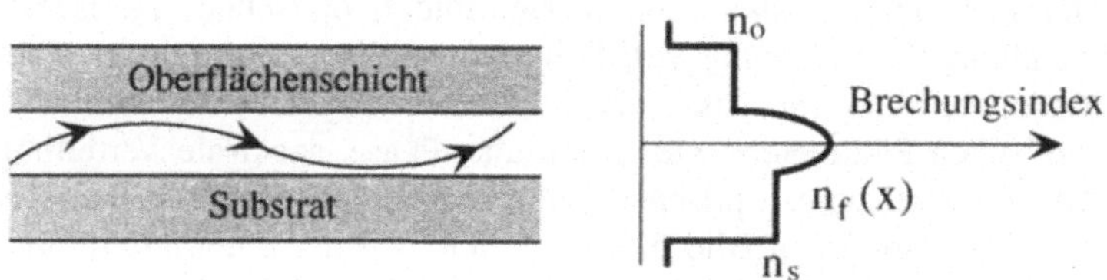

n_f, n_s, n_o – Brechungsindex der Wellenleiterschicht, des Substrats bzw. der Oberflächenschicht

Bild 5.38
Lichtwellenführung in einem optischen Mikrochip

Die Ein- und Auskopplung des Lichts in ein integriert-optisches Bauteil kann am besten durch Faseroptik realisiert werden. Eine Glasfaser besteht aus einem lichtführenden Kern und einem Mantel, wobei auch in der Glasfaser das Licht durch fortwährende Totalreflexion geführt wird. Solche sogenannten *extrinsic*-Fasersensoren, in denen die Faser als Lichttransportmittel für den eigentlichen optischen Sensorchip dient, auf dem dann das ankommende Licht moduliert wird, sind sehr verbreitet. Diese Art von Fühlern kann z.B. als Interferometer realisiert werden, das ein durch eine Überlagerung zweier zueinander phasenverschobener Lichtwellen entstehendes Interferenzbild auswerten kann und sich deswegen zur Messung verschiedener Größen eignet. Für Druckmessungen kann das Mach-Zehnder-Interferometer verwendet werden (Bild 5.39).

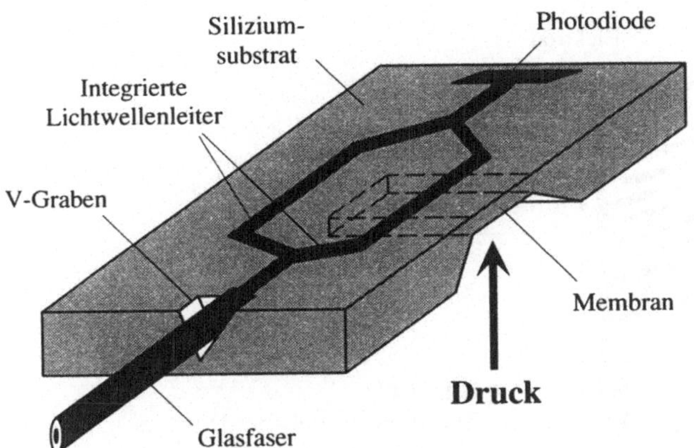

Bild 5.39
Skizze eines Mach-Zehnder-
Interferometers

Ein Laserstrahl propagiert dabei durch einen in ein Siliziumsubstrat integrierten Wellenleiter mit einer Y-Verzweigung. Einer der Zweige wird dabei über eine mikrostrukturierte Membran geführt, auf die von außen der zu messende Druck einwirkt. Der Lichtstrahl im anderen Zweig bleibt vom Druck unbeeinflußt und dient bei der nachfolgenden Zusammenführung der beiden Lichtstrahlen als Referenzsignal. Bei einer Verbiegung der Sensormembran verformt sich der darin integrierte Wellenleiterzweig, und es kommt dadurch zu einer Änderung der Führungseigenschaften des Lichts, d.h. der Lichtstrahl in diesem Zweig wird durch den Druck moduliert. Die Modulation hat eine gegenüber dem Referenzlichtstrahl unterschiedliche Ausbreitungsgeschwindigkeit zur Folge, die zu einer Phasenverschiebung führt. Das entstehende Interferogramm wird mit Hilfe von integrierten Photodioden ausgewertet. Der Meßbereich kann durch die Änderung der Membrandicke beeinflußt werden.

Wichtig für die Mikrorobotik sind auch die sensorischen Fähigkeiten faseroptischer Elemente. Viele äußere Effekte haben Auswirkungen auf die Übertragungseigenschaften einer optischen Faser, wobei die Intensität, die Phase, die Polarisation, die Zeitabhängigkeit oder die spektrale Verteilung einer Lichtwelle in der Faser moduliert werden können. Alle Änderungen dieser Lichtparameter lassen sich letzendlich in Strom- oder Spannungsschwankungen umwandeln, wodurch der aktuelle Wert der Meßgröße ermittelt wird. Die Vielzahl der genannten Modulationsmöglichkeiten hat eine hohe Zahl von Meßgrößen zur Folge, die mit solchen sogenannten *intrinsic*-Fasersensoren erfaßt werden können, wie z.B. Temperatur und Druck, Strahlendosis und pH-Werte, Winkelgeschwindigkeit und viele andere.

Zum Aufbau von Mikrodrucksensoren können auch druckempfindliche Polymere verwendet werden. In solchen Polymeren verhält sich der Widerstand reziprok zum aufgewendeten Druck. Ein Polymer-Drucksensor ist denkbar einfach und besteht aus einer Folie, die mit planaren Elektroden (*interdigital transducer*, IDT) versehen ist, und einem darauf befindlichen Halbleiter-Polymerfilm (Bild 5.40).

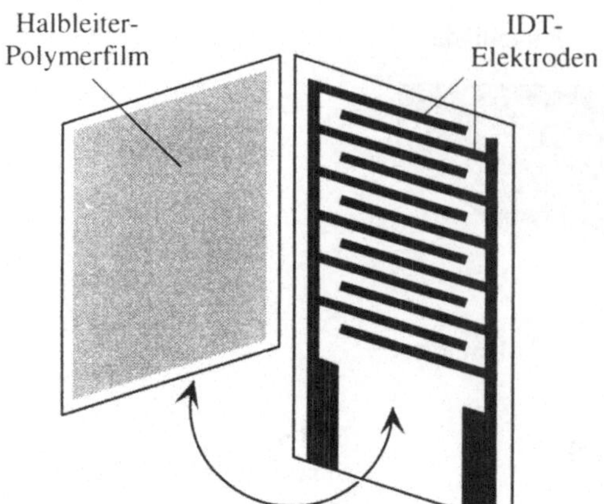

Bild 5.40
Skizze eines Polymer-Drucksensors
(Explosionszeichnung)

Ohne eine Druckeinwirkung ist der Widerstand in der Kondensatorstruktur groß und liegt im MOhm-Bereich. Ausgeübter Druck läßt sich anhand der Verringerung des Widerstands messen. Man kann den dynamischen Bereich des Sensors durch eine Verfeinerung der Elektrodenstruktur beeinflussen. Allerdings sind steigende Produktionskosten (wegen des höheren Ausschusses) zu berücksichtigen. Eine Empfindlichkeitssteigerung erhält man auch durch eine Variation der Dicke der Polymerfolie oder eine Vergrößerung des Druckpunktes auf dem Sensor. Dank der einfachen Konstruktion sind solche Sensoren preiswert, kompakt, sehr robust und widerstandsfähig gegen Umgebungseinflüsse, was für die Mikrorobotik von großer Bedeutung ist. Einen wesentlichen Nachteil stellt häufig die Hysterese dar, die bei Druckschwankungen auftritt.

5.5.2 Positions- und Geschwindigkeitssensoren

Die Positions- und Geschwindigkeitssteuerung gehört in der Mikrorobotik zu den wichtigsten Problemen, um die aktuelle Roboter- bzw. Endeffektorposition zu jedem Zeitpunkt genau ermitteln zu können. Es gibt z.Zt. eine Vielzahl an verschiedenen Meßprinzipien für diese Sensorarten, wobei kontaktlose optische und magnetische Sensoren in der Mikrorobotik von besonderer Bedeutung sind.

Wie bereits in Teil 2 diskutiert, ist man beim heutigen Stand der Dinge in der Mikromontage vor allem auf die mikroskopische Visualisierung von Mikromontageoperationen angewiesen. Bisher können nur ein Licht- oder ein Rasterelektronenmikroskop für diese Zwecke verwendet werden (Abschnitt 3.2). Die aktuellen Entwicklungen von optischen Kleinstmikroskopen mit integrierten CCD-Mikrokameras machen es möglich, einen Mikroroboter mit eigenen „Augen" auszustatten und auf diese Weise einen weiteren Schritt in die Richtung der Roboterautonomie zu tätigen [SPI98]. Ein 40 mm langer Prototyp des Kleinstmikroskops mit einem Durchmesser von 10 mm ist in Bild 5.41 zu sehen.

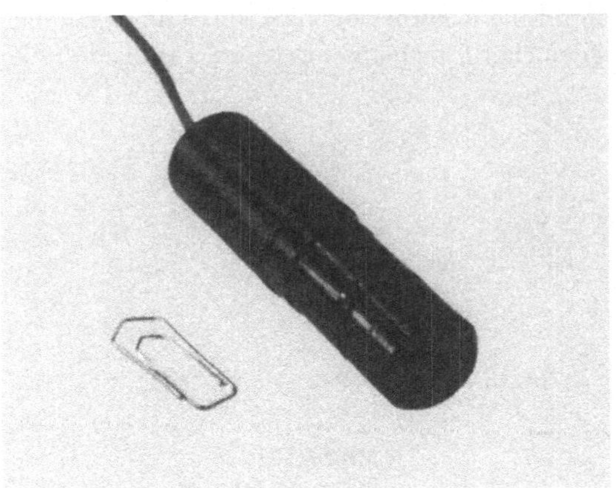

Bild 5.41
Prototyp eines Kleinstmikroskops mit einem integrierten CCD-Chip
(Quelle – Scientific Precision Instruments - SPI - GmbH, Oppenheim)

Solche Mikroskope sind klein und leicht genug, um von einem robusteren (z.B. piezo-elektrisch angetriebenen) Mikroroboter mitbewegt werden zu können. Dabei bleibt der Endeffektor des Roboters und eventuell das gegriffene Objekt während des Montageablaufs unter ständiger optischer Überwachung. Eine eingebaute automatisierte Zoom-Funktion (veränderbare Vergrößerung) erlaubt es, Objekte von stark unterschiedlicher Größe aufzulösen und ein Objekt sowohl im Detail als auch in der Übersicht abzubilden. Ein Kleinstmikroskop kann mit einer Diodenbeleuchtung versehen werden, die in das Objektiv eingebaut ist. Dies ermöglicht eine zusätzliche Aausleuchtung der Objektebene. Außerdem können die Dioden als Stroboskop eingesetzt werden.

Die geringe Größe der Mikroskope spielt eine entscheidende Rolle für die Implementierung von Multiroboter-Montagesystemen. Mehrere miteinander kooperierende und jeweils mit einem Kleinstmikroskop ausgerüstete Mikroroboter können eine komplexe Montageaufgabe durchführen, wobei die Manipulationen aus verschiedenen Blickwinkeln dokumentiert werden. Dadurch wird eine lokale visuelle Rückkopplung von jedem einzelnen Mikroroboter und dadurch eine informationsreiche 3D-Darstellung des Arbeitsraums ermöglicht. Die ersten Experimente mit solchen flexiblen Montagesystemen werden gerade an der Universität Karlsruhe durchgeführt.

Magnetische Sensoren sind vor allem dann einsetzbar, wenn die Bewegungen von rotierenden Komponenten eines Roboters genau zu steuern sind. So kann ein hochauflösender Mikrowinkelmesser anhand von magnetfeldmessenden Hall-Elementen realisiert werden. Das Meßprinzip ist aus Bild 5.42 ersichtlich. Der Fühler besteht aus einem Rotor, dessen Rotation gemessen werden soll, einer Zeile mikromechanischer Hall-Elemente und einem Permanentmagneten, der ein Magnetfeld erzeugt. Die Unterseite des Rotors wird zahnförmig strukturiert, und die Hall-Elemente werden zwischen dem

Rotor und dem Permanentmagneten plaziert. Eine Rotorbewegung kann nun anhand der entsprechenden Spannungsänderungen an den Hall-Elementen registriert werden.

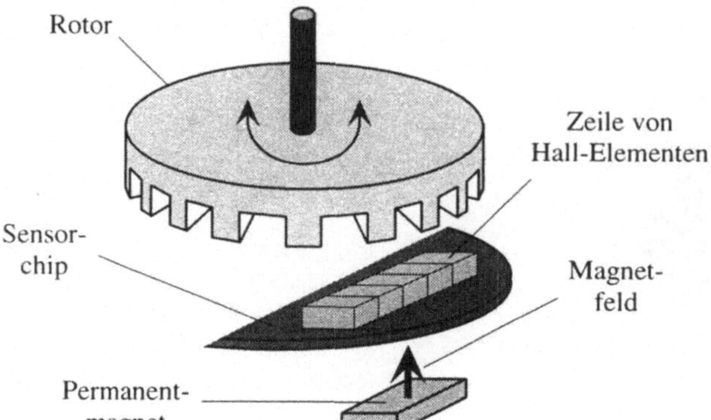

Bild 5.42
Skizze eines magnetischen
winkelmessenden Mikrosensors

Das Sensorfeld der Hall-Elemente erstreckt sich genau über einen Zahn des Rotors und eine anliegende Vertiefung. Durchläuft ein Multiplexer ständig alle Hall-Elemente, dann kann die momentane Magnetfeldverteilung bestimmt werden. Eine Rotation des mit dem Rotor direkt verbundenen Roboterglieds bewirkt hierbei eine Phasenverschiebung des Ausgangssignals des Multiplexers, die dann winkelauflösend ausgewertet werden kann.

Auch Neigungssensoren können eventuell für die Bewegungssteuerung eines Mikroroboters von Bedeutung sein. Es handelt dabei um Mikrosensoren, die die genaue Lage eines Roboters bezüglich des Inklinationswinkels berechnen. Hier kann auf ein interessantes Meßprinzip zurückgegriffen werden, das auch bei der Mikromontage unter einem Lichtmikroskop zum Gewinnen von 3D-Informationen über die Objektlage genutzt werden kann. Dabei wird die Lage eines Objekts anhand seines Schattens ermittelt, was eine schnelle und oft – in bezug auf die Meßgenauigkeit – ausreichende Möglichkeit ist.

Bild 5.43 zeigt, wie ein Inklinationssensor nach diesem Prinzip realisiert werden kann. Der Sensor besteht aus einer LED und einer halbkugelförmigen durchsichtigen Glaskuppel, die mit einer Flüssigkeit gefüllt ist und außerdem eine eingeschlossene Luftblase besitzt. Die LED strahlt die Luftblase in der Kuppel an, wodurch ihr Schatten auf die darunterliegenden vier kreuzförmig voneinander getrennten Photodioden geworfen wird. Der Mikrosensor wird am Roboter in exakt waagerechter Lage plaziert. Wird nun der Roboter bzw. sein Endeffektor in eine Richtung gekippt, so wandert der Schatten der Luftblase auf der Diodenmatrix (Bild 5.43, rechts). Anhand der Ausgangssignale der Photodioden läßt sich die Kipprichtung und der Neigungswinkel in Echtzeit ermitteln.

Ultraschall-Abstandssensoren eignen sich hervorragend als Positionssensorik für Mikroroboter, da sie unabhängig von den optischen Eigenschaften des Objekts sind und eine gute Reproduzierbarkeit besitzen. Das Meßprinzip von Ultraschall-Abstandssensoren ist aus der Entwicklung mobiler Industrie- bzw. Serviceroboter gut bekannt. Dabei wird eine Pulsfolge mit Hilfe eines Ultraschallwandlers (meistens eine Piezokeramik) emittiert. Die vom Objekt reflektierten Signale werden dann über den Wandler empfangen und anhand der Laufzeit des Signals ausgewertet (Puls-Echo-Prinzip, Bild 5.44, links).

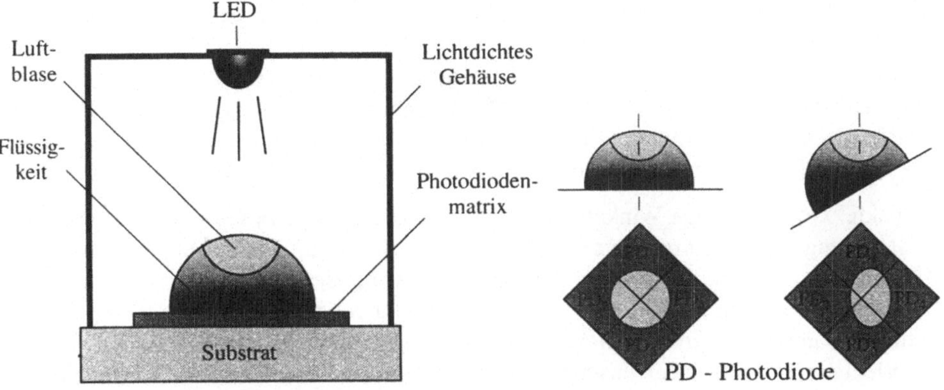

Bild 5.43
Skizze (links) und Meßprinzip (rechts) eines Neigungssensors mit Schattendetektion

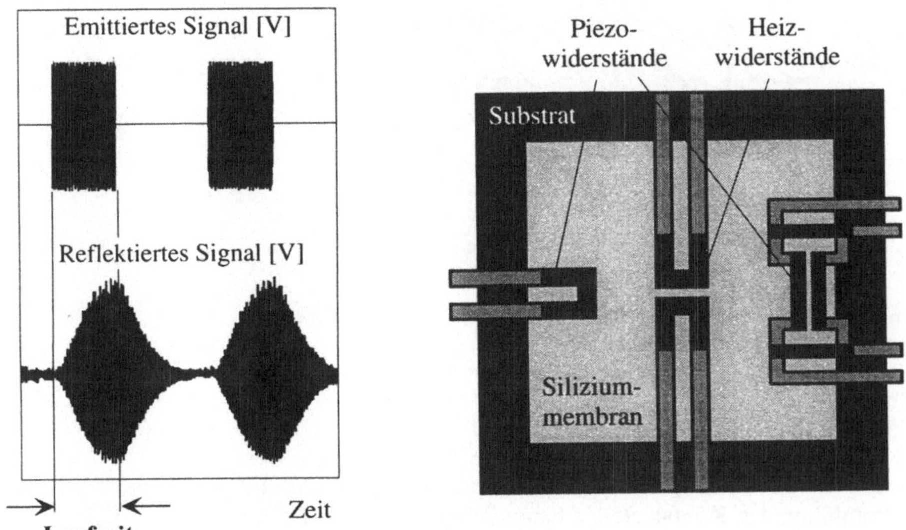

Bild 5.44
Meßprinzip eines Ultraschall-Abstandssensors (links) und
Skizze eines Siliziumsenders bzw. -empfängers (rechts)

Da der Wandler nach dem Senden eine gewisse Zeit für die Ausschwingphase braucht, tritt bei geringen Entfernungen zum Objekt ein „Blindbereich" auf, in dem das Objekt nicht erkannt werden kann. Dies kann gerade in der Mikrorobotik sehr nachteilig sein. Umgehen kann man dieses Problem, indem zwei identische Ultraschall-Membranen auf einem Siliziumsubstrat nebeneinander und entkoppelt in einem Batch-Verfahren strukturiert werden und jeweils als Sender- und Empfängerkomponente dienen. Wie eine dieser Komponeneten auf einem Siliziumchip realisiert werden kann, zeigt Bild 5.44, rechts [M^{2}S^{2}93]. Die Sender-Membran des Ultraschall-Mikrowandlers wird über integrierte Piezo- bzw. Heizwiderstände elektrothermisch in Schwingungen versetzt; die Schalldruck-Antwort wird dann mit Hilfe von integrierten, in einer Wheatstone-Brücke angeordneten Piezowiderständen der Empfänger-Membran piezoresistiv detektiert.

Kompakte, kostengünstige Winkelgeschwindigkeitssensoren oder Gyroskope können für die Steuerung eines Mikroroboters hilfreich sein. Herkömmliche Winkelgeschwindigkeitssensoren mit piezoelektrischen Resonatoren oder optischen Glasfasern besitzen eine hohe Sensibilität, sind aber i.d.R. teuer. Mit Hilfe der Silizium-Mikromechanik können solche Sensoren in einem Batch-Verfahren kostengünstig hergestellt werden. Das Arbeitsprinzip eines mikromechanischen Resonanzsensors wird in Bild 5.45 vorgestellt.

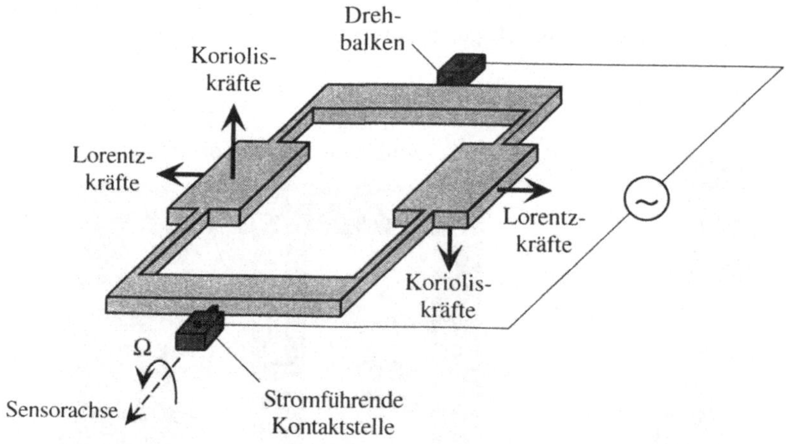

Bild 5.45
Arbeitsprinzip eines Silizium-Gyroskops

Als Resonator dient eine gabelartige Siliziumstruktur, die mit Hilfe von Drehbalken an zwei stromführenden Kontaktstellen hängt. Wird ein Wechselstrom zwischen den beiden Kontaktstellen angelegt, dann beginnt der Resonator aufgrund der Lorentzkräfte wie eine Stimmgabel zu oszillieren. Dreht sich der Sensor um seine Achse, wird der Resonator durch Korioliskräfte in eine entgegengesetzte Bewegung um diese Achse mit einer zum Drehwinkel Ω *pro*portionalen Amplitude versetzt. Die Amplitude kann durch eine Kapazitätsänderung zwischen den Gabelfingern, die als bewegliche Elektroden agieren, und den in das Substrat integrierten Elektroden (im Bild nicht gezeigt) erfaßt werden.

Wie bereits erwähnt, stellen faseroptische Mikrosensoren oft eine einfache und kostengünstige Lösung verschiedener meßtechnischer Probleme dar, da optische Fasern ausgeprägte sensorische Eigenschaften besitzen. Ein Drehwinkel kann z.B. anhand der Modulation der Lichtpolarisationsrichtung in einer Faser bestimmt werden (Bild 5.46).

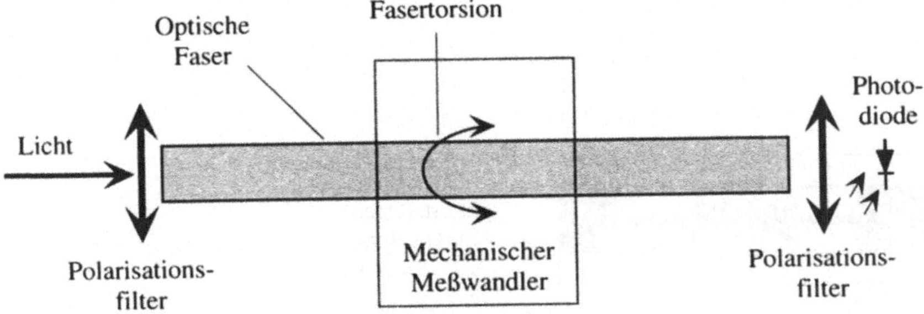

Bild 5.46
Skizze eines faseroptischen Drehwinkelgebers

Hier wird Licht mit einer geringen Strahldivergenz über ein Polarisationsfilter in eine Glasfaser eingekoppelt. Die Drehbewegungen des zu steuernden Roboterteils werden mechanisch über einen Meßwandler in eine entsprechende Torsion der Faser umgewandelt. Durch die Torsion wird die Polarisationsrichtung des Lichts in der Faser moduliert. Diese Polarisationsänderung wird ihrerseits durch ein zweites Polarisationsfilter in eine Änderung der Lichtintensität umgewandelt und anhand einer Photodiode ausgewertet.

5.5.3 Beschleunigungssensoren

Miniaturisierte Beschleunigungssensoren können vor allem zur Navigation in Mehrroboter-Montagesystemen eingesetzt werden. Hervorgegangen sind sie aus der Luft- und Raumfahrttechnik, die übrigens auf vielen technischen Gebieten als Vorreiter für andere Branchen gilt. Voraussetzungen für ihren Einsatz sind kostengünstige Herstellungs- und Meßprinzipien. Wie schon bei Drucksensoren zu sehen war, werden Beschleunigungen i.d.R. piezoresistiv oder kapazitiv jeweils anhand von Widerstands- oder Kapazitätsänderungen gemessen. Dabei werden neben Membranen auch elastische Biegebalken als Signalaufnehmer benutzt. Beide Sensortypen lassen sich relativ problemlos mikromechanisch herstellen.

Kapazitive Beschleunigungssensoren basieren auf einer Auswertung der Kapazitätsänderung, die aufgrund der Bewegung einer seismischen Masse infolge eines Reaktionsmomentes auftritt. Bild 5.47 zeigt eine einfache Lösung mit zwei sensitiven Elektrodenpaaren. Bewegt sich die seismische Masse aufgrund einer Beschleunigung in die entgegengesetzte Richtung, dann verändert sich die Kapazität der beiden Kondensatoren.

Daraus ergibt sich bei der nachfolgenden Auswertung die Höhe der wirkenden Beschleunigung. So hat man gleichzeitig zwei Sensorsignale zum Auswerten, was zu einer höheren Meßgenauigkeit führt. Aus diesem Grund versucht man möglichst viele sensitive Elemente in einem Sensor zu integrieren, was am besten anhand von kamm-artigen Elektrodenstrukturen gelingt.

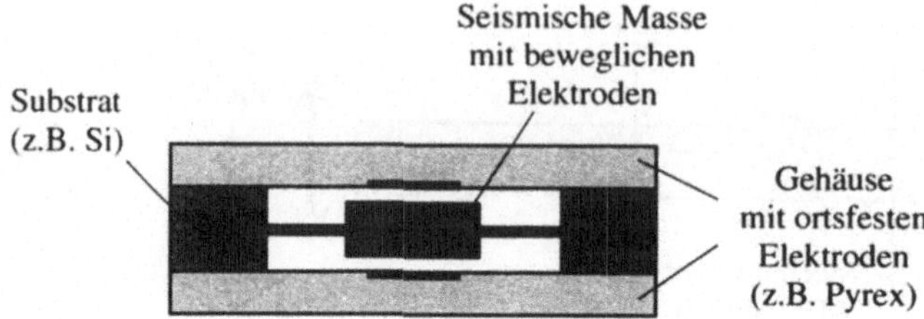

Bild 5.47
Kapazitive Messung von Beschleunigungen

Nach diesem Prinzip wurde der Mikrosensor aufgebaut, der vor wenigen Jahren das erste Beispiel eines gelungenen Übergangs von der MST-Forschung in die Industrie war. Es handelt sich um einen kapazitiven Beschleunigungssensor von Analog Devices (USA). Der Sensor wurde mit Hilfe der Oberflächen-Mikromechanik auf einem Sili-ziumchip mit einem Durchmesser von ca. 9 mm hergestellt, wobei mikroelektronische Komponenten zur Signalvorverarbeitung, Temperaturkompensation bzw. zum Selbsttest auf dem Chip mitintegriert wurden (Bild 5.48, links). Das sensitive Element des Sensors besteht aus einer ortsfesten und einer beweglichen Elektroden-Kammstruktur (Bild 5.48, rechts). Wirkt eine Beschleunigung, dann bewegt sich die bewegliche Struktur, und die Kapazität des Kondensatorsystems verändert sich.

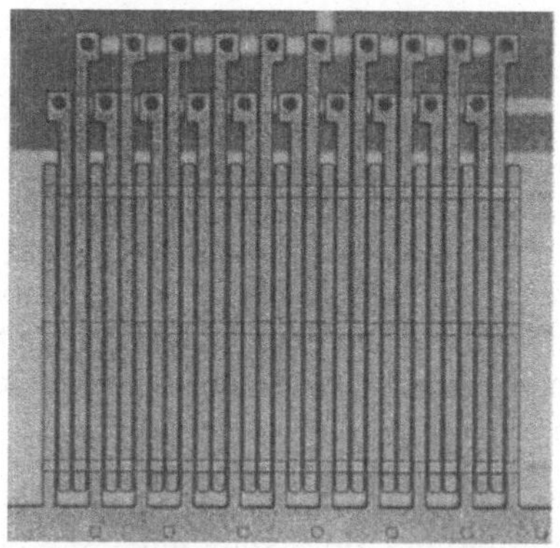

Bild 5.48
Kapazitiver Beschleunigungssensor ADXL-50 von Analog Devices
(Quelle – Analog Devices Inc., Wilmington, MA)

Der Meßbereich des Sensors beträgt ± 50 g bei einer Sensitivität von 19 mV/g. Der Sensor wird zur Zeit in einigen Fahrzeugmodellen im Airbag-System eingesetzt. Der Beschleunigungsbereich des neuesten Sensors von Analog Devices liegt im Bereich von ± 5 g; mit einer Sensitivität von 0.005 g kann dieser Sensor kleinste Beschleunigungs-änderungen detektieren und ist dadurch auch für Mikroroboter sehr interessant [Ajlu95].

In einem piezoresistiven Beschleunigungssensor werden an den Punkten des Biegebalkens, an denen die größten Verformungskräfte herrschen, Piezowiderstände angebracht. Je mehr Piezoelemente dabei in einem Sensor zusammengeschaltet werden, desto höher ist die Stabilität und Genauigkeit des Sensors. Aufgrund einer Beschleunigung bewegt sich die Masse, dadurch verformen sich die Piezoelemente und ihr Widerstand ändert sich (Bild 5.49). Diese Änderung kann beschleunigungsauflösend ausgewertet werden.

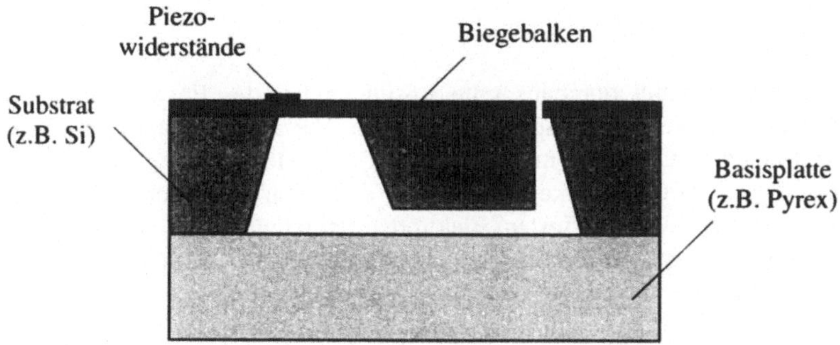

Bild 5.49
Piezoresistive Messung von Beschleunigungen

Eine Vergrößerung der beweglichen Masse beeinflußt die Empfindlichkeit des Sensors positiv, wobei sich der Masseschwerpunkt möglichst nah am Biegebalkenende befinden soll. Die mikromechanische Herstellung piezoresistiver Beschleunigungssensoren in Silizium ermöglicht eine Integration der mikroelektronischen Auswerteeinheit auf dem Sensorchip und somit einen kompakten und robusten Sensoraufbau. Ein charakteristisches Problem solcher Sensoren stellt die parasitäre Resonanz der seismischen Masse dar. Eine Lösung ist die Zwangsdämpfung der entstehenden Oszillationen durch ein „Ölbad", das mikromechanisch in den Sensorchip integriert wird [Muro92]. Eine Skizze eines piezoresistiven Beschleunigungssensors mit Öldämpfung ist in Bild 5.50 zu sehen.

Der Sensorchip wird aus einkristallinem Silizium hergestellt, um die gezeigte Strukturierung der Membran durch anisotropes Ätzen bzw. Ätzstopptechniken zu ermöglichen. Die Ölwanne wird hier durch die Basisplatte, den entsprechend strukturierten Sensorchip und das Gehäuse (im Bild nicht gezeigt) gebildet, d.h. es werden dazu keine zusätzlichen Fabrikationsschritte benötigt. Die Öldämpfung ist dabei von der Viskosität, den Geräteabmessungen und der Umgebungstemperatur abhängig.

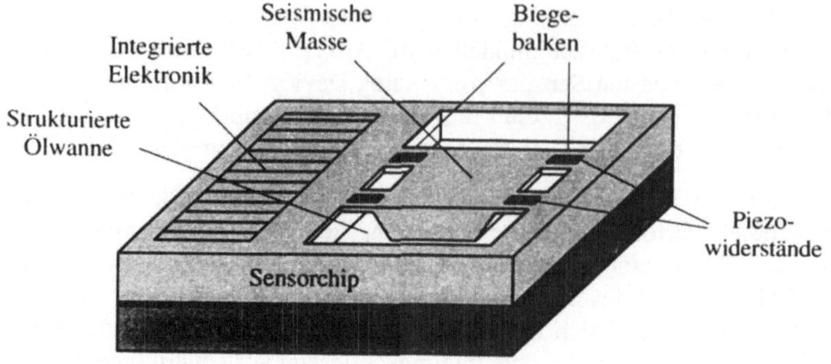

Bild 5.50
Skizze des piezoresistiven Beschleunigungssensors

Auch das LIGA-Verfahren kann durchaus gute Lösungen bei der Entwicklung von
mikroskopisch kleinen Beschleunigungssensoren anbieten. Vor allem kapazitiv messende Mikrosensoren können relativ problemlos aus Nickel hergestellt werden [Menz93a].
Ein solcher Sensor ist ein Differentialkondensator, in dem eine seismische Masse an
einer Biegezunge zwischen zwei ortsfesten Elektroden schwingt. Dabei können alle
Sensorkomponenten in einem Prozeßschritt galvanisch hergestellt werden, was jede
Justierung überflüssig macht.

5.5.4 Andere integrierbare Sensorarten

In diesem Abschnitt werden einige Sensortypen vorgestellt, deren Entwicklung noch in
der Kinderschuhen steckt. Es ist schwer vorauszusehen, welche Sensorinformationen in
dem einen oder anderen Grenzbereich der Mikromontage noch notwendig sind. Vor
allem bei den Qualitätsanalyse- und Testkomponenten einer flexiblen Mikromontagestation können je nach Art des Mikrosystems verschiedenartigste Mikrosensoren von
Nutzen sein. Aus diesem Grund werden nachfolgend auch solche integrierbare Sensoren
kurz vorgestellt, die im Moment für die Mikromontage noch nicht verwendet werden.

5.5.4.1 Temperatursensoren

In verschiedenartigen Überwachungssystemen spielen Temperatursensoren eine wichtige Rolle. Außerdem dient die Temperatur bei indirekten Messungen in Gas- oder Fluß-
sensoren oder bei der Fehlerkompensation in temperaturabhängigen Sensor- und Aktorsystemen oft als Meßparameter. Eine breite Palette konventioneller Temperatursensoren,
wie Thermoelement, Thermoresistor, Thermodiode usw., steht heute zur Verfügung.
Eine ausführliche Beschreibung verschiedenartiger Temperatursensoren findet man z.B.
in [Gard94]. Unten werden einige für Mikrorobotik interessante Lösungen vorgestellt.

Auch für Temperaturmessungen können einfache faseroptische Mikrosensoren angewendet werden. Das Meßprinzip ist in Bild 5.51 vereinfacht dargestellt. Der Sensor enthält eine Lichtquelle, eine Glasfaser, die gleichzeitig als Lichtleiter und als eigentlicher Temperatursensor dient, und eine Photodioden-Meßeinrichtung. Die multimodale Glasfaser sollte dabei aus Materialien mit unterschiedlichen Temperaturkoeffizienten im Kern und im Mantel bestehen (z.B. Quarz - Silizium).

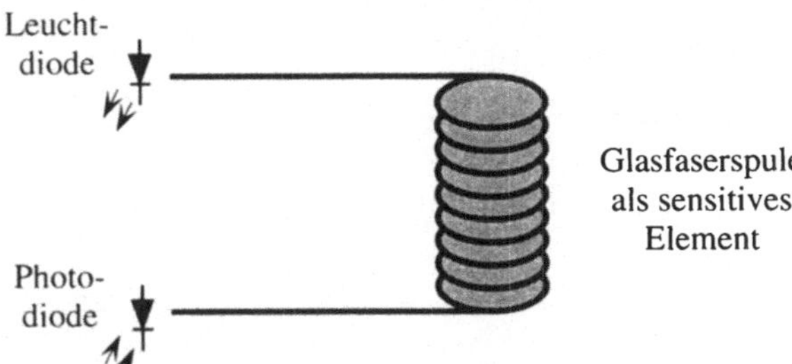

Bild 5.51
Funktionsprinzip eines
Glasfaserthermometers

Das Licht wird über die Leuchtdiode in die Glasfaser eingekoppelt und durch den sensitiven Faserbereich propagiert. Bei einer Temperaturschwankung in der Sensorumgebung ändert sich dementsprechend der lokale Brechungsindex der Faser, was eine Dämpfung des Lichts zur Folge hat. Diese Dämpfung führt wiederum zu einer Änderung der Lichtintensität, die mit der Photodiode gemessen und anschließend temperaturauflösend ausgewertet wird.

Ein interessantes Material für Mikrosensoren sind Flüssigkristalle, da sie auf Licht, Schall, mechanischen Druck, Wärme, elektrische bzw. magnetische Felder und chemische Änderungen reagieren. Die Moleküle dieser organischen Substanzen sind wie in Kristallen geordnet und weisen gleichzeitig eine gewisse Mobilität auf, wobei deren Orientierung eine bestimmte Richtungsabhängigkeit der physikalischen Eigenschaften des Flüssigkristalls hervorruft. Die sogenannten thermotropen Flüssigkristalle können für Temperaturmessungen verwendet werden, da ihre optischen Eigenschaften durch die Molekülausrichtung bestimmt werden, die wiederum temperaturabhängig ist.

Bild 5.52, links [Lore93] zeigt einen möglichen Aufbau eines optischen Temperatursensors mit thermotropem Flüssigkristall als sensitives Element. Die wesentlichen Elemente dieses Temperatursensors sind zwei in ein Substrat integrierte Glasfasern, deren Endflächen in einer Entfernung von ca. 1 mm zueinander stehen, und das in den dadurch entstandenen Zwischenraum eingebrachte Flüssigkristall.

Ein über die Eingangsfaser einfallender Lichtstrahl spaltet sich abhängig von der momentanen Molekülorientierung des Flüssigkristalls auf, und nur ein Teil des ankommenden Lichts wird in die Ausgangsfaser eingekoppelt. Durch den Einfluß der Umgebungstemperatur wird die Molekülorientierung im Flüssigkristall moduliert; daraus resultiert eine entsprechende Änderung der Lichtintensität in der Ausgangsfaser. Die Dämpfungswerte des Sensors werden mit Hilfe von Photodioden ermittelt und tempe-

raturauflösend ausgewertet. Bild 5.52, rechts [Lore93] zeigt die typischen Arbeits-
charakteristika eines solchen Sensors.

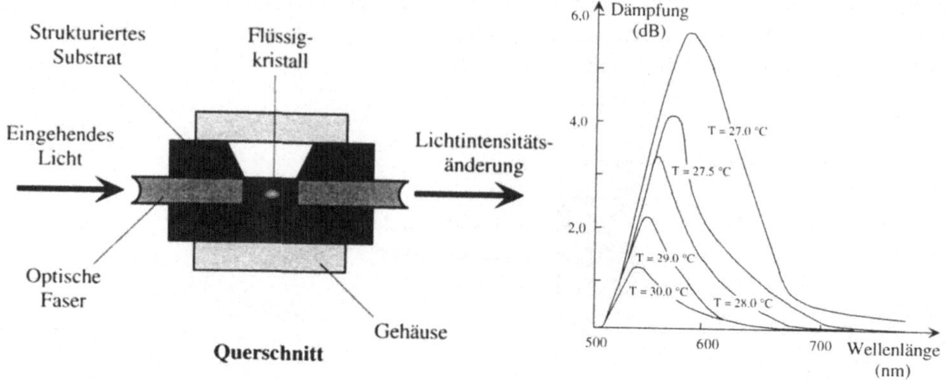

Bild 5.52
Skizze eines Flüssigkristall-Temperatursensors (links) und
seine charakteristischen Kennlinien (rechts)

5.5.4.2 Fluß- und Strömungssensoren

Es besteht ein großer Bedarf an Mikrosensoren für kleinste Flüssigkeits- bzw. Gas-
durchflüsse, da in vielen MST-Anwendungen, wie z.B. Medizin oder Automobiltechnik,
mikrofluidische Komponenten unentbehrlich sind. Die Arbeitsweise derartiger Sensoren
beruht meistens auf dem thermischen Energieverlust eines Heizelements aufgrund einer
vorbeifließenden bzw. -strömenden Substanz (thermische Verdünnung). Außerdem können verschiedene Laufzeitmessungen durchgeführt werden. Dabei injiziert man in die
Substanz z.B. ein Spurenelement, das eine bestimmte Strecke zurücklegen muß.

In Bild 5.53 wird eine prinzipielle Skizze eines mikromechanisch hergestellten Flußsensors vorgestellt, der in einem einkristallinen Siliziumchip strukturiert werden kann.
Der Sensor enthält ein Heizelement und zwei Temperatursensoren, die in den Siliziumchip integriert sind. Die Temperatursensoren können die Temperatur der fließenden
Substanz jeweils ober- bzw. unterhalb des Heizelements ermitteln. Der Flußkanal wird
durch die naßchemische Strukturierung des Siliziumchips realisiert. Anhand dieser
Sensorstruktur können die beiden oben erwähnten Meßprinzipien angewendet werden.

Zum einen kann im Sensor das Laufzeitprinzip implementiert werden, indem das Heizelement thermische Impulse in die fließende Substanz absetzt und die Temperatur des
flußabwärts plazierten Sensors gemessen wird. Im anderen Modus (thermische Verdünnung) wird dagegen das Heizelement mit konstanter Energie versorgt und der Tem-
peraturunterschied zwischen den flußauf- und flußabwärts liegenden Sensoren erfaßt.

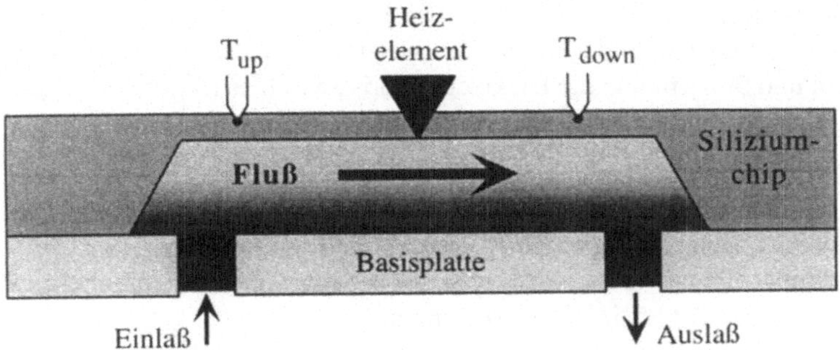

Bild 5.53
Skizze eines thermischen Mikroflußsensors

Eine marktreife Entwicklung eines mikromechanischen Strömungssensors zeigt Bild 5.54 [Domi93]. Bei diesem Design wird das thermische Meßprinzip verwendet. Der Sensor besteht aus einem Siliziumsubstrat und einem kreisförmigen Siliziumchip, dessen mittlerer Teil mit dem Gas in Berührung kommt und zusammen mit einem implantierten Widerstand als Heizelement dient. Dazwischen liegt ein „Chipdeckel", der durch die Polymerisation eines 3 µm dicken Polyimidfilms gefertigt wurde. Im Siliziumchip wurde zusätzlich eine ringförmige Schicht aus Siliziumdioxid strukturiert, die eine gute thermische Isolierung zwischen heißen und kalten Teilen des Sensors gewährleistet. Dem gleichen Zweck dient der im Siliziumsubstrat strukturierte Luftspalt.

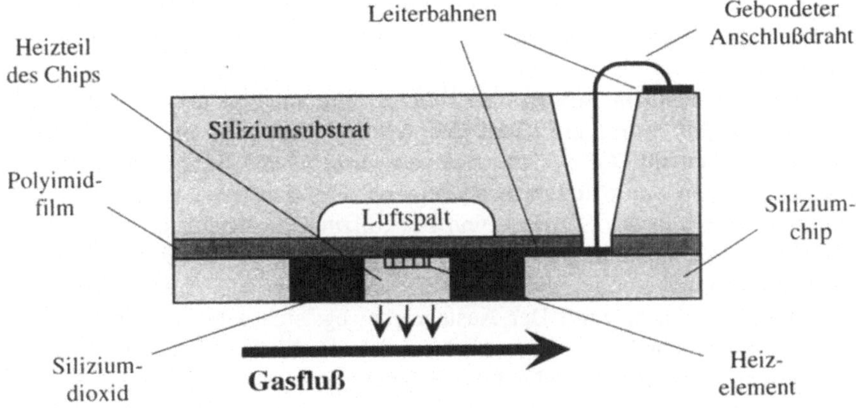

Bild 5.54
Querschnitt des Flußsensors für Gasmessungen

Die Strömungsgeschwindigkeit wird duch den thermischen Austausch zwischen dem heißen Siliziumteil und dem Gas bestimmt, wobei zwei Dioden als Thermometer für die

Gassubstanz und das Heizelement benutzt werden (im Bild nicht gezeigt). Es wurden mehrere Sensorprototypen hergestellt; der Radius des Heizteils des Siliziumchips wurde dabei zwischen 75 µm und 500 µm und die Dicke des Chips zwischen 15 µm und 30 µm variiert. Der Sensor ist 5 mm × 5 mm groß; die Empfindlichkeit beträgt 10 cm/s.

Bei einem weiteren Meßprinzip für Fließgeschwindigkeiten werden Druckmessungen an einem in der fließenden Substanz plazierten und als Flußhindernis agierenden Element durchgeführt. Die beste Lösung liefern dabei robuste und einfache piezoresisitive Drucksensoren (Abschnitt 5.5.1). Ein mikromechanischer piezoresistiver Flußsensor kann z.B. nach dem Muster in Bild 5.55 realisiert werden.

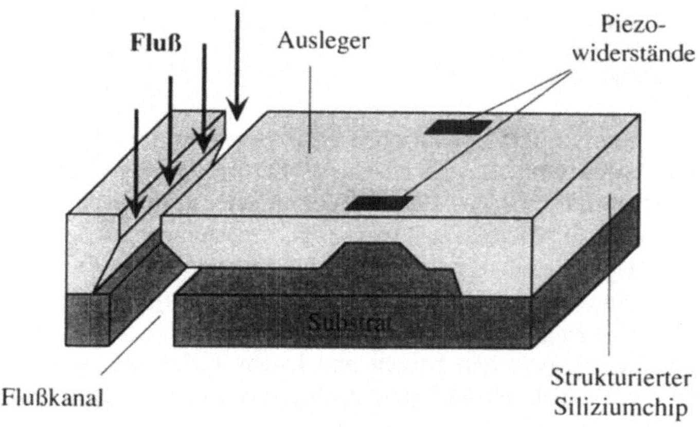

Bild 5.55
Schematische Darstellung des Mikroflußsensors

Der Sensor besteht aus einem Substrat und einem Siliziumchip aus einkristallinem Silizium. Im Siliziumchip wurde ein hängender Ausleger naßchemisch strukturiert; er agiert als sensitives Element. An der am stärksten verformbaren Stelle des Auslegers sind Piezowiderstände in den Siliziumchip integriert. Ein Flußkanal wird durch eine abgestimmte Strukturierung des Substrats und des Siliziumchips realisiert. Fließt eine Flüssigkeit durch den Kanal, dann greift eine Kraft am Ausleger an. Diese Kraft entsteht aufgrund der Oberflächenreibung, die durch die am Schlitz des Auslegers vorbei-fließende Substanz verursacht wird. Der Ausleger bewegt sich dabei in Richtung des Stromflusses und die Piezowiderstände verformen sich. Dadurch ändert sich ihre Aus-gangsspannung, womit ein Rückschluß auf die Strömungsintensität möglich ist.

5.5.4.3 Bio- und chemische Sensoren

Mit *chemischen* Sensoren wird die Anwesenheit (qualitative Messung) bzw. Konzen-tration (quantitative Messung) einer bestimmten Substanz in einem Analyt – einem Gas oder einer Flüssigkeit – detektiert. Die Forschung konzentriert sich auf die Integration von mehreren Sensoren in Meßsysteme, wo sie mit intelligenten Signalverarbeitungs-komponenten eine erweiterte Funktionalität bis hin zu komplexen Analysen zur Ver-fügung stellen sollen.

Durch die Integration mehrerer unterschiedlicher Sensoren lassen sich viele komplexe Probleme lösen bzw. neue Anwendungsgebiete der Chemieanalytik eröffnen. Eine ent-scheidende Rolle spielen dabei intelligente Signalverarbeitungskomponenten, mit deren Hilfe ein chemisches Gemisch untersucht und n Substanzen mit n Konzentrationen beispielsweise durch Clusteranalysen mit künstlichen neuronalen Netzen aufgelöst und ausgewertet werden können. Angestrebt werden auch chemische Mikrosensorsysteme, die mehrere gleichartige Meßfühler beinhalten. Einerseits wird dadurch eine zu-verlässige Interpretation von Meßergebnissen ermöglicht, andererseits können durch entsprechend geordnete Sensormatrizen räumlich verteilte, parallele Messungen durch-geführt werden.

Die Palette anwendbarer Sensorprinzipien ist in der chemischen Mikrosensorik sehr breit, wobei potentiometrische Sensoren auf der Basis von Feldeffekttransistoren (FET), verschiedenartige Leitfähigkeitssensoren, akustische massensensitive Sensoren sowie optische Sensoren am häufigsten verwendet werden. Für Gas- und Flüssigkeitssensoren, die diese Funktionsprinzipien nutzen und sich in ihrem Aufbau sehr ähneln, wird vor allem eine möglichst kleine Querempfindlichkeit gefordert, d.h. der Meßwert soll durch andere Stoffe im zu untersuchenden Medium nicht beeinflußt werden.

Allgemeingültig für die Meßprinzipien der Chemosensorik ist die Verwendung einer sensitiven Schicht oder Stelle im Sensor, die bei Kontakt mit einer Substanz eine chemische Reaktion hervorruft, und eines Transducers, der seine optischen (Phase, Amplitude, spektrale Verteilung usw.), akustischen, dielektrischen oder anderen physi-kalischen (Masse, Temperatur, Leitfähigkeit usw.) Eigenschaften aufgrund der ein-getretenen Wechselwirkung ändert und diese Veränderung in ein elektrisches Signal für eine anschließende Verstärkung und Auswertung durch eine mikroelektronische Kompo-nente umwandelt (Bild 5.56).

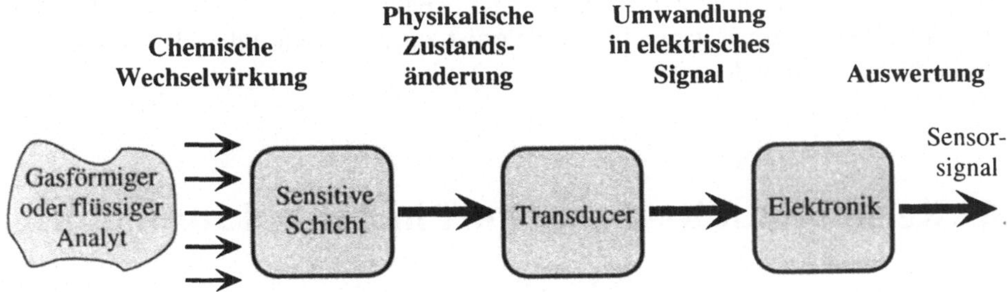

Bild 5.56
Struktur eines chemischen Sensors

Die Meßprinzipien chemischer Sensorik werden auch in der *Biosensorik* in gleichem Maße genutzt. Das Kennzeichen von Biosensoren ist die Integration von biologisch sensitiven Elementen (Rezeptoren) in einen Meßfühler mit nachgeschalteter Mikroelektronik. Eine Wechselwirkung zwischen Eiweißmolekülen des Rezeptors und Molekülen des Analyten führt dabei zur Modulation einer physikalischen bzw. chemischen Größe. Je nach Art dieser Größe wird diese Modulation durch einen geeigneten Wandler erfaßt und in ein elektrisches Signal transformiert, das Rückschlüsse auf die gesuchte Analytkonzentration liefert. So wird z.B. bei vielen molekularen Wechselwirkungen Sauerstoff freigesetzt oder verbraucht. Diese Zustandsänderung kann mit einem chemischen O_2-Sensor registriert und dann in ein elektrisches Signal umgewandelt werden, das die aktuelle Stoffkonzentration widerspiegelt. Durch die Verwendung biologischer Rezeptoren sind sehr selektive und sensitive Messungen möglich.

Bei den praktischen Anwendungen von Biosensoren unterscheidet man zwischen *Metabolismus-* und *Immuno-Sensoren*. In einem Metabolismus-Sensor spüren biosensitive Enzyme (als Biokatalysatoren) die Moleküle des Analyten in einer Lösung auf und katalysieren eine bestimmte chemische Reaktion. Der Analyt wird dabei chemisch umgesetzt, und der Reaktionsverlauf kann durch einen chemischen Sensor ausgewertet werden, was Rückschlüsse auf die Analytkonzentration in der Lösung erlaubt.

Zum Aufspüren von chemisch inaktiven Molekülen eines Analyten werden die bereits erwähnten Immuno-Sensoren verwendet. In diesen Biosensoren werden Antikörper als biosensitive Elemente eingesetzt. Die verwendete Erkennungsmethode eines Antigenmoleküls ist als Schlüssel-Schloß-Prinzip bekannt. Bei einer Wechselwirkung mit dem Analyt findet ein Bindungsvorgang zwischen einem auf der Sensoroberfläche immobilisierten Antikörper-Molekül und einem zu diesem „Schloß" passenden Antigenmolekül des Analyten statt; keine anderen Moleküle können an dieser Bindung teilnehmen. Der Bindungsvorgang kann je nach Sensorart entweder direkt meßtechnisch über einen Transducer oder indirekt durch eine vorhandene Markierung der Antigene (z.B. durch Moleküle einer anderen Substanz) registriert und ausgewertet werden.

Große Schwierigkeiten bei der Systemintegration biologischer Sensoren bereitet die mangelhafte Langzeitstabilität der sensitiven Eiweißrezeptoren. Auch deren Fixieren (Immobilisieren) am eigentlichen Meßwandler ist zur Zeit noch mit vielen technologischen Problemen verbunden.

5.6 Rechnergestützter Entwurf in der Mikrorobotik

Die systemtechnischen Probleme der MST und Mikrorobotik, die unter anderem die Entwicklung, die Fertigung und die Qualitätssicherung betreffen, stehen heute noch ganz am Anfang ihrer aktiven Untersuchung, spielen aber eine immer wichtigere Rolle.

Man rechnet mit einem Anteil der reinraumbedingten Prozeßtechnik bei einer vollständigen Mikrosystementwicklung von nur noch ca. 20% gegenüber dem der Software im weitesten Sinne [Trau93]. Ohne rechnergestützte Verfahren mit integrierter Simulation des Systemverhaltens ist ein vernünftiger Entwurf eines Mikroroboters bzw. seiner Aktor- und Sensorkomponenten kaum durchführbar. Auch an den aktuellen Förderprogrammen des BMBF und der EU, die die Entwurfsprobleme als einer der Schwerpunkte heutiger MST-Aktivitäten betrachten, erkennt man die Bedeutung dieses Forschungsbereichs.

In einem Mikroroboter werden Komponenten der Sensorik, Aktorik sowie auch der Informationsverarbeitung auf engstem Raum vereint. Durch den hohen Integrationsgrad treten neben den funktionalen auch unerwünschte (parasitäre) Kopplungen zwischen den einzelnen Materialien und Komponenten innerhalb des Mikroroboters auf. Die meisten Probleme sind eine Folge der globalen und lokalen Vermischungseffekte, was eine vollkommen unabhängige Entwicklung der Roboterkomponenten nahezu unmöglich macht. Belastungen können z.B. durch ungleiche Temperaturverteilungen oder mechanische Spannungen in Grenzbereichen zwischen verschiedenen Werkstoffen entstehen, was einen großen Einfluß auf die Lebensdauer hat. Diese Probleme werden mit der wachsenden Komplexität der Mikrosysteme zunehmend wichtiger. Das übergeordnete Ziel beim Mikroroboterentwurf ist daher eine Optimierung der Funktionalität des Gesamtsystems, die unter Berücksichtigung der technologischen und wirtschaftlichen Randbedingungen stattfinden soll.

Die heutige MST-Forschung konzentriert sich auf die Komponentenentwicklung und somit auf den *Bottom-Up*-Roboteraufbau. Um aber den Sprung von den Systemkomponenten zu leistungsfähigen Mikrorobotern vollziehen zu können, muß die Forschungs- und Entwicklungsstrategie in Richtung systemtechnischer Probleme korrigiert werden, damit ganzheitliche, rechnergestützte Entwurfs- und qualitätssichernde Testverfahren sowie intelligente Komponenten zur Verarbeitung der Datenflüsse realisiert werden können. Diese Systemwerkzeuge sollen im Endeffekt den *Top Down*-Entwurf von Mikrorobotern unterstützen. Es ist unklar, ob ein ganzheitlicher Systementwurf in absehbarer Zeit möglich sein wird. Viele theoretische und praktische Probleme, wie z.B. analytische Beschreibung der in komplexen Systemen auftretenden Effekte, Entwicklung von verschiedenartigen Datenbanken oder Standardisierung von Systemkomponenten und -schnittstellen, müssen noch auf diesem Weg gelöst werden.

5.6.1 Entwurf eines Mikroroboters

Durch die Bereitstellung moderner Entwurfswerkzeuge wäre eine schnelle und effektive Mikroroboterentwicklung mit einer erheblichen Reduzierung von aufwendigen und kostenintensiven technologischen Versuchen durchführbar. Dem Entwickler soll ein interaktives CAD-Tool zur Verfügung gestellt werden, welches sämtliche Einflußgrößen (Geometrie, Technologie, Leistungswerte, usw.) berücksichtigt und die einzelnen Entwurfsschritte anhand einer Graphik, die mit den wichtigsten Kenndaten versehen ist, darstellt. Durch eine Simulation läßt sich ein vertieftes Verständnis der bei der Mikroherstellung ablaufenden Vorgänge (Prozeßsimulation) erzielen. Man kann auch das Verhalten von Mikroaktoren und -sensoren (Komponentensimulation) bzw. die Integration dieser Komponenten in ein Mikrosystem (Systemsimulation) besser nachvollziehen.

Im Gegensatz zur Mikroelektronik, wo rechnergestützte Entwurfsmethoden (z.B. für die Analyse elektromagnetischer Verträglichkeit, thermischer Belastung oder der Leistungserfüllung) bereits seit langem etabliert sind, gibt es in der MST eine Vielzahl von grundsätzlichen Problemen, die vor allem mit der dreidimensionalen Strukturierung verbunden sind. Die Probleme verdeutlicht das Beispiel der LIGA-Technik, wo je nach Komplexität der Mikrostruktur bis zu 200 meist sequentielle Prozeßschritte durchzuführen sind, was einen erheblichen Informationsaufwand beim durchgehenden Entwurf hervorruft. Unter dem Gesichtspunkt einer Kosten- bzw. Zeitreduzierung ist aber der Einsatz von rechnergestützten Entwurfs- und Testwerkzeugen mit zunehmender MST-Industrialisierung unabdingbar, um die Zeitspanne von der Produktidee bis zu ihrer technischen Realisierung zu verkürzen.

Der Entwurf von Mikrorobotern ist, wie bereits erwähnt, durch die Notwendigkeit gekennzeichnet, eine Vielzahl physikalischer (vor allem mechanischer, elektrischer und thermischer) Effekte und ihre gegenseitige Beeinflussung, unterschiedliche technologische Parameter bei der Komponentenherstellung sowie das Zusammenspiel von Systemkomponenten zu berücksichtigen. Zur Lösung dieser Probleme ist ein interdisziplinäres Vorgehen notwendig, das die vorhandenen Kenntnisse und Erfahrungen aus der Prozeßtechnologie, Physik, Elektrotechnik und Informatik zu einer möglichst vollständigen theoretischen Beschreibung der genannten Effekte nutzen kann. In der MST sind verschiedene Entwurfskonzepte denkbar, die sich hinsichtlich ihres Anwendungsfeldes, ihres Abstraktionsvermögens, ihrer Entwurfsstrategie (*top down* oder *bottom up*) oder den vorhandenen Schnittstellen und Erweiterungsmöglichkeiten unterscheiden lassen. Die allgemeingültigen Entwurfsschritte eines Mikrosystems sind in Bild 5.57 dargestellt.

Zunächst werden in der Anforderungsanalyse die angestrebten Systemleistungen und Optimierungskriterien erfaßt und geordnet. Auch die Rahmenbedingungen, die durch die Herstellungsprozesse und -anlagen vorgegeben sind, werden analysiert. Beim Entwurf eines Mikroroboters kann je nach Anwendung eine ganze Reihe von technischen (Leistungsparameter, Fertigungstoleranzen, Materialeigenschaften usw.), ökonomischen, ergonomischen, umweltbedingten oder Sicherheitsanforderungen vorgegeben werden [Kohl94a]. Im Hinblick auf die angestrebte Massenfertigung von Mikrosystemen gewinnen die Fertigungskriterien, die eine automatisierbare Montage einzelner Systemkomponenten berücksichtigen, immer mehr an Bedeutung („montagegerechter Entwurf").

Aus den Anforderungen der Anwendung und aus den Randbedingungen der Prozeßtechnik wird ein erstes Systemkonzept abgeleitet, das alle charakteristischen Eigenschaften auf abstrakter Ebene beinhaltet. Dieses Konzept bildet die Grundlage für das schrittweise Vorgehen, bei dem die Simulation der Herstellungsschritte und des Komponenten- bzw. Systemverhaltens sowie die Anpassung der Prozeßtechnik an die erhobenen Ansprüche einhergehen. Der Systementwurf kann mehrere Rekursionszyklen umfassen. Nach der Fertigstellung des Mikrosystems wird das Produkt letztendlich einem Funktionstest unterworfen, der einen Soll-/Ist-Vergleich und eine eventuelle Nachoptimierung ermöglicht.

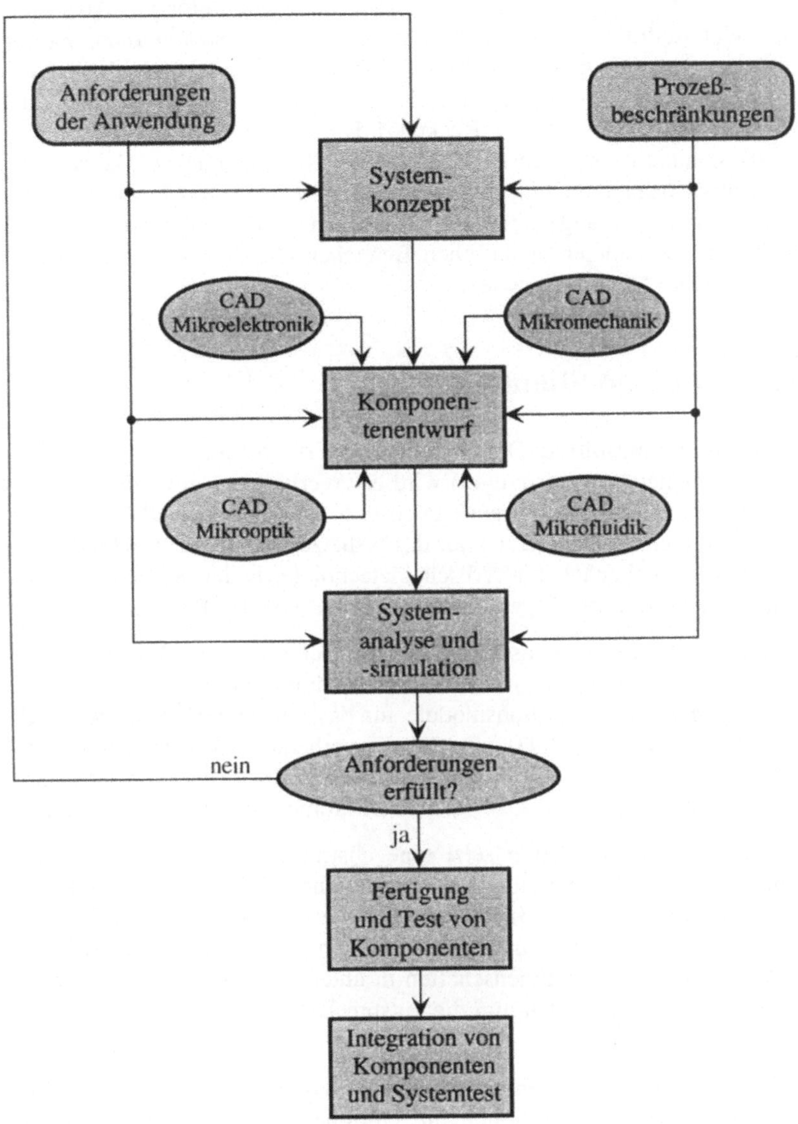

Bild 5.57
Entwicklungsschritte beim Mikrosystementwurf

Diese Entwurfsstrategie, die die Wechselbeziehungen im Mikrosystem bereits in der Konzeptphase berücksichtigt, ist derzeit lückenhaft. Die Komplexität eines derartigen interdisziplinären Entwurfssystems läßt eine kurzfristige vollständige Realisierung nicht erwarten. Aufgrund der großen Anzahl von Freiheitsgraden ist das zu entwickelnde Mikrosystem als Gesamtsystem oft nicht oder nur mit sehr großem Aufwand beherrschbar. Eine Unterteilung des Systems in relativ einfach modellierbare Komponenten (z.B. einzelne Sensoren bzw. Aktoren des Roboters) mit einer anschließenden Integration der möglichst einheitlichen Teilmodelle in ein Gesamtmodell des Systems kann deshalb in vielen Fällen sinnvoll sein [Recke95]. Die gewonnenen Komponentenmodelle könnten als standardisierte Bausteine für andere Roboter dienen. Dabei wird eine durchgängige Entwurfsunterstützung sowohl von den Mikrokomponenten als auch von deren Herstellungsprozessen angestrebt. Oft versucht man, die bereits vorhandenen Modellierungsmethoden aus anderen technischen Bereichen (Mikroelektronik, Mechanik) an die Erfordernisse der MST anzupassen.

5.6.2 Modellierung und Simulation

Prozeßmodellierung und -simulation. Die 3D-Simulation der Strukturierungsprozesse (Lithographie-, Ätz-, Abscheideprozesse, usw.) wird erforderlich, um zuverlässige Eingabedaten für eine Struktursimulation zu generieren und die neuartigen 3D-Technologien besser nutzen zu können. Bislang haben nur das Naßätzen und die Lithographie die Simulationsreife erlangt; Trockenätz- und Abscheidetechniken leiden an einem unzulänglichen Verständnis und der schwierigen Beschreibbarkeit von den Prozessen.

Naßätzprozesse sind von der Zusammensetzung und Konzentration der Ätzlösung, der Temperatur und der Kristallorientierung des Siliziums abhängig und können relativ genau simuliert werden. Mehrere Simulationsmodule für das anisotrope Ätzen, wie z.B. ASEP [Buser91] oder SIMODE [Früh93], sind bereits vorhanden. Aus der Mikroelektronik ist der Lithographiesimulator SOLID bekannt, der bei einer entsprechenden Anpassung 3D-Herstellungsprozesse in der Oberflächen-Mikromechanik simulieren kann.

Die Prozeßmodellierung und -simulation setzt eine abstrakte und dem vorhandenen Kenntnisstand entsprechende Beschreibung der wesentlichen Prozeßschritte und aufgabenspezifisches Wissen voraus (Bild 5.58). Während die Eigenschaften von Silizium bereits durch die Mikroelektronik gut erforscht sind, müssen andere, in der Mikromechanik verwendbare Werkstoffe auf ihre Eigenschaften in unterschiedlichen geometrischen Formen experimentell analysiert werden, um die entsprechenden Herstellungsregeln zu ermitteln.

Simulation von Mikrosystemen und ihren Komponenten. Simulationsmethoden für Mikrosysteme und ihre Komponenten sollen die Optimierung des Systemverhaltens beim rechnerbasierten Entwurf unterstützen. Dabei müssen verschiedene elektrische und nichtelektrische (thermische, mechanische, chemische usw.) Feldgrößen des Mikrosystems und auch die voneinander abhängigen Wirkmechanismen dieser Größen zeitaufgelöst berechnet werden. Wie bereits erwähnt, versucht man heute bei der Simulation von Mikrosystemen und -komponenten Tools aus anderen technischen Bereichen, vor allem der Mikroelektronik, zu übernehmen und an die MST-Problematik anzupassen. Für die elektronischen Komponenten eines Mikrosystems sind z.B. eine Vielzahl von Analogsimulatoren, wie SABER, KOSIM oder SPICE, bzw. von digitalen Logiksimulatoren verfügbar.

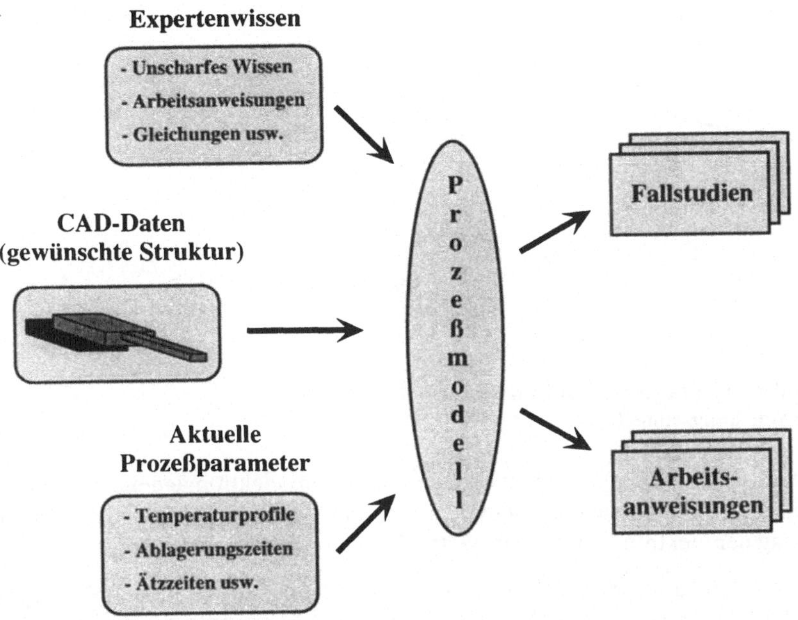

Bild 5.58
Prozeßmodellierung und -simulation (Quelle – Forschungszentrum Karlsruhe)

Mit dem verbreitetsten Standard-Analogsimulator SPICE (*Simulation Program with Integrated Circuit Emphasis*) und seinen Varianten können z.B. sämtliche Komponenten der Regelungselektronik und somit auch geschlossene Regelkreise simuliert werden, was die Erprobung verschiedener Systemkonfigurationen erleichtert. Auch nicht-elektrische Systemkomponenten (thermische, optische, mechanische, usw.) können mit SPICE einheitlich modelliert werden, wenn sämtliche Größen durch elektrische Modelle beschreibbar sind. In Bild 5.59 [Klaa94] sind z.B. die Ergebnisse einer SPICE-Simulation der thermisch-mechanischen Kopplung in einem piezoresistiven Silizium-Drucksensor zu sehen. Hier wurde der parasitäre thermische Einfluß einer integrierten Schaltungseinheit auf die funktionale Kopplung, die die Membranverbiegung in eine elektrisch meßbare Widerstandsänderung umsetzt, untersucht. Der simulierte Sensor wurde eingeschaltet und nach 100 ms (nach der Erwärmung der Schaltungseinheit) ein sinusförmiger Druckimpuls auf die Membran gebracht. Die Sensorantwort ist dabei mit einem nicht vernachlässigbaren Temperatur-Offset versehen.

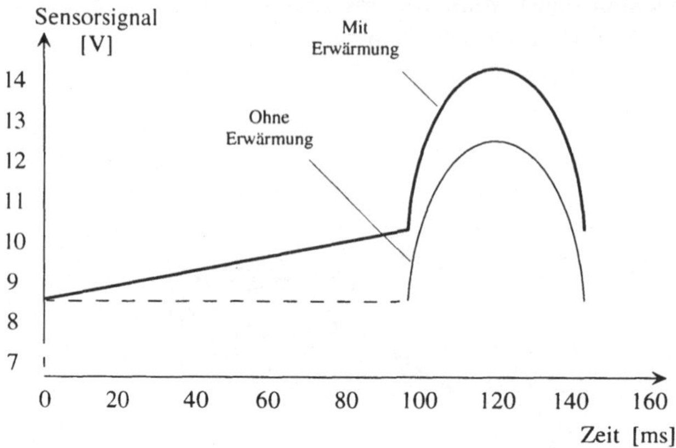

Bild 5.59
Die SPICE-Simulation eines piezoresisitiven Silizium-Drucksensors
mit integrierter Schaltungseinheit

Neben den thermischen Störungen treten oft auch parasitäre elektromagnetische Kopplungen galvanischer, kapazitiver und induktiver Art auf, weshalb beim Systementwurf eine Überprüfung der elektromagnetischen Verträglichkeit (EMV) durchzuführen ist.

Eine Vielzahl von standardisierten elektrischen Modellen ist bereits in einigen MST-spezifischen Modellbibliotheken verfügbar [INFO95]. Der Fortschritt in der Analogsimulation wird aber durch die mangelhafte Verfügbarkeit von elektrischen Modellen für mikromechanische Roboterkomponenten bzw. für die Umsetzung elektrischer in nichtelektrische Größen und umgekehrt, wie sie in Bauteilen von Mikrosystemen vorkommen, gebremst. So werden mikromechanische Komponenten oft resistiv, thermisch, elektrostatisch oder piezoelektrisch ausgelesen bzw. angeregt. Zur Simulation dieser Komponenten sind Differentialgleichungen zu lösen, die die Kopplung der verschiedenen Felder adäquat beschreiben. Man unterscheidet dabei zwei Arten von Kopplungen, die unidirektionale Kopplung (z.B. kann eine inhomogene Temperaturverteilung mechanische Spannungen hervorrufen) und die bidirektionale Kopplung (Querempfindlichkeit), bei der sich die Effekte gegenseitig beeinflussen. Um die entsprechenden Gleichungen diskretisieren und die Feldverteilung mit einem Rechner ermitteln zu können, werden mehrere Verfahren eingesetzt. Vor allem für die *Finite-Elemente-Methode (FEM)*, die in der Elastomechanik seit langem in Gebrauch ist, stehen viele kommerzielle Softwaretools zur Verfügung. Sie gestatten die Simulation einer Vielzahl von Anwendungen im thermisch-mechanischen Bereich für lineare und nichtlineare Materialgesetze. Es können dabei temperaturabhängige Materialdaten und viskoelastisches Materialverhalten zur Ermittlung von Temperaturverteilungen oder mechanischen Spannungsverteilungen berücksichtigt werden. Auch die Untersuchung auf mögliche Brüche des Materials ist möglich. Es gibt auch spezielle FEM-Module für die Berechnung elektromagnetischer Felder und für die Strömungsmechanik.

Die Voraussetzung für eine erfolgreiche FEM-Simulation besteht in der Erstellung eines Geometriemodells der Mikrokomponente mit Angaben zu den Materialspezifikationen, wobei diese Daten auch aus einem mechanischen CAD-System übernommen werden können. Die Strukturgeometrie wird danach in finite Elemente unterteilt; die Knoten des so entstandenen Netzes bilden die Diskretisierungspunkte der kontinuierlichen Feldgrößen. Es gibt bereits einige kommerzielle FEM-Simulatoren, wie z.B. ANSYS, NASTRAN, COSMOS oder ABAQUS, die die mechanischen Strukturen in finite Elemente unterteilen. Nach der Vorgabe von Eingangs-Ausgangs-Beziehungen für die Knoten werden die Gleichungen für das interessierende Phänomen für jedes Element aufgestellt. Dadurch erreicht man eine Vereinfachung der Lösungssuche auf Kosten von Hunderten oder Tausenden gleicher Probleme (je nach Anzahl der Elemente), die nur durch moderne Computersysteme handhabbar sind. Schließlich werden die interessierenden Größen aus der erzielten Feldverteilung ermittelt. Werden die verwendeten Materialien und Geometrien gezielt variiert, können Parameterstudien und Optimierungen durchgeführt werden.

Mit der FEM werden z.B. mechanische Spannungsverläufe einer Siliziummembran unter Druckeinflüssen zur exakten Positionierung der Piezoelemente eines Drucksensors berechnet. Dadurch kann die optimale Geometrie für eine maximale Sensibilität des Sensors erzielt werden, wobei die Abweichungen von den tatsächlichen Werten innerhalb von ±10% liegen. Auch Auswirkungen von mechanischen Spannungen in Mehrschichtsystemen zur Optimierung des Herstellungsprozesses oder von Temperaturverteilungen in einem integrierten Mikrochip zur optimalen Plazierung der Leistungselektronikkomponenten können aufgezeigt werden. Diese stationären Einflüsse werden durch statische FEM-Berechnungen ausgewertet. Mit Hilfe von dynamischen Berechnungen werden Untersuchungen hinsichtlich Eigenfrequenz bzw. -schwingungsformverhalten durchgeführt. Dabei kann z.B. die Verschiebung der Membranresonanzfrequenz in Abhängigkeit von der Änderung einer physikalischen Meßgröße ermittelt werden.

Man darf aber nicht außer acht lassen, daß oft selbst erfahrene FEM-Anwender je nach Komplexität der Struktur Tage oder Wochen zum Aufbau eines geeigneten Beschreibungsmodells für finite Elemente brauchen und die eigentlichen Rechenzeiten mehrere Stunden betragen. Große Probleme bereitet auch die mangelhafte Kenntnis wichtiger Materialeigenschaften. Außerdem können die Verhaltensgesetze mikromechanischer Bauelemente wegen Skalierungseffekten und Schichtbauweise (mechanische Spannungen, Änderung der Materialeigenschaften beim Übergang von Vollmaterial zu Schichten) nicht ohne weiteres aus dem Makrobereich übernommen werden.

Ein FEM-Anwendungsbeispiel stellt die Modellierung und Optimierung piezoelektrischer Ultraschallsensoren mit dem Simulationspaket PICUS (*Piezoelectric Systems in a Cubic Trial Function Simulation*) dar [NU-Te93]. Die Piezoscheiben werden beim Anlegen einer elektrischen Wechselspannung durch den piezoelektrischen Effekt zu Resonanzschwingungen angeregt, die über eine physikalische Größe moduliert werden können. Zu jeder Resonanzfrequenz gehört dabei eine ganz bestimmte Schwingungsform, die von mehreren Material- und Geometrieparametern abhängig ist. Mit Hilfe von PICUS konnten die optimalen Frequenzbereiche ermittelt werden, bei denen die erwünschte Verformung des Sensors auftritt. Für die Modellierung der Piezoscheibe, des Koppelmediums und des Gehäuses eines Sensors wurde in dem Simulationspaket die FEM verwendet. In Bild 5.60 sind die mit PICUS für verschiedene Resonanzfrequenzwerte ermittelten Schwingungsformen für eine kreisringförmige Piezoscheibe mit axialer Polarisierung dargestellt.

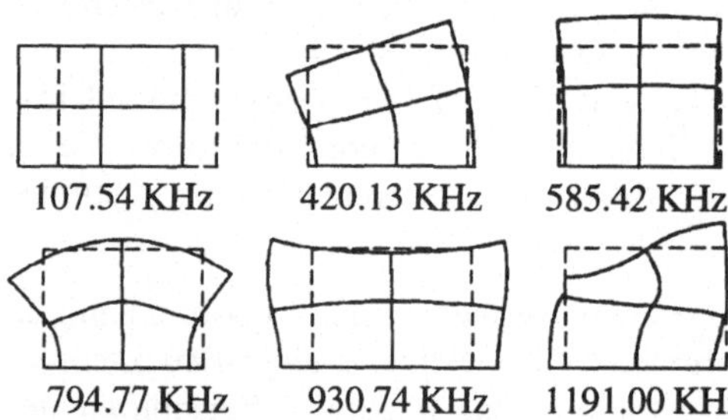

Bild 5.60
Ergebnisse einer Simulation
mit dem PICUS-Paket
(Quelle – NU-Tech GmbH, Neumünster)

5.6.3 Test und Diagnose

Ein wichtiges Konzept bei der Entwicklung eines Mikroroboters bzw. einer Roboterkomponente ist die durchgängige Qualitätssicherung. Dabei sollen geeignete Test- und Diagnoseverfahren bereits in der Entwurfsphase vorgesehen werden, um die wichtigen oder gar alle Funktionen des Roboters ausreichend testen zu können. Die Qualitätskontrolle muß im Idealfall nach jedem Prozeßschritt durchgeführt werden, um eventuelle Fehler rechtzeitig zu erkennen. Um die dabei anfallenden Qualitätskontrolldaten zeitsparend und zuverlässig verarbeiten zu können, sind rechnergestützte Verfahren unerläßlich. Auch das BMBF hat diese Forschungsrichtung mit einem Förderungsschwerpunkt in seinem laufenden Programm „Mikrosystemtechnik 1994–1999" entsprechend bedacht.

Testverfahren für Mikroroboter bestehen in der Prüfung der angestrebten Funktionalität und sind deshalb sehr anwendungsspezifisch. Dagegen können Testverfahren für einzelne mikromechanische und -elektronische Komponenten stardardisiert werden. Während für die Prüfung von integrierten Schaltkreisen zahlreiche Testverfahren aus der Mikroelektronik übernommen werden können, müssen für die Qualitätskontrolle an mikromechanischen Bauteilen häufig neue Prüfmethoden entwickelt werden. Die Qualität mikromechanischer Strukturen wird heute hauptsächlich durch die Einhaltung geometrischer Parameter bestimmt.

Zur Gewinnung von geometrischen Informationen über 3D-Mikrostrukturen kann neben der Licht- und Rasterelektronenmikroskopie auch die Laserraster-Mikroskopie angewendet werden, die Auswertungen über die gesamte Ausdehnung einer Mikrostruktur (bis zu mehreren 100 µm) ermöglicht. Dabei wird die Objektoberfläche mit einem ca. 1 µm dünnen Laserstrahl punktweise abgetastet. Das reflektierte Licht wird erfaßt und aus allen Lichtpunkten ein vollständiges, scharfes Bild zusammengesetzt. Das Mikroskop kann dabei in nahezu allen seinen Funktionen von einem externen Rechner aus gesteuert werden, was im Hinblick auf eine industrielle Fertigung sehr vorteilhaft ist. Auch verschiedene Methoden der Rastersondenmikroskopie sowie Röntgendiffraktometrie können zum Prüfen von mikromechanischen Strukturen angewendet werden.

Eine erhebliche Aufwandsminimierung der Tests, die nach der Fertigung durchgeführt werden müssen, wird durch die Einbeziehung von Fehlersimulationen während der Entwurfsphase erreicht. Dazu ist allerdings eine Systembeschreibung (z.B. elektrisches SPICE-Netzwerkmodell) zur Simulation fehlerhaften Systemverhaltens notwendig. Durch die Fehlersimulation können Testsignale ermittelt werden, die ganz bestimmte Fehler beim Testen nach der Fertigung aufspüren können.

Eine große Rolle in der Mikrorobotik spielt auch die Testbarkeit eines Roboters während des Betriebs, da die Alterungserscheinungen hier gravierender sind als in größeren Geräten. Dazu sollen Diagnosefunktionen unmittelbar in die informationsverarbeitenden Komponenten des Mikroroboters verlagert werden (interne Diagnose, Bild 3.13). Der Roboter soll dafür über gewisse Intelligenz verfügen, um Fehlfunktionen rechtzeitig erkennen zu können. Angestrebt werden in diesem Zusammenhang interne Sensoren, die die Echtzeit-Testalgorithmen vor Ort mit notwendigen Daten versorgen. Diese Algorithmen können ausschließlich auf den internen Mikroprozessoren ablaufen oder über Schnittstellen mit externen Testeinrichtungen verbunden werden. Angesichts der großen Variationsbreite lassen sich allerdings nur schwer einheitliche Test- und Diagnosekomponenten entwickeln.

6 Mikromontageplanung in einer FMMS

6.1 Einführung

In diesem Teil wird ein neues Verfahren zur rechnergestützten Mikromontageplanung in einer flexiblen mikroroboterbasierten Montagestation vorgestellt und analysiert. Dieses Verfahren ist die wichtigste Komponente der Montageplanungsebene des gesamten Steuerungssystems einer FMMS (Bild 3.11). Die Fähigkeit einer Mikromontagestation wird bei einer automatisierten Montage weitgehend durch die Qualität der Montageplanung auf der oberen Steuerungsebene bestimmt. Das entwickelte Verfahren greift die Besonderheiten der Mikromontage in einer FMMS auf und basiert auf dem hier eingeführten Modell einer Mikromontage. Die Leistungsfähigkeit dieses Montageplanungsverfahrens wurde bereits durch entsprechende Programme untermauert, die zur Zeit in der FMMS am Institut für Prozeßrechentechnik, Automation und Robotik implementiert werden. Die entwickelten Algorithmen werden in diesem Teil ebenfalls im Detail vorgestellt.

Es existieren zur Zeit mehrere unterschiedliche Methoden zur automatischen Montageplanung [Homem90], [Homem91], [Lee93], [Huang93], [Kokk96]. Eine gute und schnelle Lösung dieses Problems für den Zusammenhang von Produkten zu finden, die aus Dutzenden von unterschiedlich geformten Komponenten bestehen, ist in der Robotik eine echte Herausforderung. Außer geometrischen Faktoren müssen noch mehrere andere Aspekte bei der Montageplanung berücksichtigt werden, wie z.B. Verbindungsart, Oberflächenbeschaffenheit, Materialsprödigkeit, Handhabbarkeit durch Roboter, usw. Bei der automatisierten Mikromontage, die in der Regel nur sensorgeführt realisiert werden kann, gibt es zusätzliche Probleme bei der Sensorik und der Handhabung von Teilen im engen Montageraum.

Die hier behandelte Planungsebene des FMMS-Steuerungssystems besteht aus drei Unterebenen, die das schrittweise Vorgehen bei einer Montageplanung widerspiegeln (Bild 3.11). Sie sind: die Suche nach sämtlichen durchführbaren Montagefolgen für das gegebene Produkt, die Suche nach der optimalen Montagefolge aus den ermittelten korrekten Folgen und, abschließend, die Suche nach der optimalen Zuteilung einzelner Operationen zu den FMMS-Robotern (Dekomposition der Montagefolge). Diese Vorgehensweise stellt eine systematische Suchprozedur in einem komplexen Lösungsraum dar, die auf der Anwendung besonderer Optimierungskriterien auf jeder Planungs-Unterebene basiert.

Als Optimierungskriterien können u.a. Ausführungszeit, Positionierungsaufwand, Handhabungsaufwand, Schwierigkeit der Fügeoperation oder Parallelisierungsgrad (in Mehrrobotersystemen) dienen. Optimierungskriterien sind die wichtigste Komponente des sogenannten Montagemodells, das eine formelle Beschreibung der Montageaufgabe liefert. In der Regel beinhaltet ein Montagemodell geometrische und mechanische Informationen über Montageteile und ihre Verbindungen im Produkt, sowie Informationen über mögliche Konfigurationen der Teile, den Montageraum und Roboter, Sensorkonzepte, Spannvorrichtungen usw. [Lee93], [Huang93], [Homem89], [Levi88], [Rajan96].

Das Aufstellen eines plausiblen Montagemodells und das Formulieren anwendungsspezifischer Optimierungskriterien, die die Anforderungen und die Einschränkungen der Montage vollständig berücksichtigen und sich in eine rechnergestützte Suchprozedur einbetten lassen, sind die zwei wichtigsten Faktoren bei der Montageplanung. Der Lösungsraum für Montagepläne wird üblicherweise in Form eines Graphen dargestellt, in dem ein optimaler Weg mit Hilfe der formulierten Kriterien zu finden ist. Solche Graphen können auf verschiedene Weise aufgebaut werden und verschiedene Zusammenhänge vermitteln [Levi88]. Eine vollständige und redundanzfreie Darstellung eines Montageplans liefert ein sogenannter UND/ODER-Graph, der auch im entwickelten Mikromontageverfahren verwendet wird.

Im allgemeinen kann eine Suchprozedur in einem Graphen auf zwei Wegen stattfinden: vom Wurzel- zum Endknoten (*bottom-up*) und vom End- zum Wurzelknoten (*top-down*). Beim ersten Verfahren versucht man Schritt für Schritt eine Montagefolge durch sukzessives Hinzunehmen neuer Montageoperationen aufzubauen [Huang93], [Hara93]. Beim zweiten Verfahren versucht man eine optimale Demontagefolge des Produkts zu finden; die inverse Folge der Demontagefolge ist meistens die gesuchte Lösung [Homem89]. Es gibt jedoch Fälle, in denen die Montage anders ablaufen soll als die Demontage [Levi88]. Da bei der Montage in einer FMMS mit mehreren für die Mikrowelt charakteristischen Störungen zu rechen ist (Teil 2), wurde bei der Entwicklung des Mikromontageverfahrens eine *bottom-up*-Suchprozedur eingesetzt, um die Möglichkeit zu einer Echtzeit-Neuplanung während der Montagedurchführung offen zu halten.

Vor der nachfolgenden detaillierten Analyse des entwickelten Mikromontage-Planungsverfahrens werden an dieser Stelle seine wichtigsten Eigenschaften zusammengefaßt:

• Die verwendeten Optimierungskriterien, wie Separationsfreiheit einer Teilbaugruppe, Manipulationsfreiheit einer gegriffenen Teilbaugruppe und Kontrollierbarkeit einer Montageoperation basieren auf der geometrischen Spezifikation des Produkts, die in Form von binären 6-Tupeln der Hauptachsen im karthesischen Raum dargestellt ist. Diese einheitliche Darstellung erlaubt es, die Optimierungskriterien auf allen drei Unterebenen der Montageplanung durch eine schnelle rekursive Berechnung binärer Matrizen anzuwenden;

• Bei jedem Schritt der Montageplanung kann die Suche nach einer optimalen Lösung anhand der eingeführten Optimierungskriterien lokal erfolgen, d.h. ohne den gesamten Lösungsraum durchsuchen zu müssen. Für die entwickelte Suchprozedur auf allen drei

Planungsebenen (Suche nach durchführbaren Operationen, Suche nach der optimalen Operation, Suche nach dem optimalen Mikroroboter) bedeutet dies, daß beim Aufsteigen vom Wurzel- zum Endknoten des UND/ODER-Graphen alle drei Optimierungsprobleme gleichzeitig bearbeitet werden können;

• Das entwickelte *bottom-up*-Planungsverfahren kann in Echtzeit durchgeführt werden, so daß bei unvorhergesehenen Prozeßstörungen eine Neuplanung während der Montage möglich ist. Die Montagesituation nach der Störung (Position und Orientierung der Teile und der Mikroroboter) wird mit Hilfe der visuellen FMMS-Sensoren aktualisiert, und die Suchprozedur wird ab dem letzten stabilen Zustand des Graphen neu gestartet;

• Die Dekomposition des optimalen Montageplans und die Zuteilung einzelner Operationen zu mehreren Robotern wurde in diesem Verfahren mit der Suche nach der optimalen Montagefolge in einer Suchprozedur kombiniert. Das Verfahren erlaubt deshalb die echtzeitfähige Durchführung einer Montagesequenz in einer Mehrroboter-FMMS. Die praktische Möglichkeit, mehrere spezialisierte Roboter in einer Montagestation zu vereinigen, ist eine der tragenden Ideen des entwickelten Planungsverfahrens;

• Im Unterschied zu den meisten heute existierenden Montageplanungsverfahren wurde das entwickelte Mikromontage-Planungsverfahren durch echtzeitfähige und zuverlässige Algorithmen untermauert, die bereits zum Teil implementiert worden sind.

Zusammenfassend läßt sich sagen, daß nachfolgend ein praxisnahes, schnelles und verständliches Mikromontage-Planungsverfahren präsentiert wird, das für die echtzeitfähige Mikromontage in einer Mehrroboter-FMMS prädestiniert ist. Es sei allerdings an dieser Stelle darauf hingewiesen, daß die genannten positiven Eigenschaften des Verfahrens durch die Beschränkung der eingeführten Optimierungskriterien für Separationsfreiheit, Manipulationsfreiheit und Kontrollierbarkeit auf die sechs Hauptachsen im Arbeitsraum der Montagestation erkauft werden müssen. Diese Einschränkung, die erst eine praktische Anwendung des Verfahrens erlaubt, dürfte für die meisten Produkte akzeptabel sein.

6.2 Mikromontage-Modell

Um den Mikromontageprozeß eines Mikrosystems möglichst allgemein beschreiben zu können, wird in diesem Abschnitt ein umfassendes Mikromontage-Modell eingeführt. Zuerst werden einige für die nachfolgenden Ausführungen wichtige Begriffe definiert.

• Bezeichnen wir die Menge der Teile einer zu montierenden Baugruppe als $P = \{p_1,...,p_N\}$ und sämtliche Teile und Teilbaugruppen einer Baugruppe als *Konfigurationsraum* $\Delta(P)$. Jedes Teil kann als eine primitive Teilbaugruppe betrachtet werden.

- Eine *Montageoperation* bzw. Montageaktion beschreibt eine Fügeoperation zwischen zwei Teilen bzw. zwei Teilbaugruppen θ_i und θ_j der zu montierenden Baugruppe. Das Ergebnis einer Montageoperation ist eine neue Teilbaugruppe $\theta_k = \theta_i \cup \theta_j$.

- Eine Montageoperation ist *durchführbar*, wenn sie an in der FMMS vorhandenen Montagerestriktionen (z.B. Teile- und Arbeitsraumgeometrie, Überwachungsmöglichkeiten oder Roboter- bzw. Greiferfähigkeiten) nicht scheitert.

- Eine geordnete Folge von Montageoperationen wird als *Montagefolge* bezeichnet. Eine *korrekte Montagefolge* ist eine Folge von durchführbaren Montageoperationen.

- Der *Montageplan* einer Baugruppe beinhaltet eine oder mehrere korrekte Montagefolgen, die von der Anfangskonfiguration (Menge von Teilen) über den Konfigurationsraum zu der Endkonfiguration (der Baugruppe) führen.

Anhand der eingeführten Definitionen kann ein umfassendes Mikromontage-Modell für eine zu montierende Baugruppe A in allgemeiner Form als ein 5-Tupel definiert werden:

$$A = \{\Theta, G, SC, SL, \Pi\}. \tag{6.1}$$

Hier ist:

Θ – die Menge aller möglicher Konfigurationen der Baugruppe A; $\Theta \in \Delta(P)$. Die Anfangskonfiguration $\Theta_0 = \{\{p_1\}, ..., \{p_N\}\}$ entspricht dem Ausgangszustand, wenn keines der Montageteile mit einem anderen Teil verbunden ist. Die Endkonfiguration $\Theta_f = \{\{p_1, ..., p_N\}\}$ entspricht der vollständig montierten Baugruppe A;

G – das geometrische Modell der Baugruppe A;

SC – die Menge möglicher Verbindungen im Konfigurationsraum $\Delta(P)$;

SL – die Menge der Montagerestriktionen (Montagestation und Baugruppe);

Π – die Menge korrekter Montagefolgen.

Das Ziel der Montageplanung für die Baugruppe A besteht darin, basierend auf Θ, G und SC die Menge Π von den Montagefolgen zu finden, die mit den Restriktionen SL möglich ist. Die Restriktionen SL der Mikromontage werden durch die Anwendung aufgabenspezifischer Durchführbarkeitskriterien bestimmt. Aus der Menge Π wird anschließend anhand von den gegebenen Optimierungskriterien die optimale Montagefolge Π_{opt} ausgewählt.

Die Durchführbarkeitskriterien für Montageoperationen und die Optimierungskriterien für Montagefolgen unterscheiden sich inhaltlich von denen der konventionellen Montage. Bei der Durchführung der Mikromontage spielen der Entwurf der Montagestation bzw. der Roboter und Greifer sowie die vorhandenen Möglichkeiten zur sensorischen Überwachung des Montageablaufs im Vergleich zur konventionellen Montage eine wesentlich größere Rolle. Deshalb ist es notwendig, die angesprochenen Kriterien in bezug auf die Montage von Mikrosystemen neu zu definieren. Zunächst werden die Durchführbarkeitskriterien für die Mikromontage in einer FMMS eingeführt und analysiert.

6.2.1 Geometrische Durchführbarkeit

Um die geometrische Durchführbarkeit einer Mikromontage analysieren und ein entsprechendes Kriterium ableiten zu können, muß die *Separationsfreiheit* für jedes Teill bzw. für jede Teilbaugruppe während und nach der Montagedurchführung betrachtet werden. Wir definieren die Separationsfreiheit der Teilbaugruppe θ_j bezüglich der Teilbaugruppe θ_i in der Konfiguration $\Theta_k \in \Theta$ im karthesischen Raum als ein 6-Tupel:

$$F_k(\theta_j/\theta_i) = \{d_{+x}, d_{-x}, d_{+y}, d_{-y}, d_{+z}, d_{-z}\}. \tag{6.2}$$

Hier bedeutet $d_p = 1$, daß die Trennung der Teilbaugruppe θ_j von der Teilbaugruppe θ_i in Richtung p möglich ist; wenn $d_p = 0$, dann ist eine solche Trennung nicht möglich.

Ein einfaches Beispiel in Bild 6.1 illustriert den Aufbau des Tupels (6.2). Betrachtet wird zunächst der Fall, wenn die Position des Robotergreifers, der das Teil p_1 zur Durchführung der Montageoperation greifen soll, nicht berücksichtigt wird (Bild 6.1, links). In diesem Fall ist $F_k(p_1/p_2) = \{0, 0, 0, 0, 1, 1\}$, weil das Teil p_1 vom Teil p_2 entlang der z-Achse in beide Richtungen getrennt werden kann.

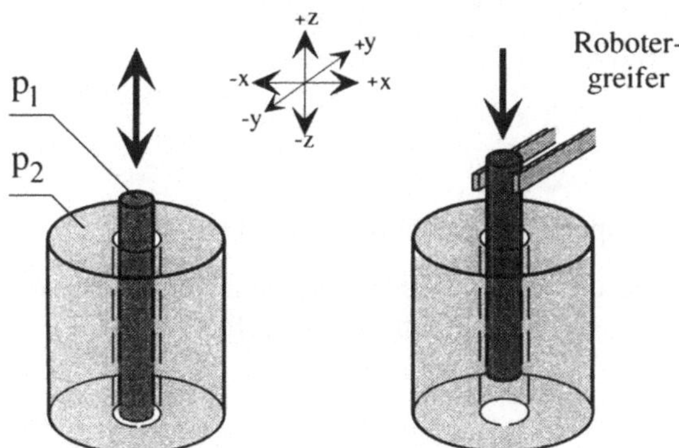

Bild 6.1
Zwei Bauteile in Verbindung

Für die nachfolgende Entwicklung eines Berechnungsalgorithmus sind folgende Komponentenbelegungen des Tupels (6.2) wichtig: Wenn i = j, dann ist $F_k(\theta_j/\theta_i) = \{0, 0, 0, 0, 0, 0\}$; wenn die beiden Teilbaugruppen in der Endkonfiguration Θ_f keine direkte Verbindung zueinander haben, dann ist $F_k(\theta_j/\theta_i) = \{1, 1, 1, 1, 1, 1\}$.

In einer FMMS spielt der Aufbau des Roboters und besonders seiner Manipulationseinheit eine wichtige Rolle in bezug auf die geometrische Durchführbarkeit einer Montageoperation. Der Arbeitsraum der Station (unter einem Lichtmikroskop bzw. in der Vakuumkammer eines REM) ist extrem klein, und die Greif- sowie Manipulationsmöglichkeiten sind erheblich eingeschränkt. Aus diesem Grund muß bei der Ermittlung geometrischer Durchführbarkeit einer Montageoperation die *Manipulationsfreiheit* der gegriffenen Teilbaugruppe berücksichtigt werden. Die Manipulationsfreiheit wird sowohl durch den Aufbau und die Leistungsfähigkeit der Manipulationseinheit des Roboters als auch durch das Design des gegriffenen Teils bezüglich der vorhandenen Greifmöglichkeiten bestimmt.

Die Manipulationsfreiheit der gegriffenen Teilbaugruppe θ_j bezüglich der Teilbaugruppe θ_i in der Konfiguration Θ_k wird hier durch ein 6-Tupel

$$FM_k(\theta_j/\theta_i) = \{d_{+x}, d_{-x}, d_{+y}, d_{-y}, d_{+z}, d_{-z}\} \tag{6.3}$$

dargestellt. Dieses Tupel beschreibt die Bewegungsmöglichkeiten der gegriffenen Teilbaugruppe entlang der Hauptachsen im kartesischen Raum. Die Belegung $d_p = 1$ zeigt, daß eine Bewegung der Teilbaugruppe θ_j bezüglich der Teilbaugruppe θ_i in Richtung p möglich ist; anderenfalls ist $d_p = 0$.

Für das Beispiel in Bild 6.1 (rechts), in dem das Teil bei der Montagedurchführung mit einem Pinzettengreifer gegriffen wird, ist $FM_k(p_1/p_2) = \{0, 0, 0, 0, 0, 1\}$. Wenn i = j, dann ist $FM_k(\theta_j/\theta_i) = \{0, 0, 0, 0, 0, 0\}$; wenn die beiden Teilbaugruppen in der Endkonfiguration Θ_f miteinander nicht verbunden sind, gilt $FM_k(\theta_j/\theta_i) = \{1, 1, 1, 1, 1, 1\}$.

Die Tupel (6.2) und (6.3) können für alle Teilbaugruppen in der Konfiguration Θ_k jeweils in einer $(N_k \times N_k)$-Matrix zusammengefaßt werden:

$$MF_k = \| mf_{k,ij} \|; \qquad MFM_k = \| mfm_{k,ij} \| \tag{6.4}$$

Hier ist: $mf_{k,ij} = F_k(\theta_j/\theta_i)$,

$mfm_{k,ij} = Fm_k(\theta_j/\theta_i)$,

N_k = die Anzahl der Teilbaugruppen in der Konfiguration Θ_k.

Um die oben eingeführte Repräsentation und auch weitere Darlegungen zu demonstrieren, wird im folgenden ein Montagebeispiel mit 4 Bauteilen betrachtet (Bild 6.2).

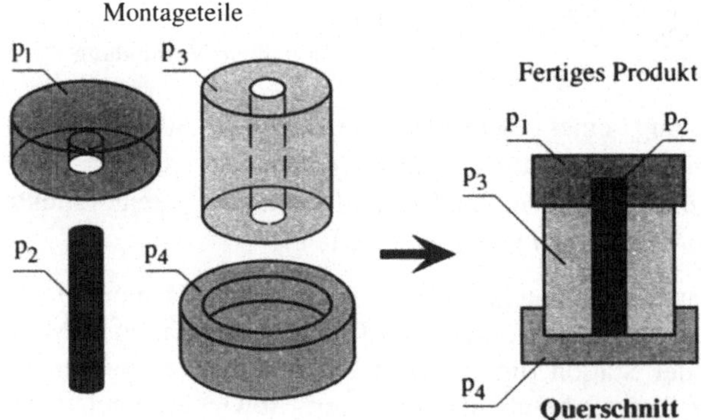

Bild 6.2
Montagebeispiel

Die Anfangskonfiguration $\Theta_0 = \{\theta_i = p_i \mid i = 1, ..., 4\}$ des Konfigurationsraums ist auf der linken Seite und die Endkonfiguration $\Theta_f = \{\{p_1, ..., p_4\}\}$ auf der rechten Seite dieses Bildes zu sehen.

In der Konfiguration Θ_0 werden die (4×4)-Matrizen MF_0 und MFM_0 wie folgt definiert:

$$MF_0 = \begin{array}{c|c|c|c|c|} & \theta_1 = \{p_1\} & \theta_2 = \{p_2\} & \theta_3 = \{p_3\} & \theta_4 = \{p_4\} \\ \hline \theta_1 & \{0,0,0,0,0,0\} & \{0,0,0,0,0,1\} & \{1,1,1,1,0,1\} & \{1,1,1,1,1,1\} \\ \hline \theta_2 & \{0,0,0,0,1,0\} & \{0,0,0,0,0,0\} & \{0,0,0,0,1,1\} & \{1,1,1,1,0,1\} \\ \hline \theta_3 & \{1,1,1,1,1,0\} & \{0,0,0,0,1,1\} & \{0,0,0,0,0,0\} & \{0,0,0,0,0,1\} \\ \hline \theta_4 & \{1,1,1,1,1,1\} & \{1,1,1,1,1,0\} & \{0,0,0,0,1,0\} & \{0,0,0,0,0,0\} \\ \hline \end{array}$$

$$MFM_0 = \begin{array}{c|c|c|c|c|} & \theta_1 = \{p_1\} & \theta_2 = \{p_2\} & \theta_3 = \{p_3\} & \theta_4 = \{p_4\} \\ \hline \theta_1 & \{0,0,0,0,0,0\} & \{0,0,0,0,1,0\} & \{1,1,1,1,1,0\} & \{1,1,1,1,1,1\} \\ \hline \theta_2 & \{0,0,0,0,0,1\} & \{0,0,0,0,0,0\} & \{0,0,0,0,1,0\} & \{1,1,1,1,1,0\} \\ \hline \theta_3 & \{1,1,1,1,0,1\} & \{0,0,0,0,0,1\} & \{0,0,0,0,0,0\} & \{0,0,0,0,1,0\} \\ \hline \theta_4 & \{1,1,1,1,1,1\} & \{1,1,1,1,0,1\} & \{0,0,0,0,0,1\} & \{0,0,0,0,0,0\} \\ \hline \end{array}$$

Eine wichtige Eigenschaft der Tupel (6.2) und (6.3) besteht darin, daß Elemente der Matrizen MF_k und MFM_k in der Konfiguration Θ_k anhand der entsprechenden Matrizenelemente in einer der vorhergehenden Konfigurationen der Montagesequenz berechnet werden können. Sei die laufende Nummer der Elemente der Teilbaugruppe θ_s durch den Vektor I_s gegeben:

$$I_s = \{I_{s,x} \mid x = 1, ..., M_s\}, \tag{6.5}$$

wobei M_s = Anzahl der Elemente der Teilbaugruppe θ_s,

$I_{s,x}$ = laufende Nummer des Teils in der Anfangskonfiguration, das das Element mit der laufenden Nummer x der Teilbaugruppe θ_s ist.

Mit Hilfe der Formel (6.5) läßt sich die Teilbaugruppe θ_s wie folgt darstellen:

$$\theta_s = \{p_{I_{s,x}} \mid x = 1, ..., M_s\} \tag{6.6}$$

Basierend auf der obigen Darstellung lassen sich die Tupel $F_k(\theta_j/\theta_i)$ und $FM_k(\theta_j/\theta_i)$ durch die Elemente der Matrizen MF_0 und MFM_0 berechnen:

$$F_k(\theta_j/\theta_i) = \bigwedge_{l=1}^{M_j} \bigwedge_{m=1}^{M_i} F_0(p_{I_{j,l}} / p_{I_{i,m}}) \tag{6.7}$$

$$FM_k(\theta_j/\theta_i) = \bigwedge_{l=1}^{M_j} \bigwedge_{m=1}^{M_i} FM_0(p_{I_{j,l}} / p_{I_{i,m}}) \tag{6.8}$$

Für die Baugruppe in Bild 6.2 ist es z.B. offensichtlich, daß $F_k(p_1/\{p_2, p_3, p_4\}) = \{0, 0, 0, 0, 1, 0\}$. Andererseits ergibt sich das gleiche Resultat durch Anwendung der Berechnungsvorschrift (6.7) auf die Anfangskonfiguration dieser Baugruppe:

$$\begin{aligned}
F_k(p_1/\{p_2, p_3, p_4\}) &= F_0(p_1/p_2) \wedge F_0(p_1/p_3) \wedge F_0(p_1/p_4) = \\
&= \{0, 0, 0, 0, 1, 0\} \wedge \{1, 1, 1, 1, 1, 0\} \wedge \{1, 1, 1, 1, 1, 1\} = \\
&= \{0, 0, 0, 0, 1, 0\}
\end{aligned} \tag{6.9}$$

Diese Eigenschaft ist besonders für die Implementierung des Planungsverfahrens von Bedeutung, da auf diese Weise die Matrizenberechnungen beschleunigt werden können.

Allgemein gesehen bedeutet die geometrische Durchführbarkeit einer Montageoperation, daß eine kollisionsfreie Bahn vorhanden ist, um die gewünschte Verbindung zweier Teilbaugruppen herzustellen. Dies verlangt in bezug auf eine Montageoperation τ_i, daß einige bestimmte Montageoperationen bereits vorher durchgeführt werden müssen; anderenfalls wird es für diese Operationen keine kollisionsfreie Bahn geben. Die Aktion τ_i ihrerseits muß unbedingt vor einigen bestimmten Operationen beendet sein. Das Tupel $F_k(\theta_j/\theta_i)$ der Separationsfreiheit zeigt, ob die obengenannte Bedingung für die Teilbaugruppen θ_j und θ_i erfüllt ist: Sind alle Komponenten des Tupels $F_k(\theta_j/\theta_i)$ Null, dann ist die Fügeoperation zwischen den zwei Teilbaugruppen θ_i und θ_j in der Konfiguration Θ_k geometrisch undurchführbar.

Diese Bedingung kann anhand der Beziehung (6.7) für jede Konfiguration geprüft werden. Beispielsweise ist es aus Bild 6.2 ersichtlich, daß das Teil $\theta_j = \{p_2\}$ und die Teilbaugruppe $\theta_i = \{p_1, p_3, p_4\}$ nicht zusammengefügt werden können. Diese Tatsache läßt sich durch die Anwendung der Berechnungsvorschrift (6.7) eindeutig feststellen:

$$\begin{aligned}
F_k(p_2/\{p_1, p_3, p_4\}) &= F_0(p_2/p_1) \wedge F_0(p_2/p_3) \wedge F_0(p_2/p_4) = \\
&= \{0, 0, 0, 0, 0, 1\} \wedge \{0, 0, 0, 0, 1, 1\} \wedge \{1, 1, 1, 1, 1, 0\} = \\
&= \{0, 0, 0, 0, 0, 0\}
\end{aligned} \tag{6.10}$$

Die Manipulationsfreiheit eines gegriffenen Teils bezüglich eines anderen Teils bzw. einer Teilbaugruppe wurde oben durch das Tupel (6.3) eingeführt. Dies allein genügt allerdings nicht, um die Manipulierbarkeit des Teils in einer bestimmten FMMS vollständig zu beschreiben. Die Manipulationsfreiheit eines Montageteils kann nämlich durch die begrenzte Leistungsfähigkeit der Stationsroboter – vor allem Robotermanipulationseinheiten – eingeschränkt werden. Somit ist die geometrische Durchführbarkeit der Montageoperation (θ_j/θ_i) direkt vom Bewegungspotential des die Operation ausführenden Manipulators abhängig.

Wie in Teilen 4 und 5 gezeigt wurde, ist es sehr schwer, mehrere Freiheitsgrade durch die Anwendung direkter Antriebe auf knappem Bauraum in einem Mikroroboter zu erreichen. Vielmehr kommt es beim Entwurf eines Mikroroboters auf eine hohe Bewe-gungsauflösung und auf die Möglichkeit an, komplexe Montageaufgaben durch „Team-arbeit" zu erledigen. Deshalb hat die Leistungsfähigkeit der Stationsroboter für die geometrische Durchführbarkeit einer Mikromontage eine entscheidende Bedeutung.

Sei die Anzahl der in der FMMS vorhandenen Robotertypen mit unterschiedlichen Mikromanpulationsfähigkeiten durch T gegeben. Dann läßt sich das Bewegungspotential des Mikroroboters vom Typ t, t = 1, ..., T, durch ein 6-Tupel beschreiben:

$$R_t = \{d_{+x}, d_{-x}, d_{+y}, d_{-y}, d_{+z}, d_{-z}\} \tag{6.11}$$

Es gilt: $d_p = 1$, wenn der Mikroroboter vom Typ t ein gegriffenes Teil in Richtung p bewegen kann; anderenfalls ist $d_p = 0$. Kann z.B. die Manipulationseinheit eines Roboters Teile lediglich heben und senken, dann ist laut (6.11): $R = \{0, 0, 0, 0, 1, 1\}$.

Wie auch bei der konventionellen Montage kann die geometrische Durchführbarkeit einer Mikromontageoperation durch die notwendige Spannvorrichtung beeinträchtigt werden [Jone92]. Dieser Einfluß ist in der Mikromontage sogar viel stärker, da noch keine mikroweltgerechte standardisierte Spannvorrichtungen für eine breite Anwendung zur Verfügung stehen. Vielmehr werden in der heutigen Praxis sehr anwendungs-spezifische Lösungen eingesetzt, um Mikrofügeoperationen durch Einspannen zu er-möglichen. Diese Problematik wurde bereits oben im Abschnitt 5.4 kurz aufgegriffen.

Sei zur Durchführung der Montageoperation (θ_j/θ_i) eine Spannvorrichtung für die Teil-baugruppe θ_i notwendig. Dann läßt sich die dadurch entstehende Einschränkung der geometrischen Durchführbarkeit dieser Operation anhand eines 6-Tupels darstellen:

$$FE(\theta_j/\theta_i) = \{d_{+x}, d_{-x}, d_{+y}, d_{-y}, d_{+z}, d_{-z}\} \tag{6.12}$$

Es gilt: $d_p = 0$, wenn die Bewegung des gegriffenen Teils θ_j in Richtung p aufgrund der Restriktionen der Spannvorrichtung des Teils θ_i unmöglich ist, so daß die Operation (θ_j/θ_i) auf diese Weise nicht durchgeführt werden kann; anderenfalls ist $d_p = 1$.

Diese Überlegungen können letztlich in einem Kriterium für die geometrische Durch-führbarkeit der Montageoperation (θ_j/θ_i) in der Konfiguration Θ_k zusammengefaßt werden:

$$[F_k(\theta_j/\theta_i) \neq \{0, 0, 0, 0, 0, 0\}] \wedge [FM_k(\theta_j/\theta_i) \wedge MP) \neq \{0, 0, 0, 0, 0, 0\}], \tag{6.13}$$

wobei der Vektor MP das gesamte Manipulationspotential der Mikromontagestation repräsentiert und mit Hilfe von (6.11) und (6.12) bestimmt werden kann:

$$MP = [\bigvee_{t=1}^{T} R_t] \wedge FE. \tag{6.14}$$

Somit ist die Montageoperation (θ_j/θ_i) in der Konfiguration Θ_k dann und nur dann geometrisch durchführbar, wenn das Kriterium (6.13) für sie erfüllt wird.

6.2.2   Mechanische Durchführbarkeit

Das Kriterium der mechanischen Durchführbarkeit der Montageoperation (θ_j/θ_i) in der Konfiguration Θ_k gibt an, ob die mechanische Verbindung beider Teilbaugruppen θ_j und θ_i in der Teilbaugruppe $\theta_n = \theta_i \cup \theta_j$ nach der Durchführung der Fügeoperation stabil ist.

Die Verbindung wird als *mechanisch stabil* bezeichnet, wenn die Lage der Teilbaugruppen θ_j und θ_i relativ zueinander in der Teilbaugruppe $\theta_n = \theta_i \cup \theta_j$ durch nachfolgende Montageaktionen nicht beeinträchtigt, d.h. zufällig geändert, wird. Durch nachfolgende Aktionen entstehende Krafteinwirkungen auf die Teilbaugruppe θ_n dürfen zu keinen ungewollten Positionsänderungen ihrer Teile führen. Um diese Bedingung formell darstellen zu können, wird hier die mechanische Stabilität einer Verbindung zweier Teile durch den Koeffizient der relativen Stabilität der Verbindung charakterisiert. Dieser Koeffizient ist vor allem von der Verbindungsart der Teile, wie z.B. „Kleben", „Löten" oder „Einpressen", und zum Teil auch von der Kontaktart, wie z.B. „Einstecken", „Halbeinstecken" oder „Auflegen", abhängig [Lee93].

Sei der Koeffizient der relativen Stabilität der Verbindung (θ_j/θ_i) in der Konfiguration Θ_k durch $rs_k(\theta_j/\theta_i)$ gegeben. Dann können alle mechanischen Verbindungen zwischen den Teilbaugruppen in der Konfiguration Θ_k in einer $(N_k \times N_k)$-Matrix zusammengefaßt werden:

$$RS_k = \| \, rs_k(\theta_j/\theta_i) \, \| \qquad\qquad (6.15)$$

Im Montagebeispiel in Bild 6.2 könnten beispielsweise die mechanischen Verbindungen $\{p_1, p_2\}$, $\{p_2, p_3\}$ und $\{p_3, p_4\}$ von der Art „Einpressen" sein. Die Kontaktart der Teile in den Teilbaugruppen $\{p_1, p_2\}$ und $\{p_3, p_4\}$ ist „Halbeinstecken" und die in der Teilbaugruppe $\{p_2, p_3\}$ „Einstecken". Die Matrix RS_0 für die Konfiguration Θ_0 kann in diesem Fall wie folgt aussehen:

	$\theta_1 = \{p_1\}$	$\theta_2 = \{p_2\}$	$\theta_3 = \{p_3\}$	$\theta_4 = \{p_4\}$
θ_1	1	0.4	0	0
θ_2	0.4	1	0.5	0
θ_3	0	0.5	1	0.4
θ_4	0	0	0.4	1

$RS_0 = $ (Zeilenbeschriftung der Matrix)

Wenn $i = j$, dann gilt $rs_k(\theta_j/\theta_i) = 1$; wenn es keine Verbindung zwischen zwei Teilbaugruppen gibt, gilt $rs_k(\theta_j/\theta_i) = 0$. Für die Implementierung des Montageverfahrens in einem Algorithmus ist die folgende Matrixumrechnung sehr hilfreich:

$$rs_k(\theta_j/\theta_i) = \min_{m,\,l} \left\{ \max_{m,\,l} \left[rs_0(p_{I_{j,l}} / p_{I_{i,m}}) \right], \; rs_0(p_{I_{j,l}} / p_{I_{i,l}}), \; rs_0(p_{I_{j,m}} / p_{I_{i,m}}) \right\}, \qquad (6.16)$$

wobei $m \in [1, M_i]$ und $l \in [1, M_j]$;

M_s = die Anzahl der Komponenten in der Teilbaugruppe θ_s.

Abhängig von den während der Montage ausgeübten Kräften und Momenten sowie von der Leistungsfähigkeit der Stationsmikroroboter kann für jede Verbindung zwischen den Produktteilen ein zulässiger Grenzwert für die mechanische Stabilität definiert werden [Lee93]. Sei dieser Grenzwert für die Verbindung (θ_j/θ_i) in der Konfiguration Θ_k durch Δ^k_{ji} gegeben. Dann lassen sich bei der Suche nach durchführbaren Montagesequenzen nur diejenigen Operationen berücksichtigen, für die gilt: $rs_k(\theta_j/\theta_i) \geq \Delta^k_{ji}$.

Während einer Montage kann die Situation eintreten, in der zwei Teile in einer Teilbaugruppe zwar Kontakt haben, aber nicht befestigt sind. Dies ist der Fall, wenn in einer Zwischenkonfiguration ein Teil ohne Befestigung auf einem anderen Teil liegt. Letzteres führt zu erheblichen Einschränkungen beim Operieren mit dieser Teilbaugruppe.

Um diese Einschränkungen zu formalisieren, sei hier die Menge der instabilen mechanischen Verbindungen in der Konfiguration Θ_k durch U_k gegeben. Beispielsweise kann das Tupel $\{d_{+x}, d_{-x}, d_{+y}, d_{-y}, d_{+z}, 1\}$ ein Element der Menge U_k sein. Dies würde folgendes bedeuten: Das Teil θ_j in der Teilbaugruppe (θ_j/θ_i) hat Bewegungsfreiheit in Richtung -z und ist nicht befestigt. Reichen die Oberflächenkräfte nicht aus, dann wird dieses Teil nach der Durchführung der Operation aufgrund der Schwerkraft herunterfallen. Solche Situationen können mit Hilfe des Tupels (6.2) für die Separationsfreiheit einer Verbindung durch den Ausschluß von derartigen instabilen Verbindungen berücksichtigt werden, indem die zugehörigen Montageoperationen als mechanisch undurchführbar definiert werden.

Diese Überlegungen führen nun zu einem Kriterium für die mechanische Durchführbarkeit der Montageoperation (θ_j/θ_i) in der Konfiguration Θ_k:

$$[rs_k(\theta_j/\theta_i) \geq \Delta^k_{ji}] \vee [F_k(\theta_j/\theta_i) \notin U_k] \qquad (6.17)$$

Somit ist die Montageoperation (θ_j/θ_i) in der Konfiguration Θ_k dann und nur dann mechanisch durchführbar, wenn das Kriterium (6.17) für sie erfüllt wird.

6.2.3 Kontrollierbarkeit einer Montageaktion

Die spezifischen Probleme der Mikromontage wurden bereits in Teil 2 ausführlich erläutert. Für die automatische sensorunterstützte Durchführung einer Mikromontageaufgabe ist die permanente visuelle Überwachung zusammen mit der Anwendung eines Mikroskops erforderlich. Die Analyse möglicher Mikromontagekonzepte in Teil 2 hat gezeigt, daß sowohl optische wie auch Rasterelektronenmikroskope als visuelle Hilfe eingesetzt werden können.

In beiden Fällen hat man die Einrichtung des Montageraumes (Roboter, Sensoren, Greifer) an die Montageaufgabe anzupassen, so daß die zu montierenden Teile während der Montageoperationen ständig im Sichtfeld des Mikroskops bleiben. Nur dann kann die Kontrollierbarkeit der Mikromontage gesichert werden. In diesem Sinne kann die Kontrollierbarkeit einer Montageaktion der Sichtbarkeit dieser Aktion durch visuelle Sensoren aus relevanten Sichtrichtungen gleichgestellt werden. Einige neue Lösungen, wie z.B. der Einsatz von in Roboter integrierten Kleinstmikroskopen (Abschnitt 5.5.2) oder die Integration einer FMMS in ein Großkammer-REM (Abschnitt 2.3.2), könnten dieses Problem zum Teil entschärfen; diese Lösungen befinden sich allerdings erst in der Entwicklungsphase.

Aus dem genannten Grund müssen die bereits eingeführten Durchführbarkeitskriterien für die Mikromontage in einer FMMS durch das sogenannte *Kontrollierbarkeitskriterium* erweitert werden. Danach ist eine Montageoperation in einer FMMS sensorisch durchführbar, wenn die vorhandenen visuellen Sensoren die ausreichende Sichtbarkeit der Montageteile zur automatischen Operationsausführung durch die Stationsroboter gewährleisten.

Um das Kontrollierbarkeitskriterium für die automatische Mikromontageplanung in geeigneter Form darzustellen, müssen wir die Sichtbarkeit in einer FMMS formell beschreiben können. Zu diesem Zweck wird an dieser Stelle ein 6-Tupel eingeführt: Das Sichtbarkeits-Tupel $FV_k(\theta_j/\theta_i)$ repräsentiert die automatische Kontrollierbarkeit der Operation (θ_j/θ_i) in der Konfiguration Θ_k aus verschiedenen Sichtrichtungen im karthesischen Raum:

$$FV_k(\theta_j/\theta_i) = \{d_{+x},\ d_{-x},\ d_{+y},\ d_{-y},\ d_{+z},\ d_{-z}\}, \tag{6.18}$$

wobei $d_p = 1$, wenn die Montageoperation in Richtung p für die visuellen Sensoren der FMMS sichtbar ist; anderenfalls ist $d_p = 0$. Für algorithmische Zwecke lassen wir für den Fall i = j die Beziehung $FV_k(\theta_j/\theta_i) = \{1,\ 1,\ 1,\ 1,\ 1,\ 1\}$ gelten. Der Ausdruck „eine Montageoperation ist in Richtung p sichtbar" ist hier folgendermaßen zu verstehen: Wird die Sichtbarkeit in diese Richtung durch die Sensoren gewährt, dann kann diese Operation automatisch sensorgestützt ausgeführt werden. Oben wurden bereits mehrere verschiedene Möglichkeiten diskutiert, wie eine ausreichende visuelle Unterstützung der Mikromontage erreicht werden könnte [Sato95], [SPI98], [Koy96].

Anhand der Beziehung (6.18) kann jetzt das Kontrollierbarkeitskriterium in einer FMMS wie folgt formuliert werden:

$$[FV_k(\theta_j/\theta_i) \wedge MSV] \neq \{0,\ 0,\ 0,\ 0,\ 0,\ 0\} \tag{6.19}$$

Das 6-Tupel MSV stellt hier das gesamte visuell-sensorische Potential der FMMS dar:

$$MSV = \{d_{+x},\ d_{-x},\ d_{+y},\ d_{-y},\ d_{+z},\ d_{-z}\}, \tag{6.20}$$

wobei $d_p = 1$, wenn die Sensoren der FMMS die Sicht in Richtung p ermöglichen; anderenfalls ist $d_p = 0$. Wenn beispielsweise eine Mikromontageaufgabe in einer Montagestation durchgeführt wird, in der das lokale Sensorsystem aus einem mit einer CCD-Kamera ausgerüsteten optischen Mikroskop besteht (siehe weiter unten die FMMS-Implementierung in Teil 7), dann gilt: $MSV = \{0,\ 0,\ 0,\ 0,\ 0,\ 1\}$. Somit ist die

Montageoperation (θ_j/θ_i) in der Konfiguration Θ_k dann und nur dann sensorisch durchführbar, wenn das Kriterium (6.19) für sie erfüllt ist.

Alle Tupel $FV_k(\theta_j/\theta_i)$ für die Konfiguration Θ_k können in der $(N_k \times N_k)$-Sichtbarkeitsmatrix zusammengefaßt werden:

$$MFV_k = \| mfv_{k,ij} \| ,\qquad\qquad (6.21)$$

in der $mfv_{k,ij} = FV_k(\theta_j/\theta_i)$. Für das Montagebeispiel in Bild 6.2 sieht die Matrix MFV_0 für die Konfiguration Θ_0 bei der gegebenen Orientierung des Produkts folgendermaßen aus:

	$\theta_1 = \{p_1\}$	$\theta_2 = \{p_2\}$	$\theta_3 = \{p_3\}$	$\theta_4 = \{p_4\}$
θ_1	$\{1,1,1,1,1,1\}$	$\{1,1,1,1,1,0\}$	$\{1,1,1,1,1,0\}$	$\{1,1,1,1,0,1\}$
θ_2	$\{1,1,1,1,1,0\}$	$\{1,1,1,1,1,1\}$	$\{1,1,1,1,1,1\}$	$\{1,1,1,1,0,1\}$
θ_3	$\{1,1,1,1,1,0\}$	$\{1,1,1,1,1,1\}$	$\{1,1,1,1,1,1\}$	$\{1,1,1,1,0,1\}$
θ_4	$\{1,1,1,1,0,1\}$	$\{1,1,1,1,0,1\}$	$\{1,1,1,1,0,1\}$	$\{1,1,1,1,1,1\}$

$MFV_0 = $ (Zeilen $\theta_1, \theta_2, \theta_3, \theta_4$)

Für algorithmische Zwecke lassen sich Elemente der Matrix MFV_k für die Konfiguration Θ_k durch die Elemente der Matrix MFV_0 für die Konfiguration Θ_0 wie folgt berechnen:

$$FV_k(\theta_j/\theta_i) = \left\{ \bigvee_{m=1}^{M_i} \left[\left(\bigwedge_{l=1}^{M_j} FV_0(p_{I_{j,l}} / p_{I_{i,m}}) \right) \wedge \left(\bigwedge_{n=1}^{M_i} FV_0(p_{I_{j,n}} / p_{I_{i,m}}) \right) \right] \right\}$$

$$\vee \left\{ \bigvee_{l=1}^{M_j} \left[\left(\bigwedge_{m=1}^{M_i} FV_0(p_{I_{j,m}} / p_{I_{j,l}}) \right) \wedge \left(\bigwedge_{s=1}^{M_i} FV_0(p_{I_{j,s}} / p_{I_{j,l}}) \right) \right] \right\}\qquad (6.22)$$

Nachdem alle Durchführbarkeitskriterien für Mikromontageoperationen in einer FMMS, die die Spezifika der MST und der mikroroboterbasierten Montage widerspiegeln, eingeführt und formell beschrieben worden sind, können wir jetzt das Mikromontage-modell (6.1) präzisieren. In diesem Modell ist:

Θ – die Menge aller möglicher Konfigurationen der Baugruppe A, $\Theta \in \Delta(P)$;

G – das geometrische Modell der Baugruppe A, das durch die Matrizen MF, MFM (6.4) und MFV (6.21) repräsentiert wird. Das Modell beinhaltet somit die Information über die Separationsfreiheit, die Manipulationsfreiheit und die Kontrollierbarkeit jeder Teilbaugruppe bzw. jeder Fügeoperation für alle stabilen Konfigurationen des Konfigurationsraums;

SC – die Menge möglicher Verbindungen im Konfigurationsraum $\Delta(P)$, die durch die Matrix RS (6.15) repräsentiert wird. Diese Matrix liefert die Information über die Stabilität der Verbindungen in jeder Teilbaugruppe für alle stabilen Konfigurationen;

SL – die Menge der Montagerestriktionen (Montagestation + Baugruppe), die durch die Mengen MP (6.14), U_k, Δ^k und MSV (6.20) gegeben sind. Diese Restriktionen berücksichtigen jeweils das Manipulationspotential der FMMS, die instabilen mechanischen Verbindungen in allen Konfigurationen bzw. zulässige Grenzwerte für die mechanische Stabilität, sowie das visuell-sensorische Potential der FMMS;

Π – die Menge korrekter Montagefolgen.

Wie bereits oben formuliert, besteht der erste Schritt der Montageplanung für die Baugruppe A darin, basierend auf Θ, G und SC die Menge Π korrekter Montagefolgen zu finden, die nicht an den Restriktionen SL scheitern. Der nächste Abschnitt befaßt sich mit der Entwicklung einer Berechnungsprozedur für diesen ersten Planungsschritt basierend auf den oben eingeführten Durchführbarkeitskriterien (6.13), (6.17) und (6.19).

6.3 Ermittlung korrekter Montagefolgen

6.3.1 Erzeugung der Durchführbarkeitsmatrix

Die Information über die Erfüllung bzw. Nichterfüllung der eingeführten Durchführbarkeitskriterien kann in Form von entsprechenden Matrizen dargestellt werden, deren Elemente als logische Prädikate dienen. Die Anwendungsergebnisse der drei Durchführbarkeitskriterien (6.13), (6.17) und (6.19) auf die gestellte Mikromontageaufgabe können dann jeweils in einer $(N_k \times N_k)$-Matrix von Prädikaten zusammengefaßt werden:

$$\text{GEO}_k = \| g_{k,ij} \|; \quad \text{MEC}_k = \| m_{k,ij} \|; \quad \text{VIS}_k = \| v_{k,ij} \| \tag{6.23}$$

Hier ist

$g_{k,ij} = 1$, wenn das Kriterium der geometrischen Durchführbarkeit (6.13) für die Montageoperation (θ_j/θ_i) in der Konfiguration Θ_k erfüllt ist; anderenfalls ist $g_{k,ij} = 0$;

$m_{k,ij} = 1$, wenn das Kriterium der mechanischen Durchführbarkeit (6.17) für die Montageoperation (θ_j/θ_i) in der Konfiguration Θ_k erfüllt ist; anderenfalls ist $m_{k,ij} = 0$;

$v_{k,ij} = 1$, wenn das Kriterium der Kontrollierbarkeit (6.19) für die Montageoperation (θ_j/θ_i) in der Konfiguration Θ_k erfüllt ist; anderenfalls ist $v_{k,ij} = 0$.

Basierend auf dieser Darstellung der Durchführbarkeitskriterien kann die gesamte
Beurteilung der Durchführbarkeit der Montageoperation (θ_j/θ_i) in der Konfiguration Θ_k
anhand der folgenden einfachen Beziehung getroffen werden:

$$g_{k,ij} \wedge m_{k,ij} \wedge v_{k,ij} = 1 \tag{6.24}$$

Die Montageoperation (θ_j/θ_i) in der Konfiguration Θ_k ist durchführbar, wenn die
Bedingung (6.24) erfüllt ist. Mit Hilfe dieser Darstellung können wir nun die $(N_k \times N_k)$-
Durchführbarkeitsmatrix definieren, die die gesamte Menge der Montagerestriktionen
für jede Montageoperation und jede Konfiguration berücksichtigt:

$$FA_k = \| f_{k,ij} \|, \tag{6.25}$$

wobei $f_{k,ij} = g_{k,ij} \wedge m_{k,ij} \wedge v_{k,ij}$. Laut (6.24) bedeutet die Prädikatenbelegung $f_{k,ij} = 1$ die
Durchführbarkeit und die Prädikatenbelegung $f_{k,ij} = 0$ Nichtdurchführbarkeit der Montageoperation (θ_j/θ_i) in der Konfiguration Θ_k.

6.3.2 Anwendungsbeispiel des Verfahrens

Zur Ermittlung korrekter Montagefolgen mit Hilfe des entwickelten Verfahrens, betrachten wir zunächst wieder das Montagebeispiel in Bild 6.2. Bei weiteren Darlegungen
wird angenommen, daß die Montage in der am IPR entwickelten FMMS unter einem
Lichtmikroskop stattfindet. Diese Station wurde bereits kurz in Teil 2 eingeführt; deren
Implementierung wird in Teil 7 ausführlich diskutiert.

Zuerst werden, wie bereits in Abschnitt 6.2 gezeigt, die Matrizen MF_0, MFM_0, MFV_0
und RS_0 für die Anfangskonfiguration des zu montierenden Produkts bestimmt. Diese
Matrizen beschreiben formell die geometrischen und mechanischen Eigenschaften des
Produkts. Danach müssen die Montagerestriktionen SL in bezug auf Produkt, Roboter
und Sensoren in die Montageplanung einbezogen werden. Um diesen Planungsschritt
durchführen zu können, muß an dieser Stelle die Leistungsfähigkeit der FMMS formell
dargestellt werden.

Die in der Station eingesetzten flexiblen Mikroroboter der MINIMAN-Familie besitzen
in der Plattform und der Manipulationseinheit zusammen 5 Freiheitsgrade, wobei die
Rotation um die z-Achse redundant ist. Der fehlende translatorische Freiheitsgrad
entlang der z-Achse kann für Bewegungen im μm-Bereich in den meisten Fällen durch
Rotation um die x-Achse ersetzt werden. Deshalb gehen wir von der Annahme aus, daß
die Stationsroboter keine Bewegungseinschränkungen bezüglich der gestellten
Montageaufgabe aufweisen.

Eine andere Annahme für das Montagebeispiel besteht darin, daß der Montageprozeß
auf dem Mikroskoptisch ohne Hilfe von Spannvorrichtungen durchgeführt werden kann.
In diesem Fall ist im Tupel (6.12) lediglich die Bewegung des Montageteils entlang der
positiven z-Achse untersagt. In der Tat kann ein gegriffenes Teil an ein anderes, auf dem

Tisch liegendes Teil nicht von unten montiert werden. Laut (6.14) ergibt sich für einen Roboter:

$$MP = R \wedge FE = \{1, 1, 1, 1, 1, 1\} \wedge \{1, 1, 1, 1, 0, 1\} = \{1, 1, 1, 1, 0, 1\}$$

Die Menge der instabilen Verbindungen für alle Konfigurationen und das gesamte visuell-sensorische Potential der FMMS sind für dieses Beispiel wie folgt definiert:

$$U = [\{1, 1, 1, 1, d_{+z}, d_{-z}\}, \{d_{+x}, d_{-x}, d_{+y}, d_{-y}, d_{+z}, 1\}]$$

und

$$MSV = \{0, 0, 0, 0, 0, 1\}.$$

Letzteres zeigt, daß der Montageprozeß in der FMMS unter dem Objektiv eines ortsfesten Lichtmikroskops stattfindet, das lediglich die Montageüberwachung von oben zuläßt. Der Grenzwert für die mechanische Stabilität wird für alle Verbindungen des Produkts auf 0.2 gesetzt, um die Darlegungen zu vereinfachen.

Berücksichtigt man die eingeführten Einschränkungen und die Matrizen MF_0, MFM_0 und MFV_0 für das gegebene Produkt, dann ergeben sich folgende Matrizen (6.23) für die Anfangskonfiguration $\Theta_0 = \{\{p_1\}, ..., \{p_4\}\}$:

$GEO_0 =$

	$\theta_1 = \{p_1\}$	$\theta_2 = \{p_2\}$	$\theta_3 = \{p_3\}$	$\theta_4 = \{p_4\}$
θ_1	0	0	0	0
θ_2	1	0	0	0
θ_3	1	1	0	0
θ_4	0	1	1	0

$MEC_0 =$

	$\theta_1 = \{p_1\}$	$\theta_2 = \{p_2\}$	$\theta_3 = \{p_3\}$	$\theta_4 = \{p_4\}$
θ_1	1	1	0	0
θ_2	1	1	1	0
θ_3	0	1	1	1
θ_4	0	0	1	1

$VIS_0 =$

	$\theta_1 = \{p_1\}$	$\theta_2 = \{p_2\}$	$\theta_3 = \{p_3\}$	$\theta_4 = \{p_4\}$
θ_1	1	0	0	1
θ_2	0	1	1	1
θ_3	0	1	1	1
θ_4	1	1	1	1

Die Durchführbarkeitsmatrix FA_0 hat dann laut (6.25) folgende Prädikatenbelegungen:

$$FA_0 = \begin{array}{c|cccc}
 & \theta_1 = \{p_1\} & \theta_2 = \{p_2\} & \theta_3 = \{p_3\} & \theta_4 = \{p_4\} \\
\hline
\theta_1 & 0 & 0 & 0 & 0 \\
\theta_2 & 0 & 0 & 0 & 0 \\
\theta_3 & 0 & 1 & 0 & 0 \\
\theta_4 & 0 & 0 & 1 & 0 \\
\end{array}$$

Eine verständliche und anschauliche Repräsentation dieses Ergebnisses kann durch die Darstellung der Matrix FA_k in Form eines gerichteten Durchführbarkeitsgraphen erreicht werden. Die Graphendarstellung von Montageplänen ist ein probates Mittel in der Planungstheorie, um korrekte Montagesequenzen zu verdeutlichen. Die Graphen können dabei je nach Planungsmethode auf verschiedene Weise aufgebaut werden und unterschiedliche Inhalte vermitteln [Levi88].

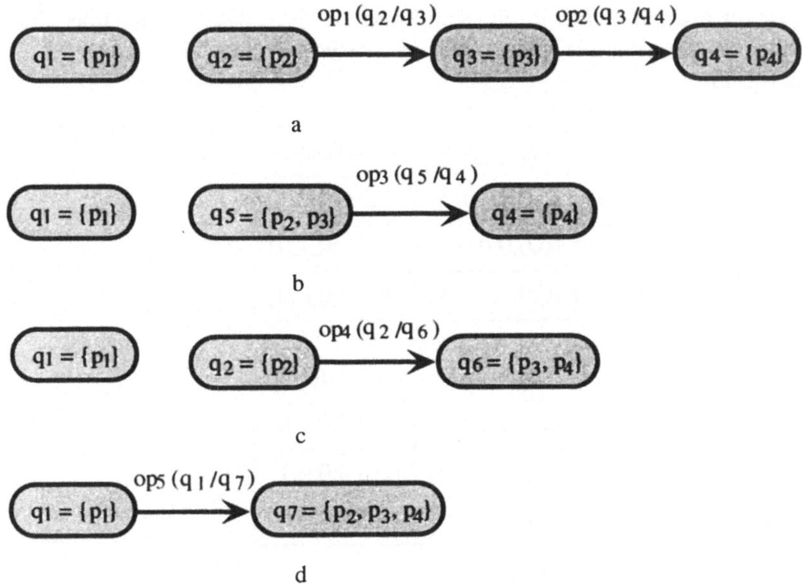

Bild 6.3
Durchführbarkeitsgraph für das Montagebeispiel in Bild 6.2
a) für die Anfangskonfiguration Θ_0;
b) für die Konfiguration Θ_1 nach der Durchführung von $op_1(\theta_2/\theta_3)$;
c) für die Konfiguration Θ_2 nach der Durchführung von $op_2(\theta_3/\theta_4)$;
d) für die Konfiguration Θ_3 nach der Durchführung der Folge $[op_1(\theta_2/\theta_3), op_3(\theta_5/\theta_4)]$ oder
   der Folge $[op_2(\theta_3/\theta_4), op_4(\theta_2/\theta_6)]$

Eine anschauliche und redundanzfreie Darstellung eines Montageplans liefert ein UND/ODER-Graph [Homem90], [Homem91], der aus Knoten und gerichteten Kanten besteht. Knoten definieren stabile Teilbaugruppen und gerichtete Kanten zeigen durchführbare Operationen zwischen den Teilbaugruppen in jeder Konfiguration. Eine vom Knoten θ_j zum Knoten θ_i gehende Kante bedeutet, daß die Operation (θ_j/θ_i) in dieser Konfiguration durchführbar ist. Solche Graphen eignen sich für die Darstellung sämtlicher alternativer Montagefolgen eines Montageplans. Nachfolgend wird der Durchführbarkeitsgraph für das obige Beispiel in Form eines UND/ODER-Graphen ermittelt.

In Bild 6.3a ist der Durchführbarkeitsgraph zu sehen, der der Matrix FA_0 in unserem Beispiel entspricht. Der Graph zeigt, daß in der Anfangskonfiguration des Konfigurationsraums zwei korrekte Montagefolgen, $\Pi_{1,1} = [op_1(\theta_2/\theta_3)]$ und $\Pi_{1,2} = [op_1(\theta_3/\theta_4)]$, existieren. Der erste Index zeigt die Länge der Folge (hier eine einzige Operation) und der zweite die laufende Nummer der Folge in dieser Konfiguration. Die Bezeichnung „op" steht für „Operation"; sie hilft uns den Montagealgorithmus besser zu verfolgen.

Unter der Annahme, daß in der Anfangskonfiguration die Aktion $op_1(\theta_2/\theta_3)$ durchgeführt wird, folgt als Ergebnis dieser Operation die Teilbaugruppe $\theta_5 = (\theta_2, \theta_3)$. Die Anfangskonfiguration Θ_0 geht dabei in die Konfiguration $\Theta_1 = \{\theta_1, \theta_4, \theta_5\}$ über. Für diese Konfiguration suchen wir die entsprechende Matrixbelegung anhand von (6.7), (6.8), (6.16) und (6.22):

$$MF_1 =$$

	$\theta_1 = \{p_1\}$	$\theta_4 = \{p_4\}$	$\theta_5 = \{p_2,p_3\}$
θ_1	$\{0,0,0,0,0,0\}$	$\{1,1,1,1,1,1\}$	$\{0,0,0,0,0,1\}$
θ_4	$\{1,1,1,1,1,1\}$	$\{0,0,0,0,0,0\}$	$\{0,0,0,0,1,0\}$
θ_5	$\{0,0,0,0,1,0\}$	$\{0,0,0,0,0,1\}$	$\{0,0,0,0,0,0\}$

$$MFM_1 =$$

	$\theta_1 = \{p_1\}$	$\theta_4 = \{p_4\}$	$\theta_5 = \{p_2,p_3\}$
θ_1	$\{0,0,0,0,0,0\}$	$\{1,1,1,1,1,1\}$	$\{0,0,0,0,1,0\}$
θ_4	$\{1,1,1,1,1,1\}$	$\{0,0,0,0,0,0\}$	$\{0,0,0,0,0,1\}$
θ_5	$\{0,0,0,0,0,1\}$	$\{0,0,0,0,1,0\}$	$\{0,0,0,0,0,0\}$

$$MFV_1 =$$

	$\theta_1 = \{p_1\}$	$\theta_4 = \{p_4\}$	$\theta_5 = \{p_2,p_3\}$
θ_1	$\{1,1,1,1,1,1\}$	$\{1,1,1,1,0,1\}$	$\{1,1,1,1,1,0\}$
θ_4	$\{1,1,1,1,0,1\}$	$\{1,1,1,1,1,1\}$	$\{1,1,1,1,0,1\}$
θ_5	$\{1,1,1,1,1,0\}$	$\{1,1,1,1,0,1\}$	$\{1,1,1,1,1,1\}$

$$RS_1 = \begin{array}{c|c|c|c} & \theta_1 = \{p_1\} & \theta_4 = \{p_4\} & \theta_5 = \{p_2,p_3\} \\ \hline \theta_1 & 1 & 0 & 0.4 \\ \hline \theta_4 & 0 & 1 & 0.4 \\ \hline \theta_5 & 0.4 & 0.4 & 0.5 \end{array}$$

Die Prädikatenbelegung der Durchführbarkeitsmatrix FA_1 ist nach (6.23) – (6.25):

$$FA_1 = \begin{array}{c|c|c|c} & \theta_1 = \{p_1\} & \theta_4 = \{p_4\} & \theta_5 = \{p_2,p_3\} \\ \hline \theta_1 & 0 & 0 & 0 \\ \hline \theta_4 & 0 & 0 & 1 \\ \hline \theta_5 & 0 & 0 & 0 \end{array}$$

Der entsprechende Durchführbarkeitsgraph ist in Bild 6.3b zu sehen.

Die andere durchführbare Montageoperation in der Anfangskonfiguration ist $op_2(\theta_3/\theta_4)$. Diese Operation ergibt nach ihrer Durchführung die neue Teilbaugruppe $\theta_6 = (\theta_3, \theta_4)$. Die Anfangskonfiguration Θ_0 transformiert sich dabei zur Konfiguration $\Theta_2 = \{\theta_1, \theta_2, \theta_6\}$. Die entsprechende Durchführbarkeitsmatrix FA_2 wird wie oben gezeigt bestimmt:

$$FA_2 = \begin{array}{c|c|c|c} & \theta_1 = \{p_1\} & \theta_2 = \{p_2\} & \theta_6 = \{p_3,p_4\} \\ \hline \theta_1 & 0 & 0 & 0 \\ \hline \theta_2 & 0 & 0 & 0 \\ \hline \theta_6 & 0 & 1 & 0 \end{array}$$

Der Durchführbarkeitsgraph für diesen Fall wird in Bild 6.3c vorgestellt. Die Durchführbarkeitsgraphen für die Konfigurationen Θ_1 und Θ_2 (Bild 6.3b und 6.3c) zeigen deutlich, daß der Übergang von der Anfangskonfiguration zur Konfiguration $\Theta_3 = \{\theta_1, \theta_7\}$ mit der Teilbaugruppe $\theta_7 = (\theta_2, \theta_3, \theta_4)$ durch zwei unterschiedliche Montagefolgen, $\Pi_{2,1} = [op_1(\theta_2/\theta_3), op_3(\theta_5/\theta_4)]$ und $\Pi_{2,2} = [op_2(\theta_3/\theta_4), op_4(\theta_2/\theta_6)]$, stattfinden kann.

Die Matrizen für die Konfiguration Θ_3 sehen danach folgendermaßen aus:

$$MF_3 = \begin{array}{c|c|c} & \theta_1 = \{p_1\} & \theta_7 = \{p_2,p_3,p_4\} \\ \hline \theta_1 & \{0,0,0,0,0,0\} & \{0,0,0,0,0,1\} \\ \hline \theta_7 & \{0,0,0,0,1,0\} & \{0,0,0,0,0,0\} \end{array}$$

$$\mathrm{MFM}_3 = \quad \begin{array}{c|c|c} & \theta_1 = \{p_1\} & \theta_7 = \{p_2,p_3,p_4\} \\ \hline \theta_1 & \{0,0,0,0,0,0\} & \{0,0,0,0,1,0\} \\ \hline \theta_7 & \{0,0,0,0,0,1\} & \{0,0,0,0,0,0\} \end{array}$$

$$\mathrm{MFV}_3 = \quad \begin{array}{c|c|c} & \theta_1 = \{p_1\} & \theta_7 = \{p_2,p_3,p_4\} \\ \hline \theta_1 & \{1,1,1,1,1,1\} & \{1,1,1,1,0,1\} \\ \hline \theta_7 & \{1,1,1,1,0,1\} & \{1,1,1,1,1,1\} \end{array}$$

$$\mathrm{RS}_3 = \quad \begin{array}{c|c|c} & \theta_1 = \{p_1\} & \theta_7 = \{p_2,p_3,p_4\} \\ \hline \theta_1 & 1 & 0.4 \\ \hline \theta_7 & 0.4 & 0.4 \end{array}$$

$$\mathrm{FA}_3 = \quad \begin{array}{c|c|c} & \theta_1 = \{p_1\} & \theta_7 = \{p_2,p_3,p_4\} \\ \hline \theta_1 & 0 & 0 \\ \hline \theta_7 & 1 & 0 \end{array}$$

Bild 6.3d zeigt den Durchführbarkeitsgraphen für diese Konfiguration. Der Graph enthält eine einzige Operation $op_5(\theta_1/\theta_7)$, die den Übergang von der Konfiguration Θ_3 zur Endkonfiguration $\Theta_f = \Theta_4 = \{\theta_8\}$, mit $\theta_8 = \{p_1, ..., p_4\}$, vollzieht.

Das Ergebnis dieses Planungsschrittes besteht darin, daß zwei unterschiedliche korrekte Montagefolgen die Montage des gegebenen Produkts ermöglichen. Die gesuchte Menge Π korrekter Montagefolgen (der Lösungsraum) beinhaltet somit zwei Folgen mit der Länge 3:

$$\Pi_{3,1} = [op_1(\theta_2/\theta_3), \; op_3(\theta_5/\theta_4), \; op_5(\theta_1/\theta_7)]$$

und

$$\Pi_{3,2} = [op_2(\theta_3/\theta_4), \; op_4(\theta_2/\theta_6), \; op_5(\theta_1/\theta_7)].$$

Die Menge Π läßt sich auch in einer kompakteren Form darstellen, die den entwickelten Suchalgorithmus etwas vereinfacht:

$$\Pi = \Pi_{3,1} \vee \Pi_{3,2} =$$
$$= \{ \; [op_1(\theta_2/\theta_3), \; op_3(\theta_5/\theta_4)] \vee [op_2(\theta_3/\theta_4), \; op_4(\theta_2/\theta_6)], \; op_5(\theta_1/\theta_7) \; \}.$$

Dieses Ergebnis kann nun in einem gesamten UND/ODER-Durchführbarkeitsgraphen für sämtliche Konfigurationen des Konfigurationsraums dargestellt werden (Bild 6.4). Dieser Graph beschreibt alle korrekten Montagefolgen für das gegebene Produkt. Die Kanten, die von einem Knoten ausgehen, sind zu Gruppen (Hyperkante) zusammengefaßt. Jede Hyperkante definiert eine bestimmte Fügeoperation.

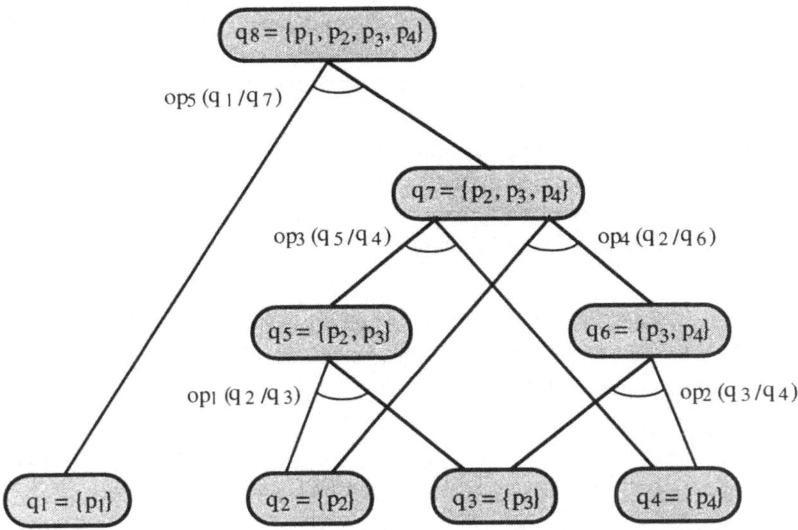

Bild 6.4
Der gesamte UND/ODER-Durchführbarkeitsgraph für die Montage des Produkts

Für algorithmische Zwecke fassen wir alle Knoten (die stabilen Teilbaugruppen) und alle Hyperkanten (die durchführbaren Operationen) des gesamten Durchführbarkeitsgraphen jeweils in einem Vektor zusammen:

$$SA = \{ \theta_1 , ..., \theta_8 \};$$
$$OP = \{ op_1(\theta_2/\theta_3), op_2(\theta_3/\theta_4), op_3(\theta_5/\theta_4), op_4(\theta_2/\theta_6)], op_5(\theta_1/\theta_7) \}.$$

Mit Ausnahme der Ausgangsknoten des Graphen, die die Anfangskonfiguration darstellen, kann jedem Knoten θ_i des Durchführbarkeitsgraphen eine Menge OP_i von Hyperkanten zugeordnet werden, die zu diesem Knoten führen (Vorgängeroperationen). Diese Menge legt fest, welche Montageoperationen durchgeführt werden müssen, um die Teilbaugruppe θ_i zu fertigen. Für das Montagebeispiel gilt: $OP_5 = op_1(\theta_2/\theta_3)$, $OP_6 = op_2(\theta_3/\theta_4)$, $OP_7 = \{op_3(\theta_5/\theta_4), op_4(\theta_2/\theta_6)\}$ und $OP_8 = op_5(\theta_1/\theta_7)$.

Die Menge der Vorgängeroperationen für die Knoten des Durchführbarkeitsgraphen spielt eine zentrale Rolle im nachfolgend vorgestellten Algorithmus zur Bestimmung des Lösungsraums Π für die automatische roboterbasierte Montage eines Mikrosystems.

6.3.3 Algorithmus zur Bestimmung korrekter Montagefolgen

Zuerst sollen einige zusätzliche Bezeichnungen eingeführt und Vereinbarungen getroffen werden, um den für das vorgestellte Planungsverfahren entwickelten Algorithmus besser nachvollziehen zu können.

Wie bereits oben angedeutet, wird die Länge einer Montagefolge als die Anzahl der Operationen dieser Folge verstanden. Seien sämtliche stabile Konfigurationen im Konfigurationsraum des gegebenen Produkts, die durch Montagefolgen mit der Länge l erzielt werden können, in der Menge $S\Theta_l$ zusammengefaßt. Jede Konfiguration in der Menge $S\Theta_l$ wird danach genau (N-l) Teilbaugruppen enthalten, wobei N die Anzahl der Teile in der Anfangskonfiguration ist. Diese Tatsache wird verständlich, wenn man berücksichtigt, daß die Anzahl der Teilbaugruppen in einer Konfiguration sich nach der Durchführung einer Montageoperation (= Übergang zu einer anderen Konfiguration) genau auf Eins reduziert.

Sei nun die Anzahl der Montagefolgen mit der Länge l bzw. die Anzahl der stabilen Konfigurationen in der Menge $S\Theta_l$ durch T_l und die Anzahl der Teilbaugruppen in der Konfiguration Θ_m durch N_m gegeben. Dann gilt:

$$S\Theta_l = \{ \ \Theta_{L_{l,1}}, \ \Theta_{l,2}, \ ..., \ \Theta_{l,Tl} \ \}, \qquad (6.26)$$

wobei $l = 0, ..., N\text{-}1;$

$L_{l,s}$ = laufende Nummer einer Konfiguration im Konfigurationsraum, $L_{l,s} \in [0, f];$

s = laufende Nummer der Konfiguration $\Theta_{l,s}$ in der Menge $S\Theta_l$, $s = 1, ..., T_l;$

und

$$\Theta_m = \{ \ \theta_{M_{m,1}}, \ \theta_{M_{m,2}}, \ ..., \ \theta_{M_{m,Nm}} \ \}, \qquad (6.27)$$

wobei $m = 0, ..., f;$

$M_{m,z}$ = laufende Nummer einer Teilbaugruppe in der Menge SA;

z = laufende Nummer der Teilbaugruppe $\theta_{M_{m,z}}$ in der Θ_m, $z = 1,...,N_m.$

Anhand dieser Definition kann nun an dieser Stelle die algorithmische Beschreibung des entwickelten Verfahrens zur Bestimmung sämtlicher korrekter Montagefolgen präsentiert werden. Der Algorithmus beinhaltet insgesamt drei Schritte:

Schritt 1 (Initialisierung):

Initialisiere: die Menge $\Theta_0 = \{ \ \theta_i = p_i \mid i = 1, ..., N \ \};$
Initialisiere: die Matrizen MF_0, MFM_0, MFV_0 und $RS_0;$
Initialisiere: die Menge SA der stabilen Teilbaugruppen mit Elementen von $\Theta_0;$
Setze: $OP = \varnothing; \Pi_{0,1} = \varnothing; T_0 = 1; L_{0,1} = 0; M_{0,1} = 1, M_{0,2} = 2, ..., M_{0,N} = N;$
Setze: die Anzahl v der Teilbaugruppen = N;
Setze: die Anzahl k der Konfigurationen = 0; die Anzahl n der Montageoperationen = 0.

Schritt 2 (Berechnung):

Für alle $l = 1, ..., N\text{-}1$ wiederhole:

1) Setze: die Anzahl der Montagefolgen mit der Länge $l = 0$; $S\Theta_l = \varnothing$; $L_{l,1} = k + 1$;
2) Für alle $s = 1, ..., T_{l-1}$ wiederhole:

    a) Setze: $m = L_{l-1,s}$;

    b) Für die Konfiguration Θ_m der Menge $S\Theta_{l-1}$ bestimme: alle durchführbaren Operationen, alle stabilen Teilbaugruppen und die entsprechenden Vorgängerfolgen mit Länge l; nehme die neuen Elemente zu den Mengen OP, SA und $S\Theta_l$ hinzu.

Um den Schritt b) durchzuführen, gehe wie folgt vor:

Für alle Paare (i, j), $i = 1, ..., N+1-l$ und $j = i+1, ..., N+1-l$, wiederhole:

    1) Bestimme: $f_{m,ij}$ und $f_{m,ji}$ mit Hilfe von (6.23) und (6.25);

    2) Wenn $f_{m,ij} \vee f_{m,ji} = 0$, dann gehe zu b);

    3) Setze: $n = n + 1$; $k = k + 1$; $v = v + 1$; $p = p + 1$;

    4) Setze: $I = M_{m,i}$ und $J = M_{m,j}$;

    5) Erstelle: neue Teilbaugruppe $\theta_v = \theta_I \cup \theta_J$;

    6) Wenn es bereits ein Element $\theta_z \in SA \mid \theta_z = \theta_v$ gibt,
          dann setze: $h = z$ und $v = v - 1$;
          anderenfalls setze: $h = v$, $OP_v = \varnothing$; nehme: θ_v zu der
              Menge SA hinzu;

    7) Erstelle: neue Konfiguration Θ_k aus der Konfiguration Θ_m
          durch das Ersetzen des Paares (θ_I, θ_J) in der Menge Θ_m
          durch die Teilbaugruppe θ_h;

    8) Wenn es bereits ein Element $\Theta_z \in S\Theta_l \mid \Theta_z = \Theta_k$ gibt,
          dann setze: $k = k - 1$;
          anderenfalls nehme: Θ_k zu der Menge $S\Theta_l$ hinzu;
              setze: $L_{l,p} = k$;
              bestimme: die Matrizen MF_k, MFM_k, MFV_k und RS_k aus den
              Matrizen MF_m, MFM_m, MFV_m und RS_m mit Hilfe von (6.7),
              (6.8), (6.16) und (6.22);

    9) Wenn $f_{m,ij} \wedge f_{m,ji} = 1$,
          dann setze: $op_n = op_n\,(\theta_I, \theta_J) \vee op_n\,(\theta_J, \theta_I)$;
          anderenfalls setze: $op_n = op_n\,(\theta_J, \theta_I)$;

    10) Wenn es bereits ein Element $op_z \in OP \mid op_z = op_n$ gibt,
           dann setze: $r = z$ und $n = n - 1$;
           anderenfalls setze: $r = n$; nehme: op_n zu der Menge OP hinzu;

    11) Wenn die Operation $op_r \notin OP_h$,
           dann nehme: op_r zu der Menge OP_h hinzu;
           anderenfalls gehe zu 12);

    12) Erstelle: die Menge $\Pi_{l,p}$ durch das Hinzunehmen der Operation op_r zu
           der Menge $\Pi_{l-1,s}$;

3) Setze: $T_l = p$.

Schritt 3 (Grapherzeugung):

Erzeuge: den vollständigen UND/ODER-Durchführbarkeitsgraphen für das Produkt:

Die Menge $SA = \{ \theta_s \mid s = 1, ..., v \}$ der stabilen Teilbaugruppen repräsentiert die Knoten des Durchführbarkeitsgraphen;

Die Menge $OP_h \subset OP = \{op_r \mid r = 1, ..., n\}$ der Vorgängeroperationen für den Knoten θ_h, $h = N+1, ..., v$, repräsentiert die Hyperkanten des Durchführbarkeitsgraphen;

Die Menge $\Pi = \{\Pi_{N-1,s} \mid s = 1, ..., p\}$ repräsentiert sämtliche durchführbaren Montagefolgen, die den Übergang von den Ausgangsknoten (Anfangskonfiguration = Teile) zum Endknoten (Endkonfiguration = Produkt) des Durchführbarkeitsgraphen ermöglichen.

6.4 Bestimmung der optimalen Montagefolge

Heutige Mikrosysteme sind noch relativ einfach und enthalten in der Regel nicht sehr viele Komponenten. Es liegt aber auf der Hand, daß mit fortschreitender Entwicklung der MST die Komplexität der zu montierenden Systeme ständig wachsen wird. Für komplexere Mikrosysteme kann die Anzahl der korrekten Montagefolgen relativ groß sein, so daß für den Hersteller keine Möglichkeit besteht, von vornherein die „beste" Operationsfolge für die automatische Mikromontage zu bestimmen und die Montagestation entsprechend zu programmieren. Aus diesem Grund, wie auch in der konventionellen Montageplanung, muß eine automatische Prozedur entwickelt werden, die den gesamten Lösungsraum der durchführbaren Montagefolgen durchsucht und anhand von vorher definierten, anwendungsspezifischen Kriterien eine optimale Lösung findet.

In Abschnitt 6.3 wurde bereits gezeigt, wie die Menge Π sämtlicher durchführbarer Montagefolgen eines Produkts bestimmt werden kann. Hiermit wird der erste Schritt der Mikromontageplanung abgeschlossen sein (siehe die Planungsebene in Bild 3.11). Der nächste Schritt besteht nun in der Auswahl einer Montagefolge Π_{opt} aus der Menge Π, die bestimmte *Optimierungskriterien* am besten erfüllt.

6.4.1 Optimierungskriterien für die Mikromontageplanung

Ein wohlbekanntes Vorgehen zur Lösung verschiedenartiger Optimierungsprobleme besteht in der *Attributierung* sämtlicher Lösungsmöglichkeiten des Problems. Die Attributierung erfolgt basierend auf aufgabenspezifischen Optimierungskriterien, die eine quantitative Abschätzung der qualitativen Merkmale des zu lösenden Problems erlauben sollen. Praktisch bedeutet Attributierung die Belegung sämtlicher Zustandsübergänge im

Lösungsraum mit bestimmten *Gewichten* (oder *Kosten*), die in der Regel normiert sind. Diese Gewichte dienen als Parameter einer Optimierungsfunktion (oder *Kostenfunktion*), die die Optimierungskriterien auf diese Weise berücksichtigt. Die Suche der im Sinne der zu erfüllenden Kriterien optimalen Lösung ist nun die Suche des Maximums der Optimierungsfunktion.

In der konventionellen Montage werden z.B. häufig die Gewichte von Hyperkanten des UND/ODER-Montagegraphen (Operationskosten) proportional zum Schwierigkeitsgrad der Verbindung sowie zu den Freihheitsgraden der gefügten Teile gewählt [Homem90].

Ein wichtiges Kriterium für die Abschätzung des gesamten Montageplans in der konventionellen Montage ist die Minimierung des Roboterbewegungsaufwandes zur Durchführung der Montagefolge [Hara93]. Außerdem sind Ansätze bekannt, in welchen die Flexibilität des Montageplans, ausgedrückt in der Anzahl der alternativen durchführbaren Folgen, zu seiner quantitativen Abschätzung verwendet wird [Homem91a]. Ein Montageplan kann mehrere durchführbare Folgen der gleichen Montageaktionen enthalten, die sich nur durch die Reihenfolge der Operationen unterscheiden. Obwohl die Kosten jeder dieser Folgen – die gewichtete Summe der Operationskosten – gleich sind, ist offensichtlich der Montageplan vorzuziehen, der die meisten alternativen Möglichkeiten zur Montagedurchführung bietet. Auch die Ausführungszeit der Montageaufgabe, die zum einen von der Ausführungszeit jeder einzelnen Operation der Folge und zum anderen von der Anzahl parallel durchführbarer Operationen [Homem91a] abhängig ist, kann als Optimierungskriterium dienen.

Zur Attributierung von Mikromontageoperationen bzw. Mikromontagefolgen, die durch Hyperkanten des Durchführbarkeitsgraphen repräsentiert werden, können viele der genannten Kriterien ebenfalls angewandt werden. Der prinzipielle Unterschied zur konventionellen Montage liegt in diesem Fall nicht in der Methodik, sondern in den mikromontagespezifischen Inhalten, mit denen die Optimierungskriterien bei der Mikromontageplanung aufgefüllt werden müssen.

Folgende Optimierungskriterien können bei der Ermittlung der optimalen Mikromontagefolge unter anderem verwendet werden:

- Ausführungszeit der Operation;

- Roboterbewegungsaufwand;

- Aufwand für den notwendigen Greiferwechsel;

- Schwierigkeitsgrad der Verbindung;

- Freiheitsgrade der gefügten Teile;

- Flexibilität der Montage, d.h. alternative Montagemöglichkeiten;

- Anzahl der benötigten Roboter bzw. Greifer.

Anhand dieser Kriterien kann das zu lösende Optimierungsproblem – Ermittlung der nach diesen Kriterien besten Mikromontagefolge – wie folgt formuliert werden:

$$J = \min (J_1, ..., J_p), \tag{6.28}$$

wobei J_k = Kostenfunktion der Montagefolge k;

p = Anzahl der korrekten Montagefolgen für die Mikromontageaufgabe.

Die Kostenfunktion einer Montagefolge kann folgendermaßen definiert werden:

$$J_k = \alpha_1 \cdot Y_k + \alpha_2 / V_k + \alpha_3 \cdot Z_k, \tag{6.29}$$

wobei $Y_k = \sum C_r, r \in L_k;$

C_r = Kosten der Montageoperation r;

L_k = Anzahl der Operationen in der Folge k;

V_k = Anzahl der alternativen Folgen, die sich nur durch die Reihenfolge der Operationen von der Folge k unterscheiden;

Z_k = Parallelisierungsgrad der Folge k in einer Mehrroboter-FMMS;

$\alpha \in [0, 1]$ = Gewichtskoeffizienten, $\alpha_1 + \alpha_2 + \alpha_3 = 1$.

Die Kostenfunktion C_r der Montageoperation r, die das Gewicht der entsprechenden Hyperkante des UND/ODER-Durchführbarkeitsgraphen bestimmt, kann basierend auf den obengenannten Optimierungskriterien auf folgende Weise definiert werden:

$$C_r(\theta_j/\theta_i) = \beta_1 \cdot d_r + \beta_2 \cdot \omega_r + \beta_3 \cdot h_r, \tag{6.30}$$

wobei d_r = Schwierigkeitsgrad der Verbindung in der Teilbaugruppe (θ_j/θ_i);

ω_r = Freiheitsgrade des gefügten Teils θ_j in der Teilbaugruppe (θ_j/θ_i);

h_r = Ausführungszeit der Operation (θ_j/θ_i);

$\beta \in [0, 1]$ = Gewichtskoeffizienten, $\beta_1 + \beta_2 + \beta_3 = 1$.

Nun müssen die Inhalte der eingeführten Kostenfunktionen (6.29) und (6.30) basierend auf den Spezifika der Mikromontage definiert werden. Mehrere der anwendbaren Kriterien wurden dabei bereits bei der Erläuterung des ersten Planungsschrittes – der Ermittlung korrekter Montagefolgen anhand des Mikromontagemodells – diskutiert (Abschnitte 6.2 und 6.3). Wir beginnen mit der Analyse der Kostenfunktion (6.30) einer Montageoperation.

Der Parameter d_r stellt eine integrale Schätzung des Verbindungsaufwandes bei der Durchführung der Operation r dar. Hierbei können beispielsweise Kosten, Positionierungs- und Handhabungsaufwand oder auch die Verbindungsart der Teile, wie z.B. „Kleben", „Löten" oder „Einpressen" [Lee93], berücksichtigt werden. Diese Schätzung ist offensichtlich sehr anwendungsspezifisch und verlangt vom Anwender detailliertes Prozeßwissen und zum Teil auch Intuition beim Attributieren. Es sei aber an dieser Stelle gesagt, daß das in diesem Teil präsentierte Planungsverfahren für die

Mikromontage den „Intuitionsanteil" an der Montageplanung und die sogenannte „Kunst" des Anwenders auf das Nötigste minimiert.

Sei der Schwierigkeitsgrad der Verbindung (θ_j/θ_i) in der Θ_k durch $cc_k(\theta_j/\theta_i)$ gegeben. Dann kann der Schwierigkeitsgrad aller mechanischen Verbindungen zwischen den Teilbaugruppen in der Konfiguration Θ_k durch eine $(N_k \times N_k)$-Matrix dargestellt werden:

$$CC_k = \| cc_k(\theta_j/\theta_i) \| \tag{6.31}$$

Im Montagebeispiel in Bild 6.2 kann die Matrix CC_0 für die Konfiguration Θ_0 wie folgt aussehen:

	$\theta_1 = \{p_1\}$	$\theta_2 = \{p_2\}$	$\theta_3 = \{p_3\}$	$\theta_4 = \{p_4\}$
θ_1	0	0.4	0	0
θ_2	0.4	0	0.4	0
θ_3	0	0.4	0	0.4
θ_4	0	0	0.4	0

$CC_0 = $ (row labels above)

Offensichtlich gilt folgendes: $cc_k(\theta_j/\theta_i) = 0$, wenn $i = j$ oder wenn es keine Verbindung zwischen den zwei Teilbaugruppen in der Endkonfiguration gibt. Elemente der Matrix CC_k für die Konfiguration Θ_k lassen sich durch die Elemente der Anfangsmatrix CC_0 für die Konfiguration Θ_0 wie folgt berechnen:

$$cc_k(\theta_j/\theta_i) = \sum_{l=1}^{M_j} \sum_{m=1}^{M_i} cc_0(p_{I_{j,l}} / p_{I_{i,m}}). \tag{6.32}$$

Hier ist: $m \in [1, M_i]$ und $l \in [1, M_j]$;

M_s = laufende Nummer des Teils in der Teilbaugruppe θ_s.

Mit Hilfe von (6.32) kann die integrale Schätzung des Verbindungsaufwandes bei der Durchführung der Operation r durch den Koeffizient $cc_k(\theta_j/\theta_i)$ vorgenommen werden:

$$d_r = cc_k(\theta_j/\theta_i) \tag{6.33}$$

Der Kostenanteil der Montageoperation (θ_j/θ_i) bezüglich der Freiheitsgrade des gefügten Teils θ_j wird direkt vom Tupel $FM_k(\theta_j/\theta_i)$ für die Manipulationsfreiheit der gegriffenen Teilbaugruppe θ_j bezüglich der Teilbaugruppe θ_i in der Konfiguration Θ_k abgeleitet:

$$\omega_r = 1 - D/6, \tag{6.34}$$

wobei $D = d_{+x} + d_{-x} + d_{+y} + d_{-y} + d_{+z} + d_{-z}$. Der Parameter ω_r repräsentiert indirekt die vorhandene Flexibilität bei der Durchführung einer Montageoperation in der FMMS.

Um den Parameter h_r der Kostenfunktion (6.30), der den Kostenanteil in bezug auf die Ausführungszeit der Operation darstellen soll, formell zu definieren, wird an dieser Stelle eine neue $(N_k \times N_k)$-Matrix für die Konfiguration Θ_k eingeführt:

$$HM_k = \| hm_{k,ij}(\theta_j/\theta_i) \| \,,$$

$$hm_{k,ij} = \gamma \cdot \Delta S_{ij} / \Delta S_{max} + (1-\gamma) \cdot [\delta_x \cdot \Delta\theta_{x_{ij}} + \delta_y \cdot \Delta\theta_{y_{ij}} + \delta_z \cdot \Delta\theta_{z_{ij}}] / 180^O, \qquad (6.35)$$

wobei ΔS_{ij} = Abstand zwischen den Teilbaugruppen θ_j und θ_i im Arbeitsraum der FMMS vor dem Zusammenfügen;

ΔS_{max} = der maximal mögliche Abstand zwischen zwei Teilbaugruppen im Arbeitsraum der FMMS während der Montage des Produkts;

$\Delta\theta_{x_{ij}}$, $\Delta\theta_{y_{ij}}$, $\Delta\theta_{z_{ij}}$ = Rotationswinkel der Teilbaugruppe θ_j jeweils um die x-, y- und z-Achse bei der Durchführung der Operation (θ_j/θ_i);

$\gamma \in [0, 1]$ und δ_p = Gewichtskoeffizienten, $\delta_x + \delta_y + \delta_z = 1$.

Beim Übergang von einer Konfiguration Θ_z zu einer anderen Konfiguration Θ_s während der Montage können die Elemente der Matrix HM_s von den Elementen der Matrix HM_z auf folgende Weise abgeleitet werden:

$$hm_{s,uv} = hm_{z,ui}; \qquad hm_{s,vu} = hm_{z,iu}. \qquad (6.36)$$

wobei $\theta_v = \theta_j \cup \theta_i$.

Die Beziehung (6.35) liefert die Information über die Ausführungszeit einer Montageoperation und kann somit zur Abschätzung des entsprechenden Kostenanteils der Operation r in der Kostenfunktion $C_r(\theta_j/\theta_i)$ herangezogen werden:

$$h_r = hm_{k,ij}(\theta_j/\theta_i) \qquad (6.37)$$

Die Kostenfunktion (6.29) einer Montagefolge wird zum größten Teil durch die Kosten $C_r(\theta_j/\theta_i)$ ihrer einzelnen Operationen beeinflußt. Die Situation ändert sich allerdings stark, wenn die Montageaufgabe gleichzeitig durch mehrere Roboter erledigt werden kann. In diesem Fall kann durch die Parallelisierung mehrerer Operationen einer Montagefolge ein erheblicher Zeitgewinn erzielt werden. Während dieser Faktor in der konventionellen Montage nur eine untergeordnete Rolle spielt, ist der Parallelisierungsgrad einer Montagefolge in der Mikromontage ein wichtiges Optimierungskriterium.

Die Möglichkeit, in einer Montagestation mehrere Roboter ohne großen technischen Aufwand arbeiten zu lassen, ist schlechthin das Markenzeichen einer FMMS. Die sonst gleichwertigen Montagefolgen können bezüglich der Parallelisierungsmöglichkeiten in der Station und der daraus hervorgehenden Zeitersparnisse sehr unterschiedlich sein.

Der Anteil Z_k der Kostenfunktion (6.29), der den Parallelisierungsgrad der Folge k in der FMMS repräsentiert, kann für jede Teilbaugruppe θ_v durch die Analyse des entsprechenden Teilgraphen des gesamten Durchführbarkeitsgraphen bestimmt werden.

$$Z_k = W(\theta_v), \tag{6.38}$$

wobei der Parameter $W(\theta_v)$ für jede Teilbaugruppe $\theta_v = \theta_j \cup \theta_i$ bei der weiter unten vorgestellten *bottom-up*-Suchprozedur anhand der entsprechenden Parameter $W(\theta_j)$ und $W(\theta_i)$ folgendermaßen berechnet wird:

$$W(\theta_v) = 1 + \max \{ W(\theta_j), W(\theta_i) \} \tag{6.39}$$

Offensichtlich gilt in der Anfangskonfiguration: $W(\theta_s) = 0$, $s = 1, ..., N$.

Zusammenfassend besteht die Prozedur für die Ermittlung der besten Montagefolge in der Berechnung der Kostenfunktion (6.29) für sämtliche korrekten Folgen der gegebenen Mikromontageaufgabe. Eine wichtige Eigenschaft des Berechnungsalgorithmus, der nachfolgend vorgestellt wird, ist seine *bottom-up*-Arbeitsweise bei der Lösungssuche. Diese Eigenschaft erlaubt es, bei jedem Schritt des Algorithmus – von den Ausgangsknoten des Durchführbarkeitsgraphen (Anfangskonfiguration = Teile) bis zu seinem Endknoten (Endkonfiguration = Produkt) – nur den optimalen Zweig des Graphen zu untersuchen und nicht den gesamten Lösungsraum absuchen zu müssen.

Die Konsequenz aus dieser Tatsache besteht in der Möglichkeit, die Suche der besten Folge mit der Suche nach sämtlichen korrekten Montagefolgen zu kombinieren. In diesem Fall reicht es für die Ermittlung der besten Folge, die Bedingung (6.28) nach jedem Schritt der Suchprozedur zu prüfen und in nachfolgenden Berechnungen lediglich den optimalen Teilgraphen der Montageoperation zu berücksichtigen. Diese Eigenschaft des entwickelten Algorithmus bedeutet vor allem, daß im Unterschied zu existierenden Montageverfahren eine Neuplanung einer aus irgendeinem unvorhergesehenen Grund mißglückten Montageausführung (z.B. Roboterausfall oder Umgebungsstörung) *in Echtzeit* möglich ist. Nach der Aufnahme der aktuellen Montagesituation nach der Störung in der FMMS (Position und Orientierung sämtlicher Roboter und Teile im Montageraum) mit Hilfe der visuellen Stationssensoren wird die Montageplanung ausgehend von der letzten stabilen Konfiguration vor der Störung neu starten.

Es sei allerdings an dieser Stelle bemerkt, daß die angestrebte Kombination der Such- und der Optimierungsprozedur bei der Mikromontageplanung nur dann möglich ist, wenn die Entscheidung über die beste Montagefolge während der Montageplanung *lokal* getroffen werden kann. Die beste Folge wird dabei beim schrittweisen Abarbeiten des Durchführbarkeitsgraphens – beginnend von den Ausgangsknoten – durch den Vergleich sämtlicher Teilgraphen für jede Teilbaugruppe ermittelt. Das ist der Fall, solange für die Suche der besten Folge die hier vorgeschlagene Kostenfunktion (6.29) verwendet wird. Führt man zusätzlich ein Optimierungskriterium für Montagefolgen ein, dessen Anwendung die globale Information über sämtliche korrekten Folgen verlangt, dann wird die besagte Kombination und die damit verbundene Echtzeitumplanung gestörter Montagesequenzen unmöglich. In letzterem Fall muß zwangsläufig vor der Ermittlung der besten Montagefolge die Suche nach sämtlichen durchführbaren Folgen (Abschnitt 6.3) abgeschlossen sein.

6.4.2 Algorithmus zur Ermittlung der besten Montagefolge

Der folgende Algorithmus ermittelt die beste Montagefolge aus sämtlichen korrekten Folgen für die gegebene Montageaufgabe im Sinne der Optimierungskriterien (6.29) und (6.30). Wie bereits oben erwähnt, kann dieser Algorithmus mit dem Algorithmus für die Ermittlung sämtlicher korrekter Montagefolgen (Abschnitt 6.3.3) kombiniert werden, so daß alle korrekten Folgen und die optimale Folge gleichzeitig gesucht werden. Um die Übersichtlichkeit der algorithmischen Darstellung zu bewahren und die Anwendung der eingeführten Beziehungen (6.28) – (6.39) zu verdeutlichen, wird an dieser Stelle der Algorithmus zur Ermittlung der besten Folge in ungekürzter Form, nur mit einigen notwendigen Querverweisen auf den Algorithmus in Abschnitt 6.3.3, präsentiert.

Schritt 1 (Initialisierung):

Initialisiere: die Menge $\Theta_0 = \{\ \theta_i = p_i \mid i = 1, ..., N\ \}$;

Initialisiere: die Matrizen MF_0, MFM_0, MFV_0, RS_0, CC_0 und HM_0;

Initialisiere: die Menge SA der stabilen Teilbaugruppen mit Elementen der Θ_0;

Setze: $OP = \varnothing$; $\Pi_{0,1} = \varnothing$; $T_0 = 1$; $L_{0,1} = 0$; $M_{0,1} = 1$, $M_{0,2} = 2$, ..., $M_{0,N} = N$;

Setze: $Y_0 = 0$; $V_0 = 1$; $W(\theta_1) = 0$, $W(\theta_2) = 0$, ..., $W(\theta_N) = 0$;

Setze: die Anzahl v der Teilbaugruppen = N;

Setze: die Anzahl k der Konfigurationen = 0; die Anzahl n der Montageoperationen = 0.

Schritt 2 (Berechnung):

Für alle $l = 1, ..., N-1$ wiederhole:

    1) Setze: die Anzahl der Montagefolgen mit der Länge $l = 0$; $S\Theta_l = \varnothing$; $L_{l,1} = k + 1$;

    2) Für alle $s = 1, ..., T_{l-1}$ wiederhole:

        a) Setze: $m = L_{l-1,s}$;

        b) Für die Konfiguration Θ_m der Menge $S\Theta_{l-1}$ bestimme alle durchführbaren Operationen, alle stabilen Teilbaugruppen und die entsprechenden Vorgängerfolgen mit der Länge l; nehme die neuen Elemente zu den Mengen OP, SA und $S\Theta_l$ hinzu.

        Für jede durchführbare Operation berechne die Kostenfunktion (6.30).

        Für jede korrekte Folge berechne die Kostenfunktion (6.29). Anhand der Bedingung (6.28) erstelle die beste Montagefolge für das Produkt.

    Um den Schritt b) durchzuführen, gehe wie folgt vor:

        Für alle Paare (i, j), $i = 1, ..., N+1-l$ und $j = i+1, ..., N+1-l$, wiederhole:

            1) Ausführe: Anweisungen 1) – 5) des Schrittes 2-2b des Algorithmus (6.3.3);

            2) Wenn es bereits ein Element $\theta_z \in SA \mid \theta_z = \theta_v$ gibt,

                dann setze: $h = z$ und $v = v - 1$;

                anderenfalls setze: $h = v$, $OP_v = \varnothing$; nehme: θ_v zu der Menge SA hinzu; berechne: $W(\theta_v)$ mit Hilfe von (6.39);

3) Ausführe: Anweisungen 7) – 9) des Schrittes 2-2b des Algorithmus (6.3.3);

4) Wenn es bereits ein Element $op_z \in OP \mid op_z = op_n$ gibt,

    dann setze: $r = z$ und $n = n - 1$;

    anderenfalls setze: $r = n$; nehme: op_n zu der Menge OP hinzu;

      berechne: $C_r(\theta_j/\theta_i)$ mit Hilfe von (6.30);

5) Wenn die Operation $op_r \notin OP_h$,

    dann nehme: op_r zu der Menge OP_h hinzu;

    anderenfalls gehe zu 6);

6) Erstelle: die Menge $\Pi_{l,p}$ durch das Hinzunehmen der Operation op_r zur Menge $\Pi_{l-1,s}$;

7) Für die Folge $\Pi_{l,p}$ setze: $Y_p = Y_s + C_r$; $V_p = V_s$; $Z_p = W(\theta_v)$;

    berechne: J_p mit Hilfe von (6.29);

8) Für die Folge $\Pi_{l,p}$ stelle fest, ob es alternative korrekte Folgen gibt, die den Übergang zur Teilbaugruppe θ_h ermöglichen. Wenn ja, dann bestimme die optimale Folge mit Hilfe von (6.28).

Um den Schritt 8) durchzuführen, gehe wie folgt vor:

Für alle $t = 1, ..., p-1$ wiederhole:

a) Wenn [$op_r \in \Pi_{l,t}$ und $J_p < J_t$],

    dann setze: $\Pi_{l,t} = \Pi_{l,p}$; $\Theta_{L_{l,t}} = \Theta_k$; $p = p - 1$; $k = k - 1$; gehe zu 8);

    anderenfalls gehe zu b);

b) Wenn [$op_r \in \Pi_{l,t}$ und $J_p > J_t$],

    dann setze: $p = p - 1$; $k = k - 1$; gehe zu 8);

    anderenfalls gehe zu c);

c) Wenn [$op_r \in \Pi_{l,t}$ und $J_p = J_t$],

    dann:

    Wenn beide Folgen $\Pi_{l,t}$ und $\Pi_{l,p}$ die gleichen Operationen enthalten und sich nur durch deren Reihenfolge unterscheiden,

      dann berechne: $\Pi_{l,t} = \Pi_{l,t} \vee \Pi_{l,p}$; setze: $V_t = V_t + 1$; $p = p - 1$;

        $k = k - 1$; berechne: J_t; gehe zu 8);

      anderenfalls gehe zu d);

    anderenfalls gehe zu d);

d) Führt die Operation l der Folge $\Pi_{l,t}$ den Übergang zu θ_h herbei,

    dann:

    Wenn $J_p < J_t$,

      dann setze: $\Pi_{l,t} = \Pi_{l,p}$; $\Theta_{L_{l,t}} = \Theta_k$; $p = p - 1$; $k = k - 1$;

      gehe zu 8);

    anderenfalls:

    Wenn $J_p > J_t$,

      dann setze: $p = p - 1$; $k = k - 1$; gehe zu 8);

      anderenfalls gehe zu 8);

    anderenfalls gehe zu 8);

3) Setze: $T_l = p$;

Schritt 3 (Grapherzeugung):

Erzeuge: den vollständigen UND/ODER-Durchführbarkeitsgraphen für das Produkt:

Die Menge $SA = \{\ \theta_s \mid s = 1,..., v\ \}$ der stabilen Teilbaugruppen repräsentiert die Knoten des Durchführbarkeitsgraphen;

Die Menge $OP_h \subset OP = \{op_r \mid r = 1, ..., n\}$ der Vorgängeroperationen für den Knoten θ_h, $h = N+1, ..., v$, repräsentiert die Hyperkanten des Durchführbarkeitsgraphen;

Die Menge $\Pi_{opt} = \{\Pi_{N\text{-}1,s} \mid s \in 1, ..., p\}$ repräsentiert die durchführbaren und im Sinne der Kriterien (6.28) – (6.30) optimalen Montagefolgen, die den Übergang von den Ausgangsknoten (Anfangskonfiguration = Teile) zum Endknoten (Endkonfiguration = Produkt) des Durchführbarkeitsgraphen ermöglichen.

Aus dem Algorithmus ist es ersichtlich, daß für ein zu montierendes Produkt im allgemeinen mehrere gleichwertige Montagefolgen existieren können, die die oben eingeführten Optimierungskriterien gleichermaßen erfüllen. Obwohl dies für komplexere Mikrosysteme unrealistisch erscheint, muß die Handhabung einer solchen Situation in der entwickelten automatischen Mikromontage-Planungsprozedur explizit vorgesehen werden.

6.5 Dekomposition der Montagefolge in einer Mehrroboter-FMMS

Wie bereits oben diskutiert, können und müssen häufig mehrere Robotereinheiten eingesetzt werden, um komplexere Montageaufgaben in der Tischstation bewältigen zu können. Man versucht dabei, die technischen Vorteile (geringe Größe, niedriges Gewicht) und die Kostenvorteile der Mikrorobotik weitgehend auszunutzen und ihre natürlichen Leistungseinschränkungen (niedrige Geschwindigkeit, geringer Arbeitsradius, sehr kleine Kraft, wenig Platz für leistungsstarke Rechnereinheiten) durch die Verwendung mehrerer zusammenarbeitender Robotereinheiten zu umgehen. Einzelne Roboter können z. B. jeweils auf eine bzw. mehrere bestimmte Montageoperationen spezialisiert werden. In diesem Fall führen die Roboter ihre Manipulationsaufgaben in einer in der Planungsphase festgelegten Reihenfolge durch. Bei komplexeren Operationen, die einen gleichzeitigen Einsatz von mehreren unterschiedlichen Werkzeugen verlangen (z. B. beim Umladen bzw. Umgreifen von Objekten), können Roboter auch gemeinsam Aufgaben bewältigen.

In einer Mehrroboter-FMMS muß deshalb der vorher ermittelte optimale Montageplan in mehrere Teilpläne in bezug auf die Stations-Mikroroboter aufgeteilt werden. Jedem

Roboter, der an der Durchführung der Mikromontageaufgabe teilnimmt, muß nach dieser Aufteilung ein eigener Montageplan unter Berücksichtigung seiner Leistungsfähigkeiten zugewiesen werden (engl.: *plan allocation*).

6.5.1 Ermittlung von Roboter-Kandidaten und Zuteilung der Operationen

Ebenso wie bei der Ermittlung der besten Montagefolge, soll bei der Entwicklung des Dekompositionsverfahrens die Möglichkeit für lokale Entscheidungen beibehalten werden. In diesem Fall kann die durchzuführende Montageoperation gleich nach ihrer Ermittlung mit Hilfe des Algorithmus (6.4.2) einem nach bestimmten Kriterien „optimalen" Mikroroboter zugeteilt und durchgeführt werden. Während der optimale Montageplan berechnet wird, können dabei die bereits ermittelten Schritte ausgeführt werden. Diese Echtzeitfähigkeit der Mikromontageplannung bzw. -umplanung ist eine wichtige Voraussetzung für die Flexibilität und Leistungsfähigkeit einer Mehroboter-FMMS.

Wird über die Operationszuteilung lokal entschieden, dann sieht die Vorgehensweise für jede ermittelte Operation der optimalen Montagefolge wie folgt aus:

- die Roboter-Kandidaten aus der Menge der Stationsroboter werden ermittelt;

- die Operation wird nach bestimmten Kriterien dem „optimalen" Roboter zugeteilt.

Um die Ermittlung von Roboter-Kandidaten für eine Montageoperation durchzuführen, kann das in Abschnitt 6.2.1 eingeführte 6-Tupel $R_t = \{d_{+x}, d_{-x}, d_{+y}, d_{-y}, d_{+z}, d_{-z}\}$ (6.11) verwendet werden. Dieses Tupel repräsentiert das Bewegungspotential des Stationsmikroroboters vom Typ t. Es gilt: $d_p = 1$, wenn der Mikroroboter vom Typ t ein gegriffenes Teil in Richtung p bewegen kann; anderenfalls ist $d_p = 0$.

Sei die Menge der Mikroroboter vom gleichen Typ t durch G_t gegeben. Mit Hilfe der folgenden Beziehung kann festgestellt werden, ob ein bestimmter Stationsroboter rob_s in der Lage ist, die Operation op_r durchzuführen:

$$[\, rob_s \in G_t \,] \wedge [\, (FM(\theta_j/\theta_i) \wedge R_t) \neq \{0, 0, 0, 0, 0, 0\} \,], \qquad (6.40)$$

wobei rob_s = der Roboter s aus der Menge der Stationsroboter $ROB = \{rob_1,..., rob_{NR}\}$;
NR = Anzahl der Mikroroboter in der FMMS.

Sei nun der Zusammenhang zwischen einem bestimmten Mikroroboter der FMMS und den Montageoperationen, die durch diesen Roboter durchgeführt werden können, durch die sogenannte (n × NR)-Zuordnungsmatrix TM gegeben:

$$TM = \| tm_{rs} \|, \qquad (6.41)$$

wobei n = Anzahl der Operationen in der optimalen Montagefolge. Es gilt: $tm_{rs} = 1$, wenn die Bedingung (6.40) erfüllt ist; anderenfalls ist $tm_{rs} = 0$. Die Zeilen der FMMS-Zuordnungsmatrix repräsentieren Operationen und die Spalten Mikroroboter. Eine Eins in der Zeile r zeigt, welcher Roboter zur Durchführung der Operation op_r geeignet ist. Jeder Operation der optimalen Montagefolge kann somit die Menge RB_r von Roboter-Kandidaten zugeordnet werden, in der ein „optimaler" Roboter ermittelt werden soll.

Wie auch bei der Ermittlung der optimalen Montagefolge führen wir an dieser Stelle eine Kostenfunktion ein, die die Kosten der Durchführung einer Operation durch einen Mikroroboter anhand von bestimmten Kriterien beurteilen soll. Seien die Kosten der Operation $op_r(\theta_j/\theta_i)$ mit dem Roboter rob_s durch X_{rs} gegeben. Dann kann das zu lösende Optimierungsproblem – Ermittlung der besten Stationsroboter für die Operation op_r – wie folgt formuliert werden:

$$Q_r = \min X_{rs}, \ s \in RB_r \tag{6.42}$$

Die Kostenfunktion X_{rs} kann in Anlehnung an (6.29) und (6.30) wie folgt definiert werden:

$$X_{rs} = \lambda \cdot \omega_{rs} + (1 - \lambda) \cdot h_{js}, \tag{6.43}$$

wobei ω_{rs} = Bewegungspotential des Roboters rob_s bezüglich der Operation op_r;

h_{js} = Bewegungsaufwand des Roboters rob_s bezüglich der Operation op_r;

$\lambda \in [0, 1]$ = Gewichtskoeffizient.

Analog zu (6.34) kann die erste Komponente der Kostenfunktion (6.43) direkt vom Tupel $(FM(\theta_j/\theta_i) \wedge R_t)$ für die Manipulationsfreiheit der gegriffenen Teilbaugruppe θ_j bezüglich der Teilbaugruppe θ_i für den Roboter rob_s abgeleitet werden:

$$\omega_{rs} = 1 - D/6, \tag{6.44}$$

wobei $D = d_{+x} + d_{-x} + d_{+y} + d_{-y} + d_{+z} + d_{-z}$;

d_p = binäre Komponente des Tupels $(FM(\theta_j/\theta_i) \wedge R_t)$.

Die zweite Komponente der Kostenfunktion (6.43) repräsentiert analog zu (6.35) den notwendigen Bewegungsaufwand des Roboters zur Durchführung einer Montageoperation, ausgehend von der aktuellen Position bzw. Orientierung des Roboters. Danach kann der Aufwand des Stationsroboters rob_s in bezug auf die Operation $op_r(\theta_j/\theta_i)$ auf folgende Weise formell geschätzt werden:

$$h_{js} = \gamma \cdot \Delta S_{js} / \Delta S_{max} + (1-\gamma) \cdot [\delta_x \cdot \Delta\theta_{x_{js}} + \delta_y \cdot \Delta\theta_{y_{js}} + \delta_z \cdot \Delta\theta_{z_{js}}] / 180° \tag{6.45}$$

wobei ΔS_{js} = Abstand zwischen dem Roboter rob_s und der Teilbaugruppe θ_i im Arbeitsraum der FMMS vor dem Zusammenfügen;

ΔS_{max} = der maximal mögliche Abstand zwischen dem Roboter rob_s und der Teilbaugruppe θ_i im Arbeitsraum der FMMS während der Montage des Produkts;

$\Delta\theta_{x_{js}}, \Delta\theta_{y_{js}}, \Delta\theta_{z_{js}}$ = Rotationswinkel des Roboters rob_s jeweils um die x-, y- und z-Achse, die für das Greifen der Teilbaugruppe θ_j notwendig sind;

$\gamma \in [0, 1]$ und δ_p = Gewichtskoeffizienten, $\delta_x + \delta_y + \delta_z = 1$.

Der Anteil (6.45) der Kostenfunktion (6.43) wird mit Hilfe der visuellen Stationssensoren, die die aktuelle Lage der Mikroroboter ständig erfassen, in Echtzeit während der schrittweisen Durchführung der optimalen Montagefolge für jede Operation berechnet.

Das Ergebnis der Dekomposition der optimalen Montagefolge und der Zuteilung jeder einzelnen Operation dieser Folge zu dem Montageplan SP eines bestimmten FMMS-Roboters kann abschließend mit Hilfe von (6.40) – (6.45) wie folgt formell dargestellt werden:

$$op_r(\theta_j/\theta_i) \in SP_s, \text{ wenn: } (B_s = 1) \text{ und } (tm_{rs} = 1) \text{ und } (X_{rs} = Q_r), \qquad (6.46)$$

wobei B_s = Semaphor für die aktuelle Bereitschaft des Roboters rob_s. Es gilt: $B_s = 1$, wenn der Roboter rob_s in diesem Moment einsatzbereit ist; anderenfalls ist $B_s = 0$.

Die oben eingeführten Optimierungskriterien für die Zuteilung einzelner Operationen in einer Mehrroboter-FMMS bilden die Basis des nachfolgenden Algorithmus.

6.5.2 Algorithmus zur Dekomposition der besten Montagefolge

Der folgende Algorithmus ermittelt für jede Operation der durchzuführenden Montagefolge den optimalen Mikroroboter aus sämtlichen Robotern der Montagestation. Ein optimaler Roboter wird dabei im Sinne des Optimierungskriteriums (6.42) bestimmt.

Schritt 1 (Initialisierung):

Initialisiere: die Menge $\Theta_0 = \{ \theta_i = p_i \mid i = 1, ..., N \}$;
Initialisiere: die Matrix MFM_0;
Initialisiere: die Menge $ROB = \{rob_1, rob_2, ..., rob_{NR}\}$ der Stationsroboter;
Initialisiere: die Menge $OP = \{op_r \mid r = 1, ..., n\}$;
Initialisiere: die Mengen G_t und R_t, $t = 1, ..., N_{Gr}$; N_{Gr} = Anzahl der Robotertypen;
Setze: $SP_1 = \varnothing$, $SP_2 = \varnothing$, ..., $SP_{NR} = \varnothing$.

Schritt 2 (Berechnung):

Für alle $r = 1, ..., n$ wiederhole:

1) Setze: $X = FUTILITY > 1$;
2) Für die Operation $op_r(\theta_j/\theta_i) \in OP$ mit Hilfe von MFM_0 berechne: $FM(\theta_j/\theta_i)$;
3) Für alle $s = 1, ..., NR$ wiederhole:
   a) Setze: $tm_{rs} = 0$;
   b) Für alle $t = 1, ..., N_{Gr}$ wiederhole:
      Wenn $[rob_s \in G_t] \wedge [(FM(\theta_j/\theta_i) \wedge R_t) \neq \{0, 0, 0, 0, 0, 0\}]$,
      dann setze: $tm_{rs} = 1$; gehen zu c);
      anderenfalls gehe zu b);

   c) Berechne: die Kostenfunktion X_{rs} mit Hilfe von (6.43);

   d) Wenn $[B_s = 1] \wedge [tm_{rs} = 1] \wedge [X_{rs} = Q_r]$,
       dann setze: $X = X_{rs}$; q = s; gehe zu 3);
       anderenfalls gehe zu 3);

  4) Erzeuge: den Montageplan für den Roboter rob_q durch Hinzunehmen der Operation op_r zu der Menge SP_q.

Ergebnis:

Die resultierende Menge { SP_1, SP_2, ..., SP_{NR} } enthält die optimalen Montagepläne für sämtliche Mikroroboter der FMMS, die durch die Dekomposition der durchzuführenden Montagefolge des gegebenen Produkts nach dem Kriterium (6.42) ermittelt wurden. Die parallele Durchführung der ermittelten Montagepläne ermöglicht den Übergang von der Ausgangskonfiguration (Teile) zur Endkonfiguration (Produkt). Die beste Montagefolge des Lösungsraums wird somit in einer Mehrroboter-FMMS optimal durchgeführt.

Das in diesem Teil vorgestellte Mikromontage-Planungsverfahren stellt das Herzstück der Montageplanungsebene des gesamten FMMS-Steuerungssystems dar (Bild 3.11). Das Verfahren wurde bereits zum Teil implementiert und wird zur Zeit in die am IPR entwickelte Mikromonatgestation integriert. Im folgenden Teil 7 werden die Implementierungsaspekte sämtlicher Steuerungsebenen dieser Station präsentiert und diskutiert.

7 Implementierung einer FMMS

7.1 Einführung

In den vorhergehenden Kapiteln wurden die Aufbauprinzipien flexibler Mikroroboter und flexibler mikroroboterbasierter Montagestationen eingehend untersucht. An dieser Stelle werden nun die Ergebnisse einer ersten Implementierung einer FMMS vorgestellt und diskutiert. Der Entwurf einer mikroroboterbasierten Mikromontagestation ist eine disziplinübergreifende Aufgabe und somit eine echte Herausforderung für MST-, Robotik- sowie auch Informatikforscher. Die weiter unten vorgestellte Entwicklungsarbeit wird seit 4 Jahren in der interdisziplinären Forschungsgruppe „Mikromechatronik und Mikrorobotik" des Instituts für Prozeßrechentechnik, Automation und Robotik der Universität Karlsruhe durchgeführt. Diese Arbeit wurde der Öffentlichkeit auf etlichen nationalen und internationalen wissenschaftlichen Konferenzen vorgestellt und in renommierten Zeitschriften veröffentlicht. Auch auf mehreren repräsentativen Ausstellungen war die entwickelte FMMS bereits zu sehen.

Das Konzept einer automatisierten FMMS wurde bereits in Teil 2 und Teil 3 vorgestellt. Der Stationsroboter hat eine in seine Plattform integrierte Mikromanipulationseinheit und besitzt somit sowohl Manipulations- als auch Transportfähigkeiten. Diese Robotereigenschaften sind gute Voraussetzungen für eine sensorgestützte Automatisierung von Manipulationsabläufen in der Mikromontagestation. Die Station kann nicht nur eine, sondern auch mehrere Robotereinheiten beinhalten, die Manipulationsaufgaben in enger Kooperation miteinander erledigen. Eine detaillierte Vergleichsanalyse in bezug auf andere vorhandene bzw. denkbare Mikromontagekonzepte wurde in Teil 2 durchgeführt.

Alle Komponenten der implementierten Mikromontagestation befinden sich in unterschiedlichen Entwicklungsstadien. In diesem Teil wird der aktuelle Stand der Entwicklungsarbeit präsentiert. Die Entwicklung konzentrierte sich von Beginn an auf die Anwendung eines Lichtmikroskops für die visuelle Rückkopplung. Die Mikromontage in einem Rasterelektronenmikroskop ist einer der Schwerpunkte von zwei gerade gestarteten Verbundprojekten. Die Vakuumkammer des am IPR zu diesem Zweck angeschafften Mikroskops Philips-SEM 525M wurde bereits für den Aufbau einer FMMS ausgerüstet. Außerdem wird ein „REM-kompatibler" Mikroroboter – in bezug auf Kammergeometrie und spezifische Bedingungen im Arbeitsraum – entwickelt. Die ersten handfesten Implementierungsergebnisse im REM werden bereits Ende 1999 erwartet.

Der schematische Aufbau der implementierten FMMS ist in Bild 7.1 zu sehen.

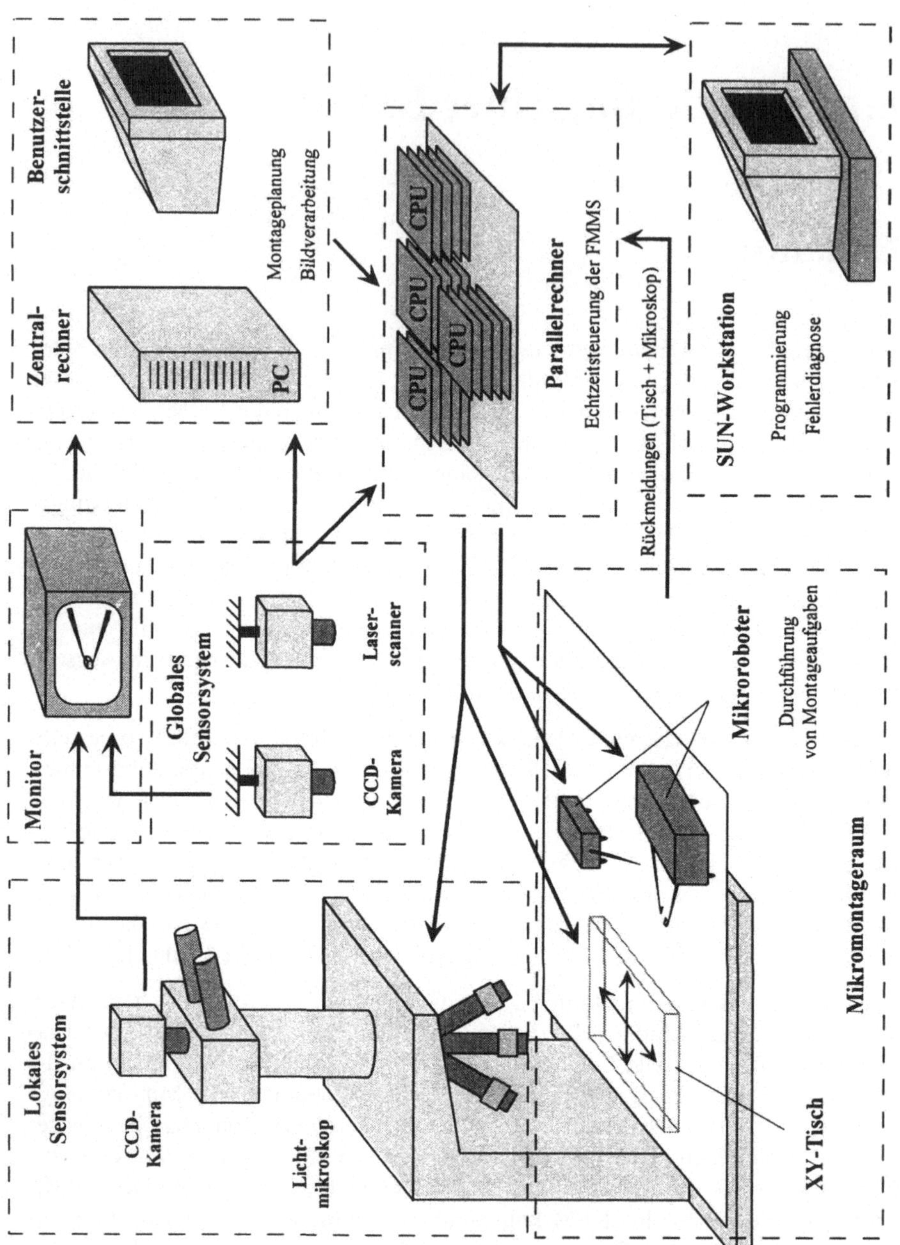

Bild 7.1
Implementierung einer FMMS

Der gesamte Montageablauf findet in der Tischstation unter einem automatisierbaren, mit einer RS232-Standardschnittstelle ausgestatteten Lichtmikroskop statt. Ein computergesteuerter Positioniertisch mit zwei translatorischen Freiheitsgraden in der XY-Ebene und eine darauf angebrachte Glasplatte bilden das Arbeitsfeld der Mikromanipulationsstation. Durch gezielte Bewegungen des Positioniertisches kann jede einzelne Montagezelle auf der Glasplatte unter das Mikroskop gebracht werden.

Die entwickelte Mikromontagestation hat die in Abschnitt 3.3 eingeführte Steuerungsarchitektur und ist eine FMMS. Auf der oberen Steuerebene der Station übernimmt der Zentralrechner (Pentium PC) die aufgabenspezifische Montageplanung, um alle notwendigen sukzessiv ausführbaren Montageschritte zu definieren. Die Anweisungen des Zentralrechners werden dann auf der unteren Steuerebene der Station anhand eines Parallelrechnersystems mit C167-Mikrocontrollern weiter bearbeitet, in eine abgestimmte Befehlssequenz für alle aktiven Systemkomponenten (Robotereinheiten, Mikroskop und Positioniertisch) zerlegt und anschließend verteilt. Der Zentralrechner ist mit dem Parallelrechnersystem über serielle und parallele Schnittstellen gekoppelt.

Dank dieses Mehrprozessorsystems können die generierten Befehle parallel ausgefürt werden, was die Mikromontagestation echtzeitfähig macht. Gesteuert werden dabei 2D-Bewegungen des Positioniertisches, verschiedene Funktionen des Lichtmikroskops wie Objektivwechsel, Fokussierung, Beleuchtungsart (Hellfeld oder Dunkelfeld) oder Lichtintensität und jeder einzelne Piezoaktor der Robotereinheiten. Da z.B. ein zweiarmiger MINIMAN-Roboter, der im nächsten Abschnitt vorgestellt wird, insgesamt neun anzusteuernde Piezoaktoren besitzt – drei „Beine" für die Plattform und sechs Aktoren für beide Manipulatoren (Abschnitt 5.2.4) – sind die Anforderungen an das Parallelrechnersystem schon bei einem einzigen Roboter in der Mikromontagestation sehr hoch.

Um die Manipulationsvorgänge auch automatisch regeln zu können, muß die Station über eine entsprechende Sensorrückkopplung verfügen. Deshalb ist das Lichtmikroskop mit einer CCD-Kamera ausgerüstet. Die Kamera und das Mikroskop bilden dabei das lokale Sensorsystem, das die visuellen Informationen über den Verlauf der eigentlichen Manipulationen von Mikroobjekten dem Zentralrechner zur Verfügung stellt. Hier muß die Position der zu manipulierenden Mikroobjekte bzw. der Roboterwerkzeuge unter dem Mikroskopobjektiv bestimmt werden. Die Position der Roboter beim Transportieren von Mikroobjekten bzw. beim Manövrieren der Roboter auf der Glasunterlage soll von einem globalen Sensorsystem erfaßt werden. Dieses System kann z.B. einen Laser-Abstandssensor oder (und) eine andere CCD-Kamera beinhalten.

Die Bildverarbeitung anhand einer globalen CCD-Kamera wurde bereits vollständig implementiert, und die gewonnenen Informationen werden dem Regelkreis der Roboter zur Verfügung gestellt (siehe unten). Ein Laser-Abstandssensor wird zur Zeit installiert; danach wird er in den Regelkreis integriert. Dabei wird eine Verbesserung der Echtzeiteigenschaften der Roboterregelung angestrebt. Die gewonnenen visuellen Sensorinformationen werden im mit einem Frame Grabber ausgestatteten Zentralrechner mittels eines leistungsstarken echtzeitfähigen Bilderkennungs- bzw. Bildverarbeitungssystems in die neuen aktuellen Steueranweisungen für die Roboter, das Mikroskop und den Positioniertisch umgesetzt. Sie werden an das parallele Rechnersystem weitergegeben, und somit schließt sich der Regelkreis.

7.2 Mikroroboter

An dieser Stelle werden die entwickelten flexiblen piezoelektrischen Mikroroboter vorgestellt, die das Herzstück der implementierten FMMS darstellen. Nach einer eingehenden Analyse verschiedener Mikroaktuationsprinzipien (Teil 4) wurden piezoelektrische Aktoren als Basis für die Stationsroboter ausgewählt. Sie zeichnen sich durch eine hohe Stellgeschwindigkeit und eine gute Reproduzierbarkeit des Stellweges aus. Piezokeramiken besitzen auch einen hohen Wirkungsgrad: etwa 50% der zugeführten elektrischen Energie kann in mechanische Energie umgesetzt werden. Dadurch entstehen hohe Stellkräfte, was besonders in der Mikrorobotik von großer Bedeutung ist. Weitere wichtige Vorteile sind die relativ hohe mechanische Festigkeit, die Neutralität gegenüber elektrisch leitenden Komponenten in ihrer Umgebung und die Unempfindlichkeit gegenüber Staub und Feuchtigkeit. Dabei haben wir sowohl Biegewandler (Rohr, Streifen) als auch Stapelaktoren angewendet. Die Implementierungsdetails findet man in [Fati95], [Groß95], [Magn95], [Haag96], [Santa96], [Zöll96], [Zöll96a], [Fati97d], [Fati97e] und [Remb97].

7.2.1 PROHAM

Im Rahmen des Konzepts „Piezoelektrische Roboter zur Handhabung von Mikroobjekten" (PROHAM) wurde ein einarmiger Mikroroboter entwickelt und getestet, der aus einer piezoelektrisch getriebenen Grundplattform mit einem integrierten nadelförmigen Werkzeugträger besteht; der Letztere kann mit unterschiedlichen Werkzeugen ausgerüstet werden.

Die Positionierung der Roboterplattform wird mittels dreier piezokeramischer Beine durchgeführt (Bild 7.2). Dabei handelt es sich um Keramiken aus VIBRIT 420, die als Rohr gesintert sind und bei Anlegen einer Spannung ihre Länge ändern. Die Piezoröhrchen sind jeweils 13 mm lang; der äußere Durchmesser beträgt 2.2 mm und der innere 1 mm. Sie sind auf dem Markt erhältlich (Keramikwerke Siemens, Redwitz) und relativ kostengünstig. Jedes Röhrchen ist mit zwei Metallelektroden überzogen, einer äußeren und inneren Elektrode (Bild 7.3, links). Mit Hilfe dieser beiden Elektroden ist es nun möglich, eine Längenänderung der Keramik zu erzwingen. Dies geschieht dadurch, daß eine elektrische Spannung an die Elektroden angelegt wird. Das daraus resultierende elektrische Feld bewirkt eine positive oder negative Längenänderung je nach Richtung

des angelegten Feldes. Um die Keramiken auch noch krümmen zu können, wird die
äußere Elektrode in vier Segmente unterteilt, die in 90°-Schritten axial angeordnet sind
(Bild 7.3, rechts).

Draufsicht

Bild 7.2
Skizze der Roboterplattform

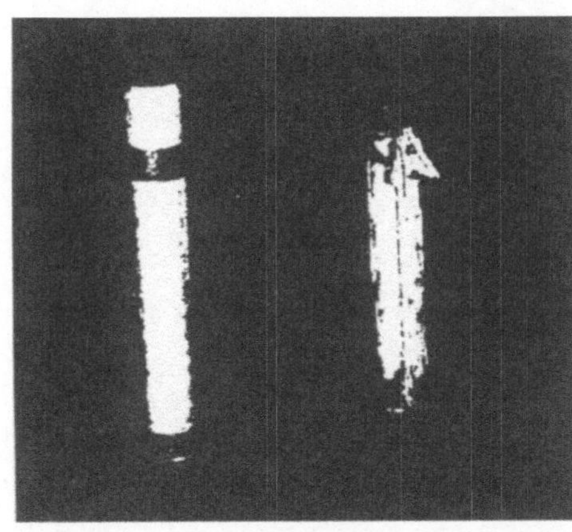

Bild 7.3
Piezokeramisches Röhrchen mit Elektroden:
Zustand nach der Lieferung (links) und
nach der Bearbeitung (rechts)

Legt man nun an zwei gegenüberliegende Elektroden eine Spannung unterschiedlicher
Polarisation an, führt dies dazu, daß die Keramik auf einer Seite expandiert und sich auf
der gegenüberliegenden Seite kontrahiert, was eine Krümmung des Rohres zur Folge
hat. Wird zur gleichen Zeit an die beiden anderen Elektroden ein Potential der gleichen
Polarität angelegt, kann die Piezokeramik gleichzeitig auch in der Länge variiert werden. Mit Hilfe dieser Elektrodenanordnung ist es also möglich, das Roboterbein präzise
anzusteuern, indem der Betrag und die Richtung des elektrischen Feldes variiert werden.
Die Röhrchen werden in metallische Halterungen eingeklebt und an die Grundplattform
angeschraubt. Mit Hilfe dieser Halterungen wird bei PROHAM, der die Ansteuerungselektronik on-board hat, eine kleine Platine befestigt, die den Kontakt der Piezobein-
elektroden mit der Steuerungseinheit ermöglicht. Danach werden an die Röhrchen etwa
1 mm große Rubinkugeln angeklebt, die als Füße dienen und einen präzisen Auflage-
punkt und eine konstante Reibung auf der Glasunterlage des Roboters gewährleisten.

Die Glasunterlage wurde gewählt, weil sie eine ebene und glatte Oberfläche besitzt. Dies ist für das Bewegungsprinzip von großer Bedeutung, da die Piezokeramiken nur sehr kleine Schritte ausführen. Außerdem befindet sich die Beleuchtung eines Lichtmikroskops beim Durchlichtverfahren (z.B. für Manipulationen mit biologischen Zellen) unter dem Mikroskoptisch; deshalb muß die Roboterunterlage transparent sein. Die Verklebungen der Piezokeramik mit der Halterung und den Füßen sind sehr hart, damit die Übertragung der kleinsten Bewegungen der Piezokeramik nicht verlorengeht.

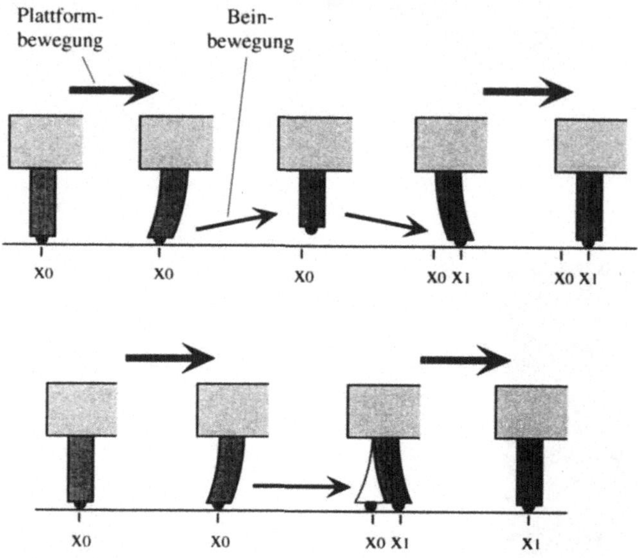

Bild 7.4
Zwei Bewegungsarten der Roboterplattform: Anziehen der Beine (oben)
und Durchrutschen der Beine (unten)

Zwei mögliche Bewegungsmechanismen der Roboterplattform sind in Bild 7.4 dargestellt. Die Plattform bewegt sich nach dem „slip-stick"-Prinzip, das bereits in Abschnitt 5.2.4 vorgestellt wurde. Der Bewegungsablauf gliedert sich in 4 Stufen (Bild 7.4, oben). Die Beine werden zuerst gleichzeitig relativ langsam gekrümmt, so daß sie auf der Unterlage haften bleiben. Die Plattform wird dabei „mitgenommen" und bewegt sich in die gewünschte Richtung. Danach wird die Polarisation der Ansteuerspannungen an den Aktorelektroden sprungartig geändert, und alle drei Beine biegen sich sehr schnell in die entgegengesetzte Richtung. Der Roboter zieht gleichzeitig die Beine an und befindet sich für kurze Zeit frei schwebend in der Luft. Danach werden die gekrümmten Beine in ihrer neuen Position abgesetzt und sie richten sich wieder auf. Dabei bewegt sich die Plattform noch ein Stück in die Zielrichtung und vollendet ihren Schritt $\Delta X = X_1 - X_0$. Das Aktuationspotential der Piezoelemente wird bei dieser Bewegungsart vollständig genutzt, da die Beine bei der Schrittausführung immer zwischen zwei entgegengesetzt gekrümmten Zuständen „schalten". Die Auslenkung des Beins beträgt bei voller Aussteuerung (±150 V) etwa ±3 µm; daraus ergibt sich die größtmögliche Schrittlänge der Plattform von 6 µm. Nachteilig ist bei diesem Bewegungsprinzip die stark nichtlineare Trajektorie der Beinbewegung: dies setzt eine präzise Ansteuerung voraus und die Keramiken werden stark beansprucht.

Auch bei dem anderen, vereinfachten Bewegungsmechanismus (Bild 7.4, unten) kommt die Bewegung der Plattform dadurch zustande, daß die Krümmungen der Beine in beiden Richtungen mit unterschiedlicher Geschwindigkeit ausgeführt werden. Wie bereits oben gesehen, werden zuerst die Beine langsam gekrümmt und dann sehr schnell „umgeschaltet". Im Gegensatz zum ersten Verfahren werden die Beine dabei nicht angezogen, sondern gleiten auf der Glasoberfläche. Aufgrund der Trägheit der Roboterplattform bzw. der hohen Geschwindigkeit der Beine rutschen sie auf der Unterlage durch, da die Gleitreibung zwischen Rubinkugeln und Glas bei einem niedrigen Robotergewicht relativ klein ist. Wenn die neue Position erreicht ist, richten sich die Beine auf, und der Schritt der Plattform wird vollendet.

Der Preis für die einfachere Ansteuerung ist die etwas unstabile Bewegung der Plattform, die stark von der aufliegenden Masse abhängig ist. Bei einem größeren Robotergewicht steigt der Einfluß der Gleitreibung und die Schritte werden daher kleiner, was zu einer Verringerung der Robotergeschwindigkeit führt. Wird das Robotergewicht gesenkt, dann werden die ruckartigen Verschiebungen der Plattform beim Durchrutschen der Beine immer mehr die Gleichmäßigkeit der Plattformbewegung beeinträchtigen, was wiederum die Geschwindigkeit und auch die Positioniergenauigkeit negativ beeinflußt. Diese für mobile Mikroroboter typische mangelhafte absolute Positioniergenauigkeit wird in der FMMS durch die sensorgeführte Steuerung der Mikroroboter ausgeglichen.

Die Roboterplattform ist mit dem vorgestellten Antrieb in der Lage, durch ein gezieltes Variieren der Ansteuerungsspannung omnidirektionale Bewegungen (vorwärts, rückwärts, seitwärts) und Drehungen durchzuführen. Dabei ist der Roboter sehr flexibel, d.h. an keinerlei mechanische Anschläge gebunden und hat somit ein unbeschränktes Bewegungspotential. Gleichzeitig kann die Roboterplattform sehr präzise positioniert werden. Durch eine Unterteilung der Ansteuerspannung in 256 Stufen (bei der Verwendung von 8-Bit-Schaltungen für die D/A-Transformation) kann eine hervorragende Auflösung der Plattformbewegung von etwa 10 nm erzielt werden. Die weitere Auflösungssteigerung wird vor allem durch die Materialeigenschaften der verwendeten Keramiken in bezug auf Hystereseverluste begrenzt.

Der PROHAM-Prototyp ist in Bild 7.5 zu sehen. Die Ansteuerungs- und Leistungselektronik ist bei PROHAM direkt auf der Plattform untergebracht, um den Roboter möglichst autonom zu machen. Über der Grundplatte befindet sich die Prozessorplatine mit einem C167-Mikrocontroller, wo die Ansteuerungsalgorithmen für die Beine ablaufen. Über der Prozessorplatine sind drei mit D/A-Wandlern und Verstärkern ausgerüstete Treiberplatinen zu sehen, wo die Ansteuerspannungen für die Beine erzeugt werden; jede einzelne Treiberplatine ist für ein Bein zuständig. Als Werkzeugträger dient ein nadelförmiger Metallarm, der mit der Plattform fest verbunden ist. An den Träger können je nach Anwendungsfall verschiedene Endeffektoren angebracht werden. Das Positionieren des Endeffektors wird dabei durch die Feinbewegungen der Roboterbeine erzielt. Der der Plattform fehlende wichtige translatorische Freiheitsgrad für die lineare Bewegung in Z-Richtung wurde in einer späteren PROHAM-Version mit Hilfe einer Kippeinrichtung realisiert, die durch einen über einen DC-Elektromotor angetriebenen Spindelaktor bewegt wird.

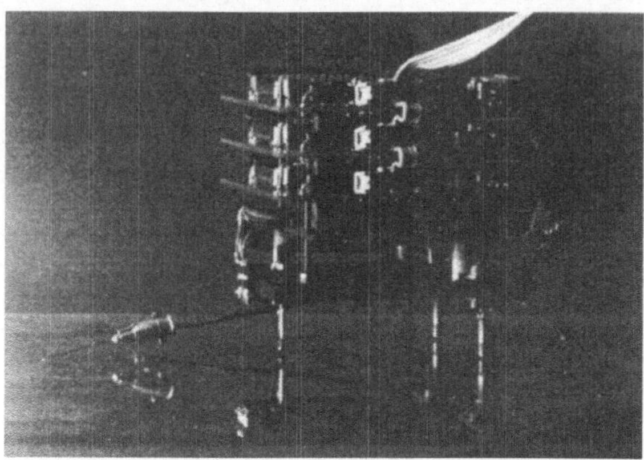

Bild 7.5
Der Mikroroboter PROHAM

Die Gesamtgröße des Roboters beträgt etwa $8 \times 8 \times 5$ cm^3. Die maximale vom Roboter transportierbare Masse beträgt ca. 500 g. Wie oben gezeigt, kann sich der Roboter, abgesehen von der Größe der Glasunterlage, uneingeschränkt bewegen. Bei einer Schrittfrequenz von 5 kHz betrug die maximale Geschwindigkeit (beim „Galopp") ca. 20 mm/s. Der Roboter zeichnet sich außerdem durch geringe Herstellungskosten aus, da er aus nur wenigen mechanischen Komponenten besteht. Dies reduziert auch den notwendigen Wartungsaufwand und die Fehleranfälligkeit auf ein Minimum.

Die Möglichkeiten des PROHAM-Prototyps wurden an der Universitätsklinik in Heidelberg getestet. Die gestellte Aufgabe bestand darin, unter einem Lichtmikroskop speziell gefärbte biologische Zellen (Bild 7.6) zwecks weiterer Analyse aus einem Zellgewebe mit dem Nadelwerkzeug zu entfernen und zu einem Sammelpunkt zu transportieren.

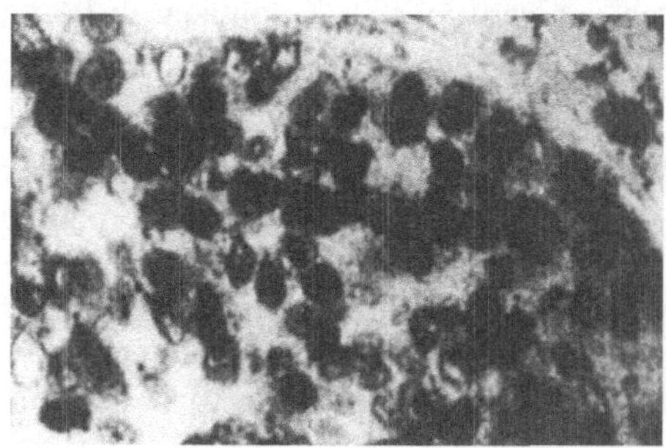

Bild 7.6
Gefärbte biologische Zellen
(Quelle – Universitätsklinik Heidelberg)

Die Manipulationen wurden teleoperiert mit Hilfe einer zur manuellen Ansteuerung von PROHAM entwickelten Computermaus durchgeführt. In der Maus sind drei übliche Mauskugeln integriert, so daß die Positionsänderungen der Maus durch die Handbewegungen des Operators auf den Roboter übertragen werden können. Dabei können vom Operator verschiedene Geschwindigkeitsbereiche explizit angegeben werden, um eine Anpassung an die durchzuführende Aufgabe zu erzielen.

7.2.2 MINIMAN

Um den Aufgabenbereich von PROHAM auf die Mikromontage zu erweitern, muß der passive Werkzeugträger durch eine flexible Mikromanipulationseinheit mit mehreren Freiheitsgraden ersetzt werden. Da die Gravitationskräfte in der Mikrowelt eine untergeordnete Rolle spielen, reichen zwei Arme, die z.B. einen Pinzettengriff ausführen können, für die meisten Anwendungen aus. In Anbetracht dieser Konstellation wurde PROHAMs Nachfolger, MINIMAN (MINIaturisierter MANipulator), mit zwei neuartigen, getrennt ansteuerbaren piezoelektrischen Manipulationsmodulen versehen (Bild 7.7, siehe auch Abschnitt 5.3.2); das PROHAM-Plattformkonzept wurde bei diesem neuen Roboter beibehalten.

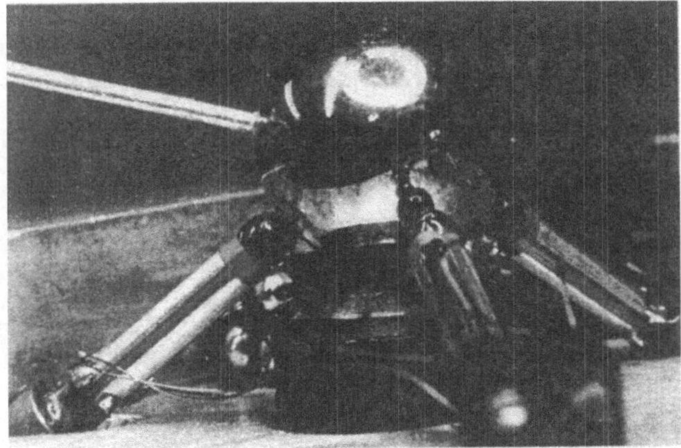

Bild 7.7
Eine der beiden Mikromanipulationseinheiten des MINIMAN

Das Manipulationsmodul besteht aus einem kugelförmigen metallischen Werkzeugträger, an dem ein anwendungsspezifischer Endeffektor befestigt ist, und drei piezokeramischen Aktoren, die mit denen der Roboterbeine identisch sind. Ein origineller Mechanismus der Kraftübertragung wird hier verwendet. Die Metallkugel wird durch einen Dauermagneten gegen die Piezokeramiken gedrückt und hat nur mit den drei in die Aktoren integrierten Rubinkugeln Kontakt. Werden nun die Aktoren, die an der Roboterplattform befestigt sind, nach dem in Bild 7.4 (unten) gezeigten Muster angesteuert, dann „laufen" die Piezoröhrchen auf der Kugeloberfläche, und die Kugel kann durch die in den Kontaktstellen entstehende Reibungskraft in jeder Richtung mit hoher Präzision gedreht werden.

Mit diesem Aktuationsmechanismus stehen dem Manipulationsmodul drei rotatorische Freiheitsgrade zur Verfügung. Damit lassen sich die am Kugelgetriebe angebrachten Werkzeuge in einem dreidimensionalen Arbeitsraum heben, senken, schwenken und drehen. Die Präzision der Endeffektorpositionierung hängt nur von der Bewegungsauflösung der Piezokeramiken ab und beträgt für die eingesetzten Rohraktoren etwa 10 nm. Die Geschwindigkeit der Mikromanipulationseinheit wird, ähnlich wie bei der Roboterplattform, durch die Ansteuerfrequenz der Aktoren bestimmt. Diese Konstruktion des Manipulationsmoduls ermöglicht einen einfachen und automatisierbaren Werkzeugaustausch durch einfaches Auswechseln des Werkzeugträgers mit integriertem Endeffektor.

Bild 7.8 präsentiert einen MINIMAN-Prototyp, der aus einer nach PROHAM-Muster aufgebauten Plattform und einer unter der Plattform angebrachten zweiarmigen Mikromanipulationseinheit besteht. Die Kugeln sind mit einfachen nadelförmigen Werkzeugen versehen. Durch eine koordinierte Bewegung der Plattform und der Piezoaktoren der Mikromanipulationseinheit kann der Endeffektor – hier die Werkzeugspitze – zu jedem beliebigen Punkt des dreidimensionalen Arbeitsraums gebracht werden.

Bild 7.8
Der Mikroroboter MINIMAN: Ansicht von vorne (links) und von unten (rechts)

Verschiedene Greif- und Manipulationsvorgänge können von MINIMAN je nach Aufgabe durchgeführt werden. So kann z.B. ein Manipulationsmodul mit einer Mikroschaufel und das andere mit einem Mikroschaber ausgerüstet werden. Objekte könnten dann mit dem Schaber auf die Schaufel geschoben und so transportiert werden. Eine andere Möglichkeit besteht darin, die Objekte zwischen zwei Werkzeugen form- oder kraftschlüssig einzuklemmen. Mit scharfen nadelförmigen Endeffektoren kann man außerdem Mikroobjekte aufspießen usw. Wie oben gesehen, können hochpräzise Montageaufgaben auch in der Vakuumkammer eines Rasterelektronenmikroskops durchgeführt werden. Diese Visionen sind in das MINIMAN-Konzept eingegangen, indem die elektronischen Steuerungskomponenten im Gegensatz zu PROHAM von der Plattform entfernt wurden, um eine Beschädigung durch Elektronenstrahlen innerhalb der Mikroskopkammer zu vermeiden.

Die vorgestellten Roboter PROHAM und MINIMAN besitzen viele exzellente Eigenschaften. In die Plattform ist eine Einheit zur Mikromanipulation integriert, welche dem Roboter die Möglichkeiten der Grobbewegung und Feinmanipulation eröffnet. Die erreichbare Geschwindigkeit und Genauigkeit reichen für die Kleinserienfertigung aus. Verschiedene Montagewerkzeuge können leicht eingesetzt und gewechselt werden. Andererseits benötigen röhrenförmige Biegewandler-Piezoaktoren eine Versorgungsspannung von ± 150 V, so daß große und teure elektronische Bauteile eingesetzt werden müssen. Außerdem bereitet das kraftschlüssige Greifen bzw. Halten von Objekten gewisse Steuerungsprobleme, da die Manipulationsmodule völlig autonom sind, und das Steuerungssystem ihre Positionierung sehr präzise koordinieren muß. Im folgenden werden einige neue Roboterentwicklungen vorgestellt, in denen verschiedenartige Bewegungsprinzipien mit Hilfe mehrschichtiger bzw. planarer Piezoaktoren realisert wurden. Jeder Roboter kann eine seinen Fähigkeiten entsprechende Aufgabe in einer FMMS ausführen.

7.2.3 Die Einbein-Positioniereinheit

Die Entwicklung von mehrschichtigen Piezoaktoren, die mit niedrigen Spannungen von ± 20 V betrieben werden können, führte zur Konzeption einer Positioniereinheit mit drei Freiheitsgraden. Neben der größeren Leistungsfähigkeit der Piezokeramiken bietet die geringe Versorgungsspannung die Möglichkeit, einfachere elektronische Bauteile zu verwenden. Sie sind viel kompakter und können ggf. direkt auf der Roboterplattform untergebracht werden. Weiterhin sind sie deutlich billiger als die bei MINIMAN verwendeten Hochspannungs-Keramiken. Aufgrund ihrer guten Leistungsfähigkeit wurde eine mehrschichtige Piezokeramik als Bewegungsaktor eingesetzt. Dieser Stapelaktor kann lediglich eindimensionale Bewegungen ausführen; wird eine elektrische Spannung an die Aktorelektroden angelegt, so ändert das piezokeramische Material seine Länge.

Das Hauptziel bestand in der Entwicklung einer Positioniereinheit (Roboterplattform), in der eindimensionale Bewegungen der Stapelaktoren in drei Freiheitsgrade (translatorisch in der XY-Ebene und rotatorisch um die Z-Achse) umgewandelt werden kann (Bild 7.9). Die Größe der Plattform beträgt ca. 3 cm × 3 cm × 3 cm. Sie besitzt ein Bein, an dem eine kreisförmige Fußplatte angebracht wurde. Die Fußplatte besitzt auf ihrer Unterseite drei kugelförmige Rubinfüße. Das obere Ende des Beines ist an einer neigbaren Basisplatte befestigt, die von drei, im Dreieck angeordneten, mehrschichtigen Piezoaktoren angetrieben wird. Wenn sich das Bein bewegt, neigt sich die Basisplatte, wobei die Neigungrichtung stets orthogonal zur Bewegungsrichtung ist (Bild 7.10, links). Wenn sich ein Piezoaktor verlängert, bewegt sich das Bein in diese Richtung.

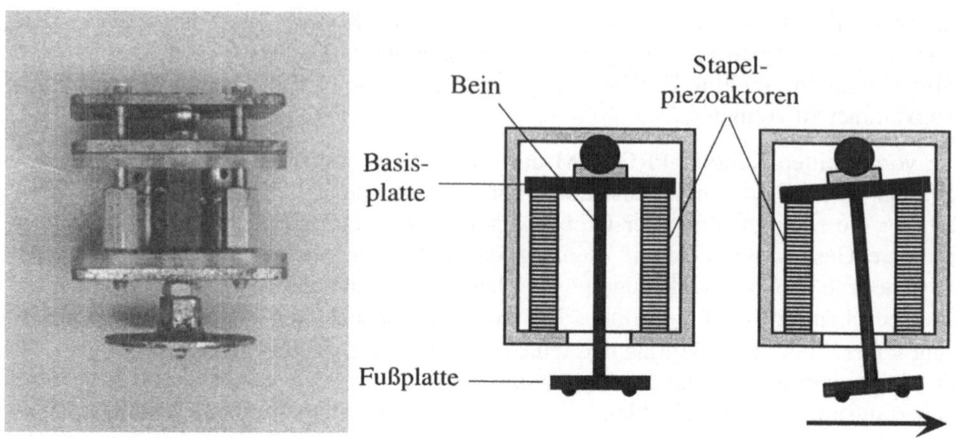

Bild 7.9
Roboterprototyp (links) und sein Bewegungsprinzip (rechts)

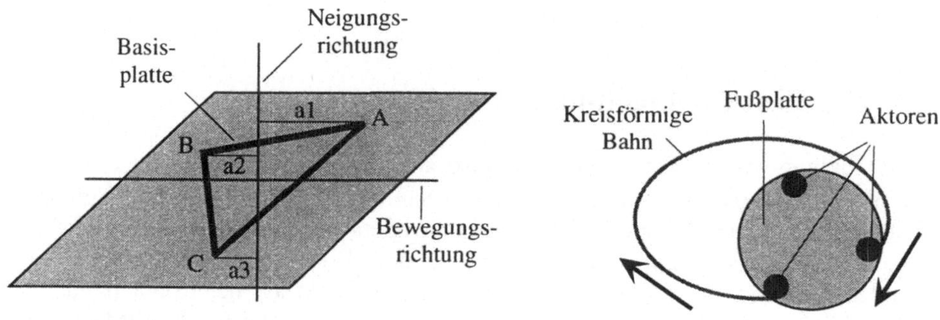

Bild 7.10
Bewegungsmodus der Basisplatte (links) und Rotation der Plattform (rechts)

Das Bewegungsprinzip der Positioniereinheit baut auf einer Sequenz mikroskopischer Sprünge auf. Eine langsame Verschiebung des Roboters in Bewegungsrichtung wird von einer schnellen Bewegung des Beines gefolgt. Hierbei bewegt sich die Einheit aufgrund der geringen Reibung zwischen Kugelfüßen und Untergrund nicht rückwärts, so daß es zu einer gleitenden Bewegung kommt, wenn das Bein mit hoher Geschwindigkeit bewegt wird.

Bewegungssteuerung. Eine translatorische Bewegung wird erreicht, indem einer der Stapelaktoren schnell in einer Richtung und langsam in der anderen schwingt. Um die Schrittweite zu erhöhen, müssen die anderen beiden Aktoren in entgegengesetzter Phase schwingen. Die Roboterkonstruktion bietet die Möglichkeit, ein Gleiten des Beins auf dem Untergrund zu unterstützen. Während der schnellen Vorwärtsbewegung bewegt sich der Schwerpunkt aufwärts, weil er in Bewegungsrichtung vor der Neigungslinie liegt. Die translatorische Bewegung ist nicht nur in den drei Richtungen der Aktoren möglich, sondern – durch ein Zusammenspiel der Aktoren – in jeder anderen.

Die folgenden Formeln beschreiben die Amplituden der Spannungen $V1$, $V2$ und $V3$, die an die Beinaktoren angelegt werden müssen, um die gewünschten Bewegungen auszuführen. Die Funktionen sind Sägezahnfunktionen, wobei zwischen der angelegten Spannung und der Auslenkung der Piezoaktoren ein direkt proportionaler Zusammenhang besteht:

$$V1 : V2 : V3 = a1 : a2 : a3$$
$$a1 = \sqrt{3} / 3 * l * \sin(90° - \alpha) + d$$
$$a2 = \sqrt{3} / 3 * l * \cos(60° - \alpha) - d \tag{7.1}$$
$$a3 = \sqrt{3} / 3 * l * \cos(60° + \alpha) - d$$

Hier repräsentieren $a1$, $a2$ und $a3$ die Abstände der Aktoren zur Neigungslinie (Bild 7.10, links), l ist der Abstand zwischen zwei Aktoren, d der Abstand zwischen dem Schwerpunkt und der Neigungslinie (experimentelle Bestimmung notwendig), und α ist der Winkel zwischen dem ersten Aktor und der Bewegungsrichtung. Die Kontaktpunkte zwischen den Aktoren und der Basisplatte sind mit A, B und C bezeichnet.

Eine Rotation ohne Torsion ist mit einem Bein nicht möglich. Die Positionierungs-einheit kann sich drehen, gleichzeitig folgt sie aber einer kreisförmigen Bahn. Eine Drehung ist möglich, da die Rubinkugeln unter den Aktoren angeordnet sind, so daß die Bewegung jedes Aktors auf die entsprechende Kugel übertragen wird. Wenn zwei Aktoren in entgegengesetzter Phase schwingen, wird die gewünschte Rotation erreicht, allerdings mit einer Bewegung entlang einer kreisförmigen Bahn mit einem Radius von $0.86 \times l$ (Bild 7.10, rechts). Eine bessere Rotation wird erreicht, wenn nach jedem Schritt die beiden folgenden Aktoren in Bewegungsrichtung schwingen. Dabei rotieren die beiden schwingenden Aktoren ebenso mit jedem Schritt, und der Radius der kreisförmigen Bahn ist minimal.

Analyse. Wird lediglich ein vielschichtiger Aktor eingesetzt, so bewirkt die asymmetrische Form der Positionierungseinheit eine Abweichung der Bahn bis zu 15 %. Die größte Genauigkeit wird erreicht, wenn alle Aktoren gleichzeitig verwendet werden und der Abstand zwischen dem Schwerpunkt und der Neigungslinie optimal ist. Die höchste Geschwindigkeit der translatorischen Bewegung beträgt ca. 0.9 mm/s. Die maximale Schrittweite ist 36 µm, die minimale 0.142 µm. Eine symmetrische Form der Einheit könnte ihr Verhalten verbessern sowie die Genauigkeit der translatorischen und rotatorischen Bewegung erhöhen. Die Einheit könnte desweiteren verkleinert werden: ein Größe von ca. $1.5 \times 1.5 \times 3 \ \text{cm}^3$ ist möglich. Eine interessante Lösung stellt die Kombination von drei einbeinigen Einheiten zu einer dreibeinigen Plattform dar. Sie hätte die Möglichkeit, sich in beliebiger Richtung mit sehr hoher Genauigkeit zu bewegen und könnte sich gut drehen.

7.2.4 SPIDER

Eine andere Positionierungseinheit ist SPIDER; sie wird von bimorphen Piezoaktoren angetrieben. Ein einfacher bimorpher Biegewandler besteht aus zwei miteinander verbundenen, flachen piezokeramischen Streifen. Die bimorphe Struktur biegt sich, indem eine Seite gestaucht und die andere gestreckt wird. Ein Roboterprototyp mit diesem Antrieb ist in Bild 7.11 zu sehen.

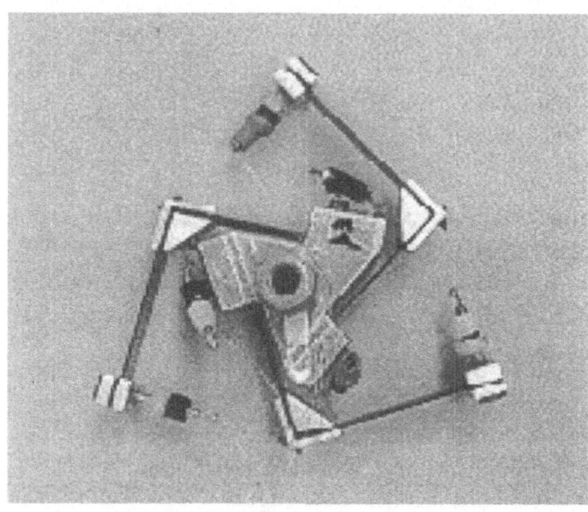

Bild 7.11
Der Mikroroboter SPIDER
(Draufsicht)

Um eine hohe Stabilität der Plattform zu erreichen, haben die drei Roboterbeine ständig Kontakt zum Untergrund. Jedes Bein besteht aus zwei senkrecht angeordneten bimorphen Aktoren (Bild 7.12, links). Eine gleichmäßige und kontrollierbare Bewegung ist möglich, falls die Beine, wie in Bild 7.12 (rechts) gezeigt, in einem Winkel von je 120° angeordnet sind. Durch diese Konstruktion besitzt der Roboter drei Freiheitsgrade (zwei translatorische und einen rotatorischen). Die äußeren Beinaktoren sind jeweils mit einem kugelförmigen Rubinfuß versehen. Die „slip-stick“-Bewegung der Plattform wird durch eine gleichzeitige langsame Bewegung der Beine in derselben Richtung erzeugt, welche von einer schnellen Rückkehr in die Ausgangsposition gefolgt wird. Während der langsamen Bewegung wird die Plattform aufgrund der Haftung zwischen den Rubinfüssen und dem Untergrund nach vorne geschoben. In der zweiten Phase erlaubt die verringerte Gleitreibung eine Rückkehr der Beine, ohne die Plattform zu bewegen.

Bewegungssteuerung. Die Bewegung eines Beines resultiert aus einer überlagerten Bewegung seiner beiden Piezoaktoren (Bild 7.12, links). Um eine Beinbewegung in Richtung von R_n zum Punkt (x_n, y_n) zu erzeugen, müssen sich die Aktoren folgendermaßen biegen:

$$d_i = -x_n; \quad d_o = y_n + d_i \frac{l_o}{l_i} = y_n - x_r \frac{l_o}{l_i} \tag{7.2}$$

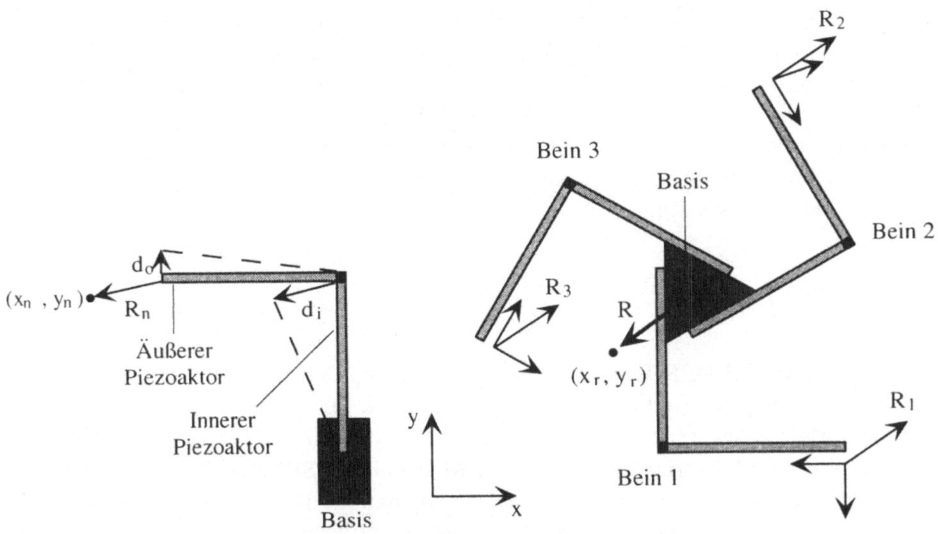

Bild 7.12
Design des Roboterbeins (links) und Bewegungsprinzip von SPIDER (rechts)

Um eine translatorische Roboterbewegung in Richtung von R zu dem Punkt (x_n, y_n) auszuführen (Bild 7.12, rechts), muß sich jedes Bein in Richtung von R_n, n = 1..3, mit

$$R_n = \begin{pmatrix} x_n \\ y_n \end{pmatrix} = \begin{pmatrix} \cos(360° - \delta_n) & -\sin(360° - \delta_n) \\ \sin(360° - \delta_n) & \cos(360° - \delta_n) \end{pmatrix} * \begin{pmatrix} x_r \\ y_r \end{pmatrix} \tag{7.3}$$

bewegen, wobei die Winkel δ_n von der Orientierung der Aktoren abhängig sind. Für die Konstruktion des Roboters gilt (Bild 7.12, rechts): $\delta_1 = 180°$, $\delta_2 = 300°$, $\delta_3 = 60°$.

Die Drehbewegung wird ähnlich gesteuert. Um ein kontinuierliches Laufen des Roboters zu erreichen, müssen die aus langsamen und schnellen Phasen bestehenden Bewegungszyklen der Beine wiederholt werden. Die Antriebsspannung für jeden der bimorphen Aktoren nimmt hierzu die Form einer Sägezahnfunktion an. Die angelegte Spannungsfrequenz bestimmt die Geschwindigkeit des Roboters, die Spannungsamplitude die Schrittlänge d des Roboterbeins (d = d_o). Da nur die gleichzeitige Bewegung aller Aktoren eine optimale Bahn von SPIDER sichert, müssen die Amplitudenwerte in geeigneter Weise angepaßt werden. Um dies zu erreichen, wird der maximale Wert von d auf eins gesetzt. Danach erfolgt die Anpassung der folgenden Werte, wobei die angestrebte Auflösung beibehalten wird. Die Spannungsamplitude wird berechnet gemäß: $V_x = V_{ref} \cdot d_x$. Bei einer Referenzspannung V_{ref} von 20 V wird eine maximale Schrittlänge erreicht.

Analyse. Dieser Roboter kann sich in beliebiger Richtung mit einer Geschwindigkeit von ca. 2 mm/s bewegen; die Ansteuerungsspannung liegt zwischen -20 V und +20 V. Eine absolute Positioniergenauigkeit von 175 nm wurde erreicht. Das im Vergleich zu

MINIMAN geringere Gewicht von SPIDER beeinflußt die Gleichmäßigkeit der „slip-stick"-Bewegung, so daß eine Gewichtsanpassung vorgenommen werden muß. Eine kürzere bimorphe Aktorstruktur bzw. eine Änderung des Winkels zwischen dem inneren und dem äußeren Aktor des Beines würde den Hebelarm reduzieren. Dies würde zu einer kompakteren Anordnung der Aktoren und somit zu einer weiteren Miniaturisierung des Roboters führen. Auf diese Weise kann der Durchmesser der Plattform von 6 cm auf unter 4 cm reduziert werden.

7.2.5 SPIDER-II

Der Mikroroboter SPIDER-II ist die Weiterentwicklung der SPIDER-Positioniereinheit zu einem Robotersystem mit integriertem Manipulator. Im Vergleich zu SPIDER haben die hier verwendeten Piezoaktoren bessere Charakteristiken; sie können mit einer Spannung von ±60 V betrieben werden. Der Mikroroboter SPIDER-II besteht aus einer Plattform mit sechs Piezobeinen und einer Manipulationseinheit, welche direkt an der Plattform angebracht ist (Bild 7.13). Eine der Hauptideen bei der Entwicklung von SPIDER-II war, wie auch bei PROHAM, den Roboter möglichst autonom zu gestalten. Deshalb wurden die Leistungselektronikbausteine direkt in die Plattform integriert (Bild 7.13, rechts). Außerdem wurde über der Plattform die Prozessorplatine mit der Ansteuerungselektronik (C167-Mikrocontroller) untergebracht. Der Roboter stellt somit ein komplexes mechatronisches System dar.

Bild 7.13
Der Mikroroboter SPIDER-II (Rechts – Sicht von unten)

Der Roboter hat drei Bewegungsbeine, um ihn entlang der x- und y-Achse zu bewegen sowie drei Hebebeine, um ihn entlang der z-Achse anzuheben. Jedes der Hebebeine besteht aus einem bimorphen Aktor, während jedes der Bewegungsbeine – wie bei SPIDER – aus zwei senkrecht angeordneten bimorphen Aktoren. Jeder Aktor kann in eine beliebige Position mit einer Amplitude von ±260 µm und einer Auflösung von 4 nm gebogen werden.

Die Konstruktion eines Bewegungsbeines ist in Bild 7.14 (links) dargestellt. Die Piezoaktoren für die x-Bewegung sind an der Roboterplattform befestigt. Jeder dieser Aktoren hat an seinem Ende einen Hebel, der einen äußeren Piezoaktor für die y-Bewegung trägt. Die äußeren Bewegungsaktoren besitzen an der Spitze jeweils einen kugelförmigen Metallfuß. Die Anordnung wurde gewählt, um die Torsion zu verringern, da diese die sehr empfindliche Piezokeramik leicht zerstören könnte.

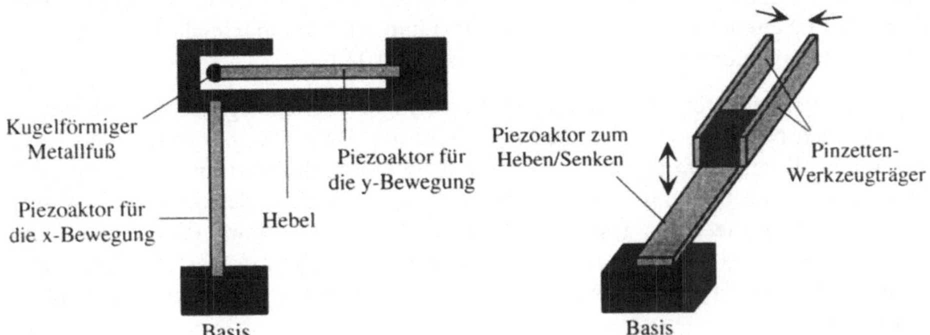

Bild 7.14
Design des Bewegungsbeins (links) und der Manipulationseinheit (rechts)

Der Roboter bewegt sich nach folgendem Prinzip: zu Beginn eines Schrittes befinden sich die Bewegungsbeine auf dem Untergrund, während die Hebebeine keinen Bodenkontakt haben. Wird an die Bewegungsbeine eine entsprechende Spannung angelegt, dann biegen sie sich rückwärts. Hierdurch wird der Roboter nach vorne bewegt. Nachdem diese Bewegung beendet ist, werden die Hebebeine abgesenkt, so daß sich der Roboter anhebt. In dieser Position werden die nun nicht mehr am Boden befindlichen Bewegungsbeine nach vorne bewegt, ohne die Roboterposition zu beeinflussen. Anschließend erfolgt die Absenkung des Roboters mit Hilfe der Hebebeine.

Die Manipulationseinheit wird von drei bimorphen Piezo-Biegewandlern angetrieben, die vom gleichen Typ wie die Bein-Aktoren sind (Bild 7.14, rechts). Der Aktor, der in die Roboterplattform integriert ist, wird zum Heben und Senken des Endeffektors verwendet, während die anderen beiden Aktoren als Pinzetten-Werkzeugträger eingesetzt werden. Zur Handhabung unterschiedlicher Objekte können an den Piezoaktoren des Werkzeugträgers verschiedene Mikrostrukturen zum Form- bzw. Kraftschlußgreifen angeschlossen werden.

Analyse. Die Piezoaktoren werden über ein Signal mit Pulsweitenmodulation gesteuert, das von einem C167-Prozessor erzeugt wird. Eine schnelle serielle Schnittstelle mit 1 Mbit/s wird benutzt. Die Betriebsspannung wurde im Vergleich zu MINIMAN von 300 V auf 60 V verringert, was zu einem deutlich vereinfachten Layout der elektronischen Schaltkreise führte. Die Verstärkung des Signals erfolgt mittels einer Transistorschaltung. Die elektronischen Bauteile sind aufgrund der niedrigen Antriebsspannung kompakt, so daß es möglich war, sie in die Roboterplattform zu integrieren. Daher sind keine Leitungen nötig, um die Elektronik mit den Beinen zu verbinden. Anstelle von 38 Leitungen in MINIMAN verbinden nun lediglich sechs Leitungen den Roboter mit der Steuereinheit. Das ist eine wichtige Verbesserung, da MINIMAN mitunter einige Probleme beim Nachziehen des Kabelgeflechts hat. Im Gegensatz zur „slip-stick"-Bewegung haften die Beine von SPIDER-II stets durch Reibung fest am Untergrund, so daß die Roboterbewegung immer vorhersagbar und sehr stetig ist. Die maximale Greifspanne des Pinzetten-Werkzeugträgers beträgt 3 mm, und die maximale Haltekraft, die durch den Manipulator aufgebracht werden kann, ist 0.23 N.

Obwohl die verwendeten Piezokeramiken hervorragende Biegeeigenschaften besitzen, haben sie auch Nachteile. Die Aktoren sind teuer (ca. 100,- DM pro Stück) und leicht zerbrechlich. Weiterhin weisen die Piezokeramiken Materialtoleranzen von bis zu 10 % auf und zeigen eine Hysterese mit einer Breite von bis zu 10 % des nominalen Wertes. Dies führt zu schlechten absoluten Genauigkeitswerten beim Positionieren der Plattform. Um dieses Problem zu beseitigen, wird ein geschlossener Regelkreis entwickelt, in dem die aktuelle Roboterposition anhand einer CCD-Kamera in Echtzeit bestimmt wird.

7.2.6 MINIMAN-II

Der oben vorgestellte MINIMAN-Prototyp besitzt zwei separate Manipulationsmodule, die eine große Flexibilität gewähren. Diese Flexibilität wird allerdings durch den Nachteil erkauft, daß kraftschlüssiges Greifen bzw. Halten eine sehr präzise und echtzeitfähige Ansteuerung erfordern. In MINIMAN-II war deshalb eine Entkopplung der Grob- und Feinbewegung der Manipulationseinheit angestrebt, so daß das Positionieren und das Greifen unabhängig voneinander angesteuert werden. MINIMAN-II benutzt das gleiche Bewegungsprinzip wie MINIMAN, seine Manipulationseinheit besteht aber nur aus einem Kugelmodul mit integriertem Pinzettengreifer (Bild 7.15, Bild 5.25).

Das Kugelgetriebe sorgt hier für die Übertragung der Grobbewegung und die Positionierung des Greifobjekts. Der integrierte piezoelektrische Pinzettengreifer übernimmt das Greifen und Halten des Objekts. Durch eine derartige Entkopplung wird die ursprüngliche Flexibilität der MINIMAN-Manipulationseinheit bezüglich der Objektgröße etwas reduziert. Erst durch diese Lösung werden aber stabile und reproduzierbare Greifvorgänge möglich.

Als Aktoren werden in der Manipulationseinheit zwei planare Biegewandler verwendet, die einen Pinzetten-Werkzeugträger bilden. Die Umwandlung der Biegebewegungen der Aktoren in das Öffnen und Schließen des Pinzettengreifers wird nach dem „Schere-Prinzip" realisiert. Entsprechend geformte Nadeln mit präparierten Spitzen werden im Prototyp auf dem Photo als Greifer eingesetzt (Bild 5.25). Das Bewegungspotential der Biegewandler beträgt ±260 µm bei einer Spannung von ±30 V; die Positionierauflösung ist 4 nm. Die Bewegungsübertragung durch den scherenartigen Aufbau erlaubt eine

Greifspanne bis zu 2 mm, was für die meisten Mikromontageanwendungen ausreicht. Das Design von MINIMAN-II wurde optimiert, so daß seine Abmessungen im Vergleich zu MINIMAN mehr als zweifach reduziert wurden. Die aktuelle Entwicklungsarbeit befaßt sich mit der Optimierung der Steuerungsalgorithmen und Koordination von Plattform- und Manipulatorbewegungen. Ein anderes Ziel besteht in der Designopti- mierung des Manipulatorantriebs, so daß die zwei wichtigen Rotationsfreiheitsgrade des Roboters, die nur über die Manipulationseinheit realisierbar sind – die Rotation um die x- bzw. y-Achse – einfach und präzise gesteuert werden.

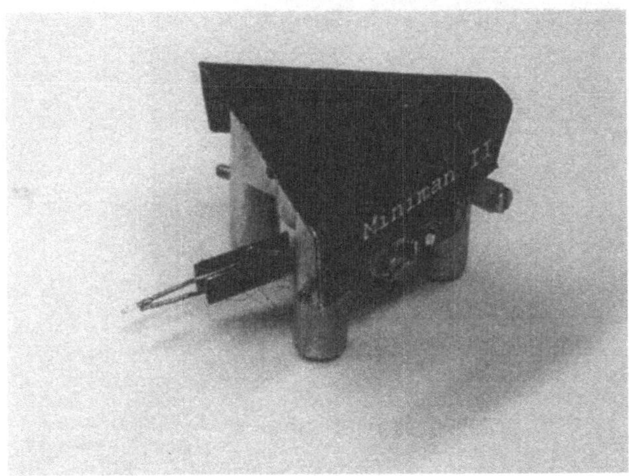

Bild 7.15
Der Mikroroboter MINIMAN-II

Bild 7.16 präsentiert abschließend die MINIMAN-„Familie", die die zur Zeit leistungs- stärksten IPR-Mikroroboter beinhaltet. Die in diesem Abschnitt vorgestellten Mikro- roboter sind im Gegensatz zu herkömmlichen Mikromanipulationssystemen vielseitig einsetzbar und können Mikromontageaufgaben unter einem Licht- oder in einem Raster- elektronenmikroskop teleoperiert bzw. automatisch durchführen. Mikroobjekte können dabei über größere Strecken hinweg transportiert und mit einer Genauigkeit im nm- Bereich manipuliert werden. Die Redundanz der Freiheitsgrade in den MINIMAN- Robotern führt dabei zu einer Flexibilität bei der Planung und Ausführung von Montageaktionen. Magnetisches „Aufhängen" des Manipulators in einem MINIMAN- Roboter erlaubt einen einfachen Werkzeugwechsel während der Montage und macht komplizierte Revolverwechsler überflüssig. Besonders wichtig ist, daß die entwickelten Mikroroboter einfach zu fertigen sind (sie benutzen marktübliche Piezo-Biegewandler zur Aktuation); sie sind wartungsfreundlich, robust und kostengünstig. Sie lassen sich auf definierte Weise ansteuern. Es besteht somit die Möglichkeit, mehrere Mikroroboter in einer Mikromontagestation zu verbinden und Montageaufgaben in enger Koordina- tion miteinander durchführen zu lassen.

Bild 7.16
Die MINIMAN-„Familie" unter einem Lichtmikroskop

7.3 Steuerung der Station

7.3.1 Hardwaresystem

Die hohe Komplexität der Stationsroboter stellt große Anforderungen an das Steuerungssystem. Beispielsweise besteht der MINIMAN-Roboter aus drei autonomen Aktorsystemen: einer mobilen Plattform und zwei Manipulatoren. Es sind große Rechenleistungen erforderlich, um sie anzusteuern, da das Bewegungsprinzip auf den hohen Stellgeschwindigkeiten der Piezoaktuatoren beruht. Auch die Koordination des Plattformantriebs mit den Manipulatorantrieben stellt harte Echtzeitbedingungen, deren Einhaltung von der Rechenanlage garantiert werden muß. Zusätzlich müssen leistungsfähige und vielseitige Möglichkeiten zur Anbindung von weiteren Mikrorobotern und Sensoren verfügbar sein. Die entstehende Systemstruktur muß dabei trotz ihrer Komplexität übersichtlich und wartbar bleiben. Um diese Anforderungen erfüllen zu können, wurde für die Roboteransteuerung ein Parallelrechnersystem mit C167-Mikrocontrollern entwickelt, das in seinem mechanischen Aufbau an die natürliche Systemstruktur der Anwendung angepaßt werden kann [Magn96].

Um die für die Robotersteuerung notwendige Rechenleistung zu erhalten, ist wegen der
hohen Abtastraten eine feingranulare Parallelisierung erforderlich, wobei jede unabhängige Teilaufgabe (in diesem Falle Ansteuerung eines der Aktorsysteme) auf einem
eigenen Prozessor abgearbeitet wird. Der in der FMMS implementierte Parallelrechner
besteht aus vier Siemens SAB C167-Mikrocontrollern. Die zentrale Prozessoreinheit
übernimmt die Koordination aller Mikrocontroller und ist zentral in der Mitte des Parallelrechners angeordnet. Die Prozessoreinheiten zur Ansteuerung der Roboteraktoren
(Plattformbeine und zwei Manipulationsmodule) sind um die Zentraleinheit herum
angeordnet. So läßt sich kostengünstig eine schnelle Dual-Ported-RAM-Kommunikation
realisieren (siehe unten).

Die Ansteuerungsprozessoren sind außer mit einer Dual-Ported-RAM-Platine (DPR-
Platine) mit jeweils drei Hochspannungsverstärker-Platinen ausgerüstet, womit jeweils
ein Piezoaktor angesteuert werden kann. Der zentrale Mikrocontroller sorgt für den
Datenaustausch mit dem übergeordneten Steuerungsrechner (PC) und leitet die
empfangenen Datenpakete an den gewünschten Empfängern weiter. Dazu ist an diesen
Mikrocontroller eine Multischnittstellenkarte angeschlossen, die über eine parallele und
vier serielle RS232-Schnittstellen verfügt. Als Erweiterungsmodul trägt er außerdem,
wie die Ansteurungsprozessoren, eine Dual-Ported-RAM-Platine zur Hochgeschwin-
digkeitskommunikation mit den beiden Prozessoren der Manipulatoren und dem Prozessor zur Ansteuerung der Plattformbeine (Bild 7.17).

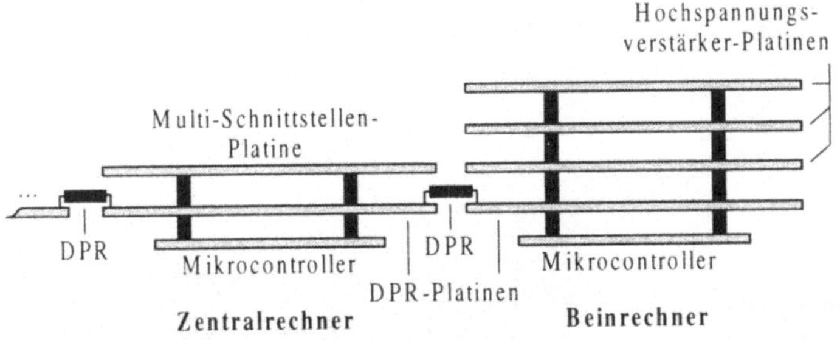

Bild 7.17
Schematischer Aufbau des Parallelrechnersystems (oben) und der implementierte modulare Parallelrechner (unten)

Ein DPR-Baustein verfügt an beiden Seiten über Adreß- und Datenleitungen, so daß
zwischen benachbarten Mikrocontrollern beidseitige Schreib- und Lesezugriffe erfolgen
können. Die DPR-Platinen sind über einen speziellen Bus mit dem Mikrocontroller und
den Hochspannungsverstärker-Platinen verbunden [Remm94]. Die Hochspannungs-
verstärker generieren für die Robotersteuerung notwendige Spannungen, die für den
MINIMAN-Roboter im Bereich von ±150 V liegen. Ein Ansteuerungs-Mikrocontroller
ist für jeweils drei Piezoaktoren zuständig und steuert über die drei Verstärkerplatinen 12
Piezosegmente (vier pro Aktor, Abschnitt 7.2).

Dem Ingenieur stehen bei der verwendeten Parallelrechnerstruktur viele Freiheitsgrade
(Prozessoranzahl, Aufgabenaufteilung, Verbindungsstruktur, Topologie) zur Anpassung
des Rechners an die Anwendung offen. Es können einfach und kostengünstig zusätzliche Aktoren oder ggf. auch Sensoren an den Parallelrechner angebunden werden,
indem ein eigener Prozessor für den Sensor bzw. Aktor zur Verfügung gestellt wird.

Der Aufbau der Steuerungs-Hardware für den Fall, daß die Mikromontagestation nur
den MINIMAN-Roboter beschäftigt, läßt sich in Bild 7.18 erkennen.

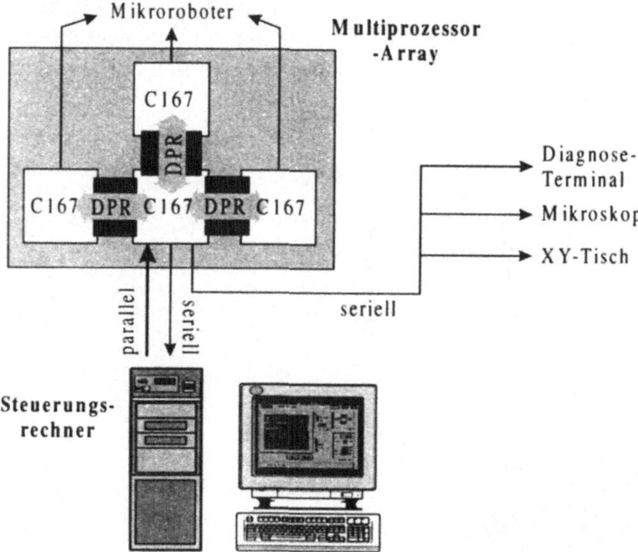

Bild 7.18
Steuerungssystem-Hardware der FMMS mit einem MINIMAN-Roboter

Als Steuerungsrechner wird ein Intel-Pentium-PC eingesetzt. Er übernimmt die folgenden Aufgaben:

•   Kommunikation mit dem Parallelrechner

•   Bereitstellen einer graphischen Benutzeroberfläche

- Anzeigen des CCD-Kamerabilds

- Bilderkennung

- Montageplanung

Um einen Befehl vom Planungssystem (automatische Montage) bzw. von der Benutzer-
schnittstelle (teleoperierte Montage) in eine Roboteraktion umzusetzen, muß der Steuerungsrechner die Befehlseingabe in Aktorbewegungen umrechnen. Die errechneten
Aktorbewegungen werden dem Parallelrechner in Form von Datenpaketen über die parallele Schnittstelle übermittelt. Dieses Datenpaket wird vom zentralen Mikrocontroller
empfangen und an das Zielobjekt weitergereicht.

Die vier seriellen RS232-Schnittstellen der Multischnittstellenkarte ergeben sich aus der
Anzahl der zu steuernden Komponenten der FMMS. Außer dem Steuerungsrechner sind
an die zentrale Prozessoreinheit der XY-Tisch, das Lichtmikroskop und ein Diagnose-
terminal angeschlossen, um einen automatischen Montageablauf gewährleisten zu
können. Da sowohl das Mikroskop als auch der XY-Tisch Informationen zurückliefern
können, sind diese Schnittstellen bidirektional ausgelegt. Die Anbindung von seriellen
Schnittstellen an den C167-Prozessor wurde in [Rich95] durchgeführt.

Der Steuerungsrechner und der Parallelrechner sind sowohl über eine serielle als auch
eine parallele Schnittstelle verbunden. Die propagierten Datenmengen und die Echtzeitanforderungen sind je nach Kommunikationsrichtung unterschiedlich. Für die Richtung
vom Steuerungsrechner zum Parallelrechner wurde die schnelle parallele Schnittstelle
gewählt, um notwendige Befehle dem Roboter möglichst schnell zu übermitteln. In
umgekehrter Richtung ist ein serieller Kanal vorgesehen, um dem Steuerungsrechner
umfassende Statusinformationen zur Verfügung zu stellen. Das Softwaresystem sorgt
dabei für ein geeignetes Protokoll zwischen den Mikrocontrollern und dem Steuerungsrechner. Die Kommunikationsaktivitäten des zentralen Mikrocontrollers werden auf dem
Diagnoseterminal detailliert protokolliert, was dem Benutzer die Implementierung
eventueller Systemänderungen sowie, im Falle einer Fehlfunktion des Steuerungssystems, die Fehlersuche wesentlich erleichtert.

Eine Weiterentwicklung der FMMS in Richtung von Mehrroboter-Montagesystemen
wird die zur Zeit bestehende Rechnerkapazität schnell erschöpfen. Aus diesem Grund
wird bereits eine Erweiterung des Hardwaresystems schrittweise realisiert, die eine
aufgabengerechte Handhabung von mehreren Robotern ermöglichen soll [Fischer96].
Das implementierte Hardwaresystem wird dabei durch zusätzliche PC104-Module erweitert, die zwischen dem Steuerungsrechner und dem jeweiligen Parallelrechner
angeschlossen werden (Bild 7.19). Diese Erweiterung wurde zum Zeitpunkt der
Erstellung dieses Manuskripts zum großen Teil abgeschlossen.

Der Steuerungsrechner übernimmt dabei die umfangreiche Aufgabe der Montagepla-
nung nebst der Dekomposition des optimalen Montageplans und der Zuteilung einzelner
Montageoperationen und unterstützt weiterhin alle Funktionen der Benutzerschnittstelle.
Jedes der PC104-Module übernimmt die ursprüngliche Rolle des Steuerungsrechners für

den jeweiligen Mikroroboter. Auf dieser Hardwareebene werden die Ausführungsplanung nebst Interpretation der Roboterbefehle und auch die Algorithmen für die sensorbasierte Robotersteuerung ablaufen. Die Echtzeit-Bildverarbeitung wird ein zusätzliches PC104-Modul ausführen, das diese Aufgabe gleichzeitig für die kamerabasierte Steuerung mehrerer Roboter (maximal vier) übernehmen kann.

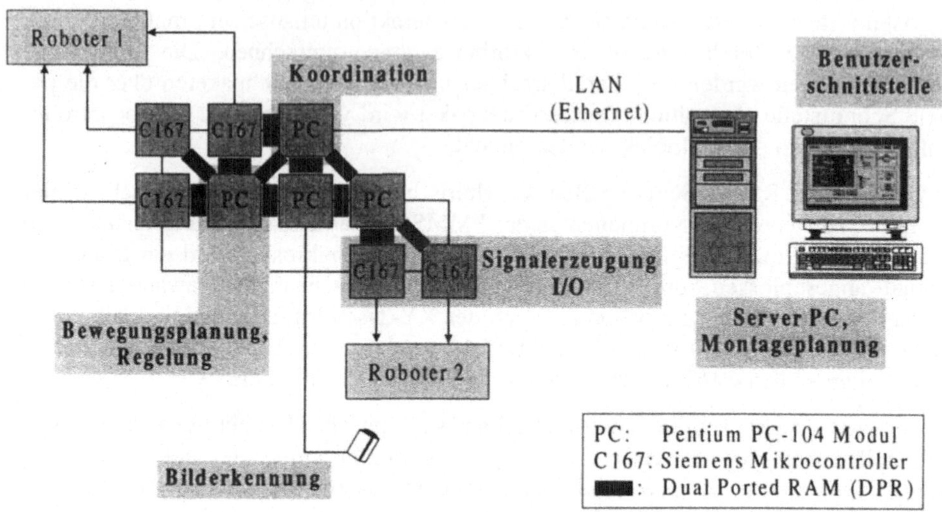

Bild 7.19
Die zu realisierende Erweiterung des Hardwaresystems

Auch wie im bestehenden Hardwaresystem sorgt die schnelle DPR-Schnittstelle zwischen einzelnen PC104-Modulen bzw. zwischen einem PC104-Modul und dem jeweiligen Zentralmikrocontroller für die Echtzeitfähigkeit der Mikromontagestation. Die Funktionalität des Parallelrechners bleibt in bezug auf jeden einzelnen Roboter in der FMMS unverändert.

7.3.2 Softwaresystem

Das Softwaresystem der FMMS orientiert sich am Informationsflußdiagramm der FMMS bzw. der Architektur des Steuerungssystems (Bilder 3.11, 3.12) und ist erwartungsgemäß recht komplex. Am Ende der Entwicklung soll das Softwaresystem wie in Bild 3.11 gezeigt strukturiert sein und die entsprechenden Aufgaben ausführen können.

Das gesamte Softwaresystem besteht aus den Programmen auf dem Parallelrechner und der Software des Steuerungs-PCs. Der Steuerungsrechner generiert aus den Benutzereingaben (teleoperierte Montage) bzw. aus den Eingaben der Planungsebene (automatische Montage) entsprechende Bewegungsbefehle für die Mikroroboter und gibt

diese an den Parallelrechner weiter. Die hardwarenahe Roboteransteuerung wurde auf
den Mikrocontrollern implementiert und ermöglicht die Ausführung der Bewegungsbefehle. Dazu rechnet der zuständige Ansteuerungsprozessor die notwendigen Span-
nungswerte für die Piezoaktoren aus und gibt diese über die Digital-Analog-Wandler
aus. Die Durchführung der Aufgabe wird anschließend an den Steuerungsrechner
zurückgemeldet. Weiter unten wird der aktuelle Implementierungsstand des FMMS-
Softwaresystems vorgestellt. Zu den Implementierungsdetails sei auf [Seyfr95] und
[Seyfr96] verwiesen. Die spezifischen Implementierungsaspekte des Softwaresystems in
bezug auf die Interpretation der Roboterbefehle sowie auf die Programmierung der
Schnittstelle zwischen den Planungs- und Steuerungsebenen der FMMS sind weiter
unten in Abschnitt 7.4 zu finden.

7.3.2.1 Parallelrechner

Die Architektur des Softwaresystems bei der Befehlsausführung wird im wesentlichen
durch die physikalischen Gegebenheiten der Hardware und vor allem durch den Aufbau
des Parallelrechners bestimmt. Die Software des zentralen Mikrocontrollers besteht aus
einem Kommunikationsmodul für die serielle Kommunikation mit dem Steuerungsrechner und einem Kommunikationsmodul, das die parallele Kommunikation mit dem
Steuerungsrechner, die Ausgabe auf dem Diagnoseterminal und die Kommunikation mit
den Ansteuerungsprozessoren über das Dual-Ported-RAM abwickelt.

Die Kommunikation zwischen dem Steuerungsrechner und dem zentralen Mikrocontroller ist durch die Trennung der Hin- und Rückrichtung verhältnismäßig einfach und kann
als eine kollisionsfreie Duplex-Kommunikation angesehen werden. Aus Sicht des Steuerungsrechners verhält sich der Parallelrechner wie ein herkömmliches Gerät am parallelen Port, z.B. wie ein Drucker, so daß die Statusleitungen in der gleichen Weise verwendet werden. Dies erleichtert die Programmierung erheblich, da keine hardwarenahen
Zugriffe zur Abfrage der Statusleitungen durchgeführt werden müssen. Die Daten vom
PC werden an die Mikrocontroller in Paketen mit einem vordefinierten Format versandt.

Die Kommunikation des zentralen Prozessors mit den Ansteuerungsprozessoren im
Parallelrechner erfolgt über das Dual-Ported-RAM. Da die Programme auf diesen
Prozessoren mit unterschiedlichen Zykluszeiten laufen, muß die Übergabe von Befehls-
werten synchronisiert werden, um ein fehlerhaftes Auslesen aus dem DPR auszuschließen. So darf der Zentralprozessor keine neue Daten in das DPR schreiben, wenn
ein Ansteuerungsprozessor gerade die aktuellen Parameter aus dem DPR „abholt". Die
Synchronisation der Mikrocontroller während des Zugriffs auf das DPR wurde als
wechselseitiger Ausschluß mit Semaphoren realisiert (Bild 7.20).

7.3.2.2 Steuerungsrechner

Das Softwaresystem des Steuerungs-PCs soll die angestrebte Stationsfunktionalität
gewährleisten. Das Zusammenspiel einzelner funktionaler Komponenten der implementierten FMMS ist in Bild 7.21 zu sehen.

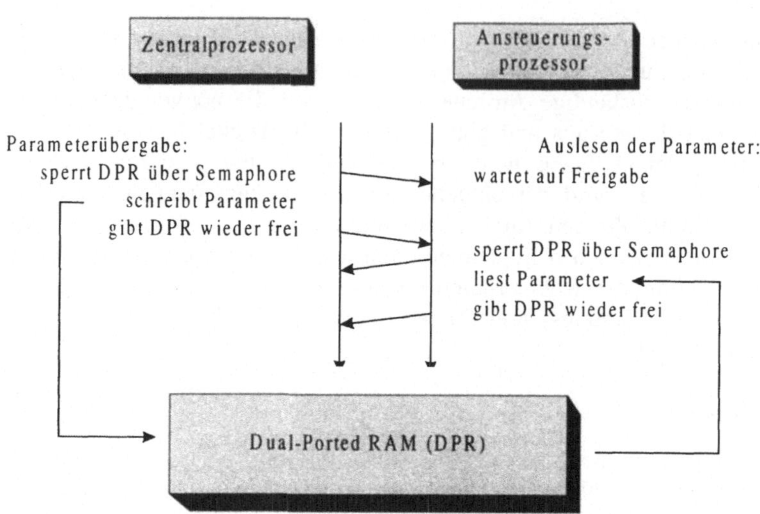

Bild 7.20
Kommunikation über das DPR im Parallelrechner

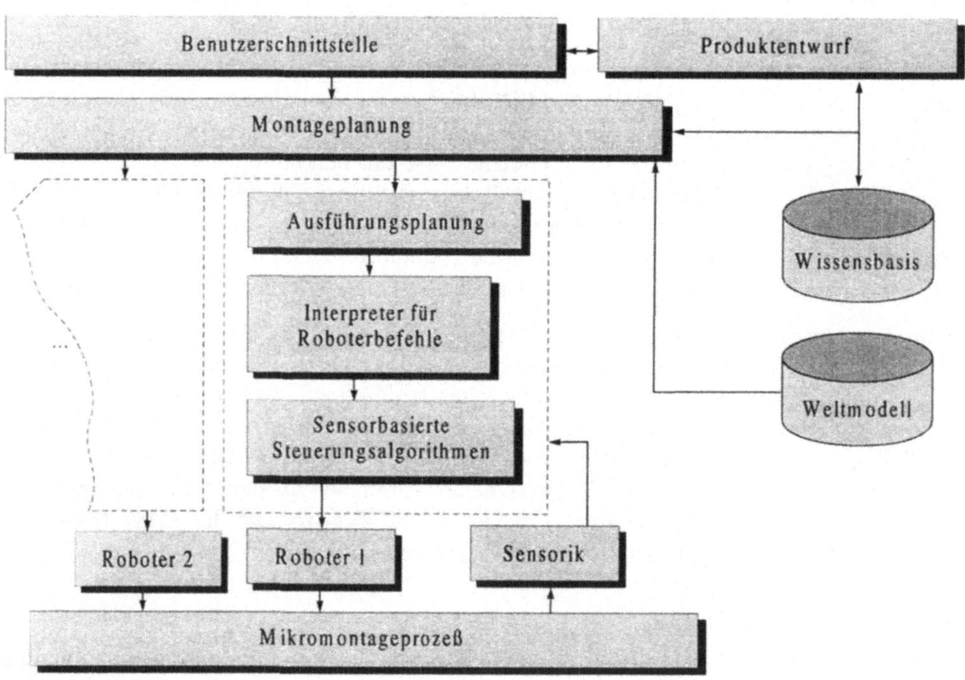

Bild 7.21
Komponenten der implementierten FMMS

Zuerst sollte eine geeignete Entwicklungsplattform für die FMMS festgelegt werden. Bei der Auswahl der Entwicklungsplattform wurden die folgenden Anforderungen bezüglich ihrer Funktionalität berücksichtigt:

- Betriebsystem mit graphischer Fensteroberfläche

- C-Compiler und Code-Generator zur schnellen Erstellung von Programmen

- Bilderkennungssoftware bzw. -bibliotheken

- eine visuelle Programmiersprache

Als Betriebsystem wird in der FMMS Linux eingesetzt, das mittlerweile eine weite Verbreitung gefunden hat. Durch die Tatsache, daß UNIX-Programme meist mit nur unwesentlichen Änderungen auch auf andere UNIX-Systeme portiert werden können, steht ein großes Angebot an Software zur Verfügung, was eine umfangreiche spezielle Softwareentwicklung erspart und zur Reduzierung der Stationskosten beisteuert. Unter anderem ist für das Linux-Betriebsystem der GNU-C-Compiler, das Revision Control System (RCS) und die Entwicklungsumgebung Khoros erhältlich. Die Verfügbarkeit von Khoros gab den Ausschlag für das Betriebsystem Linux [Seyfr96].

Khoros ist ein Programmsystem, das zum einen Werkzeuge zur Programmerstellung, mächtige Bibliotheken und abstrakte Datentypen und zum anderen eine visuelle Programmiersprache beinhaltet. Diese leistungsfähige Entwicklungsumgebung entspricht der Komplexität einer FMMS und deckt sowohl den Bereich Programmerstellung als auch den der Bildverarbeitung bei der Programmierung des Steuerungsrechners vollständig ab, wodurch viele lästige Schnittstellenprobleme entfallen. Die visuelle Sprache „Cantata" stellt unter anderem Funktionen zur Bildverarbeitung bereit und erlaubt die schnelle Erstellung von Programmen, indem dem Benutzer die Bibliotheksfunktionen von Khoros und diverse Kontrollkonstrukte als graphische Elemente bereitgestellt werden. Diese Eigenschaft ist für die Entwicklung von kamerabasierten Robotersteuerungsalgorithmen in einer FMMS von großer Bedeutung.

Weiter unten werden die bereits implementierten Softwarekomponenten der Station eingehender vorgestellt. Es muß dabei berücksichtigt werden, daß sich der Implementierungsstand der FMMS schnell ändert und die angestrebte Funktionalität der Station in absehbarer Zeit vollständig erreicht sein wird.

7.3.3 Graphische Benutzerschnittstelle

Die Dialogfenster der entwickelten graphischen Benutzerschnittstelle sind wie gewöhnliche X-Windows-Programme zu bedienen. Es wurde dabei der gebräuchliche Athena-Widget-Satz zur Programmierung der Dialogelemente verwendet [Seyfr96]. Das Hauptfenster (Control Panel) der Schnittstelle ist in Bild 7.22 vorgestellt.

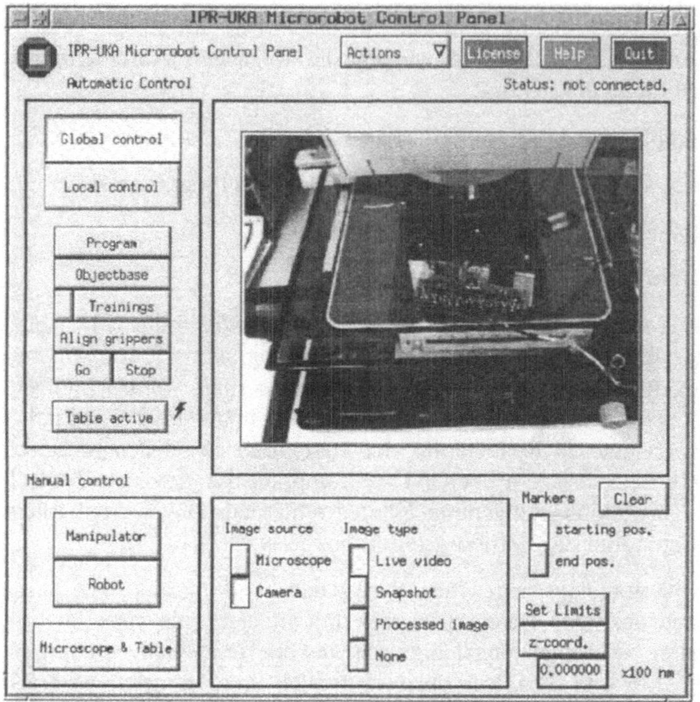

Bild 7.22
Das Hauptdialogfenster der graphischen Benutzerschnittstelle

Im Fenster kann das aktuelle Kamerabild angezeigt werden. Mit einem Wahlschalter
kann wahlweise ein laufend aktualisiertes Bild, ein Standbild oder ggf. gar kein Bild
(zur Entlastung des Prozessors) abgerufen werden. Die Schnittstelle besitzt zwei Gruppen von Dialogelementen, die das Mikroskop und den XY-Tisch bedienen. Mit einem
Wahlschalter kann man im halbautomatischen Modus Roboterbewegungen ansteuern.
Dabei gibt ein Mausklick im Kamerabild die Start- bzw. die Zielposition der gewünschten Bewegung an. Daraufhin führt der Roboter eine translatorische Bewegung
aus, basierend auf der Richtungs- und Entfernungsinformation, die den beiden Bild-
schirmkoordinaten entnommen werden können.

Das umfangreiche Menü der graphischen Schnittstelle erlaubt eine bequeme Bedienung
bzw. Überwachung der Station. Es kann vom Hauptfenster eine Verbindung zum
Parallelrechner hergestellt bzw. abgebrochen werden. Dabei läßt sich z.B. der Status
oder die Betriebsbereitschaft der Mikrocontroller abfragen. Auch ein extra Dialogfenster
mit diversen Einstellungen für die Steuersoftware kann aufgerufen werden.

Zwei andere Dialogfenster zur Steuerung der Positioniereinheit und der Manipulatoren
des MINIMAN-Roboters sind ebenfalls vom Hauptfenster aufzurufen (Bild 7.23).

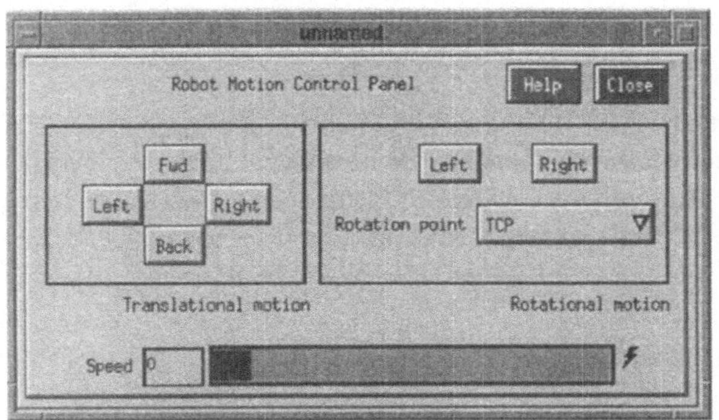

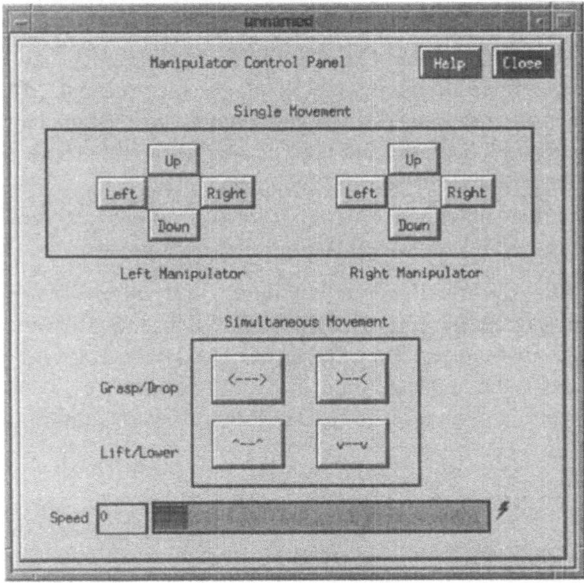

Bild 7.23
Dialogfenster für teleoperierte Ansteuerung des MINIMAN-Roboters
Positioniereinheit (oben) und Manipulationsmodule (unten)

Diese Dialogfenster ermöglichen eine teleoperierte Ansteuerung des MINIMAN-
Roboters über den PC. In diesen Fenstern kann man sowohl die Bewegungsrichtung als
auch die Bewegungsgeschwindigkeit einstellen. Die beiden Manipulatoren lassen sich
dabei einzeln steuern, was komplexe Montagevorgänge ermöglicht. Es gibt auch die
Möglichkeit, das Kraftschlußgreifen durchführen zu lassen, indem die beiden Manipulatoren gekoppelt, d.h. quasi als eine Einheit, angesteuert werden. Dabei kann ein Mikro-
bauteil im halbautomatischen Modus gegriffen, angehoben, gehalten, abgesenkt und
anschließend losgelassen werden. In jeden der Dialogfenster ist auch eine Online-Hilfe

implementiert, so daß Benutzer, die mit der FMMS nicht vertraut sind, die Stationsfunktionalität direkt erlernen und vollständig ausnutzen können.

Einige andere Funktionen der graphischen Benutzerschnittstelle befinden sich in der Implementierungsphase. Die Schnittstelle wird mit der Weiterentwicklung der FMMS erweitert [Seyfr97]. Vor allem die Einbindung von Kraftinformationen sowie eine Umgebung zur Ansteuerung von Mehrrobotersystemen stehen auf der Tagesordnung.

7.3.4 Mikroroboter-Steuerung

7.3.4.1 Bahnsteuerung des MINIMAN-Roboters

Bei der Bewegungssteuerung soll der Mikroroboter auf einer Strecke von in der Regel mehreren Zentimetern so gesteuert werden, daß er – von der aktuellen Position bzw. Orientierung ausgehend – jeden beliebigen Zielpunkt im Montageraum optimal (im Sinne eines Kriteriums) mit der gewünschten Orientierung anfahren kann. Normalerweise ist die Operationszeit das wichtigste Kriterium. Bei piezoelektrischen Robotern ist die Laufzeit vor allem von der Ansteuerungsmethode der Roboterbeine abhängig. Für den MINIMAN wurden deshalb mehrere unterschiedliche Ansteuerungskonzepte entwickelt und getestet.

Wie bereits gezeigt, wird die MINIMAN-Positioniereinheit durch drei tubusförmige Biegewandler mit je vier Elektrodensegmenten angesteuert (Bild 7.24). Der Roboter kann sich in der X/Y-Ebene in jede beliebige Richtung bewegen. Die Bewegungsrichtung und -geschwindigkeit werden durch die gezielte Änderung der Frequenz bzw. Amplitude der sägezahnförmigen Ansteuerungsspannung an jedem Roboterbein bestimmt.

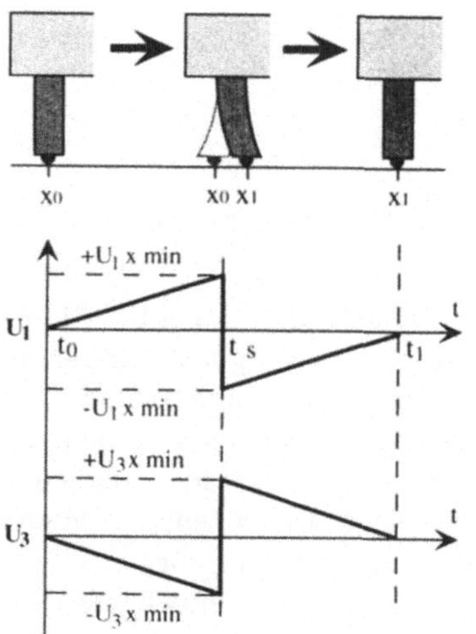

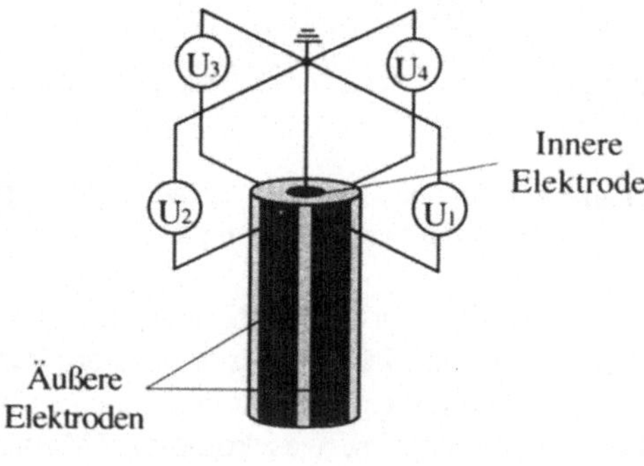

Bild 7.24
Ansteuerung eines der MINIMAN-Beine

Jedes Bein hat ein lokales Koordinatensystem, in dem die Bewegungsrichtung der Biegung definiert ist (Bilder 7.25 und 7.26). Als Eingabe für das Bewegungssteuerungsprogramm des MINIMAN-Roboters dienen der Zielpunkt für die Endeffektorspitze und die gewünschte Orientierung der Plattform am Zielpunkt. Gegebenenfalls kann auch die Geschwindigkeit variiert werden, falls nicht der maximal mögliche Wert ausgenutzt werden soll. Diese absoluten Parameter werden in den implementierten Steuerungsfunktionen in relative Bewegungsrichtungen bzw. -geschwindigkeiten für jedes Roboterbein umgerechnet, die in Kombination die angestrebte Bewegungsbahn hergeben sollen.

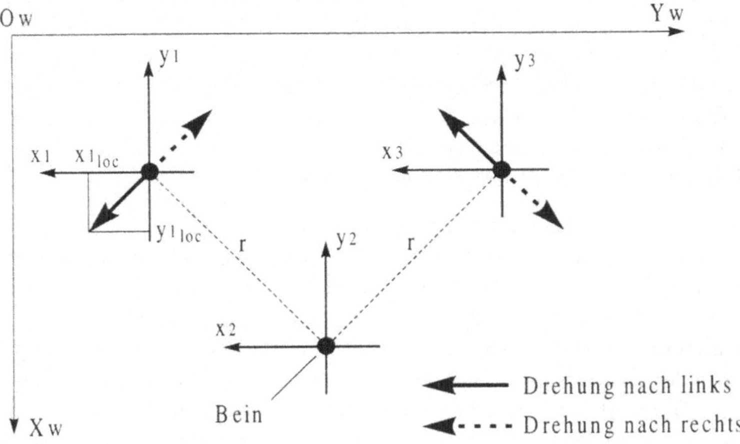

Bild 7.25
Rotation um das hintere Bein

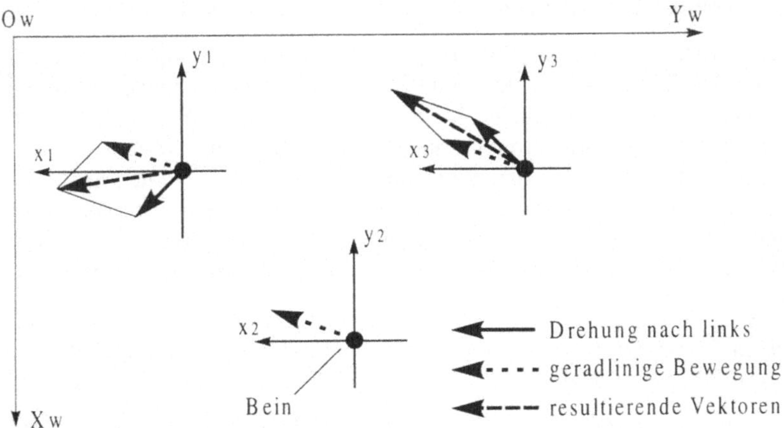

Bild 7.26
Translatorische Bewegung mit gleichzeitiger Orientierungsänderung

Für jedes Bein wird dabei ein Vektor berechnet, dessen Länge proportional zur Geschwindigkeit ist; der Vektor enthält eine Linear- und eine Rotationskomponente. Bild 7.25 zeigt z.B. eine Rotation in beiden Richtungen um das hintere Roboterbein. Die Geschwindigkeit des hinteren Beines ist in diesem Fall null. Die Durchführung einer translatorischen Bewegung des Roboters zu einem Zielpunkt im Montageraum ist in Bild 7.26 zu sehen. Soll der Roboter mit einer bestimmten Orientierung am Ziel ankommen, dann soll eine Rotationskomponente die Beintrajektorien entsprechend korrigieren, wie in dem Bild gezeigt.

Da sich der Roboter um das hintere Bein dreht, wurde dieses Bein bei der Berechnung der relativen Bewegungsrichtungen bzw. -geschwindigkeiten der Roboterbeine als Referenzpunkt für die Roboterposition gewählt. Das Programm braucht als Eingangsparameter die aktuelle und die gewünschte Roboterposition und Orientierung. Dann wird der Abstand S bis zum Zielpunkt berechnet und daraufhin werden die Länge L des Kreisbogens, der der Winkeldifferenz bei einer Orientierungsänderung entspricht, sowie die entsprechenden Richtungen und Geschwindigkeiten der Beine bestimmt.

Die absolute Bewegung des Roboters kann auf mehrere Arten realisiert werden. Mit der zuvor beschriebenen Methode führt der Roboter z.B. gleichzeitig eine Drehung und eine translatorische Bewegung aus. Es kann aber von Vorteil sein, zuerst durch eine reine Rotationsbewegung den Differenzwinkel zwischen der gewünschten und der aktuellen Roboterorientierung abzufahren und anschließend eine reine translatorische Bewegung auszuführen. Die optimale Ansteuerungsmethode ist vor allem von der durchzuführenden Aufgabe abhängig. Generell wird zwischen einer Positionierungs- und einer Mikromanipulationsaufgabe unterschieden. Die Positionierungsaufgabe liegt z.B. vor, wenn ein Bauteil vom Roboter über eine größere Distanz transportiert wird. Dabei ist das globale Sensorsystem für die Montageüberwachung zuständig. Die Mikromanipulationsaufgabe findet unter dem Mikroskop statt, und die Sensorinformationen werden durch Mikroskopbilder von der CCD-Kamera dem Steuerungssystem zur Verfügung gestellt.

Beide Aufgabenarten haben ihre eigene Spezifika in bezug auf die zu implementierende Bewegungsmethode des Roboters. Bei der Durchführung einer Positionierungsaufgabe soll die Robotergeschwindigkeit möglichst hoch bzw. der Weg möglichst kurz sein, damit die Operationszeit minimiert werden kann. Diese stellt in diesem Fall das wichtigste Optimierungskriterium für den Bewegungsalgorithmus dar. Dies gilt allerdings nur eingeschränkt, wenn der Roboter gerade Feinmanipulationen mit einem Bauteil unter dem Mikroskop durchführt. Um den Montageablauf überwachen und steuern zu können, muß das Bauteil nebst den Endeffektorenspitzen ständig im Sichtfeld des Mikroskops bleiben.

Diese Überlegungen führten zu mehreren unterschiedlichen Ansteuerungsmethoden für den MINIMAN-Roboter, die in Bildern 7.27 und 7.28 anschaulich dargestellt sind.

Um den Roboter vom Startpunkt A zum Zielpunkt B zu bewegen, müssen alle drei Roboterbeine separat angesteuert werden. Für jedes Bein soll ein Vektor U_i, i=1...3, bestimmt werden, der die Bewegungsrichtung und die Geschwindigkeit (Schrittfrequenz) des Beines beschreibt. Bild 7.29 zeigt die lokalen Koordinatensysteme $x_i o y_i$, $i=1...3$, der Beine in bezug auf das Koordinatensystem XOY des Roboters.

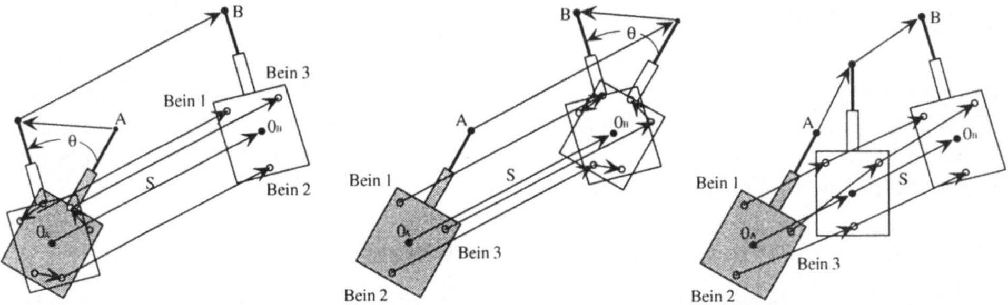

Bild 7.27
Drei Bewegungsmodi bei einer Positionieraufgabe (Grobbewegung A → B):
Rotation um O_A mit anschließender Translation (links), Translation mit anschließender Rotation
um O_B (Mitte) und kombinierte Bewegung (rechts)

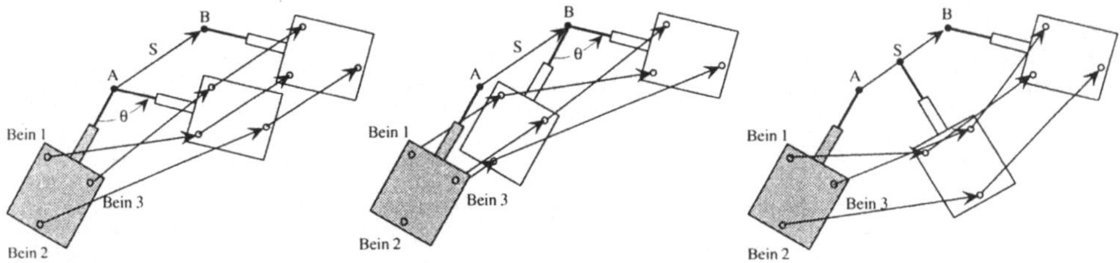

Bild 7.28
Drei Bewegungsmodi bei einer Mikromanipulation (Feinbewegung A → B):
Rotation um A mit anschließender Translation (links), Translation mit anschließender Rotation
um B (Mitte) und kombinierte Bewegung (rechts)

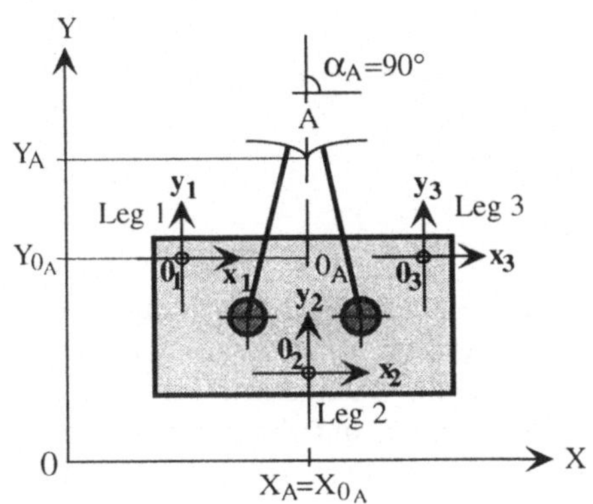

Bild 7.29
Koordinatensysteme des MINIMAN-
Roboters und seiner Beine

Die Koordinaten (X_A, Y_A) der Endeffektorspitze und der Winkel α_A zwischen der Achse OX und der mit dem hinteren Bein verbundenen Symmetrieachse des Roboters dienen als Eingangsinformationen für die Bewegungssteuerung und werden von den visuellen Sensoren der FMMS zur Verfügung gestellt. Somit kann die Steuerungsaufgabe folgendermaßen definiert werden: Im Koordinatensystem XOY ist der Startzustand $((X_A, Y_A), \alpha_A)$ sowie der Endzustand $((X_B, Y_B), \alpha_B)$ gegeben. Zu finden ist der Vektor $U_i = (\Delta x_i, \Delta x_i)^T$, i=1...3, im Koordinatensystem $x_i o y_i$. Die Implementierungsdetails für alle in den Bildern 7.27 und 7.28 dargestellten Bewegungsmodi des MINIMAN-Roboters sind in [Fati97d] und [Wörn98] zu finden.

7.3.4.2 Neuro- und Fuzzy-Bahnregelung des MINIMAN-Roboters

Die MINIMAN-Roboter haben eine Bewegungsauflösung von ca. 10 nm, die absolute Positioniergenauigkeit ist aber für Mikromontageaufgaben ungenügend. Bei einer ungeregelten Bewegung über größere Strecken treten große Abweichungen von der berechneten Bahn bzw. Orientierung auf (Bild 7.30). Die Gründe dafür sind bereits in Teil 2 ausführlich erläutert worden; weiter unten wird darauf noch einmal kurz eingegangen.

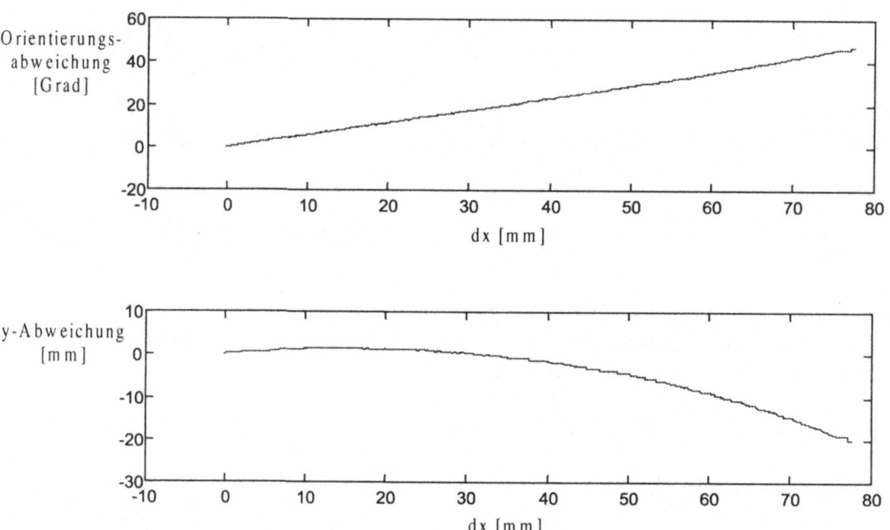

Bild 7.30
Bahnverlauf des MINIMAN-Mikroroboters ohne Regelung

Obwohl der Verschleiß und die Ermüdung der Piezoelemente gegenüber ähnlichen Effekten in der Makrowelt unbedeutend erscheinen, steigt ihre Bedeutung im Laufe der Benutzungszeit des Mikroroboters erheblich. Die genannten Faktoren lassen sich zwar theoretisch berechnen, aber die berechneten Werte stimmen mit denen in der Praxis leider nicht überein. Ein Grund für diese Differenz ist u.a. die bei der Aktuation der

Piezoelemente auftretende Hysterese. Sie ist für jeden einzelnen Piezoaktor unterschiedlich und läßt sich nicht genau berechnen. Der fehlerhafte Bahnverlauf ist außerdem auf diverse Störgrößen in der Montageumgebung zurückzuführen; z.B. Oberflächenbeschaffenheit der Unterlage, Vibration oder Steifigkeit der Kabel beeinflussen die Regelbarkeit des Mikroroboters erheblich. Eine weitere Fehlerquelle ist das Rauschen der Sensorsignale (z.B. bei der Bildverarbeitung), das bei einer Auflösung der globalen CCD-Kamera von ca. 0.5 mm die Grobpositionierung erschwert.

Das Problem der mangelhaften absoluten Positioniergenauigkeit kann nur durch den Einsatz eines Regelungssystems gelöst werden, indem die visuellen Sensorinformationen der CCD-Kameras in der FMMS in einen Regelkreis einbezogen werden. Bei den möglichen Regelungskonzepten kommen neben den herkömmlichen Methoden (PID-Regelung mit Referenzmodell-Adaption) auch Ansätze mit neuronalen Netzen und Fuzzy-Logik in Betracht. Alle genannten Regelungsverfahren wurden in der FMMS implementiert und getestet [Santa97] – [Santa97b], [Fati98a], [Santa98].

Fuzzy-Regler: Der Fuzzy-Regler wurde als Adaptionseinheit parallel zu einem konventionellen Regler geschaltet (Teil 3, Bild 3.15, oben). Die aktuelle Postion und Orientierung des MINIMAN-Roboters werden bei der Fuzzy-Bewegungsregelung mit Hilfe des globalen Sensorsystems erfaßt. Die Eingangsgrößen für das Regelungssystem sind die Abweichung von der Soll-Bahn und die Winkelabweichung von der Soll-Orientierung des Mikroroboters (Bild 7.31). Die genannten Soll-Werte werden bei der Ausführungsplanung der Montageaufgabe berechnet.

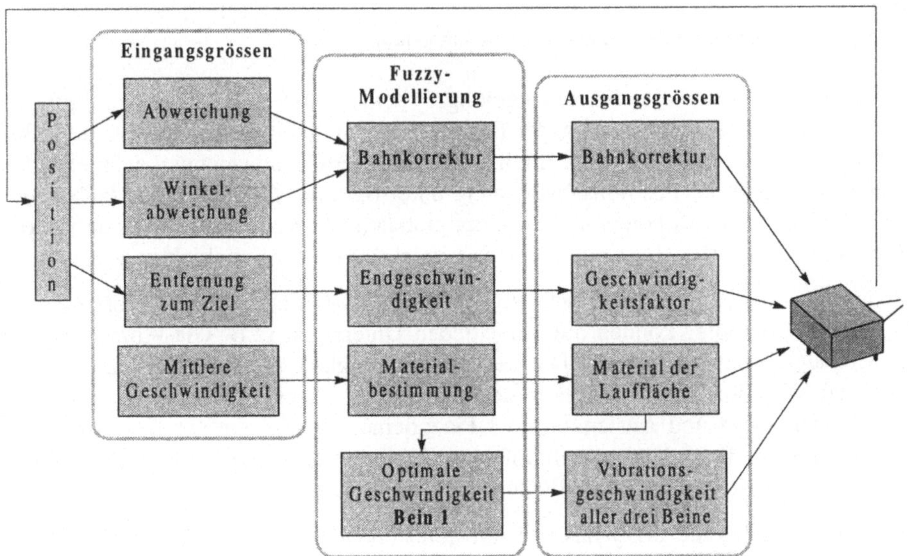

Bild 7.31
Kamerabasierte Fuzzy-Adaptation bei der Bewegungsregelung des MINIMAN-Roboters

Aufgrund der aktuellen und den aus der Solltrajektorie berechneten Positions- und Orientierungswerten wird die momentane Bahnabweichung bestimmt, die dann vom Fuzzy-Regler korrigiert wird. Die Ausgangsgröße des Fuzzy-Reglers ist die Korrektur-größe für die Stellgröße des konventionellen Reglers, die eine Positions- und eine Orientierungskorrektur (z.B. Drehung) beinhaltet und nach der Defuzzifizierung als scharfer Wert dem Regelungssystem vorgegeben wird. Bild 7.32 präsentiert die Kennebene des implementierten Fuzzy-Reglers, die den Zusammenhang zwischen den Ein- und Ausgangsgrößen des Reglers aufzeigt (links), und den Bahnverlauf des Roboters beim Einsatz der adaptiven Fuzzy-Regelung (rechts).

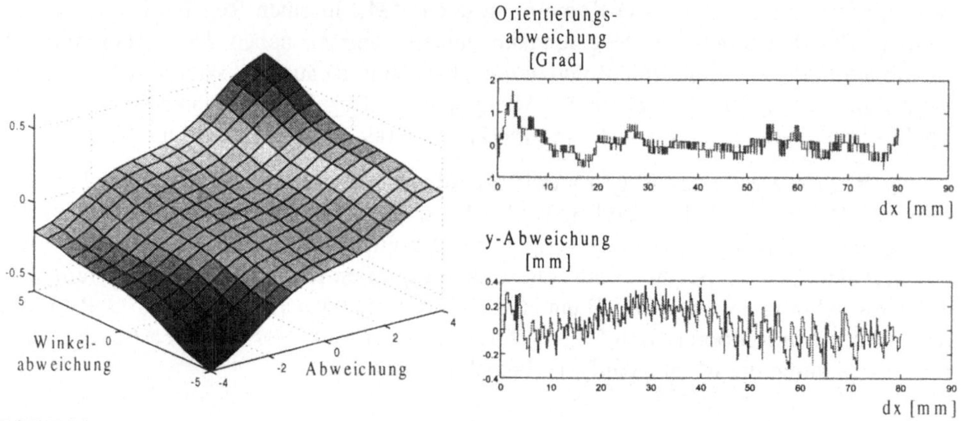

Bild 7.32
Implementierungsergebnisse der Fuzzy-Bewegungsregelung

Beim eingehenden Testen des Fuzzy-Regelungssystems bei reellen Einsatzbedingungen konnte eine drastische Verbesserung der Positioniergenauigkeit festgestellt werden. Bei einer Streckenlänge von ca. 80 mm bleibt die Orientierungsabweichung während der Fahrt unter 0.6° und die Positionsabweichung unter 0.3 mm. Diese Werte erlauben die Grobpositionierung des Roboters mit Hilfe der globalen CCD-Kamera. Die Endeffektor-spitze wird mit dieser Regelung reproduzierbar unter das Mikroskopobjektiv gebracht.

Es wurde auch eine von der Lauffläche abhängige Fuzzy-Geschwindigkeitsvorgabe rea-lisiert. Die Mikroroboter können auf verschieden Unterlagen (z.B. Glas- bzw. Metall-platte, Mousepad) bewegt werden. Die Laufgeschwindigkeit des Roboters hängt einer-seits von der Vibrationsgeschwindigkeit der Beinaktoren – letztere ist eine Kombination von Ansteuerfrequenz und Auslenkung der Piezobeine – sowie von der Beschaffenheit der Lauffläche ab. Bei gleicher Vibrationsgeschwindigkeit wurde eine Streuung der Laufgeschwindigkeit auf unterschiedlichen Unterlagen festgestellt (Bild 7.33).

In der FMMS wurde eine fuzzy-basierte selbsteinstellende Vibrationsgeschwindigkeits-vorgabe für den MINIMAN-Roboter implementiert. Der Roboter bewegt sich dabei kur-ze Zeit mit einer vorgegebenen Vibrationsgeschwindigkeit, die als Testsignal dient.

Nach kurzer Zeit wird die aktuelle Laufgeschwindigkeit in mm/s ermittelt. Aufgrund dieses Wertes wird in einer adaptiven Fuzzy-Regeleinheit das Oberflächenmaterial der Lauffläche bestimmt. Daraus wird die für die Oberfläche optimale Vibrationsgeschwindigkeit der Beine errechnet und dem Regelungssystem als Sollwert vorgegeben.

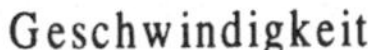

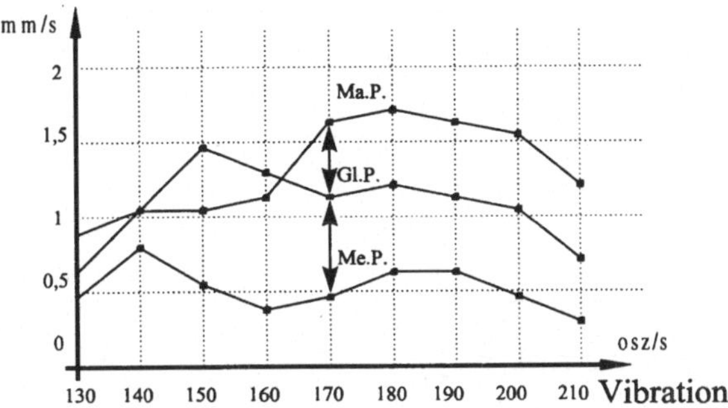

Bild 7.33
Geschwindigkeitsänderung in Abhängigkeit von der Oberflächenbeschaffenheit
(Ma.P.= Mousepad, Gl.P.= Glasplatte, Me.P.= Metallplatte)

Mit Hilfe eines weiteres Fuzzy-Reglers wird die Geschwindigkeit des Roboters in Abhängigkeit von der Entfernung zum Zielpunkt eingestellt. Mit Hilfe einer fuzzy-basierten Geschwindigkeitsfaktorvorgabe läßt sich der Roboter „sanft" an das Ziel heranfahren. Diese Geschwindigkeitsregulierung ist sehr wichtig, da der Roboter kamerabasiert gesteuert wird. Da der Bildausschnitt, der durch die lokale CCD-Kamera auf dem Lichtmikroskop geliefert wird, bei einer 20-fachen Vergrößerung nur 250 µm x 250 µm groß ist, muß der Roboter mit einer Wiederholgenauigkeit von wenigen µm das Ziel erreichen können. Dabei muß für eine präzise Positionierung die Taktzeit der Kamerabildauswertung berücksichtigt werden, um den Zielpunkt unter dem Mikroskopobjektiv nicht zu verfehlen. Ein Ausschnitt aus der zugehörigen Fuzzy-Regelbasis sieht folgendermaßen aus:

WENN entfernung=groß DANN geschwindigkeitsfaktor=hoch

WENN entfernung=mittel DANN geschwindigkeitsfaktor=mittel

WENN entfernung=klein DANN geschwindigkeitsfaktor=niedrig

Als Eingabewert des Fuzzy-Reglers dient hier die Entfernung zum Zielpunkt und als Ausgabewert der Geschwindigkeitsfaktor. Mit Hilfe dieses Geschwindigkeitsfaktors wird die vom Regelungssystem berechnete Geschwindigkeitsvorgabe entsprechend gewichtet. Die Kennlinie des Fuzzy-Reglers ist in Bild 7.34 zu sehen. Mit dem Fuzzy-Regelungssystem wurde ein präzises und sicheres Anfahren des Zielpunktes erreicht.

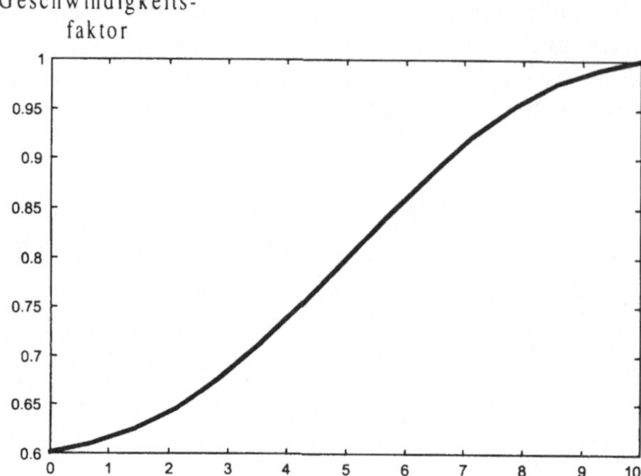

Bild 7.34
Fuzzy-Anpassung der Robotergeschwindigkeit in Abhängigkeit
von der Entfernung zum Zielpunkt

Zur Zeit werden die oben vorgestellten Fuzzy-Algorithmen an den anderen Robotertypen (Abschnitt 7.2) getestet. Die bisherigen Ergebnisse zeigen, daß die entwickelten
Verfahren ohne große Änderungen auch auf die anderen Mikroroboter übertragbar sind.

Neuronaler Regler: In der FMMS wurde ein MRAC-Regler (engl.: *model reference
adaptiv control*) für die Bewegungsregelung implementiert. Bei dieser Methode wird ein
zuvor erstelltes heuristisches Verhaltensmodell des Roboters für das Trainieren eines
neuronalen Netzes verwendet. Als Lernverfahren wird der Back-Propagation-Algorith-
mus eingesetzt, indem das Differenzsignal zwischen dem Ausgangswert des Netzes und
der Musterreaktion des Modells durch das neuronale Netz zurückpropagiert wird und die
Netzgewichte entsprechend angepaßt werden. Das eintrainierte Netz kann danach als ein
verhaltensbasierter Regler eingesetzt werden.

Mehrere neuronale Regler mit unterschiedlicher Anzahl von Neuronen in der mittleren
Schicht wurden implementiert. Die besten Ergebnisse wurden mit der 2-10-1-Netzstruk-
tur erzielt. Ein weiteres Hinzufügen neuer Mittelschichtneuronen hat nicht zu einer sig-
nifikanten Verbesserung des Reglerverhaltens geführt. Ca. 1500 Trainingsmuster wurden
in 1000 Zyklen mit Hilfe des Levenberg-Marquard-Algorithmus eintrainiert. Das
eintrainierte Netz ermöglichte es, einen MRAC-Regler zu implementieren (Bild 7.35).

In der ersten Systemversion wurde ausschließlich die Orientierung des Roboters geregelt, da diese einen ausschlaggebenden Einfluß auf die Roboterbahn hat. Die MRAC-
Methode wurde hier insofern modifiziert, daß das Referenzmodell angepaßt wird. Normalerweise wird das Verhalten eines Regelkreises durch die Führungsgröße charakterisiert. In diesem Fall ist die Regelkreisreaktion jedoch abhängig von der Anfangs-

geschwindigkeit des dritten Beines. Sie kann zu Beginn einer Bewegung vom Bediener jederzeit geändert werden, während die Soll-Orientierungsabweichung (die Führungsgröße) immer den Wert Null besitzt. Um die Auswirkung dieses Parameters zu erfassen und das auf die dynamischen Eigenschaften der Strecke abgestimmte Referenzverhalten vorgeben zu können, müssen die Reglereingangsgrößen gleichzeitig auch in das Referenzmodell eingegeben werden.

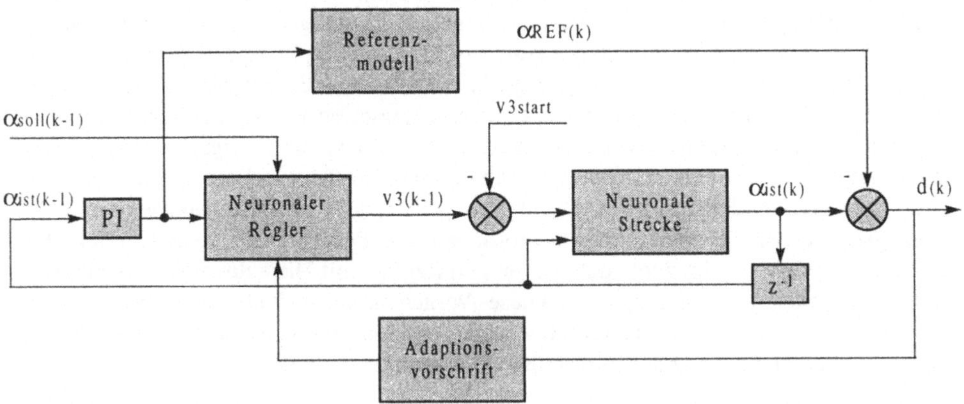

Bild 7.35
Das Regelungssystem mit einem MRAC-Regler

Als Referenzfunktion für die Beschreibung der Dynamik des Roboters wurde eine PDT2-Funktion verwendet [Santa98a]. Die Kriterien für die Referenzfunktion sind eine Orientierungsabweichung $\Delta\alpha$ von maximal 0.5 Grad und eine Einschwingdistanz d von maximal 5 mm. Dabei ergab sich folgende Referenzfunktion (Bild 7.36):

$$f_{REF}(k) = A \cdot \exp(-d \cdot k) \cdot \sin(2\pi f \cdot k), \; A = 1.5; \; d = 0.5; \; f = 0.08$$

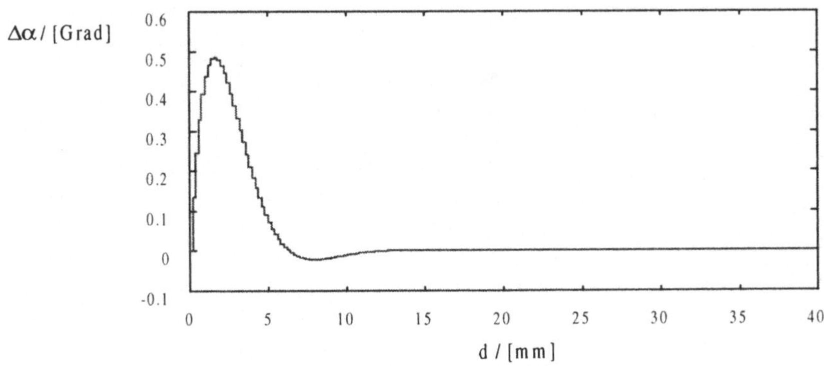

Bild 7.36
Die Referenzfunktion für den MRAC-Regler

Die Eingangsschicht des neuronalen Reglers hat zwei Neuronen, ein Neuron für die rückgeführte Regelgröße und ein Neuron für die aufsummierte Regelgröße zum Korrigieren der Orientierungsabweichung. Die Ausgangsschicht besteht aus einem Neuron, das den Korrekturterm für die Anfangsgeschwindigkeit liefert. Die Anzahl der verdeckten Neuronen muß problemspezifisch ermittelt werden. Durch Vorgabe der Referenzfunktion und der Reglernetzstruktur werden im nächsten Schritt die Reglerparameter adaptiert. Dabei stellt der neuronale Regler zu Beginn der Trainingsphase ein noch zufällig initialisiertes neuronales Netz dar, dessen Eingangsgrößen die Werte Null besitzen. Im ersten Schritt erzeugt der Anfangs-Geschwindigkeitsparameter eine Auslenkung des Roboters. Diese Ausgangsgröße liegt an beiden Eingängen des Reglers beim zweiten Schritt an. Der zufällig initialisierte Regler ermittelt eine Ausgangsgröße, die überlagert mit dem Geschwindigkeitsparameter von v_3 die Stellgröße erzeugt. Die Stellgröße und die im ersten Schritt erhaltene Orientierungsabweichung bilden somit die Eingangsgrößen der Regelstrecke. Die daraus generierte Ausgangsgröße wird mit der Ausgangsgröße der Referenzfunktion verglichen und der Fehler wird berechnet. Anschließend werden die Gewichte des neuronalen Reglers mit Hilfe des Backpropagation-Algorithmus entsprechend angepaßt. Diese Vorgehensweise findet über die gesamte Referenzfunktion und über mehrere Epochen statt, bis der neuronale Regelkreis das Referenzverhalten mit einer ausreichenden Genauigkeit wiedergeben kann.

Die besten Ergebnisse wurden mit der Netzstruktur 2-5-1 erzielt, mit einer tanh-Aktivierungsfunktion für die Neuronen in der verdeckten Schicht und einer linearen Aktivierungsfunktion für das Ausgangsneuron. Bild 7.37 zeigt einen Vergleich zwischen der PDT2-Referenzfunktion und dem eintrainierten Verhalten des neuronalen Regelkreises.

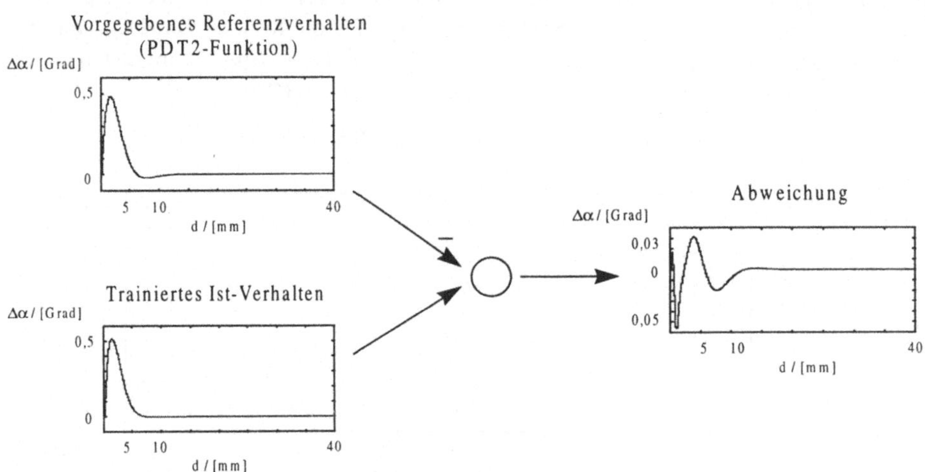

Bild 7.37
Vergleich zwischen dem Referenzverhalten und trainiertem Verhalten

Die Abweichung zwischen dem Referenzverhalten und dem Verhalten des neuronalen Netzes ist im Vergleich zu den Größenordnungen der auf das System wirkenden Störgrößen vernachlässigbar. Deshalb war ein intensiveres Training des Netzes überflüssig. Die in der realen Umgebung erzielten Ergebnisse mit dem entworfenen neuronalen Regler sind in Bild 7.38 zu sehen. Bei der Orientierungsabweichung ist erkennbar, daß im Vergleich zum vorgegebenen Referenzverhalten eine größere Auslenkung zu Beginn der Bewegung existiert. Aufgrund der auf den Roboter einwirkenden Störgrößen ist die Amplitude um ca. 0.3 Grad höher als es bei der idealen Referenzfunktion der Fall ist. Für die Abweichung in x-Richtung läßt sich eine Driftbewegung erkennen. Sie beträgt ca. 1.2 mm auf einer Strecke von 60 mm. Der Grund liegt in der unterschiedlichen Auslenkung der Beine.

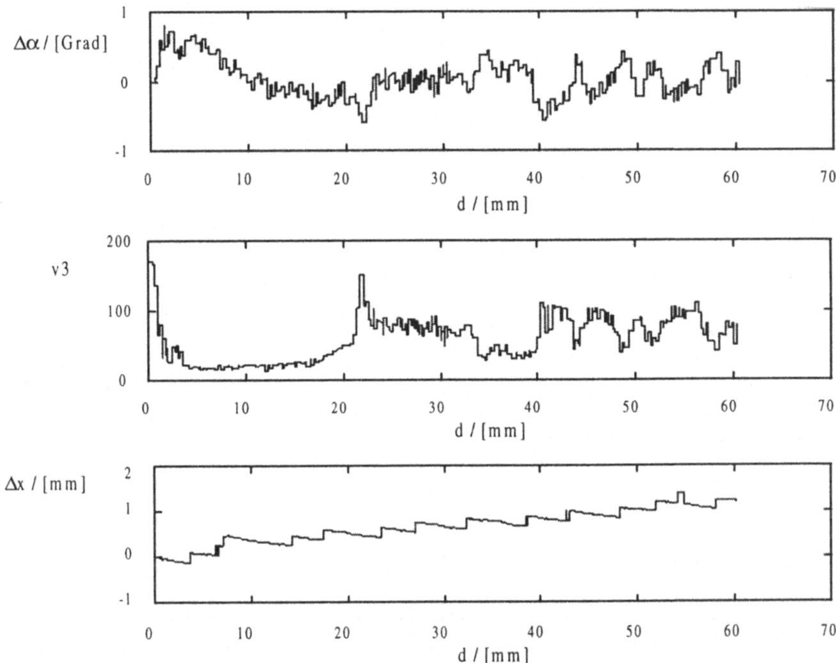

Bild 7.38
Bewegungsverhalten von MINIMAN beim Einsatz des neuronalen Reglers

Um den Roboter in einem Toleranzband von höchstens 1 mm zu halten, mußte zusätzlich zu der Orientierungsregelung eine Positionskorrektur implementiert werden. Es wurden zwei Verfahren zur Minimierung der translatorischen Abweichungen realisiert. Die zu Beginn implementierte Positionskorrektur wird in Bild 7.39 (oben) vorgestellt.

Die Methode beruht auf der Änderung der Auslenkungsrichtungen in Abhängigkeit von der aktuellen Roboterposition und dem angestrebten Zielpunkt. Dieses Verfahren besitzt

den Nachteil, daß bei Bewegungen über eine längere Distanz der Roboter zu Beginn
praktisch keine Positionskorrektur erfährt, da die Abweichungen von der Solltrajektorie
im Vergleich zu der noch zurückzulegenden Distanz klein und die Änderung der
Auslenkungsrichtung dementsprechend minimal sind.

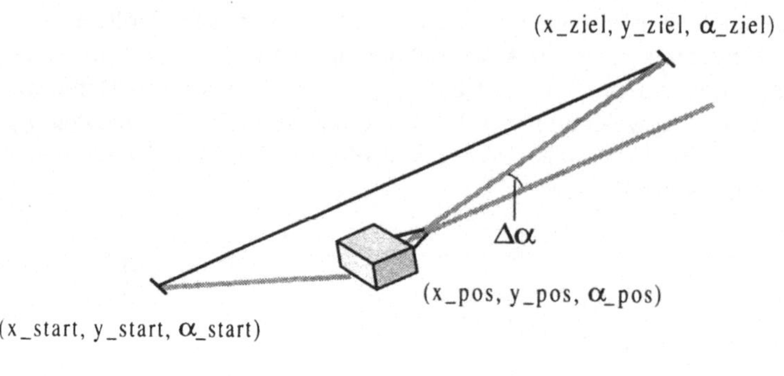

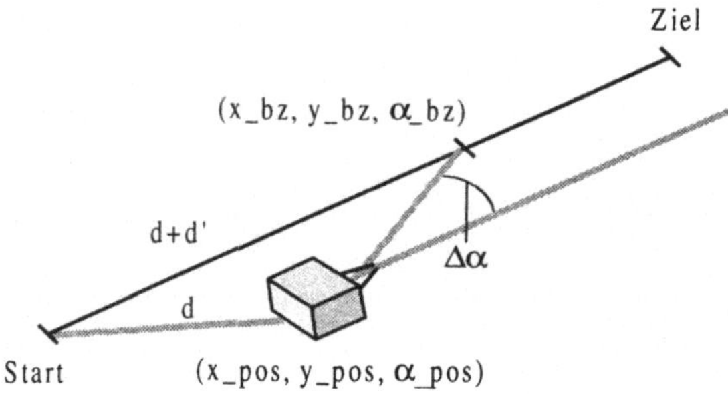

Bild 7.39
Positionskorrektur des MINIMAN-Roboters durch Ausrichten der Aktoren:
am fixen Zielpunkt (oben) bzw. an einem beweglichen Punkt (unten)

In der zweiten implementierten Korrekturmethode dient ein „beweglicher Punkt" auf
der Solltrajektorie als Orientierungspunkt (Bild 7.39, unten). Beweglich bedeutet, daß
sich der Punkt gleichmäßig mit der Roboterbewegung in Zielrichtung bewegt. Ist der
Abstand zwischen beweglichem Punkt und Anfangspunkt größer als die Distanz
zwischen Ziel- und Anfangspunkt, dann orientiert sich der Mikroroboter an dem
angestrebten Zielpunkt. Die Koordinaten des beweglichen Punktes lassen sich aus der
zurückgelegten Distanz und einer additiven Überlagerung mit einer Konstante ermitteln.
Durch Variation der Konstante können Bewegungen erzielt werden, die sich zwischen
zwei Extrema befinden. Wird die Konstante Null gewählt, führt der Roboter eine
genaue, dafür aber ruckartige und langsame Bewegung aus. Ist die Konstante dagegen
groß, erhält man eine ungenaue, dafür aber gleichmäßige und schnelle Bewegung. Einen
guten Kompromiß für die Glasplatte ergab der Wert von 2 mm.

Die mit der Orientierungs- und Positionskorrektur (mit beweglichem Punkt) erzielten
Ergebnisse sind in Bild 7.40 dargestellt.

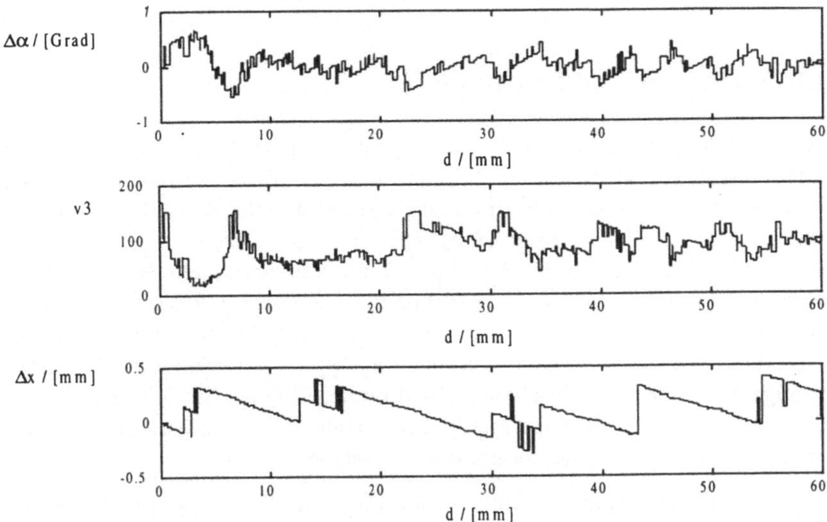

Bild 7.40
Bewegungsverhalten von MINIMAN beim Einsatz des neuronalen Reglers
mit einer zusätzlichen Positionskorrektur

Vergleicht man diese Testergebnisse mit denen in Bild 7.38, so stellt man fest, daß
bezüglich der Orientierungsabweichung und der Stellgrößenverteilung keine erkenn-
baren Unterschiede auftreten. Erheblich ist jedoch die Differenz bei der Driftbewegung
in x-Richtung. Das Bewegungsverhalten nur mit Orientierungskorrektur besaß eine
Abweichung von 1.2 mm auf einer Strecke von 60 mm. Die mit der zusätzlichen
Positionskorrektur erzielten Abweichungen des MINIMAN-Roboters liegen in einem
Toleranzband von ±0.5 mm. Damit kann der Mikroroboter jeden beliebigen Punkt des
Montageraums mit Hilfe der visuellen Sensorführung automatisch anfahren.

7.4 Planungsebene der Station

Das *bis dato* entwickelte Programmiersystem dient der Implementierung des in
Abschnitt 3.3.1 vorgestellten Interpreters bzw. der Programmierschnittstelle zwischen
den Planungs- und Steuerungsebenen der FMMS. Außerdem wird zur Zeit die
Erstellung eines Produktmodells für die nachfolgende Montageplanung (Teil 6) implementiert. In diesem Abschnitt wird ein Überblick über die Implementierungsaspekte

dieses Teils des Programmiersystems gegeben. Gleichzeitig wird die Einbindung der Sensorinformation erläutert. Die Implementierungsdetails findet man in [Varsa97], [Mard97], [Remb98].

7.4.1 Erstellung des Produktmodells

Um aus einer Produktspezifikation einen Montageplan mit Hilfe des in Teil 6 vorgestellten Verfahrens zu erstellen, wird ein Produktmodell benötigt, das das Initialisieren der binären Matrizen für Separationsfreiheit und Manipulationsfreiheit für alle Teilbaugruppen sowie für Kontrollierbarkeit aller Fügeoperationen in der FMMS ermöglicht. Außer der rein geometrischen Spezifikation benötigt ein Produktmodell weitere Information, um u.a. auch die Erfüllung mechanischer Durchführbarkeitskriterien (Abschnitt 6.2.2) prüfen zu können. So werden zur Montageplanung beispielsweise Abmessungen, Toleranzen, Verbindungstypen, Materialien oder Bauteilgewichte benötigt. Da es sich bei dieser Spezifikation um Objekte handelt (z.B. Faser), die mit speziellen Attributen (z.B. Glasfaser, 0.2 mm Durchmesser, Fügetoleranz 1 μm) versehen werden, bietet sich ein objektorientierter Ansatz an.

In der gerade gestarteten Arbeit an der Implementierung einer CAD-basierten Erstellung von Produktmodellen wurde als geometrischer Modellierungsansatz die CSG (*constructive solid geometry*) gewählt, die ausgehend von vordefinierten Grundkörpern und Booleschen Operatoren komplexere Objekte modellieren kann. Dieser Modellierungsansatz dürfte für die meisten Mikrobauteile ausreichend sein, da deren Geometrie aufgrund der verwendeten Herstellungstechniken nicht übermäßig komplex ist [Fati97].

Neben dem rechnergestützten Entwurf zur Erstellung eines Produktmodells ist in der FMMS auch eine Benutzer-Schnittstelle vorgesehen. Auf diese Weise werden zusätzlich zu dem CSG-Modell auch weitere, obengenannte Eigenschaften des Produkts in die formelle Produktbeschreibung einbezogen. Hier können auch nicht oder nur schwer fomell darstellbare Informationen über das Produkt in das Produktmodell integriert werden. Diese Eigenschaften des Produkts und das geometrische CSG-Modell werden nun in EXPRESS, konform zum ISO STEP-Standard, beschrieben. EXPRESS ist eine Informations-Modellierungssprache, in der verschiedenartige Produkte beschrieben werden können [ECCO95]. Ausgehend von dieser Produktbeschreibung werden dann die notwendigen Informationen über das zu montierende Produkt in Form von entsprechenden binären 6-Tupeln (Teil 6) dargestellt. Diese Darstellung dient als Basis für das Mikromontage-Planungsverfahren, das daraufhin starten kann.

7.4.2 Schnittstelle zur FMMS-Steuerungsebene

Bild 7.41 präsentiert den entsprechenden Teil des FMMS-Programmiersystems und seine Einbindung in die gesamte Softwarestruktur der Station (siehe Bild 7.21).

Diese Schnittstelle enthält die Funktionen, die direkt in den Programminterpreter eingebunden wurden. Sie verbirgt die auf dieser Ebene unwichtigen Einzelheiten der Programmierung der Stationskomponenten, wie z.B. die explizite Angabe der Beingeschwindigkeiten der einzelnen Roboterpiezobeine. In der ersten Implementierungsphase wurden zuerst die wichtigsten Funktionen der Schnittstelle „Interpretation - Steuerung" realisiert, um die Komplexität des FMMS-Softwaresystems im überschaubaren Rahmen zu halten.

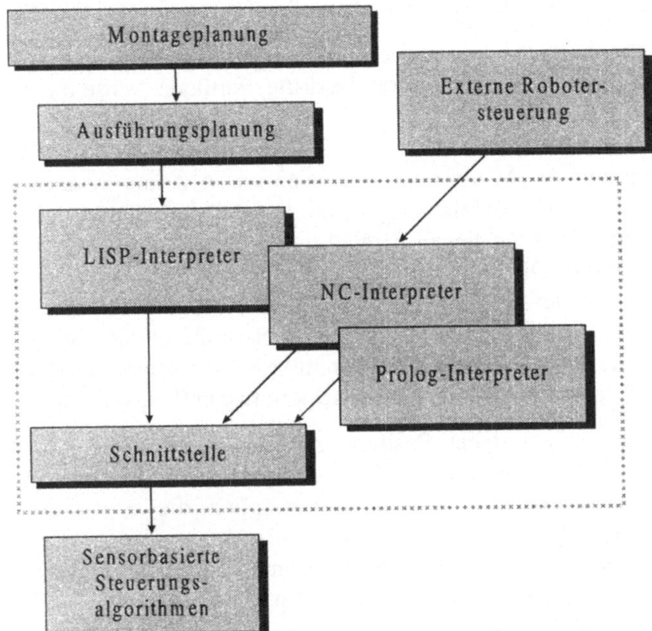

Bild 7.41
Interpreter-Ebene des
FMMS-Steuerungssystems

Die dem Programmierer zur Verfügung stehenden Objekte der FMMS, die die Mindestausstattung der Station ausmachen, sind: Mikroskop + lokale Kamera, XY-Tisch, Roboter, Manipulator und globale Kamera. Der Begriff „Objekt" impliziert hier neben der Hardware auch die zugehörigen Softwaremodule zur Ansteuerung. Bei der Benutzung der Objekte werden die Schnittstellenfunktionen aufgerufen, während die internen Zustandsvariablen verdeckt bleiben. Es ist also nicht nur vorteilhaft, sondern notwendig, über die Zustände der Objekte extern Buch zu führen. Im folgenden werden neben den Schnittstellenfunktionen immer auch die Attribute, die verwaltet werden müssen, aufgelistet. Jedes Objekt ist an einem bestimmten Arbeitsraum gebunden, wo es sich während der Montage aufhalten oder in dem es arbeiten kann bzw. darf. Der Arbeitsraum bei Aktoren ist ihr Bewegungsbereich, bei Sensoren der Überwachungsbereich. Die Maßeinheit für alle Positionsangaben ist Millimeter und für die Orientierungsangaben (Winkel) Grad. Um die Verwaltung der Koordinatensysteme auf verschiedenen Steuerungsebenen zu erleichtern, werden nach Möglichkeit relative Positionsangaben verwendet.

XY-Tisch. Als Arbeitsunterlage des Roboters dient eine Glasplatte, die auf eine XY-Feinpositioniereinheit montiert ist. Die Bewegung der Platte in horizontaler Richtung ist nötig, weil die auf der Glasplatte positionierten Objekte nur unter dem Objektiv des Mikroskops manipuliert werden können. Die xy-Position des Tisches kann manuell mit Hilfe eines Joysticks oder automatisch durch Bewegungsbefehle über eine serielle Schnittstelle eingestellt werden. Bei der automatischen Positionskontrolle kann die Geschwindigkeit der Bewegung explizit angegeben werden. Für die Umschaltung zwischen den beiden Modi steht ein Befehl der Benutzerschnittstelle zur Verfügung.

Freiheitsgrade: Die Tischmechanik erlaubt translatorische Bewegungen in xy-Richtung; durch die Fokussierungsbefehle des Mikroskops kommt die dritte, vertikale Achse dazu. *Kalibrierung*: Um absolute Positionen angeben zu können, muß der Tisch bis zu seiner Endposition kalibriert werden. Diese Endposition ist durch Schutzschalter bestimmt und entspricht der Randstellung entlang der Mikroskopkoordinatenachsen x und y. Diese Stellung wurde zur Synchronisation der Koordinatensysteme der globalen Kamera und des Tischs gewählt. Die Koordinatenachsen liegen parallel zu denen des Koordinatensystems des Mikroskops. *Begrenzung:* Die Arbeitsraumbegrenzung des Tisches (die anfahrbaren Positionen) ist wie folgend definiert (in mm): von -70.75 bis 15.75 entlang der x-Achse, von -50.5 bis 48.5 entlang der y-Achse und von -31.5 bis -6.25 entlang der z-Achse. Die Skalierung entlang der z-Achse entspricht der mikroskopinternen Darstellung der Tischhöhe; die beiden Endpositionen sind am Mikroskop manuell einstellbar.

Programmierschnittstelle: Außer der räumlichen Position braucht man beim XY-Tisch nur den aktuellen Kontrollmodus zu speichern. Diese Schnittstelle stellt eine Routine für die Abfrage der aktuellen z-Position bereit, und es ist auch möglich, die xy-Position abzufragen. Das Kommando für Bewegungen in die xy-Richtung gibt relative Positionsangaben in mm sowie die Geschwindigkeit der Bewegung an. Die Geschwindigkeitswerte liegen zwischen 0–90 (linear skaliert) und entsprechen 0.01–9 U/s. Es empfiehlt sich die Benutzung eines Wertes von höchstens 50, weil bei größeren Geschwindigkeiten die Objekte auf der Glasplatte verrutschen können.

Roboter. Unter diesem Objekt verbirgt sich die Roboterplattform, deren Bewegungen mit Hilfe von drei Piezobeinen ermöglicht werden. Der Roboter ist frei programmierbar und kann sich in seinem Arbeitsraum in alle Richtungen bewegen oder drehen. Das Bewegungsprinzip des MINIMAN-Roboters wurde in Abschnitt 7.2 vorgestellt. Der Roboter verfügt über keine internen oder on-board Sensoren zur Lagebestimmung. Die zur automatischen Bewegungssteuerung bzw. Regelung benötigte Positionsinformation wird beim heutigen Implementierungsstand von der globalen CCD-Kamera geliefert.

Viele Störfaktoren, wie z.B. Verschmutzung der Unterlage, Fertigungstoleranzen der Piezobeine oder Federeffekt der Kabelzuleitung, können die Plattformbewegung beeinträchtigen. Dies führt zu Abweichungen von der vorgegebenen Bewegungsbahn, die nur über eine entsprechende Regelung anhand der visuellen Sensorinformation behoben werden können. An der Programmierschnittstelle werden Befehle sowohl für die Steuerung als auch für die Regelung bereitgestellt.

Der *Arbeitsraum* des Roboters ist die auf den XY-Tisch montierte Glasplatte. *Freiheitsgrade:* Der Roboter kann seine Position und Orientierung in seinem Arbeitsraum ändern. Er besitzt 3 volle Freiheitsgrade: Translation in xy-Richtung und Drehung um die z-Achse. *Kalibrierung:* Als Ursprung des Roboterkoordinatensystems ist der Punkt auf der Tischoberfläche gewählt, welcher dem auf die Glasplatte projizierten Ursprung des Mikroskopkoordinatensystems entspricht (Bild 7.42).

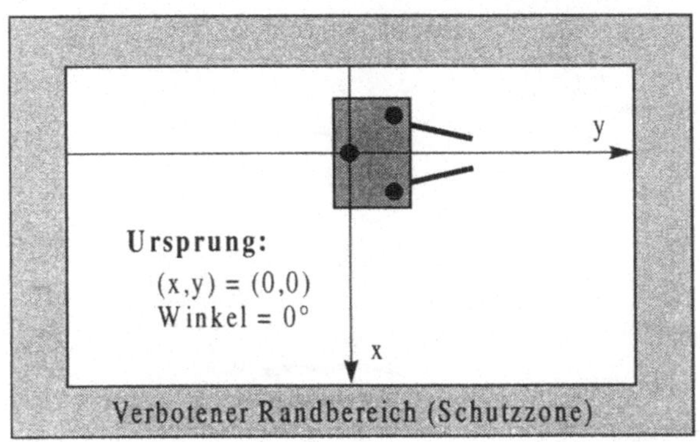

Bild 7.42
Position und Orientierung des
Roboters in der Ursprungsstellung

Der Drehwinkel wird von der x-Achse gegen den Uhrzeigersinn gemessen. Eine Positionsangabe des Roboters bezieht sich auf die Position des hinteren Beines. *Begrenzung:* In Bild 7.42 erkennt man, daß nicht die ganze Tischoberfläche benutzt werden kann. Es wird am Tischrand ein Schutzbereich für das hintere Bein definiert, so daß die Vorderbeine bei beliebiger Roboterorientierung von der Unterlage nicht abrutschen.

Programmierschnittstelle: In der Schnittstelle des Robotermoduls sind Befehle für die beiden Bewegungsmodi (geregelt und nicht geregelt) vorhanden. Im Regelungsmodus werden die Bewegungsvektoren der einzelnen Beine im Falle einer detektierten Abweichung von der gewünschten Bahn entsprechend geändert. Im Steuerungsmodus ist die Bewegung nur überwacht, d.h. die gestartete Plattformbewegung kann nicht mehr korrigiert werden. Im letzteren Fall wird mit Hilfe der Sensoren lediglich getestet, ob die gewünschte Endposition erreicht ist; dann wird die kontinuierliche Bewegung (mit dem am Anfang berechneten Beinbewegungsvektoren) abgebrochen. Es ist mit der Schnittstelle auch möglich, auf eine Überwachung zu verzichten und stattdessen eine bestimmte Schrittanzahl als Abbruchkriterium zu benutzen. Nachdem die bestimmte Schrittanzahl vom Roboter ausgeführt wurde, wird seine Bewegung automatisch abgebrochen.

Die Robotergeschwindigkeit kann entweder explizit (lineare relative Skalierung zwischen 0: MIN und 255: MAX) vorgegeben oder während geregelter Bewegung der Bildverarbeitungsgeschwindigkeit des Sensorsystems angepaßt werden. In jedem Modus wird zur Berechnung der Anfangsbewegungsvektoren aller Beine einmal die absolute Position des Roboters abgefragt. Die absolute Positionsabfrage des Roboters geschieht durch einen Befehl der Schnittstelle, der an die globale Kamera gerichtet ist.

Manipulator. Die Leistungsfähigkeit des Manipulators bestimmt grundsätzlich den Einsatzbereich des Roboters. In Bild 7.43 sind die bisher am IPR entwickelten Manipulatortypen für den PROHAM- und die MINIMAN-Roboter (Abschnitt 7.2) gezeigt.

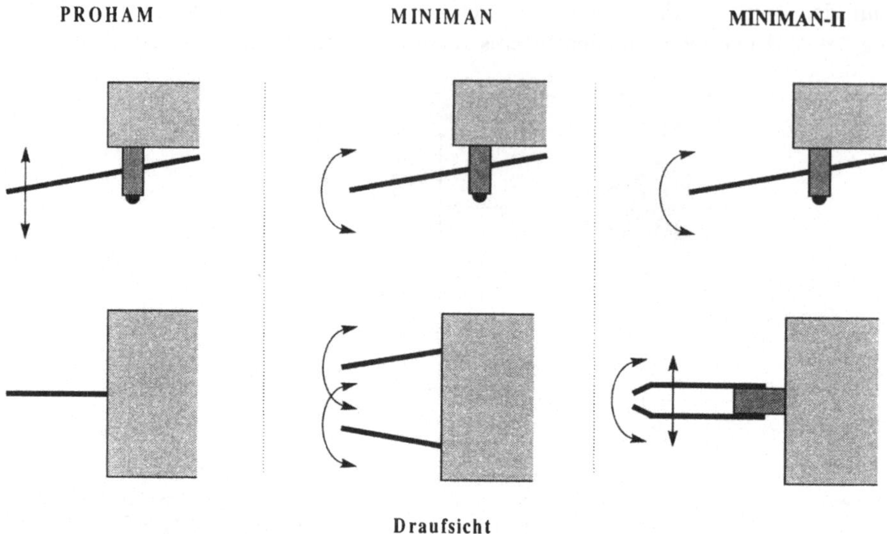

Bild 7.43
Manipulatortypen in der FMMS

PROHAM ist mit einem ortsfesten nadelförmigen Manipulator ausgerüstet, der außer einer Kippeinrichtung lediglich die Freiheitsgrade der ihn transportierenden Plattform besitzt. MINIMAN hat zwei nadelförmige Manipulationsmodule, die neben den linearen Freiheitsgraden der Plattform jeweils drei eigenen Rotationsfreiheitsgrade besitzen. Die Manipulationsmodule werden getrennt angesteuert und können durch koordinierte Ansteuerung verschiedenartige Greif- und Manipulationsvorgänge durchführen. Beim derzeitigen Implementierungsstand wird die Funktionalität des Manipulators begrenzt, indem lediglich die koordinierte Bewegung der beiden Manipulationsmodule zwecks des kraftschlüssigen Greifens gestattet ist. MINIMAN-II besitzt einen frei bewegbaren Pinzettengreifer, der neben den Freiheitsgraden der Roboterplattform drei Rotationsfreiheitsgrade und einen translatorischen Freiheitsgrad zum Öffnen und Schließen der Greifbacken besitzt. Wegen der großen Unterschiede in der Funktionalität der verschiedenen Manipulatoren konnte keine universelle Programmierschnittstelle zu deren Ansteuerung erstellt werden. Weiter unten wird als Beispiel die Schnittstelle für den MINIMAN-Manipulator beschrieben.

Freiheitsgrade: Wegen der obigen Einschränkung können die beiden Manipulationsmodule nur gleichzeitig bewegt werden. Die erlaubten Operationen sind Bewegung nach oben bzw. nach unten und das Öffnen bzw. Schließen des Greifers. Diese vorläufige

Einschränkung der vorhandenen Bewegungsmöglichkeiten entspricht der heutigen Leistungsfähigkeit des Steuerungssystems und garantiert die Konsistenz und Kontrollierbarkeit der Manipulatorpositionierung nach der Kalibrierung. Mit dem implementierten Befehlssatz wird aber bereits ausreichende Funktionalität für komplexere Operationen (z.B. zur Montageaufgabenausführung) an der Schnittstelle verfügbar gemacht.

Kalibrierung: Die ursprüngliche zentrale Lage der Manipulatoren (Bild 7.43) muß vor Operationsbeginn eingestellt werden. Dies kann entweder teleoperiert oder automatisch durch Benutzung der Sensorinformationen von der lokalen Kamera geschehen. Die automatisierte Kalibrierung der Manipulatoren basiert auf einer extra implementierten Funktion des lokalen Kameramoduls, mit deren Hilfe die aktuelle Position und Orientierung des Roboters aufgrund der Manipulatorstellung durch Rückwärtsrechnung bestimmt werden kann. Die Greiferöffnung wird im ursprünglichen Zustand auf Null gesetzt. Bisher wurde nur die Kalibrierung der Manipulatoren in der XY-Ebene durchgeführt. Die Manipulatorhöhe konnte bisher nur indirekt durch eine gegebene Schrittanzahl der Piezoaktoren verfolgt werden. Diese Zustandsvariable ermöglicht aber wegen der dynamischen Ungenauigkeit der Bewegungen keine zuverlässige Aussagen über die Höhe des Manipulators. Um die z-Bewegungen des Manipulators genau verfolgen und auch regeln zu können, werden zur Zeit zusätzliche Sensoren, ein Laser-Abstandsmeßsystem und ein seitlich angebrachtes Kleinmikroskop mit einer CCD-Kamera (Abschnitt 2.3.5), in die FMMS integriert.

Begrenzung: Es gibt bestimmte Grenzwerte bei der sensorüberwachten Operationsausführung, die aus den Eigenschaften und dem Arbeitsbereich der Sensoren folgen. Je nach gewähltem Objektiv des Mikroskops wird z.B. der Arbeitsbereich der lokalen Kamera begrenzt. Damit wird auch der einstellbare maximale Abstand der beiden Manipulationsmodule eingeschränkt, denn sie müssen ständig im Sichtbereich des Mikroskops bleiben.

Programmierschnittstelle: An der Programmierschnittstelle des Manipulatormoduls von MINIMAN stehen, wie auch bei dem Objeket „Roboter", Befehle zur geregelten und nicht geregelten Bewegung zur Verfügung. Die Manipulationsmodule können nach oben, nach unten und seitlich (greifen bzw. loslassen) bewegt werden. Mit einem speziellen Schnittstellenbefehl kann die Greiferöffnung auf das zu greifende Teil eingestellt werden, indem ein bestimmter Wert (gegeben in Pixel auf dem Bild der lokalen Kamera) an die Steuerungsebene übermittelt wird.

Andere Schnittstellenfunktionen. Es wurden auch einige Befehle und Funktionen auf der Schnittstelle implementiert, die keinem bestimmten Objekt der FMMS zugeordnet werden können. Es kann z.B. die Kommunikation zu den Mikrocontrollern des Parallelrechners aufgebaut, die Roboterdioden initialisiert oder der Tisch in seine Ursprungsposition gefahren werden. Man kann auch von der Schnittstelle aus die Funktionalität des Parallelrechners verwalten und den Umfang der Rückmeldungen von der Mikrocontrollersoftware an das Diagnose-Terminal der Station bestimmen.

7.4.3 Einbindung der Stationssensoren

Beim heutigen Entwicklungsstand enthält die Station zwei visuelle Sensoren: 1) ein
Lichtmikroskop mit einer CCD-Kamera zur Überwachung bzw. Steuerung von Feinmanipulationen des Manipulators unter dem Mikroskopobjektiv, und 2) eine CCD-
Kamera zur Überwachung bzw. Steuerung von Grobbewegungen des Roboters im
Montageraum. Demnächst wird eine Laser-Meßeinrichtung in die Station integriert, die
zur Leistungssteigerung der beiden genannten Sensorsubsysteme beitragen soll. Unten
werden Implementierungsaspekte der Stationssensoren und deren Einbindung in die Programmierschnittstelle erläutert [Groß96], [Seyfr96], [Hahn97], [Varsa97], [Dumon97].

Mikroskop + Lokale Kamera. Das Mikroskop und die darauf montierte Kamera sind
gemeinsam für die Erzeugung scharfer Bilder vom Manipulationsvorgang unter dem
Objektiv zuständig. Nach der Bearbeitung dieser Bilder können die extrahierten Merkmale und Position des erkannten Werkstücks bzw. des Manipulators an etwaige Interes-
senten (andere FMMS-Komponenten) geliefert werden. Auf dem Mikroskopbild in Bild
7.44 lassen sich z.B. ein Mikrozahnrad mit einem Durchmesser von 0.4 mm und die
zwei Manipulatorspitzen des MINIMAN-Roboters erkennen. Informationen dieser Art
sollen aus dem Bild automatisch als Ausgabe dieses Objekts extrahiert werden.

Bild 7.44
Kamerabild einer Greifoperation unter
dem Lichtmikroskop

Zur Zeit werden Algorithmen für die 2D- und 3D-Bilderkennung sowie für die automatische Helligkeitsregelung und Fokussierung des Mikroskops bei der Bildaufnahme
implementiert und getestet. Der *Arbeitsraum* der lokalen Kamera ist der Sichtbereich
des Mikroskops. Der Ursprung des Mikroskopkoordinatensystems dient auch als Welt-
ursprung des ganzen Arbeitsbereichs. *Freiheitsgrade + Begrenzung:* Aus dem Kamerabild können zunächst nur zweidimensionale Informationen gewonnen werden, nämlich
die der Arbeitsplattenebene. Die absolute Sichtbreite variiert mit der Wahl des Objek-
tives zwischen 3 mm und 150 µm. *Kalibrierung:* Der Ursprung des Koordinatensystems
wird in die Mitte (Schnittpunkt der Diagonalen) der Sicht gelegt (Bild 7.45). Die
Abstände im Sichtbereich werden relativ zu diesem Punkt gemessen.

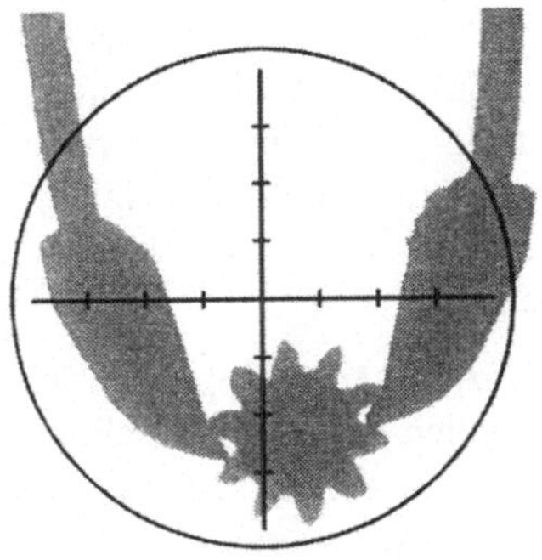

Bild 7.45
Koordinatensystem unter dem Mikroskop

Die *Programmierschnittstelle* besteht aus Befehlen für das Einstellen der Mikroskopparameter. Der für die Fokussierung benutzte Befehl bewegt den Tisch in vertikaler Richtung. Die Genauigkeit der relativen Höhenangabe im Parameterfeld beträgt 0.1 µm und mit einem Befehl kann der gesamte Fahrbereich von 25 mm abgefahren werden.

Globale Kamera. Mit Hilfe der globalen Kamera wird die Lage des Roboters im Arbeitsraum ermittelt. Die Kamera verfolgt die Roboterbewegungen, und mit Hilfe von Bildverarbeitungsalgorithmen wird die benötigte Information aus dem Bild extrahiert. Um die Bilderkennung einfacher und zuverlässiger zu machen, wurden auf das Gehäuse des Roboters drei Leuchtdioden montiert (Bild 7.46). Anhand des vom Kamerabild ermittelten Diodenmusters kann die Position und Orientierung des Roboters eindeutig bestimmt werden. Die erzielbare Genauigkeit mit der Auflösung des Bilderfassungs- und Verarbeitungssystems im Kameraarbeitsraum liegt im Bereich 0.5–1 mm.

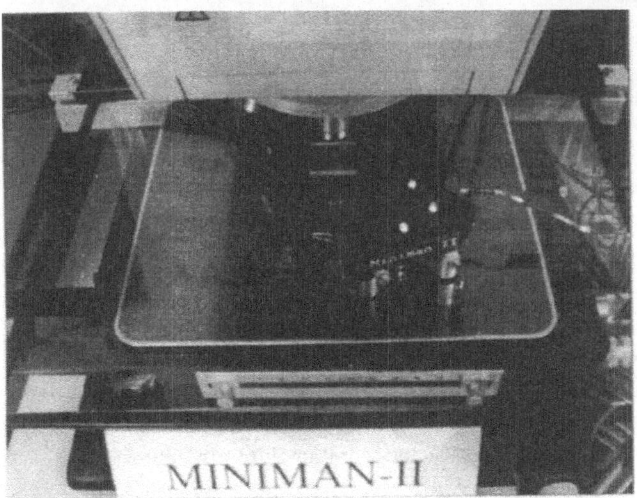

Bild 7.46
Der MINIMAN-Roboter mit drei LEDs zur Lagebestimmung

Das globale Kameramodul wird auf zwei unterschiedliche Arten in die Roboteroperation einbezogen. Die Roboterposition kann explizit mit Hilfe der Funktion der Programmierschnittstelle abgefragt werden, oder diese Abfrage geschieht implizit während der Ausführung einer geregelten Bewegung. Mit der Erfassung und Speicherung einer manuell eingestellten Roboterposition kann die Programmerstellung und Definition der anzufahrenden Punkte wie bei einem Teach-in-Verfahren erfolgen.

Arbeitsraum: Der Arbeitsraum der globalen Kamera ist der zum Mikroskop kalibrierte Sichtbereich. Das Koordinatensystem liegt immer in der aktuellen Ebene der Tischplatte und ist fest mit dem Mikroskopkoordinatensystem verbunden. Die Bildkoordinaten werden mit Hilfe der Höheninformation der Tischplatte in die Weltkoordinaten umgerechnet. *Freiheitsgrade:* Mit der Benutzung einer Kamera können die zweidimensionalen Informationen in der Ebene der Tischplatte gewonnen werden. Die zusätzlich benötigte Höheninformation des XY-Tisches wird vom Tischmodul abgefragt.

Kalibrierung: Da die Kamera nicht am Mikroskop fixiert ist, muß die Kalibrierung im Falle einer Positionsänderung der Kamera immer neu erfolgen. Dabei wird ein auf Papier gedrucktes Gitternetz auf den Mikroskoptisch in seiner Ursprungsstellung angebracht (Bild 7.47, links). Jedes Quadrat auf dem Gitter ist 3 cm × 3 cm groß. Der Schnittpunkt der hinteren horizontalen Begrenzung des Gitters soll mit der mittleren vertikalen Gitterlinie genau unter dem Objektiv liegen (Bild 7.47, rechts).

Bild 7.47
Gitternetz auf der Tischplatte für Kalibrierung (rechts: Sicht der lokalen Kamera)

Somit werden die Achsen der Koordinatensysteme der globalen Kamera und des Roboters in Übereinstimmung gebracht. Der Ursprung des Roboterkoordinatensystems liegt somit in Ursprungsstellung des Tisches (im Kamerakoordinatensystem auf dem Punkt x=0, y=90). Nachdem das Gitternetz korrekt plaziert ist, wird das Kalibrierungsprogramm mit Hilfe von entsprechenden integrierten Cantata-Funktionen ausgeführt.

Begrenzung: Die Begrenzung des Arbeitsraums der globalen Kamera stimmt mit derjenigen des Roboters überein. *Programmierschnittstelle:* Mit einem einzigen Befehl kann die ganze Funktionalität des Moduls zugänglich gemacht werden, so daß die

Positions- und Orientierungsabfrage des Roboters durchgeführt wird. Die Verknüpfung des Kameraarbeitsraums und des Roboterarbeitsraums geschieht durch ein abgestimmtes Relativframe-System im Interpretationsteil des Softwaresystems.

7.4.4 Interpreter

Diese Schicht des Softwaresystems ist über die oben vorgestellte Schnittstelle auf die Steuerungsebene der FMMS aufgesetzt und stellt ihrerseits die roboterorientierte Programmierschnittstelle zwischen der expliziten Ausführungsplanung einer Mikromontageaufgabe und den die Aufgabe ausführenden Mikrorobotern der Station bereit.

7.4.4.1 Wahl der Roboterprogrammiersprache

Vor der Implementierung des Interpreters mussten zuerst konzeptuelle Entscheidungen getroffen werden. Um eine Roboterprogrammiersprache zu implementieren, sind prinzipiell zwei Wege möglich: Neuentwurf der Sprache oder Weiterentwicklung einer vorhandenen Programmiersprache durch ihre Erweiterung um roboterorientierte Sprachelemente bzw. Prozeduren. Bei einem vollständigen Neuentwurf der Sprache ist man frei von Gegebenheiten und Implementierungsdetails vorgegebener Sprachen. Die Sprache kann unter Vermeidung bekannter Schwachpunkte und Weglassen überflüssiger Eigenschaften konzipiert werden. Die Erweiterung einer schon vorhandener Sprache ist allerdings deutlich weniger aufwendig als ein Neuentwurf, da viele Sprachelemente ohne Änderung übernommen werden können. Dies gilt insbesondere für die Definition komplexer Datenstrukturen, die arithmetischen und logischen Ausdrücke, die I/O-Schnittstellen sowie die Ablaufstrukturen. Mächtige Sprachmittel wie z.B. objektorientierte Datenorganisation können benutzt werden. Insgesamt gesehen ist die Integration in bestehende Softwaresysteme erheblich leichter. Aus den genannten Gründen wurde der zweite Weg eingeschlagen.

Die Interpreterschnittstelle soll die leichte Erweiterbarkeit und Anbindungsmöglichkeit an die oberen Planungsschichten, Montageplanung und Ausführungsplanung, gewähren. Eine wesentliche Grundlage der aufgabenorientierten Transformation ist das Umweltmodell. Es enthält alle Aussagen über den gegenwärtigen Zustand der Umwelt wie die Beschreibung der Eigenschaften der Objekte, die Beziehungen zwischen Objekten u.ä. Die Strukturierung des Umweltmodells bestimmt die Formulierung der zu transformierenden Aufgaben und der daraus abgeleiteten Befehle, also die obere und die untere Schnittstelle der Ausführungsplanungs-Schicht. Zwei Grundkonzepte für die Modellierung der Umwelt haben sich in der Praxis etabliert: die *objektorientierte* und die *regelorientierte* Modellierung (Bild 7.48).

Ein regelbasiertes System arbeitet mit einer Menge von Regeln auf der Faktenbasis. Die Regeln werden von einem ständig laufenden Regelinterpreter ausgewertet und ausgeführt. Regeln bestehen aus der Angabe von Bedingungen (WENN-Teil) und der Angabe von Aktionen (DANN-Teil). Die Aktionen werden nur ausgeführt, wenn die

Bedingungen erfüllt sind, d.h. die parametrisierte Faktenmenge der Bedingung auf eine Menge von Fakten in der Faktenbasis paßt. Aktionen können verwendet werden, um aus den vorhandenen Fakten neue Fakten zu erzeugen (Deduktion) oder um Aktionen in der Umwelt anzustoßen, beispielsweise die Bewegung des Roboters. Beim Ankommen eines neuen Faktums versucht der Regelinterpreter eine anwendbare Regel (bei der alle Bedingungen erfüllt sind) zu finden und führt die entsprechenden Aktionen aus, die die Faktenbasis wiederum ändern können.

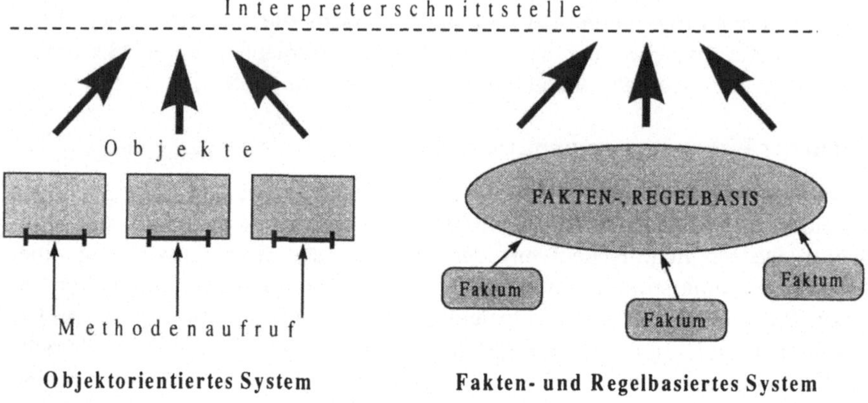

Bild 7.48
Grundkonzepte für die Modellierung der Umwelt

Vorteile der regelbasierten Aufgabentransformation sind, daß ihre Funktionsweise das menschliche WENN-DANN Schließen nachbildet und gleichzeitig mehrere parallele Zugriffe auf eine Faktenbasis von mehreren kooperierenden Agenten möglich sind. Nachteile sind geringe Strukturierung und Unübersichtlichkeit sowie die hohe Komplexität des Regelinterpretersystems und der daraus folgende große Suchaufwand.

In einem objektorientierten System ist dagegen die Beschreibung der Umwelt hierarchisch strukturiert, für den Anwender gut überschaubar und verständlich. Es werden Objekte definiert und in Teilobjekte zerlegt bis der erwünschte Detaillierungsgrad erreicht ist. Für jedes Objekt werden die relevanten Eigenschaften (Attribute) beschrieben. Inhalte von Attributen sind z.B. geometrische oder technologische Eigenschaften eines Bauteils. Die Klassen von Objekten (gleichartige Objektinstanzen) werden auch hierarchisch geordnet, wobei die Unterklassen die Attribute der Oberklassen vererben. Neben den vererbten Attributen bekommen die Instanzen der Unterklassen zusätzliche Attribute und beschreiben damit speziellere Objekte. Somit ist die Spezialisierung, das Zufügen neuer Objekte und die Erweiterung des Systems einfach.

Objekte können nicht nur reale Komponenten einer FMMS darstellen, sondern auch abstrakte Begriffe repräsentieren, wie z.B. Aufträge, Beziehungen oder Module mit komplexer Funktionalität. Ein auf einem objektorientierten Umweltmodell basierender objektorientierter Aufgabentransformator kann somit durch Zuweisen der unterschiedlichen Aufgaben zu verschiedenen logischen Objekten, wie Bahnplaner oder Kollisionsdetektor, modularisiert werden. Die Kommunikation zwischen Objekten geschieht mit Nachrichten. Die von einem Objekt akzeptierten Nachrichten spiegeln die Funktionalität des Objekts wieder. Wird ein Objekt an seiner Schnittstelle angesprochen, dann folgt eine prozedurale Ablaufsteuerung. Die Implementierungsaspekte eines objektorientierten Systems zur implizierten Roboterprogrammierung findet man in [Freu90].

Die Klarheit und Systematik der Objektdefinitionen, die prozedurale Kontrollierbarkeit der Operationsausführung waren ausschlaggebend für die Wahl des objektorientierten Ansatzes. Als zu erweiternde Interpretersprache wurde eine Implementation von Common LISP, die sogenannte CLISP, gewählt. Die Software ist frei erhältlich unter GNU Lizenzvorschriften und läuft außer unter Linux auch auf anderen UNIX und DOS Plattformen. Die LISP Implementation CLISP hat die vom Programmiersystem der FMMS gestellten Kriterien am besten erfüllt:

- sie kann im interaktiven oder nicht-interaktiven (liest aus Datei) Interpretermodus betrieben werden, und für eine effektivere Ausführung können die Programme auch in einen schnelleren Binärcode übersetzt werden;

- sie implementiert eine große Teilmenge von CLOS (Common Lisp Object System), das die objektorientierte Datenorganisation und die Definition genereller Methoden erlaubt;

- sie stellt eine Schnittstelle für die Einbindung von C Code (die Schnittstelle zur Steuerungsebene der Station) bereit;

- die Syntax der Sprache ist einfach und auch – mit Hilfe der Sprache selbst – leicht auf eine andere LISP-ähnliche Syntax umdefinierbar. Im interaktiven Interpretermodus steht ein UNIX-Shell-ähnlicher Befehlszeileneditor zur Verfügung.

Die in der FMMS realisierten, roboterspezifischen Erweiturengen der CLISP wurden in [Varsa97] beschrieben. Mit der Wahl von LISP ist die Möglichkeit der eventuellen Implementierung eines Regelinterpreters weitgehend offen gehalten. Die Sprache ist sehr geeignet für eine Wissensrepräsentation, die der menschlichen Denkweise nahe kommt. So können aufgrund der angewandten Listendarstellung Deduktionsalgorithmen implementiert werden.

7.4.4.2 Die realisierten Programmierkonzepte

Im folgenden werden die wichtigsten Konzepte der roboterorientierten Programmierung einzeln betrachtet und die in dem Programmiersystem gewählte Implementierungslösung erläutert.

Objektorientierte Modellierung der Umwelt. Die Mikromontagestation mit den darin befindlichen Objekten stellt die Umwelt (Roboterwelt) dar. Die Klassen enthalten die Beschreibung und Implementation der allgemeinen Eigenschaften und Funktionalitäten, welche die Objekte dieser Klassen besitzen. Hier ist definiert, welche Nachrichten die einzelnen Objekte verstehen, wie sie auf diese reagieren und welche Attribute die Objekte besitzen. Die Klassen sind in einer Hierarchie geordnet, in der die Unterklassen die Attribute und Funktionalität der Oberklassen vererben.

In Bild 7.49 ist die Klassenhierarchie der Objekte der Mikromontage-Tischstation zu sehen. Hier sind die bereits in Abschnitten 7.4.1 und 7.4.2 eingeführten Objekte der FMMS zu erkennen. Die Klasse Werkstück hat den größten Einfluß auf die gesamte Umweltmodellierung und verdient deswegen besondere Beachtung. Diese Klasse beschreibt zu montierende Bauteile, deren Montage das eigentliche Ziel der Roboterprogrammierung ausmacht. In einem objektorientierten Roboterprogramm werden die Befehle (Nachrichten) notiert, die an die verschiedenen Objekte der Montagestation gesendet werden müssen. Durch die Entscheidung, welche Objekte Empfänger der Nachrichten sein sollen, wird die Kommunikationsstruktur des Programmiersystems festgelegt. Es gibt zwei Möglichkeiten: der Empfänger von Nachrichten ist entweder eine der FMMS-Komponenten wie z.B. der Roboter oder der Tisch (Robotersicht) oder die manipulierten Werkstücke (Werkstücksicht).

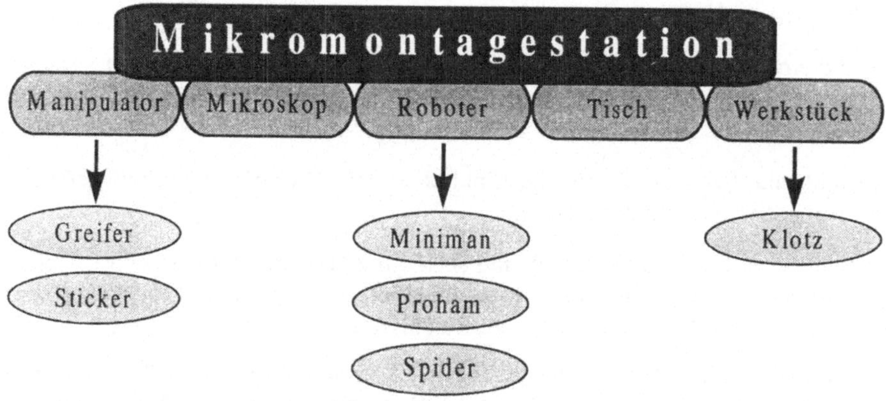

Bild 7.49
Klassenhierarchie des Umweltmodells

In einer roboterorientierten Kommunikationsstruktur werden die Aufgaben in Form von Roboterbewegungen spezifiziert. Der Roboter erfragt die zur Ausführung einer Montageaktion benötigten Informationen (z.B. Bauteilposition und -orientierung) von den beteiligten Objekten. Ein deutlich flexibleres System garantiert die Realisierung der Werkstücksicht. Das Anwenderprogramm beschreibt in diesem Fall nicht eine Folge von Roboterbewegungen, sondern die gewünschten Werkstückmanipulationen. Somit steht die eigentliche Montageaufgabe an der zentralen Stelle des Roboterprogrammiersystems. Im Programmiersystem der FMMS ist aufgrund der Flexibilität des CLOS-Systems die Möglichkeit zur Implementierung beider Ansätze offen gehalten.

Frame-Konzept. Frames werden zur Beschreibung der Stellung von Objekten in der Arbeitszelle benutzt. Die Position wird in kartesischen Koordinaten in einem vordefinierten Basiskoordinatensystem angegeben, und die Orientierung wird mittels Rotationsangaben um die Basiskoordinatenachsen beschrieben. Man kann sich ein Frame als eine Kopie des Basiskoordinatensystems vorstellen, wobei der Nullpunkt bzw. die Orientierung des Framekoordinatensystems jeweils durch einen Verschiebevektor bzw. durch Rotationsangaben definiert ist. Man kann Frames nicht nur im Weltkoordinatensystem, sondern auch relativ zu einem anderen Frame definieren. In diesem Fall muß auch das Referenzframe für jedes Frame gespeichert werden. Der Vorteil relativer Frames besteht darin, daß in vielen Fällen auf explizite Umrechnungen (Koordinatentransformationen) verzichtet werden kann.

Bild 7.50 verdeutlicht diese Tatsache. Bei der Benutzung von relativen Frames bleibt das relative Frame von Klotz K nach der Bewegung unverändert (unten im Bild), während bei absoluten Frames eine Umrechnung notwendig ist (oben im Bild).

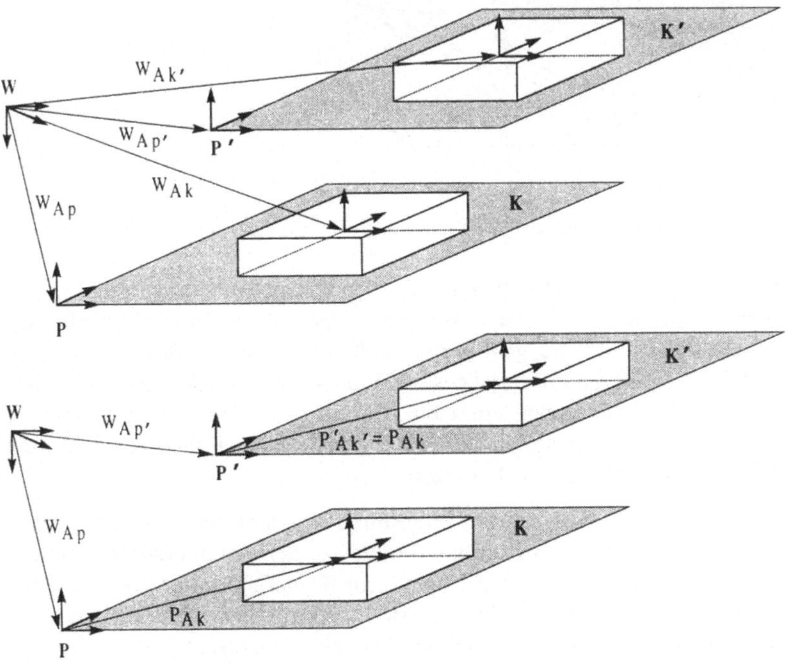

Bild 7.50
Absolute (oben) und relative (unten) Frames der FMMS

In Bild 7.51 ist die implementierte Mikromontagestation mit den definierten Objekten und deren Framereferenzbeziehungen dargestellt. Ein Objekt kann mit seinem Referenzobjekt in den Beziehungen *„einseitig verbunden"* (NONRIGIDLY) oder *„beidseitig* *verbunden"* (RIGIDLY) stehen. Beidseitige Verbindung kann z.B. zwischen einem Objekt (Referenz-objekt) und seinen Teilobjekten bestehen: bei der Bewegung eines Teilobjekts (Änderung des absoluten Frames) wird auch das Referenzobjekt mitbewegt, so daß ihre Lage zueinander bis zur Aufhebung der beidseitigen Verbindung konstant bleibt. In einer solchen Beziehung stehen beispielsweise der Roboter und der Manipulator in der FMMS.

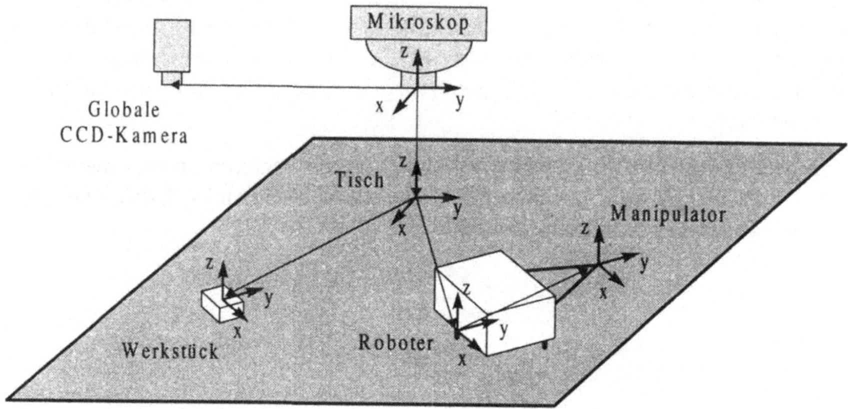

Bild 7.51
Implementierung des Frame-Konzepts in der FMMS

Bild 7.52 zeigt den durch die Verkettung von relativen Frames konstruierten Framereferenzgraphen der Mikromontagestation. Aus der Analyse der Freiheitsgrade der Objekte in Abschnitten 7.4.1 und 7.4.2 geht hervor, daß zur Stellungsrepräsentation der programmierbaren Objekte der Mikromontagestation außer einem dreidimensionalen Verschiebungsvektor die Angabe einer einzigen Rotation um die z-Achse genügt. Anstatt einer homogenen Transformationsmatrix kann man somit einfach einen Vektor und einen Winkel für die Stellungsangabe benutzen.

Für den Umgang mit Frames werden von der Programmiersprache Sprachmittel bereitgestellt, um die Verkettungsinformation zwischen Frames zu definieren oder zu löschen. Beispielsweise müssen die von der globalen Kamera im Kamerakoordinatensystem gelieferten Roboterframes im Roboterkoordinatensystem interpretiert werden. Die Umrechnung der Positionen erfolgt über den definierten Framereferenzgraphen.

Koordination mehrerer Roboter. Bei der Lösung komplexer Montageaufgaben wird der Einsatz mehrerer Roboter in der FMMS erforderlich. Die parallele Hardware- und Betriebsystemarchitektur der Montagestation erlaubt eine Erweiterung des Steuerungssystems auf mehrere Roboter. Der zur Ansteuerung der Piezobeine eingesetzte Parallelrechner kann durch Einbinden zusätzlicher Mikrocontroller entsprechend erweitert werden (Abschnitt 7.3.1). Mit dem Linux Betriebsystem des Steuerungsrechners (PC) ist die Verwaltung mehrerer Steuerprozesse ebenfalls unproblematisch.

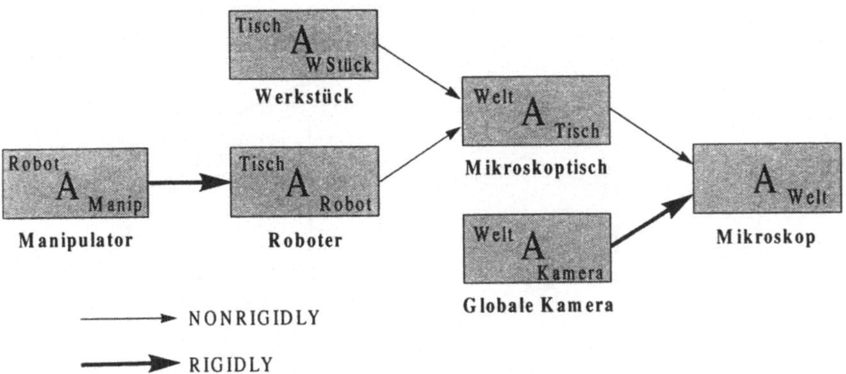

Bild 7.52
Framereferenzgraph der FMMS

Die einzige Schwierigkeit liegt in der Koordinierung der Handhabungsabläufe von den programmgesteuerten Einheiten. Dieses Problem läßt sich auf die programmiertechnische Beherrschung und die Synchronisation paralleler Prozesse reduzieren. Das gleiche Problem besteht übrigens auch bei der Synchronisation von Bewegungsabläufen eines einzigen Roboters, z.B. wenn die Plattform und der Manipulator eine koordinierte Aktion ausführen. Wie die parallelen Abläufe und Synchronisationsanforderungen syntaktisch gekennzeichnet werden, hängt von der implementierten Prozeßstruktur ab. In einem aufgabenorientierten Programmiersystem müssen die parallelisierbaren Abläufe im Aufgabentransformator bei der Montageplanung automatisch erkannt werden, damit der Programmierer diese nicht explizit angeben muß. Bei der roboterorientierten Programmierung muß dagegen der Programmierer selbst das nötige roboter- und aufgabenspezifische Wissen für die zeitliche Koordination von Bewegungsabläufen sorgen. Ausgeschlossen werden muß der Fall, bei dem zwei konkurrierende Bewegungsanforderungen an den Roboter geschickt werden.

Das bei dieser Implementierung eingesetzte Hilfsmittel zur Beschreibung von parallel auszuführenden Bewegungsabläufen und Synchronisation mehrerer Roboter ist einfach. Die Parameterliste jeder Roboter- und Manipulatorbewegungsfunktionen an der Interpreterschnittstelle wird mit zwei zusätzlichen Parametern ergänzt. Der Parameter „RobotID" identifiziert den angesprochenen Roboter und der Parameter „wait_mode" gibt an, ob das Roboterprogramm erst nach Beendigung der gerade durchgeführten Bewegung (WAIT) oder sofort (NOWAIT) fortgesetzt werden soll. Das Grundprinzip des Systems besteht darin, daß beim Aufruf eines Befehls an der Arbeitszellenschnittstelle (mit der ergänzten Parameterliste) die Kontrolle nicht direkt der Ausführungsroutine übergegeben wird, sondern diese Routine wird vom Aufrufprozeß als ein Kindprozeß gestartet. Dies gibt dem Aufrufprozeß die Möglichkeit, nach dem Start der Ausführungsroutine zurückzukehren und gegebenenfalls einen anderen Bewegungsprozeß parallel zum ersten zu starten (Bild 7.53).

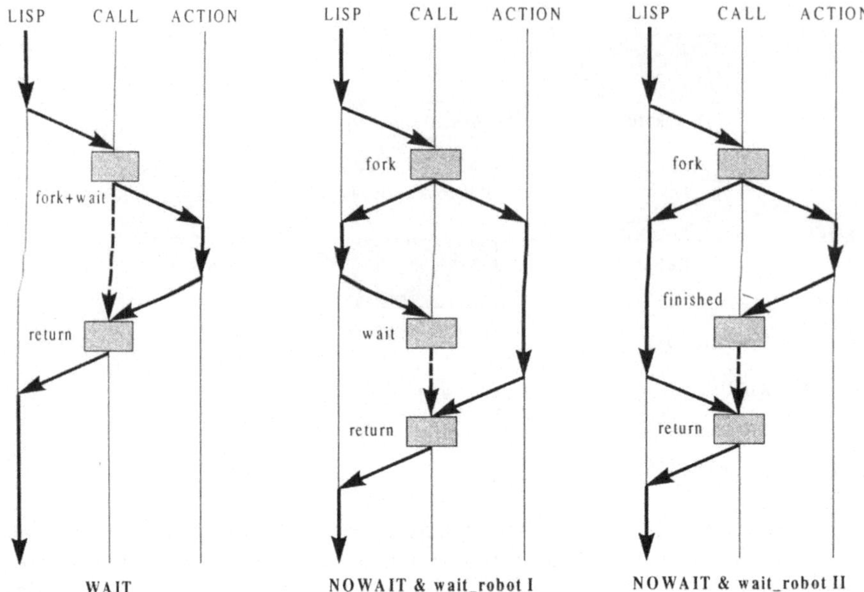

Bild 7.53
Ablaufdiagramm für verschiedene Synchronisationsmodi

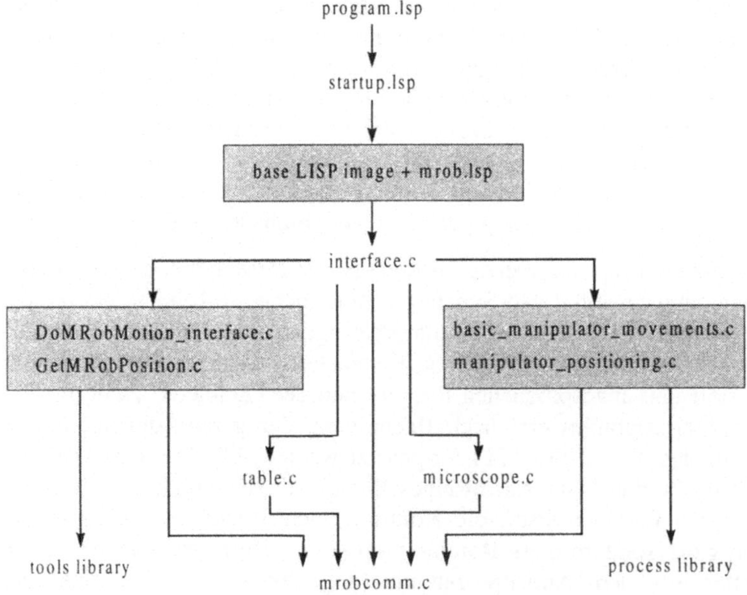

Bild 7.54
Modulstruktur des implementierten Programmiersystems

Im Bild werden die Abläufe in den beiden Modi WAIT und NOWAIT gezeigt. Das Verhalten der Warteanweisung „wait_robot" wird für zwei Fälle gezeigt: wenn auf den Ausführungsprozeß noch gewartet werden muß (I) und wenn die Ausführung bereits beendet wurde (II). Wenn ein Prozeß aufgrund einer betriebsysteminternen Ausnahmesituation abgebrochen wird, dann wird dies automatisch in den Interpreter zurückgemeldet.

Die gesamte Modulstruktur des implementierten Programmiersystems der FMMS ist in Bild 7.54 zu sehen. Eine ausführliche Beschreibung einzelner Module findet man in [Varsa97]. Die in Teil 6 vorgestellten Algorithmen der Mikromontageplanung und das objektorientierte Umweltmodell sowie deren Einbindung in die Ausführungsplanungs-Ebene der FMMS (Aufgabentransformation) werden zur Zeit implementiert. Mit der Lösung dieser Probleme wird die Implementierung einer automatischen Mikromontagestation mit einer aufgabenorientierten Programmierschnittstelle weitgehend abgeschlossen.

Ausblick

Die automatisierte Mikromontage nebst speziellen Montageplanungs- und Steuerungstechniken wird heute als die Schlüsseltechnologie zur industriellen Beherrschung der MST angesehen. Einen Durchbruch auf diesem Gebiet könnten flexible, automatisierte und kostengünstige Mikromontage-„Tischstationen" herbeiführen.

In dieser Arbeit wurde eine Lösung dieses Problems basierend auf direkt angetriebenen mobilen, hochpräzisen Mikrorobotern zum ersten Mal präsentiert und das Konzept einer einer flexiblen mikroroboterbasierten Montagestation (FMMS) eingehend untersucht. Folgende Schwerpunkte wurden in dieser Arbeit behandelt:

- Untersuchung der Mikromontageproblematik

- Entwurf einer mikroroboterbasierten Mikromontage-„Tischstation"

- Automatische wissensbasierte Planung von Mikromontageabläufen

- Steuerung einer automatisierten Mikromontagestation

- Verhaltensbasierte Echtzeitsteuerung von Mikrorobotern

- Sensorische und aktorische Aspekte der Mikrorobotik

- Entwicklung von flexiblen hochpräzisen Direktantriebsrobotern.

Der gesamte Montageablauf findet in einer FMMS je nach Anwendungsfall entweder unter einem Lichtmikroskop oder in der Vakuumkammer eines Rasterelektronenmikroskops statt. Dadurch kann auf eine hohe absolute Genauigkeit der Mikroroboter verzichtet werden, denn die Beziehung zwischen Roboter und Werkstück wird direkt ausgemessen. Um die Montagevorgänge automatisch durchführen zu können, verfügt die Station über ein hierarchisches Steuerungssystem. Mit Hilfe eines lokalen Sensorsystems wird die Position der zu manipulierenden Mikroobjekte bzw. der Roboterwerkzeuge bestimmt. Die Position der Roboterplattform beim Transportieren der Mikroobjekte bzw. beim Manövrieren der Mikroroboter wird von einem globalen Sensorsystem erfaßt. Visuelle Sensorinformationen werden mittels eines echtzeitfähigen Bildverarbeitungssystems in aktuelle Steuerungsanweisungen für alle Komponenten der FMMS umgesetzt.

Ein praxisnahes und leistungfähiges Mikromontage-Planungsverfahren, das die echtzeitfähige automatische Planung in einer Mehrroboter-FMMS ermöglicht, wurde in dieser Arbeit entwickelt und zum Teil implementiert. Die verwendeten Optimierungskriterien basieren auf der geometrischen Spezifikation des Produkts, die in Form von binären

6-Tupeln der Hauptachsen im karthesischen Raum dargestellt ist. Diese einheitliche Darstellung erlaubt es, die Optimierungskriterien auf allen drei Unterebenen der Montageplanung durch eine schnelle rekursive Berechnung binärer Matrizen anzuwenden. Das entwickelte *bottom-up*-Planungsverfahren ermöglicht bei unvorhergesehenen Prozeßstörungen eine Neuplanung während der Montage. Das Verfahren erlaubt außerdem die echtzeitfähige Durchführung einer Montagesequenz in einer Mehrroboter-FMMS. Echtzeitfähige Planungsalgorithmen wurden bereits zum Teil implementiert.

Dieses Planungsverfahren ist das Herzstück der Planungsebene des entwickelten hierarchischen FMMS-Steuerungssystems. Die Ausführungsebene des Steuerungssystems beinhaltet mehrere Komponenten, von der Interpretation der geplanten Roboteroperationen bis zur Ansteuerung einzelner Roboteraktoren. Dabei werden die geplanten Montageaktionen in die entsprechenden Grobbewegungen der Roboter-Positioniereinheit bzw. die Feinbewegungen der Roboter-Manipulationseinheit umgesetzt. Die vom Interpreter ausgehenden Befehle werden mit Hilfe der Stations- bzw. Robotersensoren ausgeführt. Die Systemintelligenz wird durch ein leistungsfähiges modulares Rechnersystem unterstützt. Eine Benutzer-Schnittstelle ermöglicht die Montagesteuerung und -überwachung. Alle genannten Komponenten des FMMS-Steuerungssystems wurden in diesem Manuskript untersucht.

Der Aufbau und die Steuerung direktangetriebener Mikroroboter, die die Entwicklung einer FMMS erst ermöglichen, bildete den anderen Schwerpunkt dieser Arbeit. Die wichtigsten Komponenten eines flexiblen Mikroroboters wie Positioniereinheit, Mikromanipulator, Greifer und Sensoren wurden eingehend analysiert. Die Analyse soll dem Aufbau einer umfassenden Wissensbasis für den CAD-Entwurf von Mikrorobotern dienen. Deshalb wurden die Möglichkeiten eines rechnergestützten Mikroroboterentwurfs untersucht. Anhand der Sensorinformation sollen die FMMS-Roboter eigenständig Entscheidungen über notwendige Aktionen treffen und ggf. ihr Verhalten korrigieren. Die Anwendbarkeit verhaltensbasierter Methoden zur Steuerung von Mikrorobotern auf der Basis von künstlichen neuronalen Netzen oder der Fuzzy-Logik wurde gezeigt.

Die eingeführten Konzepte wurden durch die Implementierung einer FMMS am Institut für Prozeßrechentechnik, Automation und Robotik der Universität Karlsruhe untermauert. Teil 7 gab einen Einblick in die Implementierungsprobleme einer FMMS.

Die Montage von Mikrosystemen ist ein breit gefächertes Forschungsgebiet, so daß die Weiterentwicklung dieses Gebiets auf interdisziplinäre Forschungsaktivitäten angewiesen ist. Die Informatikforscher sollen dabei die Federführung übernehmen, um zahlreiche informationstechnische Aufgaben, wie CAD-Entwurf von montagefreundlichen Mikrosystemen, echtzeitfähige Montageplanung und Steuerung in einer FMMS, Verarbeitung verschiedenartiger Sensordaten, rechnergestützter Entwurf von Mikrorobotern, intelligente Echtzeit-Steuerung von Mikrorobotern, Kommunikation und Organisation in Mehrrobotersystemen und vieles mehr, effizient lösen zu können. Diese Probleme stehen in der Mikromontage bzw. der Mikrosystemtechnologie noch am Anfang ihrer aktiven Erforschung. Dieses Buch hat die ersten Schritte zur Lösung dieser Probleme getan.

Literaturverzeichnis

[Ache91]   Ache, H.J.: „Entwicklung von Analytischen Mikrosonden und Chemischen Mikrosensoren im Institut für Radiochemie“, KfK-Nachrichten, Jahrgang 23, Forschungszentr. Karlsruhe, 1991 (2–3), S.148–157

[Ahn93]   Ahn, Ch.H., Kim, Y.J. and Allen M.G.: „A Planar Variable Reluctance Magnetic Micromotor with Fully Integrated Stator and Wrapped Coils“, Proc. of the IEEE Int. Conf. on Micro Electro Mechanical Systems (MEMS), Fort Lauderdale, Florida, 1993, pp.1–6

[Ajlu95]   Ajluni, Ch.: „Accelerometers: Not Just For Airbags Anymore“, Electronic Design, 12.06.95, pp.93–106

[Akin94]   Akin, T. et al.: „A Micromachined Silicon Sieve Electrode for Nerve Regeneration Applications“, IEEE Transactions on Biomedical Engineering, 1994, Vol. 41(4), pp.305–313

[Albr93]   Albrecht, A. et al.: „Mikrobewegungssysteme“, Mikroelektronik, 1993 (5), Fachbeilage „Mikrosystemtechnik“

[Alleg97]   Allegro, S. and Jacot, J.: „Automated Microassembly by Means of a Micromanipulator and External Sensors“, Proc. of the SPIE's Int. Symp. on Intelligent Systems & Advanced Manufacturing, Vol. IS02: Microrobotics and Microsystem Fabrication, Pittsburgh, PA, 1997, pp.108–116

[Altr93]   von Altrock, C.: „Fuzzy Logic: Technologie“, Oldenbourg, München/Wien, 1993

[Altr93a]   von Altrock, K.: „Signalverarbeitung für Sensorsysteme“, Mikroelektronik, 1993 (3), Fachbeilage „Mikrosystemtechnik“

[Ande94]   Andersen, B. and Millar, C. E.: „Performance of Multilayer Actuators Based on Piezoelectric and Electrostrictive Materials“, Proc. of Int. Conf. on New Actuators, Bremen, 1994, pp.167–170

[Ange92]   Angerer, G. und Hiessl, H.: „Sensoren für den Umweltschutz", Mikroelektronik, 1992 (4), Fachbeilage „Mikroperipherik"

[Angs93]   Angstenberger, J.: „atp-Marktanalyse: SW-Werkzeuge zur Entwicklung von Fuzzy-Reglern", Automatisierungstechnische Praxis, 1993
(2), S.112–124

[Aosh92]   Aoshima, Sh., Yoshizawa, N. and Yabuta, T.: „Micro Mass Axis
Alignment Device with Piezo Elements for Optical Fibers", Proc. of
the 3rd Int. Symp. on Micro Machine and Human Science, Nagoya,
1992, pp.89–96

[Aoya95]   Aoyama, H., Iwata, F. and Sasaki, A.: „Desktop Flexible Manufacturing System by Movable Miniature Robots", Proc. of Int. Conf.
on Robotics and Automation, Nagoya, 1995, pp.660–665

[Arai92]   Arai, T., Stoughton, R. and Jaya, Y.: „Micro Hand Module Using Parallel Link Mechanism", Proc. of the Japan-USA. Symp. on Flexible
Automation, San Fransisco, 1992, pp.163–168

[Arai93]   Arai, T., Larsonneur, R. and Jaya, Y.: „Basic motion of a micro hand
module", Proc. of Int. Conf. on Advanced Mechatronics, Tokyo, 1993,
pp.92–97

[Arai95]   Arai, F. et al.: „Micro Manipulation Based on Micro Physics", Proc. of
the IEEE/RSJ Int. Conf. on Intelligent Robots and Systems (IROS),
Pittsburgh, PA, 1995, pp.236–241

[Arai96]   Arai, F. and Fukuda, T.: „Microrobotics Based on Micro Physics:
Design and Control Strategy Based on Attractive Force Reduction",
Proc. of the SPIE's Int. Symp. on Intelligent Systems & Advanced
Manufacturing, Boston, MA, 1996, Vol. 2906: Microrobotics:
Components and Applications, pp.184–195

[Arai96a]   Arai, F. et al.: „New Force Measurement and Micro Grasping Method
Using Laser Raman Spektrometer", Proc. of the IEEE Int. Conf. on
Robotics and Automation, Minneapolis, Minnesota, 1996, pp.2220–
2225

[Arai96b]   Arai, F. et al.: „Integrated Micro Endeffector for Dexterous Micromanipulation", Proc. of the IEEE Int. Symp. on Micro Machine and
Human Science (MHS), Nagoya, 1996, pp.149–162

[Arai97]   Arai, F. and Fukuda, T.: „A new pick up & release method by heating for micromanipulation", Proc. of the IEEE Int. Conf. on Micro Electro Mechanical Systems (MEMS), Nagoya, 1997, pp.383–388

[Arai97a]   Arai, T. and Tanikawa, T.: „Micro Manipulation Using Two-Finger Hand", Proc. of the Int. Workshop on Working in the Micro- and Nano-Worlds: Systems to Enable the Manipulation and Machining of Micro-Objects, in Proc. of the IEEE/RSJ Int. Conf. on Intelligent Robots and Systems (IROS'97), Grenoble, France, 1997, pp.12–19

[Arqu93]   Arquint, Ph. and van der Schoot, B.H.: „Integrated blood-gas sensor for pO_2, pCO_2 and pH", Sensors, Actuators & Microsystems Laboratory: Report, Institute of Microtechnology, University of Neuchâtel, 1993, p.25

[Asano93]   Asano, M. et al.: „Theoretical Study for Micro Mobile Machines with Piezoelectric Elements", Proc. of the 4th Int. Symp. on Micro Machine and Human Science, Nagoya, 1993, pp.125–132

[Ashb95]   Ashbrook, A., Thacker, N.A. and Rockett, P.I.: „Robust Recognition of Scaled Shapes Using Pairwise Geometric Histograms", Proc. of the BMVC, 1995

[Axel95]   Axelrad, C. et al.: „Industrial Applications of Microtechnologies in Europe", Proc. of the Int. Micromachine Symposium, Tokyo, 1995, pp.37–46

[Bach91]   Bacher, W. et al.: „Herstellung von Röntgenmasken für das LIGA-Verfahren", KfK-Nachrichten, 23, Forschungszentrum Karlsruhe, 1991 (2–3), S.76–83

[Bach91a]   Bacher, W. et al.: „LIGA-Abformtechnik zur Fertigung von Mikrostrukturen", KfK-Nachrichten, 23, Forschungszentrum Karlsruhe, 1991 (2–3), S.84–92

[Bark98]   Bark, C. et al.: „Gripping with low viscosity fluids", Proc. of the IEEE Int. Conf. on Micro Electro Mechanical Systems (MEMS), Heidelberg, 1998, pp.301–305

[Bauer95]   Bauer, H.-D. und Hainel, F.: „Gullivers Finger sind zu dick: Montage elektromagnetischer rotatorischer Millimotoren", TR Transfer, Nr. 27/28, 1995, S.18–20

[Bayer94]   „Rheobay® TP AI3565 and Rheobay® TP AI3566", Product Information, Bayer AG, Leverkusen, 1994

[Beck98]   Beckord, U., Bessey, R. und Thürige, Ch.: „Das kleinste Planetengetriebe der Welt", F&M 106 (1998), 1–2, S.49–52

[Bekey93]   Bekey, G.A. and Goldberg, K.Y.: „Neural Networks in Robotics", Kluwer Academic Publishers, 1993

[Bello97]   Bellouard, Y., Sulzmann, A., Jacot, J. and Clavel, R.: „Design and highly accurate 3D displacement characterisation of monolithic SMA micro-gripper using computer vision", Proc. of the SPIE's Int. Symp. on Intelligent Systems & Advanced Manufacturing, Vol. IS02: Microrobotics and Microsystem Fabrication, Pittsburgh, PA, 1997, pp.2–11

[Bene94]   Benecke, W.: „Scaling Behaviour of Micro Actuators", Proc. of Int. Conf. on New Actuators, Bremen, 1994, pp.19–24

[Bene95]   Benecke, W.: „Strategy Paper on Microsystem Technology", Proc. of the NEXUS-Workshop on Micro-Machining, Bremen, 1995

[Benz95]   Benz, M., Fatikow, S. und Großmann, B.: „Mikroaktorik für die Mikrosystemtechnik", Reihe: Innovationen in der Mikrosystemtechnik, VDI/VDE-IT, 1995

[Berns94]   Berns, K. und Kolb, T.: „Neuronale Netze für technische Anwendungen", FZI-Berichte „Informatik", Springer, Berlin/Heidelberg/ NewYork, 1994

[Beuch94]   Beuchat, T.: „Automated assembly units for microsystems", Proc. of the Workshop on Handling and Assembly of Microparts, Wien, 1994

[Bexell96]   Bexell, M. and Johansson, St.: „Microassembly of a piezoelectric miniature motor", Proc. of the SPIE's Int. Symp. on Intelligent Systems & Advanced Manufacturing, Boston, MA, 1996, Vol. 2906: Microrobotics: Components and Applications, pp.151–161

[Bier93]   Bier, W. et al.: „Mechanische Mikrofertigung – Verfahren und Anwendungen", 1. Statuskolloquium des Projektes Mikrosystemtechnik, Tagungsband, Forschungszentrum Karlsruhe, 1993, S.132–137

[Blatt93]   Blattner, J. und Neußer, S.: „Fuzzy-Systeme und Neuronale Netze", Mikroelektronik, 1993 (3), Fachbeilage „Mikrosystemtechnik"

[Bleu92]   Bleuler, H.: „Active Micro Levitation", Proc. of the 3rd Int. Symp. on Micro Machine and Human Science, Nagoya, 1992, pp.129–136

[Bley91]   Bley, P. und Menz, W.: „Stand und Entwicklungsziele des LIGA-Verfahrens zur Herstellung von Mikrostrukturen", KfK-Nachrichten, Jahrgang 23, Forschungszentrum Karlsruhe, 1991 (2–3), S.69–75

[Block92]   Block, H.: „The Nature, Action and Applications of ER Fluids", Proc. of Int. Conf. on New Actuators, Bremen, 1992, pp.105–109

[BMFT90]   „Mikrosystemtechnik", Förderungsschwerpunkt im Rahmen des Zukunftskonzeptes Informationstechnik, BMFT, 1990

[BMFT94]   „Mikrosystemtechnik 1994–1999", BMFT-Programm im Rahmen der Informationstechnik, Öffentlichkeitsarbeit, BMFT, Bonn, 1994

[Bothe93]   Bothe, H.-H.: „Fuzzy Logic: Einführung in Theorie und Anwendungen", Springer-Verlag, Berlin, 1993

[Bran91]   Branebjerg, J. et al.: „A micromachined flow sensor for measuring small liquid flows", Proc. of IEEE Conf. on Transducers, San Francisco, 1991, pp.41–46

[Brand92]   Brand, S., Laux, T., und Tönshoff, H.-K.:"Piezoelektrische Aktoren", Mikroelektronik, 1992(6), Fachbeil. „Mikroperipherik"

[Bras95]   Brasche, U.: „MST in European Industry", mst news, 1995 (13), pp.25–29

[Breg96]   Breguet, J.-M. and Renaud, Ph.: „A 4-degrees-of-freedom microrobot with nanometer resolution", Robotica, Vol. 14, 1996, pp.199–203

[Breg97]   Breguet, J.-M. and Clavel, R.: „Innovative tools for micromanipulation", Proc. of the Int. Workshop on Working in the Micro- and Nano-Worlds: Systems to Enable the Manipulation and Machining of Micro-Objects, in Proc. of the IEEE/RSJ Int. Conf. on Intelligent Robots and Systems (IROS'97), Grenoble, France, 1997, pp.4–11

[Breit93]   Breitmeier, U.: „Qualitätskontrolle an mikromechanischen Bauteilen", Mikroelektronik, 1993 (4), Fachbeilage „Mikrosystemtechnik"

[Broo92]   Brooks, D.: „A Practical High Speed ER Actuator", Proc. of Int. Conf. on New Actuators, Bremen, 1992, pp.110–115

[Brug93]   Brugger, J. et al.: „Microfabricated tools for nanoscience", Journal of
                Micromechanics and Microengineering, 1993 (4), Vol. 3, pp.161–167

[Brug93a]   Brugger, J. et al.: „Nanopositioniersystem", Mikroelektronik, 1993
                (5), Fachbeilage „Mikrosystemtechnik"

[Bryze94]   Bryzek, J., Petersen, K. and McCulley, W.: „Micromachines on the
                march", IEEE Spectrum, May 1994, pp.20–31

[Büchi95]   Büchi, R. et al.: „Inertial Drives for Micro- and Nanorobots:
                Analytical Study", Proc. of the SPIE's Int. Symp. on Intelligent
                Systems & Advanced Manufacturing, Philadelphia, PA, 1995, Vol.:
                Microrobotics and Micromechanical Systems, pp.89–97

[Büchi95a]   Büchi, R. et al.: „A fully autonomous mobile Mini-Robot", Proc. of
                the SPIE's Int. Symp. on Intelligent Systems & Advanced Manufac-
                turing, Philadelphia, PA, 1995, Vol.: Microrobotics and Micromecha-
                nical Systems, pp.50–53

[Budig92]   Budig, P.-K.: „Aktoren für den Mikrometer- und Submikrometerbe-
                reich", Mikroelektronik, 1992 (6), Mikroperipherik

[Büker93]   Büker, H.: „Glasfasersensorik als neue Disziplin der Mikrosensorik",
                7. IAR Kolloquium, Tagungsband, Universität Duisburg, 1993, S.11–
                24

[burl95]   burleigh Instruments Inc.: „Micropositioning Systems", Produkt-
                übersicht, NY, USA, 1995

[Burns94]   Burns, V.: „Microelectromechanical Systems (MEMS) and SPC
                Market Study", mst news, 1994 (10), p.4

[Buser91]   Buser, R. and de Rooij, N.: „ASEP: a CAD programm for silicon
                anisotropic etching", Sensors and Actuators, 1991 (28), pp.71–78

[Buser92]   Buser, R., Crary, S. and Juma, O.: „Integration of the Anisotropic-
                Silicon-Etching Program ASEP™ within the CAEMEMS™ CAD-
                /CAE Framework", Proc. of the IEEE Int. Conf. on Micro Electro
                Mechanical Systems (MEMS), Travemünde, 1992, pp.133–138

[Büst94]   Büstgens, B. et al.: „Micromembrane Pump Manufactured by Mold-
                ing", Proc. of Int. Conf. on New Actuators, Bremen, 1994, pp.86–90

[Büttg94]   Büttgenbach, S. und Hesselbach, J.: „Mikrosysteme im Maschinenbau: Entwurf, Fertigung, Montage", VDI-Berichte 1171, VDI-Verlag, Düsseldorf, 1994, S.21–42

[Camm92]   Cammann, K.: „Biosensorik", Mikroelektronik, 1992 (3), Fachbeilage „Mikroperipherik"

[Camm94]   Cammann, K. et al.: „Beispiele funktionstüchtiger chemischer und biochemischer Mikrosensoren für die Umweltanalytik und Medizintechnik", Int. Kongr. für Mikrosysteme und Präzisionstechnik (Micro-Engineering 94), Messe Stuttgart, 1994

[Camon93]   Camon, H. et al.: „Electrostatic Micromotor and Millimetric Systems", Proc. of Int. IARP Workshop on Micro Robotics and Systems, Karlsruhe, 1993, pp.169–179

[Carl94]   Carlson, J.D.: „The Promise of Controllable Fluids", Proc. of Int. Conf. on New Actuators, Bremen, 1994, pp.266–270

[Carp86]   Carpenter, G.A. and Grossberg, S.: „Neural Dynamics of Category Learning and Recognition: Attention, Memory Consolidation, and Amnesia", in Davis, J., Newburgh, R. and Wegmann, E. (Hrsg.): „Brain Structure, Learning, and Memory", AAAS Symposium Series, 1986

[Carr97]   Carroza, M.Z. et al.: „The development of a LIGA-microfabricated gripper for micromanipulation tasks", Proc. of the 8th European Workshop on Micromachining, Micromechanics and Microsystems (MME), Southampton, 1997, pp.156–159

[Chri92]   Christenson, T.R., Guckel, H. und Skrobis, K.J.: „Mikromechanische Aktoren", Mikroelektronik, 1992 (6), Mikroperipherik

[CISC91]   „Research in the Center for Integrated Sensors and Circuits", Report on Research Activities, The University of Michigan, Ann Arbor, 1991

[Clae94]   Claeyssen, F., Lhermet, N. and Le Letty, R.: „State of the art in the field of magnetostrictive actuators", Proc. of Int. Conf. on New Actuators, Bremen, 1994, pp.203–209

[Clark92]   Clark, A. E.: „High Power Magnetostrictive Transducer Materials", Proc. of Int. Conf. on New Actuators, Bremen, 1992, pp.127–132

[Cocco93]   Cocco, M. et al.: „An implantable neural connector incorporating microfabricated components“, Journal of Micromechanics and Microengineering, 1993 (4), Vol. 3, pp.219–221

[Codo95]   Codourey, A. et al.: „A Robot System for Automated Handling in Mirco-World“, Proc. of the IEEE/RSJ Int. Conf. on Intelligent Robots and Systems (IROS), Pittsburgh, PA, 1995, pp.185–190

[Codo97]   Codourey, A., Rodriguez, M. and Pappas, I.: „A Task-Oriented Teleoperation System for Assembly in the Microworld“, Proc. of the 8th Int. Conf. on Advanced Robotics (ICAR), Monterey, California, 1997, pp.235–240

[Cohn95]   Cohn, M., Crawford, L., Wendlandt; J. and Sastry, S.: „Surgical Applications of Milli-Robots“, Journal of Robotic Systems 12(6), 1995, pp.401–416

[Conra94]   Conradt, M.: „Endoskopie“, TK aktuell, 1994 (4), S.20–21

[Daim92]   „Mikrosystems – a Key to the Future“, Öffentlichkeitsarbeit, Daimler-Benz AG, Stuttgart, 1992

[Dario92]   Dario, P. et al.: „Microactuators for Microrobots: a Critical Survey“, Journal of Micromechanics and Microeng., 1992 (2), pp.141–157

[Dario93]   Dario, P. et al.: „Endoscopic Micromanipulator with SMA-Actuated Tip and Grippers“, Proc. of Int. Conf. on Advanced Mechatronics (ICAM), Tokyo, 1993, pp.490–492

[Dario94]   Dario, P. et al.: „Technology and Fabrication of Hybrid Neural Interfaces for the Peripheral Nervous System“, in „Micro System Technologies 94“ (Editors: H. Reichl, A. Heuberger), VDE-Verlag, Berlin, 1994, pp.417–426.

[Dario94a]   Dario, P. et al.: „Microactuators for Microrobots: a Critical Survey“, Proc. of the IEEE Int. Conf. on Robotics and Automation (S2), San Diego, 1994

[DBS95]   „Digitale Bildverarbeitung 1995“, DBS GmbH, Bremen, 1995

[Desp93]   Despont, M. et al.: „New Design of Micromachined Capacitive Force Sensor“, Journal of Micromechanics and Microengineering, 1993 (4), Vol. 3, pp.239–242

[Dhul92]   Dhuler, V.R. et al.: „A comparative study of bearing designs and operational environments for harmonic side-drive micromotors", Proc. of the Int. Conf. on Micro Electro Mechanical Systems, Travemünde, 1992, pp.171–176

[Dibb94]   Dibbern, U.: „Piezoelectric Actuators in Multilayer Technique", Proc. of Int. Conf. on New Actuators, Bremen, 1994, pp.114–118

[DIN97]   „Mikrosystemtechnik", DIN-Fachbericht 65, 1. Auflage, Beuth Verlag, Berlin/Wien/Zürich, 1997

[Dobos90]   Dobos, K.: „Integrierte Gassensoren", Mikroelektronik, 1990 (5), Fachbeilage „Mikroperipherik"

[Domi93]   Dominguez, D. et al.: „Fabrication and characterization of a thermal flow sensor based on porous silicon technology", Journal of Micromechanics and Microengineering, 1993 (4), pp.247–249

[Dörs94]   Dörsam, Th., Fatikow, S. and Streit, I.: „Fuzzy-Based Grasp-Force-Adaptation for Multifingered Robot Hands", Proc. of the 3rd IEEE World Congress on Computational Intelligence, Orlando, Florida, 1994, pp.1468–1471

[Drex91]   Drexler, E. et al.: „Unbounding the Future: The Nanotechnology Revolution", William Morrow Verl., New York, 1991

[Drex92]   Drexler, E. „Nanosystems: Molecular Machinery, Manufacturing, and Computation", John Wiley & Sons, New York, 1992

[Drost91]   Drost, S., Endres, H.-E. und Sandmaier, H.: „Systemtechnik für Chemosensoren", Mikroelektronik, 1991 (3), Fachbeilage „Mikroperipherik"

[Dumon97]   Dumontier, F., Santa, K. and Fatikow, S.: „Positioning Fault Detection of a Piezoelectric-Driven Microrobot", Proc. of the Int. Symp. on Fault Detection, Supervision and Safety for Technical Processes (SAFEPROCESS'97), Hull, UK, 1997

[Eberh97]   Eberhardt, R., Scheller, T., Tittelbach, G. and Guyenot, V.: Automated Assembly of Microoptical Components", Proc. of the SPIE's Int. Symp. on Intelligent Systems & Advanced Manufacturing, Vol. IS02: Microrobotics and Microsystem Fabrication, Pittsburgh, PA, 1997, pp.117–127

[ECCO95]   „ECCO toolkit - schema mapping using EXPRESS-C and ECCO“, RPK Technical Report, University of Karlsruhe, 1995.

[Ecke92]   Eckerle, J., Andeen, G. and Kornbluh, R.: „Exploring Artificial Muscle as Robot Actuators“, Robotics Today, 5(1), 1992

[Ecke93]   Eckerle, M. et al.: „Glasfaseroptische Sensoren“, 7. IAR Kolloquium, Tagungsband, Univers. Duisburg, 1993, S.119–126

[Ecotec97]   Ecotec Automations- und Verfahrenstechnik GmbH: Produktübersicht, Eschbronn, 1997

[Eder91]   Eder, A.: „Automatischer Entwurf in der Mikrosystemtechnik“, Mikroelektronik, 1991 (5), Fachbeil. „Mikroperipherik“

[Egawa91]   Egawa, S., Niino, T. and Higuchi, T.: „Film actuators: planar, electrostatic surface-drive actuator“, Proc. of the IEEE Int. Conf. on Micro Electro Mechanical Systems (MEMS), Nara, 1991, pp.9–14

[Egge96]   Eggert, H. et al.: „Eine Informationsverarbeitungsumgebung zur Konstruktion und Vermessung von Mikrostrukturen“, Tagungsband zur Vortragsveranstaltung „Informationstechnik für Mikrosysteme“, VDE/VDI-GME, Stuttgart, 1996, S.53–57

[Ehle92]   Ehlers, K.: „Mikrosystemtechnik im Automobil: Abschätzung des Anwendungspotentials“, Mikroelektronik, 1992 (2), S.62–66

[Ehrf93]   Ehrfeld, W. et al.: „LIGA-Technik zur Fertigung von Mikroaktoren“, Mikroelektronik, 1993(5), Fachbeilage „Mikrosystemtechnik“

[El-Kh93]   El-Kholi, A. et al.: „Entwicklungen und Erweiterungen der Strukturierungsmöglichkeiten in der Röntgentiefenlithographie“, 1. Statuskolloquium des Projektes Mikrosystemtechnik, Tagungsband, Forschungszentrum Karlsruhe, 1993, S.114–119

[Erbel94]   Erbel, R.: „Möglichkeiten der Mikrotechnik in der Kardiologie“, 1. Int. Kongress und Ausstellung für Mikrosysteme und Präzisionstechnik (Micro-Engineering 94), Tagungsband, Stuttgart, 1994

[Esashi93]   Esashi, M.: „Beispiele aus Japan“, Mikroelektronik, 1993 (5), Fachbeilage „Mikrosystemtechnik“

[Fan93]   Fan, L.-S. et al.: „Batch-Fabricated Milli-Actuators", Proc. of the IEEE Int. Conf. on Micro Electro Mechanical Systems (MEMS), Fort Lauderdale, Florida, 1993, pp.179–183

[Faro95]   Farooqui, M.: „Polysilicon Surface Micromachining", Proc. of the NEXUS-Workshop on Micro-Machining, Bremen, 1995

[Fati93]   Fatikow, S. and Rembold, U.: „Principles of Micro Actuators and their Applications", Proc. of the IARP Workshop on Micromachine Technologies and Systems, Tokyo, 1993, pp.108–117

[Fati94]   Fatikow, S., Rembold, U. and Wöhlke, G.: „A Survey of the Present State of the Art of Microsystem technology", Journal of Design and Manufacturing, 1994 (4), pp.293–306

[Fati94a]   Fatikow, S. and Sundermann, K.: „Neural-Based Learning in Grasp Force Control of a Robot Hand", Proc. of IFAC/IFIP/IMACS Symposium on Artificial Intelligence in Real Time Control, Valencia, 1994, pp.139–144

[Fati95]   Fatikow, S., Magnussen, B. and Rembold, U.: „A Piezoelectric Mobile Robot for Handling of Microobjects", Proc. of the Int. Symp. on Microsystems, Intelligent Materials and Robots (MIMR), Sendai, 1995, pp.189–192

[Fati96]   Fatikow, S.: „A microrobot-based automatic desk-station for assembly of micromachines", Proc. of the 12th Int. Conference on CAD/CAM Robotics and Factories of the Future, London, 1996, pp.174–179

[Fati96a]   Fatikow, S. and Rembold, U.: „An Automated Microrobot-Based Desktop Station for Micro Assembly and Handling of Microobjects", Proc. of the IEEE Conference on Emerging Technologies and Factory Automation (ETFA), Kauai, Hawaii, 1996, pp.586–592

[Fati96b]   Fatikow, S.: „Die Entwicklung autonomer Roboter erobert immer neue Anwendungen", FAZ (Blick durch die Wirtschaft), Artikelreihe, 23–25. Januar 1996

[Fati96c]   Fatikow, S. and Benz, M.: „A Microrobot-based automated micro-manipulation station for assembly of microsystems", Proc. of the Advanced Summer Institute (ASI'96), Toulouse, France, 1996, and Journal „Computers in Industry", Elsevier, 1998 (36), pp.155–162

[Fati96d]   Fatikow, S. and Munassypov, R.: „An Intelligent Micromanipulation Cell for Industrial and Biomedical Applications Based on a Piezoelectric Microrobot", Proc. of the 5th Int. Conference on Micro Electro, Opto, Mechanical Systems and Components, Berlin, 1996, pp.826–828

[Fati96e]   Fatikow, S. and Rembold, U.: „An Automated Microrobot-Based Desktop Station for Micro Assembly and Handling of Microobjects", Proc. of the IEEE Conference on Emerging Technologies and Factory Automation (ETFA'96), Kauai, Hawaii, 1996, pp.586–592

[Fati96f]   Fatikow, S.: „An Automated Micromanipulation Desktop-Station Based on Mobile Piezoelectric Microrobots", Proc. of the SPIE's Int. Symp. on Intelligent Systems & Advanced Manufacturing, Boston, MA, 1996, Vol. 2906: Microrobotics: Components and Applications, pp.66–77

[Fati96g]   Fatikow, S.: „Entwicklung einer mikroroboter-basierten Mikromanipulationsstation", Tagungsband des Bergischen Seminars für Robotik, Universität Wuppertal, Institut für Robotik, 1996

[Fati97]   Fatikow, S. and Rembold, U.: „Microsystem Technology and Microrobotics", Springer-Verlag, Berlin/Heidelberg/New York, 1997

[Fati97a]   Fatikow, S.: „Neuro- und Fuzzy-Steuerungsansätze in Robotik und Automation", Vorlesungsskript, Universität Karlsruhe, Fakultät für Informatik, 2. Auflage, 1997

[Fati97b]   Fatikow, S.: „Einführung in die Mikrosystemtechnik und Mikrorobotik", Vorlesungsskript, Universität Karlsruhe, Fakultät für Informatik, 2. Auflage, 1997

[Fati97c]   Fatikow, S.: „Planning and Error-Free Plan Execution in a Flexible Microrobot-Based Microassembly Station", Proc. of the 5th Int. Symp. on Intelligent Robotic Systems (ISIR'97), Stockholm, Sweden, 1997, pp.245–254

[Fati97d]   Fatikow, S., Rembold, U. and Wörn, H.: „Design and Control of Flexible Microrobots for an Automated Microassembly Desktop-Station", Proc. of the SPIE's Int. Symp. on Intelligent Systems & Advanced Manufacturing, Vol. IS02: Microrobotics and Microsystem Fabrication, Pittsburgh, PA, 1997, pp.66–77

[Fati97e]   Fatikow, S., Santa, K., Zöllner, J., Zöllner, R. and Haag, A.: „Flexible Piezoelectric Micromanipulation Robots for a Microassembly Desktop Station", Proc. of the 8th Int. Conf. on Advanced Robotics, Monterey, California USA, 1997, pp.241–246

[Fati97f]   Fatikow, S.: „Flexible leistungsstarke Mikroroboter könnten für zahlreiche praktische Aufgaben sehr nützlich sein", FAZ (Blick durch die Wirtschaft), Artikelreihe, 22–29. September 1997

[Fati97g]   Fatikow, S.: „Microrobots Take On Microassembly Tasks", mst news (22), 1997, pp.20–26, VDI/VDE-IT/Nexus/Europractice, Berlin

[Fati98]   Fatikow, S., Munassypov, R. and Rembold, U.: „Assembly Planning and Plan Decomposition in an Automated Microrobot-Based Microassembly Desktop Station", Journal of Intelligent Manufacturing (1998) 9, 73–92, Chapman&Hall, London

[Fati98a]   Fatikow, S., Seyfried, J., Santa, K. and Fahlbusch, St.: „Control System of an Automated Microrobot-Based Microassembly Desktop Station", Proc. of the IEE Int. Conference on Computational Engineering in Systems Applications (CESA'98), Nebeul-Hammamet, Tunisia, 1998, pp.88–93

[Fati98b]   Fatikow, S. and Munassypov, R.: „Microassembly Planning for Manufacturing by Flexible Microrobots", Proc. of the IEEE Int. Conf. on Robotics and Automation, Leuven, Belgium, 1998, pp.3362–3367

[Faulh98]   Dr. Fritz Faulhaber GmbH&Co.KG: Produktbeschreibung, Schönaich, 1998

[Faust93]   Faust, W., Michel, B. und Winkler, Th.: „Mechanisch-thermische Zuverlässigkeit", Mikroelektronik, 1993 (4), Fachbeilage „Mikrosystemtechnik"

[Fear92]   Fearing, R.S.: „A Miniature Mobile Platform on an Air Bearing", Proc. of the 3rd Int. Symp. on Micro Machine and Human Science, Nagoya, 1992, pp.111–127

[Fedd97]   Feddema, J., Keller, C. and Hower, R.: „Experiments in Micromanipulation and CAD-Driven Microassembly" Proc. of the SPIE's Int. Symp. on Intelligent Systems & Advanced Manufacturing, Vol. IS02: Microrobotics and Microsystem Fabrication, Pittsburgh, PA, 1997, pp.98–107

[Feier96]   Feiertag, R.: „Fertigungsgerechte Gestaltung und Montage von Mikro-
              strukturen", Tagungsband zur Vortragsveranstaltung „Informations-
              technik für Mikrosysteme", VDE/VDI-GME, Stuttgart, 1996, S.59–62

[Finete97]   FINETECH electronic GmbH: Produktübersicht, Berlin, 1997

[Fischer91]   Fischer, K.: „Mikromechanik und Mikroelektronik vereint mit Optik",
              Technische Rundschau (TR), 1991 (36), S.106–108

[Fischer96]   Fischer, Th., Santa, K. and Fatikow, S.: „Sensor System and Powerful
              Computer System for Controlling a Microrobot-Based Micromanipu-
              lation Station", Proc. of the 7th European Workshop on Micro-
              Mechanics (MME'96), Barcelona, Spain, 1996, pp.283–286, and Jour-
              nal of Micromechanics and Microengineering, 7 (1997), pp.256–258

[Fischer97]   Fischer, R., Hankes, J. und Zühlke, D.: „Greifer für die automatisierte
              Mikromontage", F&M 105, Nr. 11/12, 1997, S.814–818

[Fleu94]   Fleury, S., Herrb, M. and Chatila, R.: „Design of a Modular Ar-
              chitecture for Autonomous Robot", Proc. of the IEEE Int. Conf. on
              Robotics and Automation, San Diego, 1994, pp.3508–3513

[Flik94]   Flik, G. et al.: „Giant Magnetostrictive Thin Film Transducers for
              Microsystems", Proc. of Int. Conf. on New Actuators, Bremen, 1994,
              pp.232–235

[Fluit96]   Fluitman, J.H.J. and Guckel, H.: „Micro Actuator Principles", mst
              news, No. 18, October/November 1996, pp.4–6

[Freu90]   Freund, E. u.a.: „Ein objektorientiertes System zur impliziten Roboter-
              programmierung und Simulation", Robotersysteme, 6, 1990, S.185–
              192

[Fricke93]   Fricke, J. and Obermeier, E.: „Cantilever Beam Accelerometer Based
              on Surface Micromachining Technology", Journal of Micromechanics
              and Microengineering, 1993 (4), Vol. 3, pp.190–192

[Frick95]   Frick, O.: „Fertigungsgerechte Montage- und Fügeverfahren für
              Mikrosysteme", Int. Kongr. und Ausstellung für Mikrosysteme und
              Präzisionstechnik, Tagungsband, Stuttgart, 1995, S.44–51

[Fritsch97]   Fritsch: Bestückungs- und Montagesysteme: Produktbeschreibung,
              Utzenhofen, 1997

[Früh93]   Frühauf, J. et al.: „A simulation tool for orientation dependent etching" Jour. of Micromechanics and Microengineering, 1993 (3), Vol. 3, pp.113–115

[Fuji92]   Fujimasa, I.: „Future medical applications of microsystem technologies", in „Micro System Technologies 92" (Editor: H. Reichl), VDE-Verlag, Berlin, 1992, pp.43–49

[Fuji93]   Fujita, H.: „Group Work of Microactuators", Proc. of the Int. Workshop on Micromachine Technologies and Systems, Tokyo, 1993, pp.24–31

[Fuku91]   Fukuda, T.: „GMA applications to micromobile robot as microactuator without power supply cables", Proc. of the IEEE Int. Conf. on Micro Electro Mechanical Systems (MEMS), Nara, 1991, pp.210–215

[Fuku92]   Fukuda, T. et al.: „Design and experiments of micro mobile robot using electromagnetic actuator", Proc. of the 3rd Int. Symp. on Micro Machine and Human Science, Nagoya, 1992, pp.77–81

[Fuku93]   Fukuda, T. et al.: „Active Catheter System with Multi Degrees of Freedom – Mechanism and Experimental Results of Active Catheter with Multi Units and Multi D.O.F.", Proc. of the Symp. on Micro Machine and Human Science, Nagoya,1993, pp.155–162

[Fuku93a]   Fukuda, T. et al.: „Micro Mobile Robot Using Electromagnetic Actuator", Proc. of Int. IARP Workshop on Micro Robotics and Systems, Karlsruhe, 1993, pp.45–50

[Fuku93b]   Fukuda, T. and Ishihara, H.: „Micro Optical Robotic System with Cordless Optical Power Supply", Proc. of Int. Conf. on Intelligent Robots and Systems (IROS), Yokohama, 1993, pp.1703–1708

[Fuku94]   Fukuda, T. and Ueyama, T.: „Cellular Robotics and Micro Robotic Systems", World Scientific, Singapore, 1994

[Fuku95]   Fukuda, T. et al.: „Steering Mechanism of Underwater Micro Mobile Robot", Proc. of Int. Conf. on Robotics and Automation, Nagoya, 1995, pp.363–368

[Furu93]   Furuhata, T. et al.: „Outer rotor surface-micromachined wobble micromotor", Proc. of the IEEE Int. Conf. on Micro Electro Mechanical Systems (MEMS), Fort Lauderdale, Florida, 1993, pp.161–166

[FZK93]			„LIGA: Optische Komponenten", Öffentlichkeitsarbeit, Forschungszentrum Karlsruhe, 1993

[Gabr92]			Gabriel, K.J. et al.: „Surface-Normal Electrostatic/Pneumatic Actuator", Proc. of the IEEE Int. Conf. on Micro Electro Mechanical Systems (MEMS), Travemünde, 1992, pp.128–132

[Gall91]			Gall, M.: „The Si planar pellistor: a low power pellistor sensor in Si-thin-film technology", Sensors and Actuators B, 1991 (4), pp.533–538

[Gamb91]			Gambert, R.: „Sensorsysteme in der Medizintechnik", Mikroelektronik, 1991 (3), Fachbeilage „Mikroperipherik"

[Gard94]			Gardner J.W.: „Microsensors: Principles and Applications", John Wiley & Sons, Chichester, 1994

[Gass93]			Gass, V., van der Schoot, B.H. and de Rooij, N.F.: „Nanofluid handling by micro-flow-sensor based on drag force measurements", Proc. of the IEEE Int. Conf. on Micro Electro Mechanical Systems (MEMS), Fort Lauderdale, Florida, 1993, pp.167–172

[Gemm96]			Gemmeke, H.: „Kalibration, Analyse und Identifikation von Sensor-Meßdaten mit Neuronalen Netzen", Tagungsband zur Veranstaltung „Informationstechnik für Mikrosysteme", VDE/VDI-GME, Stuttgart, 1996, S.23–26

[Geng95]			Gengenbach, U. et al.: „Ein System zur automatischen Montage von Mikrosystemen", 2. Statuskolloquium des Projektes MST, Tagungsband, Forschungszentrum Karlsruhe, 1995, S.62–66

[Geng96]			Gengenbach, U.: „Automatisierung der Mikromontage", Tagungsband zur Vortragsveranstaltung „Informationstechnik für Mikrosysteme", VDE/VDI-GME, Stuttgart, 1996, S.47–51

[Geng96a]			Gengenbach, U.: „Automatic assembly of microoptical components", Proc. of the SPIE's Int. Symp. on Intelligent Systems & Advanced Manufacturing, Boston, MA, 1996, Vol. 2906: Microrobotics: Components and Applications, pp.141–150

[Geng98]			Gengenbach, U. et al.: „Montage hybrider Mikrosysteme", 3. Statuskolloquium des Projektes MST, Tagungsband, Forschungszentrum Karlsruhe, 1998, S.17–24

[Gerh93]   Gerhard, E.: „Sensorik im Wandel",7. IAR Kolloquium, Tagungsband, Universität Duisburg, 1993, S.3–9

[Gerl97]   Gerlach, G. und Dötzel, W. (Hrsg.): „Grundlagen der Mikrosystemtechnik", Carl Hanser Verlag, München/Wien, 1997

[Gibbs97]   Gibbs, M.R.J.. et al.: „Microstructures containing piezomagnetic elements", Sensors and Actuators A59, 1997, pp.229–235

[Gies92]   Giesler, Th. und Meyer, J.-U.: „Plattenwellen für Biosensoren", Mikroelektronik, 1992 (3), Fachbeil. „Mikroperipherik"

[Gimz94]   Gimzewski, J.K. et al.: „Observation of a chemical reaction using a micromechanical sensor", Chemical Physics Letters, Vol. 217, No 5/6

[Good91]   Goodenough, F.: „Airbags Boom when an I.C. accelerometer sees 50G", Electronic Design, August 8, 1991

[Göpel94]   Göpel, W.: „New Materials and Transducers for Chemical Sensors", Sensors and Actuators, 1994 (18)

[Grav93]   Gravesen, P. et al: „Microfluidics – a review", Journal of Micromechanics and Microengineering, 1993 (4), Vol. 3, pp.168–182

[Greit96]   Greitmann, G. and Buser, R.: „A Tactile Microgripper for Application in Microrobotics", Proc. of the SPIE's Int. Symp. on Intelligent Systems & Advanced Manufacturing, Boston, MA, 1996, Vol. 2906: Microrobotics: Components and Applications, pp.2–12

[Grimme97]   Grimme, R. et al.: „Modular magazine for the suitable handling of microparts in industry", Proc. of the SPIE's Int. Symp. on Intelligent Systems & Advanced Manufacturing, Vol. IS02: Microrobotics and Microsystem Fabrication, Pittsburgh, PA, 1997, pp.157–167

[Gron93]   Gronau, M. (Hrsg): „Technologien für Mikrosysteme", VDI-Verlag GmbH, Düsseldorf, 1993

[Groß96]   Groß, Th.: „Automatische Steuerung einer Mikromanipulationszelle", Diplomarbeit, Univ. Karlsruhe, Fakultät für Informatik, Oktober 1996

[Groß95]   Großmann, B.: „Entwicklung einer Positionierungseinheit für einen mikromechanischen Pinzettengreifer Diplomarbeit, Univ. Karlsruhe, Fakultät für Informatik, IPR, Dezember 1995

[Guck92]   Guckel, H., Christenson, T. and Skrobis, K.: „Metal micromechanisms
              via deep x-ray lithography, electroplating and assembly", Proc. of Int.
              Conf. on New Actuators, Bremen, 1992, pp.9–12

[Guck93]   Guckel, H. et al.: „A First Functional Current Excited Planar Rota-
              tional Magnetic Micromotor", Proc. of the Int. Conf. on Micro Electro
              Mechanical Systems (MEMS), Fort Lauderdale, FL, 1993, pp.7–11

[Guck94]   Guckel, H. et al.: „Electromagnetic, Spring Constrained Linear
              Actuator with Large Throw", Proc. of Int. Conf. on New Actuators,
              Bremen, 1994, pp.52–55

[Guo95]   Guo, S. et al.: „Micro Catheter System with Active Guide Wire",
              Proc. of Int. Conf. on Robotics and Automation, Nagoya, 1995, pp.79–
              84

[Guth93]   Guth, H. et al.: „Automatische Vermessung von 2D- und 3D-LIGA-
              Strukturen zur Qualitätskontrolle", 1. Statuskolloquium des Projektes
              MST, Forschungszentrum Karlsruhe, 1993, S.176–182

[Haag96]   Haag, A.: „Entwicklung der Steuerung für einen Mikromanipulations-
              roboter", Diplomarbeit, Universität Karlsruhe, Fakultät für Informatik,
              März 1996

[Hage95]   Hagena, O.F. et al.: „Erfahrungen beim Aufbau und Betrieb einer
              Kleinserienfertigung für LIGA-Spektrometer", 2. Statuskolloquium
              „Mikrosystemtechnik", Tagungsband, Forschungszentrum Karlsruhe,
              1995, S.41–44

[Hahn97]   Hahn, M.: „Intelligente Bildverarbeitung im Mikrobereich", Studien-
              arbeit, Universität Karlsruhe, Fakultät für Informatik, IPR, Juni1997

[Hainel94]   Hainel, F. et al.: „Assembly of Miniaturised Motors", Proc. of the
              Seminar on Handling and Assembly of Microparts, Vienna, 1994

[Haji94]   Haji Babaei, J. et al.: „A New Bistable Microvalve Using an SiO_2
              Beam as the Movable Part", Proc. of Int. Conf. on New Actuators,
              Bremen, 1994 pp.34–37

[Hamp94]   Hampel, T. und Palotas, L.: „Simulationsgekoppelte Parameter-
              optimierung mittels der Evolutionsstrategie" in M. Glesner (Hrsg.):
              „Aufgaben der Informatik in der Mikrosystemtechnik", Zusammen-
              fassung der Beiträge der GI-Fachgruppe 3.5.6 „Mikrosystemtechnik",
              Schloß Dagstuhl, 1994

[Hankes98]   Hankes, J.: „Sensoreinsatz in der automatisierten Mikromontage",
               Dissertation, Universität Kaiserslautern, VDI-Verlag, Düsseldorf, 1998

[Hara93]   Hara, I. and Nagata, T.: „Robot assembly planning using contract
               nets", Proc. of IEEE Int. Conf. on Intelligent Robots and Systems,
               Yokohama, 1993, pp.1971–1976.

[Hash94]   Hashimoto, M. et al.: „Silicon Resonant Angular Rate Sensor Using
               Electromagnetic Excitation and Capacitive Detection", in „Micro Sy-
               stem Technologies 94" (Editors: H. Reichl, A. Heuberger), VDE-
               Verlag, Berlin, 1994, pp.763–771

[Hata95]   Hatamura, Y., Nakao, M. and Sato, T.: „Construction of Nano Manu-
               facturing World", Microsystem Technologies, 1995 (3), pp.155–162

[Hata95a]   Hatamura, Y.: „Realization of Integrated Manufacturing System for
               Functional Micromachines", Proc. of the 1st Int. Micromachine
               Symposium, Tokyo, 1995, pp.55–63

[Hata97]   Hatamura, Y., Nakao, M. and Sato, T.: „Construction of an Integrated
               Manufacturing System for 3D Microstructure – Concept, Design and
               Realization", Annals of the CIRP, Vol. 46, No. 1, 1997, pp.313–318

[Hatt91]   Hattori, S. et al.: „Micro-Pump Using Polymer Gel", Proc. of Int.
               Symp. on Micro Machine and Human Science, Nagoya, 1991, pp.113–
               118

[Hatt92]   Hattori, S. et al.: „Structure and Mechanism of Two Types of Micro-
               Pump Using Polymer Gel", Proc. of the IEEE Int. Conf. on Micro
               Electro Mechanical Systems, Travemünde, 1992, pp.110–115

[Haup91]   Hauptmann, P.: „Sensoren: Prinzipien und Anwendungen", Carl
               Hanser Verlag, München/Wien, 1991

[Hawl92]   Hawlitschek, G. und Laxhuber, L.: „Lichtadressierbarer poten-
               tiometrischer Sensor", Mikroelektronik,1992(3),Mikroperiph.

[Haya91]   Hayashi, I. et al.: „A Piezoelectric Cycloid Motor and Its Fundamental
               Characteristics", Proc. of the Int. Symp. on Micro Machine and
               Human Science, Nagoya, 1991, pp.73–77

[Haze93]   Hazelrigg, G.A.: „Microelectromechanical Systems Research in the
               United States", Proc. of the IARP Workshop on Micromachine Tech-
               nologies and Systems, Tokyo, 1993, pp.144–153

[Hebb49]   Hebb, D.: „The Organization of Behavior", Wiley, New York, 1949

[Hein93]   Heinzelmann, E.: „Monolithische Mikrosysteme sur mesure", Technische Rundschau (TR), 1993 (18), S.20–25

[Hein94]   Heinzelmann, E.: „Mini-Werkzeuge der Nanotechnik", Technische Rundschau (TR), 1994 (6), S.22–26

[Hein94a]   Heinzelmann, E.: „Erschwingliche High-Tech für KMU" Technische Rundschau (TR), 1994(16), S.18–22

[Hensch94]   Henschke, F.: „Miniaturgreifer und montagegerechtes Konstruieren in der Mikromechanik", Dissert., TH Darmschtadt, VDI-Verlag, Düsseldorf 1994

[Herp94]   Herpel, H.-J. und Bley, P.: „Das Forschungszentrum Karlsruhe als Partner in der Mikrosystemtechnik", in M. Glesner (Hrsg.): „Aufgaben der Informatik in der Mikrosystemtechnik", Zusammenfassung der Beiträge der GI-Fachgruppe 3.5.6 „Mikrosystemtechnik", Schloß Dagstuhl, 1994

[Hertz91]   Hertz, J., Krogh, A. and Palmer, R.G.: „Introduction to the theory of neural networks", Addison-Wesley, 1991

[Hess92]   Hesselbach, J. and Kristen, M.: „Shape Memory Actuators as Electricants", Proc. of Int. Conf. on New Actuators, Bremen, 1992, pp.85–91

[Hess95]   Hesselbach, J. und Kühn, M.: „Montage mikrosystemtechnischer Bauteile", Mikroelektronik, Nr. 2, 1995, S.24–27

[Hess95a]   Hesselbach, J. und Pittschellis, R.: „Greifer für die Mikromontage", wt-Produktion und Management 85, Springer, 1995, S.595–600

[Hess96]   Hesselbach, J., Pittschellis, R., Thoben, R. und Oh, H.S.: „Handhabungsgeräte für die Mikromontage", ZWF 91, 1996, S.437–440

[Hess96a]   Hesselbach, J. and Thoben, R.: „Optimierung von Parallelrobotern für die Mikromontage", VDI-Berichte, 1996, S.391–406

[Hess97]   Hesselbach, J. und Pittschellis, R.: „Formgedächtnislegierungen als intelligente Aktoren", Workshop „TransMechatronik", Paderborn, 1997, S.103–113

[Hess97a]   Hesselbach, J., Pittschellis, R. and Thoben, R.: „Robots and Grippers for Micro Assembly", Proc. of the 9th Int. Precision Engineering Seminar, Braunschweig, 1997, pp.375–378

[Heub91]   Heuberger, A. (Hrsg.): „Mikromechanik: Mikrofertigung mit Methoden der Halbleitertechnologie", Springer-Verlag, Berlin, 1991

[Heur92]   Heurich, M. et al.: „CO_2-sensitive Organically Modified Silicates for Application in a Gas Sensor", in „Micro System Technologies 92" (Editor: H. Reichl), VDE-Verlag, Berlin, 1992, pp.359–367

[Hill94]   Hilleringmann, U., Adams, St. and Goser, K.: „Micromechanic Pressure Sensors with Optical Readout and on Chip CMOS Amplifiers Based on Si-Technology", in „Micro System Technologies 94" (Ed: H. Reichl, A. Heuberger), VDE-Verlag, Berlin, 1994, pp.713–722

[Hint94]   Hintsche, R. et al.: „Modular microsystems made in Si-technology for chemical and biosensors", in „Micro System Technologies 94" (Ed: H. Reichl, A. Heuberger), VDE-Verlag, Berlin, 1994, pp.371–379

[Hira93]   Hirano, T., Furuhata, T. and Fujita, H.: „Dry Releasing of Electroplated Rotational and Overhanging Structures", Proc. of the IEEE Int. Conf. on Micro Electro Mechanical Systems, Fort Lauderdale, Florida, 1993, pp.278–283

[Hirai93]   Hirai, S., Sakane, S. and Takase, K.: „Cooperative Task Execution Technology for Multiple Micro Robot Systems", Proc. of the IARP Workshop on Micromachine Technologies and Systems, Tokyo, 1993, pp.32–37

[Hjort95]   Hjort, K.: „Micromachining of non-silicon materials", Proc. of the NEXUS-Workshop on Micro-Machining, Bremen, 1995

[Holl93]   Holler, E. und Trapp, R.: „Ein experimenteller Telemanipulator für die Minimal-Invasive Chirurgie", 1. Statuskolloquium des Projektes MST, Tagungsband, Forschungszentrum Karlsruhe, 1993, S.92–99

[Homem89]   Homem de Mello, L.S.: „Task sequence planning fpr robotic assembly", Dissertation, Carnegy-Mellon University, Pittsburgh, PA, 1989

[Homem90]   Homem de Mello, L.S. and Sanderson, A.C.: „AND/OR graph representation of assembly plans", IEEE Transactions on Robotics and Automation, 6(2), 1990, pp.188–199

[Homem91]   Homem de Mello, L.S. and Sanderson, A.C.: „A correct and complete algorithm for the generation of mechanical assembly sequences", IEEE Transactions on Robotics and Automation, 7(2), 1991, pp.228–240

[Homem91a]   Homem de Mello, L.S. and Sanderson, A.C.: „Two criteria for the selection of assembly plans, maximizing the flexibility of sequencing the assembly tasks and minimizing the assembly time through parallel execution of assembly tasks", IEEE Transactions on Robotics and Automation, 7(5), 1991, pp.626–633

[Horie95]   Horie, M., Funabashi, H. and Ikegami, K.: „A study on micro force sensors for microhandling systems", Microsystem Technology, 1995 (3), pp.105–110

[Hosa93]   Hosaka, H., Kuwano, H. and Yanagisawa, K.: „Electromagnetic Microrelays: Concepts and Fundamental Characteristics", Proc. of the Int. Conf. on Micro Electro Mechanical Systems, Fort Lauderdale, Florida, 1993, pp.12–17

[Hoss92]   Hosseini-Sianaki, A. et al.: „The High Speed Electrorheological Catch – Characteristics, Dimensional Considerations and Non Linear Operational Aspects", Proc. of Int. Conf. on New Actuators, Bremen, 1992, pp.118–122

[Howe90]   Howe, R.T. et al.: „Silicon micromechanics: sensors and actuators on a chip", IEEE Spectrum, July 1990, pp.29–35

[Huang93]   Huang, K.-I.: „Development of an assembly planner using decomposition approach", Proc. of IEEE Int. Conf. on Robotics and Automation, Atlanta, Georgia, 1993, pp.63–68

[Hügler98]   Hügler, K. und Bader, U.: „Automatisierte Produktion von Mikrosystemen", Karlsruher Arbeitsgespräche 1998, Tagungsband, Forschungszentrum Karlsruhe, S.215–229

[Humb94]   van Humbeeck, J., Reynaerts, D. and Stalmans, R.: „Shape Memory Alloys: Functional and Smart", Proc. of Int. Conf. on New Actuators, Bremen, 1994, pp.312–316

[Hümm96]   Hümmler, J. and Weck, M.: „2 m^3 Large-Chamber SEM and ist Applications for Microsystem Production Techniques", in „Micro System Technologies 96" (Ed.: H. Reichl, A. Heuberger), VDE-Verlag, Berlin, 1996, pp.832–834

[Hund94]   Hund, H.: „Mikrosystemtechnik in der mittelständischen Industrie", SENSOR report, 1994 (2), S.31–33

[Idog93]   Idogaki, T.: „Micromachine Technology: Advanced Maintenance Technol. for Electric-Power Plants", Proc. of the IARP Workshop on Micromachine Technologies and Systems, Tokyo, 1993, pp.50–58

[Ikuta92]   Ikuta, K., Aritomi, S. and Kabashima, T.: „Tiny Silent Linear Cybernetic Actuator Driven by Piezoelectric Device with Electromagnetic Clamp", Proc. of the IEEE Int. Conf. on Micro Electro Mechanical Systems (MEMS), Travemünde, 1992, pp.232–237

[Ikuta92a]   Ikuta, K., Aritomi, S. and Kabashima, T.: „Silent cybernetic actuator", Proc. of the 3. Int. Symp. on Micro Machine and Human Science, Nagoya, 1992, pp.143–148

[Ikuta94]   Ikuta, K., Nokata, M. and Aritomi, S.: „Biomedical Micro Robots Driven by Miniature Cybernetic Actuator", Proc. of the IEEE Int. Conf. on Micro Electro Mechanical Systems (MEMS), Oiso, Japan, 1994, pp.263–268

[IMC94]   „Micro Mechanics", IMC-Report, Kista, Sweden, 1994

[Inde95]   Indermühle P.-F. et al.: „AFM imaging with an xy-micropositioner with integrated tip", Sensors & Actuators A, 1995(46–47), pp.562–565

[INFO95]   „Modellbibliothek für komplexe analoge Bauelemente", MST-Infobörse, 1995 (1), VDI/VDE-IT

[Inoue95]   Inoue, T. et al.: „Micromanipulation Using Magnetic Field", Proc. of Int. Conf. on Robotics and Automation, Nagoya, 1995, pp.679–684

[Ishi95]   Ishihara, H. et al.: „Approach to Distributed Micro Robotic Systems", Proc. of Int. Conf. on Robotics and Automation, Nagoya, 1995, pp.375–380

[Itoh92]   Itoh, T. and Okamura, M.: „Development of Ultra Small DC Motor", Proc. of the Int. Symp. on Micro Machine and Human Science, Nagoya, 1992, pp.27–33

[Itoh93]   Itoh, T., Itoh, K. and Okamura, M.: „Electromagnetic Ultra Small Motor", Proc. of Int. Conf. on Advanced Mechatronics, Tokyo, 1993, pp.82–85

[Jaeck92]   Jaecklin, V.P. et al.: „Micromechanical comb actuators with low driv-
               ing voltage", Proc. of Int. Conf. on New Actuators, Bremen, 1992,
               pp.40–45

[Jaeck93]   Jaecklin, V.P. et al.: „Optical Microshutters and Torsional Micro-
               mirrors for Light Modulator Arrays", Proc. of the IEEE Int. Conf. on
               Micro Electro Mechanical Systems (MEMS), Fort Lauderdale, Flo-
               rida, 1993, pp.124–127

[Jano92]   Janocha, H. (Hrsg.): „Aktoren – Grundlagen und Anwendungen",
               Springer-Verlag, Berlin Heidelberg New York, 1992

[Jano93]   Janocha, H.: „Aktoren in Systemen der Automatisierungstechnik",
               VDE-Fachseminar „Moderne Aktoren und Sensoren in der Automa-
               tisierungstechnik", Saarbrücken, 1993

[Jano94]   Janocha, H., Schäfer, J. and Jendritza, D.J.: „Design criteria for the
               application of solid-state actuators", Proc. of Int. Conf. on New Actua-
               tors, Bremen, 1994, pp.246–250

[Jean92]   Jeanerret, S., de Rooij, N. und van der Schoot, B.: „Chemische
               Analysesysteme", Mikroelektronik, 1992 (2), Mikroperipherik

[Jend93]   Jendritza, D. J.: „Piezoelektrische Aktoren in der Mechatronik", VDE-
               Fachseminar „Moderne Aktoren und Sensoren in der Automatisie-
               rungstechnik", Tagungsband, Univ. des Saarlandes, Saarbrücken, 1993

[Jend93a]   Jendritza, D. J. und Janocha, H.: „Große Zukunft für neue Aktoren",
               Elektronik, 06.04.93 (7), Sonderdruck, Franzis-Verlag, München

[Jend94]   Jendritza, D. J. und Schröder, J.: „Possible Applications and Limi-
               tations of Piezoelectric Actuators in Hydraulic Systems", Proc. of Int.
               Conf. on New Actuators, Bremen, 1994, pp.138–143

[Jend95]   Jendritza, D. J. und 16 Mitautoren: „Technische Einsatz Neuer
               Aktoren", expert-Verlag, Renningen-Malmsheim, 1995

[Joha93]   Johansson, St.: „Hybrid Techniques in Microrobotics", Proc. of IARP
               Workshop on Micro Robotics and Systems, Karlsruhe, 1993, pp.72–83

[Joha95]   Johansson, St.: „Micromanipulation for Micro- and Nano-Manufactur-
               ing", Proc. of the INRIA/IEEE Conf. on Emerging Technologies and
               Factory Automation (ETFA), Paris, 1995, Tome 3, pp.3–8

[Jone92]   Joneja, A. and Chang, T.: „Automatic Design of Fixture Assemblies: Representation and Planning", Proc. of IFAC Workshop on Intelligent Manufacturing Systems, Dearborn, Michigan, 1992, pp.120–124

[Josw92]   Joswig, J.: „Active micromechanic valve", Proc. of Int. Conf. on New Actuators, Bremen, 1992, pp.183–185

[Kahl93]   Kahlert, J. und Frank, H.: „Fuzzy-Logik und Fuzzy-Control", Vieweg, Braunschweig/Wiesbaden, 1993

[Kalb94]   Kalb, H. et al.: „Electrostatically Driven Linear Stepping Motor in LIGA Technique", Proc. of Int. Conf. on New Actuators, Bremen, 1994, pp.83–85

[Kall94]   Kallenbach, E., Albrecht, A. and Birli, O.: „Design of microactuators", in „Micro System Technologies 94" (Ed.: H. Reichl, A. Heuberger), VDE-Verlag, Berlin, 1994, pp.979–988

[Kamm97]   Kammrath & Weiss GmbH: Produktübersicht, Dortmund, 1997

[Kasp94]   Kasper, M. und Reichl, H.: „Optimierungsmethoden für die Systemintegration", in VDI/VDE-IT (Hrsg.): „Untersuchungen zum Entwurf von Mikrosystemen", Reihe: Innovationen in der Mikrosystemtechnik, Teltow, 1994, S.73–86

[Kato91]   Kato, H. et al.: „Photoelectric Inclination Sensor for Controlling the Attitude of Milli-machine", Proc. of the Int. Symp. on Micro Machine and Human Science, Nagoya, 1991, pp.93–101

[Keck97]   Keck, M.E.: „Präzise Mikrodosierung für die Sensorproduktion", F&M 105, Nr. 11/12, 1997, S.812

[Kell91]   Keller, W. et al.: „Aufbau- und Verbindungstechnik", KfK-Nachrichten (23), Forschungszentrum Karlsruhe, 1991 (2–3), S.143–147

[Keller97]   Keller, C.G. and Howe, R.T.: „Hexsil tweezers for teleoperated microassembly", Proc. of the IEEE Int. Conf. on Micro Electro Mechanical Systems (MEMS), Nagoya, 1997, pp.72–78

[Kergel97]   Kergel, H.: „Montage- und Fertigungstechniken für Mikrosysteme: Verbundprojekte im Programm Mikrosystemtechnik 1994–1999 des BMBF", Int. Kongr. für Mikrosysteme und Präzisionstechnik, Messe Stuttgart, 1997

[Kies88]   Kiesewetter, L.: „Terfenol in linear motor", Proc. of the Conf. on
                Giant Magnetostrictive Alloys, Marbella, 1988

[Kiku93]   Kikuya, Y. et al.: „Micro Alignment Machine for Optical Coupling",
                Proc. of the IEEE Int. Conf. on Micro Electro Mechanical Systems
                (MEMS), Fort Lauderdale, Florida, 1993, pp.36–41

[Kimu91]   Kimura, M. und Fujiyoshi, M.: „Force Measurement and Control of
                Electrostatic Microactuator", Proc. of the 2nd Int. Symp. on Micro
                Machine and Human Science, Nagoya, 1991, pp.119–124

[Klaa94]   Klaaßen, B. und Paap, K.L.: „Methoden zur Multilevel-Analogsimu-
                lation", in VDI/VDE-IT (Hrsg.): „Untersuchungen zum Entwurf von
                Mikrosystemen", Innovationen in der MST, Teltow, 1994, S.15–24

[Klei92]   Kleinschmidt, P und Schmidt, F.: „Des Sensors liebstes Kind", Tech-
                nische Rundschau (TR), 1992 (44), S.46–48

[Klein95]   Klein, St. et al.: „A New Large-Chamber SEM and Its Application in
                Micromechanical Assembly Processes", Proc. of the Int. Conf. on
                Flexible Automation & Intelligent Manufacturing, Stuttgart, 1995,
                pp.1004–1013

[Klocke96]   Klocke, V.: „Atomare Präzision und Millimeter Hub", F&M (104),
                Preprint, 1996

[Knob96]   Knobloch, J.: „Fuzzy-Mikrosysteme in der Sensorik", Tagungsband
                zur Vortragsveranstaltung „Informationstechnik für Mikrosysteme",
                VDE/VDI-GME, Stuttgart, 1996, S.11–15

[Kohl94]   Kohl, M. et al.: „Characterization of NiTi Shape Memory Mi-
                crodevices Produced by Microstructuring of Etched Sheets or Sputter
                Deposited Films", Proc. of Int. Conf. on New Actuators, Bremen,
                1994, pp.317–320

[Kohl94a]   Kohl, M. und Menz, W.: „Konzepte der Mikro-/Makroankopplung
                beim Entwurf von Mikrosystemen", in VDI/VDE-IT (Hrsg.): „Unter-
                suchungen zum Entwurf von Mikrosystemen", Innovationen in der
                Mikrosystemtechnik, Teltow, 1994, S.123–184

[Kohl94b]   Kohl, F. et al.: „A micromachined flow sensor for liquid and gaseous
                fluids", Sensors and Actuators A, 1994 (41–42), pp.293–299

[Kohl96]   Kohl, D. et al.: „Examples of signal conditioning in gas sensor systems", Tagungsband zur Vortragsveranstaltung „Informationstechnik für Mikrosysteme", VDE/VDI-GME, Stuttgart, 1996, S.5–10

[Koho87]   Kohonen, T.: „Self-Organization and Associative Memory", Springer-Verlag, Berlin, 1987

[Kokk95]   Kokkinaki, A.I. and Valavanis, K.P.: „On the comparison of AI and DAI Based Planning Techniques for Automated Manufacturing Systems", Journal of Intell. and Robotic Systems, 13, 1995, pp.201–245

[Kokk96]   Kokkinaki, A.I. and Valavanis, K.P.: „A distributed task planning system for computer-integrated manufacturing systems", Journal of Intelligent Manufacturing, 7, 1996, pp.293–309

[Kopp97]   Kopp, H.: „Ein bildverarbeitungsbasiertes Verfahren zur dreidimensionalen Präzisionslageerkennung mikrooptischer Bauteile", 2. Statusseminar zum industriellen BMBF-Verbundprojekt „Montage mikrooptischer Systeme", Int. Kongr. für Mikrosysteme und Präzisionstechnik, Messe Stuttgart, 1997

[Koy96]   Koyano, K. and Sato, T.: „Micro object handling system with concentrated visual fields and new handling skills", Proc. of the SPIE's Int. Symp. on Intelligent Systems & Advanced Manufacturing, Boston, MA, 1996, Vol. 2906: Microrobotics: Components and Applications, pp.130–140

[Kram92]   Kramer, W.: „Piezoelectric Actuators for Automotive Application: Current Issues and Future Prospects", Proc. of Int. Conf. on New Actuators, Bremen, 1992, pp.47–50

[Krat91]   Kratzer, K.P.: „Unüberwachte Adaption mit dem Kosinus-Klassifikator", Informationstechnik, 1991(4)

[Krat93]   Kratzer, K.P.: „Neuronale Netze: Grundlagen und Anwendungen", Carl Hanser Verlag, München/Wien, 1993

[Krev91]   Krevet, B.: „Neuronale Netze und Mikrosystemtechnik", KfK-Nachrichten, 23, Forschungszentrum Karlsruhe, 1991 (2–3), S.158–164

[Kröm95]   Krömer, O. et al.: „Intelligentes triaxiales Beschleunigungssensorsystem", 2. Statuskolloquium des Projektes MST, Tagungsband, Forschungszentrum Karlsruhe, 1995, S.75–80

[Krull93] Krull, F. und Endres, H.-E.: „Spürnasen: Grundbauelemente der chemischen Mikrosensorik", Technische Rundschau (TR), 1993 (18), S.28–34, und (20), S.46–52

[Krull95] Krull, F.: „Nutzen der dritten Dimension", Technische Rundschau (TR), 1995 (11), S.10–16

[Kruse94] Kruse, R. et al. (Ed.): „Fuzzy Systems in Computer Science", Vieweg Verlag, 1994

[Ksüss97] Karl Süss KG GmbH & Co.: Produktübersicht, München, 1997

[Kumar92] Kumar, S. and Cho, D.: „Electrostatically Levitated Microactuators", Journ. of Micromechanics and Microengineering, 1992(2), pp.96–103

[Kuri93] Kuribayashi, K. et al.: „Trial Fabrication of Micron Sized Arm Using Reversible TiNi Alloy Thin Film Actuators", Proc. of the Int. Conf. on Intelligent Robots and Systems, Yokohama, 1993, pp.1697–1702

[Kuwana94] Kuwana, Y., Watanabe, N., Shimoyama, I. and Miura, H.: „Behavior Control of Insects by Artificial Electrical Stimulation", in Distributed Autonomous Robotic Systems, Springer, 1994, pp.291–302

[Lamm93] Lammerink, T., Elwenspoek, M. and Fluitman, J.: „Integrated Micro-liquid Dosing System", Proc. of the IEEE Int. Conf. on Micro Electro Mechanical Systems, Fort Lauderdale, FL, 1993, pp.254–259

[Längle97] Längle, Th.: „Verteiltes Steuerungskonzept für komplexe inhomogene Robotersysteme", Dissertation, Univ. Karlsruhe, VDI-Verlag, 1997

[Lawr92] Lawrence, J.: „Neuronale Netze: Computersimulation biologischer Intelligenz", Systhema Verlag, München, 1992

[Lacey97] Lacey, A.J.: „The Automatic Extraction and Tracking of Moving Image Features", Ph.D. Thesis, University of Sheffield, 1997

[Lee92] Lee, A., Ljung, P. and Pisano, A.: „Polysilicon Micro Vibromotors", Proc. of the IEEE Int. Conf. on Micro Electro Mechanical Systems (MEMS), Travemünde, 1992, pp.177–182

[Lee93] Lee, S. and Shin, Y.G.: „Assembly Coplanner: co-operative assembly planner based on subassembly extraction", Journal of Intelligent Manufacturing, 4, 1993, pp.183–198

[Lehr92]   Lehr, H. et al.: „Application of the LIGA-Technique for the Development of Microactuators Based on Electromagnetic Principles", Proc. of Int. Conf. on New Actuators, Bremen, 1992, pp.13–18

[Lehr94]   Lehr, H. et al.: „Fertigung von Mikroaktoren mittels LIGA-Technik", 1. Int. Kongress und Ausstellung für Mikrosysteme und Präzisionstechnik, Tagungsband, Messe Stuttgart, 1994

[Levi88]   Levi, P.: „Planen für autonome Montageroboter", Springer-Verlag, Berlin-/Heidelberg, 1988

[Lher92]   Lhermet, N. et al.: „Actuators based on biased magnetostrictive rare earth-iron alloys", Proc. of Int. Conf. on New Actuators, Bremen, 1992, pp.133–137

[Lin93]   Lin, J., Obermeier, E. und Schlichting, V.: „Elektrostatisch aktivierte Mikroblende", Mikroelektronik, 1993 (5), Teil „Mikrosystemtechnik"

[Lind93]   Linders, J.: „Mikromaschinen", Mikroelektronik, 1993 (5), Fachbeilage „Mikrosystemtechnik"

[Lisec94]   Lisec, T. et al.: „A Fast Switching Silicon Valve for Pneumatic Control Systems", Proc. of Int. Conf. on New Actuators, Bremen, 1994, pp.30–33

[Löch94]   Löchel, B. et al.: „Electroplated Electromagnetic Components for Actuators", Proc. of Int. Conf. on New Actuators, Bremen, 1994, pp.109–113

[Lore93]   Lorenz, Th.: „Faseroptische Temperatursensoren mit flüssigen Kristallen", 7. IAR Kolloquium, Tagungsband, Universität Duisburg, 1993, S.127–139

[Lüth97]   Lüth, T.: „Technische Multi-Agenten-Systeme", Carl Hanser Verlag, München Wien, 1998

[M²S²93]   „M²S² Zwischenbericht", Laborverbund für Mikromech. auf Silizium in der Schweiz, Neuchâtel, 1993

[MacKe96]   MacKenzie, M. et al.: „Experiences with shape memory alloy: robot grippers for sub-millimeter hard disc drive components", Proc. of the SPIE's Int. Symp. on Intelligent Systems & Advanced Manufacturing, Boston, MA, 1996, Vol. 2906, pp.25–36

[Magn94]   Magnussen, B., Fatikow, S. und Rembold, U.: „Micro Actuators: Principles and Applications", in M. Glesner (Hrsg.): „Aufgaben der Informatik in der Mikrosystemtechnik", Zusammenfassung der Beiträge im Verlauf der Gründung der GI-Fachgruppe „Mikrosystemtechnik", Schloß Dagstuhl, 1994

[Magn95]   Magnussen, B., Fatikow, S. and Rembold, U.: „Actuation in Microsystems: Problem Field Overview and Practical Example of the Piezoelectric Robot for Handling of Microobjects", Proc. of the INRIA/IEEE Conf. on Emerging Technologies and Factory Automation (ETFA), Paris, 1995 (3), pp.21–27

[Magn96]   Magnussen, B.: „Infrastruktur für Steuerungs- und Regelungssysteme von robotischen Miniatur- und Mikrogreifern", Dissertation, Universität Karlsruhe, Fakultät für Informatik, 1996

[Mard97]   Mardanov, A., Seyfried, J. and Fatikow, S.: „An Automated Assembly Environment in a Microassembly Station", Proc. of the Advanced Summer Institute (ASI'97), Budapest, Hungary, 1997, and Journal „Computers in Industry", Elsevier, 1999 (38), pp.93–102

[Mast93]   Mastrangelo, C. and Saloka, G.: „A dry-release method based on polymer columns for microstructure fabrication", Proc. of Int. Conf. on Micro Electro Mechanical Systems, Fort Lauderdale, FL, 1993, pp.77–81

[Mato94]   Matoba, H., Kim, C. J. and Muller, R. S.: „Fabrication of a Bistable Snapping Microactuator", in „Micro System Technologies 94" (Editors: H. Reichl, A. Heuberger), VDE, Berlin, 1994, pp.1005–1013

[Mats93]   Matsuoka, T. et al.: „Mechanical Analysis For Micro Mobile Machine With Piezoelectric Element", Proc. of the Int. Conf. on Intelligent Robots and Systems (IROS), Yokohama, 1993, pp.1685–1690

[Mehl92]   Mehlhorn, T. et al.: „CMOS-compatible Capacitive Silicon Pressure Sensor", in „Micro System Technologies 92" (Editor: H. Reichl), VDE-Verlag, Berlin, 1992, pp.277–285

[Meiss94]   von Meiss, P.: „Automated Assembly Units for Microsystems", mst news, 1994 (9), p.2–3

[Menc97]   Menciassi, A. et al.: „A Workstation for Manipulation of Micro Objects", Proc. of the IEEE Int. Conf. on Advanced Robotics (ICAR), Monterey, California, 1997, pp.253–258

[Menz93]   Menz, W. und Bley, P.: „Mikrosystemtechnik für Ingenieure", VCH Verlag, Weinheim, 1993

[Menz93a]   Menz, W.: „Die LIGA-Technik und ihr Potential für die industrielle Anwendung", 1. Statuskolloquium des Projektes Mikrosystemtechnik, Tagungsband, Forschungszentrum Karlsruhe, 1993, S.19–28

[Menz95]   Menz, W.: „Physikalische Mikrokomponenten für die Mikrosystemtechnik", 2. Statuskolloquium des Projektes Mikrosystemtechnik, Tagungsband, Forschungszentrum Karlsruhe, 1995, S.11–14

[Menz97]   Menz, W. und Mohr, J..: „Mikrosystemtechnik für Ingenieure", 2. erweiterte Auflage, VCH Verlag, Weinheim, 1993

[Meyer95]   Meyer, J.-U.: „Mikrosysteme zur Ankopplung an das Nervensystem", Tagungsband des 2. Workshops „Methoden- und Werkzeugentwicklung für den Mikrosystementwurf" im Rahmen des 3. Statusseminars zum BMBF-Verbundprojekt METEOR, Karlsruhe, 1995, S.19–26

[MFV96] ·   „Entwicklung und Erprobung von fertigungsgerechten Montage- und Fügeverfahren zum Aufbau von Mikrosystemen (MFV)", Seminarunterlagen des 2. Statusseminars zum industriellen BMBF-Verbundprojekt, Jena, 1996

[MFV97]   „Entwicklung und Erprobung von fertigungsgerechten Montage- und Fügeverfahren zum Aufbau von Mikrosystemen (MFV)", 3. Statusseminar zum industriellen BMBF-Verbundprojekt im Rahmen des Int. Kong. für Mikrosysteme und Präzisionstechnik, Messe Stuttgart, 1997

[Micr91]   „Three-dimensional microstructures made from metals, plastics and ceramics", Öffentlichkeitsarbeit, MicroParts Gesellschaft für Mikrostrukturtechnik mbH Karlsruhe, 1991

[micro97]   microdrop Gesellschaft für Mikrodosiersysteme mbH: Produktübersicht, Norderstedt, 1997, sowie Döring,M.: „Ein Rechner-gesteuertes Mikrodosiersystem für Klebstoffe", 2. Statusseminar zum BMBF-Verbundprojekt „Montage mikrooptischer Systeme" im Rahmen des Int. Kong. für Mikrosysteme und Präzisionstechnik (Micro-Engineering 97), Messe Stuttgart, 1997

[Minim98]   „MINIMAN – Miniaturised Robot for Micro Manipulation", ESPRIT-Project N°23915 (Open Scheme LTR), Final Report of the 1st phase, University of Karlsruhe, IPR, 1998

[Mins69]   Minsky, M. and Papert, S.: „Perceptrons: An Introduction to Computational Geometry", MIT Press, Massachusetts, 1969

[Mits93]   Mitsuishi, M. et al.: „Development of Tele-Operated Micro-Handling-/Machining System Based on Information Transformation", Proc. of the IEEE/RSJ Int. Conf. on Intelligent Robots and Systems (IROS), Yokohama, 1993, pp.1473–1478

[MIT92]   „Research in Microsystems Technology", Annual Report, MIT, Cambridge, 5/1992

[MITI91]   „Micromachine Technology", Introduction to a new project for the national research and development programm, MITI, Tokyo, 1991

[Miyaz97]   Miyazaki, H. et al.: „Adhesive forces acting on micro objects in manipulation under SEM", Proc. of the SPIE's Int. Symp. on Intelligent Systems & Advanced Manufacturing, Vol. IS02: Microrobotics and Microsystem Fabrication, Pittsburgh, PA, 1997, pp.197–208

[Mizu93]   Mizuno, T. et al.: „Light Driven Microactuator for a Micropump", Proc. of the IARP Workshop on Micromachine Technologies and Systems, Tokyo, 1993, pp.84–89

[Mohr91]   Mohr, J. et al.: „Herstellung von beweglichen Mikrostrukturen mit dem LIGA-Verfahren", KfK-Nachrichten, Jahrgang 23, Forschungszentrum Karlsruhe, 1991 (2–3), S.110–117

[Mohr92]   Mohr, J. et al.: „Microactuators Fabricated by the LIGA Process", Proc. of Int. Conf. on New Actuators, Bremen, 1992, pp.19–23

[Moil92]   Moilanen, H. et al.: „Laser Ablation Deposition for Fabrication of Low Voltage Actuator Using Bimorph Structures of ND-Doped PZT Thin Films", Proc. of Conf. on New Actuators, Bremen, 1992, pp.191–195

[Mokw93]   Mokwa, W.: „Intelligente Sensorsysteme auf Siliziumbasis", 7. IAR Kolloquium, Tagungsband, Universität Duisburg, 1993, S.25–75

[MoMSys96]   „Montage mikrooptischer Systeme (MOMSYS)", Seminarunterlagen des 1. Statusseminars zum BMBF-Verbundprojekt, Jena, 1996

[MoMSys97]   „Montage mikrooptischer Systeme (MOMSYS)", 2. Statusseminar zum BMBF-Verbundprojekt im Rahmen des Int. Kong. für Mikrosysteme und Präzisionstechnik (Micro-Engineering 97), Stuttgart, 1997

[Mori93]   Morishita, H. and Hatamura, Y.: „Development of Ultra Precise Mani-
                pulator System for Future Nanotechnology", Proc. of Int. IARP Work-
                shop on Micro Robotics and Systems, Karlsruhe, 1993, pp.34–42

[mst97]   „Medical Applications", mst news, special issue, 19, February 1997

[Mull90]   Muller, R.S.: „Microdynamics", Sensors and Actuators A, 1990 (21–
                23), pp.1–8

[Müll93]   Müller, C., Hein, H. und Mohr, J.: „Mikrospektrometer für spektrale
                Analyseaufgaben im sichtbaren und nahen Infrarotbereich", 1. Status-
                kolloquium des Projektes Mikrosystemtechnik, Tagungsband, For-
                schungszentrum Karlsruhe, 1993, S.103–108

[Müll93a]   Müller, J. (Ed.): „Verteilte Künstliche Intelligenz", BI Wissenschafts-
                verlag, 1993

[Müll95]   Müller, J.: „Schichten für die Mikrosystemtechnik", Technische
                Rundschau (TR), 1995 (33), S.26–29

[Munas96]   Munassypov, R., Grossmann, B., Magnussen, B. and Fatikow, S.:
                „Development and Control of Piezoelectric Actuators for the Mobile
                Micromanipulation System", Proc. of the 5th Int. Conference on New
                Actuators, Bremen, 1996, pp.213–216

[Muro92]   Muro, H. et al.: „Integrated Piezoresistive Accelerometers with Oil-
                Damping", in „Micro System Technologies 92" (Editor: H. Reichl),
                VDE-Verlag, Berlin, 1992, pp.233–241

[Nach92]   „Elektronik puscht Automobilentwicklung", VDI-Nachrichten vom
                10.04.92

[Nach94]   „Bild aus über 400000 Mikrospiegeln", VDI-Nachrichten, 25.02.94

[Naka96]   Nakamura, Y. et al.: „Micromachining Process for Thin-Film SMA
                Actuators", Proc. of the IEEE Conference on Emerging Technologies
                and Factory Automation (ETFA), Kauai, Hawaii, 1996, pp.493–497

[Nakao96]   Nakao, M., Hatamura, Y. and Sato, T.: „Tabletop factory to fabricate
                3D microstructures: nano manufacturing world", Proc. of the SPIE's
                Int. Symp. on Intelligent Systems & Advanced Manufacturing,
                Boston, MA, 1996, Vol. 2906: Microrobotics: Components and
                Applications, pp.58–65

[Nase93]   Nase, R.: „Reluktanz-Antriebe", VDE-Fachseminar „Moderne Ak-
                toren und Sensoren in der Automatisierungstechnik", Tagungsband,
                Universität des Saarlandes, Saarbrücken, 1993

[Nauck94]   Nauck, D., Klawonn, F. und Kruse, R.: „Neuronale Netze und Fuzzy-
                Systeme", Vieweg Verlag, Braunschweig/Wiesbaden, 1994

[Nels97]   Nelson, B.J., Zhou, Y. and Vikramaditya, B.: „Integrating force and
                vision feedback for microassembly", Proc. of the SPIE's Int. Symp. on
                Intelligent Systems & Advanced Manufacturing, Vol. IS02: Microro-
                botics and Microsystem Fabrication, Pittsburgh, PA, 1997, pp.30–41

[Nent92]   Nentwig, J., Scheller, F.W. et al.: „Elektrochemische Biosensoren",
                Mikroelektronik, 1992 (3), Mikroperipherik

[NEXU95]   „NEXUS Market 2002: An Opinion Survey", in Proc. of the NEXUS-
                Workshop on Micro-Machining, Bremen, 1995

[Nogi97]   Nogimori, W. et al.: „A laser-powered micro-gripper", Proc. of the
                IEEE Int. Conf. on Micro Electro Mechanical Systems, Nagoya, 1997,
                pp.267–271

[NU-Te93]   „NU-Tech GmbH: Komplettsimulation piezoelektrischer Sys-
                teme",Sensor Magazin,1993 (1–2), S.21–22

[Oliv93]   Olivier, M. et al.: „A Tele-Nano-Positioning-Robot For Micro-Fab-
                rication And Micro-Assembly", Proc. on the IARP Workshop on
                Micromachine Technologies and Systems, Tokyo, 1993, pp.16–23

[Panac97]   Panacol-Elosol GmbH: Produktübersicht, Oberursel, 1997

[Pavl94]   Pavlicek, H.: „Entwurf und Simulation in der Mikrotechnik", 1. Int.
                Kongress für Mikrosysteme und Präzisionstechnik (Micro-Engineering
                94), Tagungsband, Messe Stuttgart, 1994

[Peet93]   Peeters, E. et al.: „Developments in etch stop techniques", Micro-
                Mechanics Europe, Workshop Digest, Neuchâtel, 1993, pp.35–49

[Pelr92]   Pelrine, R., Eckerle, J. and Chiba, S.: „Review of Artificial Muscle
                Approaches", Proc. of the 3rd Int. Symp. on Micro Machine and
                Human Science, Nagoya, 1992, pp.1–17

[Pfeif97]   Pfeifer, T. and Bröcher, B.: „Process Control for Assembling Micro-systems", Proc. of the 9th Int. Precision Engineering Seminar, Braunschweig, 1997, pp.61–63

[Polyt97]   Polytec GmbH: Produktübersicht, Waldbronn, 1997

[Popp91]   Poppinger, M.: „Entwurf piezoresistiver Drucksensoren", Mikroelek-tronik, 1991 (5), Fachbeilage „Mikroperipherik"

[Prod95]   „Wende durch steigende Investitionen", Produktion, 23.3.95

[Quan93]   Quandt, E.: „Magnetostriktive Schichten als Aktoren in der Mikro-systemtechnik", 1. Statuskolloquium des Projektes Mikrosystemtech-nik, Tagungsband, Forschungszentrum Karlsruhe, 1993, S.151–156

[Quen94]   Quenzer, H.J. et al.: „Fabrication of Relief-Topographic Surfaces with a One-Step UV-Lithographic Process", in „Micro System Technolo-gies 94" (Ed.: H. Reichl, A. Heuberger), VDE-Verlag, Berlin, 1994, pp.163–172

[Quick92]   „Torpedo-Pille gegen Darm-Entzündung", Quick, 20.8.92, S.24

[Rai-Ch97]   Rai-Choudhury, P. (Ed.): „Handbook of microlithography, microma-chining & microfabrication", Volume 1 and 2, copublished by SPIE and IEE, Bellingham, Washington, 1997

[Rajan96]   Rajan, V.N. and Nof, Sh.Y.: „Minimal Precedence Constraints for Integrated Assembly and Execution Planning", IEEE Transactions on Robotics and Automation, 12(2), 1996, pp.175–186

[Ramp94]   Rampersad, H.K.: „Integrated and Simultaneous Design for Robotic Assembly", John Wiley & Sons, Chichester, 1994

[Rech93]   Rech, B.: „Aktoren mit elektrorheologischen Flüssigkeiten", VDE-Fachseminar „Moderne Aktoren und Sensoren in der Automa-tisierungstechnik", Saarbrücken, 1993

[Recke95]   Recke, C., Vogel, Th. und Kasper, M.: „Modellgenerierung für mecha-nische Mikrosystem-Komponenten", Tagungsband des 2. Workshops „Methoden- und Werkzeugentwicklung für den Mikrosystementwurf" im Rahmen des 3. Statusseminars zum BMBF-Projekt METEOR, Karlsruhe, 1995, S.100–109

[Reig94]   Reignier, P.: „Fuzzy logic techniques for mobile robot obstacle avoid-
              ance", Robotics and Autonomous Systems, 1994 (12), pp.143–153

[Remb95]   Rembold, U. et al.: „The Use of Actuation Principles for Micro Ro-
              bots",   in: „The Ultimate Limits of Fabrication and Measurement"
              (Ed.: M. Welland, J. Gimzewski), Kluwer, Dordrecht, 1995, pp.33–40

[Remb97]   Rembold, U. and Fatikow, S.: „Autonomous Microrobots", Proc. of
              the Int. Conf. on Informatics and Control (ICI&C'97), St. Petersburg,
              Russia, June 9–13, 1997, pp.1223–1230

[Remb97a]   Rembold, U. and Fatikow, S.: „Microrobots and Microassembly
              Desktop Stations", Proc. of the 4th Africa–USA Int. Conference on
              Manufacturing Technology, Pittsburgh, PA, 1997, pp.79–89

[Remb97b]   Rembold, U. and Fatikow, S.: Autonomous Microrobots, Journal of
              Intelligent and Robotic Systems 19: 375–391, 1997, Kluwer Academic

[Remb98]   Rembold, U., Fatikow, S. and Seyfried, J.: „Planning and Control Ar-
              chitecture of a Flexible Microrobot-Based Microassembly Station",
              Proc. of the Int. Conf. on Intelligent Autonomous Systems, Sapporo,
              1998, pp.424–431

[Remm94]   Remmel, M.: „Entwicklung einer intelligenten Winkelsensorik für die
              Karlsruher Hand unter Verwendung eines Mikrocontrollers", Diplom-
              arbeit, Universität Karlsruhe, Fakultät für Informatik, IPR, Mai 1994

[Rich95]   Richardt, M.: „Entwicklung eines echtzeitfähigen Hintergrund-Kom-
              munikationsmoduls", Studienarbeit, Universität Karlsruhe, IPR, 1995

[Rich92]   Richter, A. and Zengerle, R.: „Properties and applications of a micro
              membrane pump with electrostatic drive", Proc. of Int. Conf. on New
              Actuators, Bremen, 1992, pp.28–33

[Rich92a]   Richter, A.: „Mikropumpen für Dosiersysteme", Mikroelektronik,
              1992 (2), Fachbeilage „Mikroperipherik"

[Rieg91]   Riegel, J.: „Gasanalyse mit Wärmetönungssensoren", Mikroelek-
              tronik, 1991 (4), Fachbeilage „Mikroperipherik"

[Ritt91]   Ritter, H., Martinetz, Th. und Schulten, K.: „Neuronale Netze: Eine
              Einführung in die Neuroinformatik selbstorganisierender Netzwerke",
              Addison-Wesley, Bonn/München, 1991

[Robo97]   „Robo-Roach is born" (by P. Hadfield), New Scientist, 22.03.97, pp.26–28

[Rodri96]   Rodriguez, M., Codourey, A. and Pappas, I.: „Field experiences on the implementation of a graphical user interface in microrobotics", Proc. of the SPIE's Int. Symp. on Intelligent Systems & Advanced Manufacturing, Boston, MA, 1996, Vol. 2906: Microrobotics: Components and Applications, pp.196–201

[Rogn93]   Rogner, A. et al.: „The LIGA technique: What are the new opportunities?", SUSS report, 1993(3.Quarter)

[Rojas93]   Rojas, R.: „Theorie der neuronalen Netze: Eine systematische Einführung", Springer-Verlag, Berlin, 1993

[Roth92]   Roth, R.C.: „The elastic wave motor – a versatile terfenol driven, linear actuator with high force and great precision", Proc. of Conf. on New Actuators, Bremen, 1992, pp.138–141

[Rück93]   Rückert, U., Spaanenburg, L. und Anlauf, J.: „Hardwareimplementierung Neuronaler Netze", Automatisierungstechnische Praxis, 1993 (7), S.414–420

[Russ94]   Russel, R.A.: „A robotic system for performing sub-millimetre grasping and manipulation tasks", Robotics and Autonomous Systems, 1994 (3), pp.209–218

[Ruth95]   Ruther, P., Feit, K. und Bacher, W.: „Hydraulischer MIkroaktor", 2. Statuskolloquium des Projektes Mikrosystemtechnik, Tagungsband, Forschungszentrum Karlsruhe, 1995, S.189

[Salo93]   Salomon, P.: „Anwendungspotential der Integrierten Optik", F&M, 1993 (6)

[SAML93]   „Sensors, Actuators & Microsystems Laboratory", Report on Research Activities, Institute of Microtechnology, University of Neuchâtel, 1993

[Santa96]   Santa, K., Magnussen, B. und Fatikow, S.: „Miniroboter für Präzisionsarbeit", F&M 104 (1996) 9, S.632–634, Carl Hanser Verlag, München

[Santa97]   Santa, K. et al.: „Control of a Three-Leg Piezoelectric Microrobot with Two Friction-Driven Manipulators", Proc. of Micromechanics Europe (MME'97), Southampton, 1997, pp.207–210

[Santa97a]   Santa, K., Fatikow, S. and Felso, G.: „Control of Microassembly Ro-
                bots by Fuzzy Logic and Neural Networks", Proc. of the Advanced
                Summer Institute (ASI'97), Budapest, 1997, and Journal „Computers
                in Industry", Elsevier, 1999 (39), pp.219–227

[Santa97b]   Santa, K. und Wörn, H.: „Intelligente Ansteuerung von autonomen
                Mikrorobotern in einer Mikromanipulationsstation", Autonome Mo-
                bile Systeme, Springer-Verlag, 1997, S.199–209

[Santa98]   Santa, K., Rembold, U. and Fatikow, S.: „Intelligent Control of Auto-
                nomous Microrobots within a Microassembly Desktop Station", Proc.
                of the 5th Int. Conf. on Intelligent Autonomous Systems, Sapporo,
                1998, pp.197–204

[Santa98a]   Santa, K., Riedmiller, M. and Mews, M.: „A neural approach for the
                control of piezoelectric micromanipulation robots", Journal of Intel-
                ligent and Robotic Systems, 22 (1998), Kluwer Academic Publishers,
                pp.351–274

[Sato92]   Sato, K. „Electrostatic Film Actuator with a Large Vertical Displace-
                ment", Proc. of the IEEE Int. Conf. on Micro Electro Mechanical Sys-
                tems (MEMS), Travemünde, 1992, pp.1–5

[Sato95]   Sato, T. et al.: „Hand-Eye System in Nano Manipulation World",
                Proc. of Int. Conf. on Robotics and Automation, Nagoya, 1995,
                pp. 59–66

[Scha94]   Schaller, Th. et al.: „Mechanische Mikrostrukturierung metallischer
                Oberflächen", F&M, 1994 (5–6), S.274–278

[Schä93]   Schäfer, J.: „Entwurf und Einsatz von magnetostriktiven Aktoren",
                VDE-Fachseminar „Moderne Aktoren und Sensoren in der Automa-
                tisierungstechnik", Saarbrücken, 1993

[Schä94]   Schäfer, W. et al.: „Perspektiven der Fertigungsgeräteindustrie in der
                industriellen Produktion von Mikrosystemen", 1. Int. Kongr. für
                Mikrosysteme und Präzisionstechnik (Micro-Engineering 94), Messe
                Stuttgart, 1994

[Sche92]   Scheinbeim, J. et al.: „Electrostrictive response of elastomeric poly-
                mers", ACS Polymer Preprints, 33(2), 1992, pp.385–386

[Schod93]   Schoder, D.: „Adaptive Regler", Mikroelektronik, 1993 (3), Fachbei-
                lage „Mikrosystemtechnik"

[Schom93]   Schomburg, W. et al.: „Mikromembranpumpen als Elemente eines optochemischen Mikroanalysesystems", 1. Statuskolloquium des Projektes Mikrosystemtechnik, Tagungsband, Forschungszentrum Karlsruhe, 1993, S.76–82

[Schrö93]   Schröer, B.: „Aktoren in der Mikrosystemtechnik", Mikroelektronik, 1993 (6), Fachbeilage „Mikrosystemtechnik"

[Schra94]   Schrage, J. et al.: „Störsignaleinkopplungen in mikrosystemspezifische Sensoranordnungen", in VDI/VDE-IT (Hrsg.): „Untersuchungen zum Entwurf von Mikrosystemen", Reihe: Innovationen in der Mikrosystemtechnik, Teltow, 1994, S.59–72

[Schu95]   Schulze, S.: „Silicon bonding in microsystem technology", The NEXUS-Workshop on Micro-Machining, Bremen, 1995

[Schün97]   Schünemann, M. et al.: „Manufacturing Concepts and Development Trends in the Industrial Production of Microelectromechanical Systems", Proc. of the SPIE's Int. Symp. on Intelligent Systems & Advanced Manufacturing, Pittsburgh, PA, Vol. 3202: Microrobotics and Microsystem Fabrication, 1997, pp.130–141

[Schur95]   Schurr, M. O. et al.: „Interdisciplinary Technology Development for Minimally Invasive Therapy", mst news, 1995 (13), p.2–4

[Schwa94]   Schwarzenbach, H.U. et al.: „Numerical Modelling and Simulation of Actuator Operation – State of the Art and Requirements", Proc. of Int. Conf. on New Actuators, Bremen, 1994, pp.96–99

[Schwe93]   Schweizer, M. et al.: „Umgang mit atomar kleinen Strukturen", Technische Rundschau (TR), 1993 (34), S.20–23

[Seyfr95]   Seyfried, J.: „Entwicklung eines Telemanipulationssystems für Mikroroboter", Studienarbeit, Universität Karlsruhe, Fakultät für Informatik, IPR, September 1995

[Seyfr96]   Seyfried, J.: „Die kamerabasierte Steuerung eines piezoelektrischen Mikroroboters in einer universellen Mikromanipulationszelle", Diplomarbeit, Universität Karlsruhe, Fakultät für Informatik, 1996

[Seyfr97]   Seyfried, J. and Fatikow, S.: „Microrobot-Based Micromanipulation Station and its Control Using a Graphical User Interface", Proc. of the Int. Symp. on Robot Control (SYROCO), Nantes, 1997, pp.827–832

[Seyfr97a]   Seyfried, J., Fatikow, S. and Mardanov, A.: „An Automated Micro-assembly Environment", Int. Workshop on Working in the Micro- and Nano-Worlds: Systems to Enable the Manipulation and Machining of Micro-Objects, pp.20–26: in Proc. of the IEEE/RSJ Int. Conf. on Intelligent Robots and Systems (IROS'97), Grenoble, 1997

[Seyfr98]   Seyfried, J., Fatikow, S., Mardanov, A., Munassypov, R. and Blachmann, D.: „Planning and Control System of a Flexible Multirobot-Based Microassembly Station", Proc. of the 4th Int. Symp. on Distributed Autonomous Robotic Systems, Karlsruhe, 1998, pp.383–392

[Shimo93]   Shimoyama, I.: „Micrforobot and Insect", Proc. of the IARP Workshop on Micromachine Technologies and Systems, Tokyo, 1993, pp.118–123

[Sieg96]   Siegert, H.-J. und Bocionek, S.: „Programmierung intelligenter Roboter", Springer-Verlag, 1996.

[SPI98]   Scientific Precision Instruments (SPI) GmbH, Oppenheim: Produktenbeschreibung, 1998

[SSEL91]   „Solid-State Electronics Laboratory", Report on Research Activities, The University of Michigan, Ann Arbor, 1991

[Stei94]   Steiner, K. et al.: „Thin-film SnO_2 Gas Sensors on Si Substrates for CO and CO_2 Detection", in „Micro System Technologies 94" (Editors: H. Reichl, A. Heuberger), VDE-Verlag, Berlin, 1994, pp.429–437

[Stix92]   Stix, G.: „Trends in Micromechanics: Micron Machinations", Scientific American, Nov. 1992, pp.72–80

[Stöck92]   Stöckel, D.: „Status and Trends in Shape Memory Technology", Proc. of Int. Conf. on New Actuators, Bremen, 1992, pp.79–84

[Stro93]   Strohrmann, M. et. al.: „LIGA-Sensoren und intelligente Sensorsysteme zur Messung von Beschleunigungen", 1. Statuskolloquium des Projektes Mikrosystemtechnik, Tagungsband, Forschungszentrum Karlsruhe, 1993, S.65–70

[Sulz96]   Sulzmann, A. et al.: „Virtual Reality and high accurate vision feedback as key information for micro robot telemanipulation", Proc. of the SPIE's Int. Symp. on Intelligent Systems & Advanced Manufacturing, Boston, MA, 1996, Vol. 2906, pp.38–57

[Sulz97]   Sulzmann, A.: „Hochpräzise 3D-Bildverarbeitung zur visuellen Relativpositionierung von Robotersystemen in der Mikromontage", EPF Lausanne, Dissertation, 1997

[Sulz97a]   Sulzmann, A. and Jacot, J.: „3D Computer Vision for Micro-assembly Station and Microfabrication" Proc. of the SPIE's Int. Symp. on Intelligent Systems & Advanced Manufacturing, Vol. IS02: Microrobotics and Microsystem Fabrication, Pittsburgh, PA, 1997, pp.42–51

[Suzu91]   Suzumori, K., Iikura, Sh. and Tanaka, H.: „Applying a Flexible Microactuator to Robotic Mechanisms", Proc. of Int. Conf. on Robotics and Autom., Sacramento, CA, 1991, pp.1622–1627

[Suzu91a]   Suzumori, K., Iikura, Sh. and Tanaka, H.: „Flexible Microactuator for Miniature Robots", Proc. of the Int. Conf. on Micro Electro Mechanical Systems (MEMS), Nara, 1991, pp.204–209

[Suzu91b]   Suzumori, K., Kondo, F. and Tanaka, H.: „Miniature Walking Robot Using Flexible Microactuators", Proc. of the 2nd Int. Symp. on Micro Machine and Human Science, Nagoya, 1991, pp.29–36

[Suzu94]   Suzumori, K., Koga, A. and Haneda, R.: „Microfabrication of Integrated FMAs using Stereo Lithography", Proc. of the IEEE Int. Conf. on Micro Electro Mechanical Systems (MEMS), Oiso, 1994, pp.136–141

[Tana95]   Tanaka, Sh.: „Pacemakers and Implantable Cardioverter Defibrillators", Proc. of the Int. Micromachine Symp., Tokyo, 1995, pp.11–21

[Tani96]   Tanikawa, T., Arai, T, and Masuda, T.: „Development of Micro Manipulation System with Two-Finger Micro Hand", „, Proc. of the IEEE/RSJ Int. Conf. on Intelligent Robots and Systems (IROS), Osaka, 1996, pp.850–855

[Tatsue89] Tatsue, Y. and Kitahara, T.: „Micro-Grip System", Journal of Robotics and Mechatronics, Vol. 3, No. 1, 1989, pp.57–59

[Tilm93]   Tilmans, H. and Bouwstra, S.: „A novel design of a highly sensitive low differential-pressure sensor using built-in resonant strain gauges", Journal of Micromechanics and Microeng., 1993, 3 (4), pp.198–202

[Tin92]   Tinschert, F.: „Oil Pressure Control with Shape Memory Springs in Hydraulic Systems", Proc. of Int. Conf. on New Act., Bremen, 1992, pp.92–96

[Tiro93]   Tirole, N. et al.: „3D Silicon Electrostatic Microactuator", Journal of Micromechanics and Microengineering, 1993 (3), Vol. 3, pp.155–157

[Tiro93a]   Tirole, N. et al.: „Microfabrication tools for the design of 3D micro-devices", MicroMechanics Europe, Workshop Digest, Neuchâtel, 1993, pp.97–100

[Tisch93]   Tischhauser, H.: „Microaccelerometers", in Staufert, G., Reber, A. and Hieber, H.: „Packaging", UETP MEMS, Swiss Found. for Research in Microtechnology, Neuchâtel, 1993, pp.153–166

[Torii93]   Torii, A. et al.: „Adhesive Force of the Microstructures Measured by the Atomic Force Microscope", Proc. of the IEEE Int. Conf. on Micro Electro Mechanical Systems, Fort Lauderdale, FL, 1993, pp.111–116

[Trau93]   Trauboth, H.: „Aufgaben der Informationsverarbeitung in der Mikrosystemtechnik", 1. Statuskolloquium des Projektes „Mikrosystemtechnik", Tagungsband, Forschungszentrum Karlsruhe, 1993, S.36–47

[Tschu92]   Tschulena, G.: „Micromechanics Business Opportunities", in „Microsystem Technologies 92" (Ed.: H. Reichl), VDE-Verlag, Berlin, 1992, pp.51–58

[Tschu95]   Tschulena G.R.: „Innovative Products and Future Markets of Micromachines/MST in Europe", Proc. of the Int. Micromachine Symposium, Tokyo, 1995, pp.23–30

[Tsuch97]   Tsuchiya, K. et al.: „Microwork transfer system in Nano Manufacturing World", Proc. of the SPIE's Int. Symp. on Intelligent Systems & Advanced Manufacturing, Vol. IS02: Microrobotics and Microsystem Fabrication, Pittsburgh, PA, 1997, pp.147–156

[Ueno91]   Ueno, Y. et al.: „One-Chip Hall Sensor Array for High Resolution Angle Measurement", Proc. of the 2nd Int. Symp. on Micro Machine and Human Science, Nagoya, 1991, pp.85–92

[Urban95]   Urban, G. et al.: „Development of a Micro Flow-System with Integrated Biosensor Array", in „Micro Total Analysis Systems" (Ed.: A. van den Berg and P. Bergveld), Kluwer, Dordrecht, 1995, pp.259–262

[Varsa97]   Varsa, V.: „Entwicklung einer Programmierumgebung für Mikromanipulationsroboter", Diplomarbeit, Universität Karlsruhe, Fakultät für Informatik, IPR, September 1997

[VDI92]   VDI/VDE-IT (Hrsg.): „Statusbericht zur indirekt-spezifischen Maßnahme", Berlin, 1992

[VDI93]   VDI/VDE-IT (Hrsg.): „Aufbau- und Verbindungstechnik für faser- und integriert-optische Sensoren", Innovationen in der Mikrosystemtechnik, Teltow, 1993

[VDI94]   VDI/VDE-IT (Hrsg.): „Technologien und Werkzeuge zum Entwurf und zur Realisierung anwendungsspezifischer Mikrosensoren für mechanische Größen", Innov. in der Mikrosystemtechnik, Teltow, 1994

[VDI97]   „Berührungen in der Mikrowelt", VDI-Nachrichten, Nr. 15, 1997

[VDI98]   „Nanopartikel – Bausteine der Zukunft", VDI-Nachrichten, Nr. 9, 1998

[Wagn92]   Wagner, B., Kreutzer, M. and Benecke, W.: „Linear and Rotational Magnetic Micromotors Fabricated Using Silicon Technology", Proc. of the Int. Conf. on Micro Electro Mechanical Systems, Travemünde, 1992, pp.183–189

[Wall92]   Wallrabe, U. et al.: „Theoretical and experimental results of an electrostatic micro motor with large gear ratio fabricated by the LIGA process", Proc. of the Int. Conf. on Micro Electro Mechanical Systems, Travemünde, 1992, pp.139–140

[Wall93]   Wallrabe, U. et al.: „Design and Test of Electrostatic Micromotors made by the LIGA-Process", Proc. of IARP Workshop on Micro Robotics and Systems, Karlsruhe, 1993, pp.89–97

[Wall95]   Wallrabe, U. et al.: „Möglichkeiten der Mikrosystemtechnik zur Herstellung von Mikrokomponenten für einen Herzkatheter" 2. Statuskolloquium des Projektes Mikrosystemtechnik, Tagungsband, Forschungszentrum Karlsruhe, 1995, S.123–127

[Wauro96]   Wauro, F. and Wurmus, H.: „An Assembly and Alignment Module for Microsystem Technology", in „Micro System Technologies 96" (Ed.: H. Reichl, A. Heuberger), VDE-Verlag, Berlin, 1996, pp.573–578

[Wechs97]   Wechslund, R. and Eloy, J.-C.: „Market Analysis for Microsystems", mst news, 1997 (20), p.39–40

[Weck97]   Weck, M., Hümmler, J. and Petersen, B.: „Assembly of hybrid micro systems in a large-chamber scanning electron microscope by use of mechanical grippers", Proc. of the SPIE Int. Conf. on Micromachining and Microfabrication, Austin, Texas, 1997, pp.223–229

[Weick94]   Weickmann, M et al.: „Simulation eines Mikrosystems am Beispiel eines Mikrolasers", in VDI/VDE-IT (Hrsg.): „Untersuchungen zum Entwurf von Mikrosystemen", Innov. in der Mikrosystemtechnik, Teltow, 1994, S.1–13

[Wein94]   Weiner, M.: „Neurotechnologie: Belebende Impulse für tote Nerven", Der Fraunhofer, 1994(2), S.22–24

[Weis93]   Weisener, T., Vögele, G. und Holzapfel, C.: „Verbindung und Montage", Elektronik, Nr. 24, 1993, S.30–51

[Weng94]   Wengelink, J. et al.: „Generation of Relief-Type Surface Topographies for Integrated Microoptical Elements", in „Micro System Technologies 94" (Editors: H. Reichl, A. Heuberger), VDE-Verlag, Berlin, 1994, pp.209–217

[Werner97]   IEF Werner GmbH: Produktübersicht, Furtwangen, 1997

[West96]   Westkämper, E. et al.: „Adhesive Gripper – a new approach to handling MEMS", Proc. of Int. Conf. on New Actuators, Bremen, 1996, pp.100–103

[West97]   Westkämper, E. et al.: „Industrialisierung der Fertigungstechnik für Mikrosysteme", Int. Kongr. für Mikrosysteme und Präzisionstechnik (Micro-Engineering 97), Messe Stuttgart, 1997

[Wiel93]   van der Wiel, A.J.: „A flow sensor for gases and liquids", Sensors, Actuators & Microsystems Laboratory: Report on Research Activities, Inst. of Microtechnology, University of Neuchâtel, 1993, p.6

[Will 97]   Williams, C.B. et al.: „Modelling and testing of a frictionless levitated micromotor", Sensors and Actuators A (1664), 1997

[Witte92]   Witte, M. and Gu, H.: „Force and Position Sensing Resistors: an Emerging Technology", Proc. of Int. Conf. on New Act., Bremen, 1992, pp.168–170

[Wolff94]   Wolff, C. and Wendt, E.: „Application of Electrorheological Fluids in Hydraulic Systems", Proc. of Int. Conf. on New Act., Bremen, 1994, pp.284–287

[Wörn98]   Wörn, H., Munassypov, R. and Fatikow, S.: „Actuation Principle and Motion Control of a Three-Leg Piezoelectric Microrobot", Proc. of the 6th Int. Conf. on New Actuators (ACTUATOR'98), Bremen, 1998

[Wörn98a]   Wörn, H., Seyfried, J., Fatikow, S. and Santa, K.: „Information Processing in a Flexible Robot-Based Microassembly Station", Proc. of the Int. Symp. on Information Control Problems in Manufacturing, Nancy-Metz, 1998

[Xie94]   Xie, B. et al.: „Simultaneous determination of multiple analytes using a thermal micro-biosensor fabricated by micromachining", in „Microsystem Technologies 94" (Editors: H. Reichl, A. Heuberger), VDE-Verlag, Berlin, 1994, pp.391–398

[Yamad91]   Yamada, Y. et al.: „Tactile Sensor Fabricated on a Flexible Film Sheet", Int. Symp. on Micro Machine and Human Science, Nagoya, 1991, pp.79–84

[Yamag93]   Yamaguchi, M. et al.: „Distributed Electrostatic Micro Actuator", Proc. of the IEEE Int. Conf. on Micro Electro Mechanical Systems, Fort Lauderdale, Florida, 1993, pp.18–23

[Yama95]   Yamagata, Y. and Higuchi, T.: „A Micropositioning Device for Precision Automatic Assembly Using Impact Force of Piezoelectric Elements", Proc. of Int. Conf. on Robotics and Automation, Nagoya, 1995, pp.666–671

[Zache95]   Zacheja, J. et al.: „Implantable Telemetric Endosystem for Minimal Invasive Pressure Measurements", Proc. of Int. Conf. MEDTECH'95, Berlin, 1995

[Zdeb94]   Zdeblick, M. J. et al.: „Thermopneumatically Actuated Microvalves And Integrated Electro-Fluidic Circuits", Proc. of Int. Conf. on New Actuators, Bremen, 1994, pp.56–60

[Zeng92]   Zengerle, R., Richter, A. and Sandmaier, H.: „A micro membran pump with electrostatic actuation", Proc. of the IEEE Int. Conf. on Micro Electro Mechanical Systems (MEMS), Travemünde, 1992, pp.19–24

[Zesch95]   Zesch, W. et al.: „Inertial Drives for Micro- and Nanorobots: Two Novel Mechanisms", Proc. of Int. Symp. on Microrobotics and Micromechanical Systems, Philadelphia, PA, 1995, pp.80–88

[Ziad94]   Ziad, H., Spirkovitch, S. and Rigo, S.: „MMIC Applications for Electrostatic Micromotors", Proc. of Int. Conf. on New Act., Bremen,1994, pp.46–51

[Zimm91]   Zimmerman, H.-J.: „Fuzzy Sets, Decision Making and Expert Systems", Kluwer, Boston, 1991

[Zimm94]   Zimmermann, H.-J. und von Altrock, C.: „Fuzzy Logic: Anwendungen",Oldenbourg, München/Wien,1994

[Zinner95]   Zinner, H.: „Unverzagt trotz Startschwierigkeiten", TR Transfer, Nr. 27/28, 1995, S.24–26

[Zöll96]   Zöllner, J.: „Entwicklung und Implementierung eines mechanischen Laufmechanismus für Mikromanipulationsroboter", Diplomarbeit, Universität Karlsruhe, Fakultät für Informatik, IPR, Oktober1996

[Zöll96a]   Zöllner, R.: „Entwicklung und Aufbau einer mikromechanischen Positionierungseinheit", Diplomarbeit, Universität Karlsruhe, Fakultät für Informatik, IPR, November1996

[Zühlke96]   Zühlke, D., Fischer, R. und Hankes, J.: „Schrittweise in die automatisierte Mikromontage", F&M 104, Nr. 9, 1996, S.627–630

[Zum93]   Zum Gahr K.-H.: „Materialforschung für Mikrosysteme", 1. Statuskolloquium „ Mikrosystemtechnik", Tagungsband, Forschungszentrum Karlsruhe, 1993, S.48–54

Sachverzeichnis